行水云课数字教材

高等学校水利类应用型本科系列教材
浙江省普通高校“十三五”新形态教材

水工建筑物

主　编　周建芬　陈　沉
副主编　张晶梅　毛　前　徐存东　曹明杰
主　审　顾冲时　郭雪莽

中国水利水电出版社
www.waterpub.com.cn
·北京·

内 容 提 要

本书主要面向应用型本科高校，是高校专业教师和工程技术人员联合编写的一本水利水电工程专业“水工建筑物”课程的教学用书。全书12章，包括绪论、水利工程设计综述、重力坝、拱坝、土石坝、河岸溢洪道、水工隧洞与坝下埋管、水闸设计、水利枢纽、渠系建筑物、BIM在水利水电工程中的应用、水工建筑物安全监测与维护。为便于教师教学和学生自学，各章均设有学习目标、要求、小结、练习题等内容，同时配套了数字资源库，包括微课、课件、水利水电工程BIM教学平台、水利工程地质勘察和地基处理案例等，具有相应的在线开放课程。

本书是应用型本科高校水利类专业教材，也可作为其他相关专业的师生和工程技术人员参考用书。

图书在版编目（CIP）数据

水工建筑物 / 周建芬, 陈沉主编. -- 北京 : 中国水利水电出版社, 2022.3
高等学校水利类应用型本科系列教材 浙江省普通高校“十三五”新形态教材
ISBN 978-7-5226-0641-5

Ⅰ. ①水… Ⅱ. ①周… ②陈… Ⅲ. ①水工建筑物－高等学校－教材 Ⅳ. ①TV6

中国版本图书馆CIP数据核字(2022)第066666号

书　　名	高等学校水利类应用型本科系列教材 浙江省普通高校“十三五”新形态教材 **水工建筑物** SHUIGONG JIANZHU WU
作　　者	主　编　周建芬　陈　沉 副主编　张晶梅　毛　前　徐存东　曹明杰 主　审　顾冲时　郭雪莽
出版发行	中国水利水电出版社 （北京市海淀区玉渊潭南路1号D座　100038） 网址：www.waterpub.com.cn E-mail：sales@mwr.gov.cn 电话：(010) 68545888（营销中心）
经　　售	北京科水图书销售有限公司 电话：(010) 68545874、63202643 全国各地新华书店和相关出版物销售网点
排　　版	中国水利水电出版社微机排版中心
印　　刷	清淞永业（天津）印刷有限公司
规　　格	184mm×260mm　16开本　25.75印张　627千字
版　　次	2022年3月第1版　2022年3月第1次印刷
印　　数	0001—2000册
定　　价	**70.00元**

前言

为了落实教育部《加快推进教育现代化实施方案（2018—2022年）》等文件精神，2020年11月19日，教育部高等学校水利类专业教学指导委员会和中国水利水电出版社根据水利类专业对应用型教材的需求，与浙江水利水电学院商讨出版应用型本科教材《水工建筑物》，并确定采用校企合作的方式联合开发教材数字资源，这给编写组极大鼓舞和信心。

本书针对水利类专业应用型本科的特点和毕业生就业岗位情况，采用了最新的行业规范，在内容上适度反映学科进展，如介绍堆石混凝土坝新技术、BIM在水利水电工程中的应用等，拓宽视野、扩展内容，突显教材的先进性。部分内容有详细的例题解析，各章增加了小结和练习题等内容，突出教材的应用性和行业特色。

本书包含配套的数字资源，全书的编写大纲经全体参编人员多次讨论和修改，数字资源由浙江水利水电学院和中国电建集团华东院勘测设计研究院共同开发和建设。由周建芬、陈沉任主编，张晶梅、毛前、徐存东、曹明杰任副主编。具体分工如下：第1章、第5章、第8章由周建芬编写，第2章、第11章由陈沉编写，第3章由毛前、王英华编写，第4章、第7章由张晶梅编写，第6章由徐存东、吴红梅编写，第9章由刘丹、张晶梅编写，第10章由梅世昂、秦子鹏编写，第12章由徐存东、曹明杰编写。全书由周建芬统稿。

本书主审河海大学水利水电学院顾冲时教授对送审稿提出了许多建设性意见和具体的修改建议。浙江同济科技职业学院郭雪莽教授对微课等数字资源进行了审阅，并指导修改。清华大学金峰教授在百忙中校核了堆石混凝土坝等内容。中国电建集团华东院勘测设计研究院、华能澜沧江水电股份有限公司、上海市水利工程设计研究院有限公司、杭州阵列科技股份有限公司为数字资源开发提供了宝贵资料。我们铭记多年来河海大学等院校和中国电建集团华东院勘测设计研究院等企业对本书的大力支持和贡献，铭记各位前辈对本书的开创性贡献，铭记中国水利水电出版社及编辑们对本书的极大关怀和支持。在本书付梓之际，我们一并表示衷心的感谢。

本书在编写过程中，参考借鉴了有关教材、专业书籍、科技文献资料，在此一并表示感谢。由于编者水平所限，难免有一些不足和疏漏，恳请各位同仁和广大读者批评指正。

编者

2021 年 8 月

数 字 资 源 目 录

序号	章 节 名 称	资 源 类 型				
		微课	PPT 课件	动画	BIM 应用案例	工程案例
1	第 1 章　绪论	▶	●			
	第 3 章　重力坝					
2	3.2　重力坝的荷载及荷载组合	▶	●		龙开口水电站工程	
3	3.3　重力坝的稳定分析	▶	●			
4	3.4　重力坝的应力分析	▶	●			
5	3.5　重力坝的极限状态设计方法	▶	●			
6	3.6　非溢流重力坝的剖面设计	▶	●			
7	3.7　溢流重力坝的剖面设计	▶	●			
8	3.10　重力坝的地基处理	▶	●			●
	第 4 章　拱坝					
9	4.1　概述	▶	●			
10	4.2　拱坝的布置	▶	●			
11	4.3　拱坝的应力分析	▶	●			
12	4.4　拱坝坝肩稳定分析	▶	●			
13	4.6　拱坝的构造及地基处理					●
	第 5 章　土石坝					
14	5.1　概述	▶	●			
15	5.2　土石坝剖面的设计	▶	●			
16	5.3　土石坝的渗流分析	▶	●	●		
17	5.4　土石坝的稳定分析			●		

续表

序号	章 节 名 称	资 源 类 型				
		微课	PPT课件	动画	BIM应用案例	工程案例
18	5.7　土石坝的地基处理					
	第8章　水闸设计					
19	8.1　概述				上海淀东泵闸工程	
20	8.2　闸孔设计					
21	8.3　水闸的消能防冲					
22	8.4　水闸的防渗排水设计					
	第11章　BIM在水利水电工程中的应用					
23	11.2　BIM在水利水电工程设计和分析中的应用				BimSimulation软件	

注　课程的配套慕课见“浙江省高等学校在线开放课程共享平台——《水工建筑物》”。

扫码获取资源

目 录

第1章　绪　论

本章目标：

掌握水利枢纽和水工建筑物的特点、等级划分及对应要求。学习水工建筑物等级划分的原则、标准等。

具体要求：

（1）学习水利工程基本概念。

（2）学习水利水电工程分等和水工建筑物分级的目的和方法。

（3）掌握水工建筑物课程特点及相应的学习方法。

1.1　水利工程建设

1.1.1　我国的水资源及开发

水是生命之源，地球上一切生物的产生和成长都离不开水，水也是人类赖以生存和发展的最基本的条件之一。因此，水是一种不可缺少、不可替代的宝贵资源，而且是一种可循环再生的有限的自然资源。一般来讲，可供利用或可能被利用，且有一定数量和质量，并在某一地区能够长期满足某种用途的水源，称为水资源。水资源是人类社会进步和经济发展的生命线，是实现社会与经济可持续发展的重要的物质基础。

1. 我国的水资源及其特征

我国地域辽阔，河流、湖泊众多，水资源总量比较丰富。我国多年平均年水资源总量为2.8万亿m^3，其中河川径流约占94%，居世界第6位。水能资源蕴藏量约为6.8亿kW，其中可开发利用的约3.8亿kW，均居世界首位。这是一个巨大的洁净能源宝库。但是，受我国地理、气象、地形等自然条件差别悬殊和人口众多的影响，我国的水资源具有如下特征：

（1）由于我国人口众多，占世界人口的20%左右，人均水资源占有量约为2100m^3，是世界人均水资源占有量的25%左右，属于严重的贫水国家。

（2）水资源时空分布严重不均。从空间分布上，我国幅员辽阔，南北气候悬殊，东南沿海地区雨水充沛，水资源丰富；而西北部地区干旱少雨，水资源严重缺乏。在时间分布上，降雨多集中在汛期的几个月，一般其降雨量占全年的70%～80%，往往是汛期抗洪、非汛期抗旱。同时，年际变化很大，丰水年洪水泛滥，而枯水年则干旱成灾。

（3）水资源分布与耕地人口的布局严重失调。长江以南地区水资源总量约占全国的80%，人口约占全国的50%，人均水量约4100m^3，亩均水资源量约为4100m^3，约是全国平均值的2倍；而淮河以北广大地区人口约占全国的40%，水资源总量约占全国的15%，人均水量约为全国平均值的1/3，亩均水资源量约为全国平均值的1/4。这种水土资源与人口分布的不合理，更加剧了水资源短缺的程度，特别是西北、华北的广大地区，已形成严重的水危机。

2. 我国水资源的开发利用

几千年来，我国广大劳动人民为开发水利资源，治理水患灾害进行了艰苦卓绝的斗争，取得了辉煌的业绩，积累了宝贵的经验，建设了很多成功的水利工程。如从公元前486年开始兴建，历经数代至公元1293年全线贯通、长达1797km的京杭大运河；公元前200多年战国时期秦国李冰父子在四川岷江上修建的都江堰分洪灌溉工程，以及郑国主持兴建的引泾水的郑国渠等。这些水利工程都取得了良好的社会效益和巨大的经济效益，有些工程至今仍在发挥作用。

上述一些典型的水利工程，是我国古代广大劳动人民智慧的结晶。但是，由于我国长期处于封建社会，特别是18世纪以来，遭受帝国主义、封建主义、官僚资本主义的剥削和压迫，使得社会生产力严重低下，水资源不但没有得到较好的开发利用，而且水旱灾害时常威胁着广大劳动人民的生命与财产安全。如1933年黄河洪水，造成1.27万人死亡，273万人无家可归。1877—1879年的旱灾，造成黄河流域饥饿而死亡达1300万人。1931年长江大洪水，宜昌站最大洪峰达64600m^3/s，长江沿岸城市悉数被淹，长江流域泄洪区的死亡人数达20余万，受灾人口2850万人，是有记录以来死亡人数最多的一次自然灾害。海河流域1939年大洪水，淹没农田约4014.4万亩，受灾人口约1301.5万人，天津市成为一片汪洋。

自中华人民共和国成立以来，我国的水利事业得到了空前的发展，经过70多年的艰苦奋斗，取得了巨大的成就：建成了一批骨干防洪兴利工程，使长江、黄河的洪水灾害基本上得以控制，并缓解了海河、淮河流域的洪水灾害；农田灌溉面积大大提高，实现了粮食的自给自足；黄河、淮河、辽河、海河四大流域水资源利用率高达40%；到2018年年底，全国可供水量达6015亿m^3，比2000年增加485亿m^3，保证了我国工业发展和城镇人民生活水平提高的需求。近年来在水电开发方面，建成了黄河小浪底、长江三峡、龙滩等为代表的一批大型水电站。截至2018年年底，全国水电装机容量达到3.52亿kW，为2000年的4.4倍。溪洛渡、向家坝、锦屏一级、白鹤滩等一大批大型水电站已投产。

1.1.2　我国水利工程建设

在中华人民共和国成立后的几十年里，我国的水利工程建设得到了前所未有的发展。在治理大江大河的同时，在全国各地建设了大量的控制性水利工程。至2018年，共修建水库近9.8万余座，总库容8953.0亿m^3；堤防长度31.2万km；修建水闸约9.7万座；水土流失治理面积1.3亿hm^2。另外，完成了引滦入津、引黄济青、东深引水等重大引水工程，南水北调东线山东干线54个设计单元工程也已在2022年1月全部通过完工验收。所有这些工程的建成并发挥效益，有效地减轻了大江大河的洪水灾害程度，大大缓解了一些大中型城市的供水矛盾。为我国工农业生产的发展、为保障人民群众生命及财产安全和提高人民群众生活水平做出了巨大的贡献。

但是，在气候变化的大背景下，我国境内因极端天气导致的超标准洪水事件发生频率将显著升高，洪涝灾害仍是中华民族的心腹大患；而同时西北、华北地区干旱及供水矛盾突出，水资源短缺问题十分严重；水环境恶化的趋势尚未得到有效控制。洪水灾害、干旱缺水和水污染严重制约着经济的发展。因此，要重视气候变化对水利工程建设与安全运行的影响，完善工程建设与运行安全监管体系，兼顾水利建设工程措施与非工程措施。坚持“节水优先、空间均衡、系统治理、两手发力”的治水思路，建设一批关键性控制工程，以利防洪减灾、调蓄水量、提供能源。必须对宝贵的水资源进行合理开发、高效利用、优化配置并有效保护。

随着水利工程建设的发展和科技水平的提高，水利工程建设的设计理论、施工技术和创新研发等方面也有了迅速发展和提高。

在坝工方面，土石坝设计理论和施工技术不断发展，大功率土石振动碾压机械研制成功，高土石坝发展迅速。混凝土面板堆石坝技术发展日趋成熟，建成了一批大型混凝土面板堆石坝，如湖北水布垭面板堆石坝，最大坝高233m，是世界上最高的面板堆石坝。随着混凝土筑坝技术的日益完善，混凝土不仅在重力坝中被广泛采用，而且已运用于拱坝中，建成了锦屏一级、小湾、乌东德、白鹤滩等一批200m以上的高混凝土拱坝。其中，锦屏一级水电站工程，最大坝高305m，是当今世界第一高双曲拱坝。乌东德水电站工程，最大坝高270m，底厚51m，厚高比仅为0.19，是世界上最薄的300m级特高拱坝，也是世界首座全坝应用低热水泥混凝土浇筑的特高拱坝。

在发展新型坝工技术方面，我国研发了堆石混凝土新坝型，并得到了国际大坝委员会的认可，同时发明了成套工艺和配套新构造，并已在全国20多个省份的100多个工程上得到应用。新坝型的推广应用节约了资金，减少了CO_2排放。目前最高的堆石混凝土坝是云南松林水库大坝，最大坝高90m。2021年，国际大坝委员会发布堆石混凝土坝技术公报“*Cemented Material Dam: Design and Practice -Rock -filled Concrete Dam*”，这将有力推动堆石混凝土筑坝技术从中国走向世界。

在水工建筑物设计、施工和运营管理等方面，随着互联网与数字化、信息化技术飞速发展，水利水电工程进入了建设新时期。在BIM多维度应用的引领下，水利行业也提出了越来越精细化的各种需求，水利工程数字化建设已逐步呈现出以BIM为开发平台、以信息为加工对象的发展趋势，依托工程全生命周期基础平台，创造数据应用新价值。近年来，水利行业实践完成数字化设计的工程数目剧增，其中典型的大中型水利水电工程有金沙江乌东德、白鹤滩、溪洛渡、龙开口，雅砻江锦屏一级、两河口，澜沧江黄登，大渡河双江口等水电站，山东文登、河北丰宁、河南天池等抽水蓄能电站和南水北调中线等工程。

以互联网技术、大型计算机应用技术、现代化施工设施等为依托，采用现代化的高效管理技术和经验，大大加快了水利工程建设的步伐，提高了管理的水平。

1.1.3 我国水利事业的发展

1. 水利建设发展前景广阔

随着我国现代化建设进程的加快和社会经济实力的不断提高，我国的水利水电建设将进入一个更智慧化、标准化的发展阶段。西部大开发战略的实施，西南地区的水电能源将得以加快开发。充足的电力资源将满足不断发展的需求，并通过西电东送，使我国的能源结构更趋合理。

为了更有效地控制大江大河的洪水，减轻洪涝灾害，并开发水利资源，将建设一批大型水利水电枢纽工程。可以预见，在当前高拱坝、面板堆石坝、碾压混凝土坝等建坝经验的基础上，在建设三峡、白鹤滩等世界大型水利水电工程经验的基础上，将建设一批更高标准的工程，把我国的水利事业推向新的时代。

2. 现代水利、绿色水利大有可为

第一，在总结国内外治水经验、深入分析当前社会经济发展需求的基础上，从工程水利向资源水利转变，从传统水利向生态水利转变，树立可持续发展的观念，以水资源的可持续利用保障社会经济可持续发展。

第二，坚持人和自然的和谐，转变对水及大自然的认识，从人定胜天，对大自然无节制地索取转向按自然规律办事。人与自然、人与水和谐共处，推动绿色发展，促进人与自然和谐共生，统筹规划解决水问题。水利发展目标要与社会发展和国民经济的总体目标结合，水利建设的规模和速度要与国民经济发展相适应，为经济和社会发展提供支撑和保障条件。应客观地根据水资源状况确定产业结构和发展规模，并通过调整产业结构和推进节约用水来提高水资源的承载能力。使水资源的开发利用既满足生产、生活用水，也充分考虑环境用水、生态用水，加强水生态保护，协调好水利工程建设与生态保护之间的关系。

第三，提高水资源的利用效率，进行水资源统一管理，促进水资源优化配置。不论是农业、工业，还是生活用水，都要坚持节约用水，高效用水。真正提高水资源的利用水平，发展节水型工业，建立节水型社会。逐步做到水资源的统一规划、统一调度、统一管理。统筹考虑城乡防洪、排涝灌溉、蓄水供水、用水节水、污水处理、回用回灌等涉水问题，真正做到水资源的高效综合利用。

第四，确立合理的水价形成机制，利用价格杠杆作用，遵循经济发展规律，形成水权交易，实行水权有偿占有和转让。促进水资源向高效率、高效益方面流动，使水资源达到最大限度的优化配置。

3. 防洪抗旱及水污染防治工作任重而道远

虽然我国水利建设取得了很大的成绩，但在防汛抗旱、水污染防治及水土保持等方面仍需要做大量工作。

一是继续加强大江大河大湖治理，逐步推进重点中小河流治理。加快大中型水利枢纽工程建设，加快水库除险加固工作，搞好蓄滞洪区建设和山洪灾害防治。认真做好防汛、防台和抗旱救灾工作，切实保障人民群众生命财产安全。

二是以加强农业水利工程设施建设，加快大中型灌区的配套改造，扩大节水灌溉面积，夯实水利基础，提高农业抗旱能力。

三是加大水污染防治力度，开展河流生态修复技术，加大封育保护力度，抓好水土流失重点防治。进一步提升水利保障能力；全面落实最严格的水资源管理制度，确保水资源可持续利用。

1.2 水利枢纽与水工建筑物

1.2.1 水利枢纽

为改变水资源在时间、空间上分布不均的自然状况，综合利用水资源以达到防洪、灌溉、发电、引水航运等目的，需修建水利工程。水利工程中常采用单个或若干个不同作用、不同类型的建筑物来调控水流，以满足不同部门对水资源的需求。这些为兴水利、除水害而修建的建筑物称为水工建筑物。而由不同类型的水工建筑物组成、集中兴建、协同运行的水工建筑物群体称水利枢纽。

图 1.1 是甘肃白龙江上的碧口水电站工程布置示意图。它是以发电为主、兼有防洪、灌溉、养殖等综合利用的大型水利水电工程。工程中的主要水工建筑物如下：

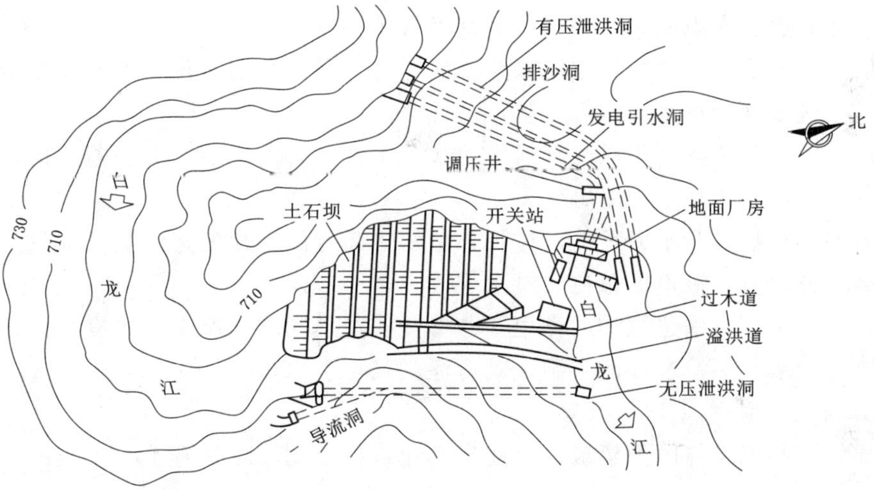

图 1.1 碧口水电站工程布置示意图

(1) 黏土心墙土石坝：其作用是截断水流，挡住来水，蓄水形成水库。

(2) 水力发电站：包括发电引水洞、调压室、厂房等，作用是利用大坝形成的上下游水位差，将水能变成电能。

(3) 溢洪道：其作用是宣泄水库中的多余洪水，保证大坝安全。

(4) 导流洞（无压泄洪洞）：其作用是导引施工期来水和泄放洪水。

(5) 排沙洞：其作用是排放库内部分淤积泥沙，减少水库淤积。

(6) 过木道：其作用是向水库下游运送原木。

水利枢纽常按其主要作用可分为蓄水枢纽、发电枢纽和引水枢纽等。

蓄水枢纽是在河道来水年际、年内变化较大，不能满足下游防洪、灌溉、引水等用水要求时，通过大坝挡水，形成水库，利用水库的库容拦洪蓄水，用于枯水期灌溉、城镇引水等。

发电枢纽是以发电为主要任务，利用河道中丰富的水量和水库形成的落差，安装水力发电机组，将水能转变为电能。

引水枢纽是在天然河道来水量或河水位较低不能满足引水需要时，在河道上修建较低的拦河闸（坝）等水工建筑物，来调节水位和流量，以保证引水质量和数量的要求。

1.2.2 水工建筑物的分类及其特点

1. 水工建筑物的分类

在各种水利枢纽中，都建有不同类型的水工建筑物。这些水工建筑物按其作用可分为以下几种：

(1) 挡水、壅水建筑物：用以拦截江河水流，抬高上游水位以形成水库，如各种坝、闸等。

(2) 泄水建筑物：用以宣泄洪水期河道入库洪量超过水库调蓄能力的多余洪水。以保证大坝及有关建筑物的安全，如河岸溢洪道、泄洪洞、重力坝的溢流坝段、坝身泄水孔等。

(3) 输水建筑物：用以满足发电、供水和灌溉的需求，从上游向下游输送水量，如输水渠道、引水管道、水工隧洞、渡槽、倒虹吸管等。

(4) 取水建筑物：一般布置在输水系统的首部，用以控制水位、引水流量或人为提高水的势能，如进水闸、扬水泵站等。

(5) 河道整治建筑物：用以改善河道的水流条件，防治河道变形及险工的治理，如顺坝、导流堤、丁坝、潜坝、护岸等。

(6) 专门建筑物：为水力发电、过坝、量水等而专门修建的建筑物，如调压室、电站厂房、船闸、升船机、筏道、鱼道、量水堰等。

需要指出的是，有些建筑物的作用并非单一，在不同的工况下，可有不同的功能。如拦河闸，既可挡水又可泄水；泄洪洞，既可泄洪又可引水。

2. 水工建筑物的特点

水工建筑物和工业与民用建筑、交通土木建筑物相比，除具有土木工程的一般属性外还具有以下特点：

(1) 工作条件的复杂性。水工建筑物在水中工作而受水的特殊作用。首先，静水压力、风浪压力、冰压力、地震动水压力等推力作用会对建筑物的稳定产生不利影响；其次，在水头作用下，水会通过建筑物及地基的孔隙向下游渗透，产生一定的渗透压力，使由松散颗粒构成的土石坝有可能产生渗透破坏而导致工程失事；最后，对于泄水建筑物，下泄水流集中且流速高，而高速水流的冲刷及空蚀作用可能会造成溢流表面破坏，也极易造成对河床及河岸的冲刷。此外，水库大量蓄水产生对地壳的压力作用，在特定的地质条件下，也可能诱发地震，而使建筑物的正常工作条件进一步恶化。

(2) 施工的艰巨性。水工建筑物比其他土建工程的修建要困难和复杂得多。首先，需解决好河床的来水导流问题，在保证工程正常、安全施工的条件下，使河道来水通畅下泄，并满足必要的通航、过木等方面的要求，如施工导流处理不当，可能增加工程投资、延误工期；其次，由于工程规模较大，施工技术复杂，工程量巨大，施工工期长，且受截流、度汛的影响，工程进度紧迫，必须和大自然争时间、抢速度；最后，施工受气候、水文地质、工程地质等方面的影响较大，如冬季、雨季施工困难大、地下水排水量多且时间长等都会增加施工的难度。

（3）建筑物的独特性。水工建筑物的型式、构造及尺寸与其所在地的地形、地质、水文等条件密切相关。特别是地质条件的差异对建筑物的形式及尺寸影响更大。而且，科技发展水平和工程技术条件也对建筑物的结构形式、尺寸会产生一定影响。因此，由于各地区自然情况的千差万别，必然形成水工建筑物的独特性。除一些小型建筑物外，一般都应根据地形、地质、水文等条件进行单独设计，而不能采用定型设计。

（4）与周围环境的相关性。水利工程的修建能防止洪水灾害，并能发电、灌溉、供水等。但同时对周围自然环境和社会环境也会产生一定影响。工程的建设和运用将改变河道的水文和小区气候，对河中水生生物和两岸植物的繁殖和生长产生一定影响，即对沿河的生态环境产生影响。另外，由于占用土地、开山破土、库区淹没等而必须迁移村镇，会对人群健康、文物古迹、矿产资源等产生不利影响。因此，为了合理利用水土资源，保护环境、保持生态平衡，实行可持续发展，在规划、设计和施工时，必须充分考虑工程建成运行后对自然环境和社会环境的影响，研究提出相关对策和方案，使其在对国民经济最有利的前提下，尽量减小对环境的不利影响。

（5）对国民经济的影响巨大。水利工程建设项目一般规模大、综合性强、组成建筑物多，其本身的投资巨大。尤其是大型水库工程，一般是坝体高、库容大，担负着防洪、发电、供水等任务，一旦出现堤坝决溃，将对下游工农业生产造成极大损失，对人民群众的生命财产带来灾难性乃至毁灭性的后果，这在国内外的教训是惨痛的。因此，在水利工程的设计、施工和管理过程中，一定要以对国家对人民高度负责的精神，严肃认真、一丝不苟、实事求是，在确保安全的情况下尽量降低造价、追求更大的工程经济效益。

1.2.3　水利水电工程的等级及水工建筑物的等级

为了使水利水电工程建设既安全又经济，遵循水利工程建设的自然规律和经济规律，应在一定的经济发展水平的基础上，对规模、效益不同的水利水电工程进行区别对待。在工程实践中，首先根据工程项目的规模、效益及其在国民经济中的重要性将其分等；然后，根据枢纽中各水工建筑物的作用大小及重要性，对建筑物进行分级。在设计和施工中，不同级别的水工建筑物在安全系数、洪水标准、安全超高等技术方面应区别对待。根据 SL 252—2017《水利水电工程等级划分及洪水标准》，水利水电工程按其工程规模、效益及在国民经济中的重要性划分为五个等别，具体分划指标见表 1.1。

表 1.1　　水利水电工程分等指标

工程等别	工程规模	水库总库容 /$10^8 m^3$	防洪			治涝	灌溉	供水		发电
			保护人口 /10^4 人	保护农田 /10^4 亩	保护区当量经济规模 /10^4 人	治涝面积 /10^4 亩	灌溉面积 /10^4 亩	供水对象重要性	年引水量 /$10^8 m^3$	装机容量 /$10^6 W$
Ⅰ	大（1）型	≥10	≥150	≥500	≥300	≥200	≥150	特别重要	≥10	≥1200
Ⅱ	大（2）型	<10，≥1.0	<150，≥50	<500，≥100	<300，≥100	<200，≥60	<150，≥50	重要	<10，≥3	<1200，≥300
Ⅲ	中型	<1.0，≥0.1	<50，≥20	<100，≥30	<100，≥40	<60，≥15	<50，≥5	比较重要	<3，≥1	<300，≥50

续表

工程等别	工程规模	水库总库容/10^8m^3	防洪			治涝	灌溉	供　水		发电
			保护人口/10^4人	保护农田/10^4亩	保护区当量经济规模/10^4人	治涝面积/10^4亩	灌溉面积/10^4亩	供水对象重要性	年引水量/10^8m^3	装机容量/10^6W
Ⅳ	小（1）型	＜0.1，≥0.01	＜20，≥5	＜30，≥5	＜40，≥10	＜15，≥3	＜5，≥0.5	一般	＜1，≥0.3	＜50，≥10
Ⅴ	小（2）型	＜0.01，≥0.001	＜5	＜5	＜10	＜3	＜0.5		＜0.3	＜10

注　1. 水库总库容指水库最高水位以下的静库容；治涝面积和灌溉面积均为设计面积；年引水量指供水工程渠首设计年均引（取）水量。

2. 保护区当量经济规模指标仅限于城市保护区；防洪、供水中的多项指标满足1项即可。

3. 按供水对象的重要性确定工程等别时，该工程应为供水对象的主要水源。

对综合利用工程，其等别按各项综合利用项目中最高等别确定。

一般情况下，将枢纽工程运用期间长期使用的各建筑物称为永久性建筑物；枢纽工程施工及维修期间使用的建筑物称为临时性建筑物。在永久性建筑物中，起主要作用及失事后影响极大的建筑物称为主要建筑物，否则称为次要建筑物。水利水电工程的永久性水工建筑物的级别应根据工程的等别及其重要性按表1.2确定。

表1.2　　永久性水工建筑物级别

工程等别	主要建筑物	次要建筑物	工程等别	主要建筑物	次要建筑物
Ⅰ	1	3	Ⅳ	4	5
Ⅱ	2	3	Ⅴ	5	5
Ⅲ	3	4			

对失事后损失巨大或影响十分严重的2～4级主要永久性水工建筑物，经过论证并报主管部门批准后，其标准可提高一级；失事后损失较轻的主要永久性建筑物，经论证并报主管部门批准后，可降低一级标准。

对2、3级的水库大坝，如坝高超过表1.3规定的指标时，可提高一级设计，但洪水标准不予提高；当建筑物基础的工程地质条件复杂或采用新型结构的2～5级永久性建筑物，可提高一级设计，但其洪水标准不予提高。

表1.3　　水库大坝提级指标

级别	坝　型	坝高/m	级别	坝　型	坝高/m
2	土石坝	90	3	土石坝	70
	混凝土坝、浆砌石坝	130		混凝土坝、浆砌石坝	100

临时性挡水和泄水水工建筑物的级别应根据其规模和保护对象、失事后果、使用年限按表1.4确定。

当根据表1.4的指标分属不同级别时，其级别按最高级别确定。但对3级临时性水工建筑物，符合该级别规定的指标不得少于两项。如利用临时性水工建筑物挡水发电、通航时，经技术经济论证，3级以下临时性水工建筑物的级别可提高一级。

表 1.4 **临时性水工建筑物级别**

级别	保护对象	失事后果	使用年限/年	临时性水工建筑物规模	
				高度/m	库容/10^8m^3
3	有特殊要求的1级永久性水工建筑物	淹没重要城镇、工矿企业、交通干线或推迟总工期及第一台（批）机组发电，造成重大灾害和损失	>3	>50	>1.0
4	1、2级永久性水工建筑物	淹没一般城镇、工矿企业或影响工程总工期及第一台（批）机组发电而造成较大经济损失	3～1.5	50～15	1.0～0.1
5	3、4级永久性水工建筑物	淹没基坑，但对总工期及第一台（批）机组发电影响不大，经济损失较小	<1.5	<15	<0.1

水工建筑物的结构安全级别应根据建筑物的重要性及破坏可能产生后果的严重性而定，与水工建筑物的级别对应分为三级，见表1.5。

在规划和设计中，为了达到安全、经济、合理的目的，不同级别的水工建筑物在以下几个方面的要求不同：

表 1.5 **水工建筑物的结构安全级别**

水工建筑物的级别	水工建筑物的结构安全级别
1	Ⅰ
2、3	Ⅱ

（1）抗御洪水能力：如建筑物的设计洪水标准、坝（闸）顶安全超高等。

（2）稳定性及控制强度：如建筑物的抗滑稳定强度安全系数，混凝土材料的变形及裂缝的控制要求等。

（3）建筑材料的选用：如不同级别的水工建筑物中选用材料的品种、质量、强度等级及耐久性等。

1.2.4 水利水电工程的设计洪水标准及堤坝安全加高

1. 永久性水工建筑物设计洪水标准

水利水电工程永久性水工建筑物的设计洪水标准与工程所在地区的类型、坝体结构型式、运用情况等因素有关，一般分山区和平原两种情况，其具体标准应按SL 252—2017《水利水电工程等级划分及洪水标准》的相应规定确定。

山区、丘陵区水库工程永久性水工建筑物的洪水标准见表1.6。平原及滨海地区水利水电工程的永久性水工建筑物的洪水标准应按表1.7确定。

表 1.6 **山区、丘陵区水库工程永久性水工建筑物洪水标准**

项目			水工建筑物级别				
			1	2	3	4	5
洪水重现期/年	设计情况		1000～500	500～100	100～50	50～30	30～20
	校核情况	土石坝	可能最大洪水（PME）或10000～5000	5000～2000	2000～1000	1000～300	300～200
		混凝土坝、浆砌石坝	5000～2000	2000～1000	1000～500	500～200	200～100

表 1.7　　平原、滨海区水利水电工程永久性水工建筑物洪水标准

项目		永久性水工建筑物级别				
		1	2	3	4	5
设计情况（重现期/年）	水库工程	300～100	100～50	50～20	20～10	10
	拦河水闸	100～50	50～30	30～20	20～10	10
校核情况（重现期/年）	水库工程	2000～1000	1000～300	300～100	100～50	50～20
	拦河水闸	300～200	200～100	100～50	50～30	30～20
潮水标准（重现期/年）	挡潮闸	≥100	100～50	50～30	30～20	20～10

注　对具有挡潮工况的永久性水工建筑物按表中潮水标准执行。

当山区、丘陵区水库工程永久性挡水建筑物的挡水高度低于15m，且上下游最大水头差小于10m时，其洪水标准宜按平原、滨海区标准确定；而平原、滨海区水库工程永久性挡水建筑物的挡水高度大于15m，且上下游最大水头差大于10m时，其洪水标准宜按山区、丘陵区标准确定。

对于失事对下游将造成特别重大灾害的土石坝，1级永久性水工建筑物的校核洪水标准，应取可能最大洪水（PMF）或10000年一遇。对土石坝中的2～4级建筑物的校核洪水标准，可提高一级。

对于洪水漫顶将造成极严重损失的混凝土（砌石）坝，1级永久性水工建筑物的校核洪水标准，经专门论证并报主管部门批准，可取可能最大洪水（PMF）或10000年一遇。

2. 临时性水工建筑物

临时性水工建筑物的洪水标准，根据其结构类型和级别按表1.8合理选用。对失事后果严重的，应考虑遇超标准洪水的应急措施。

表 1.8　　临时性水工建筑物洪水标准

建筑物结构类型	临时性水工建筑物级别		
	3	4	5
土石结构（重现期/年）	50～20	20～10	10～5
混凝土、浆砌石结构（重现期/年）	20～10	10～5	5～3

3. 水工建筑物的安全加高

对永久性的挡水建筑物、堤防工程和不过水围堰，确定其顶高程时，在各种运用情况静水位上加波浪高后，还须考虑安全加高，以确保其自身安全。永久性水工建筑物的安全加高值应不小于表1.9中的规定值。

当永久性挡水建筑物顶部设有稳定、坚固不透水的且与建筑物防渗体紧密结合的防浪墙时，防浪墙顶可作为坝顶高程，但坝顶高程不能低于水库正常蓄水位。

堤防工程的安全加高，根据其级别及运行条件按表1.10中的规定确定。临时性水工建筑物包括围堰等，对不过水围堰，其安全加高应按表1.11的规定确定；对过水围堰，其顶高程为静水位加波浪高度，不计安全加高。

表 1.9　　**永久性挡水建筑物安全加高**　　单位：m

建筑物类型及运用情况			永久性挡水建筑物级别			
			1	2	3	4、5
土石坝	正常运用条件		1.5	1.0	0.7	0.5
	校核	山区、丘陵区	0.7	0.5	0.4	0.3
		平原、滨海区	1.0	0.7	0.5	0.3
混凝土坝	正常蓄水位		0.7	0.5	0.4	—
	校核洪水位		0.5	0.4	0.3	—

表 1.10　　**堤防工程的安全加高值**　　单位：m

防浪条件	堤防级别				
	1	2	3	4	5
不允许越浪	1.0	0.8	0.7	0.6	0.5
允许越浪	0.5	0.4	0.4	0.3	0.3

表 1.11　　**不过水围堰堰顶安全加高下限值**　　单位：m

围堰型式	围堰级别	
	3	4、5
土石围堰	0.7	0.5
混凝土、浆砌石围堰	0.4	0.3

1.3　本课程的内容及学习方法

1. 本课程的性质、内容

水工建筑物是水利水电工程专业的一门主要专业课，涉及的知识面很广。

本课程的主要内容包括：各种水工建筑物上的主要荷载及相应的计算方法；几种典型水工建筑物的结构类型、构造和特点；各水工建筑物的基本尺寸确定和一般性工程布置；建筑物工作条件和设计控制条件的选择；建筑物的过水能力计算及渗流分析原理和方法；结构的强度及稳定性分析等。

2. 本课程的学习方法

由于水工建筑物种类繁多，工作条件复杂，影响因素多变，因此只能通过几种较典型的建筑物的分析，了解其规律性，进而掌握其设计、施工、管理的原则和方法，并能举一反三，逐步锻炼和提高分析和解决工程实际问题的能力。在本课程的学习中应注意以下几个方面：

(1) 结合已学课程，弄懂基本理论。水工建筑物是在学完建筑材料、材料力学、结构力学、水力学、土力学与地基基础、水工钢筋混凝土结构、水文与水利计算等课程的基础上开设的专业课。因此，首先应复习并夯实上述已学课程的基本理论和计算方法。然后，通过对课上讲授内容的认真思考，彻底弄清楚各种水工建筑物的基础理论和基本计算公式，掌握公式推导的基本条件和要求。只有这样，才能灵活运用，解决复杂多变的实际工程问题，绝不能不求甚解、生搬硬套。

(2) 做好习题、设计，掌握方法、步骤。水工建筑物的习题及大作业是培养学生理解基本理论和运用基本公式的一种方式，课程设计、毕业设计则是锻炼学生综合运用所学的知识，根据基础资料，解决工程问题，提高工程设计能力的有效途径。通过作业及工程设计，可进一步熟悉、巩固设计理论和设计方法、步骤，掌握技术参数选择的技巧，同时也可培养工程制图、编制设计文件及计算机操作应用的能力。因此，要认真地做好大作业和设计，要独立思考和动手操作。通过这些学习途径，深刻理解基本理论，掌握设计方法和步骤，锻炼独立思考和动手的技能，培养解决实际工程问题的能力。

(3) 认真实习、实训，理论联系实际。由于本课程实验性、实践性较强，在学好基本理论的前提下，要认真进行有关的实验、实习实训等实践环节的学习。通过实验掌握实验基本方法、培养工程实验能力。通过实习实训，了解已建和在建实际工程的整体布置和结构、构造，培养“工程”概念，掌握基本设计理论与实际地质、地形、水流等情况相结合的要领，了解工程在设计、建设、运行管理中出现的问题及相应的处理方法，以积累工程设计和施工、管理经验。

(4) 加强工程实践，锻炼工程应用能力。在实际工程设计过程中，需大量地参考有关设计规范、施工规范及验收规程，参阅已建工程的设计报告、设计图纸等，阅读与本工程有关的科研、设计、施工、运用管理方面的文献资料，了解本专业科技发展的新技术、新工艺及新材料的应用，吸取工程的经验教训。因此，为更好地提高工程设计、施工能力，还需要到设计、施工的一线参加水利工程设计、施工等实际生产，了解、掌握设计、施工技能和经验，提高工程设计和施工等实际动手能力，提高水工建筑物课程在实际工程中的技术应用水平。

小 结

对于水资源、水资源开发利用、水利枢纽和水工建筑物的分等分级等问题，要了解透彻，概念清晰。水利枢纽建成后，对周围环境的影响有利有弊，要全面分析，力争扩大有利的影响，缩小不利的影响。

本课程是一门综合性和实践性很强的专业课，它与基础课（和基础技术课）相比，学习方法也有所不同，要注意掌握恰当的学习方法。

练 习 题

1. 水库的总库容大于（　　）亿 m^3，为Ⅰ等工程。

A. 1　　B. 10　　C. 3　　D. 5

2. 水利枢纽按其主要作用可分________、________、________等。

3. 水工建筑物按其作用可以分为________、________、________、取水建筑物、整治建筑物、专门建筑物。

4. 水利工程的特点有________、________、________、________、________。

5. 我国水资源的特点是什么？

6. 我国水利建设的发展情况怎样？

7. 什么是水工建筑物？水工建筑物的特点是什么？

8. 水利水电工程如何分等？水工建筑物如何分级？分等级的目的是什么？

9. 如何确定水工建筑物设计洪水的标准？如何确定其安全加高值？

第2章 水利工程设计综述

本章目标：

掌握水利工程的建设程序及各阶段的任务，了解水利工程对环境的影响。

具体要求：

(1) 掌握水利工程建设阶段、工程的设计阶段及主要任务。

(2) 查阅资料，正确评价水利工程对环境和生态的影响。

2.1 设计阶段的划分

水利工程投资大、建设时间长、关系国计民生，必须严格按科学的自然规律进行建设。水利工程建设程序一般分为项目建议书、可行性研究报告、初步设计、施工准备（包括招标设计）、建设实施、生产准备、竣工验收、后评价等阶段。

1. 项目建议书阶段

根据国民经济和社会发展长远规划、流域综合规划和国家产业政策和有关投资建设方针，对拟进行建设的项目初步说明，对准备建设的项目作出轮廓性设想和建议。主要是从宏观上衡量分析该项目建设的必要性和可能性，即分析其建设条件是否具备，是否值得投入资金和人力。项目建议书是进行可行性研究的依据。

项目建议书的编制一般由政府委托有相应资格的设计单位承担；并按国家现行规定权限向主管部门申报审批。项目建议书被批准后，由政府向社会公布，若有投资建设意向，应及时组建项目法人筹备机构，开展下一建设程序工作。

2. 可行性研究报告阶段

通过对项目进行方案比较，在技术上是否可行和经济上是否合理进行科学的分析和论证，经过批准的可行性研究报告是项目决策和进行初步设计的依据。可行性研究报告由项目法人（或筹备机构）组织编制。

可行性研究报告应按照 SL/T 618—2021《水利水电工程可行性研究报告编制规程》编制，按国家现行规定的审批权限报批。经批准后，不得随意修改和变更，如在主要内容上有重要变动，应经原批准机关复审同意。项目可行性报告批准后，应正式成立项目法人，并按项目法人责任制实行项目管理。

可行性研究的主要任务如下：

(1) 论证工程建设的必要性，确定本工程建设任务和综合利用的主次顺序。

(2) 确定主要水文参数和成果，查明影响工程的主地质条件和存在的主要地质问题。

(3) 基本选定工程规模。

(4) 选定基本坝型和主要建筑物的基本型式，初选工程总体布置。

(5) 初选水利工程管理方案。

(6) 初步确定施工组织设计中的主要问题，提出控制性工期和分期实施意见。

(7) 评价工程建设对环境和水土保持设施的影响。

(8) 提出主要工程量和建材需用量，估算工程投资。

(9) 明确工程效益，分析主要经济指标，评价工程的经济合理性和财务可行性。

3. 初步设计阶段

初步设计是根据批准的可行性研究报告和必要而准确的设计资料，对设计对象进行通盘研究，阐明拟建工程在技术上的可行性和经济上的合理性，规定项目的各项基本技术参数，编制项目的总概算。初步设计任务应择优选择有项目相应资格的设计单位承担，依照有关初步设计编制规定进行编制。

初步设计文件报批前，一般须由项目法人委托有相应资格的工程咨询机构或组织行业各方面（包括管理、设计、施工、咨询等方面）的专家，对初步设计中的重大问题进行咨询论证。设计单位根据咨询论证意见，对初步设计文件进行补充、修改、优化。初步设计由项目法人组织审查后，按国家现行规定权限向主管部门申报审批。

初步设计文件经批准后，主要内容不得随意修改、变更，并作为项目建设实施的技术文件基础。如有重要修改、变更，须经原审批机关复审同意。

初步设计的主要任务如下：

(1) 复核工程任务及具体要求，确定工程规模，选定水位、流量、扬程等特征值，明确运行要求。

(2) 复核区域构造稳定，查明工程地质条件、水文地质条件和设计标准，提出相应的评价和结论。

(3) 复核工程的等级和设计标准，确定工程总体布置以及主要建筑物的轴线、结构型式与布置、控制尺寸、高程和工程数量。

(4) 选定对外交通方案、施工导流方式、施工总布置和总进度、主要建筑物施工方法及主要施工设备，提出天然（人工）建筑材料、劳动力、供水和供电的需要量及其来源。

(5) 提出环境保护措施设计，编制水土保持方案。

(6) 拟定水利工程的管理机构，提出工程管理范围、保护范围以及主要管理措施。

(7) 编制初步设计概算，利用外资的工程应编制外资概算。

(8) 复核经济评价。

4. 施工准备阶段（包括招标设计）

施工准备工作开始前，项目法人或其代理机构，须依照水利工程建设项目管理相关规定明确的分级管理权限，向水行政主管部门办理报建登记手续后方可组织施工准备工作。工程建设项目施工，除某些不适应招标的特殊工程项目外（须经批准），均须按水利工程建设项目施工招标投标管理相关规定实行招标投标。

施工准备的主要内容为：施工现场的征地、拆迁；施工用水、电、通信、路和场地平整等工程；必须的生产、生活临时建筑工程；组织招标设计、咨询、设备和物资采购等服务；组织建设监理和主体工程招标投标，并择优选定建设监理单位和施工承包队伍。

施工准备开始必须满足如下条件：初步设计已经批准；项目法人已经建立；项目已列入国家或地方水利建设投资计划，筹资方案已经确定；有关土地使用权已经批准；已办理报建手续。

5. 建设实施阶段

建设实施阶段指主体工程的建设实施。项目法人按照批准的建设文件，组织工程建设，保证项目建设目标的实现；项目法人或其代理机构必须按审批权限，向主管部门提出主体工程开工申请报告，经批准后，主体工程方能正式开工。主体工程开工须具备的条件如下：

(1) 前期工程各阶段文件已按规定批准，施工详图设计可以满足初期主体工程施工需要。

(2) 建设项目已列入国家或地方水利建设投资年度计划，年度建设资金已落实。

(3) 主体工程招标已经决标，工程承包合同已经签订，并得到主管部门同意。

(4) 现场施工准备和征地移民等建设外部条件能够满足主体工程开工需要。

(5) 建设管理模式已经确定，投资主体与项目主体的管理关系已经理顺。

(6) 项目建设所需全部投资来源已经明确，且投资结构合理。

要按照“政府监督、项目法人负责、社会监理、企业保证”的要求，保障工程建设质量。在施工过程中，项目法人应根据工程进度进行生产组织、员工培训、生产技术、生产物资等准备工作，为竣工投产创造条件。

6. 生产准备阶段

生产准备是项目投产前所要进行的一项重要工作，是建设阶段转入生产经营的必要条件。项目法人应按照建管结合和项目法人责任制的要求，适时做好有关生产准备工作。生产准备一般应包括如下主要内容：

(1) 生产组织准备。建立生产经营的管理机构及相应管理制度。

(2) 招收和培训人员。按照生产运营的要求，配备生产管理人员并培训、提高人员素质，使之能满足运营要求。生产管理人员要尽早介入工程的施工建设，参加设备的安装调试，熟悉情况，掌握好生产技术和工艺流程，为顺利衔接基本建设和生产经营阶段做好准备。

(3) 生产技术准备。主要包括技术资料的汇总、运行技术方案的制定、岗位操作规程制定等。

(4) 生产的物资准备。主要是落实投产运营所需的原材料、协作产品、工器具、备品备件和其他协作配合条件的准备。

(5) 正常的生活福利设施准备。

7. 竣工验收阶段

竣工验收是全面考核基本建设成果、检验设计和工程质量的重要步骤。竣工验收合格的项目即从基本建设转入生产或使用。

当建设项目的建设内容全部完成，并经过单位工程验收，符合设计要求并按水利基本建设项目档案管理的有关规定，完成了档案资料的整理工作，在完成竣工报告、竣工决算等必需文件的编制后，项目法人按照有关规定，向验收主管部门提出申请，根据国家和部颁验收规程，组织验收。

竣工决算编制完成后，须由审计机关组织竣工审计，其审计报告作为竣工验收的基本资料。

8. 建设项目后评价

后评价是工程项目交付使用一段时间内，对项目立项决策、设计、施工、竣工验收、生产运行等全过程进行系统评估。

后评价的主要内容如下：

影响评价，项目投产后对各方面的影响进行评价。

经济效益评价，对项目投资、国民经济效益、财务效益、技术进步和规模效益、可行性研究深度等进行评价。

过程评价，对项目的立项、设计施工、建设管理、竣工投产、生产运营等全过程进行评价。

项目后评价一般按3个层次组织实施，即项目法人的自我评价、项目行业的评价、计划部门（或主要投资方）的评价。建设项目后评价工作必须遵循客观、公正、科学的原则，做到分析合理、评价公正。通过建设项目的后评价以达到肯定成绩、总结经验、研究问题、吸取教训、提出建议、改进工作，不断提高项目决策水平和投资效果的目的。

2.2　设计所需的基本资料

在制定流域规划和编制设计文件之前，需要进行必要的勘测、试验和社会调查。由于设计阶段不同，所需资料的广度和深度也各异，一般需要掌握的基本资料如下：

(1) 自然地理。包括工程所处的地理位置、行政区域、地形、地貌、土壤植被、主要山脉、河川水系、水资源开发利用及存在的问题等。

地形图比例尺根据规划设计阶段和工程项目的实际需要来确定：水库区可采用1：5000～1：25000，枢纽附近可采用1：2000～1：10000，坝址可采用1：500～1：2000。

(2) 地质。包括区域地质、库区和枢纽工程区的工程地质条件，如地层、岩性、地质构造、地震烈度、不良地质现象，水文地质情况，岩石（土）的物理力学性质，天然建筑材料的品种、分布、储量、开采条件，工程地质评价与结论。

(3) 水文。包括水文站网布设、资料年限、径流、洪水、泥沙、水情以及人类活动对水文的影响等。

(4) 气象。包括降水、蒸发、气温、风向、风速、冰霜、冰冻深度等气象要素的特点，站网布设和资料年限。

(5) 社会经济。需要对社会经济现状及中长期发展规划进行全面了解，包括人口、土地、种植面积、品种；工业产品、产量；工农业总产值；主要资源情况，文物古迹，动力、交通、投资环境等。

(6) 用于作为设计依据的各种规程规范。

2.3　水利工程对环境的影响

一条河流、一个河段及其周围地区在天然状态下，一般处于某种相对平衡。水利工程的建设会破坏原有的平衡，特别是具有高坝大库的河川水利工程的建成运行，对周围的自然和社会环境都将产生重大的影响。规划、设计、建设水利工程，在注意其经济效益的同时，必须注意其对环境的影响，特别是不利的影响，并力争减小这种不利影响。

1. 物理影响

河流中筑坝建库后，上下游水文状态将发生变化。如果水库不具有较大的径流调节性能，则变化只表现为上游有一壅水段；如果水库具有季、年或多年调节性能，则上游水位将有很大的变化幅度，这就会造成淹没、浸没区，居民要迁移，下游河流水位以及地下水位都可能下降，甚至带来干旱。

上游水库水深加大，流速降低，河流带入水库的泥沙会淤积下来，逐渐减少水库库容，这实际上最终决定水库的寿命。据美国、印度等国 130 座水库的调查，每年淤积损失的库容在 2%～14.33%范围内。水库的“沉沙池”作用，使过坝调节下放的水流成为“清水”，冲刷能力加大，从而会使下游河床刷深，也可能影响到河势变化乃至河岸稳定。经水库再下泄的水，水质一般有改善，但由于库区不同的条件，也可能受某些盐分污染。深水库底孔下放的水，水温会较原天然状态有所变化。

大面积的水库还会引起小气候的变化，如可能增加雾天出现的频率，大水库可能诱发地震也是国内外广泛注意的问题。据调查，在已建的坝高超过 100m 和库容超过 10 亿 m^3 的水库中，发生水库地震的达 17%，但烈度不高。

2. 生态影响

高坝大库对生态影响问题涉及范围很广。例如，较天然河流大大增加了的水库面积与容积可以养鱼，对渔业有利，但坝对原河鱼的洄游造成障碍，任何过鱼设施也难以维持原状，某些鱼类品种因此消失；水库调蓄的水量增加了农作物灌溉的机会，但水温可能不如原来情况更适合作物生长；钉螺、疟蚊等传播疾病的媒介物可能得到新的有利的繁殖条件，从而增加血吸虫病、疟疾等的传染危险性。此外，库水化学成分改变、营养物质富集导致水的异味或缺氧等，也会对生物带来不利影响。

上述无论是物理影响还是生态影响，无疑都转移为对人类本身的影响。同时还要注意，水库蓄水后还可能出现一些规划设计阶段较难预见的影响。例如，库岸由于水的渗入，原本稳定的边坡可能失稳坍滑。意大利瓦依昂拱坝上游就曾发生过这种大滑坡，造成高 150m 的涌浪翻越坝顶，冲毁下游村镇，导致 300 人死亡。因此，修建水利工程必须充分考虑其对环境的影响，精心研究，慎重对待。

小　结

水利工程的各个建设阶段的主要任务各有侧重。水利工程建成后，对周围环境的影响有利有弊，要全面分析，力争扩大有利的影响，削弱不利的影响。

练　习　题

1. 水利工程建设的全过程可分为______、______、______、______、______、生产准备、竣工验收、后评价等阶段。

2. 水利工程建设分几个阶段？每个阶段的主要任务是什么？

3. 主体工程开工的条件有哪些？施工准备的基本条件是什么？竣工验收的条件有哪些？

4. 后评价的目的是什么？

第3章　重　力　坝

本章目标：

重点学习重力坝的荷载计算及组合、应力分析、稳定分析、结构和构造、岩石地基处理，碾压式混凝土坝，堆石混凝土坝等内容。

具体要求：

(1) 掌握重力坝的特点和适应条件。

(2) 掌握重力坝的荷载类型、计算方法及荷载组合方式。

(3) 掌握重力坝浅层滑动的原理、稳定分析公式和计算方法，比较两种稳定计算的优缺点和适应条件；了解增强坝体稳定的措施。

(4) 掌握重力坝应力分析的方法、计算公式及对坝体和坝基的应力控制标准。

(5) 了解重力坝的极限状态设计方法和基本计算公式以及其适应的情况。

(6) 掌握在满足稳定和应力要求情况下非溢流重力坝的剖面型式和尺寸设计和计算。

(7) 掌握溢流坝的水力计算、结构和构造，能做溢流曲面及剖面设计。

(8) 掌握重力坝的深式泄水孔的布置位置、尺寸确定以及进出口和洞身的结构构造。

(9) 掌握重力坝的砂子、石子、水泥等材料在强度、抗渗、抗冻等方面的要求，掌握重力坝身的廊道、排水、分缝止水等细部结构和构造。

(10) 掌握岩石地基的断层、破碎带、软弱夹层等地质问题的处理方法。

(11) 了解堆石混凝土坝的特点和适应条件，了解碾压混凝土重力坝的类型、特点、筑坝材料、施工方法及控制要求。

3.1　概　　述

重力坝是一种古老而应用很广的坝型，因主要依靠自重维持稳定而得名。早在公元前2900年，埃及便在尼罗河上修建了一座高15m、顶长240m的浆砌石重力坝。19世纪以前，重力坝基本上都采用毛石砌体修建，19世纪后期由于新材料出现才逐渐采用混凝土筑坝。随着筑坝技术、设计理论的提高，高坝不断增多，1962年瑞士建成了世界上最高的大狄克逊重力坝，最大坝高为285m。20世纪80年代后，碾压混凝土筑坝技术开始应用于重力坝，使重力坝发展步伐加快。

我国自成立以后，已建30m以上的混凝土坝中，重力坝占50%左右。20世纪50年代我国首先建成了高105m的新安江和高71m的古田一级两座宽缝重力坝；20世纪60年代，建成了高97m的丹江口宽缝重力坝和高147m的刘家峡、高106m的三门峡两座实体重力坝；20世纪70年代，建成了高107m的黄龙滩、高85m的龚嘴实体重力坝；20世纪

80 年代，建成了高 165m 的乌江渡拱形重力坝和高 107.5m 的潘家口宽缝重力坝等。之后又开工建设水口、隔河岩、岩滩、三峡、龙滩、向家坝、金安桥等一批高混凝土重力坝，如现已完工的长江三峡工程，最大坝高 181m，已建成的龙滩碾压混凝土重力坝工程，坝高 216.5m。

3.1.1 重力坝的特点

重力坝的工作原理可以概括为两点：①重力坝在水压力及其他荷载作用下，主要依靠坝体自重产生的抗滑力来满足稳定的要求；②利用坝体自重在水平截面上产生的压应力来抵消由于水压力所引起的拉应力，以满足强度要求。因此重力坝的剖面较大，一般上游坝面近于垂直的三角形剖面，且垂直坝轴线方向常设永久伸缩缝，将坝体沿坝轴线分成若干个独立的坝段，如图 3.1 所示。

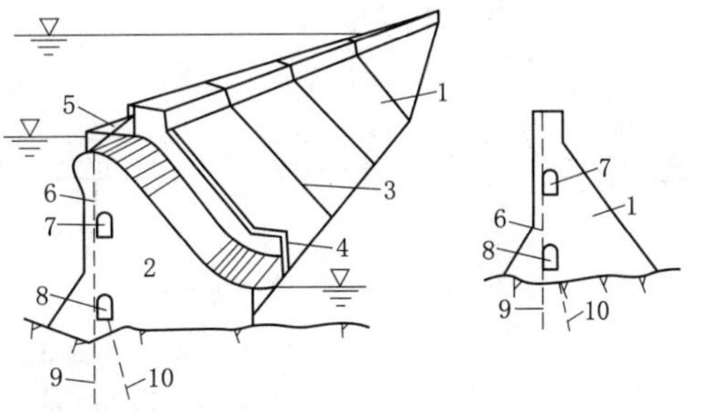

图 3.1 重力坝示意图
1—非溢流重力坝；2—溢流重力坝；3—横缝；4—导墙；5—闸门；6—坝内排水管；7—检修、排水廊道；8—基础灌浆廊道；9—防渗帷幕；10—坝基排水孔

重力坝与其他坝型相比，具有以下主要特点：

(1) 便于泄洪和施工导流。重力坝所用的材料抗冲能力强，剖面尺寸较大，适于坝顶溢流和在坝身设置泄水孔，施工期可以利用坝体分期导流。

(2) 混凝土重力坝需要温控散热措施。重力坝体积较大，水泥用量多，水泥水化热量大，需要温控散热措施，否则会产生温度裂缝，影响坝体的整体性、耐久性及外观等。

(3) 材料的强度不能充分发挥。重力坝材料的允许压应力相对较大，而坝体内部和上部的实际应力较小，因此坝体不同区域应采用不同强度等级和耐久性要求的材料。

(4) 受扬压力的影响大。重力坝的坝体和坝基有一定的透水性，在较大的水头差作用下，产生渗透压力。渗透压力和浮托力合称扬压力，它会减轻坝体的有效重量，对坝体的稳定不利，因此要采取有效措施减小扬压力。

(5) 对地形、地质条件适应性好。几乎任何形状的河谷断面都可修建重力坝。重力坝对地基地质条件的要求虽然比土石坝高，但由于横缝的存在，能很好地适应各种非均质地基，无重大缺陷的一般强度的岩基均能满足建坝要求。

3.1.2 重力坝的类型

(1) 按坝体的高度分类。坝高指坝基最低面（不包括局部深槽、深井等）至坝顶路面的高度。坝高大于 70m 的为高坝，小于 30m 的为低坝，介于两者之间的为中坝。

(2) 按筑坝材料分类。按筑坝材料可分为常态混凝土重力坝、碾压混凝土重力坝和浆砌石重力坝。重力坝大都使用混凝土建造，从混凝土重力坝的建设角度看，常态混凝土重力坝在数量上占绝大多数；而从技术、经济效益和发展趋势看，碾压混凝土重力坝有较大的发展空间；中低坝可用浆砌块石砌筑。

(3) 按泄水条件分类。按顶部是否可以泄水可分为溢流重力坝和非溢流重力坝。坝体内设有泄水孔的坝段和溢流坝段统称为泄水坝段；完全不能泄水的坝段称为非溢流坝段，也叫作挡水坝段。

(4) 按坝体的结构分类。按坝体的结构可分为实体重力坝、宽缝重力坝、空腹重力坝、装配式重力坝等，如图3.2所示。

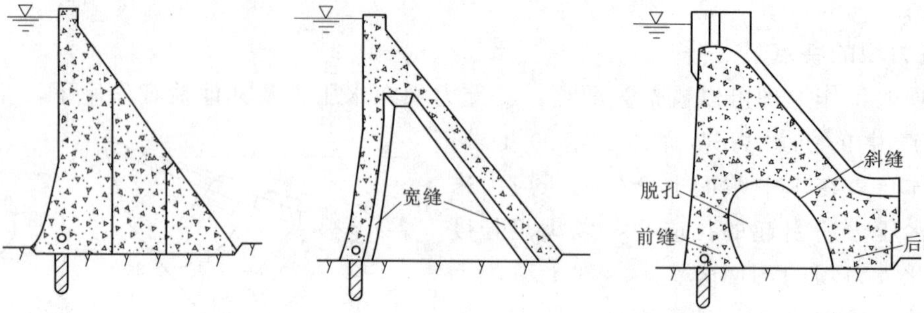

图3.2 重力坝的型式

(a) 实体重力坝；(b) 宽缝重力坝；(c) 空腹重力坝

实体重力坝是最简单的型式，缺点是扬压力大和材料的强度不能充分发挥，工程量较大。而宽缝重力坝和空腹重力坝等坝型可以有效降低扬压力、较好利用材料强度、节省工程量，缺点是施工较为复杂，模板用量较多。例如，新安江宽缝重力坝高105m，潘家口宽缝重力高107.5m。装配式重力坝是采用预制混凝土块安装筑成的坝，可改善混凝土施工质量和降低坝体的温度，但要求施工工艺高，以使接缝有足够的强度和防水性能。湖北省陆水水利工程就采用此种坝型，坝高为49m。

3.2 重力坝的荷载及荷载组合

3.2.1 作用与荷载

水工建筑物在各种工作状态下受到各种作用，这些作用通常称为荷载。重力坝的荷载主要有自重、静水压力、动水压力、扬压力、淤沙压力、浪压力、冰压力、土压力、地震荷载等。

3.2.1.1 自重（包括永久设备自重）

重力坝自重W可根据结构设计尺寸及材料容重按下式计算：

$$W = A\gamma_c \tag{3.1}$$

式中 A——坝体横剖面，常将坝体断面分成简单的矩形、三角形计算；

γ_c——坝体混凝土容重，kN/m^3。一般混凝土取23.5～24kN/m^3，钢筋混凝土取24.5～25kN/m^3，浆砌石取21.5～23kN/m^3。

计算自重时，坝上永久固定设备，如闸门、启闭机等重量也应计算在内，坝内较大的孔洞应扣除。

3.2.1.2 水压力

1. 静水压力

水体静止状态下对结构表面的作用力称为静水压力，可按静水力学原理进行计算。为方便起见，作用在坝面的总静水压力分解为水平水压力 P_H 和垂直水压力 P_V 两部分，如图 3.3 所示，其大小可按下式计算：

$$P_H=\frac{1}{2}\gamma_w H^2 \tag{3.2}$$

$$P_V=A_w\gamma_w \tag{3.3}$$

式中 γ_w——水的容重，取 9.81kN/m³，对多泥沙河流可根据实际情况确定；

H——计算点以上的水深，m；

A_w——结构表面以上水的面积，m²。

2. 动水压力

溢流坝段坝顶闸门关闭挡水时，静水压力计算与挡水坝段完全相同。在泄水时水流经曲面（如溢流坝面或泄水孔洞的反弧段），由于流向的改变，在该处产生动水压力，如图 3.4 所示。由动量方程可求得单宽反弧段上的动水压力：

$$P_{xr}=q\rho_w v(\cos\varphi_2-\cos\varphi_1) \tag{3.4}$$

$$P_{yr}=q\rho_w v(\sin\varphi_2+\sin\varphi_1) \tag{3.5}$$

式中 q——相应设计状况下反弧段上的单宽流量，m³/(s·m)；

ρ_w——水的密度，kg/m³；

v——反弧段最低处的断面平均流速，m/s；

φ_1、φ_2——反弧段圆心竖线左、右的中心角，如图 3.4 所示。

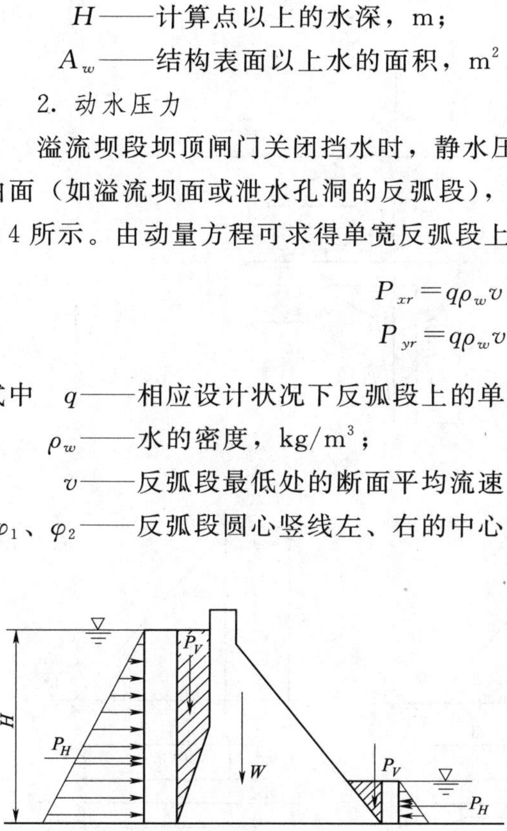

图 3.3 静水压力计算示意图

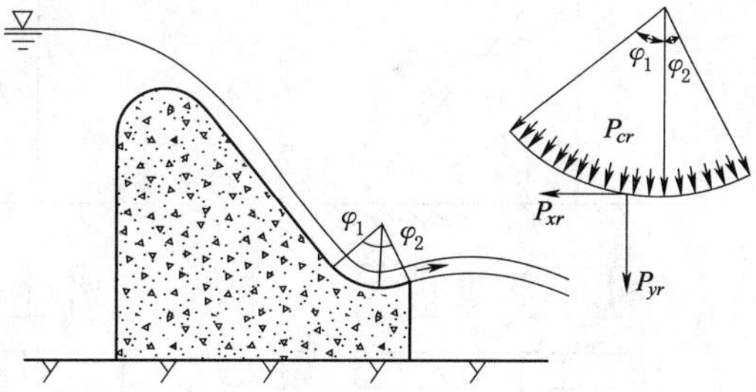

图 3.4 动水压力计算图

3.2.1.3 扬压力

扬压力包括浮托力和渗透压力。大坝挡水后，在上下游水头差的作用下，水将通过坝体、地基等的孔隙向下游渗透，由渗透引起的水压力称为渗透压力，由下游水深而引起的水压力称为浮托力，渗透压力和浮托力之和称为扬压力。

扬压力的大小可按扬压力分布图形计算，影响其分布及数值的因素较多，设计时要根据地基地质条件、防渗排水措施、坝的结构形式等情况分别选用扬压力计算图形。

1. 坝基面扬压力计算

坝基面扬压力的分布按以下三种情况确定：

（1）坝基未设防渗帷幕和排水孔时，作用于坝底面上游边缘处的扬压力作用水头为 H_1，下游边缘处为 H_2，其间用直线连接，如图 3.5（e）所示。

（2）当坝基上游设防渗帷幕和排水孔时，坝底面上游处的扬压力作用水头为 H_1，排水孔中心线处为 $H_2+\alpha(H_1-H_2)$，下游（坝趾）处为 H_2，其间各段依次以直线连接，如图 3.5（a）～（c）所示。

（3）当坝基上游有防渗帷幕和上游主排水孔并设下游副排水孔及抽排系统时，坝基面上游处的扬压力作用水头为 H_1，主、副排水孔中心处的扬压力作用水头分别为 $\alpha_1 H_1$ 和 $\alpha_2 H_2$，下游处为 H_2，其间各段依次以直线连接，如图 3.5（d）所示。

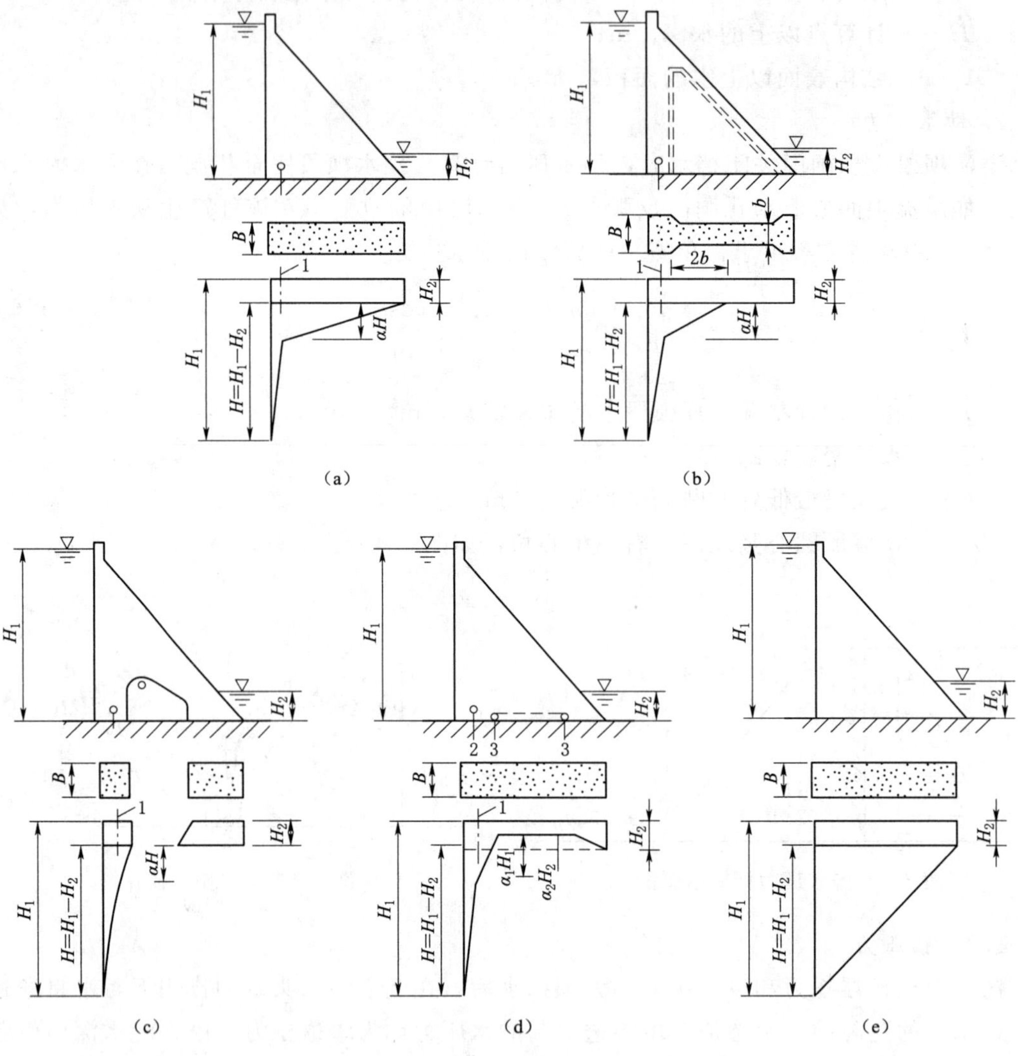

图 3.5　坝底面扬压力分布

（a）实体重力坝；（b）宽缝重力坝及大头支墩坝；（c）空腹重力坝；

（d）坝基设有抽排系统；（e）未设帷幕及排水孔

1—排水孔中心线；2—主排水孔；3—副排水孔

以上各种情况中，渗透压力强度系数 α、扬压力强度系数 α_1 及残余扬压力系数 α_2 的选用见表 3.1。

表 3.1　　坝底面的渗透压力和扬压力系数

坝型及部位		地基处理情况		
		设置防渗帷幕及排水孔	设置防渗帷幕及主、副排水孔并抽排系统	
部位	坝型	渗透压力强度系数 α	扬压力强度系数 α_1	残余扬压力系数 α_2
河床坝段	实体重力坝	0.25	0.20	0.50
	宽缝重力坝	0.20	0.15	0.50
	大头支墩坝	0.20	0.15	0.50
	空腹重力坝	0.25	—	—
岸坡坝段	实体重力坝	0.35	—	—
	宽缝重力坝	0.30	—	—
	大头支墩坝	0.30	—	—
	空腹重力坝	0.35	—	—

2. 坝体内部扬压力

坝体内部混凝土也具有一定的渗透性，渗流会产生渗透压力。常在坝体上游面附近3～5m 范围浇筑抗渗混凝土，并在紧靠该防渗层的下游面设排水管，降低坝体内部的扬压力。当不设坝体排水管时，其上游处水头为 H_1'，下游水头为 H_2'，其间直线连接；当坝体上游面设有坝体排水管时的，排水管中心线处水头为 $\alpha_3 H_1'$，如图 3.6 所示。

坝体内部扬压力系数 α_3，对于实体重力坝及空腹重力坝的实体部位取 0.2；宽缝坝、大头支墩的无宽缝部位取 0.2，有宽缝部位取 0.15。

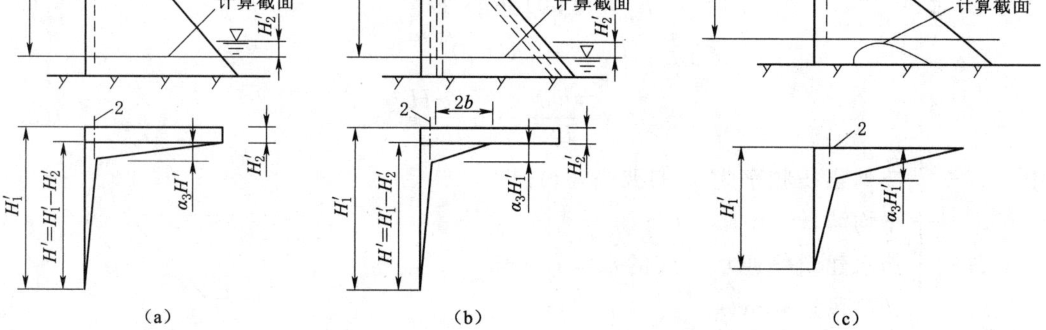

图 3.6　坝体计算截面上扬压力分布

(a) 实体重力坝；(b) 宽缝重力坝；(c) 空腹重力坝

1—坝内排水管；2—排水管中心线

3.2.1.4　淤沙压力

水库蓄水后，流速减缓，水流夹带的泥沙将淤积在水库的尾部，对坝上游面产生淤沙压力。一般情况下，作用在坝面单位长度上的水平淤沙压力在垂直方向上呈三角形分布，其合力可按下式计算：

$$P_{sk}=\frac{1}{2}\gamma_{sb}h_s^2\tan^2\left(45°-\frac{\varphi_s}{2}\right) \tag{3.6}$$

$$\gamma_{sb}=\gamma_{sd}-(1-n)\gamma_w \tag{3.7}$$

式中　P_{sk}——淤沙压力值，kN/m；

γ_{sb}——淤沙的浮容重，kN/m³；

γ_{sd}——淤沙的干容重，kN/m³；

n——淤沙的孔隙率；

h_s——挡水建筑物前泥沙的淤积高度，m；

φ_s——淤沙的内摩擦角，(°)。

对淤沙高度，应根据河流的水文泥沙特性和枢纽布置情况经计算确定。淤沙的浮容重和内摩擦角一般可参照类似工程的实测资料分析确定；对淤积严重的工程，宜通过物理模型试验后确定。

当上游坝面倾斜时，除计算水平淤沙压力外还应计算竖向淤沙压力，其值应按淤沙浮容重与淤沙体积的乘积求得。

3.2.1.5　浪压力

由于风的作用，在水库内形成波浪，它不但给闸坝等挡水建筑物直接施加浪压力，而且波峰所及高程也是决定坝高的重要依据。浪压力与波浪要素和坝前水深等有关。

1. 波浪要素计算

波浪的几何要素如图 3.7 所示，主要包括波高（h_m）、波长（L_m）和波浪中心线高于静水面的高度（h_z），其值的大小与水面的宽阔程度、水域形状、风力、风向、库区地形等条件有关。SL 744—2016《水工建筑物荷载设计规范》对峡谷水库和平原水库分别介绍了适用公式。官厅水库公式为

$$h_p=0.00166v_o^{5/4}D^{1/3} \tag{3.8}$$

$$L_m=10.4(h_p)^{0.8} \tag{3.9}$$

$$h_z=\frac{\pi h_{1\%}^2}{L_m}\coth\frac{2\pi H}{L_m} \tag{3.10}$$

式中　h_p——波列累积频率为 p 的波高，m；

L_m——平均波长，m；

H——挡水建筑物迎水面前的水深，m；

v_o——计算风速，m/s；

D——风区长度（有效吹程），m。

计算风速 v_o，在正常运用条件下采用相应季节 50 年重现期的最大风速，在非常运用条件下采用相应洪水期多年平均最大风速。风区长度 D，也称为吹程，指风作用于水域的直线最大长度。一般可按以下情况确定：当沿风向两侧的水域较宽广时，可采用计算点至对岸的直线最大距离；当沿风向有局部缩窄且缩窄处的宽度 B 小于 12

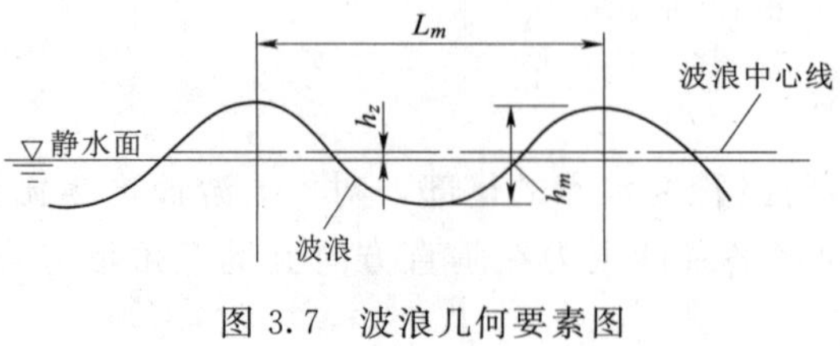

图 3.7　波浪几何要素图

倍计算波长时，可采用 $5B$，同时不小于计算点至对岸的直线距离（图 3.8）。

对内陆峡谷水库，宜按官厅水库公式计算，适用于风速 $v_o<20\text{m/s}$，吹程 $D<20\text{km}$。当$\frac{gD}{v_o^2}=20\sim250$ 时，波高 h_p 为累积频率 5%的波高 $h_{5\%}$；当$\frac{gD}{v_o^2}=250\sim1000$ 时，波高 h_p 为累积频率为 10%的波高 $h_{10\%}$。

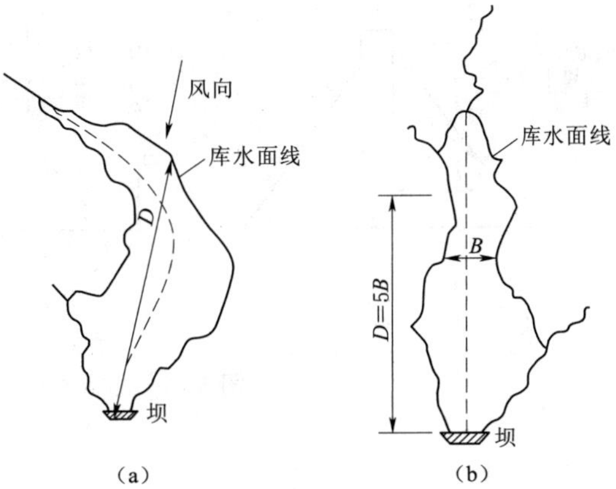

图 3.8 风区长度图

(a) 水域较宽阔时波浪吹程；(b) 水域缩窄时波浪吹程

根据累积频率为 P（%）的波高 h_p 来计算波浪压力。累积频率波高 h_p 与平均波高 h_m 的关系可按表 3.2 换算。如按式（3.8）算出累积频率为 10%的波高 $h_{10\%}$，推算累积频率为 1%的波高 $h_{1\%}=1.42h_{10\%}$。

表 3.2　累积频率波高 h_p 与平均波高 h_m 的比值

$\frac{h_m}{H}$	P/%									
	0.1	1	2	3	4	5	10	13	20	50
0	2.97	2.42	2.23	2.11	2.02	1.95	1.71	1.61	1.43	0.94
0.1	2.70	2.26	2.09	2.00	1.92	1.87	1.65	1.56	1.41	0.96
0.2	2.46	2.09	1.96	1.88	1.81	1.76	1.59	1.51	1.37	0.98
0.3	2.23	1.93	1.82	1.76	1.70	1.66	1.52	1.45	1.34	1.00
0.4	2.01	1.78	1.68	1.64	1.60	1.56	1.44	1.39	1.30	1.01
0.5	1.80	1.63	1.56	1.52	1.49	1.46	1.37	1.33	1.25	1.01

2. 直墙式挡水建筑物的浪压力

当波浪要素确定后，便可根据挡水建筑前不同的水深条件，按以下三种波态计算浪压力。

(1) 当闸坝前水深 H 满足 $H\geqslant H_{cr}$ 且 $H\geqslant\frac{L_m}{2}$时，发生深水波，浪压力分布如图 3.9 (a) 所示，单位长度挡水建筑物迎水面上的浪压力值按下式计算：

$$P_W=\frac{1}{4}\gamma_W L_m(h_{1\%}+h_z) \tag{3.11}$$

$$H_{cr}=\frac{L_m}{4\pi}\ln\frac{L_m+2\pi h_{1\%}}{L_m-2\pi h_{1\%}} \tag{3.12}$$

式中　P_W——单位长度迎水面的浪压力，kN/m；

$h_{1\%}$——累积频率为 1%的波高，m；

h_z——波浪中心线至计算静水位的高度，m；

H_{cr}——使波浪破碎的临界水深，m。

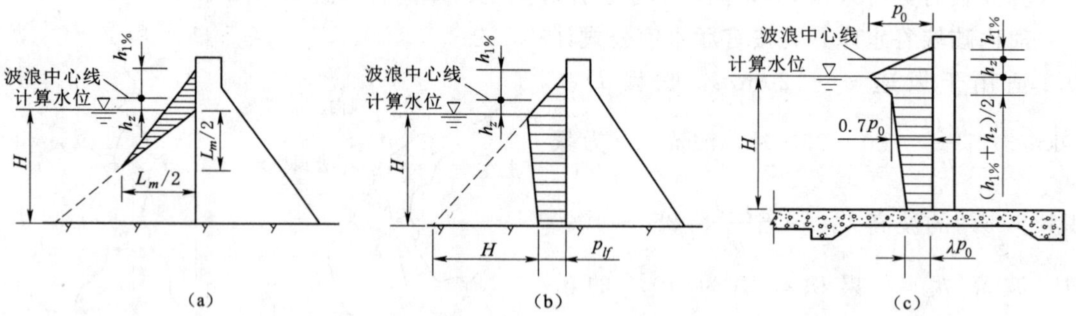

图 3.9　直墙式挡水建筑物的浪压力分布

(a) 深水波；(b) 浅水波；(c) 破碎波

(2) 当 $H \geqslant H_{cr}$ 且 $H < \frac{L_m}{2}$ 时，坝前产生浅水波，其浪压力分布如图 3.9 (b) 所示，单位长度的浪压力值按下式计算：

$$P_W = \frac{1}{2}[(h_{1\%}+h_z)(\gamma_w H + P_{lf}) + Hp_{lf}] \tag{3.13}$$

$$p_{lf} = \gamma_w h_{1\%} \operatorname{sech} \frac{2\pi H}{L_m} \tag{3.14}$$

式中　p_{lf}——建筑物底面处剩余浪压力强度，kN/m²。

(3) 当 $H < H_{cr}$ 时，则产生破碎波，此时浪压力分布如图 3.9 (c) 所示，单位长度上的浪压力标准值可按下式计算：

$$P_W = \frac{1}{2}p_o[(1.5-0.5\lambda)h_{1\%} + (0.7+\lambda)H] \tag{3.15}$$

$$p_o = k_i \gamma_w h_{1\%} \tag{3.16}$$

式中　λ——建筑物底面的浪压力强度折减系数。当 $H \leqslant 1.7h_{1\%}$ 时，取 0.6；当 $H > 1.7h_{1\%}$ 时，取 0.5；

p_o——计算静水位处的浪压力强度，kN/m²；

k_i——底坡影响系数，可按表 3.3 取值。

表 3.3　　底坡影响系数 k_i

底坡 i	1/10	1/20	1/30	1/40	1/50	1/60	1/80	<1/100
k_i 值	1.89	1.61	1.48	1.41	1.36	1.33	1.29	1.25

注　底坡 i 采用建筑物迎水面前一定距离内的平均值。

3.2.1.6　地震荷载

在地震区修建水工建筑物时，也应考虑地震的影响，地震作用主要包括地震惯性力、地震动水压力和动土压力等。地震作用大小取决于建筑物所在地区的地震烈度。地震烈度又分为基本烈度和设计烈度两个概念。基本烈度指水工建筑物所在地区今后一定时期（一般指 100 年）内可能遇到的地震最大烈度，根据地震时在一定地点地面震动的强度，分为 1～12 度，烈度越大，对建筑物的破坏力越大。一般采用基本烈度作为设计烈度。基本烈度 6 度以下地区的建筑物可不考虑地震作用；对基本烈度在 6 度或 6 度以上地区，坝高超过 200m 或库容大于 100 亿 m^3 的大型工程，以及对基本烈度在 7 度或 7 度以上地区，坝高超过 150m 的大（1）型工程，其抗震设防依据应进行专门的地震危险性评定。

GB 51247—2018《水工建筑物抗震设计标准》规定：水工建筑的工程抗震设防类别应根据工程的重要性和工程场地的基本烈度按表 3.4 确定；工程抗震设防等级为甲类的重力坝，其地震作用采用动力法；工程抗震设防等级为乙、丙类的重力坝，采用动力法或拟静力法；设计烈度小于 8 度且坝高不大于 70m 的重力坝，可采用拟静力法。

表 3.4　　工程设防类别及地震作用效应计算法

工程抗震设防类别	建筑物级别	地震作用效应计算方法	场地基本烈度
甲	1（壅水）	动力法	≥6
乙	1（非壅水）、2（壅水）	动力法或拟静力法	
丙	2（非壅水）、3	动力法或拟静力法	≥7
丁	4、5	拟静力法或着重采取抗震措施	

1. 地震惯性力

地震时，水工建筑物随地壳而加速运动，产生了地震惯性力。地震惯性力的方向是任意的，和地震加速度的方向相反。一般情况下只考虑顺河流方向的水平方向地震作用，对于设计烈度为 8、9 度的 1、2 级重力坝，应同时计入水平和竖向地震作用，但竖向地震惯性力需乘 0.5 的耦合系数。

（1）水平地震惯性力。采用拟静力法计算地震作用效应时，沿建筑物高度作用于质点 i 的水平向地震惯性力代表值应按下式计算：

$$F_i = \alpha_h \xi G_{Ei} \alpha_i / g \tag{3.17}$$

$$\alpha_i = 1.4 \frac{1 + 4(h_i/H)^4}{1 + 4\sum_{j=1}^{n} \frac{G_{Ej}}{G_E}(h_j/H)^4} \tag{3.18}$$

式中 F_i——作用于质点 i 的水平向地震惯性力代表值，kN/m；

ξ——地震作用的效应折减系数，一般取 0.25；

G_{Ei}——集中在质点 i 的重力作用标准值，kN；

g——重力加速度，取 9.81m/s^2；

α_h——水平向设计地震加速度代表值，可由表 3.5 确定；

α_i——质点 i 的动态分布系数，计算重力坝地震作用效应时，由式（3.18）确定；

n——坝体计算质点总数；

h_i、h_j——质点 i、j 的高度，m；

H——坝高，m；溢流坝段的 H 应算至闸墩顶，m；

G_{Ej}——质点 j 的重力作用标准值，kN；

G_E——大坝总重力作用标准值，kN。

表 3.5　　**水平向设计地震加速度代表值**

设计烈度	7	8	9
α_h	$0.1g$	$0.2g$	$0.4g$

（2）垂直地震惯性力：垂直向地震惯性力的计算，需将水平向设计地震加速度代表值 α_h 变成竖向设计地震加速度代表值 α_v，一般 α_v 应取 α_h 的 2/3。当一个结构物同时计算水平和竖向地震作用力时，应将竖向地震作用效应乘以 0.5 的耦合系数后与水平地震作用效应直接相加。

2. 地震动水压力

发生地震时，坝前、坝后的水随着震动形成作用在坝面上的激荡力。采用拟静力法计算，对上游面垂直的情况下，水深 y 处的地震动水压力代表值应按式（3.19）计算。单宽坝面上的总地震动水压力，作用在水面以下 $0.54H_0$ 处，方向水平指向下游。其代表值 F_0 可按式（3.20）计算：

$$p_w(y)=\alpha_h\xi\psi(y)\rho_w H_0 \tag{3.19}$$

$$F_0=0.65\alpha_h\xi\rho_w H_0^2 \tag{3.20}$$

式中　$p_w(y)$——作用在直立迎水面水深 y 处的地震动水压力代表值，kN/m；

H_0——坝前水深，m；

ρ_w——水体质量密度标准值，kg/m^3；

$\psi(y)$——水深 y 处，地震动水压力分布系数，应按表 3.6 取值。

表 3.6　　**动水压力分布系数表**

y/H_0	$\psi(y)$	y/H_0	$\psi(y)$	y/H_0	$\psi(y)$
0.0	0.00	0.4	0.74	0.8	0.71
0.1	0.43	0.5	0.76	0.9	0.68
0.2	0.58	0.6	0.76	1.0	0.67
0.3	0.68	0.7	0.75	—	—

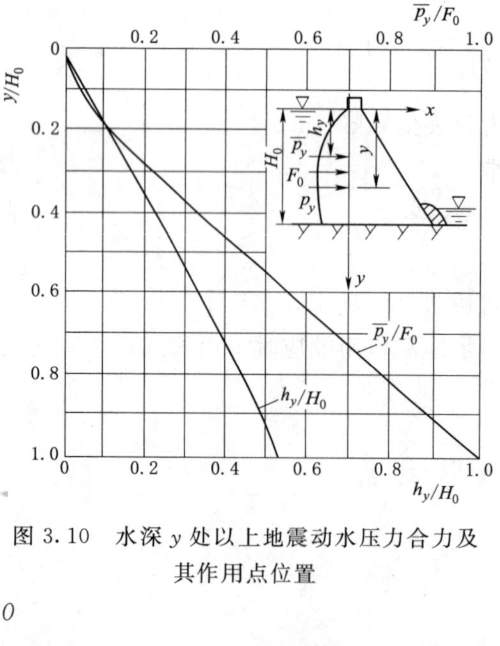

图 3.10　水深 y 处以上地震动水压力合力及其作用点位置

水深 y 处以上单位宽度地震动水压力代表值 $\overline{P}_y$ 及其作用点位置 h_y 的计算，可利用图 3.10 进行图解。

当迎水面倾斜时，应将计算的 F_0 值乘以折减系数 $\varphi/90°$，φ 为建筑物迎水面与水平面的夹角；当迎水面为折线时，若水面下直立部分高度大于水深的一半时，可近似按直立面考虑，否则可近似地取水面点与坡脚点的连线代替坡度线。

作用在挡水建筑物上、下游面的地震动水压力均垂直于坝面，且两者的作用方向一致。即当地震加速度的方向指向上游时，作用在上、下游坝面上的地震动水压力均指向下游。

3. 地震动土压力

当重力坝或水闸一侧有填土时，则应考虑地震动土压力。

地震主动动土压力代表值可按式（3.21）计算，并取其式中的“+”“-”号计算结果中的大值。

$$F_E=\left[q_o\frac{\cos\psi_1}{\cos(\psi_1-\psi_2)}H+\frac{1}{2}\gamma H^2\right](1\pm\zeta\alpha_v/g)C_e \tag{3.21}$$

$$C_e=\frac{\cos^2(\phi-\theta_e-\psi_1)}{\cos\theta_e\cos^2\psi_1\cos(\delta+\psi_1+\theta_e)(1\pm\sqrt{Z})^2} \tag{3.22}$$

$$Z=\frac{\sin(\delta+\phi)\cos(\phi-\theta_e-\psi_2)}{\cos(\delta+\psi_1+\theta_e)\cos(\psi_2-\psi_1)} \tag{3.23}$$

$$\theta_e=\tan^{-1}\frac{\zeta\alpha_h}{g-\zeta\alpha_v}$$

式中 F_E——地震主动的土压力代表值，kN/m；

q_o——土表面单位长度荷载，kN/m；

ψ_1——挡土墙面与垂直面夹角，(°)；

ψ_2——土表面与水平面夹角，(°)；

H——填土高度，m；

γ——土的容重标准值，kN/m³；

ϕ——土的内摩擦角，(°)；

θ_e——地震系数角，(°)；

δ——坝面（挡土墙面）与土之间的摩擦角，(°)；

ζ——计算系数，动力法时取 1.0，拟静力法时一般取 0.25，钢筋混凝土结构取 0.35。

3.2.2 荷载组合

作用在重力坝上的荷载分为基本荷载和特殊荷载。

1. 基本荷载

（1）坝体及其上永久设备的重力。

（2）正常蓄水位或设计洪水位时大坝上游面、下游面的静水压力（选取一种情况控制）。

（3）正常蓄水位或设计洪水位时的扬压力。

（4）淤沙压力。

（5）正常蓄水位或设计洪水位时的浪压力。

（6）冰压力。

（7）土压力。

（8）设计洪水位时的动水压力。

（9）其他出现机会较多的荷载。

2. 特殊荷载

（1）校核洪水位时大坝上游面、下游面的静水压力。

（2）校核洪水位时的扬压力。

（3）校核洪水位时的浪压力。

（4）校核洪水位时的动水压力。

（5）地震荷载。

（6）其他出现机会很少的荷载。

混凝土重力坝抗滑稳定及坝体应力计算的荷载组合应分为基本组合和特殊组合两种。基本组合属设计情况或正常情况，由同时出现的基本荷载组成；特殊组合属校核情况或非常情况，由同时出现的基本荷载和一种或几种特殊荷载组成。设计时应从这两类组合中选择几种最不利的、起控制作用的组合情况进行计算，使之满足 SL 319—2018《混凝土重力坝设计规范》中规定的要求。荷载组合应按表 3.7 的规定选取。

表 3.7　　荷 载 组 合

荷载组合	主要考虑情况	荷载									附注
		自重	静水压力	扬压力	淤沙压力	浪压力	冰压力	动水压力	土压力	地震作用	
基本组合	（1）正常蓄水位情况	√	√	√	√	√			√		土压力根据坝体外是否有填土而定
	（2）设计洪水位情况	√	√	√	√	√		√	√		土压力根据坝体外是否有填土而定
	（3）冰冻情况	√	√	√	√		√		√		静水压力及扬压力按相应冬季库水位计算
特殊组合	（1）校核洪水情况	√	√	√	√	√		√	√		土压力根据坝体外是否有填土而定
	（2）地震情况	√	√	√	√	√			√	√	静水压力、扬压力和浪压力按正常蓄水位计算，有论证时可另作规定

注　1. 应根据各种荷载同时作用的实际可能性，选择计算中最不利的荷载组合。
2. 分期施工的坝应按相应的荷载组合分期进行计算。
3. 施工期的情况应进行必要的核算，作为特殊组合。
4. 根据地质和其他条件，如考虑运用时排水设备易于堵塞，需经常维修，则应考虑排水失效情况作为特殊组合。
5. 地震情况，如按冬季计及冰压力，则不计浪压力。

3.3 重力坝的稳定分析

3.3.1 抗滑稳定计算截面的选取

混凝土坝设永久性横缝，将坝体分成若干坝段，横缝不传力，坝段独立工作，无水平梁的作用。因此，稳定分析时取单独坝段或沿坝轴方向取 1m 长进行计算。

根据坝基地质条件和坝体剖面形式，应选择受力大、抗剪强度较低、最容易产生滑动的截面作为计算截面。重力坝抗滑稳定计算主要是核算坝基面及碾压混凝土层面上的滑动稳定性。另外坝基内有软弱夹层、缓倾角结构面时，还应核算其深层滑动性。

3.3.2 坝体抗滑稳定计算

SL 319—2018《混凝土重力坝设计规范》规定，重力坝的抗滑稳定计算应用定值安全系数法，计算公式有抗剪强度公式和抗剪断强度公式。

1. 抗剪强度公式

利用抗剪强度公式时，将坝体与岩基间看成一个接触面而不是胶结面。滑动面上的阻滑力只计摩擦力，不计凝聚力。当滑动面为水平面时，如图 3.11 (a) 所示，抗滑稳定安全系数 K 为

$$K=\frac{阻滑力}{滑动力}=\frac{f(\sum W-U)}{\sum P} \tag{3.24}$$

式中 $\sum W$——作用于滑动面上的总铅直力，kN；

$\sum P$——作用于滑动面上的水平铅直力，kN；

U——作用在滑动面上的扬压力，kN；

f——滑动面上的抗剪摩擦系数。

当滑动面为倾向上游的倾斜面时，如图 3.11 (b) 所示，计算公式为

$$K=\frac{f(\sum W\cos\alpha-U+\sum P\sin\alpha)}{\sum P\cos\beta-\sum W\sin\alpha} \tag{3.25}$$

式中 β——接触面与水平面间的夹角。

但要注意扬压力 U 应垂直于所计算的滑动面。由式 (3.25) 看出，滑动面倾向上游时，对坝体抗滑稳定有利；倾向下游时，角由正变负，滑动力增大，抗滑力减小，对坝的稳定不利。在选择坝轴线和开挖基坑时，应尽可能考虑这一影响。

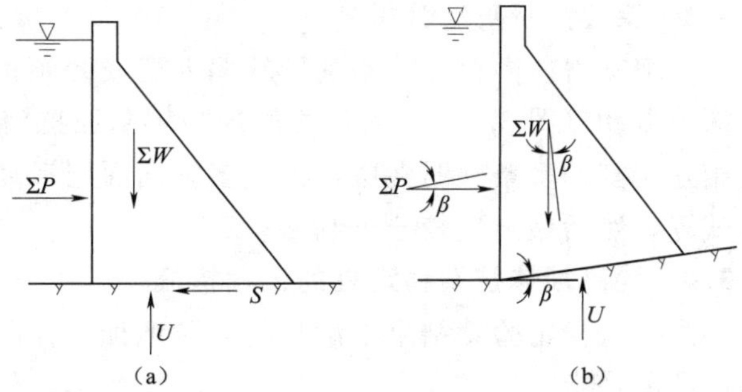

图 3.11 坝体抗滑稳定计算简图

(a) 滑动面为水平面；(b) 滑动面为倾向上游的倾斜面

用抗剪强度公式设计时，各种荷载组合情况下的安全系数见表 3.8。

表 3.8 抗滑稳定安全系数 K

荷载组合		坝的级别		
		1	2	3
基本组合		1.10	1.05	1.05
特殊组合	(1)	1.05	1.00	1.00
	(2)	1.00	1.00	1.00

2. 抗剪断强度公式

抗剪断强度公式认为坝体与基岩胶结良好，滑动面上的阻滑力包括摩擦力和凝聚力，并直接通过胶结面的抗剪断试验确定抗剪断强度的参数 f' 和 c'，其抗滑稳定安全系数为

$$K'=\frac{f'(\sum W-U)+c'A}{\sum P} \tag{3.26}$$

式中 f'——坝体混凝土与坝基接触面的抗剪断摩擦系数；

c'——坝体混凝土与坝基接触面的抗剪断凝聚力，kPa。

用抗剪强度公式设计时，各种荷载组合情况下的安全系数见表 3.9。

表 3.9　抗滑稳定安全系数 K'

荷载组合		K'
基本组合		3.0
特殊组合	(1)	2.5
	(2)	2.3

上述两个抗滑稳定计算公式是在不同的假定前提下得到的。

(1) 抗剪强度公式。形式简单，概念明确，计算方便，多年来积累了丰富的经验，但只考虑坝体与基岩之间的摩擦力，忽略了坝体与基岩的胶结作用，公式中不考虑凝聚力与实际不符，不能完全反映实际工作状态，凝聚力仅作为一种安全储备，因此 K 取得较小。

(2) 抗剪断强度公式。考虑了坝体与基岩的胶结作用，计算了全部抗滑潜力，比较符合坝的实际工作状态，物理概念明确，是近年来发展的趋势，但 c' 现场测值不稳，因此 K' 取值较大，应注意抗剪断参数的选用。

总之，f'、c' 和 f 的大小对抗滑稳定影响很大，若取大安全没有保证，取小则浪费。如何选取 f'、c' 和 f 值是计算稳定安全系数的关键。

3.3.3　深层抗滑稳定分析

当坝基岩体内存在着不利的软弱夹层或缓倾角断层时，坝体有可能沿着坝基软弱面产生深层滑动（图 3.12），其计算原理与坝基面抗滑稳定计算相同。若实际工程中地基内存在相互切割的多条软弱夹层，构成多斜面深层滑动，计算时选择几个比较危险的滑动面进行试算，然后做出比较分析判断。

3.3.4　提高坝体抗滑稳定性的工程措施

当抗滑稳定验算结果不满足时，除增加坝体断面外，还可以采用以下工程措施来提高坝体抗滑稳定。

(1) 利用水重。将坝的迎水面做成向上游的倾斜面或折坡面，利用坝面水重增加坝体的抗滑稳定性。但应注意，上游坝面的坡度不宜过缓，否则在上游坝面容易出现拉应力，对坝体强度不利。

(2) 将坝基面开挖成向上游倾斜的斜面，借以增加抗滑力，提高稳定性，当基岩为水平层状构造时，此措施对增强坝的抗滑稳定更为有效。但这种做法会增加坝基开挖量和坝体混凝土浇筑量。若基岩较为坚硬，也可将坝基面开挖成若干段倾向上游的斜面，形成锯齿状，以提高坝基面得抗剪能力（图 3.13）。

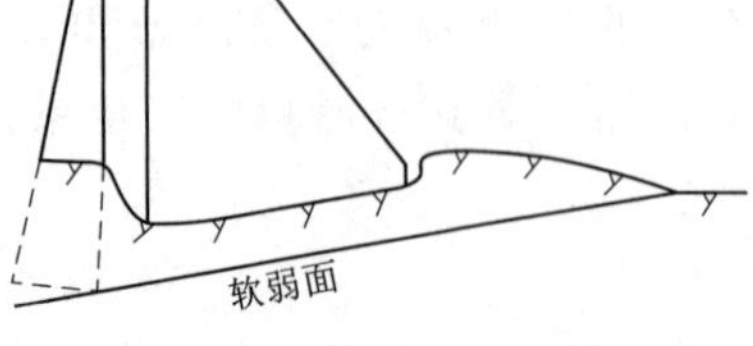

图 3.12　单斜面深层滑动

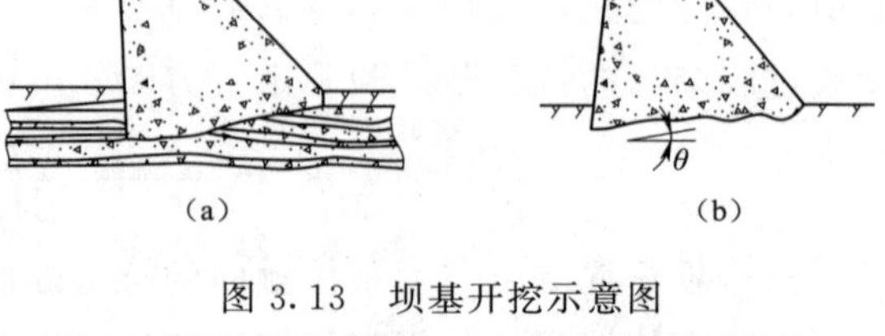

图 3.13　坝基开挖示意图

(a) 坝基开挖成倾斜面；(b) 坝基开挖成锯齿状

（3）利用地形地质特点，在坝踵设置深入基岩的齿墙，如图 3.14 所示，当基岩内有倾向下游的软弱面时，在坝踵部位设齿墙，切断较浅的软弱面，迫使可能的滑动面由 abc 成为 $a'b'c'$；或在靠近坝体上游面，采用深孔锚固高强度钢索，并施加预应力，如图 3.15 所示，既可增加坝体的抗滑稳定，又可消除坝踵处的拉应力。

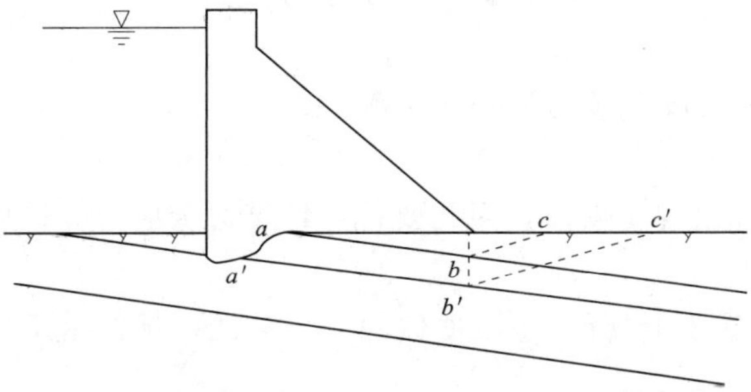

图 3.14　齿墙设置

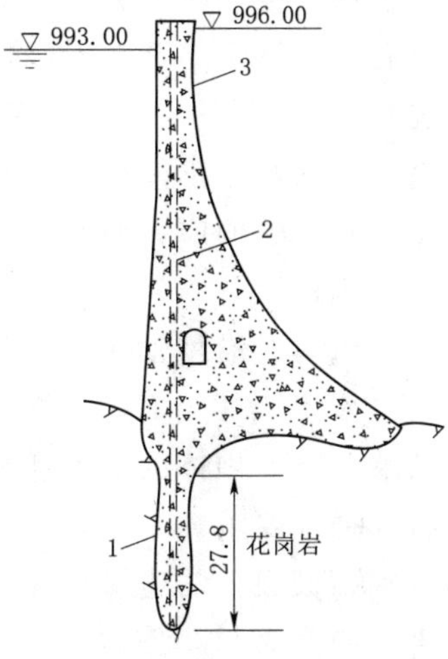

图 3.15　重力坝深孔预应力锚缆（单位：m）
1—锚缆竖井；2—预应力锚缆；
3—顶部锚定钢缆

（4）采用有效的防渗排水或抽水措施，减小作用在坝基上的扬压力，可相对增大坝体的有效重量，如设防渗帷幕、加强坝基排水、选用宽缝或空腹重力坝等。

（5）提高坝基面的抗剪断参数 f' 和 c'。在设计和施工时，应保证坝体混凝土和坝基岩体结合良好，使滑动面穿切混凝土或基岩体。其主要措施为将基岩面开挖成“大平小不平”的形式；采用合理的爆破工艺，避免岩体震裂等。

3.4　重力坝的应力分析

3.4.1　应力分析的目的和方法

重力坝应力分析的目的在于检验拟定的坝体断面是否安全、经济；根据坝体应力进行坝体材料性能的分区设计，同时为设计穿过坝体的廊道、管道、孔口等提供应力计算依据。

应力分析的内容包括：荷载计算和荷载组合，选择适宜的方法进行应力计算，检验坝体各部位的应力是否满足强度要求。

重力坝应力分析的方法包括理论计算和模型试验法。理论计算方法主要有材料力学法和有限元法。对于中、低坝，当地质条件较简单时，可按材料力学法计算坝体的应力，有时可只计算坝体的边缘应力。对于高坝或修建在复杂地基上的中、低坝，除用材料力学法计算外，还应进行模型试验或采用有限元法进行计算。下面对材料力学法作简要介绍。

3.4.2　材料力学法

1. 材料力学法的基本假定

（1）坝体混凝土为均质、连续、各向同性的弹性体。

（2）视坝段为固接于地基上的悬臂梁，不考虑地基变形对坝体应力的影响，并认为各坝段独立工作，横缝不传力。

（3）假定坝体水平截面上的铅直正应力按直线分布，其值可按材料力学中的偏心受压公式计算。

材料力学法虽然不能反映地基变形、坝内孔口等因素对坝体应力的影响，但它计算简便，并有一套成熟的应力控制标准，对于中、低重力坝，能控制坝体强度安全性，因此仍得到广泛的应用。

应力分析时，沿坝轴线方向截取 1m 坝长按平面问题进行计算。

2. 不计扬压力时边缘应力的计算

一般情况下，坝体的最大和最小应力都出现在坝面，因此要首先计算边缘应力，检验其是否符合强度要求。

（1）水平截面上的边缘正应力 σ_y。如图 3.16 所示，根据偏心受压公式，坝体上下游边缘垂直正应力为

$$\sigma_y^u - \frac{\sum W}{B} + \frac{6\sum M}{B^2} \tag{3.27}$$

$$\sigma_y^d = \frac{\sum W}{B} - \frac{6\sum M}{B^2} \tag{3.28}$$

式中　σ_y^u、σ_y^d——上游及下游边缘的铅直正应力，kPa；

$\sum W$——计算截面上全部荷载的铅直分力总和，以向下为正，kN；

$\sum M$——计算截面上全部荷载对截面垂直水流流向形心轴的力矩总和，逆时针为正，kN·m。

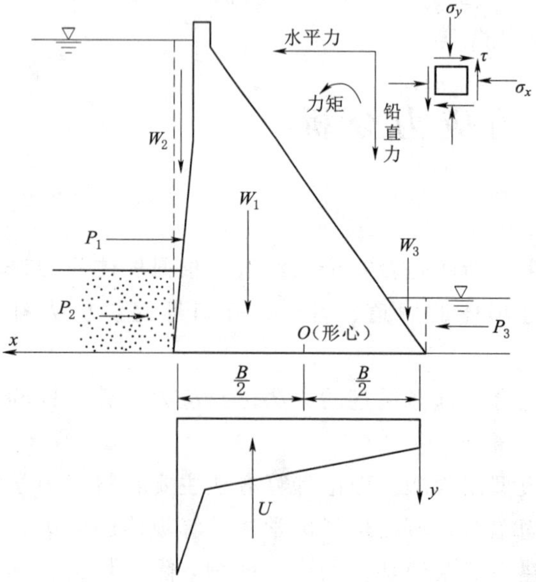

图 3.16　坝体应力计算图

（2）剪应力 τ。在坝体上下边缘取微分体，如图 3.17（a）所示。

由上游微分体的平衡条件 $\sum F_y = 0$，可得

$$\tau^u = (p^u - \sigma_y^u) m_1 \tag{3.29}$$

$$\tau^d = (\sigma_y^d - p^d) m_2 \tag{3.30}$$

式中　τ^u——上游边缘剪应力，kPa；

p^u——上游坝面水压力强度，kPa；

m_1——上游坝坡率；

τ^d——下游边缘剪应力，kPa；

p^d——下游坝面水压力强度，kPa；

m_2——下游坝坡率。

（3）水平正应力 σ_x。已知 τ^u、τ^d，由上游微分体的平衡条件 $\sum F_x = 0$，可得

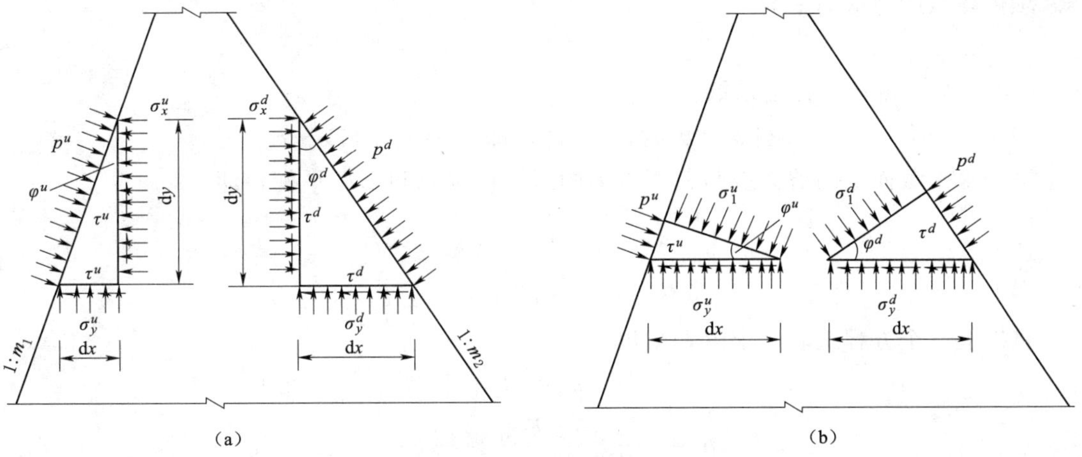

图 3.17 边缘应力计算图

(a) 取边缘微分体分析剪应力；(b) 取微分体分析边缘主应力

$$\sigma_x^u = p^u - (p^u - \sigma_y^u) m_1^2 \tag{3.31}$$

$$\sigma_x^d = p^d + (\sigma_y^d - p^d) m_2^2 \tag{3.32}$$

式中 σ_x^u——上游边缘水平正应力，kPa；

σ_x^d——下游边缘水平正应力，kPa。

(4) 边缘主应力。如图 3.17 (b) 所示取微分体，上、下游坝面无剪应力，故为主应力面，作用在坝面上的水压力强度为第二主应力值：$\sigma_2^u = p$，$\sigma_2^d = p^d$。

由于两个主应力面互相正交，由微分体的平衡条件 $\sum F_y = 0$，可得

$$\sigma_1^u = (1 + m_1^2)\sigma_y^u - p^u m_1^2 \tag{3.33}$$

$$\sigma_1^d = (1 + m_2^2)\sigma_y^d - p^d m_2^2 \tag{3.34}$$

式中 σ_1^u——上游边缘第一主应力，kPa；

σ_1^d——下游边缘第一主应力，kPa。

3. 不计扬压力时的坝内应力计算

(1) 水平截面上的正应力 σ_y。假定 σ_y 沿 x 方向为直线分布（图 3.18），即

$$\sigma_y = a + bx \tag{3.35}$$

当 $x=0$ 时，$a = \dfrac{\sum W}{B} - \dfrac{6\sum M}{B^2}$

当 $x=B$ 时，$b = \dfrac{-12\sum M}{B^3}$

将 a、b 值代入式 (3.35) 即可计算坝内各点的 σ_y。

(2) 坝内剪应力 τ。当正应力 σ_y 沿 x 方向呈直线分布时，按平衡条件，剪应力 τ 在 x 方向必然呈二次抛物线分布，这就和矩形梁截面上的应力分布规律一

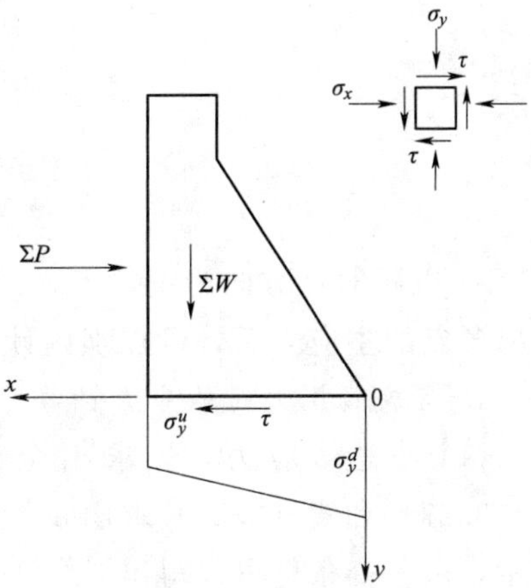

图 3.18 坝内应力计算示意图

样。坝内各点的剪应力 τ 为

$$\tau = a_1 + b_1 x + c_1 x^2 \tag{3.36}$$

式中 a_1、b_1、c_1——特定系数。

当 $x=0$ 时，$\tau = a_1$；当 $x=B$ 时，$\tau=\tau_u$，即 $\tau_u = a_1 + b_1 x + c_1 x^2$

整个水平截面上的剪力应与截面以上的水平荷载总和$\sum P$ 平衡，即

$$\int_0^B (a_1 + b_1 x + c_1 x^2) = -\sum P$$

得

$$a_1 B + b_1 B^2 + c_1 B^3 = -\sum P$$

将以上三个方程式联立求解，得出

$$a_1 = \tau^d$$

$$b_1 = -\frac{1}{B}\left(\frac{6\sum P}{B} + 2\tau^u + 4\tau^d\right)$$

$$c_1 = \frac{1}{B^2}\left(\frac{6\sum P}{B} + 3\tau^u + 3\tau^d\right)$$

将 a_1、b_1、c_1 的数值代入式（3.36）即可计算坝内各点的剪应力 τ。

（3）坝内水平正应力 σ_x。由于 σ_y 呈线性分布，由平衡条件知 σ_x 呈三次抛物线分布。经计算得知，该曲线非常接近直线，因此在中、小型工程中可近似假定为直线：

$$\sigma_x = a_3 + b_3 x \tag{3.37}$$

将点（0，σ_x^d）和点（B，σ_x^u）代入式（3.37），求得

$$a_3 = \sigma_x^d$$

$$b_3 = \frac{\sigma_x^u - \sigma_x^d}{B}$$

将 a_3、b_3 值代入式（3.37）即可计算 σ_x。

（4）主应力。当求得 σ_x、σ_y、τ 后，由材料力学基本原理即可求得该点主应力及其方向。主应力及其方向可按以下公式计算：

$$\sigma_1 = \frac{\sigma_y + \sigma_x}{2} + \sqrt{\frac{(\sigma_y - \sigma_x)^2}{4} + \tau^2} \tag{3.38}$$

$$\sigma_2 = \frac{\sigma_y + \sigma_x}{2} - \sqrt{\frac{(\sigma_y - \sigma_x)^2}{4} + \tau^2} \tag{3.39}$$

$$\phi_1 = \frac{1}{2}\arctan\left(\frac{-2\tau}{\sigma_y - \sigma_x}\right) \tag{3.40}$$

ϕ_1 以顺时针方向为正，当 $\sigma_y > \sigma_x$ 时，自铅直线量起；当 $\sigma_y < \sigma_x$ 时，自水平线量起。算出各点的主应力后，可在坝内计算点上以矢量表示其大小和方向。

4. 考虑扬压力时的应力计算

（1）求边缘应力。先求出全部荷载（包括扬压力）对截面形心的弯矩$\sum M$，按式（3.27）和式（3.28）求出 σ_y^u 及 σ_y^d。取上游坝体边缘的微分体，其受力情况如图 3.19 所示，由平衡条件可以得出

$$\tau^u = (p^u - p_u^u - \sigma_y^u) m_1 \tag{3.41}$$

$$\sigma_x^u=(p^u-p_u^u)-(p^u-p_u^u-\sigma_y^u)m_1^2 \tag{3.42}$$

式中 p_u^u——上游边缘的扬压力强度，kPa。

同理，由下游坝体边缘微分体的平衡条件可以得出

$$\tau^d=(\sigma_y^d+p_u^d-p^d)m_2 \tag{3.43}$$

$$\sigma_x^d=(p'-p_u^d)+(\sigma_y^d+p_u^d-p^d)m_2^2 \tag{3.44}$$

式中 p_u^d——下游边缘的扬压力强度，kPa。

同样，取如图3.19的微分体，考虑扬压力，由平衡条件得出上、下游边缘主应力：

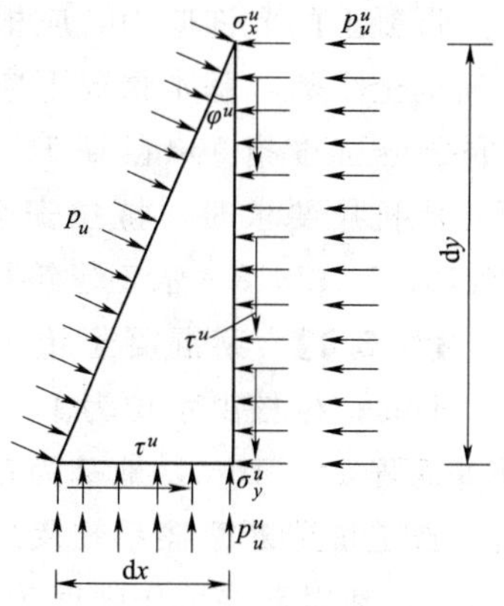

图3.19 考虑扬压力时边缘应力计算

$$\sigma_1^u=(1+m_1^2)\sigma_y^u-(p_y^u-p_u^u)m_1^2 \tag{3.45}$$

$$\sigma_2^u=p^u-p_u^u \tag{3.46}$$

$$\sigma_1^d=(1+m_2^2)\sigma_y^d-(p^d-p_u^d)m_2^2 \tag{3.47}$$

$$\sigma_2^d=p^d-p_u^d \tag{3.48}$$

(2) 求坝内应力。先不计扬压力计算坝内各点的 σ_y、σ_x 和 τ，然后再叠加由扬压力引起的应力。

3.4.3 坝体和坝基的应力控制

坝体应力控制标准对不同计算方法有不同的规定。当用材料力学法计算坝体应力时，其应力值应满足SL 319—2018《混凝土重力坝设计规范》规定的强度指标。

1. 坝基面垂直正应力的控制

(1) 运用期。在各种荷载作用下（地震荷载除外），坝基面坝趾所承受的最大垂直应力应小于坝基允许压应力（计算时分别计入扬压力和不计入扬压力）；坝踵垂直应力应大于0，即不出现拉应力（计算时应计入扬压力）。在地震作用下，坝基面的垂直应力应符合GB 51247—2018《水工建筑物抗震设计标准》的要求。

(2) 施工期。坝基面坝址垂直应力允许有小于0.1MPa的拉应力。

坝基的容许压应力根据坝基岩石的室内试验，结合地基的具体情况而定。对于强度高而节理、裂隙发育的基岩，其最大容许压应力可取试件（通常为15cm×15cm×15cm）极限抗压强度的1/20～1/25；对于中等强度的基岩可取1/10～1/20；对于均质且裂隙甚少的软弱基岩及半岩石地基，可取1/5～1/10；对于风化基岩按基岩风化程度，将其容许压应力值降低25%～50%。

2. 坝体应力的控制

(1) 运用期。坝体上游面的垂直应力不出现拉应力（计入扬压力）；坝体最大主压应力不应大于坝体材料的允许压应力值；在地震作用下，坝体上游面的应力控制标准应符合GB 51247—2018《水工建筑物抗震设计标准》的要求。坝体内一般不容许出现主拉应力，但以下情况除外：①宽缝重力坝离上游面较远的局部区域，可出现拉应力，但不得超过混凝土的容许拉应力；②当溢流坝堰顶部位出现拉应力时，可考虑配置钢筋；③廊道及其他孔洞周边的拉应力区域宜配置钢筋，以承受拉应力。

(2) 施工期。坝体任何截面上的主压应力不应大于坝体材料的允许压应力；在坝体下游面，允许有不大于0.2MPa的拉应力。

混凝土的允许应力，应根据混凝土的极限强度除以相应的安全系数确定。坝体混凝土抗压安全系数，基本情况下应不小于4；特殊组合情况下（地震情况除外）应不小于3.5。极限抗压强度指90d龄期15cm×15cm×15cm试件强度，保证率为80%。当坝体局部混凝土有抗拉要求时，抗拉安全系数应不小于4.0。地震情况下，坝体的结构安全应符合GB 51247—2018《水工建筑物抗震设计标准》的要求。

【例3.1】 某混凝土重力坝为3级建筑物。正常蓄水位177.00m，相应下游水位为154.10m；校核洪水位为179.02m。按最大坝高拟定的非溢流坝断面尺寸如图3.20所示。坝基高程149.10m，地基为花岗岩，左岸节理较发育。根据试验数据并参照类似工程资料，选定抗剪断摩擦系数及黏聚力分别为$f'=0.85$，$c'=0.65\text{MPa}$，坝基混凝土强度等级为C_{15}，基岩允许抗压强度为14.3MPa。该地区设计洪水期多年平均最大风速为13.3m/s，水库吹程为1km。不计淤沙压力。

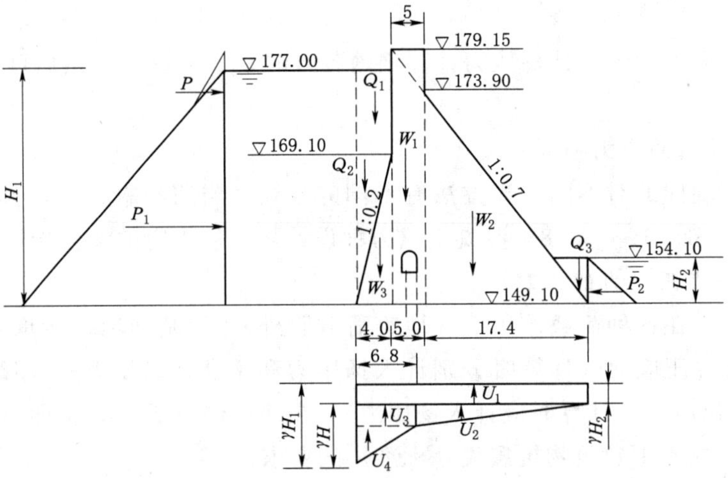

图3.20 坝体尺寸与荷载（单位：m）

要求验算正常蓄水位情况下坝基面的抗滑稳定性以及坝基面的应力。

解： 1. 荷载计算

基本组合在正常蓄水位情况下，其荷载组合为自重、正常蓄水位情况下的静水压力、扬压力和浪压力。

（1）自重。坝体断面分为两个三角形和一个长方形分别计算，混凝土容重采用24kN/m^3，因廊道尺寸较小，计算自重时不考虑。

（2）静水压力。静水压力包括上下游的水平压力和斜坡上的垂直压力。

（3）扬压力。坝踵处的扬压力强度为γH_1，排水孔线上为$\gamma H_2+\alpha\gamma\Delta H$，坝趾处为$\gamma H_2$，其间均以直线连接，$\alpha$采用0.3。

（4）浪压力。按第2章坝前水深$H_1>L_m/2$的有关公式计算。

上述荷载的计算成果见表3.10。

2. 抗滑稳定校核

校核坝基面抗滑稳定验算。将以上结果代入抗剪断强度计算公式，得

表 3.10　　重力坝荷载计算表

荷载		计算式	垂直力/kN		水平力/kN		对坝底截面形心的力臂/m	力矩/(kN·m)	
			↓	↑	→	←		↙+	—↘
自重	W_1	$5.0\times30.05\times24$	3606				$13.2-6.5=6.7$	24160	
	W_2	$\frac{1}{2}\times24.8\times17.4\times24$	5178				$\frac{1}{3}\times17.4-4.2=1.6$		8285
	W_3	$\frac{1}{2}\times20\times4\times24$	960				$\frac{1}{3}\times4+5+4.2=10.53$	10109	
水平水压力	P_1	$\frac{1}{2}\times27.9^2\times10$			3892		$\frac{1}{3}\times27.9=9.3$		36196
	P_2	$\frac{1}{2}\times5^2\times10$				125	$\frac{1}{3}\times5=1.67$	209	
垂直水压力	Q_1	$4\times7.9\times10$	316				$\frac{1}{2}\times4+5+4.2=11.2$	3539	
	Q_2	$\frac{1}{2}\times4\times20\times10$	400				$\frac{2}{3}\times4+5+4.2=11.87$	4747	
	Q_3	$\frac{1}{2}\times(0.7\times5)\times5\times10$	88				$13.2-\frac{1}{3}\times0.7\times5=12.04$		1060
扬压力	U_1	$5\times26.4\times10$		1320			0	0	0
	U_2	$\frac{1}{2}\times19.6\times0.3\times22.9\times10$		673			$13.2-\frac{2}{3}\times19.6=0.13$		88
	U_3	$0.3\times22.9\times6.8\times10$		467			$13.2-3.4=9.8$		4576
	U_4	$\frac{1}{2}(22.9-0.3\times22.9)\times6.8\times10$		545			$13.2-\frac{2}{3}\times6.8=10.93$		5958
浪压力	P_w	$\frac{1}{2}\times10\times\frac{L_m}{2}\left(\frac{L_m}{2}+h_z+h_{1\%}\right)$			44				1160
		$-\frac{1}{8}\times10\times L_m^2$				35		915	
合计			10548	3005	3936	160		43679	57323
			7543↓		3776→			13644↘	

$$K'=\frac{f'(\sum W-U)+c'A}{\sum P}=\frac{0.85\times(10548-3005)+0.65\times1000\times26.4}{3776}=6.24$$

$K'=6.24>[K']=3.0$，满足抗滑稳定要求。

3. 强度校核计算

（1）当计入扬压力时，坝基面的应力分别为

$$\sigma_y^u=\frac{\sum W}{B}+\frac{6\sum M}{B^2}=\frac{7543}{26.4}+\frac{6\times(-13644)}{26.4^2}=168.26(\text{kPa})>0$$，满足要求。

$$\sigma_y^d=\frac{\sum W}{B}-\frac{6\sum M}{B^2}=\frac{7543}{26.4}-\frac{6\times(-13644)}{26.4^2}=403.18(\text{kPa})<1430\text{kPa}$$，满足抗压强度要求。

（2）当不计扬压力时，坝基面的应力分别为

$$\sigma_y^u=\frac{\sum W}{B}+\frac{6\sum M}{B^2}=\frac{10548}{26.4}+\frac{6\times(-3022)}{26.4^2}=373.53(\text{kPa})>0$$，满足要求。

$$\sigma_y^d=\frac{\sum W}{B}-\frac{6\sum M}{B^2}=\frac{10548}{26.4}-\frac{6\times(-3022)}{26.4^2}=425.56(\text{kPa})<1430\text{kPa}$$，满足抗压强度要求。

3.5　重力坝的极限状态设计方法

NB/T 35026—2014《混凝土重力坝设计规范》规定采用概率极限状态设计原则，以分项系数极限状态设计表达式进行结构计算，并应按材料的标准值和作用的标准值或设计值分别计算基本组合和偶然组合。本节介绍重力坝的极限状态设计方法。

3.5.1　荷载及荷载效应组合

1. 荷载

结构上的荷载（也称作用）通常是指对结构产生效应（内力、变形）的各种原因的总称，可分为直接荷载和间接荷载。直接荷载是指直接施加在结构上的分布力或集中力；间接荷载则指因外部环境（改变）的原因使结构产生附加变形或约束变形，如温度荷载、地震荷载等。

结构上的各种荷载按其随时间的变异可分为以下三种：

（1）永久荷载：指在合理使用年限内，其量值不随时间变化或其变化与平均值相比可忽略不计的荷载。一般包括：结构自重和永久设备自重、土压力及淤沙压力等。

（2）可变荷载：指在合理使用年限内量值随时间变化，且变化与平均值相比不可忽略的荷载；可变荷载包括静水压力、扬压力、动水压力、浪压力、冰压力等。

永久荷载和可变荷载也称为基本荷载。

（3）偶然荷载：指在合理使用年限内出现概率很小，一旦出现其量值很大且持续时间很短的荷载，如地震荷载、校核洪水位时的静水压力等。偶然荷载也称为特殊荷载。

采用分项系数极限设计方法时，设计表达式中荷载变量所采用的值称为设计代表值。对永久荷载和可变荷载的代表值应采用荷载的标准值，偶然荷载的代表值按有关规范确定。

2. 荷载效应组合

重力坝按其所处的工作状况分为持久状况、短暂状况和偶然状况。

（1）持久状况：在结构正常使用过程中一定出现且持续期很长，一般与结构设计基准期为同一数量级的设计状况。

（2）短暂状况：在结构施工（安装）、检修或使用过程中必然且短暂出现的设计状况。

（3）偶然状况：在结构使用过程中，出现概率很小、持续期很短的设计状况。

对处于长期使用的持久状况应考虑承载能力和正常使用两种极限状态，对短暂状况和偶然状况只考虑承载能力极限状态。持久状况和短暂状况下的荷载效应组合称为基本组合；偶然状况下的荷载效应组合称为偶然组合，它是指永久荷载、可变荷载与一种偶然荷载的荷载效应组合。

3.5.2　结构的极限状态和可靠度分析

水工结构的可靠性包括安全性、适用性和耐久性。安全性、适用性和耐久性也是结构的基本功能要求。水工结构上的各种作用使结构产生的位移变形、内力、应力等统称为结构效应（或荷载效应），用 S 表示；而结构本身的承载能力称为结构抗力，用 R 表示。结构设计的任务就是将所设计的结构受作用产生的效应 S 与该结构的相应抗力 R 对比，使 $R-S>0$，以保持结构的原定功能。

结构的可靠性设计中，完成各项功能的标志由极限状态来衡量。结构整个或部分超过某种状态时，结构就不能满足设计规定的某一功能的要求，这种状态称为结构的极限状态。结构的极限状态用极限状态函数（或称功能函数）来描述。

设有几个相互独立的随机变量 $x_i(i=1,2,\cdots,n)$ 影响结构的可靠度，其功能函数为 $Z=g(x_1,x_2,\cdots,x_n)$，当 $Z=g(x_1,x_2,\cdots,x_n)=0$ 时，结构已达到极限状态，该式则称为极限状态方程。

由于抗力、作用效应总存在不定性，可能都是随机变量或是随机变量的函数。若只以结构的作用效应 S 和结构抗力 R 作为两个独立的基本随机变量来表达时，则功能函数表示为

$$Z=g(R,S)=R-S \tag{3.49}$$

极限状态方程为

$$Z=g(R,S)R-S=0 \tag{3.50}$$

因 R、S 是随机变量，则功能函数 Z 也是随机变量。显然，当 $Z>0$ 时，结构可靠；当 $Z<0$ 时，结构失效；当 $Z=0$ 时，结构处于极限状态。极限状态又分为承载能力极限状态和正常使用极限状态两大类。

承载能力极限状态对应于结构或构件达到最大承载能力或不适于继续承载的变形的极限状态。当结构或构件出现下列状态之一时，即认为超过了承载能力极限状态：①整个结构或结构的一部分失去刚体平衡（如倾覆、滑移）；②结构构件因超过材料强度而破坏（包括疲劳破坏），或因过大的塑性变形而不适于继续承载；③结构或结构构件丧失稳定；④整个结构或结构的一部分转变为机动体系而丧失承载能力。

正常使用极限状态相应于结构或构件达到正常使用或耐久性的某项规定限值的极限状态。当结构或构件出现下列状态之一时，即认为超过了正常使用极限状态：①影响结构正常使用或外观的变形；②对运行人员、设备、仪表等有不良影响的振动；③对结构外形、耐久性以及防渗结构抗渗能力有不良影响的局部损坏；④影响正常适应的其他特定状态。

对于重力坝应分别按承载能力极限状态和正常使用极限状态进行计算和验算。

结构可靠度就是结构在规定的时间内、规定条件下具有预定功能的概率。结构的可靠度分析就是对结构可靠性进行概率度量。结构能完成预定功能（$R>S$）的概率是"可靠概率"P_s；不能完成预定功能（$R<S$）的概率为"失效概率"P_f，显然 $P_s+P_f=1$。采用适当方法求得 P_s（P_f）或相应的指标值（即可靠度指标 β 值）就可知道结构的可靠度。P_s 越接近 1，结构可靠度越大。P_s、P_f 和 β 值的求解可参见 GB 50199—1994《水利水电工程结构可靠度设计统一标准》。

3.5.3　极限状态设计表达式

混凝土重力坝应分别按承载能力极限状态和正常使用极限状态进行下列计算和验算。

（1）承载能力极限状态：对坝体断面、结构及坝基岩体进行强度和抗滑稳定计算，必要时进行抗浮、抗倾验算；对需抗震设防的坝及结构，需按 GB 51247—2018 进行验算。

(2) 正常使用极限状态：按材料力学方法进行坝体上下游面混凝土拉应力验算，必要时进行坝体及结构变形计算；进行复杂地基局部渗透稳定验算。

混凝土重力坝分项系数极限状态表达式，有承载能力极限状态设计表达式和正常使用极限状态设计表达式两种。

1. 承载能力极限状态设计表达式

按承载能力极限状态设计时，应考虑下列两种作用效应组合：

基本组合——持久状况或短暂状况下，永久作用与可变作用的效应组合。

偶然组合——偶然状况下，永久作用、可变作用与一种偶然作用的效应组合。

(1) 基本组合设计表达式。对于基本组合，应采用下列极限状态设计表达式：

$$\gamma_0\psi S(\gamma_G G_K,\gamma_Q Q_K,a_k)\leqslant\frac{1}{\gamma_d}R\left(\frac{f_k}{\gamma_m},a_k\right) \tag{3.51}$$

式中 $S(\cdot)$——荷载效应函数；

$R(\cdot)$——结构抗力函数；

γ_0——结构重要性系数，对结构安全级别分为Ⅰ级、Ⅱ级和Ⅲ级结构或构件，可分别采用1.1、1.05、1.0；

ψ——设计状况系数，对应持久、短暂、偶然三种状况，其分别可采用1.0、0.95、0.85；

γ_G——永久作用分项系数，见表3.11；

γ_Q——可变作用分项系数，见表3.11；

G_K——永久作用标准值；

Q_K——可变作用标准值；

a_k——几何参数的标准值，一般可作为定值处理；

f_k——材料性能的标准值，可由实验或有关资料确定；

γ_m——材料性能的分项系数，见表3.12；

γ_d——基本组合的结构系数，见表3.13。

表3.11 永久、可变作用分项系数

序号	作用类别	分项系数
1	自重	1.0
2	水压力 (1) 静水压力 (2) 动水压力：时均压力、离心力、冲击力、脉动压力	 1.0 1.05、1.1、1.1、1.3
3	扬压力 (1) 渗透压力 (2) 浮托力 (3) 扬压力（有抽排） (4) 残余扬压力（有抽排）	 1.2（实体重力坝）、1.1（宽缝、空腹重力坝） 1.0 1.1（主排水孔之前） 1.2（主排水孔之后）
4	淤沙压力	1.2
5	浪压力	1.2

注 其他作用分项系数见SL 744—2016《水工建筑物荷载设计规范》的有关规定。

表 3.12　材料性能的分项系数

序号	材料性能	抗剪断强度	分项系数	备注
1	混凝土/基岩	摩擦系数 f'_d	1.7	包括常态混凝土和碾压混凝土层面
		黏聚力 c'_d	2.0	
2	混凝土/混凝土	摩擦系数 f'_c	1.7	
		黏聚力 c'_c	2.0	
3	基岩/基岩	摩擦系数 f'_d	1.7	
		黏聚力 c'_d	2.0	
4	结构面	摩擦系数 f'_d	1.2	
		黏聚力 c'_d	4.3	
5	混凝土强度	抗压强度 f_c	1.5	

表 3.13　基本组合、偶然组合的结构系数

序号	项目	结构系数	备注
1	抗滑稳定极限状态设计表达式	1.5	包括建基面、层面、深层滑动面
2	混凝土抗压、抗拉极限状态设计表达式	1.8	
3	混凝土温度应力极限状态设计表达式	1.5	

（2）偶然组合设计表达式。对于偶然组合，应采用以下极限状态设计表达式：

$$\gamma_0 \psi S(\gamma_G G_K, \gamma_Q Q_K, A_K, a_k) = \frac{1}{\gamma_d} R\left(\frac{f_k}{\gamma_m}, a_k\right) \tag{3.52}$$

式中　A_K——偶然作用代表值；

γ_d——偶然组合的结构系数，见表 3.13。

作用及材料性能标准值可参照 NB/T 35026—2014《混凝土重力坝设计规范》中的规定采用。

（3）抗滑稳定及应力分析的作用效应函数及抗力函数。

1）抗滑稳定极限状态作用效应函数为

$$S(\cdot) = \sum P$$

2）重力坝正常运行时，下游坝趾发生最大主拉应力，故计入扬压力情况下的极限状态作用效应函数为

$$S(\cdot) = \left(\frac{\sum W}{B} - \frac{6\sum M}{B^2}\right)(1 + m_2^2)$$

3）抗滑稳定极限状态抗力函数为

$$R(\cdot) = f' \sum W + c' A$$

4）坝趾抗压强度极限状态抗力函数为

$$R(\cdot) = R_a$$

式中　R_a——混凝土的允许抗压强度。

各基本变量 f'、c'、R_a 应以设计值代入计算。

2. 正常使用极限状态设计表达式

按正常使用极限状态设计时，应考虑以下两种效应组合：

短期组合——持久状况或短暂状况下，可变作用的短期效应与永久作用效应的组合；

长期组合——持久状况下，可变作用的长期效应与永久作用效应的组合。

（1）短期组合。正常使用极限状态作用效应短期组合采用以下设计表达式：

$$\gamma_0 S_s(G_k, Q_k, f_k, a_k) \leqslant C_1/\gamma_{d3} \tag{3.53}$$

（2）长期组合。正常使用极限状态作用效应长期组合采用以下设计表达式：

$$\gamma_0 S_l(G_k, \rho Q_k, f_k, a_k) \leqslant C_2/\gamma_{d4} \tag{3.54}$$

式中　C_1、C_2——结构的功能限值；

γ_{d3}、γ_{d4}——正常使用的短期组合、长期组合时结构系数；

ρ——可变作用标准值的长期组合系数，取 $\rho=1$。

（3）应力分析的作用效应函数。以坝踵垂直应力不出现拉应力作为正常使用极限状态，计入扬压力后，作用效应函数计算式为

$$S(\cdot)=\frac{\sum W}{B}+\frac{6\sum M}{B^2}$$

核算坝踵应力时，应分别考虑短期及长期两种效应组合。

坝体应力约定压应力为正，拉应力为负。因此，在长期作用效应组合下，正常使用极限状态设计表达式为

$$\gamma_0\left(\frac{\sum W}{B}+\frac{6\sum M}{B^2}\right)\geqslant 0$$

结构安全级别为Ⅱ级的建筑物，$\gamma_0=1.0$，有

$$\frac{\sum W}{B}+\frac{6\sum M}{B^2}\geqslant 0$$

与单一安全系数法的表达式完全相同。

在短期效应组合下，根据 NB/T 35026—2014《混凝土重力坝设计规范》的规定，坝体下游面的垂直拉应力应小于100kPa，故正常使用极限状态设计式为

$$\frac{\sum W}{B}-\frac{6\sum M}{B^2}\leqslant 100\text{kPa}$$

3.6　非溢流重力坝的剖面设计

重力坝的剖面设计原则是在满足稳定和强度要求的前提下，力求获得施工简单、运用方便、体积最小的剖面，以达到既安全又经济合理的目的。

影响坝体剖面设计的因素很多，如荷载、地形、地质、运行要求、筑坝材料、施工条件等。设计时应综合考虑上述因素，拟定多种方案进行比较，从中选出最优设计方案。剖面拟定的步骤为：①拟定基本剖面；②根据运用及其他要求，将基本剖面修改成实用剖面；③对实用剖面进行应力分析和稳定验算，按规范要求，经过几次反复修正和计算后，得到合理的设计剖面。

3.6.1　基本剖面

重力坝的基本剖面是指在自重、水压力和扬压力三项主要荷载作用下，满足强度和稳

定要求，并使工程量最小的三角形剖面，如图 3.21 所示。当坝高一定时，要得到经济剖面，必须求出相应的最小坝底宽度。为简化计算，假定上游水位与坝顶平齐，下游无水，坝基面为水平面，主要荷载为自重、静水压力和扬压力。

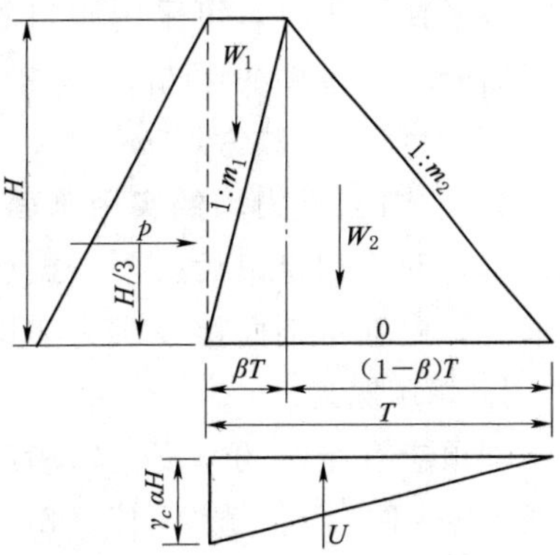

图 3.21　重力坝基本剖面计算图

1. 按满足强度条件确定坝底的最小宽度 T

按图 3.21 所示坝体基本剖面尺寸，求出作用在坝基面上的水平力总和$\sum P$、铅直力总和$\sum W$（包括扬压力）以及全部荷载对坝底截面形心的力矩和$\sum M$，然后代入坝基垂直正应力计算公式。

当库满时：

$$\sum W = W_1 + W_2 - U = \frac{TH}{2}(\gamma_c + \gamma_w\beta + a\gamma_w)$$

$$\sum M_0 = \frac{T^2H}{12}\left(\gamma_c - 2\gamma_c\beta + 3\gamma_w\beta - 2\gamma_w\beta^2 - 2\frac{\gamma_w H^2}{T^2} - \alpha\gamma_w\right)$$

上游边缘铅直正应力　$\sigma_y^u = H\left[\gamma_c(1-\beta) + \gamma_w\beta(2-\beta) - \gamma_w a - \gamma_w\frac{H^2}{T^2}\right]$　(3.55)

下游边缘铅直正应力　$\sigma_y^d = H\left[\gamma_c\beta - \gamma_w\beta(1-\beta) + \gamma_w\frac{H^2}{T^2}\right]$　(3.56)

当库空时，令式（3.55)、式（3.56）中 $\gamma_w = 0$，得

上游边缘铅直正应力　$\sigma_y^u = \gamma_c H(1-\beta)$　(3.57)

下游边缘铅直正应力　$\sigma_y^d = \gamma_c H\beta$　(3.58)

强度控制条件是坝基面不允许出现拉应力。当库空时，由式（3.55）～式（3.58）可以看出，只要 β 在 0～1.0 之间，即上游坝坡取正坡，坝基面不出现拉应力；当库满时，下游不会出现拉应力，要使上游不出现拉应力，可令式（3.55）中 $\sigma_y^u = 0$，求得坝底宽度为

$$T = \frac{H}{\sqrt{\frac{\gamma_c}{\gamma_0}(1-\beta) + \beta(2-\beta) - a}} \tag{3.59}$$

由式（3.59）得知，当 H 为一定值时，β 值越小，则底宽也越小。

2. 按满足稳定条件确定坝底最小宽 T

将求得的$\sum P$、$\sum W$（包括扬压力 U）及由强度要求得出的 T 代入式（3.24）～式（3.26)，若满足稳定要求，则由强度条件确定的最小坝底宽 T 就是坝底的最小宽度。若不满足稳定要求则将坝底宽底 T 增大，直到满足抗滑稳定要求为止。

一般情况，坝体与坝基接触面之间摩擦系数及黏结强度越大、渗压折减系数越大，基本剖面底宽就越小，T 主要由强度条件控制。反之，摩擦系数和黏结强度越小，渗压折减系数越小，坝底宽度就越大，T 主要由抗滑稳定条件控制。由此可见，选择良好坝基可获得较大的摩擦系数，同时设置良好的防渗、排水，减少渗透压力，可以取得较小的底宽。

当摩擦系数较小时，可采用倾斜的上游坝面，以利用水重增加坝体的稳定。由于倾斜的上游坝面受应力条件的限制，不能随意加大，根据工程经验，上游坝坡系数常取 $m_1=0\sim0.2$；下游坝坡系数常取 $m_2=0.6\sim0.8$；坝底宽为坝高的 0.7～0.9。

3.6.2 非溢流重力坝的实用剖面

基本剖面拟定以后，要根据运用条件，如防浪墙、坝顶设备布置、交通、施工和检修要求等，把基本剖面修正成为实用剖面。

1. 坝顶宽度

坝顶应有足够的宽度，以满足运用和交通的需要。无特殊要求时，坝顶宽度可采用坝高的 8%～10%，一般不小于 3m。如坝顶有交通要求，应按交通要求布置。坝顶结构布置如图 3.22 所示。

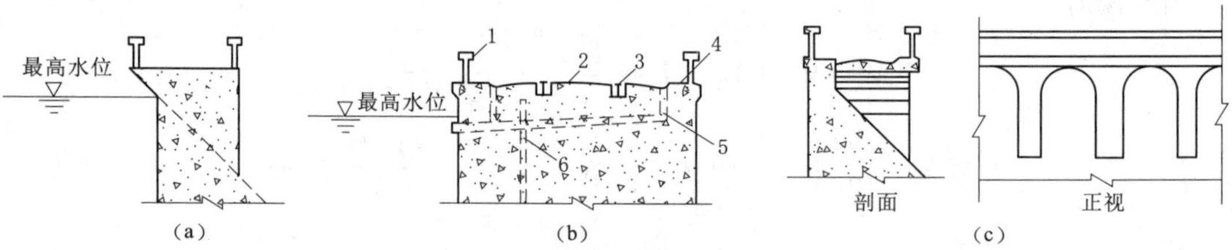

图 3.22 坝顶结构布置图

(a) 坝体部分伸出坝外；(b) 坝体部分伸出坝外正视图；(c) 桥梁结构形式剖面图和正视图

1—防浪墙；2—路面；3—起重机轨道；4—人行道；5—坝顶排水管；6—坝体排水管

由于布置上的要求，有时需将坝顶部分伸出坝外，如图 3.22 (a) 所示。当坝顶过宽时，为了节省坝顶工程量，也可做成桥梁结构形式，如图 3.22 (c) 所示。坝顶常设有防浪墙，防浪墙的高度一般取 1.2m，厚度应足够抵抗波浪及漂浮物的冲击，与坝体连成整体，且在坝体横缝处也留伸缩缝，并设止水。坝顶下游侧应设栏杆。

2. 坝顶高程

坝顶或坝顶防浪墙顶高出水库静水位的高度 Δh 可按下式计算：

$$\Delta h=h_{1\%}+h_z+h_c \tag{3.60}$$

式中 Δh——坝顶或坝顶防浪墙顶距正常蓄水位或校核洪水位的高差，m；

$h_{1\%}$——累积频率为 1%时波高，m；

h_z——波浪中心线至正常蓄水位或校核洪水位的高差，m；

h_c——安全加高，m。由表 1.9 查取。

坝顶高程或防浪墙顶高程，按正常蓄水位、校核洪水位两种情况分别计算，并选用较大值。

$$防浪墙顶高程=正常蓄水位+\Delta h_{签}$$

$$防浪墙顶高程=校核洪水位+\Delta h_{校}$$

对于 1、2 级坝，如按可能最大洪水校核时，坝顶高程不得低于相应静水位，防浪墙顶高程不得低于波浪顶高程。

3. 实用剖面型式

坝顶宽度和高程确定以后，对基本剖面进行修正，可得到图 3.23 所示的实用剖面。

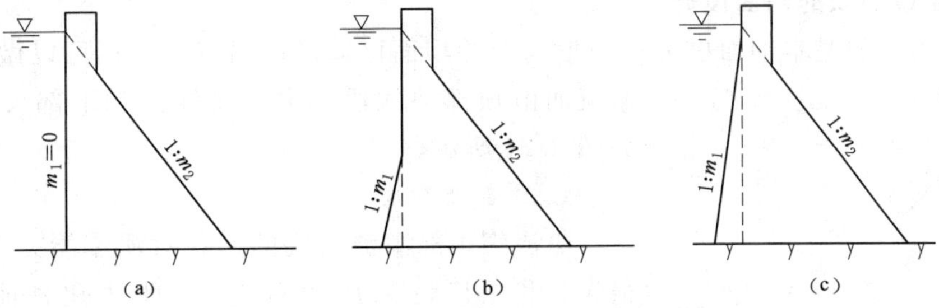

图 3.23 非溢流坝剖面型式

(a) 上游为铅直面；(b) 上游为折坡面；(c) 上游为倾斜面

(1) 上游为铅直面，如图 3.23 (a) 所示。此坝型优点是便于在上游坝面布置进水口、闸门和拦污设备，也便于施工。由于增加了坝顶重量，在库空时可能使下游坝面产生微小的拉应力，设计时应调整下游坝坡系数，使坝体应力控制在允许范围之内。此坝型适用于坝基面抗剪断参数较大，由强度条件控制坝体剖面的情况。

(2) 上游坝面做成折坡面，如图 3.23 (b) 所示，是实际中经常采用的一种形式。其特点是可以利用上游坝面水重增加坝体稳定，折坡点以上铅直面便于布置进水口，还可避免库空时在下游坝面产生拉应力。折坡点处的坝体断面急剧变化，故在设计中应对此水平截面进行强度和稳定验算，当库满时上游斜坡面部分易产生拉应力。

(3) 上游坝面做成倾斜面，如图 3.23 (c) 所示。其优点是可利用上游斜面上的水重来满足抗滑稳定要求，但是不利于布置进水口。此坝型适用于坝基面抗剪断参数较小，由稳定条件控制坝体剖面的情况。

除上述三种基本型式外，还有多折坡和在上游坝面下部做成部分倒悬等型式，其目的在于改善应力条件。

坝体断面可参照条件相近已建工程的经验，结合本工程的实际情况，先行拟定，然后再以强度和稳定要求为约束条件，建立坝体工程量最小的目标函数，通过优化设计，确定最终的设计方案和设计尺寸。

3.7 溢流重力坝的剖面设计

溢流重力坝既是挡水建筑物又是泄水建筑物，它主要承担泄洪、冲沙、输水供水、放空水库、施工导流等任务。溢流重力坝的布置应结合枢纽布置全面考虑，避免与其他水工建筑物相互干扰，其下泄水流不致淘刷坝基与其他建筑物的地基及岸坡。

溢流坝断面的选取除要满足稳定和强度要求外，还要满足下列要求：有足够的泄洪能力；应使水流平顺地通过坝面，避免产生振动和空蚀；应使下泄水流对河床不产生危及坝体安全的局部冲刷；不影响枢纽中其他建筑物的正常运行等。因此，溢流坝断面设计除稳定和强度计算（与非溢流坝相同）外，还涉及泄流的孔口尺寸、溢流堰形态以及消能方式的合理选定等。

溢流重力坝的孔口型式有开敞式坝顶溢流和大孔口溢流式两种，其中大孔口溢流式可降低溢流堰顶高程，增大单宽流量，减小溢流坝段长度。

3.7.1 溢流重力坝的剖面设计

溢流重力坝的基本剖面也呈三角形。上游坝面可以做成铅直面，也可以做成折坡面。溢流面由顶部曲线段、中间直线段和下部反弧段组成，如图3.24所示。

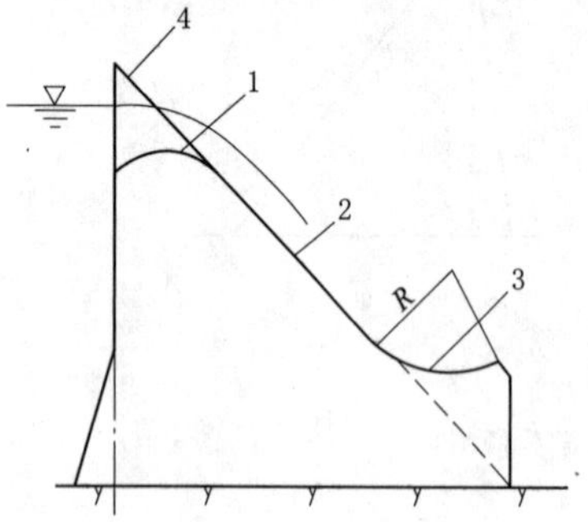

图3.24 溢流坝剖面
1—顶部曲线段；2—直线段；3—反弧段；4—基本剖面

1. 顶部曲线段

溢流坝顶部溢流曲线的形状对泄流能力及流态影响很大。我国广泛采用的有克-奥曲线和幂曲线（常用WES曲线）两种。克-奥曲线定出的剖面较肥大，常超出稳定和强度的需要，且不给出曲线方程，施工放样不方便，流量系数较小（为0.48～0.49）；而幂曲线给定曲线方程，便于计算和放样。流量系数较大（约为0.52），故近年来堰面曲线多采用幂曲线。

（1）开敞式溢流堰面曲线。采用幂曲线时按式（3.61）计算：

$$x^n = KH_d^{(n-1)}y \tag{3.61}$$

式中 H_d——定型设计水头，m；可按堰顶最大作用水头 H_{max} 的75%～95%计算；

n、K——与上游坝面坡度有关的指数和系数，见表3.14；

x、y——溢流面曲线的坐标，y 以向下为正，如图3.25所示。

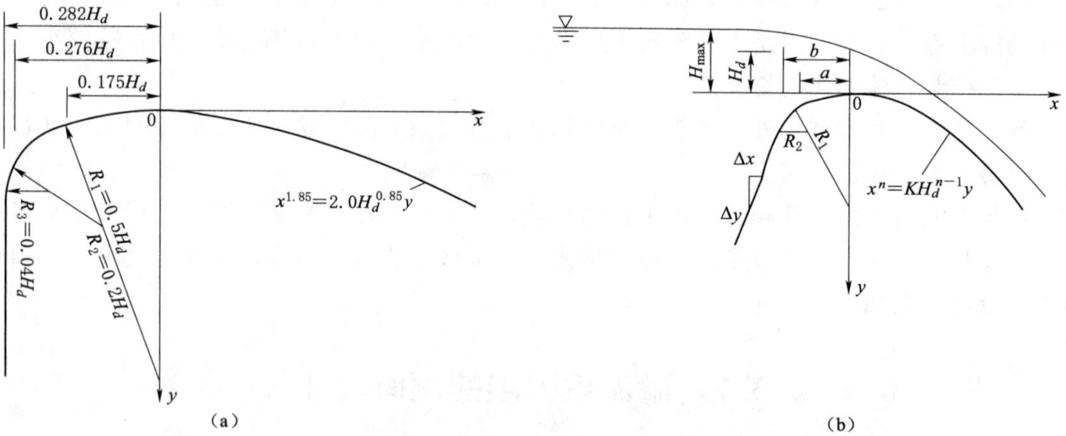

图3.25 开敞式溢流堰面曲线
（a）上游面为铅直；（b）上游面为倾斜

表3.14 **上游堰面为双圆曲线参数**

上游坝坡度 $\frac{\Delta y}{\Delta x}$	k	n	R_1	a	R_2	b
3∶0	2.000	1.850	$0.5H_d$	$0.175H_d$	$0.20H_d$	$0.282H_d$
3∶1	1.936	1.836	$0.68H_d$	$0.139H_d$	$0.21H_d$	$0.237H_d$
3∶2	1.939	1.810	$0.48H_d$	$0.115H_d$	$0.22H_d$	$0.214H_d$
3∶3	1.873	1.776	$0.45H_d$	$0.119H_d$		

(2) 大孔口堰面曲线。如图 3.26 所示，当堰顶最大作用水头 H_{max}（孔口中心线）与孔口高度 D 的比值 $H_{max}/D>1.5$ 时或闸门为孔口泄流时，可按式（3.62）设计堰面曲线：

$$y=\frac{x^2}{4\varphi^2 H_d} \tag{3.62}$$

式中 H_d——定型设计水头，m，取孔口中心线至校核洪水位的水头的 75%～95%；

φ——孔口收缩断面上的流速系数，一般取 $\varphi=0.95\sim0.96$。

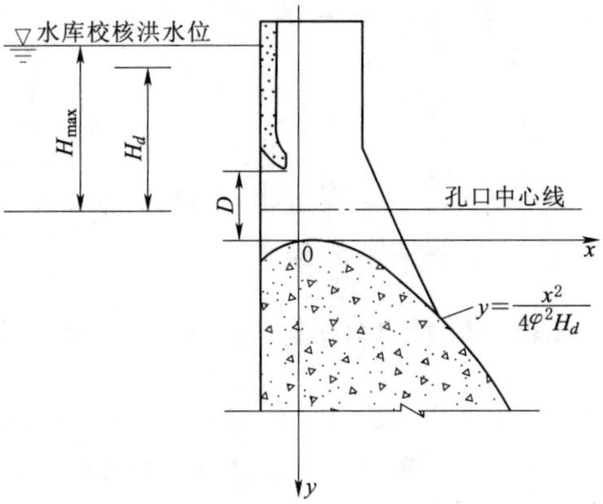

图 3.26 设有大孔口的堰面曲线

坐标原点的上游段可用单圆、复合圆或椭圆曲线与上游坝面连接，有关参数见表 3.14；胸墙底缘也可采用圆弧或椭圆曲线外形，原点上游曲线与胸墙底缘曲线应通盘考虑，若 $1.2<H_{max}/D<1.5$ 时，堰面曲线应通过试验确定。

溢流堰面曲线选择时，既要获得较大的流量系数 m，又要将堰面负压值控制在允许范围之内。堰顶附近允许出现的负压值为：在常遇洪水位闸门全开时不得出现负压；校核洪水位闸门全开时出现的负压值不得超过 3m 水柱；正常蓄水位或常遇洪水位闸门局部开启时（以运用中较常出现的开度为准），可允许有不大的负压值，其值应经论证后确定。常遇洪水位是指频率为 20 年一遇以下洪水时的水库水位。在常遇洪水位下，溢流堰运用机会较多，容易遭受空蚀，特别在门槽部位，应引起注意。近年来，国内外对堰顶设计允许负压值有所放宽。如石泉工程采用 5.0m 左右水柱、丹江口工程采用 2.54m 水柱。美国一般设计允许最小负压为海平面大气压力以下 20 英尺水柱（约 6m）。澳大利亚也有不少单位认为在水库最高洪水时容许在堰顶有 4～10psi❶（为 2.8～7.0m 水柱）的负压。

2. 中间直线段

中间直线段的上端与堰顶曲线相切，下端与反弧段相切，坡度与非溢流坝下游坝面坡度相同。

3. 反弧段

溢流坝面的反弧段是使沿溢流坝面下泄的高速水流平顺转向的工程设施，通常采用圆弧曲线，其反弧半径应结合下游消能设施来确定。对不同的消能设施可采用不同的公式。

(1) 对挑流消能，可按下式求得反孤半径 R：

$$R=(4\sim10)h \tag{3.63}$$

式中 h——校核洪水位闸门全开时反弧段最低点的水深，m，反弧段流速 $v<16\text{m/s}$ 时可取下限，流速越大，反弧段半径也越大。

(2) 对于底流式消能，反弧段半径可按下式求得

❶ 1MPa=145psi。

$$R=\frac{10x}{3.28} \tag{3.64}$$

$$x=\frac{3.28v+21H+16}{11.8H+16}$$

式中　H——不计行进流速的堰上水头，m；

v——坝趾处流速，m/s。

(3) 对消力戽消能，反弧半径 R 与流能比 $k=\frac{q}{\sqrt{g}E^{1.5}}$ 有关，可由 E/R 与 k 的相关曲线查得，参见 NB/T 35026—2014《混凝土重力坝设计规范》。一般选择范围为 $E/R=2.1\sim8.4$，E 为自戽底起算的总能头，q 为单宽流量。

4. 溢流剖面布置

溢流坝的实用剖面是由基本剖面修改而成，一般情况下，中间直线段采用非溢流坝的下游坝面直线，要与溢流面曲线段和下游反弧段相切，如图 3.27 (a) 所示。如果地质条件好，溢流面曲线上游超出基本剖面部分可做成挑出的悬臂，如图 3.27 (c) 所示。如果地质条件差，基本剖面上部去掉的体积较多，影响了坝段的稳定性，可将直线段的下游坝坡放缓，如图 3.27 (b) 所示。对挑流鼻坎超出基本剖面且 $L/H>0.5$ 时，可考虑在 a—a' 处设置结构缝与坝体分开，如图 3.27 (d) 所示。

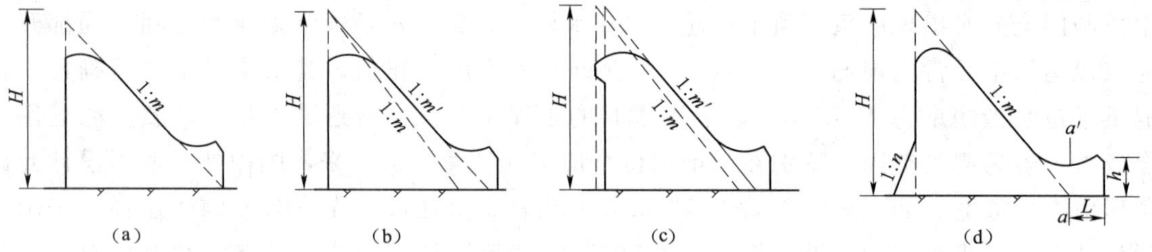

图 3.27　溢流坝实用剖面

(a) 溢流面曲线段与下游反弧段相切；(b) 放缓直线段下游坝坡；
(c) 挑出的悬臂；(d) 挑流鼻坎超出基本剖面

3.7.2　溢流孔口的布置

溢流孔口布置包括孔口型式、堰顶高程、前缘长度、孔数、每孔尺寸的确定及运用要求等内容。

溢流坝的孔口布置涉及设计洪水标准、下游防洪要求、库内水位壅高有无限制、是否利用洪水预报、泄水方式、地质条件等。设计时，通常选定泄水方式、拟定孔口布置方案和相应的孔口尺寸，分别进行调洪演算，求出各方案的防洪库容、设计和校核水位及相应的下泄流量，并估算出淹没损失和工程造价，经综合比较，选出最优方案。

1. 下泄流量的确定

溢流坝段下泄流量 $Q_{溢}$ 是确定孔口尺寸的一个重要因素，它通过蓄水枢纽必须宣泄的洪水流量或下游河道的安全泄量减去泄水孔和其他水工建筑物（如水电站）可分担的泄洪任务而求得

$$Q_{溢}=Q_s-\alpha Q_0 \tag{3.65}$$

式中 Q_s——最大下泄流量或下游河道安全下泄流量，m^3/s；

α——安全系数，正常运用情况，取0.75～0.9，非常情况取1.0；

Q_0——其他建筑物下泄的流量，m^3/s。

2. 单宽流量的选择

单宽流量q是决定孔口尺寸的主要指标。q越大，溢流前缘宽度越短，可降低溢流坝的造价，但增加了下游消能的困难和消能设施的费用。因此，设计单宽流量的选择，应综合考虑坝区地形、地质条件以及枢纽布置、下游消能和技术经济条件等方面因素。当河谷狭窄，下游尾水深，基岩坚固完好，抗冲能力强时，可选取较大的单宽流量，反之则选择较小的单宽流量。据已建工程资料表明：对于软弱岩石，$q=20\sim50m^3/(s\cdot m)$；对于较好的岩石，$q=50\sim70m^3/(s\cdot m)$；对于特别坚硬的岩石，$q=100\sim130m^3/(s\cdot m)$。$q$的选用不能单凭基岩的坚硬程度，还应考虑基岩的裂隙产状。近年来，随着坝下消能措施的不断改进，岩基上溢流坝的单宽流量有加大的趋势。黄龙滩水电站的单宽流量为$132m^3/(s\cdot m)$，龚咀水电站为$254.2m^3/(s\cdot m)$，五强溪水电站为$295m^3/(s\cdot m)$，安康水电站为$282.7m^3/(s\cdot m)$，彭水水电站表孔最大单宽流量已达$332m^3/(s\cdot m)$。

3. 孔口尺寸的确定

溢流孔口尺寸与堰型、堰顶高程和单宽流量q等有关，由水力计算确定。初拟时，溢流堰净宽$B=Q_{溢}/q$，设溢流孔每孔净宽为b，孔数为n个，令闸墩厚度为d，则溢流坝前缘总宽度$B_1=nb+(n-1)d$。在确定孔口尺寸时，除必须满足泄洪要求外，还要考虑布置闸门和启闭机械的要求。闸门尺寸过大，启闭力加大，而且闸门和工作桥的跨度相应加大。大型溢流坝单孔宽度b一般为8～16m，有排放漂浮物要求时常加大到18～20m，中、小型溢流坝一般在8m以下。此外还要考虑闸门合理的宽高比b/H，对弧形闸门常取$b/H=1.0\sim2.0$。为了便于闸门的设计和制造，应尽量采用规范推荐的孔口尺寸。同时应考虑枢纽布置的需要，合理确定孔口的高度和宽度。为了利于闸门的对称启闭，以控制下泄水流流态，孔口数目n较少时最好采用奇数。

溢流孔的划分应与坝段宽度（横缝间距）相协调，常见的横缝布置方式，如图3.28所示。图3.28（a）为横缝设在闸墩中间，坝段之间产生不均匀沉降时不影响闸门的启闭，工作可靠，但闸墩较厚，溢流前缘总宽度加大；图3.28（b）为横缝设在溢流孔跨中，闸墩受力条件较好，闸墩较薄，溢流前缘总宽度较小，但是当相邻坝段发生不均匀沉降时会影响闸门的启闭，故多用于基岩坚固完好的情况。

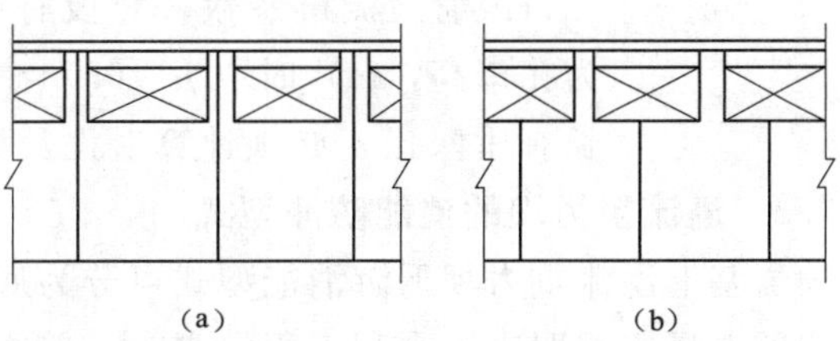

图3.28 溢流坝段横缝布置图

（a）横缝设在闸墩中间；（b）横缝设在溢流孔跨中

4. 下泄流量计算

当采用开敞式溢流坝泄流，上游面铅直时，下泄流量$Q_{溢}$为

$$Q_{溢}=m\varepsilon\sigma_s B\sqrt{2g}H_w^{3/2} \tag{3.66}$$

式中　$Q_{溢}$——通过溢流堰下泄流量，m^3/s；

B——溢流堰净宽，m；

H_w——堰顶以上作用水头，m；

m——流量系数，见表 3.15；

ε——侧收缩系数；

σ_s——淹没系数，视泄流的淹没程度而定，不淹没时取 1.0。

表 3.15　流量系数 *m* 值

H_w/H_d	P_1/H_d				
	0.2	0.4	0.6	1.0	≥1.33
0.4	0.425	0.430	0.431	0.433	0.436
0.5	0.438	0.442	0.445	0.448	0.451
0.6	0.450	0.455	0.458	0.460	0.464
0.7	0.458	0.463	0.468	0.472	0.476
0.8	0.467	0.474	0.477	0.482	0.486
0.9	0.473	0.480	0.485	0.491	0.494
1.0	0.479	0.486	0.491	0.496	0.501
1.1	0.482	0.491	0.496	0.502	0.507
1.2	0.485	0.495	0.499	0.506	0.510
1.3	0.496	0.498	0.500	0.508	0.513

注　P_1 为上游堰高，m；H_d 为定型设计水头，m，按堰顶最大作用水头 H_{max} 的 75%～95%计算。

用设计洪水位减去堰顶水头 H_Z（此时堰顶水头应扣除流速水头）即得堰顶高程。

当采用孔口泄流时，下泄流量 $Q_{溢}$ 为

$$Q_{溢}=\mu A_k\sqrt{2gH_w} \tag{3.67}$$

式中　A_k——出口处的面积，m^2；

H_w——自由出流时为孔口中心处的作用水头，淹没泄流时为上下游水位差，m；

μ——孔口或管道流量系数，对设有胸墙的堰顶高孔，当 $H_w/D=2.0\sim2.4$（D 为孔口高，m）时取 $\mu=0.74\sim0.82$，对短有压深孔取 $\mu=0.83\sim0.93$；对长有压深孔 μ 必须计算沿程及局部水头损失后确定。

3.7.3　溢流重力坝的消能防冲型式

岩基上溢流重力坝下游消能型式可分为底流式、挑流式、面流式和消力戽四种。消能型式的选择主要取决于水利工程的水头、单宽流量、下游水深及其变幅、坝基的地质、地形条件以及枢纽布置情况等，经技术经济比较后选定。

3.7.3.1　底流消能

底流消能是利用水跃进行消能，如图 3.29 所示。在坝下设置消力池、消力坎及辅助消能设施，促使下泄水流在限定的范围内产生淹没式水跃。通过水流内部的旋滚、摩擦、掺气和撞击达到消能的目的，以减轻水流对下游河床的冲刷。底流消能工作可靠，但工程量较大，多用于低水头、大流量、地质条件较差的溢流重力坝。消力池的型式、尺寸和构

造参见第 8 章相关内容。

3.7.3.2 挑流消能

挑流消能是利用溢流坝下游反弧段的挑流鼻坎将下泄的高速水流挑射抛向空中，抛射水流在掺入大量空气时消耗部分能量，然后落到距坝趾较远的下游河床水垫中产生强烈的旋滚，并冲刷河床形成冲坑，随着冲坑的逐渐加深，大量能量消耗在水流旋滚的摩擦之中，冲坑也逐渐趋于稳定。挑流消能一般适用于水头高、基岩好的情况。

鼻坎挑流消能设计主要包括选择合适的鼻坎型式、鼻坎高程和挑射角度、反弧半径、鼻坎构造和尺寸；计算挑射距离和最大冲坑深度；校核挑射水流形成的冲坑是否影响坝体的安全。挑流鼻坎的型式有连续式和差动式两种。

1. 连续式挑流鼻坎

如图 3.30 所示，连续式挑流鼻坎构造简单、射程较远，水流平顺、不易产生空蚀，经济安全。鼻坎挑射角度，一般情况下取 $\theta=20°\sim25°$为好；对于深水河槽以选用 $\theta=20°\sim25°$为宜。加大挑射角，虽然可以增加挑射距离，但由于水舌入水角（水舌与下游水面的交角）加大，会使冲坑加深。鼻坎高程应高于下游最高水位 1～2m。

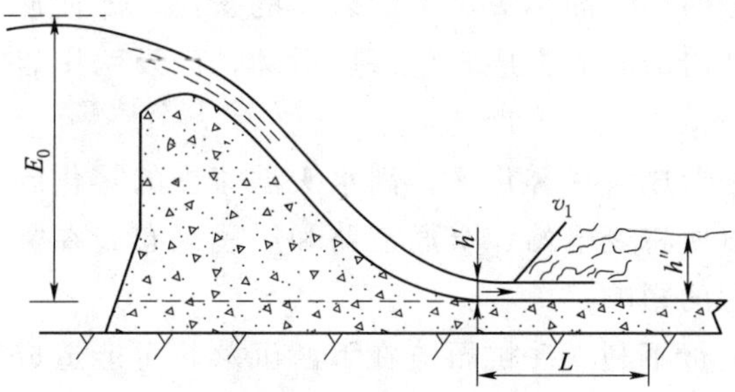

图 3.29　底流消能示意图

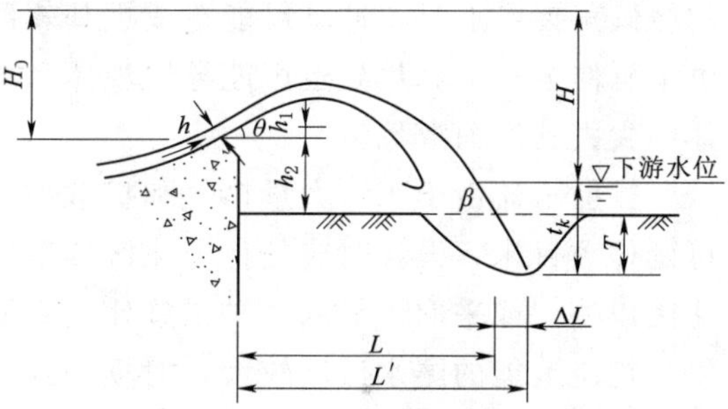

图 3.30　连续式挑流鼻坎

由于冲坑最深点大致落在水舌外缘的延长线上，故挑射距离按以下公式估算：

$$L'=L+\Delta L \tag{3.68}$$

$$L=\frac{1}{g}\left[v_1^2\sin\theta\cos\theta+v_1\cos\theta\sqrt{v_1^2\sin^2\theta+2g(h_1+h_2)}\right] \tag{3.69}$$

$$\Delta L=T\tan\beta$$

式中　v_1——坎顶水面流速，m，按鼻坎处平均流速 v 计，即 $v_1=1.1v=1.1\varphi\sqrt{2gH_0}$；

L'——冲坑最深点到坝下游垂直面的水平距离，m；

L——坝下游垂直面到挑流水舌外缘与下游原河床面交点的水平距离，m；

ΔL——水舌外缘与下游河床面交点到冲坑最深点的水平距离，m；

T——最大冲坑深度，由河床算至坑底，m；

β——水舌外缘与下游水面的夹角，(°)；

θ——鼻坎的挑角，(°)；

h_1——坎顶平均水深 h 在铅直方向的投影，m，$h_1=h\cos\theta$（h 为坎顶水深）；

h_2——坎顶至河床面高差，m，如冲坑已经形成，在计算冲坑进一步发展时可算至坑底。

最大冲坑水垫厚度 t_k 与很多因素有关，特别是河床的地质条件。目前，估算的公式较多，计算结果相差较大，SL 319—2018《混凝土重力坝设计规范》推荐按下式估算：

$$t_k = kq^{0.5}H^{0.25} \tag{3.70}$$

式中　t_k——水垫厚度，由自水面算至坑底，m；

q——单宽流量；$m^3/(s \cdot m)$；

H——上下游水位差，m；

k——冲坑系数，坚硬完整的基岩 $k=0.6\sim0.9$；完整基岩 $k=0.9\sim1.2$；较易冲刷完整性较差的基岩 $k=1.2\sim1.6$；软弱破碎、裂隙发育的基岩 $k=1.6\sim2.0$。

最大冲坑水垫厚度 t_k 求出后，根据河床水深即可求得最大冲坑深度 T。

冲坑是否会延伸到鼻坎处以致危及坝体安全，主要取决于 L/T 值。由于 L 和 T 均为近似估算值，故只供判断用。一般认为：基岩倾角较陡时要求 $L/T>2.5$；基岩倾角较缓时要求 $L/T>5.0$。国内工程实测冲坑上游坡为：桓仁水电站 1∶2～1∶6，丰满水电站 1∶5～1∶12，上犹江水电站 1∶4，修文水电站 1∶6。值得注意的是，当坝体建在倾向下游的缓倾角夹层上时，冲坑可能造成坝基软弱夹层的临空面，失去下游岩体的支撑，即使冲坑未延伸至坝下鼻坎处也可能导致坝体和部分基岩沿软弱夹层产生深层滑动，以及两岸岩体因失去支撑而滑塌。

挑射水流由于水舌大量掺气和扩散，在坝区形成大片雾化区。高水头溢流坝的雾化区可延伸数百米，设计时应估计雾化区的范围，以便将变电站、交通道路和居民区布置在雾化区以外，或采取可靠的防护措施使其免受雾化的影响。

挑流消能的尾水波动较大，对坝后式电站运行不利，冲坑石渣在下游沉落，可能造成电站尾水壅高或妨碍航运。

2. 差动式挑流鼻坎

如图 3.31 所示，差动式挑流鼻坎与连续式挑流鼻坎不同之处在于鼻坎末端设有齿坎，挑流时射流分经齿台和凹槽挑出，形成两股具有不同挑射角的水流，两股水流除在垂直面上有较大扩散外，在侧向也有一定的扩散，加上高低水流在空中相互撞击，使掺气现象加剧，增加了空中的消能效果；同时也增加了水舌入水宽度，减小了河床的冲刷深度。据试验和原型观测，设计良好的差动式挑流鼻坎下游的冲刷深度比连续式挑流鼻坎减小 35%～50%。常用的差动式挑流鼻坎有矩形齿坎和梯形齿坎两种。

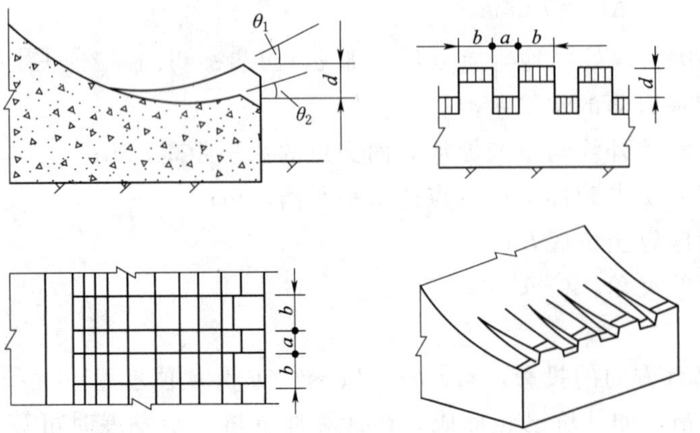

图 3.31　差动式挑流鼻

矩形齿坎如图 3.31 所示，其较合理的尺寸布置为：高低坎的挑角 θ_1 和 θ_2 的平均值在 20°～30°之间，角度差 $\Delta\theta=\theta_1-\theta_2=5°\sim10°$。齿台宽 b 和齿槽宽 a 的比值 $a/b=1.5\sim2.0$。

矩形齿坎的主要缺点是流经齿槽的高速水流受齿坎侧壁的约束，射流仍较集中，且高坎侧面极易形成负压区，易产生空蚀破坏。为了防止空蚀破坏，我国已建工程中采用过在矩形齿坎负压区设置通气孔或改矩形坎为梯形坎，均取得了一定的效果。

梯形齿坎的齿槽断面为梯形，齿台宽度向下游逐渐缩小，凹槽宽度逐渐增大，这样凹槽中的水流有所扩散，水流间相互撞击作用加大，且负压较矩形齿坎降低60%左右，但施工比较复杂。

3.7.3.3　面流消能

面流消能是在溢流坝下游面设一低于下游水位、挑角不大的鼻坎，使下泄的高速水流既不挑离水面也不潜入底层，而是沿下游水流的上层流动，水舌下有一水滚，主流在下游一定范围内逐渐扩散形成波状水跃，使水流分布逐渐接近正常水流情况，如图3.32所示。

面流消能的优点是：下游河床可以不设护坦，工程量小；水流表面可以过木、排冰，不会损伤坝面。其缺点是：对下游水深有较高要求；波状水跃衰减慢，对电站运行及下游航运不利，且易冲刷两岸。

面流消能适用于下游尾水较深（大于跌后水深），水位变幅小，河床和两岸有较强的抗冲能力，或者有过木排冰要求的河流。一般要经水工模型试验来确定其各部分尺寸，我国西津、富春江和龚咀等工程采用此种消能型式。

3.7.3.4　消力戽消能

消力戽的构造类似于挑流消能设施，但其鼻坎潜没在水下，下泄水流在被鼻坎挑到水面形成涌浪的同时，还在消力戽内、消力戽下游的水流底部以及消力戽下游的水流表面形成三个旋滚，即形成“三滚一浪”，如图3.33所示。消力戽的作用主要在于用戽内的旋滚消耗大量能量，并将高速水流挑至水流表面，以减轻对河床的冲刷。消力戽下游的两个旋滚也有一定的消能作用。由于高速主流在水流表面，故不需要护坦。

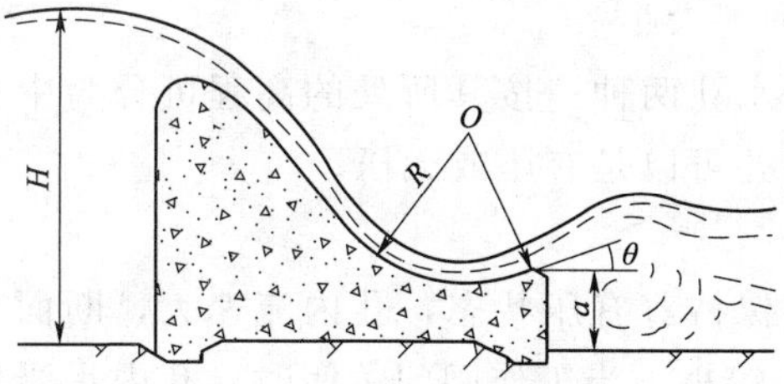

图3.32　面流消能示意图

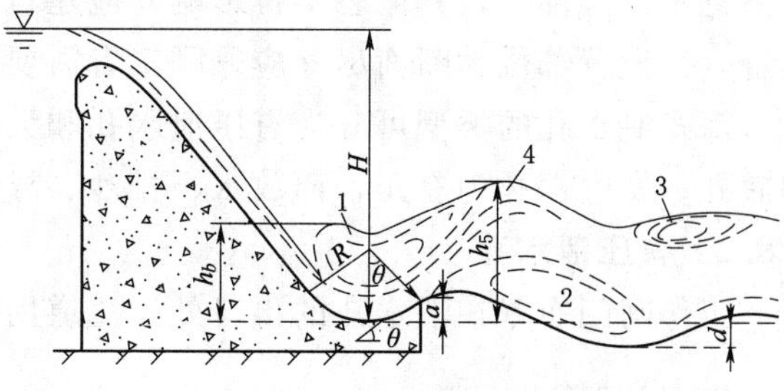

图3.33　消力戽消能示意图

1—戽内旋滚；2—戽后底部旋滚；3—下游表面旋滚；4—戽后涌浪

消力戽消能也像面流消能那样，要求下游尾水较深（大于跃后水深），而且下游水位和下泄流量的变幅较小，其缺点与面流消能大体相同。

消力戽设计既要避免下游水位过低出现自由挑流，造成严重冲刷，又要注意下游水位过高，淹没太大，急流潜入河底淘刷坝脚。设计时可参考有关文献，针对不同流量进行水力计算，以确定反弧半径、鼻坎高度和挑射角度。

3.7.4 折冲水流的产生与防止

产生折冲水流的主要原因是由于下泄水流宽度比河道小，两侧会形成巨大的回流，挤压下泄的高速水流，使水流不能很好地扩散，形成左冲右撞的不利流态。

防止折冲水流的措施主要有三方面：①在枢纽布置上，使下泄水流与主河槽方向一致；②在结构上可采用导流设施，使水流能均匀地扩散；③在运用上，制定出合理的闸门开启程序使下泄水流均匀对称。大型工程要用水工模型试验来确定。

3.8 重力坝的泄水孔

3.8.1 泄水孔的作用、布置和类型

重力坝泄水孔的进口淹没在水位以下较深处，故又称深式泄水孔（深孔），底部的又称底孔。泄水孔可用来放空水库、排放泥沙、向下游放水、预泄库水、加大调洪库容，同时可兼做施工导流。在不影响深孔正常运用的条件下，应考虑一孔多用，如灌溉与发电结合，放空与排沙、导流结合等。

深式泄水孔承受的水压力大，闸门启闭力大，闸门结构和止水都较复杂，检修比较困难。所以一般不以深式泄水孔作主要泄洪用。

泄水孔的布置应考虑运用要求、枢纽布置和地形地质条件等因素，如泄洪孔宜布置在主河槽部位，以便下泄水流与下游河道衔接。泄洪孔可布置在溢流坝段，也可布置在非溢流坝段。其进口高程在满足泄洪排沙等要求的前提下，应尽量抬高，以减小闸门水压力。发电孔取决于发电厂房位置，孔口顶部高程一般设于水库最低工作水位以下一倍孔口高度处，孔口底部应高出淤沙高程1m以上；灌溉孔应布置在主要灌区一侧，以便与灌溉渠道连接，进口高程应满足灌溉要求，必要时可分层设置进水口；排沙底孔应尽量靠近电站和灌溉进水口等部位，其流态不得影响其他建筑物的正常运行；放空底孔应与导流、排沙孔结合，其设置部位、断面尺寸应兼顾三者需要。

深式泄水孔的类型可分为有压泄水孔和无压泄水孔两种；按其所处的高程可分为中孔和底孔；发电深孔为有压，而放水、排沙、导流底孔可以是有压或无压。

3.8.2 有压泄水孔

工作闸门布置在泄水孔的出口处，流道内始终保持着有压状态，孔内流速大，断面尺寸较小，当工作闸门关闭时，孔内承受较大的内水压力，周边易产生局部拉应力，增加了坝体渗透压力。因此，孔内常采用钢板衬砌，同时在深孔进口处设置事故检修闸门，可在非泄水期关闭孔口，以减少有压孔受压时间，如图3.34所示。

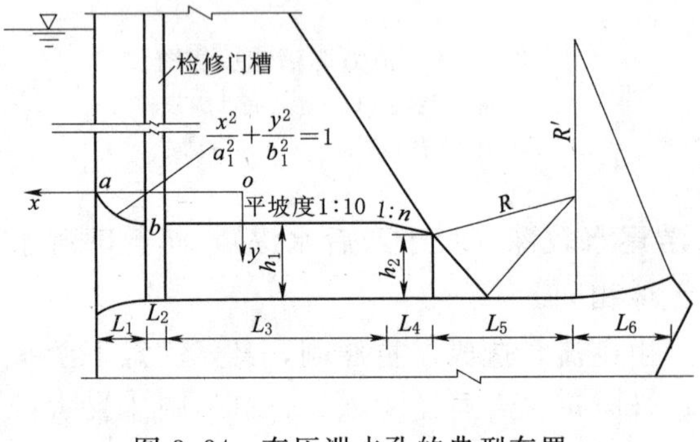

图3.34 有压泄水孔的典型布置

1. 有压泄水孔进口曲线

进口曲线形状应符合流线变化规律，故常做成喇叭形，以减小进口局部水头损

失、增加泄水能力，减小孔壁负压，防止空蚀发生。进口曲线常采用1/4椭圆，如图3.35所示。

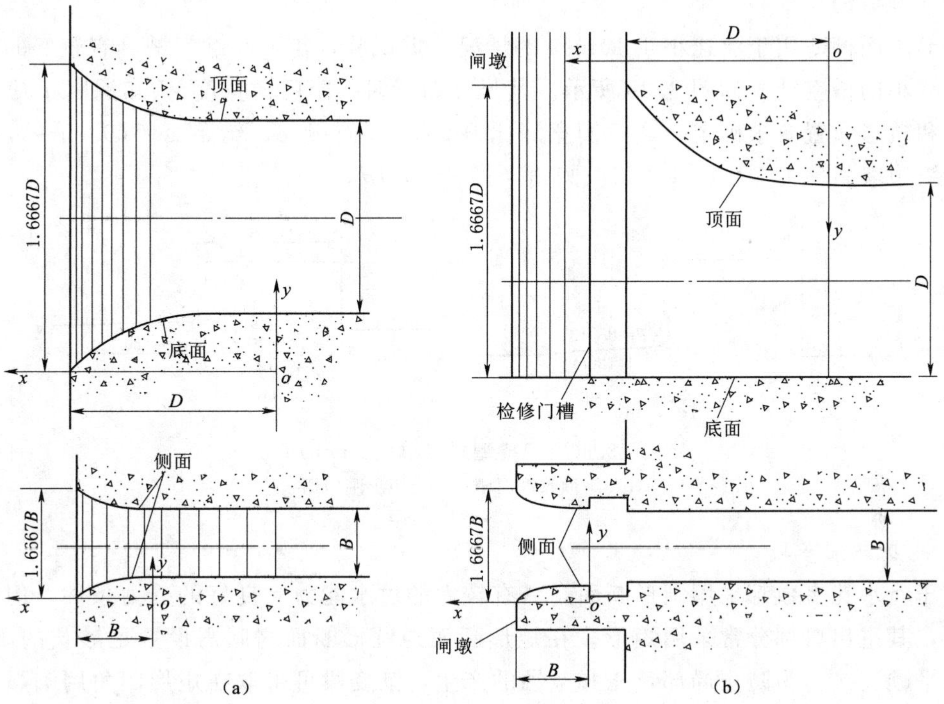

图3.35 泄水孔进口形状

(a) 底面为曲线的进口形状；(b) 底面为平面的进口形状

当紧接进水口处的泄水孔断面为矩形时，进水口上、下唇的曲线为

$$\frac{x^2}{a_1^2}+\frac{y^2}{b_1^2}=1 \tag{3.71}$$

侧墙的曲线为

$$\frac{x^2}{a_2^2}+\frac{y^2}{b_2^2}=1 \tag{3.72}$$

式中 a_1、b_1——椭圆长短半轴，m；$a_1=h_1$，$b_1=0.33a_1$；

a_2、b_2——可取 $b_2=(0.22\sim0.27)B$，B 为孔口正常宽度；$a_2=3b_2$。

在进水口处设闸门时，则其底面为平底，且下游处的泄水孔断面为圆形时，则采用钟形进水口，其曲线方程为

$$\left(\frac{x}{0.5D}\right)^2+\left(\frac{y}{0.15D}\right)^2=1 \tag{3.73}$$

式中 D——紧接进水口处的泄水孔直径，m。

当进口流速不大时，进口曲线可采用圆弧线，其半径应大于孔径的2倍。重要工程的进口曲线应通过模型试验确定。

2. 闸门和闸门槽

有压泄水孔的工作闸门常采用弧形闸门，而进口检修闸门为平面闸门，如闸门槽体形

设计不当，容易产生空蚀。水流经过门槽时，先是扩散，随即收缩，并在门槽及其下游区域产生漩涡，随着水流流速的增大，旋涡中心的压力渐趋减小，导致负压增大，引起空蚀破坏和结构振动。

矩形闸门槽适用于流速小于10m/s的情况，据试验，矩形收缩门槽具有较好的水流流态，可减小门槽空蚀，如图3.36所示。其尺寸布置时，闸门槽宽度 W 和深度 d 应根据闸门尺寸和轨道布置要求确定，其门槽宽深比 $W/d=1.6\sim1.8$，错距 $\Delta=(0.05\sim0.08)W$，下游收缩边墙斜率为1∶8～1∶12，圆角半径 $r=0.1d$。

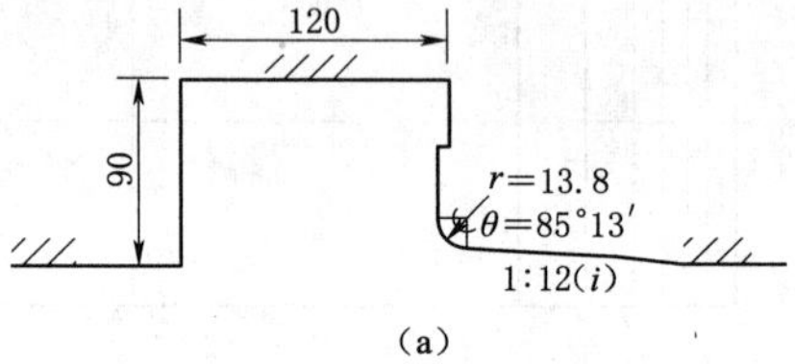

图3.36　门槽型式（单位：mm）
（a）矩形收缩门槽；（b）矩形闸门槽

3. 孔身与渐变段

有压泄水孔多数都采用圆形断面，具有较大的过水能力和良好的受力条件，但为了设置闸门，其进出口部分常采用矩形。在矩形断面与圆形断面之间需设置足够长的渐变段，使水流平顺连接。为防止局部负压和空蚀的产生，渐变段可采取在矩形四角用圆弧过渡的型式，如图3.37（a）所示。渐变段的长度应满足水流过渡的需要，一般采用孔身直径的

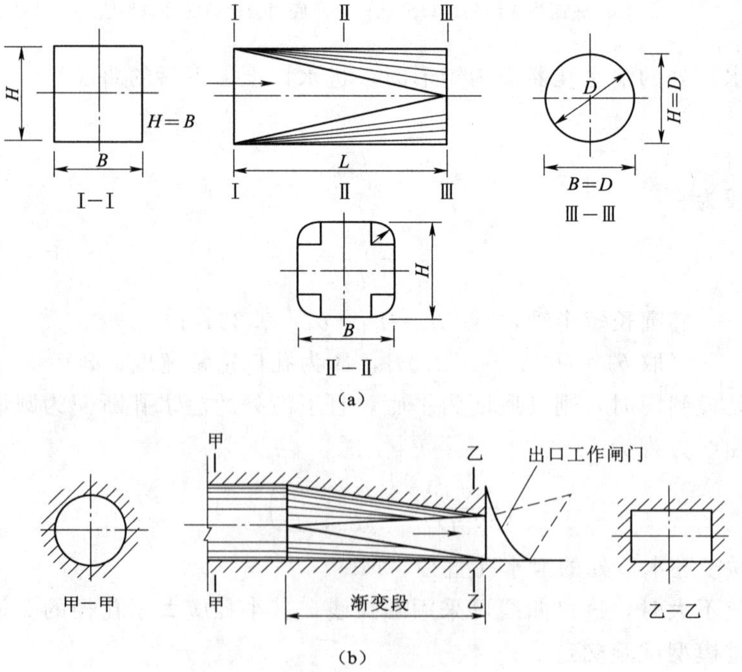

图3.37　深式泄水孔渐变段
（a）进口渐变段；（b）出口渐变段

1.5～2.0 倍。边壁的收缩率控制在 1∶5～1∶8。为了消除负压，在工作闸门上游设压坡段，将出口断面缩小，出口断面与泄水孔断面的比值可采用 0.85～0.90，并将孔顶降低，孔顶坡比可取 1∶10～1∶50。

4. 通气孔

当工作闸门发生故障或检修泄水孔时，要关闭事故检修闸门，这时泄水孔逐渐断流，孔内需要补气；当检修工作完毕后，先关闭工作闸门，用平压管（与水库相通）向工作闸门与事故检修闸门之间充水。充水时必须充分排气，否则将使泄水孔内气压上升，造成事故，诸如喷水、结构振动等。为了满足充气和排气的需要，必须设置通气孔。通气孔应设在紧靠检修闸门后，其顶端应高出最高库水位。由于有压泄水孔的充水和排水的流量较小，故所需通气孔的断面尺寸不大，据经验，为泄水孔断面积的 0.5%～1%，但应大于平压管（充水用）的过水断面。

3.8.3 无压泄水孔

无压泄水孔在平面上应作直线布置，包含较短的有压段和较长的无压段。有压段又分为进口段、事故检修门槽段和压坡段三个部分，压坡段下游设工作闸门。检修闸门采用平板门，工作闸门则采用弧形闸门，如图 3.38 所示。

进水口曲线与有压泄水孔相同，常采用 1/4 椭圆曲线，其后接一倾斜的直线压坡段，压坡段的坡度一般采用 1∶4～1∶6，长度为 3～6m。

无压明流段通常采用矩形断面。为了保证形成稳定的无压流，孔顶高度应有安全裕幅。在直线段，当孔身为矩形时，顶部距水面的高度可取最大流量时不掺气水深的 30%～50%。孔顶为圆形时，其拱脚距水面的高度可取不掺气水深的 20%～30%。无压深孔出口不宜设在溢流坝面上。门后泄槽的底坡可按自由射流水舌底缘曲线设计，通常采用抛物线形。为安全计，抛物线起点的流速按计算值的 1.25 倍考虑，得槽底曲线方程为

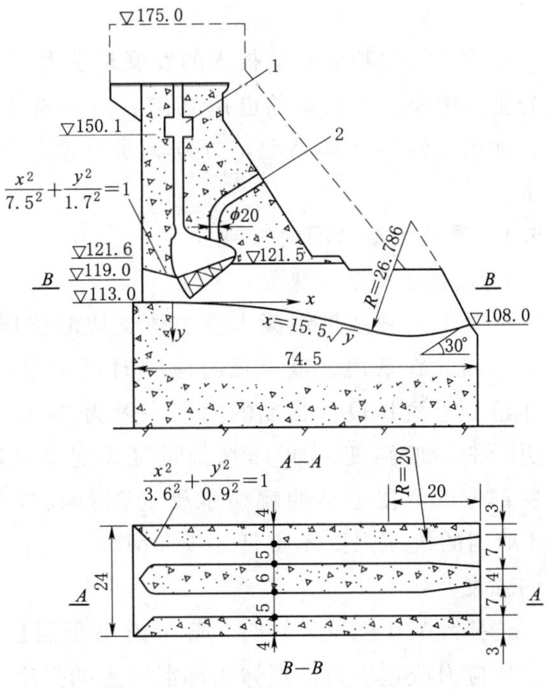

图 3.38 无压泄水孔（单位：m）

1—启闭机廊道；2—通气孔

$$y=\frac{g}{2(kv)^2\cos^2\theta}x^2+x\tan\theta \tag{3.74}$$

式中 θ——抛物线起点（坐标 x、y 的原点）处切线与水平方向的夹角，(°)；

v——起点段面平均流速，m/s；

k——为防止产生负压而采用的安全系数，$k=1.2\sim1.6$；

g——重力加速度，m/s²。

明流段的反弧段一般采用单圆弧式，末端为挑流鼻坎，鼻坎高程应高于该处的下游水位以保证发生自由挑流，但可略低于下游最高水位。

无压泄水孔的通气孔，紧靠工作闸门的下游，所需的面积较大。除了满足检修情况下的通气要求（与有压泄水孔相同）以外，还要考虑正常泄水时的补气要求。由于高速水流的掺气作用，将孔内的空气逐渐带走，使孔内压力降低，影响正常泄流，故需要补气。无压洞通气孔的面积 a 可按下式估算：

$$a=\frac{0.09V_wA}{[V_a]} \tag{3.75}$$

式中 V_w——工作闸门孔口处断面的平均流速，m/s；

A——无压泄水孔的断面积，m^2；

$[V_a]$——通气孔内的允许风速，m/s，V_a 约为 20m/s，一般不超过 40～50m/s。

3.9 重力坝的材料及构造

重力坝的材料及相关技术的发展是重力坝技术进展的重要体现。重力坝的材料主要是混凝土，中小型工程有的也用浆砌石。对混凝土，除满足强度要求外，还应根据工作条件、地区气候等具体情况，分别满足抗渗、抗冻、抗冲刷、抗侵蚀、抗裂性及低热性的要求。

3.9.1 混凝土重力坝的材料

1. 混凝土的强度等级

混凝土的强度按混凝土立方体试块的抗压强度标准值确定。混凝土的强度随龄期而增长，因此在选用强度等级时应同时规定设计龄期。为了充分利用混凝土的后期强度，坝体混凝土抗压设计强度的龄期一般为 90d，对于施工期较长的高、中坝，可以考虑采用更长的龄期强度，如 180d。同时规定 28d 龄期的强度作为早期强度的控制。考虑到某些部位的混凝土早期就要承受局部荷载以及温度应力和收缩应力，所以规定混凝土 28d 龄期的抗压强度不得低于 7.5MPa。抗拉强度一般不采用后期强度，而采用 28d 龄期的强度。

选择混凝土强度等级时，应考虑由于温度、渗透压力及局部应力集中所产生的拉应力、剪应力或主应力。坝体内部混凝土的强度等级不应低于 $R_{90}100$，过流表面的混凝土强度等级不应低于 $R_{28}250$。

2. 混凝土的耐久性

混凝土的耐久性包括抗渗性、抗冻性、抗冲刷性、抗侵蚀性和抗裂性等。

（1）抗渗性。抗渗性是指混凝土抵抗压力水渗透作用而不被破坏的能力。大坝混凝土的抗渗等级 W 可根据渗透坡降大小参照表 3.16 选定。

（2）抗冻性。抗冻性指混凝土在饱和状态下，经多次冻融循环作用而不严重降低强度的性能。坝体水位变化区及以上的外部混凝土容易受到干湿、冻融作用，应具有一定的抗冻要求。

表 3.16　　大坝混凝土抗渗等级的最小允许值

项次	部　　位	水力坡降 i	抗渗等级
1	坝体内部		W2
2	坝体其他部位按水力坡降考虑时	$i<10$	W4
		$10\leqslant i<30$	W6
		$30\leqslant i<150$	W8
		$i\geqslant 150$	W10

注　1. 承受侵蚀水作用的建筑物，其抗渗等级应进行专门的试验研究，但不得低于 W4；
2. 混凝土的抗渗等级应按 SL/T 352—2020《水工混凝土试验规程》规定的试验方法确定。根据坝体随水压力作用的时间也可采用 90d 龄期的试件测定抗渗等级。

混凝土的抗冻等级通常以抗冻符号 F 表示。大坝混凝土应根据气候分区、冻融循环次数、表面局部小气候条件、水分饱和程度、结构构件重要性和检修的难易程度等因素按表 3.17 选用抗冻等级。

表 3.17　　大坝混凝土抗冻等级

气　候　分　区	严　寒		寒　冷		温和
年冻融循环次数/次	≥100	<100	≥100	<100	—
受冻严重且难于检修部位：流速大于 25m/s、过冰、多沙或多推移质过坝的溢流坝、深孔或其他输水部位的过水面及二期混凝土	F300	F300	F300	F200	F100
受冻严重但有检修条件部位：混凝土重力坝上游面冬季水位变化区；流速小于 25m/s 的溢流坝、泄水孔的过水面	F300	F200	F200	F150	F50
受冻较重部位：混凝土重力坝外露阴面部位	F200	F200	F150	F150	F50
受冻较轻部位：混凝土重力坝外露阳面部位	F200	F150	F100	F100	F50
混凝土重力坝水下部位或内部混凝土	F50	F50	F50	F50	F50

注　1. 混凝土的抗冻等级应按 SL/T 352—2020 规定的快冻试验方法确定，也可采用 90d 龄期的试件测定。
2. 气候分区划分：严寒——最冷月份平均气温<－10℃；寒冷——最冷月份平均气温≥－10℃，但≤－3℃；温和——最冷月份平均气温>－3℃。
3. 年冻融循环次数分别按一年内气温从＋3℃以上降至－3℃以下，然后回升至＋3℃以上的交替次数，或一年中日平均气温低于－3℃期间设计预定水位的涨落次数统计，并取其中大值。
4. 冬季水位变化区指运行期内可能遇到的冬季最低水位以下 0.5～1.0m，冬季最高水位以上 1.0m（阳面）、2.0m（阴面）、4.0m（水电站尾水区）。

（3）抗冲刷性。抗冲刷性是指抗高速水流或挟沙水流的冲刷、磨损作用的性能。混凝土的抗冲刷性与其强度、骨料硬度及振捣密实度、表面光滑程度等有关。对于一般有抗冲刷性要求的混凝土，其强度等级应在 C20 以上；抗冲刷性要求较高时，其强度等级应不低于 C30 或采用真空作业以提高抗冲刷性，对于磨损特别严重的部位，应采用抗冲刷性材料加以保护，如环氧砂浆、环氧混凝土、钢纤维混凝土等做成耐冲磨的面层。

（4）抗侵蚀性。抗侵蚀性是指混凝土抵抗环境水侵蚀的性能。当确认环境水有侵蚀作用时，应选择适当品种的水泥和骨料，提高混凝土的密实度，必要时可设置混凝土表面防护层，减少水的渗透作用，以减缓侵蚀破坏速度。

（5）抗裂性。为防止大体积混凝土结构产生温度裂缝，除合理分缝、分块和采取必要的温控措施外，还应选用发热量较低的水泥和减少水泥用量，以提高混凝土的抗裂性能。

3.9.2 混凝土重力坝的材料分区

坝体各部位工作条件不同，对混凝土强度、抗渗性、抗冻性、抗冲刷性等性能的要求也不同，为了节约和合理使用水泥，通常将坝体按不同部位和不同工作条件分区，采用不同强度等级的混凝土，如图 3.39 所示。

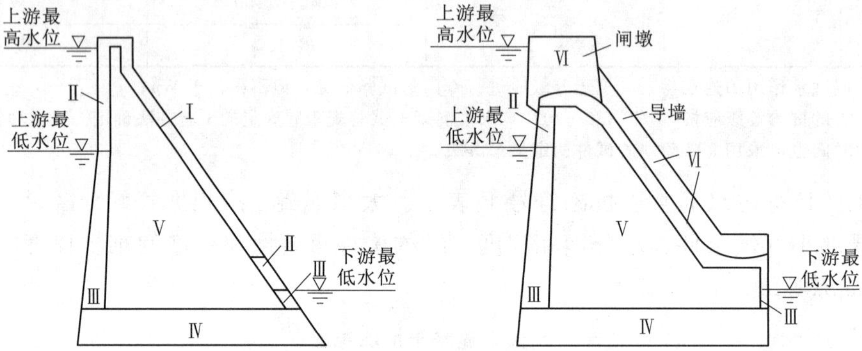

图 3.39 坝体混凝土分区图

Ⅰ区——上下游最高水位以上坝体表层混凝土。在寒冷地区多采用厚 2～3m 的抗冻混凝土，一般用 C15、W4、F100～F200。

Ⅱ区——上下游水位变化区的坝体表层混凝土，多采用厚 3～5m 的抗渗、抗冻并具有抗侵蚀性的混凝土，一般用 C15、W8、F150～F300。

Ⅲ区——上下游最低水位以下坝体表层混凝土，其抗渗性要求较高，多采用厚 2～3m 的抗渗混凝土，一般用 C20、W10、F100。

Ⅳ区——坝体靠近基础的底部混凝土，主要满足强度要求，一般用 C20、W10、F200。

Ⅴ区——坝体内部混凝土，多采用低强度等级低热混凝土，一般用 C10～C15、W2～W4。

Ⅵ区——抗冲刷部位的混凝土，如溢流面、泄水孔、导墙和闸墩等。抗压强度不低于 20～25MPa（90d 龄期），严寒地区应满足抗冻要求，一般用 C25 以上、F200～F300。

坝体不同分区的混凝土所用的水泥，应尽量采用同一品种。同一浇筑块中混凝土强度等级不宜超过两种，分区厚度尺寸最小为 2～3m。

混凝土分区强度等级的性能应符合表 3.18 的要求。

表 3.18　混凝土分区强度等级的性能

分区	强度	抗渗	抗冻	抗冲刷	抗侵蚀	低热	最大水灰比		选择各分区的主要因素
							严寒和寒冷地区	温和地区	
Ⅰ	+	−	++	−	−	+	0.55	0.60	抗冻
Ⅱ	+	+	++	−	+	+	0.45	0.50	抗冻、抗裂
Ⅲ	++	++	+	−	+	+	0.50	0.55	抗渗、抗裂
Ⅳ	++	+	+	−	+	++	0.50	0.55	抗裂

续表

分区	强度	抗渗	抗冻	抗冲刷	抗侵蚀	低热	最大水灰比		选择各分区的主要因素
							严寒和寒冷地区	温和地区	
Ⅴ	＋＋	＋	＋	－	－	＋＋	0.65	0.65	
Ⅵ	＋＋	－	＋＋	＋＋	＋＋	＋	0.45	0.45	抗冲耐磨

注 表中“＋＋”为选择各区混凝土强度等级的主要控制因素，“＋”为需要提出要求的；“－”为不需要提出要求的。

3.9.3 坝顶构造

1. 非溢流坝段

坝顶上游常设置防浪墙，以降低坝体的高度，墙身采用与坝体连成整体的钢筋混凝土结构，并应有足够的厚度以抵挡波浪及漂浮物的冲击。墙身高度一般为1.2m，当不设防浪墙时上下游两侧设栏杆及照明装置。常态混凝土坝顶最小宽度为3m，碾压混凝土为5m。

坝顶行车时，应按交通要求铺设路面及排水设施。有抗震要求的重力坝，可以采用拱形结构支承坝顶路面，以减轻坝顶的重量，改善坝体应力和增强抗震性能。

2. 溢流坝段

溢流坝段上部结构应根据运用要求布置，一般应有闸墩、导流墙、工作桥、闸门、启闭设施、胸墙及交通桥等。

(1) 闸墩。闸墩在平面形状上应尽可能使水流平顺，长度要满足坝顶的布置要求；最大高程应和坝顶平齐；门槽颈部厚不小于1.0m。

(2) 导流墙。溢流坝段两端边墩向下游延伸的部分称为导流墙，当采用挑流消能时，导流墙延伸到挑坎的末端；当采用底流消能时，要延伸到护坦的末端；有水电站时，要延伸到厂房下游一定距离。导流墙的高程应高出掺气后的水面线0.5～1.5m。在下游河床中可允许墙顶有一定的漫溢。

工作桥、闸门、启闭设施、胸墙及交通桥等设施不再一一赘述。

3.9.4 重力坝的防渗与排水设施

在混凝土重力坝坝体上游面和下游面水位以下部分，多采用一层具有防渗、抗冻和抗侵蚀的混凝土作为坝体的防渗设施。防渗层厚度一般为1/20～1/10水头，但不小于2m。

为了减小坝体的渗透压力，靠近上游坝面设置排水管幕，排水管幕距上游坝面的距离一般为作用水头的1/15～1/25，且不小于2.0m。排水管间距2～3m，管径为15～25cm。排水管幕一般做成铅直的，与纵向排水检修廊道相通，上端应尽量通至上层廊道或坝顶（或溢流堰面以下）以便于检修。

排水管可采用拔管、钻孔或预制无砂混凝土管，如图3.40（b）所示。在浇注坝体混凝土时，应保护好排水管，防止水泥浆漏入管内，阻塞排水管道。渗入排水管的水可汇集到下层纵向廊道，沿集水沟（或集水管）经横向廊道汇入集水井，然后自流或抽排到下游。

3.9.5 重力坝的分缝与止水

为了满足施工要求，防止由于温度变化和地基不均匀沉降导致坝体裂缝，在坝内需要进行分缝。

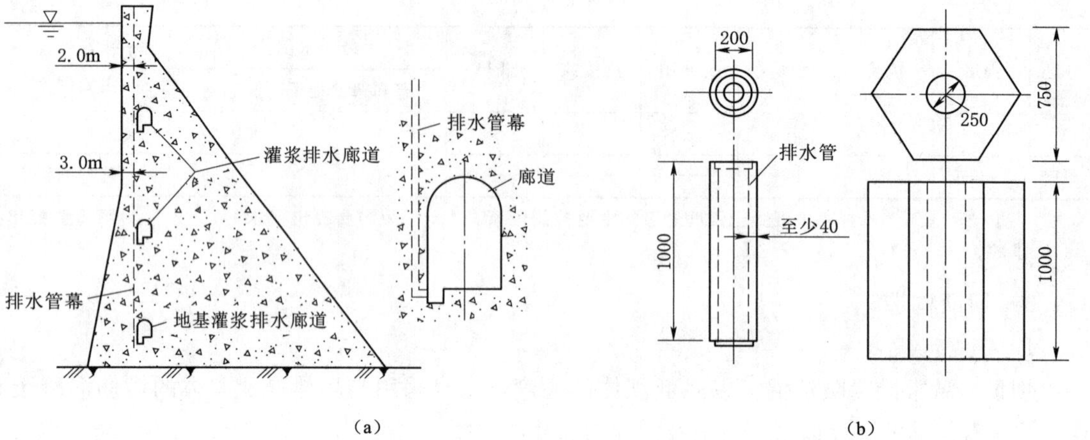

图 3.40　重力坝内排水构造（单位：mm）
(a) 坝内排水系统；(b) 排水管

1. 横缝

横缝与坝轴线垂直，将坝体分成若干个坝段，横缝间距一般为 15～20m。缝距大小主要取决于地基地质特性、河谷地形、混凝土的浇筑能力、结构布置和温度变化等。横缝有永久性和临时性两种。

(1) 永久性横缝。永久性横缝可兼作沉降缝和温度缝，缝面常为平面，可不留缝宽。当不均匀沉降较大时，需留缝宽 1～2cm，缝间用沥青油毛毡隔开，缝内须设置专门的止水，如图 3.41 所示。

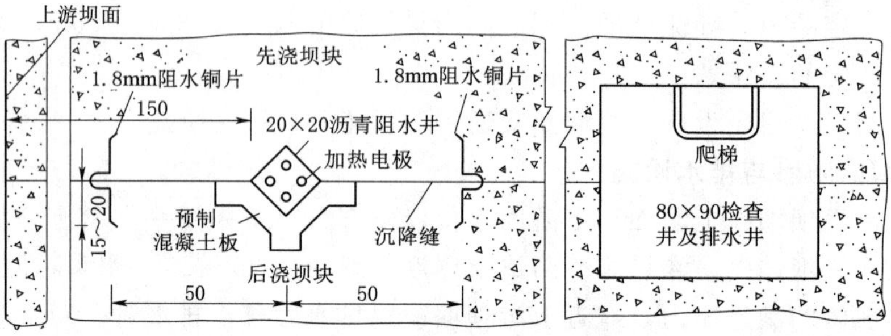

图 3.41　横缝止水排水系统（单位：cm）

高坝上游坝面横缝止水应采用两道止水片，其间设一沥青井，第一道止水片至上游坝面的距离一般为 0.5～2.0m。一般高坝两道止水片均应为厚紫铜片，中、低坝的止水可适当简化，其第一道止水应为紫铜片。对第二道止水及低坝的止水，在气候温和地区可采用塑料止水片，在寒冷地区可采用橡胶（或氯丁橡胶）止水带。紫铜片的厚度为 1.0～1.6mm。每一侧埋入混凝土内的长度一般为 20～25cm，止水铜片应做成可伸缩的，其接头和接缝应注意保证焊接质量。止水沥青井做成圆形或方形，可用预制混凝土块围成井状，其尺寸大致为 15～25cm，井内灌注石油沥青、水泥和石棉粉组成的填料，井内设加热设备。止水片及沥青井需伸入基岩内 30～50cm，止水片必须延伸到最高水位以上，沥青井须延伸到坝顶。止水后面有时设排水孔，必要时还设检查井，检查井的断面尺寸一般为 1.2m×0.8m，井内设爬梯、休息平台，并与检查廊道相通。

（2）临时性横缝。临时性横缝的缝面设置键槽，埋设灌浆系统。临时性横缝主要用在以下情况：①对横缝的防渗要求很高时；②位于陡坡上的坝段或坝体承受侧向荷载，其侧向稳定和应力不能满足要求，需将相邻坝段连结成整体，以改善岸坡坝段的稳定性；③河谷狭窄，经过技术经济比较后认为做成整体式重力坝有利时；④地震设计烈度在 8 度以上或坐落在软弱破碎带上的坝段，需将坝体连成整体，以提高坝段的抗震性能和整体刚度。

2. 纵缝

纵缝是平行于坝轴线方向的缝，其作用是为了适应混凝土的浇筑能力、散热和减小施工期的温度应力，按其布置形式可分为竖直纵缝、错缝纵缝、斜缝纵缝和通仓浇筑纵缝，如图 3.42 所示。

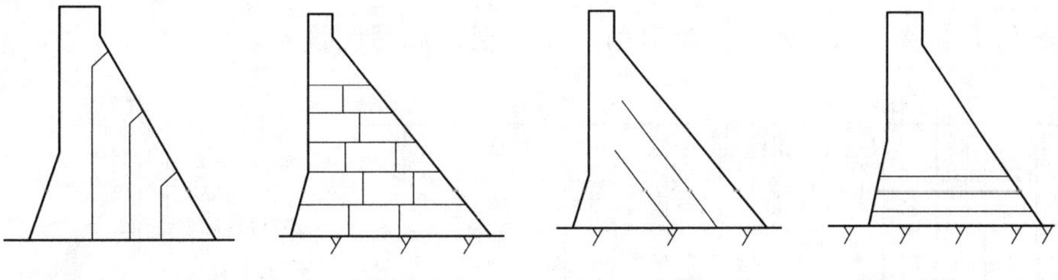

图 3.42　纵缝构造
（a）竖直纵缝；（b）错缝纵缝；（c）斜缝纵缝；（d）通仓浇筑纵缝

竖向纵缝的间距为 15～30m，按施工浇筑能力及对块体的温度控制情况而定。为了使缝面更好地传力，缝面应设置三角形键槽，缝面应分别与坝内第一及第二主应力方向正交，键槽尺寸布置如图 3.43 所示。

为了保护坝段的整体性，沿缝面应布设灌浆系统，纵缝与坝面应垂直相交，如图 3.42（a）所示。待坝体温度冷却到稳定温度，缝宽达到 0.5mm 以上时再进行灌浆。一般进浆管的灌浆压力可控制在 0.35～0.45MPa，回浆管的压力可控制在 0.2～0.25MPa。为了不使浆液从缝内流出，必须在缝面四周设置塑料止浆片，其厚度为 1.0～1.5mm，宽度为 24cm，分区灌浆面积为 300～450m^2，分区高度一般为 10～15m。

错缝间距为 10～15m。浇筑块高度，在基岩附近为 1.5～2.0m；在坝体上部一般不大于 3m。

缝的错距不超过浇筑块厚度的一半，以免沿竖缝开裂。错缝不灌浆，可在低坝上采用。斜缝适用于低坝中，只要在缝面上凿毛或加设键槽，可不灌浆。斜缝不应直通上游坝面，须在离上游坝面一定距离处终止，并采取并缝措施，如设骑缝钢筋、并缝廊道等。斜缝的分块施工，宜保持斜缝相邻的上、下游坝块均匀上升，防

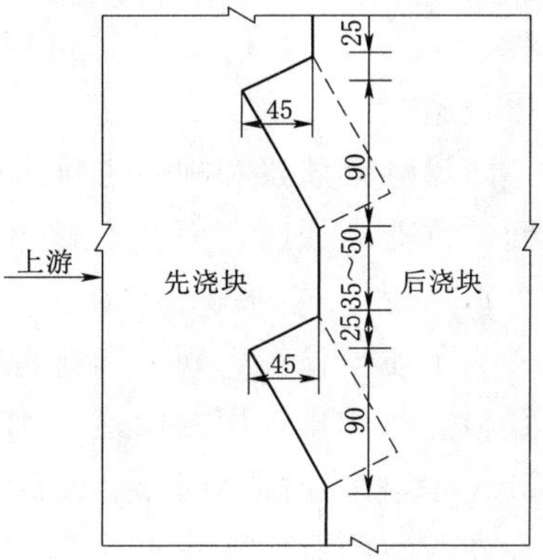

图 3.43　纵向键槽（单位：cm）

止产生温度裂缝。斜缝施工比较复杂，采用较少。

3. 水平施工缝

水平施工缝是新老混凝土的水平结合面。每层浇筑块的厚度为1.5～4.0m，基岩表面为0.75～1.0m，以利散热。同一坝段相邻浇筑块水平施工缝的高程应错开，上、下浇筑块之间常间歇3～7d。混凝土浇筑前，必须清除老混凝土面浮渣并凿毛，用压力水冲洗，再铺一层2～3cm的水泥砂浆，然后浇筑。当水平施工缝与廊道顶拱相交时，可以用1∶1.0～1∶1.5的坡度与拱座连接，廊道以上的水平施工缝离拱顶不应小于1.5m。

图3.42（d）所示为通仓浇筑的水平施工缝。其优点是加强了坝体的整体性，但由于浇筑块尺寸大，浇筑强度高，而且温度应力大，必须进行严格的温度控制。高坝采用通仓浇筑时，必须有专门论证。碾压混凝土坝适合于通仓浇筑。

3.9.6 坝内廊道

为了满足帷幕灌浆、排水、观测和检修坝体的需要，须在坝内设置各种廊道或竖井，构成廊道系统，如图3.44所示。廊道内应设置通风和照明设备。

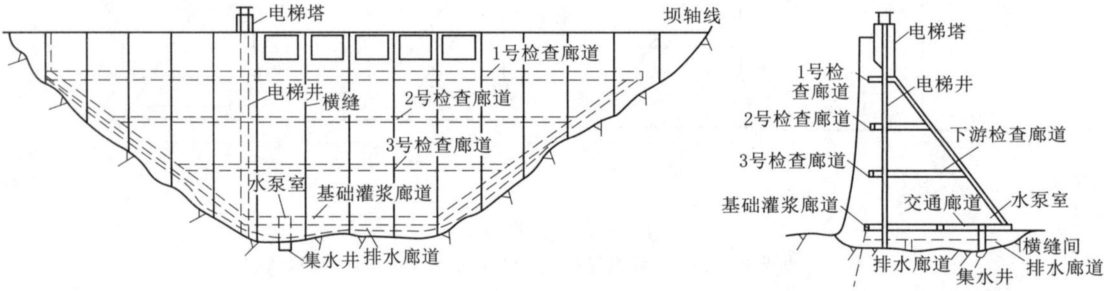

图3.44 廊道系统

1. 基础灌浆廊道

基础灌浆廊道设置在上游坝踵处，如图3.45（a）所示。廊道上游侧距上游坝面的距离为0.05～0.1倍水头，且不小于4m，廊道底面距基岩面不小于1.5倍廊道宽度，廊道断面一般采用城门洞形，其宽度一般为2.5～3.0m，高度一般为3.0～3.5m。廊道上游侧设排水沟，下游侧设排水孔及扬压力观测孔。较长的基础灌浆廊道，每隔50～100m宜设置横向灌浆机室。坡度较陡的长廊道，应分段设置安全平台及扶手。基础灌浆廊道的纵坡应缓于45°，若陡于45°时，可用分层的平洞代替。当廊道低于下游水位时，应设集水井及抽排设施。

防渗帷幕灌浆和坝基主排水孔幕应在廊道内施工，以利用坝体重量提高灌浆压力和坝基面的抗剪断强度，而且不影响上部坝体的正常施工。

2. 坝体检查和排水廊道

为了便于检查、观测和排除坝体渗水，还应在靠近坝体上游面沿高度每隔20～40m设置检查兼作排水用的廊道。廊道断面型式多为城门洞形，廊道最小宽度为1.2m，高度2.2m，其上游侧距离上游坝面的距离应不小于0.05倍作用水头，且不小于3m。各层廊道在左、右两岸应各有一个通向下游的出口，各层廊道之间用竖井连通。如设有电梯井时，则各层廊道均应与电梯井相通。

廊道内应有足够的照明设施和良好的通风条件，各种电器设备与线路应保证绝缘良好，并设置应急照明。

3. 坝内廊道附近的应力状况

坝内廊道中断了坝体结构的连续性，改变了廊道周边的应力分布，易引起局部应力集中。廊道形状、尺寸大小和位置对应力分布均有影响。一般认为廊道仅影响其附近小部分区域的应力分布，不会使原大坝截面上的应力分布发生质的变化，廊道附近的应力分布曲线如图 3.46 所示。从图中可以看出，设置廊道后，在其两侧会引起压应力集中，而在廊道顶部和底部则产生局部的拉应力，应力在廊道周边为最大，离周边不远处的压应力即接近断面上的平均值，而顶、底部的拉应力迅速减小并转变为较小的压应力。

一般在廊道周边都配置钢筋，近年来西欧和美国对位于坝内受压区的孔洞都不配筋。只对位于受拉区孔洞且外形复杂、有较大的拉应力集中的情况下，才配置钢筋。

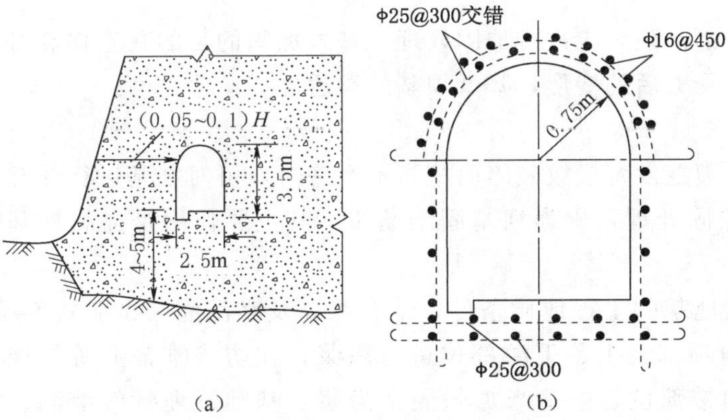

图 3.45 廊道的型式

(a) 廊道的布置；(b) 廊道的钢筋布置

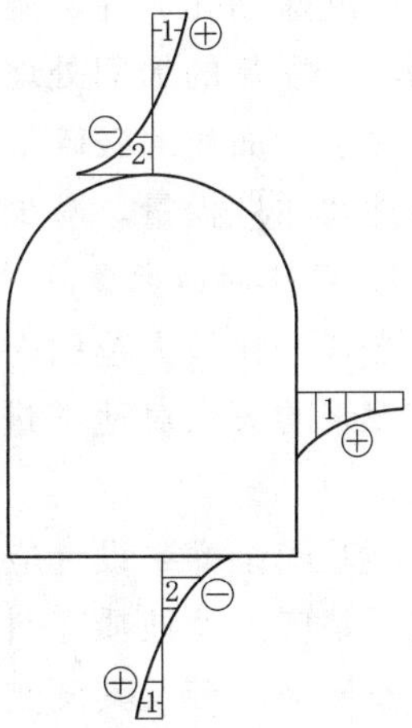

图 3.46 廊道周边应力分布

3.10 重力坝的地基处理

由于长期地质作用，天然地基一般都存在风化、节理、裂隙、断层破碎带及软弱夹层等方面的缺陷，因此必须进行地基处理。经过处理后的地基应满足下列要求：具有足够的强度，以承受坝体的压力；具有足够的抗渗性，以满足渗透稳定，控制流量；具有良好的整体性和均匀性，以满足地基的抗滑稳定和减少不均匀沉陷；具有足够的耐久性，以防止岩体性质在水的长期作用下发生恶化。

3.10.1 地基的开挖与清理

坝基开挖的目的是将坝体坐落在稳定、坚固的地基上。坝基开挖的深度应根据坝基应力、岩石强度及其完整性，上部结构对地基的要求、工期、费用等综合研究确定。SL 319—2018《混凝土重力坝设计规范》规定：坝高超过 100m 时，可建在新鲜、微风化至弱风化层下部的基岩上；坝高为 50～100m 时，可建在微风化至弱风化中部基岩上；坝高小于50m时，可建在弱风化中部至上部基岩上。对两岸地形较高部位的坝段，其开挖基岩的标准可比河床部位适当放宽。

坝基开挖的边坡必须保持稳定，在顺河流方向基岩面上下游高差不宜过大，并尽可能开挖成略向上游倾斜，以增强坝体的抗滑稳定性。若基岩面高差过大或向下游倾斜，宜开挖成大台阶状。两岸岸坡坝段基岩面，尽量开挖成有足够宽度的台阶状，以确保坝体的侧向稳定。对于靠近坝基面的缓倾角软弱夹层，埋藏不深的溶洞、溶蚀面应尽量挖除。开挖至距利用基岩面0.5～1.0m时，应采用手风钻钻孔，小药量爆破，以免产生裂隙或增大裂隙。遇到易风化的页岩、黏土岩时，应留有0.2～0.3m的保护层，待浇筑混凝土前再挖除。

基岩开挖后，在浇筑混凝土前，需进行彻底的清理和冲洗，包括清除松动的岩块、打掉凸出的尖角；冲洗基岩面上残留的泥土、油渍及杂物；排除基岩面上全部积水；基坑内原有的勘探钻孔、井、洞等均应回填封堵。

3.10.2 坝基的加固处理

对于大面积的破碎带或局部缺陷，应进行加固处理。基岩加固的目的在于提高基岩的整体性和弹性模量，减少基岩受力后的变形，降低坝基的渗透性。

1. 坝基固结灌浆

当基岩在较大范围内节理裂缝发育或较破碎而挖除不经济时，可对坝基进行浅孔低压灌水泥浆的方法对地基进行加固处理，称为坝基固结灌浆。其主要作用是提高坝基的整体性。

坝基固结灌浆设计应根据地基的工程地质条件，结合坝高及水泥灌浆试验资料确定。根据坝基应力及地质条件，向坝基及上、下游部位进行灌浆；在防渗帷幕上游的坝基部位，断层破碎带及其两侧影响带部位，应适当加强固结灌浆。基础下埋藏的溶洞、溶槽等，除必要的回填处理外，应对其顶部及周围岩石加强固结灌浆，灌浆孔布置如图3.47所示。

固结灌浆孔通常布置成梅花形或方格形，对较大的断层和裂隙应进行专门布孔。固结灌浆孔的方向应根据主要裂隙产状和施工条件确定，钻孔方向应尽可能正交于主要裂隙面，但倾角不宜过大。孔距、排距及孔深应根据地质条件、地下水文特征并参照灌浆试验成果确定，排距一般为3～4m，孔深一般为5～8m，在局部地区及坝基应力较大的高坝基础上可适当加深。帷幕区宜配合帷幕深度确定，一般采用8～15m。排水孔孔距为2～3m，孔径约为150～200mm，不宜过小，防止堵塞。孔深一般为帷幕深度的0.4～0.6倍，高中坝的排水孔深不宜小于10m。

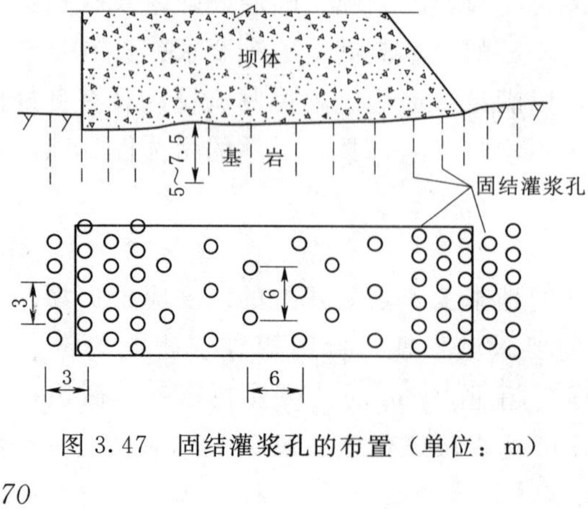

图3.47 固结灌浆孔的布置（单位：m）

固结灌浆宜在基础部位混凝土浇筑后进行。在不掀动基岩的原则下，固结灌浆压力应尽量取较大值，一般无混凝土盖重时为0.2～0.4MPa；有盖重时为0.4～0.7MPa。对缓倾角层面发育的基岩，其灌浆压力应进行试验确定。

2. 断层破碎带和软弱层面的处理

对于坝基范围内的断层破碎带或软弱层面，应根据其所在部位、产状、宽度、组成物的性质以及有关试验资料分析其对上部结构的影响，结合施工条件采取适当的处理方法。对地震设计烈度为 8 度以上的坝区，断层破碎带或软弱层面的处理应适当提高要求。

(1) 倾角较陡的断层破碎带处理。在坝基范围内单独出露的断层破碎带，可将适当深度内的断层、破碎带及其两侧风化岩石挖除或挖至较完整的岩体。当断层破碎带规模不大，但其组成物以软弱的构造岩、断层泥为主时，可用混凝土塞加固，如图 3.48 所示。混凝土塞的高度可取断层破碎带宽度的 1.0～1.5 倍。另外，也可做混凝土拱来处理破碎带，如图 3.48 (c) 所示。对于与水库连通的破碎带，必须做好防渗处理。

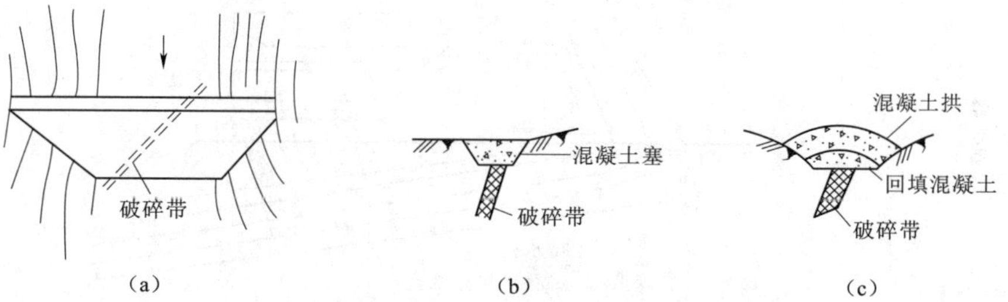

图 3.48 断层破碎带处理

(a) 破碎带位置；(b) 混凝土塞；(c) 混凝土拱

(2) 软弱夹层的处理。对于浅埋的夹层，可采用明挖清除，再回填混凝土加固；对于深层的夹层，视其对坝体稳定和基础沉降危害的程度，确定是否需要处理。如需要处理，可采用洞挖后回填混凝土的方法进行加固。为了阻止坝体沿软弱夹层滑动，可在下游坝趾处设置深齿墙、大型钢筋混凝土抗滑桩或预应力锚索等措施进行加固，如图 3.49 所示。

3.10.3 坝基防渗、排水

坝基防渗处理目的是减少坝基及绕坝渗漏；防止较大渗流对坝基产生渗透破坏；减小作用在坝基底面上的扬压力，提高坝体的抗滑稳定性。

1. 防渗帷幕灌浆

(1) 防渗帷幕深度。防渗帷幕深度应根据水头大小、透水层的深度和降低坝基渗透压力的要求确定。当坝基下相对隔水层厚度不大且埋藏较浅时，其应伸入到隔水岩层内 3～5m；一般情况下，帷幕深度为 0.3～0.7 倍水头。

(2) 帷幕的布置。防渗帷幕灌浆孔的排数、排距及孔距应根据工程地质条件、水文地质条件、作用水头及灌浆试验资料确定。坝高在 100m 以下时，可布置一排。对地质条件较差，岩体裂隙发育或可能发生渗透变形的地段可采用两排，但坝高在 50m 以下时，仍可采用一排。当采用两排灌浆孔时，可将一排孔灌至设计深度，另一排孔深可取设计孔深的 1/2 左右。孔距一般为 1.5～3m，排距宜比孔距略小。钻孔宜穿过岩体主要裂隙和层理，倾向上游 0°～10°。

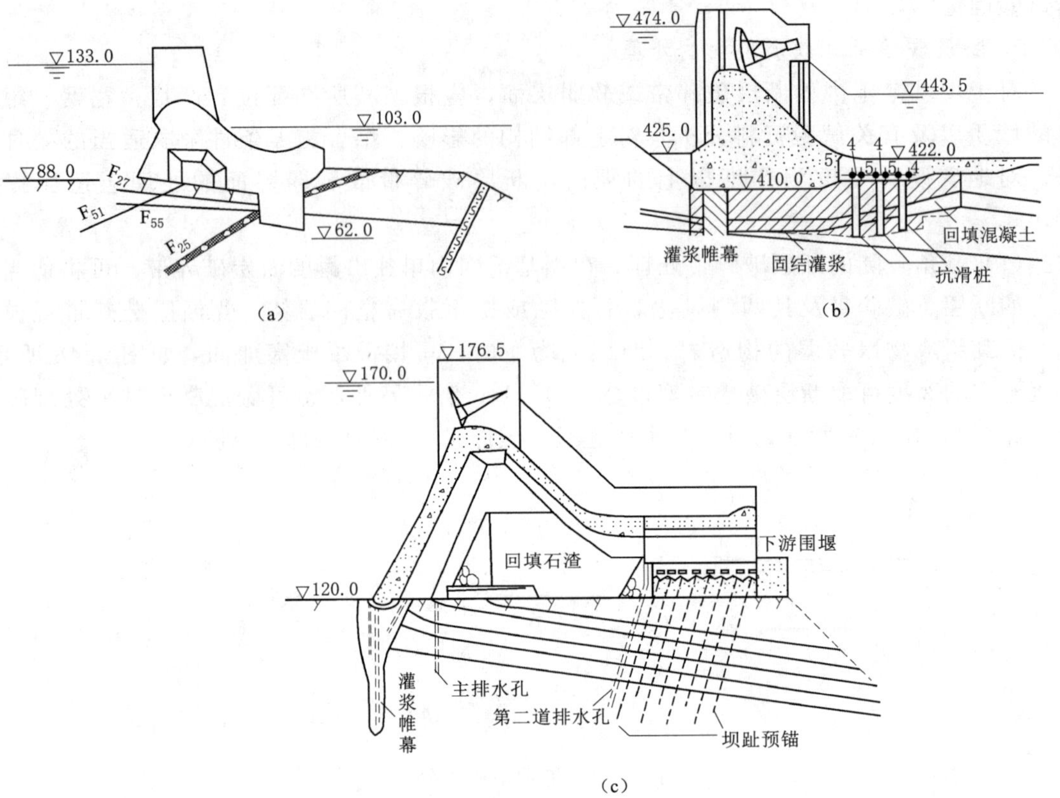

图 3.49　软弱夹层的处理（单位：m）

(a) 深齿坎；(b) 抗滑桩；(c) 预应力锚索

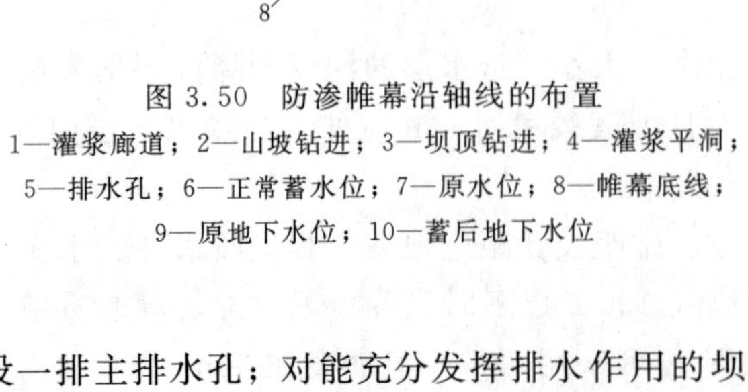

图 3.50　防渗帷幕沿轴线的布置

1—灌浆廊道；2—山坡钻进；3—坝顶钻进；4—灌浆平洞；5—排水孔；6—正常蓄水位；7—原水位；8—帷幕底线；9—原地下水位；10—蓄后地下水位

两岸坝头部位，防渗帷幕宜延伸到相对隔水层或正常蓄水位与地下水位相交处，如图 3.50 所示。

（3）灌浆压力。帷幕灌浆必须在浇筑一定厚度的坝体混凝土后进行，一般情况下，灌浆压力应通过试验确定。通常在帷幕表层不宜小于 1.0 倍坝前静水头，在孔底不宜小于 2 倍坝前静水头，但以不破坏岩体为原则。

2. 坝基排水

为了充分降低坝底扬压力和排除基岩渗水，在帷幕下游可设置排水孔幕。一般设一排主排水孔；对能充分发挥排水作用的坝基（下游水深较大时），除设主排水孔外，还可设置 1～3 排辅助排水孔。主排水孔一般设置在基础灌浆廊道内防渗帷幕的下游 2～4m 处，以利充分降低坝基的渗透压力。辅助排水孔可设置在基础纵向排水廊道内，如图 3.51 所示。排水孔一般略向下游倾斜，与帷幕孔成 10°～15°交角。

主排水孔的孔距一般为2～3m，辅助排水孔的孔距一般为3～5m，孔径为150～200mm。孔深应根据防渗帷幕和固结灌浆的深度及地基的工程地质和水文地质条件确定。主排水孔的深度一般为防渗帷幕深度的0.4～0.6；高、中坝的坝基主排水孔的深度不应小于10m；辅助排水孔的深度一般为6～12m。

为了降低岸坡部位的渗透压力，可在岸坡坝段的坝体内设置横向排水廊道，并向岸坡内钻设排水孔和设置专门的排水设施，使渗水尽量在靠近基础面的位置排出坝外。

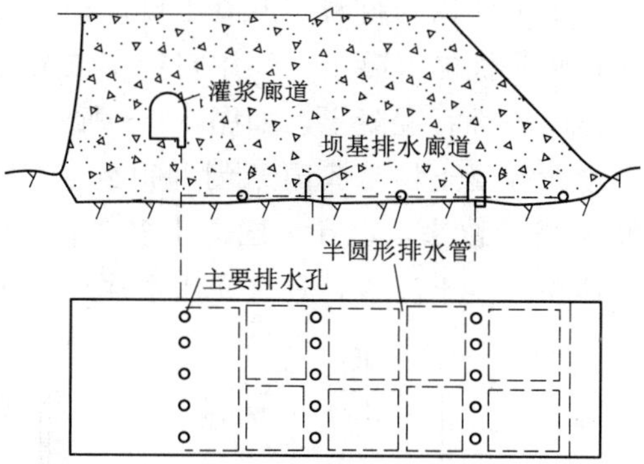

图3.51 坝基排水系统

3.10.4 两岸处理

当河岸较陡又有顺坡剪切裂隙时，要校核岸坡沿裂隙的稳定性，必要时应开挖削坡。若开挖量大，也可采用预应力锚系钢筋固定岸坡，如图3.52（c）、（d）所示。

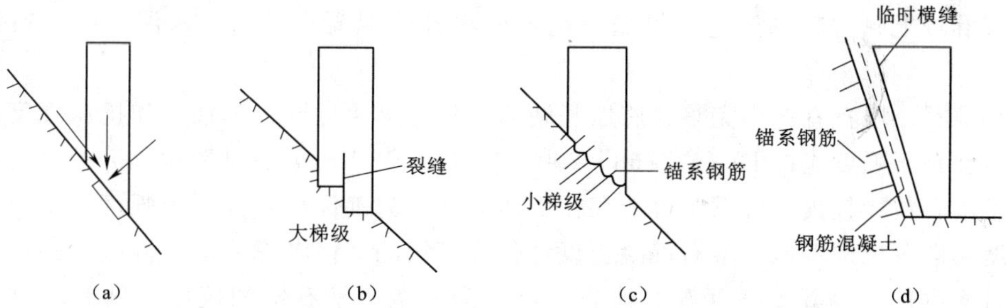

图3.52 重力坝与坝坡的连接

（a）坝段与岸坡直接连接；（b）大梯级连接；（c）小梯级加锚系钢筋连接；（d）岸壁钢筋混凝土层与坝段连接

若岸坡平缓稳定，岸坡坝段可直接建在开挖的岸坡基岩上；若岸坡较陡但基岩稳定，为使岸坡坝段稳定，可考虑把岸坡开挖成梯级，利用基岩和混凝土的抗剪强度增加坝段的抗滑稳定，但应避免把岸坡挖成大梯级，以防在梯级突变处引起应力集中，产生裂缝，如图3.52（b）所示。

有时河岸十分陡峻，以致岸坡段的一部分建在河床，另一部分坐落在岸坡上，如图3.52（d）所示，此时坝段主要由河床支承，岸坡受力较小，坝段混凝土冷却收缩后易脱离岸壁产生裂缝。因此，可先在岸壁做钢筋混凝土层，并用钢筋锚系在河岸基岩上，在钢筋混凝土层与坝段之间设临时温度横缝和键槽，而后进行灌浆处理；也可不设横缝，使岸坡段与河岸直接接触，但加设锚系钢筋，以承受温度引起的拉应力。

3.11 其他型式的重力坝

3.11.1 堆石混凝土坝

堆石混凝土是以自密实混凝土在堆石体中流动充满堆石体而形成的完整混凝土。在堆石混凝土中使用的自密实混凝土可以在堆石体孔隙流动过程中保持良好的流动性能，也称为高自密实性能混凝土。利用自密实混凝土填充堆石体，可以得到具有良好密实性和满足设计强度的堆石混凝土，如图 3.53 所示。利用堆石混凝土可以建造重力坝、拱坝、闸坝等。堆石混凝土坝是我国原创并得到国际大坝委员会认可的新坝型。堆石混凝土技术自 2003 年发明以来，已在全国二十多个省份的 180 多个工程上得到应用。采用堆石混凝土进行大体积混凝土浇筑，具有使用水泥少、绝热温升小、单价低、施工速度快等优点。

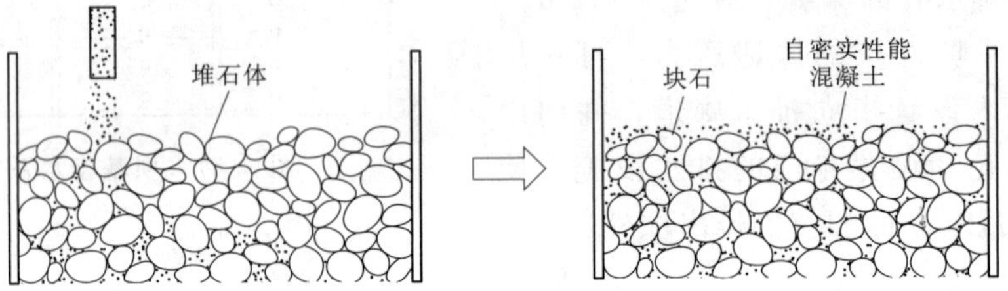

图 3.53 堆石混凝土浇筑示意图

1. 堆石混凝土原材料

堆石混凝土原材料主要包括堆石、高自密实性能混凝土骨料、水泥、掺合料和外加剂等。

（1）堆石。堆石宜选用完整、质地坚硬的石料，可通过堆石单轴饱和抗压强度指标来判别，饱和抗压强度应按 DL/T 5368—2007《水电水利工程岩石试验规程》的有关规定检验。由于堆石粒径较大，堆石中可能存在天然缺陷，为确保堆石混凝土强度，堆石的饱和抗压强度一般可按照不低于堆石混凝土设计强度等级的 2 倍考虑。堆石混凝土强度等级应采用高自密实性能混凝土强度等级代表，可分为六级，堆石饱和抗压强度要求宜满足表 3.19 的规定。该规定比较保守，近年来，四川七一水库等堆石混凝土坝也尝试采用低于表中要求的堆石，大坝堆石混凝土能够满足设计要求。

表 3.19 堆石混凝土强度等级和堆石饱和抗压强度要求

堆石混凝土强度等级	$C_{90}10$	$C_{90}15$	$C_{90}20$	$C_{90}25$	$C_{90}30$	$C_{90}35$
堆石混凝土抗压强度/MPa	10	15	20	25	30	35
堆石的饱和抗压强度/MPa	≥30	≥40		≥50	≥60	≥70

为了保证堆石体空隙能够被高自密实性能混凝土充填密实，堆石最小粒径不宜小于 300mm，当采用粒径为 150～300mm 的堆石时应进行论证；堆石最大粒径不应超过结构断面最小边长的 1/4，也不宜大于浇筑层厚。堆石宜使用块石或漂石，不宜使用片状、板状岩块。堆石表面含泥量不应大于 0.2%。

（2）高自密实性能混凝土骨料。高自密实性能混凝土细骨料可采用天然砂或人工砂。采用天然砂时，含泥量不应大于 3%，采用人工砂时，应采用亚甲蓝 MB 值测定方法判定其含泥量，亚甲蓝 MB 值应小于 1.4，还可通过掺加粒径小于 75μm 的石灰石粉等惰性矿物掺合料，使混凝土满足自密实性能要求。

为保证高自密实性能混凝土填充堆石空隙过程中的流动性并确保不发生堵塞，粗骨料粒径不宜过大。根据试验研究、工程实践以及自密实混凝土技术的相关标准，其粗骨料最大粒径不应超过 20mm。

(3) 水泥。常态混凝土和碾压混凝土所用水泥均可用于高自密实性能混凝土，宜优先选用水化热较低的中低热硅酸盐水泥。使用掺合料的高自密实性能混凝土，宜选用混合材料较少的硅酸盐水泥或普通硅酸盐水泥。

(4) 掺合料。高自密实性能混凝土可掺入活性掺合料，如粉煤灰、粒化高炉矿渣粉和沸石粉等。采用活性掺合料能够有效降低高自密实性能混凝土的水泥用量，从而降低水化热温升；同时，还能够改善高自密实性能混凝土的自密实性能，降低其离析泌水的风险。

(5) 外加剂。高自密实性能混凝土宜使用以聚羧酸盐高分子为主要原料的高性能减水剂，不宜使用速凝剂或促凝类外加剂，也不宜使用早强剂或早强型外加剂。

堆石混凝土绝热温升、线膨胀系数、重度等指标可在高自密实性能混凝土试验的基础上结合有关经验公式进行计算。一般情况下，堆石混凝土实际温升峰值大都低于 10℃，有效抑制了温度裂缝的产生，因此使用堆石混凝土施工时可减少甚至取消温控措施。

2. 坝体设计

(1) 一般规定。堆石混凝土坝设计可参照常态混凝土坝或碾压混凝土坝，其枢纽布置宜采用挡水建筑物与发电厂房分散布置的型式，当采用坝后式发电厂房时，引（输）水管道布置也应以便于堆石混凝土快速施工为原则。泄洪表孔位于大坝顶部，与堆石混凝土坝体施工干扰较小，在堆石混凝土坝中宜优先采用。

(2) 坝体分缝。堆石混凝土坝的坝体构造总体上与常态混凝土坝或碾压混凝土坝类似，但有以下不同点需要注意，如为了充分发挥堆石混凝土优良的温控性能，坝体分缝宜满足下列要求：

1) 堆石混凝土坝不宜设置纵缝。

2) 堆石混凝土重力坝横缝间距宜为 20～40m，气候温和地区横缝间距还可进一步加大。防渗层必要时可设置短缝，间距宜为 15～20m。

3) 堆石混凝土拱坝坝体分缝布置，可参照 DL/T 5346—2006《混凝土拱坝设计规范》的有关规定。气候温和地区的堆石混凝土拱坝也可采用不设横缝整体浇筑的型式。

(3) 坝体防渗。堆石混凝土坝上游面宜设置防渗层，推荐采用图 3.54 所示的一体化浇筑防渗层，其要求如下：

1) 防渗层厚度 B 宜为 0.5～1.0m。

2) 防渗层宜采用自密实混凝土。

3) 防渗层可配置防裂钢筋网。

(4) 止水与排水。堆石混凝土坝的止水和排水应满足下列要求：

1) 坝体横缝止水可布置于防渗层内，止水周边 0.5m 范围不应铺填堆石。

2) 坝体内可设置一排竖直排水孔，间距宜为 2～3m；排水孔应设在防渗层下游侧，距上游坝面的距离不宜小于 3m。堆石混凝土坝设置坝身排水，对减少坝体渗透

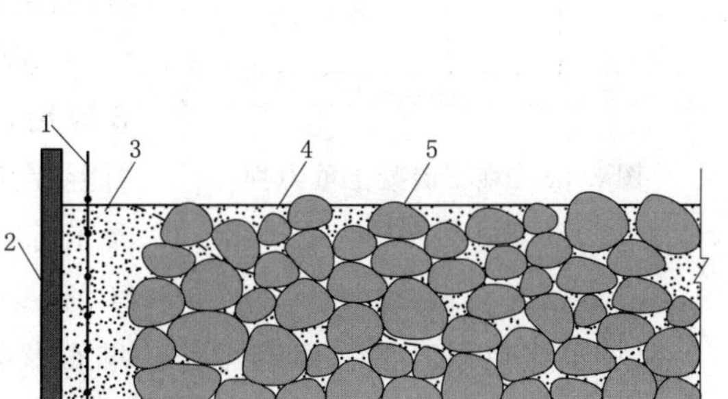

图 3.54 一体化浇筑防渗层布置

1—钢筋网；2—模板；3—防渗层自密实混凝土；4—坝体高自密实性能混凝土；5—堆石

压力有直接效果。排水孔宜采用地质钻机成孔，以保证排水孔的成孔质量，也可采用埋设无砂管、拔管等方式。

（5）温度控制及防裂。堆石混凝土水化热温升较低。中小型工程的堆石混凝土坝可参照类似工程经验进行温控设计，其温控措施力求简单易行。堆石混凝土温控标准及防裂措施可按类似工程经验确定。堆石混凝土的基础容许温差宜根据计算分析确定，当堆石混凝土28d龄期极限拉伸值不低于0.70×10^{-4}MPa、施工质量良好、基岩变形模量与混凝土弹性模量相近、短间歇均匀上升时，堆石混凝土基础容许温差可采用表3.20中规定的数值。对于重要工程，堆石混凝土温控设计宜补充有限元仿真分析进行论证。

表3.20 堆石混凝土基础容许温差 单位：℃

距基础面高度 h	浇筑块长边长度 L		
	30m以下	30～50m	50m以上
0～0.2L	17～15	15～13	13～11
0.2L～0.4L	19～17	17～15	15～13

3. 工程应用

堆石混凝土技术已广泛应用于水利、水电、公路、铁路等工程，较碾压混凝土或常态混凝土有显著的工程和经济优势。我国云南昭通松林重力坝，坝体采用$C_{90}15$堆石混凝土，坝顶长230.0m，坝顶高程1961.20m，最大坝高90.0m，坝顶宽6.0m，属中型工程。堆石混凝土坝具有以下优点：

（1）施工速度快，质量有保证。由于没有振捣过程，工艺简单，可以大大提高施工速度。质量控制也相对容易，施工质量易于保证。图3.55为堆石混凝土坝重力坝施工示意图。

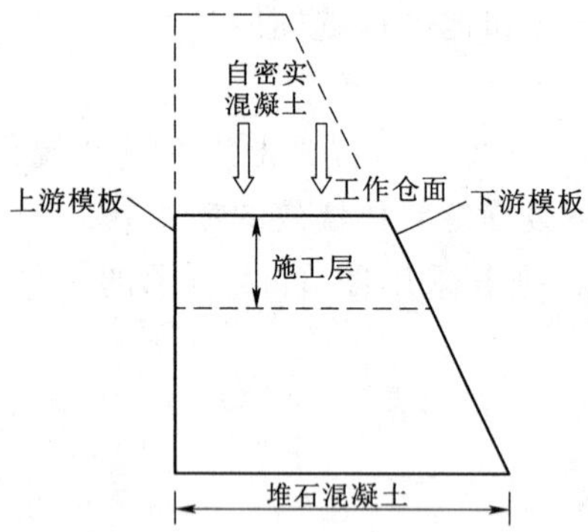

图3.55 堆石混凝土重力坝施工示意图

（2）高强、耐久。自密实混凝土是一种高性能混凝土，其水胶比一般仅为0.3，甚至更低，其高强、耐久的特性已被广泛证实。堆石混凝土实际上就是含有超大骨料的自密实混凝土，因此，堆石混凝土也具有较高强度和耐久性。

（3）造价相对较低。经过初步筛分的堆石直接入仓以后，空隙率一般在45%左右。因此，单位体积堆石混凝土的自密实混凝土用量仅为45%左右，堆石混凝土综合单价比常态混凝土或碾压混凝土便宜10%～30%，具有相当大的经济竞争力。

（4）水化热温升低，温控容易。堆石混凝土大量采用堆石，单位体积自密实混凝土用量少，可以有效降低混凝土绝热温升，简化温控措施。

（5）设备与人力投入低，节能环保。只需拌和一级配自密实混凝土，拌和楼规模可大幅减小。还取消振捣/碾压和埋设冷却水管等温控措施，进一步减少了施工设备与人力投入。同时通过对石料简单筛分，大石料直接入仓，小石料可以用来生产自密实混凝土的粗细骨料，可以充分利用材料，环境友好。

3.11.2 碾压混凝土坝

碾压混凝土坝是将土石坝碾压设备和技术应用于混凝土坝施工的一种坝型，采用水泥含量低的超干硬混凝土熟料，使用现代施工机械和碾压设备实施运料、通仓铺填、逐层碾压固结而筑成的大坝。碾压混凝土（简称 RCC）具有施工快、强度高、水泥用量少等特点。1980 年日本建成世界上第一座坝高 89m 的岛地川碾压混凝土坝。此后，碾压混凝土坝在全世界范围迅速发展。我国碾压混凝土筑坝技术起步较晚，但发展很快。自 1986 年建成第一座 56.8m 高的坑口碾压混凝土重力坝以后，我国碾压混凝土坝建设进入高潮。目前我国已建成的碾压混凝土坝 66 座，在建的 25 座，近期拟建的 31 座。除此之外，还修建了 22 座碾压混凝土围堰。龙滩水电站大坝一期坝高 192m，后期坝高 216.5m，是目前世界上最高的碾压混凝土重力坝。

与一般的混凝土坝相比，碾压混凝土坝具有以下特点。

1. 施工工艺简单，施工速度快

因施工中混凝土浇筑采用了功率大、生产效率高的施工机械设备，并进行通仓薄层浇筑，施工工作面大，又可交错薄层连续上升，无需间歇养护；省去了常态混凝土施工中的立模、养护、拆模、接缝灌浆等工序，节省了时间，加快了施工进度。可缩短工程建设周期，提前发挥工程效益。

混凝土的浇筑强度取决于骨科生产、熟料拌和、混凝土运输等方面的能力。因此，采用高效先进的施工机械可大幅提高混凝土的浇筑强度。如巴基斯坦的塔贝拉水电站采用碾压混凝土坝，浇筑强度达 18000m³/d。我国岩滩碾压混凝土重力坝，浇筑强度达到 8189m³/d；长江三峡 115m 高的导流明渠纵向围堰，最大浇筑强度高达 16000m³/d，最大日上升高度为 1.2m，大大加快了施工进度。

2. 大量节约水泥，降低工程造价

我国普通混凝土坝中的单方水泥用量为 180～280kg/m³，如新安江大坝为 180kg/m³，丹江口大坝高达 270kg/m³。而碾压混凝土坝中单方水泥用量仅为 90～50kg/m³，如日本岛地川坝为 84kg/m³，我国的福建坑口坝为 60kg/m³，河北桃林口水库大坝为 70kg/m³，岩滩坝仅为 47kg/m³。

由于混凝土中水泥用量大大减少，可有效降低混凝土单价，从而降低工程造价，提高工程的投资效益。

3. 简化温控措施，减少坝体纵缝

由于碾压混凝土中水泥用量较少，坝体采用薄层交替浇筑，表面散热条件良好，使坝体内部混凝土温度升幅大大降低。据日本岛地川坝的实测资料表明，坝内最大温升仅 8～10℃。一般情况下，可以不采取专门的降温散热措施。在坝体施工中可不设纵缝，少设或不设横缝。不仅节约了模板，还取消了纵缝灌浆系统及灌浆工程，进一步简化了混凝土坝施工工艺。

4. 简化施工导流设施，节约临时工程费用

因碾压混凝土坝施工强度高、速度快，当坝体工程量较小时，可安排在一个枯水季节完成。省略了施工围堰等设施。工程量较大时，由于碾压混凝土本身可以过水，施工导流

也比较简单。我国岩滩工程中的碾压混凝土围堰曾多次通过洪水，堰顶最大过水深达2.2m。但仍能正常运用，对施工基本无不利影响。由于简化了施工围堰及导流设施，可大大节省临时工程费用。

综上所述，碾压混凝土坝具有水泥用量少、混凝土单价低、施工简单、临时及施工费用少、造价比常规混凝土坝节约1/3～1/2、施工速度快、工程建设周期短、工程收效快、投资效益高等特点。近年来其设计技术和施工工艺日趋成熟，得到了很快的发展和推广，代表了筑坝技术是未来筑坝的发展方向。

3.11.2.1 碾压混凝土坝的构筑型式

随着碾压混凝土坝的设计和筑坝技术的发展，碾压混凝土坝的构筑型式和方法也在不断变化提高，其构筑成坝型式主要有以下几种类型。

1. 外包常态混凝土碾压混凝土坝（金包银）

考虑坝体的抗渗性和抗冻性，坝体内部用干贫性碾压混凝土填筑，上下游和坝基面用2～3m厚的常态混凝土，形成一种包裹剖面型式，俗称"金包银"。如图3.56为日本玉川坝和我国挑井口水库挡水坝段的标准剖面。坝体按常规分横缝，采用切缝技术成缝，缝内止水和排水系统与常态混凝土坝相同，并放在常态混凝土层内。这种碾压混凝土坝层面间接合较好，防渗抗冻效果好，工作可靠。但两种混凝土同时施工，工作干扰大，施工进度较慢。由于坝体中有一定的常态混凝土，整体工程造价有所提高，一般用于寒冷地区的中高坝。

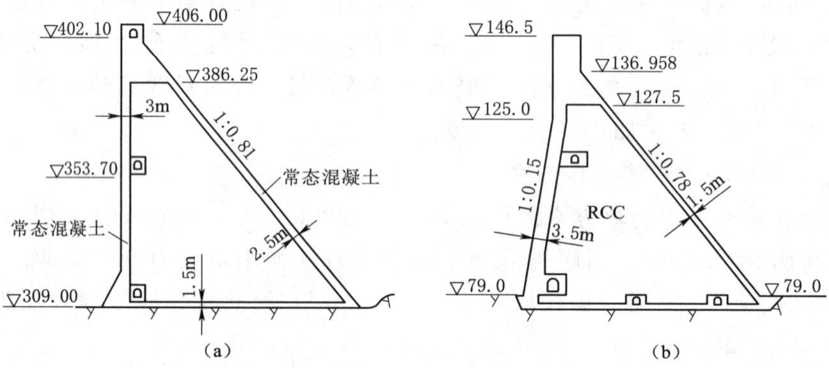

图3.56 碾压混凝土坝剖面简图（单位：m）

（a）日本玉川坝；（b）我国桃林口碾压混凝土坝

2. 富胶凝材料碾压混凝土坝

将矿渣或粉煤灰作为掺合料，加入混凝土中，拌和成高胶凝材料的无坍落度混凝土，其胶凝材料为150～230kg/m^3，粉煤灰掺用量占60%～70%，利用振动碾压设备进行薄层连续碾压施工，可保持良好的层面胶结，可不再设置专门的防渗层。

这种形式的坝具有强度高、凝聚力强、抗渗性好的特点，坝体断面可设计的小些，节省坝体混凝土方量，但由于所用水泥和粉煤灰较多，混凝土单价有所提高。

目前，也有仅在上游侧3～5m范围内用高胶凝材料进行防渗（图3.56），在坝体其他部位用低胶凝材料填筑，以利减少水泥及和粉煤灰用量。

3. 低胶凝材料干贫混凝土碾压坝

在保证坝体强度、耐久性等要求的前提下，尽量减少水泥用量，使水泥用量为60～80kg/m³，粉煤灰掺量低，且用水量较少，形成干贫混凝土。连续碾压，快速施工，不设纵缝和横缝。其特点是造价低，混凝土方量较大，施工速度快，渗漏较严重，抗冻性能差。目前该型式的坝应用较少，逐步改成在其上游设专门的防渗层防渗。

4. 采用专门防渗设施的全断面碾压混凝土坝

在大坝的上游面采用专门的人工防渗材料或高胶凝材料的碾压混凝土进行防渗，如利用复合土工膜合成橡胶薄膜，二级配的碾压混凝土层等，坝体采用干贫低胶凝材料的碾压混凝土，全断面碾压，小间隔浇筑。这种坝克服了渗漏严重和抗冻性差的缺点，又能快速施工，加快施工进度，目前各国应用得较多。如我国的温泉堡碾压混凝土拱坝，在其上游常水位以下贴复合土工膜防渗。湖南省的江垭水利工程，大坝上游用一层高胶凝碾压混凝土防渗层，全断面碾压，施工速度快，防渗效果好，如图3.57所示。

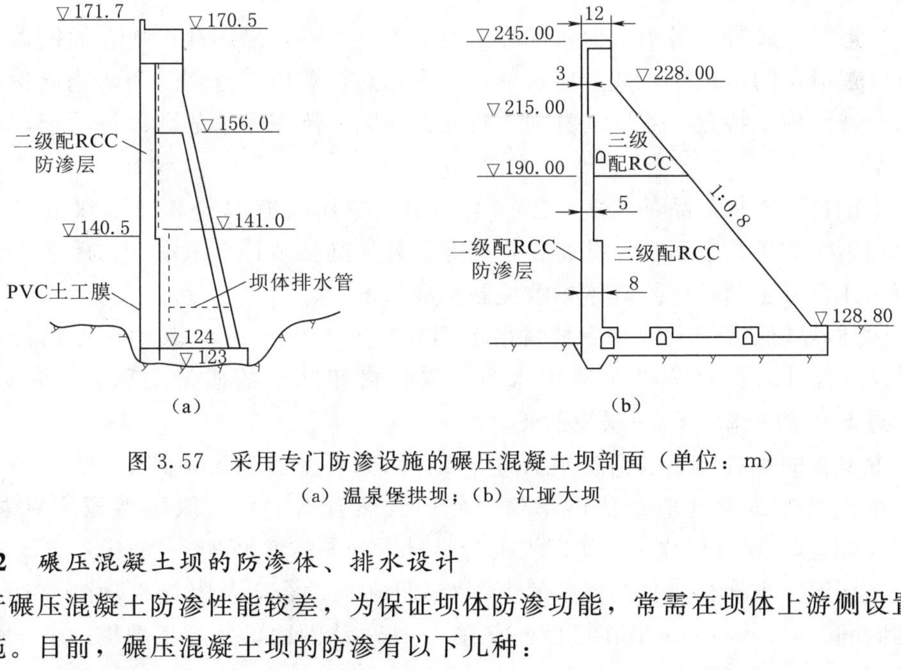

图3.57 采用专门防渗设施的碾压混凝土坝剖面（单位：m）
(a) 温泉堡拱坝；(b) 江垭大坝

3.11.2.2 碾压混凝土坝的防渗体、排水设计

由于碾压混凝土防渗性能较差，为保证坝体防渗功能，常需在坝体上游侧设置一定的防渗设施。目前，碾压混凝土坝的防渗有以下几种：

(1) 常态混凝土或富胶凝材料碾压混凝土防渗体。在坝体上游面设置常态混凝土层，用于防渗和抗冻。同混凝土重力坝一样设横缝，这种布置不仅影响施工速度，而且常态混凝土与碾压混凝土的结合带不好处理。为了克服这些缺点，现用抗渗、抗冻性满足设计要求的富胶凝材料碾压混凝土代替常态混凝土层。可使防渗体和坝体同步碾压施工，加快施工进度。

(2) 合成材料防渗体。为了加快施工速度又防止坝体渗漏，利用复合土工膜、合成橡胶薄膜等合成防渗材料作为防渗体。施工时，将防渗材料贴于模板内侧，混凝土碾压完成后，其粘在碾压混凝土坝体的上游侧，实践证明，其防渗效果较好，利于维护。

(3) 沥青砂浆防渗层。在坝体上游侧设置钢筋混凝土预制模板，内侧为碾压混凝土坝体，在两者之间用钢筋连接，并填6～10cm厚的沥青砂浆形成防渗层。

(4) 坝体排水。为减小坝体内的渗透压力，在碾压混凝土重力坝上均需布置坝体排水设施。当排水管设在碾压混凝土中时，可采用瓦棱低包砂柱代替无砂混凝土管，待混凝土碾压一天之后再清除孔内砂柱；也可采用拔管法来形成排水孔。

3.11.2.3　碾压混凝土材料及配比设计

碾压混凝土材料应包括水泥、砂子、石子、外加剂及粉煤灰等活性掺合料。

由于碾压混凝土具有其特殊性，因此在碾压混凝土的配合比设计中应满足以下几方面的要求：

(1) 混凝土的强度、抗渗、抗冻性能等满足坝体设计要求，具有一定的拉伸应变能力。

(2) 拌合物较易碾压密实，使混凝土容重较大。

(3) 混凝土质量均匀，施工过程中不易发生分离现象。

(4) 拌合物初凝时间较长，易于保证碾压混凝土施工层面黏结良好，层面物理力学性能良好。

因碾压混凝土胶凝材料用量少，混凝土的坍落度为零，采用薄层大仓面铺摊、碾压工艺。为改善混凝土的可碾性，减少用水量降低水化热，需用减水剂。为防止出现冷缝，有效发挥快速连续施工特点，需用缓凝剂。对北方地区有抗冻要求的碾压混凝土，还需掺入抗冻引气剂。

目前，国内外外加剂品种较多，工程上一般均掺用具有缓凝和减水双重作用的外加剂，如木质素黄酸钙、奈系列、糖蜜复合剂等，外加剂必须符合国家有关标准规定。

一般碾压混凝土的配比及具体参数控制标准如下：

(1) 大体积碾压混凝土的胶凝材料用量不宜低于130kg/m^3，其中水泥熟料不宜低于45kg/m^3。掺合料的掺量应综合考虑水泥、掺合料和砂子的质量等因素，宜取30%～65%。超过65%时应做专门的试验论证。

(2) 混凝土的水胶比应根据混凝土的强度，耐久性要求确定，其值一般为0.5～0.7。混凝土砂率应通过试验选取最优砂率值。使用天然骨料时，三级配碾压率宜取28%～32%，二级配宜取32%～37%，使用人工骨料时，砂率需增加3%～6%。

(3) 碾压混凝土拌合熟料的稠度值VC（试件在振动台上从开始振动到混凝土全面翻浆所需的时间，以s计），一般在机口处宜在5～15s范围内，并应根据稠度值、骨料的种类、级配情况、砂率等确定。

小　结

本章系统介绍了重力坝设计的理论、内容与方法。从总体上来说，重力坝设计包括结构布置和分析计算两大方面的内容。学好前者需在弄清重力坝工作原理的基础上掌握其结构布置上的特点和要求，联系相关的力学知识，体会其中蕴含的设计思想。这部分内容很多，包括重力坝的平面布置、剖面形态和其他构造方面（坝顶构造、坝内孔口和廊道、坝体分缝、防渗、排水设施等）的内容。

本章分析计算内容较多，学生要掌握的主要内容如下：

(1) 荷载的计算及组合，难点是扬压力、浪压力和地震作用的计算。

（2）稳定分析时，抗剪强度公式和抗剪断强度公式的计算原理及特点。

（3）要在掌握应力基本概念的基础上，能够运用材料力学法计算边缘应力和内部应力的公式。

（4）能运用单一系数法，了解结构可靠度设计的有关概念及“分项系数极限状态法”的基本原理。

地基处理在重力坝设计中也是重要内容之一，需掌握重力坝对地基的要求，了解固结灌浆、帷幕灌浆、坝基软弱夹层处理等措施。另外需了解堆石混凝土坝的特点和适应条件，了解碾压重力坝的类型、特点和适用条件。

练　习　题

1. 溢流重力坝属于（　　）。

A. 挡水建筑物　　B. 次要建筑物　　C. 泄水建筑物　　D. 输水建筑物

2. 混凝土重力坝坝底扬压力是（　　）两者之和。

A. 静水压力和孔隙水压力　　B. 坝体自重压力与浮托力

C. 渗透压力与浮托力　　D. 地基反力与渗透压力

3. 重力坝的基本剖面是指坝体自重、静水压力（水位与坝顶齐并平）和扬压力三项主要荷载作用下，满足稳定和强度要求，并使工程量最小的（　　）剖面。

A. 三角形　　B. 四边形　　C. 菱形　　D. 梯形

4. 在基本荷载组合下，重力坝抗压强度校核依据是（　　）

A. 重力坝上游边缘正应力　　B. 上游边缘力

C. 下游边缘主拉应力　　D. 下游边缘主压应力

5. 在重力坝地基处理时，措施（　　）主要用来降低重力坝坝基的渗透压力。

A. 开挖与清理　　B. 固结灌浆　　C. 帷幕灌浆　　D. 混凝土齿墙

6. 重力坝的工作原理和工作特点是什么？

7. 重力坝如何进行分类？

8. 作用在重力坝上的荷载有哪几种？各个荷载作用的特点是什么？

9. 在重力坝沿坝基面抗滑稳定分析方法中，安全系数法的计算表达公式是什么？说明其适用情况。

10. 提高重力坝坝体抗滑稳定性的工程措施有哪些？

11. 如何应用材料力学法分析重力坝应力分布情况？

12. 分析不考虑和考虑扬压力两种情况对重力坝应力分布有什么影响？

13. 重力坝坝体应力控制的原则是什么？简述坝基面和坝体应力控制的主要内容。

14. 极限状态设计表达式中各个字母的物理意义是什么？

15. 如何确定重力坝的坝顶高程？

16. 溢流重力坝的消能防冲型式有哪些类型？各有什么特点？

17. 泄水孔局部产生空蚀的原因是什么？主要防治的措施有哪些？

18. 为什么要对混凝土重力坝的坝体混凝土进行分区？挡水坝一般分为哪几个区？

19. 重力坝为什么要设置分缝？分缝的种类有哪些？各有什么特点？止水如何设置？

20. 重力坝坝基加固的措施有哪些？分析重力坝抗滑稳定性的工程措施的适用条件。

21. 地震基本烈度的定义是什么？地震设计烈度与基本烈度是什么关系？

22. 堆石混凝土坝有什么特性？堆石混凝土坝工作特点是什么？

23. 与常态混凝土坝相比，碾压混凝土坝具有哪些优点？

24. 某重力坝非溢流坝段的典型剖面如图3.58所示，大坝的级别为3级，水库正常蓄水位156.0m，水库设计洪水位为158.0m，对应的下游水位为124.0m。坝基廊道设防渗帷幕与排水孔幕，设孔幕中心距上游面3.5m。已知渗透压力强度系数$\alpha=0.3$，$\gamma_c=24kN/m^3$，计算时考虑坝体自重、静水压力、扬压力、风浪压力。坝体和坝基的抗剪断摩擦参数$f'=0.95$，$c'=0.70MPa$。坝基混凝土抗压强度等级为C15，基岩允许抗压强度为14.3MPa。坝址区的设计洪水期的多年平均最大风速为14.0m/s，水库吹程1.2km。不计淤沙压力。求：

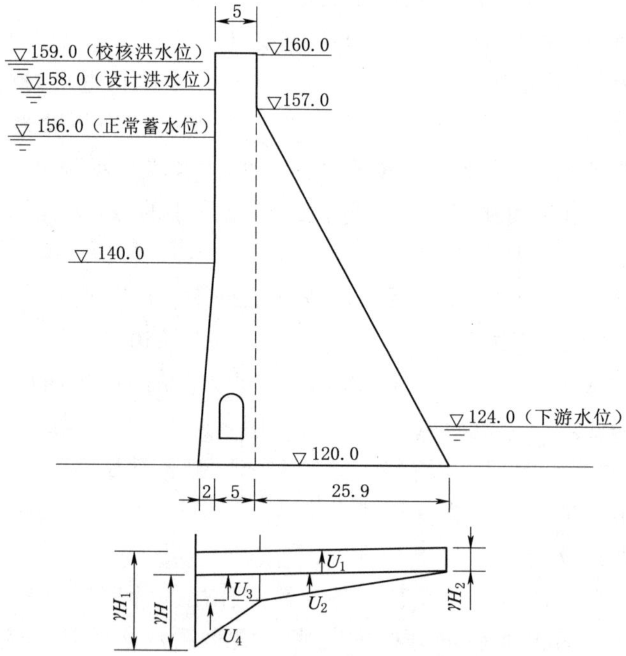

图3.58 重力坝横断面（单位：m）

(1) 试验算坝基面的抗滑稳定性（建议基本组合用设计洪水位，特殊组合不计算）。

(2) 试用基于可靠度理论的分项系数法校核坝段的抗滑稳定性和强度（请依据NB/T 35026—2014《混凝土重力坝设计规范》确定分项系数的取值）。

第 4 章　拱　　坝

本章目标：

掌握拱坝布置、坝体应力分析及坝座稳定分析。

具体要求：

（1）掌握拱坝特点和对地形、地质的要求。

（2）掌握拱坝布置的基本要求和主要步骤。

（3）掌握纯拱法计算及拱冠梁法基本原理，掌握计算步骤和方法。

（4）了解坝座平面分层稳定分析。

（5）掌握拱坝泄流的特点，对地基处理措施可作一般了解。

4.1　概　　述

拱坝是固接于基岩的空间壳体结构，在平面上呈凸向上游的拱形，拱冠剖面呈竖直的或向上游弯曲。当前世界最高拱坝是我国锦屏一级水电站混凝土双曲拱坝，最大坝高 305m。

拱坝坝体结构是由水平的拱圈和竖向的悬臂梁共同组成。拱坝坝体所承受的水平荷载一部分通过水平拱的作用传给两岸基岩，另一部分通过竖向悬臂梁的作用传到坝底基岩，如图 4.1 所示。坝体的稳定主要依靠两岸坝肩山体的反力来维持。拱坝的坝肩是指拱坝所坐落的两岸岩体部分，也称为拱座。拱冠梁是指位于水平拱圈拱顶处的悬臂梁，一般位于河谷的最大深处。

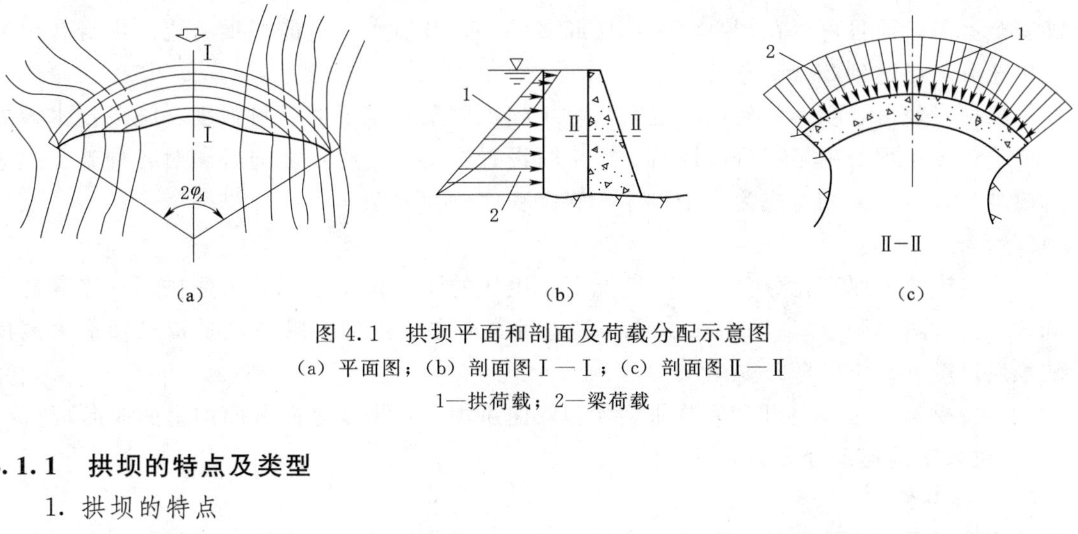

图 4.1　拱坝平面和剖面及荷载分配示意图

（a）平面图；（b）剖面图Ⅰ—Ⅰ；（c）剖面图Ⅱ—Ⅱ

1—拱荷载；2—梁荷载

4.1.1　拱坝的特点及类型

1. 拱坝的特点

（1）拱作用的结构特点。拱坝的水平外荷载主要是通过拱的作用传递到两岸坝肩。拱是一种主要承受轴向压力的推力结构。拱内弯矩较小，应力分布比较均匀，这一特点能适应坝体材料（混凝土或浆砌石）抗压强度高的特性，使材料的强度得到充分的发挥。对于同一坝址，当坝高相同时，拱坝的体积比重力坝可节省 1/3～2/3。因此，从经济意义上讲，拱坝是一种很优越的坝型。

（2）空间整体作用的特点。拱坝四周嵌固于基岩，属于高次超静定结构。当发生超载或坝体的某一部位产生局部裂缝时，坝体的拱梁作用将相互自行调整，坝体的应力将重新分配，原来低应力区的应力增大，高应力不再增大，裂缝可能停止发展，有的甚至闭合。国内外拱坝结构模型实验成果表明，拱坝的超载能力可达到设计荷载的 5～11 倍。如意大利瓦依昂（Vajont）双曲拱坝，1961 年建成，坝顶长 190.5m，顶宽 3.4m，底宽 22.7m，最大坝高 265.5m，是当时世界上最高的混凝土薄拱坝。1963 年 10 月 9 日晚，由于连续降雨，水库水位上涨，左岸靠坝的上游发生大体积岩石滑坡，近 3 亿 m^3 的滑坡体以 40m/s 的速度滑入水库并冲上右岸，掀起 150m 高的涌浪，涌浪溢过坝顶，冲向下游，致使 2600 人丧生，但拱坝并未破坏，仅在坝肩附近的坝内发生两三条裂缝。据估算，拱坝当时已承受住相当于 8 倍设计荷载的作用力，由此可见该拱坝的超载能力很强。

（3）拱坝具有较高的抗震能力。拱坝是一个整体的空间壳体结构，坝体轻韧而富有弹性，依靠岩体对地震动能的吸收，会引起有利的坝体应力重分布。当基础及坝肩岩体稳定时，其抗震能力较强。

（4）拱坝的荷载特点。对于拱坝，温度荷载是主要荷载之一，而且是作用在坝体结构的一种基本荷载。拱坝周边固接于基岩上，温度变化、混凝土干缩以及地基变形等因素对坝体应力有显著影响，坝体越薄、影响越大。实测资料分析表明，由温度变化引起的径向位移占总位移的 1/3～2/3，在靠近坝顶的部位温度影响尤其显著。

（5）坝身泄流及施工技术较为复杂。拱坝坝身较为单薄，坝身溢流可能引起坝身及闸门振动，致使材料疲劳；坝身下泄水流具有向心集中作用，挑距不远，易于造成对河床及河岸的冲刷；坝身开设泄水孔会破坏拱坝作用并使孔口周边应力复杂，因此，对于薄拱坝的坝身泄洪及消能问题应慎重研究。但随着修建拱坝技术水平的不断提高，拱坝坝身不仅能够安全溢流，而且可以在坝身设置单层或多层大孔口泄水。目前坝顶溢流或坝身孔口泄流的单宽流量已达到 $200m^3/s$ 以上。

拱坝坝身较薄，坝体几何形状复杂，对于施工质量、筑坝的材料强度、施工技术等方面都要求较高；坝身施工需分段浇筑，施工时设置施工缝，蓄水之前必须对各种施工缝进行封拱灌浆处理，使坝身成为一个整体，施工程序较为复杂。

2. 拱坝的类型

（1）按拱坝的厚高比分类：一般情况下，拱坝的厚高比小于 0.2 为薄拱坝；厚高比大于 0.35 的为厚拱坝；厚高比在 0.2～0.35 之间的为中厚拱坝。厚高比是指拱坝最大高度处的坝底厚度 T_B 与坝高 H 之比。

（2）按拱坝曲率分类可分为单曲拱坝和双曲拱坝（水平及竖向截面均呈曲线形）。

4.1.2　拱坝对地形及地质的要求

1. 地形条件

地形条件是决定拱坝结构形式、工程布置以及经济性的主要因素。坝址处河谷形状特征通常用两个指标来表示，即河谷的宽高比及河谷断面形状。

河谷的宽高比是指拱坝基础开挖后对应坝顶高程处的河谷宽度 L 与最大坝高 H 的比值。L/H 值小，说明河谷深窄，拱坝水平拱圈跨度相对较短，悬臂梁高度较大，即拱的刚度较大，梁的刚度较小，坝体所承受的荷载大部分通过拱作用传给两岸，因而坝体可设计得较薄。反之，当 L/H 值较大时，坝体较厚。图 4.2 给出了国内外一些已建及在建拱坝河谷宽高比与坝体厚高比的关系曲线。从图中可以看出，一般情况下，$L/H<1.5$ 的深窄河谷中可建薄拱坝；$L/H=1.5\sim3.0$ 的中等宽度河谷可修建中厚拱坝；$L/H=3.0\sim4.5$ 的宽河谷多修建厚拱坝；当 $L/H>4.5$ 的宽浅河谷一般宜建重力坝或拱形重力坝。随着近代拱坝技术水平的提高和发展，上述界限已被突破。如：奥地利的希勒格尔斯双曲拱坝，坝高 130m，$L/H=5.5$，$T_B/H=0.25$；我国四川丰都县联合薄拱坝 L/H 达 14.25，$T_B/H=0.25$。

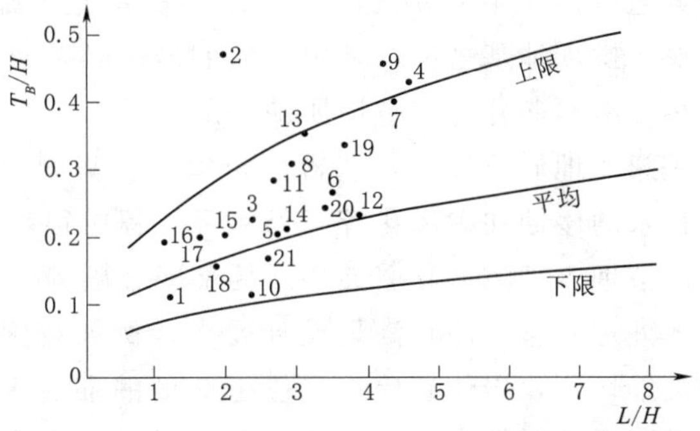

图 4.2　拱坝厚高比 T_B/H 和宽高比 L/H 的关系曲线

1—德基（高 181m）；2—龙羊峡（178m）；3—东江（157m）；4—白山（149.5m）；5—江观岭（144m）；6—紧水滩（102m）；7—凤滩（112.5m）；8—石门（88m）；9—响洪甸（87.5m）；10—泉水（80m）；11—流溪河（78m）；12—丰乐（54m）；13—雅溪（75m）；14—里石门（74.3m）；15—恒山（73.7m）；16—古城（70m）；17—苇子水（68.6m）；18—红岩（60m）；19—大水峪（59m）；20—欧阳海（58m）；21—窄巷口（54.77m）

坝址处河谷的断面形状通常用三种形式来表示，即三角形（也称 V 形）、梯形、矩形（也称 U 形）。不同河谷即使具有同一宽高比，其断面形状也可能相差很大。图 4.3 表示两种不同类型的河谷形状在水压荷载作用下拱梁间的荷载分配及对拱坝坝体剖面的影响。对称的 V 形河谷最适于发挥拱的作用，靠底部水压强度大，但拱跨度小，因而底拱厚度可较薄；U 形河谷靠底部拱的作用明显降低，大部分荷载由梁来承担，故厚度较大，适合于修建单曲拱坝；梯形河谷的情况介于两者之间。

综上所述，修建拱坝理想的地形条件应该是左右岸对称、岸坡平顺无突变、两岸坝肩山体雄厚、宽高比较小、地形在平面上向下游收缩的峡谷段。

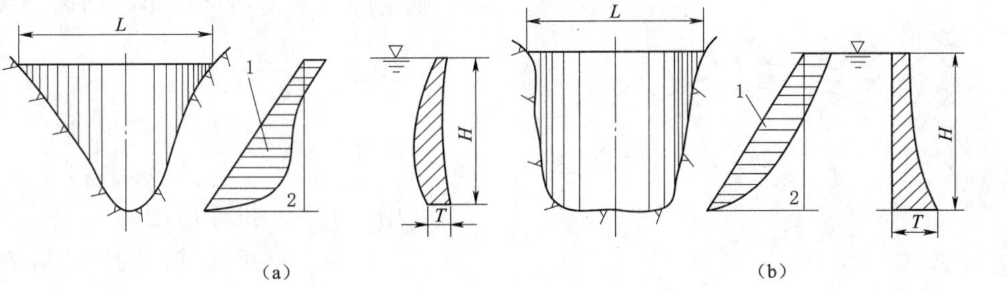

图 4.3　河谷形状对荷载分配和坝体剖面的影响

（a）V 形河谷；（b）U 形河谷

1—拱荷载；2—梁荷载

2. 地质条件

地质条件对拱坝的布置影响很大。对某些高坝，它是决定坝型的主要因素。拱坝大部分荷载通过拱作用传到两岸，坝体的稳定是依靠两岸岩体重量和抗剪强度来维持的。因此，对于拱坝地基来说，两岸坝肩的岩体必须能够承受拱端传来的巨大推力。因此，设计时应尽可能地避开有严重地质缺陷的坝址。

理想的地质条件是：基岩均匀单一、坚固完整、有足够的强度、刚度大、透水性小、能抵抗水的侵蚀和耐风化等。但实际工程中很难找到这种天然的地质条件，坝基总存在着一定的节理、裂隙、软弱夹层或局部断裂破碎带等，因此，必须查明工程地质情况，采取妥善的处理措施，使其满足设计要求。例如我国的龙羊峡拱坝高 178m，基岩被众多的断层和裂缝切割，岩体破碎，且位于 9 度的强震区，但基础经过处理后，达到了设计要求；瑞士的康脱拉拱坝有顺河向陡倾角断层，宽 3～4m，断层本身挤压破碎严重，但经过基础处理，成功地建成了高 220m 的拱坝。由此可见，随着筑坝经验的积累和地基处理技术的不断提高，在地质条件较差的地基上仍可修建各种拱坝，但应进行技术经济比较。

4.2　拱 坝 的 布 置

拱坝的布置是拱坝设计的重要内容，布置是否合理关系到工程建设的安全性和经济性。拱坝布置的基本内容包括：根据坝址地形、地质、水文及施工等条件，选择坝型，初拟坝体基本尺寸、坝体的平面布置。拱坝布置的原则是：在满足坝体应力和坝肩稳定的前提下，尽可能地使工程量最省，造价最低、安全度高和耐久性好。同时，拱坝作为水利工程中的主要建筑物，也必须满足枢纽总体布置及运行要求。当拱坝坝体布置完成之后，应对其进行应力和稳定校核，并根据计算反复修改其外形轮廓及尺寸，以求得拱坝设计的最优方案。对于重要工程的最终设计方案，必须进行模型试验验证。

4.2.1　水平拱圈布置

水平拱圈的布置，对坝体应力、坝肩稳定、坝体轮廓和工程量等都有一定的影响。

1. 拱中心角 $2\varphi_A$ 的确定

为了便于说明水平拱圈中心角对坝体应力及工程量的影响，取单位高度的等截面圆拱，拱圈厚度为 T，中心角为 $2\varphi_A$，设承受均匀压力 p，截面平均应力为 σ，如图 4.4 所示，则由静力平衡条件可得“圆筒公式”：

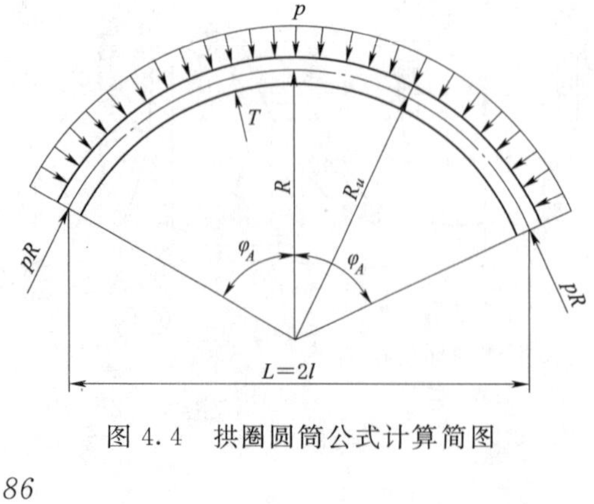

图 4.4　拱圈圆筒公式计算简图

$$\left.\begin{aligned} T&=\frac{pR_u}{\sigma} \\ R_u&=R+\frac{T}{2}=\frac{1}{\sin\varphi_A}+\frac{T}{2} \end{aligned}\right\} \tag{4.1}$$

式中　T——拱圈厚度；

σ——拱端截面的平均应力；

l——拱圈平均半径处半弦长；

R_u、R——外半径和平均半径。

式（4.1）也可表示为

$$T=\frac{2lp}{(2\sigma-p)\sin\varphi_A} \tag{4.2}$$

$$\sigma=\frac{l}{T\sin\varphi_A}+\frac{p}{2} \tag{4.3}$$

由式（4.2）可知，当应力条件相同时，拱圈中心角 $2\varphi_A$ 越大，拱圈厚度 T 越小，坝体越经济。但中心角过大，拱圈弧线增长，相应坝体工程量增大。在一定程度上抵消了由厚度减小所节省的工程量。从式（4.3）可知，当拱圈厚度一定，在外荷载、河谷形状都相同的情况下，拱圈中心角 $2\varphi_A$ 越大，拱端应力越小，应力条件越好。若按与工程实际更为接近的两端固端拱计算，当中心角 $2\varphi_A>120°$时，拱圈截面将不出现拉应力。因此，从减少拱圈厚度、改善坝体应力考虑，选较大的中心角是比较有利的。但从稳定条件考虑，选过大的中心角将较难满足坝肩稳定的要求。

图 4.5（a）为坝体弹性模量与基岩弹性模量相同时，单位高度固端对称、等厚圆拱受力简图。在沿外弧均匀压力 p 作用下，拱坝中心角 $2\varphi_A$ 与拱端推力方向夹角 β 之间的关系曲线如图 4.5（b）所示。该图给出了常用 R/T 范围内的 $2\varphi_A-\beta$ 关系曲线。分析可知，采用较大的中心角将使拱端推力过于趋向下游（即 β 角过小），这不利于坝肩稳定，有时还会增大拱端岩体的开挖量；当 R/T 一定时，可以找到一个坝肩稳定的最佳中心角。在常用的 R/T 值范围内［图 4.5（b）］，最佳中心角 $2\varphi_A=60°\sim80°$，此时拱推力指向山体内部；当中心角 $2\varphi_A$ 小于稳定最佳中心角时，关系曲线较陡；反之，关系曲线较缓。因此，拱圈中心角宜选择比稳定最佳中心角稍大些，可使应力和稳定两者均有较好的效果；当拱圈中心角 $2\varphi_A$ 与 R 一定时，选用较薄的拱圈，β 角反而变大，对稳定有利。

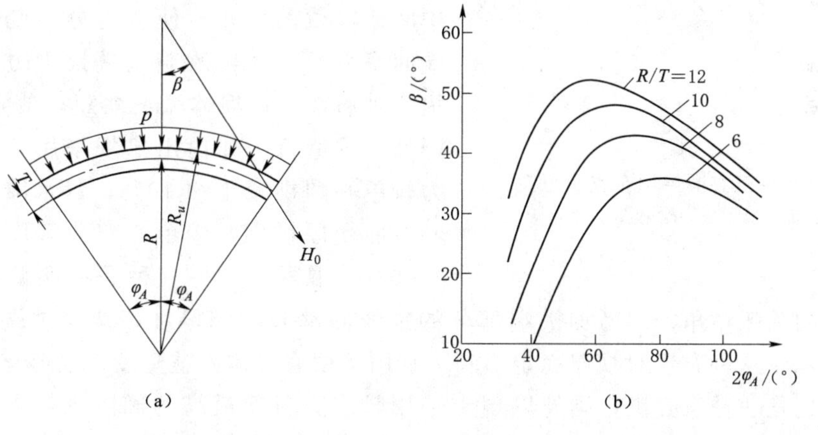

图 4.5 拱坝中心角 $2\varphi_A$ 与拱端推力方向夹角 β 关系

（a）固端对称等厚圆拱受力计算简图；（b）拱圈半径与厚度比值对拱端推力方向夹角的影响

从以上分析可知，坝体应力与坝肩稳定对水平拱圈中心角的要求是相互矛盾的，在拱坝设计时应综合考虑坝体应力和坝肩稳定的要求，可通过选用非单圆心水平拱圈的合理体形等措施加以解决。现代拱坝，顶拱圈中心角多为 90°～110°，若坝址河谷平面上为漏斗形，其中心角可适当加大，一般为 110°～120°；当坝址下游基岩内有软弱带或坝肩支承在较单薄的山体时，则应适当减小拱圈中心角，使拱端推力转向岩体内侧，以加强坝肩稳定。

拱坝的最大应力常在坝高 1/3～1/2 拱圈处。因此，工程建设中为了改善拱圈应力分布，在坝体的中心部采用较大中心角，由此向上向下都采用较小中心角。如我国泉水拱坝的最大中心角为 101°24′，约在 0.4H 处；山东流清河浆砌石双曲拱坝的坝高 68m，最大中心角为 104°，约在 0.34H 处，但这易造成坝体向上游的倒悬。

2. 水平拱圈的形态

（1）单心圆拱。对于狭窄而又对称的河谷坝址，水压接近均匀分布，水压力荷载基本是靠拱的作用传到两岸。因此，一般采用单心圆拱的结构形式。单心圆拱结构简单，设计计算及施工均较为方便。早期拱坝及我国中小型砌石拱坝多采用单心圆等厚拱坝。如已建成的流溪河、石门、泉水、群英等拱坝都采用单心圆等厚拱坝。但是，从水压荷载在拱梁系统的分配情况来看，实际上水平拱圈所分担的水平水压力荷载并非均匀分布，而是从拱冠向拱端逐渐减小，如图 4.1（c）所示，在较宽河谷中更是如此。因此，合理的拱圈形式并不一定是单心圆拱。

（2）三心圆及椭圆拱。三心圆拱是由三段圆弧组成，三心拱圈可以是均匀的，也可以是变厚度的。这类拱圈在 20 世纪 50 年代末开始采用，以美国、西班牙修建得较多。国内较高的三心圆拱坝有白山重力拱坝、紧水滩拱坝、李家峡拱坝等。

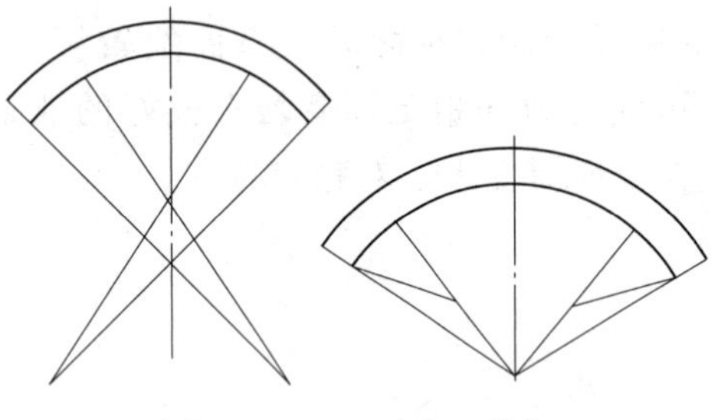

图 4.6　两种三心圆拱坝布置示意图
（a）拱端曲率减小；（b）拱端曲率增大

三心圆拱的布置方式通常有两种。一种是增加拱端弧段的曲率半径，减小拱端曲率，如图 4.6（a）所示。这种三心圆拱的特点是：拱冠段附近圆弧半径小，中心角大，有利于减小中间弧段截面弯矩，使应力分布趋于均匀；拱端曲率半径加大，改善拱端推力方向，有利于提高坝肩稳定；坝体弧长缩短，节省坝体方量，降低工程造价。如白山拱坝采用三心圆拱，应力较单心圆拱减小约 10%；紧水滩拱坝采用三心双曲变厚拱坝，较单心双曲等厚拱方案节省 40000m^3 混凝土。另一种是在两侧拱端下游采用半径较小的圆弧贴角，即增加拱端部分的轴线曲率和拱圈厚度，减少拱端应力，如图 4.6（b）所示。这种布置对坝肩稳定不利，宜用于坝肩岩体完整坚硬，地形有利的情况。

椭圆拱也是一种三心拱，国外以瑞士采用较多。目前最高的椭圆拱坝为瑞士的康特拉（Contra）双曲拱坝，坝高 222m，1965 年建成。在椭圆拱圈的布置中，通常水平拱采用椭圆短轴一侧弧线，拱冠处曲率半径较小，逐渐向拱端增大，如图 4.7（a）所示，这样减小拱冠处弯矩和应力，也改善了拱端推力方向，增强了坝肩的稳定性。

（3）抛物线拱。抛物线拱是一种更为扁平的变曲率拱，如图 4.7（b）所示，拱圈中段的曲率较大，向两端逐渐减小。在水压力作用下，拱圈中的压力线接近中心线，拱坝既可减小中心角，又改善了坝体应力及倒悬度，而且拱端推力方向与岸坡基岩等高线有较大交角，有利于坝肩岩体的稳定。抛物线拱更适应不对称河谷或两岸开挖较多的特殊地形。

（4）对数螺旋线拱。为了改善拱端推力与岸坡交角，也可采用对数螺旋线拱，如图

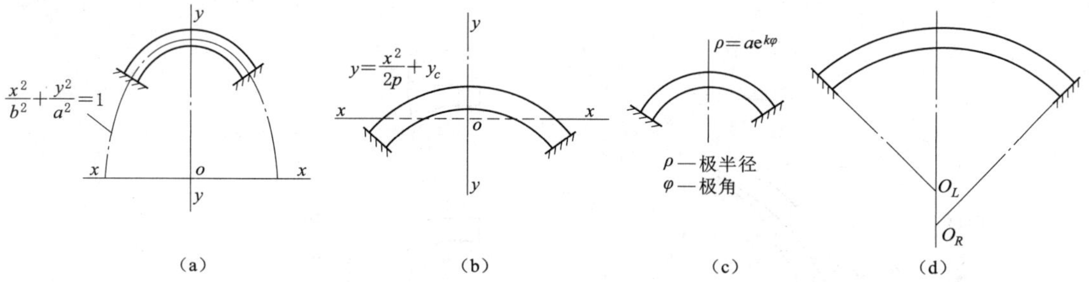

图 4.7 拱坝的水平拱圈

(a) 椭圆拱；(b) 抛物线拱；(c) 对数螺旋线拱；(d) 二心拱

4.7 (c) 所示。这种拱圈的最大特点是：坝体应力分布较好，坝端推力与岸坡交角也较理想，一般可保证 45°左右。坝面平顺，较适用于宽的河谷及 V 形河谷，具有两个对数自由度，在水平、铅直方向均易灵活调整半径和厚度。我国山西省的陈村山谷砌石拱坝就采用这种型式。

(5) 二心拱。当河谷地形不对称时，可采用人工措施改变河谷形状，使坝体尽可能对称布置，如：在较陡的一岸向深处开挖；在较缓的一岸建筑重力墩；设置垫座及周边缝等。也可采用相应的不对称二心圆拱的布置方式，如图 4.7 (d) 所示，陡岸一侧可采用曲率半径较小的圆拱。我国贵州省的甘河沟砌石单拱坝即采用这种布置方式，在断面设计上较经济，但坝内易出现应力集中现象。

4.2.2 拱坝的几种体型

(1) 定圆心等外半径拱坝。定圆心等外半径拱坝又称单曲拱坝，水平拱圈从顶到底采用相同的外半径，拱坝上游面为铅直圆筒面，拱圈厚度随水深逐渐加厚，下游面倾斜，各层拱圈内外弧的圆心均位于同一铅直线上，如图 4.8 (a) 所示。单曲拱坝最大的优点是结构简单，设计施工方便，直立的上游面也有利于布置泄水孔的控制设备。单曲拱坝适用于矩形或较宽的梯形河谷。目前，国内外中小型拱坝，特别是砌石拱坝采用的较多。

(2) 双曲拱坝。在 V 形河谷，若采用等半径式拱坝，则底部中心角过小而加大拱圈厚度，岸坡段倒悬过大。为了避免这种缺陷，工程实践中，根据河谷的自然条件和施工条件，普遍采用变中心角、变半径的拱坝。这种拱坝坝体在水平面和铅直面均呈曲线形，因此称为双曲拱坝，如图 4.8 (b) 所示。双曲拱坝的主要优点是：中央剖面上部以曲线形式俯向下游，岸边坝段倒悬度小，采用坝顶溢流落点距离坝趾较远，下游消能条件好；坝体中部的竖向梁下部向上游倒悬，在水压力作用下，梁的应力是上游面受压而下游面受拉，这同坝体自重产生的梁的应力正好相反；水平拱圈和竖向的梁同时具有拱的作用，因此，当拱坝承受水平荷载后在产生水平位移的同时，还有向上位移的倾向，使梁的弯矩有所减小而轴向力加大，有利于降低坝体的拉应力。双曲拱坝经济安全，但结构复杂，施工不便，它较适用于 V 形或梯形河谷。

综上所述，在进行坝体体型选择时应根据地形、地质条件、水文条件、筑坝的材料及施工条件，在认真分析的基础上合理选择拱坝体型。

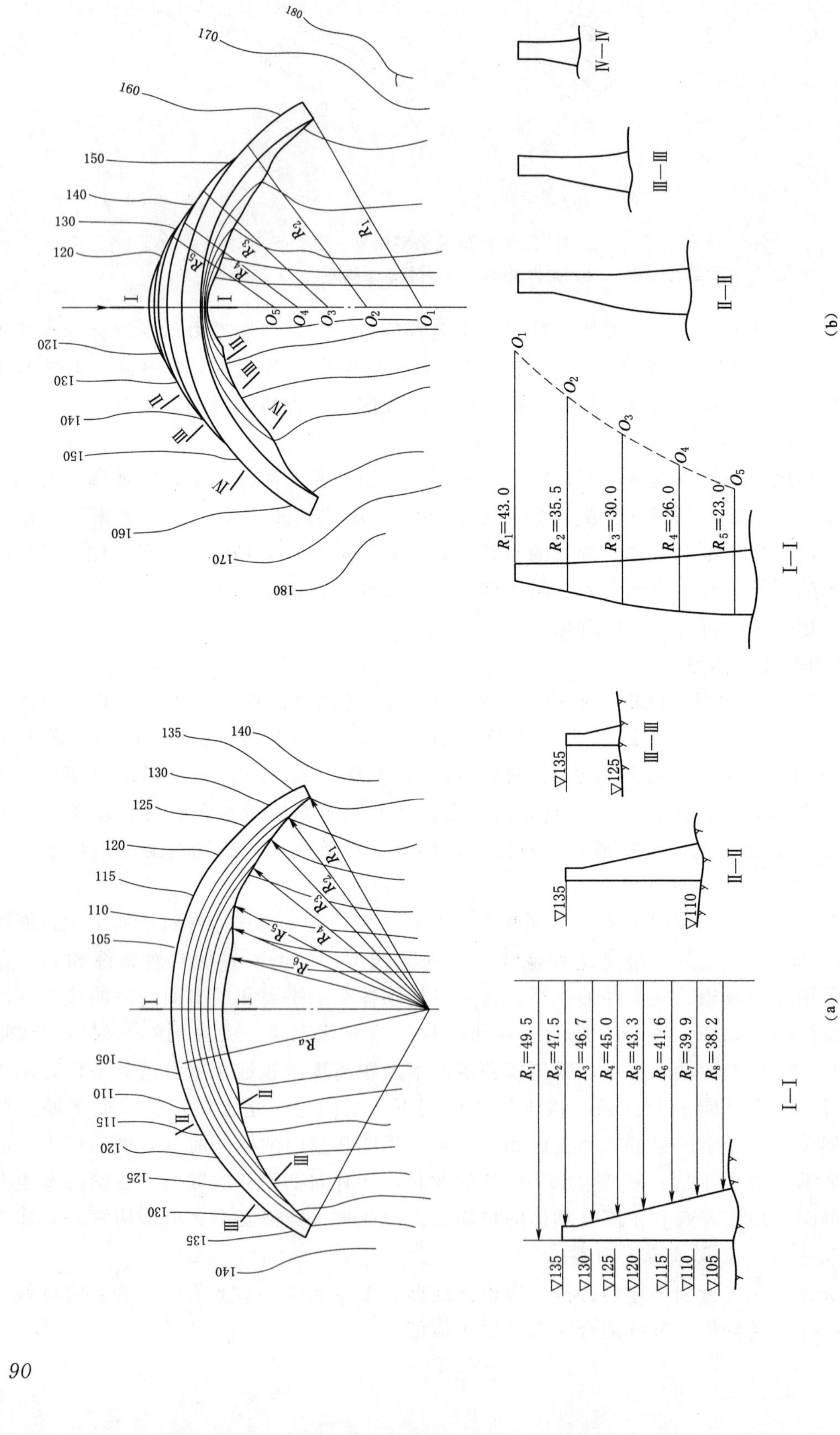

图 4.8　拱坝的体形（单位：m）
（a）定圆心等外半径拱坝；（b）双曲拱坝

4.2.3 拱冠梁剖面确定

拱坝断面的选择应根据河谷形状、坝高、允许应力等条件，拟定拱冠梁的断面基本尺寸及断面形态。

1. 坝顶厚度 T_C

在选择拱冠梁顶部厚度时，应考虑工程规模、交通和运行要求，如无交通要求，T_C 一般取 3～5m，但至少不应小于 3m。在初拟拱冠梁顶拱厚度时，还可利用下列经验公式进行估算：

$$T_C=0.012(H+L_1) \tag{4.4}$$

或

$$T_C=0.0145(2R_i+H) \tag{4.5}$$

或

$$T_C=0.4+0.01(L_1+3H) \tag{4.6}$$

式中　H_1——最大坝高，m；

L_1——坝顶高程处，拱端可利用基岩面间的河谷宽度，m；

R_i——顶拱轴线半径，m，初估时可取 $(0.61～0.707)L_1$。

式（4.6）使用范围为 $H=10～100$m，$L_1=10～200$m。

2. 坝底厚度 T_B

坝底厚度是拱坝设计的控制数据，它表征拱坝的厚薄程度，是拱坝设计经济指标的反映。拱底厚度 T_B 取决于坝高、坝型、河谷形状宽高比、地质、荷载、筑坝材料及施工条件等因素。初拟时，通常可参照已建成的坝高、坝型和河谷形状相近的拱坝，根据经验公式估算，经过反复修改和计算来确定。一般常用以下几个经验公式。

（1）朱伯芳拱坝优化选择初始方案建议公式：

$$T_B=\frac{K(L_1+L_{n-1})H}{[\sigma]} \tag{4.7}$$

式中　K——经验系数，一般可取 $K=0.35$；

L_1、L_{n-1}——第一层及倒数第二层拱圈处开挖后的河谷宽度；

H——最大坝高；

$[\sigma]$——拱的允许压应力。

（2）任德林经验统计公式。任德林根据国内 174 座砌石拱坝进行统计分析，得出坝底厚高比的经验公式为

当 $H=10～60$m，$L/H=1.0～6.0$ 时：

$$\frac{T_B}{H}=0.132\left(\frac{L}{H}\right)^{0.267}+\frac{2H}{1000} \tag{4.8}$$

当 $H=60～100$m，$L/H=0.8～3.5$ 时：

$$\frac{T_B}{H}=0.0382\left(\frac{L}{H}\right)^{0.632}+\frac{2H}{1000} \tag{4.9}$$

式中符号意义同前。

（3）美国垦务局经验公式。美国垦务局对不同河谷形状的拱坝尺寸进行分析后，提出了如下经验公式：

$$T_B=\sqrt[3]{0.0012HL_1L_2\left(\frac{H}{122}\right)^{\frac{H}{122}}} \tag{4.10}$$

式中　L_2——坝底以上 0.15H 处拱端可利用基岩面间的河谷宽度，m。

3. 拱冠梁剖面形式

拱冠梁的剖面形式多种多样。选择剖面形式应根据拱坝坝体的体型、拱坝的运行要求及施工条件等因素进行综合考虑，并参照已建类似工程，经过反复修改而确定。对于单曲拱坝，多选用上游面近乎铅直，下游面倾斜或曲线形式，有时为了便于坝顶自由跌落泄流，也可采用下游面做成铅直。对于双曲拱坝，拱冠梁剖面的曲率对坝体应力和两岸坝体倒悬影响较为敏感，并直接影响施工难易程度。

对于混凝土双曲拱坝，美国垦务局推荐的拱冠梁剖面形式及各部位尺寸如图 4.9 所示。其中，T_C、T_B 可用前面公式计算，其他各部位尺寸可按表 4.1 参考选用。对于浆砌石双曲拱坝，拱冠梁剖面可参照图 4.10 及表 4.2 拟定。

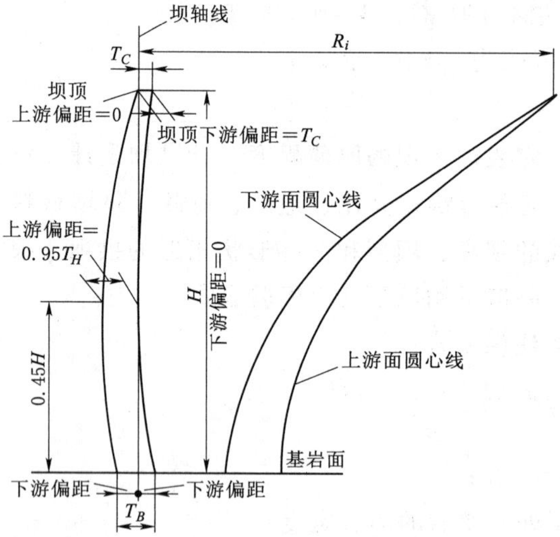

图 4.9　混凝土双曲拱坝尺寸参考

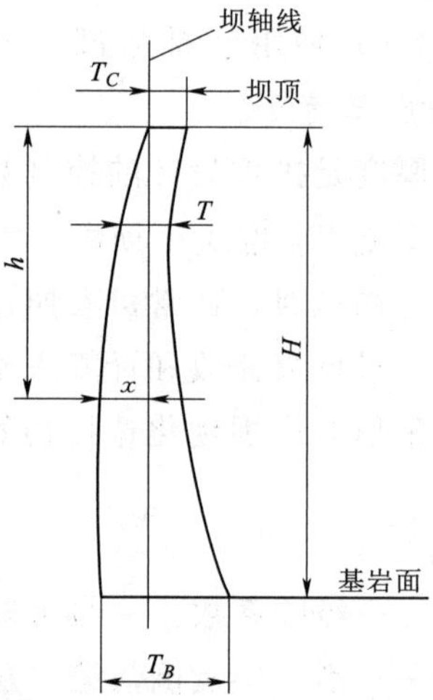

图 4.10　浆砌石双曲拱坝尺寸参考

表 4.1　　混凝土双曲拱坝拱冠梁剖面尺寸参考表

位置＼偏距	上游偏距	下游偏距
坝顶	0	T_C
0.45H	0.95T_B	0
坝底	0.67T_B	0.33T_B

表 4.2　　浆砌石拱坝拱冠梁剖面尺寸参考表

h/H	T	x/H	h/H	T	x/H
0	T_C	0	0.6	$T_C+0.623\Delta T$	0.123
0.1	$T_C+0.123\Delta T$	0.030	0.7	$T_C+0.698\Delta T$	0.126
0.2	$T_C+0.226\Delta T$	0.057	0.8	$T_C+0.792\Delta T$	0.123

续表

h/H	T	x/H	h/H	T	x/H
0.3	$T_C+0.340\Delta T$	0.081	0.9	$T_C+0.897\Delta T$	0.114
0.4	$T_C+0.443\Delta T$	0.102	1.0	T_B	0.098
0.5	$T_C+0.528\Delta T$	0.115	—	—	—

注 T_C 按式（4.5）～式（4.6）计算；T_B 按任德林公式计算；ΔT 为底拱厚度与顶拱厚度之差。

4.2.4 拱坝的总体布置

1. 拱坝布置的一般步骤

（1）根据坝址地形地质资料，确定坝基开挖线，作出坝址可利用基岩面的等高线图。

（2）在可利用基岩等高线图上试定顶拱轴线的位置。为了方便，将顶拱轴线绘制在透明纸上，以便在地形图上移动、调整位置，尽量使拱轴线与基岩等高线在拱端处的夹角不小于30°，并使两端夹角大致相近。按选定的半径、中心角及顶拱厚度画顶拱内外圆弧线。

（3）综合考虑坝址地形、地质、水文、施工及运行等条件，选择适宜的拱坝坝型，并按选定的坝型及工程规模初拟拱冠梁剖面形式及尺寸。

（4）将拟定的拱冠梁剖面从顶到底分成若干层（一般选取5～10层），然后按照顶拱圈布置的原则，绘制出各层拱圈的平面图。一般在顶拱圈布置后即可布置底层拱圈，其次在约1/3坝高处布置拱圈，然后再布置中间各层拱圈。布置时，各层拱圈的圆心连线在平面上最好能对称河谷两岸可利用基岩面的等高线，在竖直面上圆心连线应能形成光滑的曲线。

（5）自对称中心线向两岸切取若干铅直剖面，检查其轮廓线是否连续光滑，有无倒悬现象，确定倒悬度。为了检查方便，可将各层拱圈的半径、圆心位置以及中心角分别按高程点绘，连成上下游圆心线及中心角线。对不连续或有突变的部位，应适当修改此拱圈的半径、中心角和圆心位置，直至连续光滑。

（6）进行坝体应力分析和坝肩岩体抗滑稳定校核，如不符合要求，应修改坝体布置及尺寸，重复上述工作程序，直至满足设计要求为止。

（7）将坝体沿拱线展开，绘成坝的立视图，显示基岩面的起伏变化，对突变处应采取削平或填塞措施。

（8）计算坝体工程量，作为不同方案比较的依据。

上述设计步骤，计算工作重复烦琐，最终也很难得到理想的结果。近年来国内外都借助计算机技术进行拱坝结构优化设计，具体内容详见有关文献和参考书籍。

2. 拱坝坝体和基岩轮廓线的布置要求

（1）基岩轮廓线连续光滑。开挖后的基岩面应无突出的齿坎；岩性均匀连续变化；开挖后的河谷地形基本对称和连续变化，如天然河谷不满足要求时，应进行相应的工程处理。

（2）坝体轮廓线连续光滑。拱坝坝体轮廓应力求简单，光滑平顺，避免有任何突变。圆心连线、中心角和内外半径沿高程的变化也应是光滑连续或基本连续；悬臂梁的倒悬度应满足拱坝设计的规范要求。

由于上下层拱圈半径及中心角的变化，坝体上游面不能保持直立，上层坝面突出于下层坝面，这种现象称为拱坝的坝面倒悬，将上游坝面最凸向上游点与上游坝底点之间的水平距离与垂直距离的比值称为倒悬度。在 V 形河谷中修建变中心角变半径的双曲拱坝，很容易形成坝面倒悬。这种倒悬不仅增加了坝体施工难度，而且在坝体封拱前，由于自重作用很可能在坝面产生拉应力，甚至开裂。因此，对于坝体的倒悬，应根据具体情况进行处理，处理方式一般有以下几种：

1）使靠近岸边段的坝体上游面维持铅直，则河床中间坝段将俯向下游，如图 4.11（a）所示。这样既改善了坝体应力，利于坝体稳定，也利于坝顶溢流。

2）使河床中间的上游坝面维持铅直，而岸边坝段向上游倒悬，如图 4.11（b）所示。这种处理由于倒悬集中在岸边坝段，在施工期坝体下游面可能出现较大的拉应力或出现裂缝，甚至影响坝身稳定。

3）协调前两种处理方案，使河床段坝体稍俯向下游，岸坡段坝体稍向上游倒悬，如图 4.11（c）所示。这样将倒悬分散到各个悬臂梁剖面上，减少了局部坝面的倒悬度，既解决了倒悬问题，又改善了坝体应力，提高了坝体稳定性。因此，设计时宜采用这处理方式。

对于向上游倒悬的岸坡坝体，为了使其下游面不产生过大的拉应力，必要时可在上游坝脚加设支墩处理，或在开挖时留下部分基坑岩壁作为支撑，如图 4.11（d）所示。

一般情况下，浆砌石拱坝整体倒悬度可控制在 0.1∶1～0.17∶1，局部可为 0.2∶1～0.25∶1；混凝土拱坝可达 0.3∶1。

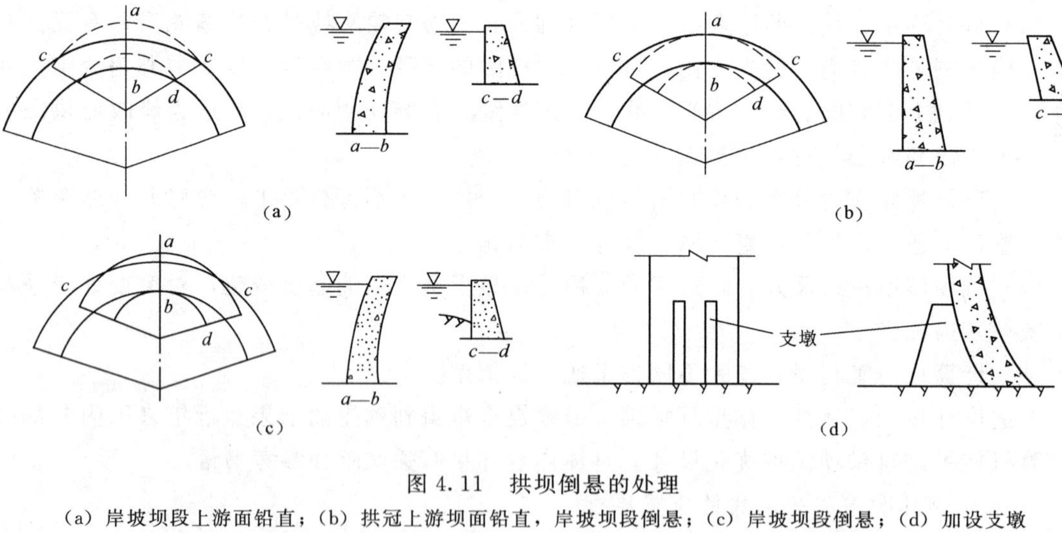

图 4.11　拱坝倒悬的处理

（a）岸坡坝段上游面铅直；（b）拱冠上游坝面铅直，岸坡坝段倒悬；（c）岸坡坝段倒悬；（d）加设支墩

3. 拱端布置

拱端应嵌入开挖的坚实基岩内，拱座布置形式主要有以下几种：

（1）全径向拱度。全径向是指两岸拱端与基岩的接触面是全径向的。这种布置可以使拱端推力接近垂直于拱座面，减小拱座向下游的滑动剪力，提高拱坝坝肩的稳定性。全径向拱座布置如图 4.12（a）所示。

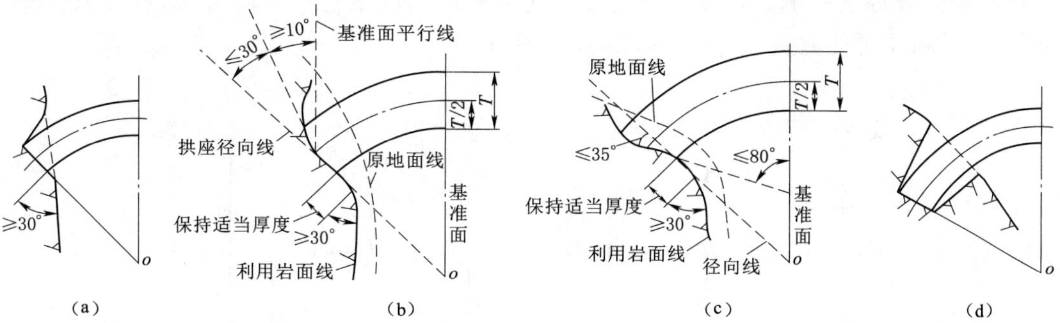

图 4.12 拱座形状

(a) 全径向拱座；(b) 1/2 径向拱座；(c) 非径向拱座；(d) 嵌入式拱座

(2) 1/2 径向拱座。如拱端厚度较大，在岩体下部，当采用全径向开挖较多时，自坝顶往下也可采用 1/2 径向拱座，如图 4.12 (b) 所示。

(3) 非径向拱座。如采用全径向拱座将使下游面基岩开挖太多时，可采用中心角大于径向中心角的非径向拱座，如图 4.12 (c) 所示。此时，拱座面与基准面的夹角，根据经验要求应不大于 80°。

(4) 嵌入式拱座。当坝肩岩体单薄，稳定难以保证时，可采用将拱端更深地嵌入坝肩岩体内，使拱座下游有足够的岩体来保证稳定，如图 4.12 (d) 所示。

4.3 拱坝的应力分析

4.3.1 拱坝的荷载及组合

4.3.1.1 拱坝的荷载及特点

作用在拱坝上的主要荷载有水压力、自重、扬压力、温度荷载、泥沙压力、浪压力和地震荷载等，其中水压力、温度荷载对坝体应力的影响较大。

1. 水平径向荷载

静水压力、泥沙压力、浪压力或冰压力等统称为水平径向荷载。在拱坝中，作用在坝轴线的水平径向荷载力的压力强度为

$$p'=\frac{pU_u}{R} \tag{4.11}$$

式中 R_u、R——拱圈外圈半径和平均半径。

2. 温度荷载

拱坝为超静定结构，在气温、上下游水温变化的影响下，坝体温度随之变化，并引起坝体的伸缩变形，在坝体中产生一定的温度应力。有关实测资料表明，温度荷载引起的变形占总静变形的 1/2～1/3。

拱坝施工时采用分块浇筑，当其温度降至相对稳定值时进行封拱灌浆，形成一个超静定的整体。封拱一般选在气温为全年平均气温或略低于平均气温时进行，封拱时坝体温度称为封拱温度，它是坝体温度升降变化的基准值。

拱坝受外界温度影响后，坝体内温度变化可分解为温度变化平均值（T_m）、等效线性温差（T_d）和非线性温差（T_n），如图 4.13 所示。

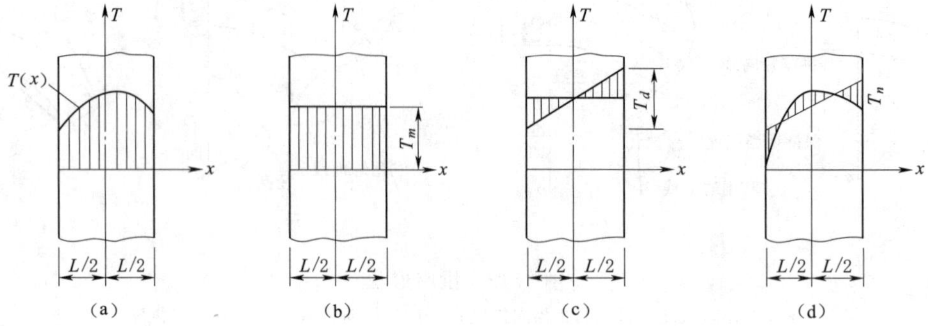

图 4.13　截面温度分解图

（a）截面温度变化实际值；（b）截面温度变化平均值；（c）等效线性温差；（d）非线性温差

（1）温度变化平均值 T_m。均匀温度变化是温度荷载的主要部分，其值大小主要与外界温度的变幅、封拱温度和坝体材料特性等因素有关，对拱圈内力和悬臂梁力矩影响很大。对中小型拱坝可用以下经验公式计算：

$$T_m=\frac{57.57}{L+2.44}(℃) \tag{4.12}$$

式中　L——坝体厚度，m。

（2）等效线性温差 T_d。在水库蓄水后，由于水库水温变幅小于下游气温变化，沿坝厚有温度梯度 T_d/L，它对拱圈力矩影响较大，而对拱圈内力及悬臂梁的力矩影响很小，在中小工程中一般可不考虑。

（3）非线性温差 T_n。它是温度变化曲线减去 T_m 和 T_d 后的剩余部分，产生局部的应力，在拱坝设计中可忽略不计。

对静水压力、浪压力、扬压力、泥沙压力、地震等荷载的计算详见第 3 章重力坝。

4.3.1.2　拱坝的荷载组合

拱坝的荷载组合分基本组合和偶然组合两种。拱坝的荷载划分和重力坝相似，但在荷载中应增加温度荷载，在各组合情况中选择最不利状况进行坝体应力分析和坝肩稳定分析。拱坝荷载组合参见表 4.3。

在初步确定了坝体轮廓尺寸之后，应进行坝体应力分析，以检查其是否经济和安全。拱坝应力分析的方法很多，但由于拱坝是一个空间壳体结构，其几何形状及边界条件又很复杂，严格按理论计算坝体应力比较困难，现有应力分析方法一般都是建立在一些必要的简化和假定基础上。拱坝应力计算方法有纯拱法、拱梁分载法（拱冠梁法）、有限元法、壳体理论计算法和结构模型试验法等。本节主要介绍纯拱法和拱梁分载法中的拱冠梁法。

4.3.2　纯拱法

纯拱法假定拱坝是由若干层独立的、上下互不联系的水平拱圈叠合而成，荷载全部由水平拱圈承担，每层拱圈可作弹性固端拱进行计算。相对于结构力学中的弹性拱计算，纯拱法有所不同：①由于拱圈的轴向力和剪力都很大，不能忽略它们对变形的影响；②基础

表 4.3　　拱坝计算荷载组合表

荷载组合	主要考虑情况		自重	静水压力	温度荷载：设计正常温降	温度荷载：设计正常温升	扬压力	淤沙压力	浪压力	冰压力	动水压力	地震荷载
基本组合	1. 正常蓄水位＋温降		√	√	√		√	√	√	√		
	2. 正常蓄水位＋温升		√	√		√	√	√	√			
	3. 设计洪水位＋温升		√	√		√	√	√	√			
	4. 死水位（或运行最低水位）＋温升		√	√		√	√	√	√			
	5. 其他常遇不利荷载组合											
偶然组合	1. 校核洪水位＋温升		√	√		√	√	√	√		√	
	2. 地震情况	（1）正常蓄水位＋温降＋地震	√	√	√		√	√	√	√		√
		（2）正常蓄水位＋温升＋地震	√	√		√	√	√	√			√
		（3）常遇低水位＋温升＋地震	√	√		√	√	√	√			√
	3. 施工期情况	（1）接缝未灌浆遇施工洪水	√	√								
		（2）横缝部分灌浆＋温降	√	√	√							
		（3）横缝部分灌浆＋温升	√	√		√						
		（4）接缝部分灌浆遇施工洪水	√	√		√	√					

注 1. 上述荷载组合中，可以根据工程实际情况选择控制性的荷载组合进行计算。
2. 施工期情况的温度荷载，系指施工期坝体温度与封拱温度之差。

变形影响显著，不能忽略基础变位对应力的影响；③当拱圈厚度较大时，径向截面的应力不再呈直线分布，宜作为厚拱计算。当拱厚与拱圈半径之比较大时，应考虑拱圈曲率对坝体应力的影响。由于没有考虑拱圈之间的相互作用，又假定荷载全部由拱圈承担，不符合拱坝的实际受力状况，求出的应力一般偏大。但由于纯拱计算简单，概念明确，曾被广泛采用，尤其对于狭窄河谷中的薄拱坝及分层砌筑的浆砌石拱坝，仍为一种简单实用的方法。它一般用于中小型工程的可行性研究阶段。此外，纯拱法也是拱梁分载法的一个重要组成部分。

纯拱法应力计算步骤如下：

（1）基础变位计算。拱坝是超静定结构，拱端基础变位对拱圈应力影响较大，设计时必须予以考虑。但由于岩基变形特征很复杂，坝体与地基的接触面是一个形状不规则的空间曲面，而且接触面上各处的作用力和变位皆不相等，又互有影响，致使拱端的地基变位变得非常复杂，很难准确计算。目前多采用伏格特（F. Vogt）概化地基模型法计算基础变位。

（2）内力计算。纯拱法的内力计算，除了弹性拱的一般假定外，拱圈的轴向力、剪力以及拱端基岩变形影响都不能忽略。计算拱坝应力时，水平拱圈通常取 5～7 个单位高度，如图 4.14 所示，拱圈所受的主要荷载是均匀径向水压力和温度荷载，并考虑地基变形，求出拱圈任一截面的弯矩 M、轴力 H 和剪力 V 等内力。

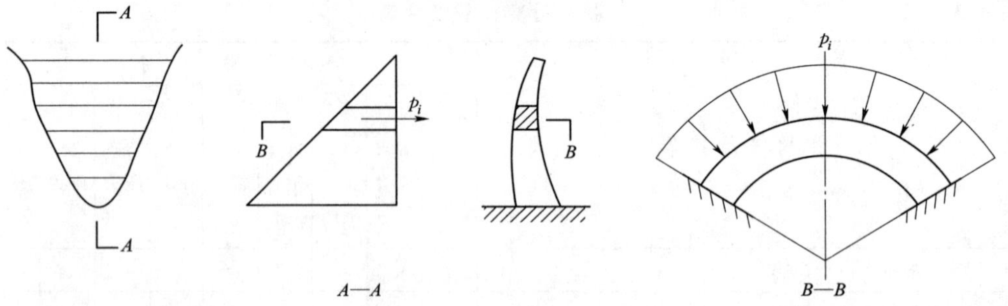

图 4.14　纯拱法计算简图

在弹性拱圈进行计算时，由于考虑了地基变形，弹性中心不易求得，因而解除多余约束后，通常将超静定力 M、H 和 V 选在切开截面的中心处，荷载、静定力、内力及变位的正方向等如图 4.15（a）所示。

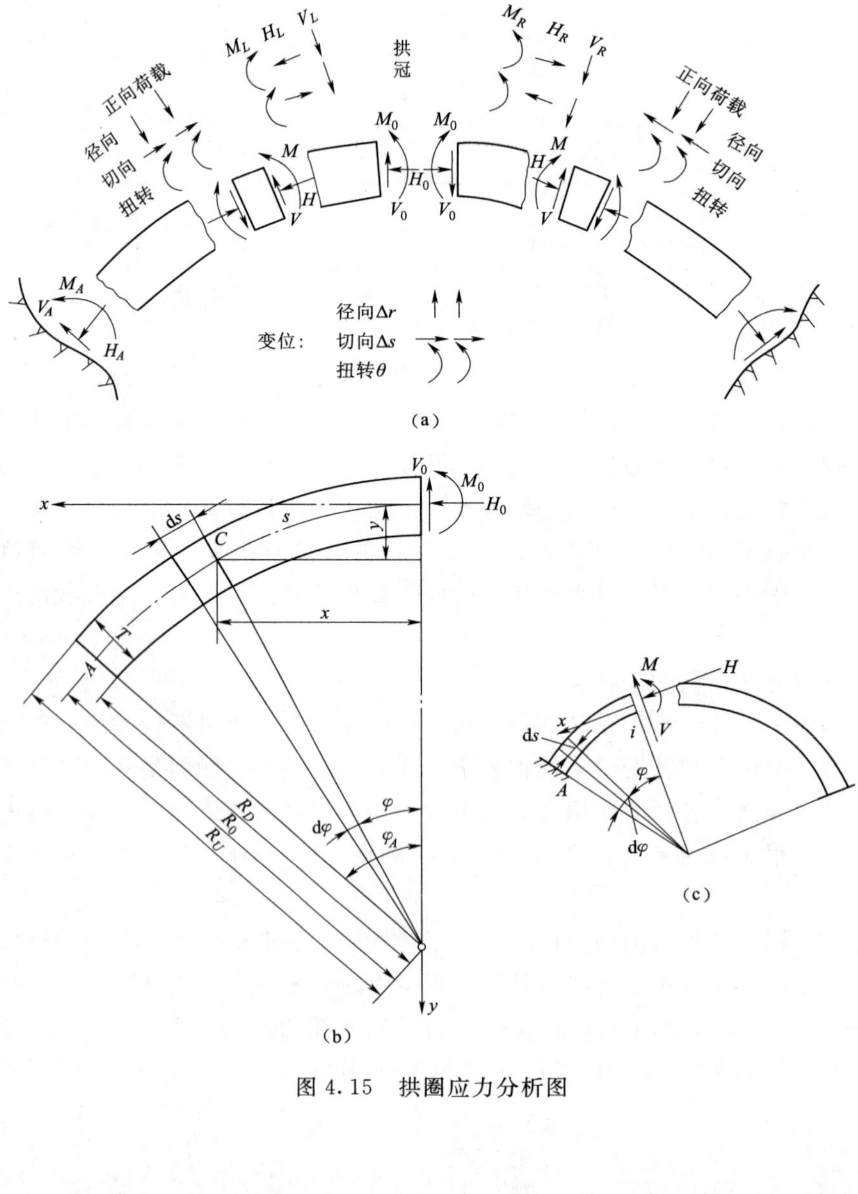

图 4.15　拱圈应力分析图

若拱圈在拱冠处切开，拱的左右两部分都可以按静定的弧形悬臂梁结构计算。对于左半拱圈，任意一截面上在外荷载作用下产生的静定力系为 M_L、H_L 和 V_L；对于右半拱圈，任意一截面上在外荷载作用下产生的静力系数为 M_R、H_R 和 V_R，则在中心角为 φ 的任一截面的内力 M、H 和 V 分别为

$$\left.\begin{aligned}M&=M_0+H_0y+V_0x-M_L\\H&=H_0\cos\varphi-V_0\sin\varphi+H_L\\V&=H_0\sin\varphi+V_0\cos\varphi-V_L\\M&=M_0+H_0y-V_0x-M_R\\H&=H_0\cos\varphi+V_0\sin\varphi+H_R\\V&=H_0\sin\varphi-V_0\cos\varphi-V_R\end{aligned}\right\}\tag{4.13}$$

式中，x、y 和 φ 的含义如图 4.15（b）所示，"L"和"R"分别代表左、右半拱圈。

由式（4.13）可见，要求出内力 M、H 和 V，必须先求出 M_0、H_0 和 V_0。为此，可利用拱冠切口处的变形连续条件，经演算得出

$$\left.\begin{aligned}A_1M_0+C_1V_0+B_1H_0-D_1&=0\text{(转动连续条件)}\\C_1M_0+C_2V_0+B_2H_0-D_2&=0\text{(径向变位连续条件)}\\B_1M_0+B_2V_0+B_3H_0-D_3&=0\text{(径向变位连续条件)}\end{aligned}\right\}\tag{4.14}$$

其中
$$A_1=A_{1L}+A_{1R}$$
$$B_1=B_{1L}+B_{1R};\quad B_2=B_{2L}-B_{2R};\quad B_3=B_{3L}+B_{3R}$$
$$C_1=C_{1L}-C_{1R};\quad C_2=C_{2L}+C_{2R}$$
$$D_1=D_{1L}+D_{1R};\quad D_2=D_{2L}-D_{2R};\quad D_3=D_{3L}+D_{3R}$$

式中，A_1、B_1、C_1、B_2、C_2、B_3、D_1、D_2、D_3 为常数，其中 A_1、B_1、C_1、B_2、C_2 及 B_3 只和拱圈尺寸及基岩变形有关，称为形常数；而 D_1、D_2 及 D_3 除此之外还与荷载有关，称为载常数。这些常数可查阅《水工设计手册》第五卷混凝土坝及有关文献。

这些常数的含义如下：

A_1——单位力矩作用于拱圈任一点［切口断面可以在拱冠，也可以是任一断面，如图 4.15（c）所示］使该点产生的角变位 θ；

B_1——单位轴向力（或力矩）作用于拱圈任一点使该点产生的 θ（或 Δs）；

C_1——单位剪力（或力矩）作用于拱圈任一点使该点产生的 θ（或 Δr）；

B_2——单位轴向力（或剪力）作用于拱圈任一点使该点产生的 Δr（或 Δs）；

C_2——单位剪力作用于拱圈任一点使该点产生的 Δr；

B_3——单位轴向力作用于拱圈任一点使该点产生的 Δs；

D_1——由拱端至拱圈任一点的外荷载使该点产生的 θ；

D_2——由拱端至拱圈任一点的外荷载使该点产生的 Δr；

D_3——由拱端至拱圈任一点的外荷载使该点产生的 Δs。

求解式（4.14）可得出 M_0、H_0 和 V_0，再代入式（4.13），即可计算拱圈任一径向截面的内力 M、H 和 V。

（3）应力计算。求出任一截面内力后，采用偏心受压公式计算坝体上下游面的边缘应力：

$$\frac{\sigma_u}{\sigma_d}=\frac{H}{T}\pm\frac{6M}{T^2} \tag{4.15}$$

式中 σ_u、σ_d——坝体上下游面的边缘应力，以压为正。

当拱厚 T 与拱圈平均半径 R 之比 $T/R>1/3$ 时，应计入拱圈曲率影响，拱圈按厚拱计算。其上下游边缘应力计算公式如下：

$$\sigma_{\text{下}}^{\text{上}}=\frac{H}{T}\pm\frac{M}{I_n}(0.5T\pm\varepsilon)\frac{R-\varepsilon}{R\pm0.5T} \tag{4.16}$$

其中

$$\varepsilon=R-\frac{T}{\ln\dfrac{R+0.5T}{R-0.5T}} \tag{4.17}$$

式中 I_n——拱圈截面对于中性轴的惯性矩，可近似地按 $T^3/12$ 计算；

ε——中性轴的偏心距。

纯拱法的地基变位、内力计算等比较复杂，设计时请参阅《拱坝设计》有关章节。

4.3.3 拱梁分载法

拱冠梁法是一种简化了的拱梁分载法，它是以拱冠处的一根悬臂梁为代表与若干层水平拱圈作为计算单元，并仅按径向变位一致的条件进行荷载分配，计算简图如4.16所示。拱冠梁法可用于大体对称、河谷比较狭窄的高拱坝的初步设计和低拱坝的技施设计。

拱梁分载法是将拱坝视为由若干水平拱圈和竖直的悬臂梁所构成的空间结构，荷载由拱系和梁系共同承担。梁和拱的荷载分配由拱系和梁系在其交点处变位一致的条件决定。荷载分配后，悬臂梁按静定结构计算，水平拱圈按纯拱法计算。因此，坝体应力很容易求得。拱梁分载法将复杂的空间壳体计算问题简化为结构力学的杆件结构来计算，力学概念明确。因而它是目前国内外常用的一种拱坝应力分析方法。拱梁分载法的关键在于荷载分配。过去荷载分配一般采用试载法计算，计算工作量大。现在利用计算机求解交点位移一致的代数方程组，可快速简捷地求得拱梁系统的荷载分配。

1. 基本计算公式

拱冠梁法有若干假定条件：①参加分配的荷载是水平径向荷载；②温度荷载由拱圈单独承担，但温度荷载的变位影响荷载分配；③水重和泥沙重等铅直荷载由梁单独承担，但其作用下的变位影响荷载分配；④拱坝自重由梁单独承担，其作用的变位是否影响荷载分配，根据施工方法决定。下面在上述若干假定条件下，介绍拱冠梁法的计算公式。

如图4.16所示，从坝顶至坝底等距离地截取 n 层（一般取5～7层）拱圈，拱圈序号从上至下 $i=1\sim n$，各层拱圈之间的距离为 V_h，拱圈高度取为1m。

由拱冠梁和各层拱圈交点处径向变位一致的条件可以列出如下方程组：

$$\sum_{j=1}^{n}a_{ij}x_j+\delta_i^w=(p_i-x_i)\delta_i+c_it_{mi} \quad (i=1,2,3,\cdots) \tag{4.18}$$

式中 p_i——作用于第 i 层拱圈中面高程上的总水平荷载强度；

x_i——拱冠梁在第 i 层拱高程上分配承担的水平荷载强度；

x_j——梁的 j 点所受荷载强度，j 为单位荷载作用点序号；

a_{ij}——拱冠梁上 j 点的单位荷载在 i 点产生的径向变位，称为梁的单位变位，单位荷载就是在作用点（如 j）强度为1、在上下 V_h 距离处强度为零的三角形分布荷载，如图4.16（f）中所示的Ⅰ、Ⅱ、Ⅲ等；

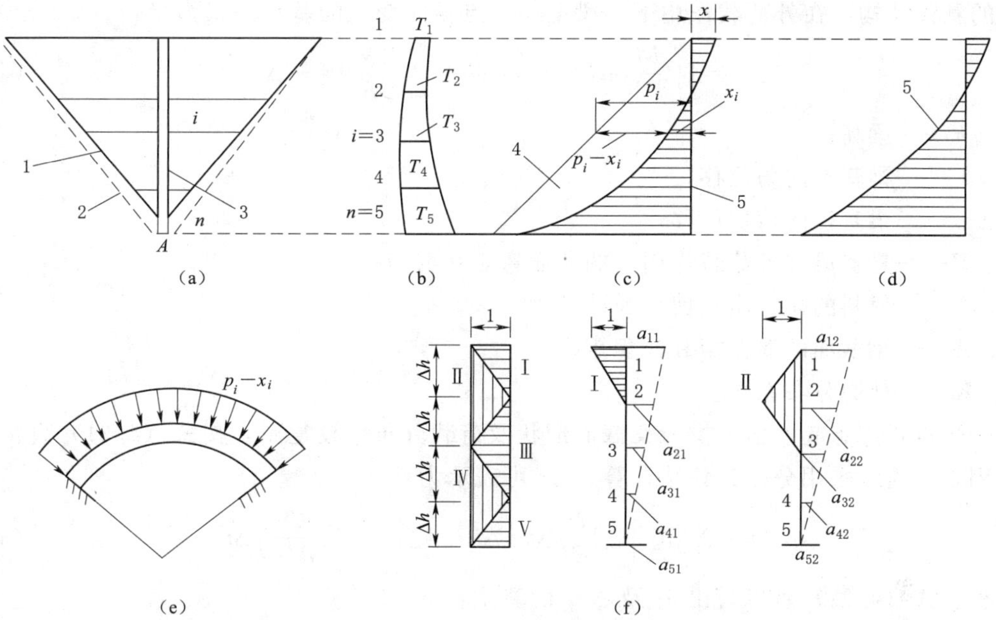

图 4.16 拱冠梁法荷载分配示意图

1—地基表面；2—可利用基岩面；3—拱冠梁；4—拱荷载；5—梁荷载

δ_i——第 i 层水平拱圈单位强度的均布径向荷载在拱冠产生的径向变位，称为拱的单位变位；

δ_i^w——拱冠梁第 i 截面在垂直荷载作用下产生的水平径向变位；

t_{mi}——第 i 层拱圈的均匀温度变化值；

c_i——第 i 层拱圈由于均匀温度变化 $t_{mi}=1$ 在拱冠处产生的径向变位。

将式（4.18）展开后，可以列出下列联立方程组：

$$\left.\begin{aligned} a_{11}x_1+a_{12}x_2+\cdots+a_{1n}x_n+\delta_1^w=(p_1-x_1)\delta_1+c_1\Delta t_{m1}\\ a_{21}x_1+a_{22}x_2+\cdots+a_{2n}x_n+\delta_2^w=(p_2-x_2)\delta_2+c_2\Delta t_{m2}\\ \vdots\qquad\qquad\qquad\\ a_{n1}x_1+a_{n2}x_2+\cdots+a_{mn}x_n+\delta_n^w=(p_n-x_n)\delta_n+c_n\Delta t_{mn}\end{aligned}\right\}\tag{4.19}$$

式（4.19）中 x_1，x_2，…，x_n 均为未知量，可通过解这个线性方程组求出，然后即可得到 p_i-x_i，即求出拱梁所分配的荷载，最后可分别算拱冠梁和拱圈的应力。

2. 拱冠的径向变位系数计算

拱冠的径向变位系数是指拱圈承受单位均布径向荷载时拱冠的径向变位，可采用纯拱法中的基本公式求得。对于左右对称的单圆心等厚度圆拱，可查表计算，具体参数表见黎展眉编著的《拱坝》附录 1、附录 2。变位系数是按荷载为 1000 算得的，查得表中系数后，其单位径向变位系数应进行变换，换算式如下：

$$\delta_i=\frac{\overline{\delta}_iR}{1000E},\quad c_i=\bar{c}_iRa_m\tag{4.20}$$

3. 梁的径向变位计算

梁的径向变位包括水平荷载产生的 $\sum_{j=1}^{n}a_{ij}x_j$ 和铅直荷载产生的 δ_i^w 两部分。拱冠梁是

静定的悬臂结构，在外荷载作用下，梁上任一点径向变位的基本公式为

$$\Delta r=\iint\frac{M}{EI}\mathrm{d}h\,\mathrm{d}h+\int\theta_s\,\mathrm{d}h+\int\frac{KV}{GA}\mathrm{d}h+\Delta r_f \tag{4.21}$$

式中 h——梁高；

θ_s——梁基竖向角位移；

Δr_f——梁基径向剪切位移；

M、V——悬臂梁在外荷载作用下的截面弯矩和剪力；

E、G——材料的拉、压及剪切弹性模量；

I、A——梁截面的惯性矩和面积矩；

K——剪力分布系数。

积分自梁底算起，由于拱冠梁截面形状及荷载分布均较复杂，按式（4.21）直接积分较为困难，通常采用分段累积法计算，Δr 可表示为

$$\Delta r=\sum\left(\theta_s+\sum\frac{M}{EI}\Delta h\right)\Delta h+\left(\Delta r_f+\sum\frac{KV}{AG}\right)\Delta h \tag{4.22}$$

根据式（4.22）可以写出 θ_s 及 Δr_f 的算式：

$$\theta_s=M\alpha+V_r\alpha_2,\quad \Delta r_f=V_r\gamma+M\alpha_2 \tag{4.23}$$

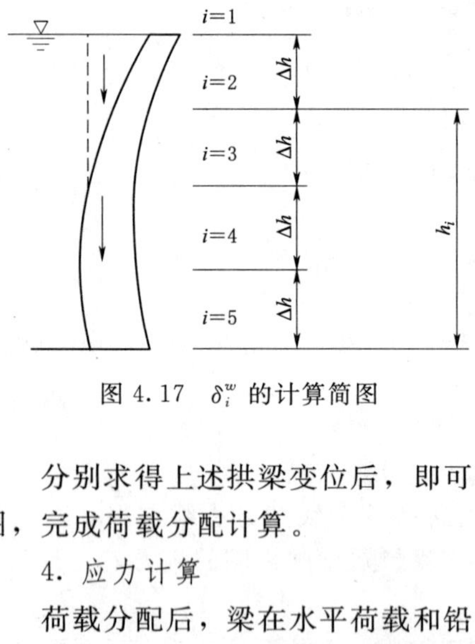

图 4.17 δ_i^w 的计算简图

拱冠梁 i 截面在铅直荷载作用下产生的水平径向变位 δ_i^w 可按下式计算（图 4.17）：

$$\delta_i^w=(\theta_s h_i+\Delta r_{fi})+\int_0^{k_t}\frac{M}{EI}\mathrm{d}h \tag{4.24}$$

由于拱冠梁在铅直水压力作用下不产生径向剪力，则 $\theta_s=M\alpha$，$\Delta r_f=M\alpha_2$。因 α_2 较小，忽略不计，则分段累计的计算表达式可写成如下形式：

$$\delta_i^w=\frac{5.075}{E_f T^2}M_s h_i+\sum_0^{h_i}\left(\sum_0^{h}\frac{M}{EI}\Delta h\right)\Delta h \tag{4.25}$$

分别求得上述拱梁变位后，即可由方程组（4.19）求解 x_i 及 p_i-x_i，绘制拱梁分载图，完成荷载分配计算。

4. 应力计算

荷载分配后，梁在水平荷载和铅直荷载的作用下，按静定的悬臂梁结构计算其边缘应力，拱圈按纯拱法计算在水平荷载和温度荷载共同作用下拱冠及拱端应力。

4.4 拱坝坝肩稳定分析

4.4.1 概述

1. 坝肩失稳破坏型式

拱坝所承受的荷载大部分是通过拱的作用传到坝肩的，因此，坝肩稳定是拱坝安全的根本保证。国内外工程实践也表明，除个别工程因坝肩失稳引起失事外，拱坝本身破坏的

工程失事极少。所以，坝肩稳定分析是拱坝设计的一个重要环节。拱坝坝肩的稳定安全度主要取决于两岸的地形地质条件。

工程实践表明，坝肩岩体失稳主要有两种形式：一是坝肩岩体存在明显的滑裂面，如：断层、节理、裂隙和软弱夹层等，如图 4.18 所示，岩体在荷载作用下发生滑动破坏；二是坝肩岩体不具备滑裂面，但坝的下游岩体中存在着较大的软弱带或断层，软弱带或断层在拱端压力作用下，产生过大的变形，给工程带来危害，其为变形稳定问题。本节主要针对第一种情况进行稳定分析。

2. 滑移体的形式

图 4.18 是一种最常见的坝肩滑移体形式。坝肩岩体被一些构造面切割，连同临空面组成一个容易失稳滑动的“楔体”。这些构造切面、临空面构成失稳岩体的界面，称为滑移体的破坏。

破坏面常见的是两个或三个，其中一个较缓，构成底裂面；一个较陡，构成侧裂面；另一个是拱座上游边界的开裂面或假定坝体受力后，由于坝肩上游侧岩体内存在一个水平拉应力区，产生近乎竖直的裂隙；如河流转弯、突然扩大或河岸有深冲沟、深槽，则可能形成滑移体的横向临空面。

坝肩滑移是最简单、最常见的一种滑移体的形式。实际工程坝址地形、工程地质和水文地质条件是各不相同的，滑移体的形式和滑裂面的组合也就不尽相同。除上述的滑移体形式之外，还可能出现以下几种形式：

(1) 成组的陡倾角和成组的缓倾角结构面组合。这些软弱结构面相互切割，构成很多可能的滑移体，设计时应通过试算求出其中一组抗力最小的组合（如图 4.19 中所示的阴影部分）因为这种组合面坝肩下游山体的重力最小。

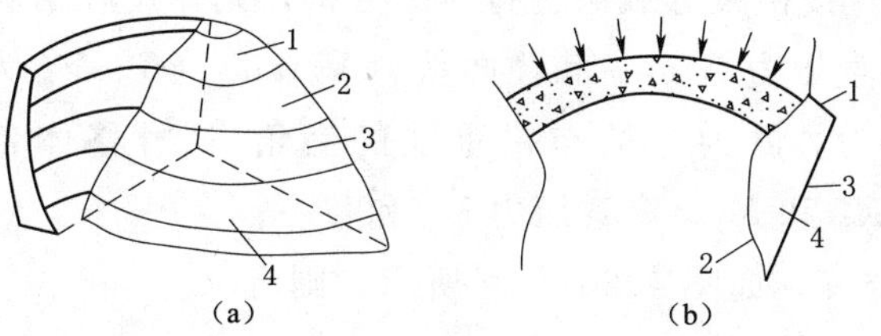

图 4.18 坝肩滑移体形式示意图

(a) 立体图；(b) 平面图

1—上游开裂面；2—临空面；3—侧裂面；4—底裂面

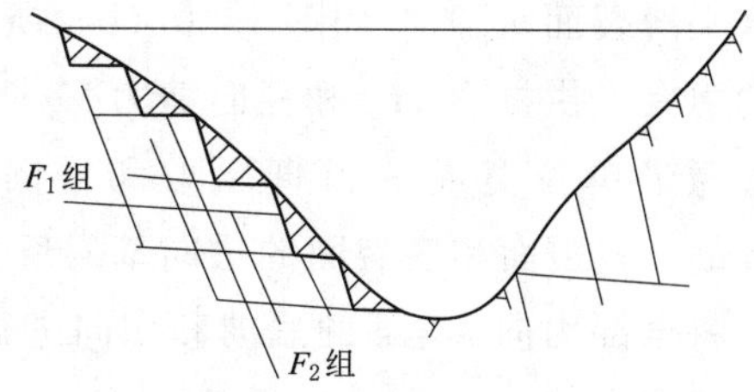

图 4.19 成组的破裂面

(2) 单独的陡倾角结构面与成组的缓倾角结构面组合；或者是成组的陡倾角结构面与单独的缓倾角结构面组合。

(3) 当具有明确的陡倾角结构面而无明显的缓倾角结构面时，则应假设若干个缓倾角结构面，并进行分层核算。

由上述可知，坝肩岩体滑动的主要原因有两点：一是岩体内存在着软弱结构面；二是荷载作用（拱端力系和梁底力系，包括渗透压力等）。因此，在进行坝肩抗滑稳定分析时，首先应当查明坝轴线附近基岩的地质条件，如软弱结构面的产状、了解岩体的特性、掌握荷载性质和变化范围等，然后进行抗滑稳定计算，找出最危险的滑动面组合和相应的最小安全系数。

3. 坝肩稳定分析方法

评价坝肩稳定性的方法可归纳为两种，一种是模型试验法，另一种是理论计算分析法。模型试验法的工作量大，费用高，不便于改变形状、尺寸和参数，而且很难做到与原型完全相似，因此，该方法不能作为坝肩稳定分析的主要手段。理论计算分析法包括有限元法和刚体极限平衡法。本节主要介绍刚体极限平衡法。

刚体极限平衡法作下列基本假定：

(1) 将滑移的各块岩体视为刚体，不考虑其中各部分间的相对位移。

(2) 只考虑滑移体上力的平衡，不考虑力矩平衡，后者可由力的分布自行调整满足。

(3) 忽略拱坝内力重分布作用，认为拱端作用在岩体上的力系为定值。

(4) 岩体达到极限平衡状态时，滑裂面上的剪力方向将与滑移方向平行，指向相反，数值达到极限值。

由于作了各种假定，刚体极限平衡理论为半经验性的，所得成果有一定的局限性，但因其具有长期的工程实践经验，采用的抗剪强度指标和安全系数配套，计算精度又与当前的勘探和试验手段所获取的原始数据的精度相当，方法简便易行。因此，该方法仍被广泛采用。对于大型工程或地质情况复杂时，常须辅以模型试验法或有限元法。

4.4.2 拱坝坝肩的抗滑稳定分析

1. 平面分层稳定分析

选取一单位高度的拱圈及相应的坝肩岩体，设 ad 是通过上游拱端的一条陡倾角滑裂面，与拱端径向夹角为 α，上下游方向长为 L，对计算拱圈，抗滑力发生在竖直滑裂面 ab 和水平滑裂面 bc 上，如图 4.20 (b) 所示。按拱梁分载法进行应力分析，则作用在滑移体上的力有：拱推力 H_a 和径向剪力 V_a；铅直压力 $G\tan\psi$ 和径向剪力 $V_b\tan\psi$（G、V_b 为拱端悬臂梁单位宽度的铅直压力和径向剪力；ψ 为岸坡与铅垂线的夹角）；滑移体自重 $W\tan\psi$；侧裂面和底裂面的法向基岩反力 R_1 和 R_2，渗透压力 U_1 和 U_2 等。

将全部力向 ad 面的法向和切向进行分解，如图 4.20 (a) 所示，则有

法向力：
$$N=H_a\cos\alpha-(V_a+V_b\tan\psi)\sin\alpha \tag{4.26}$$

切向力：
$$Q=H_a\sin\alpha+(V_a+V_b\tan\psi)\cos\alpha \tag{4.27}$$

当滑移体处于极限平衡状态时，如图 4.20 (c) 所示，由静力平衡条件可得

$$R_1=\frac{N}{\sin\delta}-U_1 \tag{4.28}$$

$$R_2=(G+W)\tan\psi-N\cot\delta-U_2 \tag{4.29}$$

根据基本假设 (4)，在侧裂面和底裂面将产生指向上游的水平抗滑力，其大小分别为

$$s_1=R_1f_1+c_1L\frac{1}{\sin\delta} \tag{4.30}$$

$$s_2=R_2f_2+c_2L(\tan\psi-\cot\delta) \tag{4.31}$$

作用在滑移体上的滑移力即是切向力 Q，则抗滑稳定安全系数为

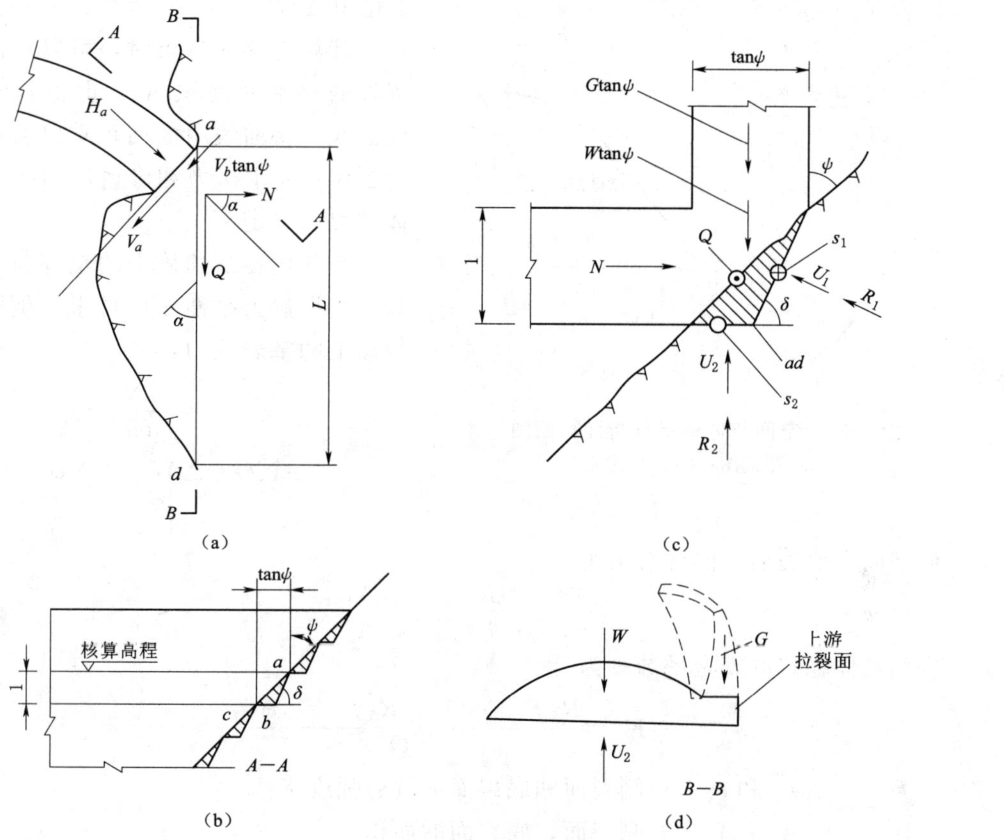

图 4.20 平面稳定分析计算简图

(a) 平面图；(b) 剖面 A—A；(c) 力系图；(d) 剖面 B—B

$$K_c=\frac{R_1f_1+\dfrac{c_1L}{\sin\delta}+R_2f_2+c_2L(\tan\psi-\cot\delta)}{Q} \tag{4.32}$$

式中 f_1、c_1、f_2、c_2——侧裂面和底裂面上的抗剪强度指标。

当求得的 $R_1<0$ 时，即侧裂面被拉开，R_1 不存在。滑移体沿单一的底面滑移，其抗滑稳定安全系可表示为

$$K_c=\frac{R_2f_2+c_2L(\tan\psi-\cot\delta)}{Q} \tag{4.33}$$

2. 空间整体稳定分析

坝肩空间整体稳定分析是根据滑裂面的实际情况，将滑移体视为空间整体结构来进行分析。如图 4.21 所示，坝肩岩体中有一条较陡的侧裂面 F_1，它与河床附近的水平的结构面 F_2、上游铅直的拉裂面 F_3 以及临空面一起把坝肩岩体切割成一个滑移体，并在图示的力系作用下处于极限平衡状态。岩体失稳时，一般是沿 F_1 与 F_2 的交线 ad 滑动，F_1 与 F_2 上的抗滑剪力也将是水平的，且平行于 ad。在进行稳定分析时，一般可以在水平的底裂面 F_2 向上沿高程取若干个有代表性的单位高度的水平拱圈，按平面稳定分析方法所述分别求出每条拱圈的 N_i、Q_i 和 G_i 值，然后按高程连成曲线，曲线内的面积即为 $\sum N$、

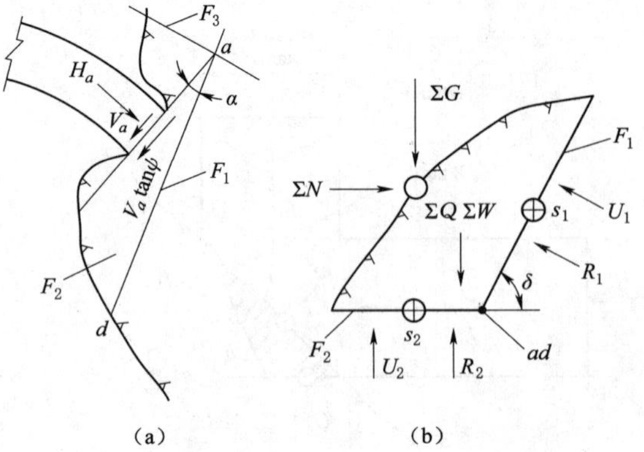

图 4.21　空间整体稳定分析计算简图

(a) 平面图；(b) 力系图

$\sum Q$ 和 $\sum G$。

计算滑移体自重时，可以求出几个高程处的水平底面积 A_i，也将其沿高程连成曲线，将曲线内的面积乘以岩体容重即为 $\sum W$。库水压力和渗透压力等要根据具体情况来确定。

当作用在滑移体上的全部荷载都求出后，根据静力平衡条件可求出侧裂面和底裂面上的基岩反力：

$$R_1=\frac{\sum N}{\sin\delta}-U_1 \tag{4.34}$$

$$R_2=\sum G+\sum W-\sum N\cot\delta-U_2 \tag{4.35}$$

侧裂面和底裂面上的抗滑力为

$$s_1=R_1f_1+c_1A_1 \tag{4.36}$$

$$s_2=R_2f_2+c_2A_2 \tag{4.37}$$

空间整体稳定的安全系数则为

$$K_c=\frac{R_1f_1+c_1A_1+R_2f_2+c_2A_2}{\sum Q} \tag{4.38}$$

式中　f_1、c_1、f_2 和 c_2——侧裂面和底裂面的抗剪强度指标；

A_1、A_2——侧裂面、底裂面的面积。

3. 拱坝抗滑稳定计算的基本公式及参数选择

采用刚体极限平衡法进行抗滑稳定分析时，其计算公式为

$$K_1=\frac{\sum(Nf_1+c_1A)}{\sum Q} \tag{4.39}$$

$$K_2=\frac{\sum Nf_2}{\sum Q} \tag{4.40}$$

式中　K_1、K_2——抗滑稳定安全系数，可按表 4.4 选取；

$\sum N$——垂直于滑动方向的法向力；

$\sum Q$——沿滑动方向的滑动力；

A——计算滑裂面的面积；

f_1、c_1、f_2——计算滑裂面的抗剪强度参数。

对于 1、2 级工程及高坝，应采用抗剪断公式（4.39）计算，其他则可采用式（4.39）或抗摩擦公式（4.40）计算。

滑裂面上的抗剪强度参数 f_1、c_1 及 f_2 的设计值一般需要试验求得，并结合实际岩体的情况、蓄水后可能的变化、采取的工程处理措施等，参照类似工程的经验选定。摩擦系数 f_1 和凝聚力 c_1 应按相应于材料的峰值强度采用。摩擦系数 f_2 应按相当于下述特性值取用：对脆性破坏的材料，采用比例极限；对塑性或脆塑性破坏的材料，采用屈服强度；对已经剪切错断过的材料，采用残余强度。

表 4.4　　坝肩抗滑稳定安全系数表

荷载组合			拱坝级别			荷载组合			拱坝级别		
			1	2	3				1	2	3
按式(4.39)	基本		3.5	3.25	3.0	按式(4.40)	基本		—	—	1.3
	特殊	无地震	3.25	3.0	2.75		特殊	无地震	—	—	1.1
		有地震	3.0	2.75	2.5			有地震	—	—	1.0

4.4.3 提高坝体抗滑稳定的措施

通过坝肩的稳定分析，如发现其稳定性不能满足要求时，可以采取适当的工程措施，改善坝肩的抗滑稳定性，提高坝体抗滑安全度。

(1) 加强地基处理，对不利的节理、裂隙等软弱部位应进行有效的冲洗和加强固结灌浆，以提高基岩的抗剪强度。

(2) 加强对坝肩岩基的帷幕灌浆和排水措施，减小岩体内的渗透压力。

(3) 深开挖。将拱端向岸壁深挖嵌进，可避开不利的结构面及扩大下游的抗滑岩体。

(4) 调整水平拱圈形态，如采用抛物线拱等形式，使拱端推力尽可能趋向坝肩岩体内部。

(5) 如基岩承载力较差，产生压缩变形较大时，可采用局部扩大拱端或采用推力墩。

4.5 拱坝坝身泄洪

4.5.1 拱坝坝身的泄洪方式

拱坝常用的泄洪方式有坝顶泄流、坝面泄流、滑雪道式泄流及坝身孔口泄流等类型。

1. 坝顶泄流

对于薄拱坝，当坝不太高，泄洪单宽流量不大，基岩完整坚硬时，通常可采用坝顶泄流的方式。其具有布置紧凑、结构简单、经济可靠、运行方便等优点。坝顶泄流根据其结构特点，又可分为自由跌落式和鼻坎挑流式两种。

(1) 自由跌落式。该形式的溢流坝顶头部基本上采用非真空的标准堰型，如图 4.22 (c)、(d) 所示，也可采用更简单的平顶式，如图 4.22 (a)、(b) 所示。泄流时，水流经堰顶自由跌入下游河床。由于下落水流距坝脚很近，坝下必须设有防护设施。

(2) 鼻坎挑流式。如图 4.23 所示，该形式是将坝顶做成溢流曲面，末端设置挑流鼻坎。其溢流落点比自由跌落式远些，较有利于坝体的安全，故采用较多。初拟尺寸时可根据经验来确定。一般堰顶至鼻坎之间的高差不大于 8m，约为堰顶设计水头的 1.5 倍，反弧半径与堰顶设计水头接近，鼻坎挑射角一般为 15°～25°。

2. 坝面泄流

当拱坝坝身较厚（如重力拱坝），或由于过水要求使坝体加厚时，可采用与溢流重力坝相似的坝面泄流方式。其适用于单宽流量较大的情况。图 4.24 为葡萄牙的一座重力拱坝，单宽流量为 $143m^3/s$，在坝顶进口处水流受抑向下，贴附近坝面至鼻坎挑出。

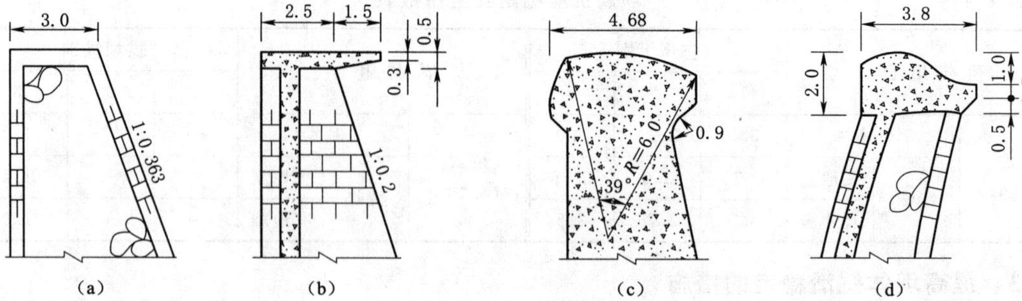

图 4.22　自由跌落式坝顶头部布置图（单位：m）

（a）、（b）平顶式堰型；（c）、（d）非真空的标准堰型

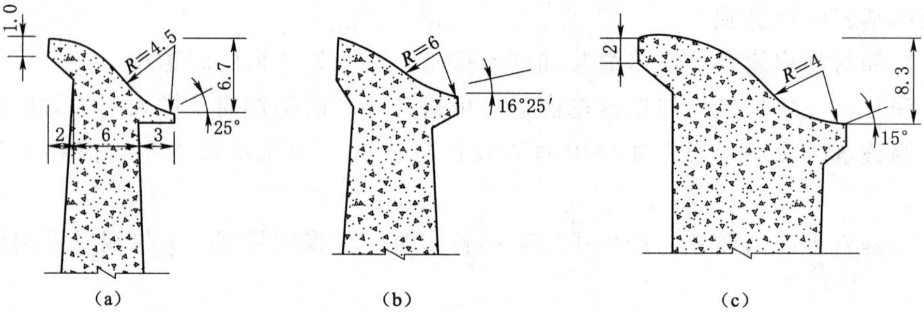

图 4.23　鼻坎挑流式拱坝头部形式（单位：m）

（a）四川长沙坝；（b）湖南花木桥；（c）贵州水车田

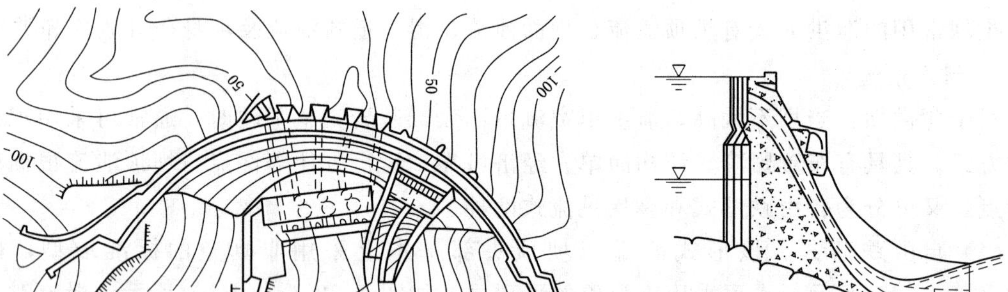

图 4.24　葡萄牙卡斯特罗多波德重力拱坝

（a）平面图；（b）横剖面图

3．滑雪道式泄流

图 4.25 为陈村重力拱坝，其溢流面是由溢流坝顶和与之相连的滑雪道式挑流泄槽组成，而挑流泄槽常为坝体轮廓以外的结构部分。水流过坝以后，流经泄槽，由泄槽尾端的挑流鼻坎挑出，使水流在空中扩散、对撞。由于堰顶至鼻坎高差较大，因此，水流落点距坝址较远。但滑雪道的水流流速较高，边界条件复杂，容易产生空蚀破坏。

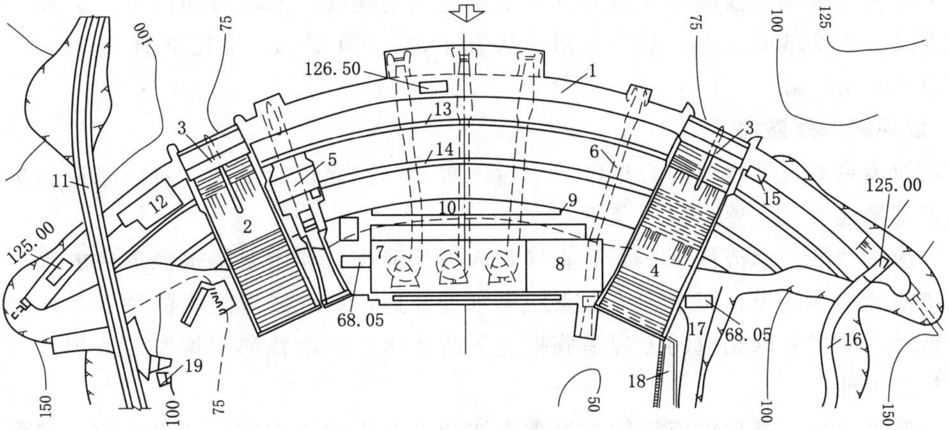

图 4.25 陈村水电站枢纽工程布置图（单位：m）

1—重力拱坝；2—右溢洪道；3—启闭机房；4—左溢洪道；5—中孔；6—底孔；7—主厂房；8—安装间；9—副厂房；10—110KV 开关站；11—筏道；12—卷扬机房；13—坝后桥；14—坝后平台；15—电梯井；16—上坝公路；17—进厂公路；18—左岸护坡；19—预应力加固混凝土

对于厚拱坝或中厚拱坝，厂房在后，泄洪流量较大时，可采用两岸滑雪道泄洪方式，如湖南省的东江水电站和浙江省的紧水滩水电站等。

另外，也可采用厂房顶溢流或挑越厂房顶溢流的滑雪道泄洪方式。溢流段和水电站厂房等主要建筑物集中布置，能妥善解决溢洪道与水电站厂房布置相互之间的矛盾。

4. 坝身孔口泄流

坝身泄水孔是指位于水面以下的孔，一般位于坝体上半部的泄水孔称为中孔，如图 4.26 所示，多用于泄洪；位于坝体下半部的称为底孔，多用来放空水库、泄洪、排沙、导流。

拱坝泄水孔一般布置在河床中部的坝段内，以利于其消能防冲处理。坝身泄水孔的水流流态多为有压，工作水头较高，流速大，出口水流挑距较远。

拱坝坝体的孔口对坝体可能产生应力集中等不利的影响，应力集中区的拉应力可能使孔口边缘开裂，但只限于孔口附近，不致危及坝体的整体安全，只要采取孔口周边布置钢筋或局部加厚孔口周围坝体等工程措施，就可以妥善处理和解决开孔对坝体的影响。当采用双曲拱坝，泄流量不是很大时，可采用坝身孔口泄流方式。

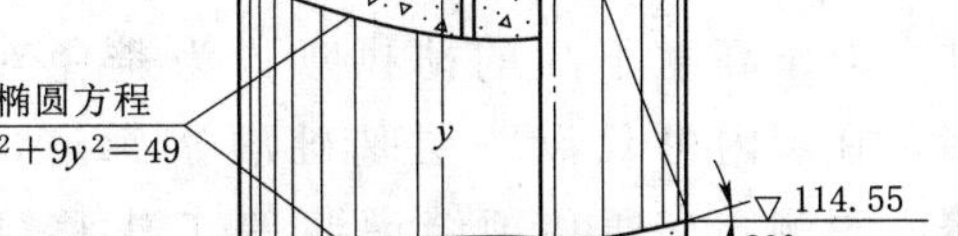

图 4.26 欧阳海拱坝泄洪中孔示意图（单位：m）

5. 联合泄洪

当采用双曲拱坝或坝体较薄而泄洪量又很

大时，可采用几种坝身泄洪方式或与其他泄洪建筑物相配合的联合泄洪方式。如二滩工程设计泄水总量为 20600m^3/s，其中，泄水表孔下泄 6600m^3/s，中孔下泄 6600m^3/s，泄洪隧洞下泄 7400m^3/s。

4.5.2　拱坝的消能防冲

拱坝泄流具有过坝水流向心集中、水舌入水处单位面积能量大、对河床造成集中冲刷等特点。其消能方式主要有以下几种：

(1) 水垫消能。水流从坝顶表孔直接跌入下游河床，利用下游水深形成的水垫进行消能。水垫消能最为简单，但水舌入水点距离坝址较近，易造成对河床的冲刷。如自然水垫厚度不足时，应当采取相应的工程措施提高下游水深。如设置消力坎、二道坝或人工开挖形成水垫消力池。

(2) 挑流消能。鼻坎挑流消能，滑雪道式和坝身泄水孔式大都采用各种不同形式的鼻坎将水舌挑至空中，使水流扩散，与空气摩擦，互相冲撞消减部分能量，这样入水能量减小，消能效果好，对河床冲刷轻。特别是两岸对称布置时，其效果更佳。挑流消能方式一般适用于坚硬基岩上的高、中拱坝。

(3) 底流消能或戽流消能。对于重力拱坝，也可采用底流消能，但我国较少采用。长滩砌石重力拱坝采用二级消力池消能。

泄水拱坝的下游一般都需采取防冲加固措施，如短护坦、护坡或二道坝等。

4.6　拱坝的构造及地基处理

4.6.1　拱坝的构造

(1) 坝顶。拱坝坝顶的超高值与重力坝相同。非溢流段坝顶宽度应满足运行和交通等设计要求，一般不应小于 3m。坝面应有横向排水系统。在严寒地区，可在顶部配筋，以防温度裂缝。溢流坝段应布置坝顶工作桥、交通桥。

(2) 廊道与坝体排水。为了满足基础灌浆、排水、观测和坝内交通等要求，坝内需设置廊道与竖井。对于高度不高的薄拱坝，为避免对坝体削弱过多，在坝内可只设一层基础灌浆廊道，而将其他检修、观测、交通和坝缝灌浆等工作移到坝后桥上进行。坝后桥桥面宽一般为 1.2～1.5m，上下层间隔 20～40m。

对于坝体较厚的拱坝或寒冷地区的薄拱坝，坝身均应设置竖向排水管，排水管间距一般为 2.5～3.5m，管径为 15～20cm。图 4.27 为我国安徽省的响洪甸重力拱坝最大剖面的廊道及坝体排水管布置图。

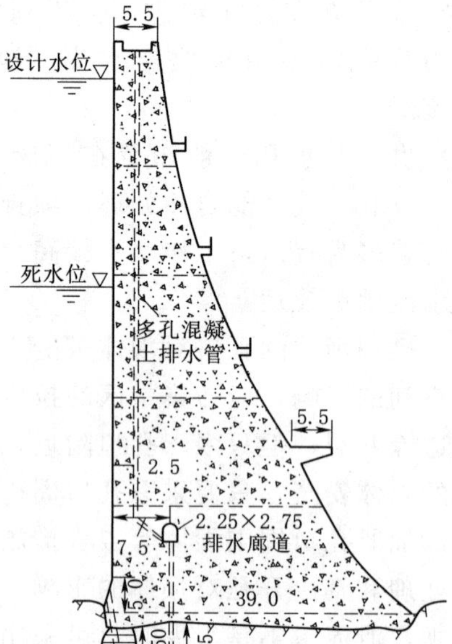

图 4.27　重力拱坝的廊道与排水管布置（单位：m）

(3) 坝体管孔。坝体管孔一般用于引水发电、泄洪、供水、灌溉、放空水库及排沙。管孔布置的位置、数目、形状及尺寸都应根据其运用要求和坝体应力条件确定。一般来说，管孔位置应尽量避免布置在坝体的高应力区及基础约束区内，孔数不宜过多，孔径不宜过大，并应避免集中布置。

(4) 坝体临时收缩缝。拱坝施工时需分段浇筑，各段之间设有收缩缝，在坝体混凝土冷却到设计温度值，混凝土充分收缩后，再进行灌浆，以保证坝的整体性。

收缩缝有横缝和纵缝两类，如图 4.28 所示。拱坝的横缝一般采用径向或近乎径向布置，缝距一般为 15～20m。横缝底部缝面与基础面夹角不得小于 60°，并尽可能接近正交。横缝内一般应设置铅直键槽，以提高坝体的抗剪强度，键槽形状宜采用梯形，键槽尺寸可参考图 4.29 (a)。横缝上游侧应设置止水片。止水片可与上游侧止浆片结合使用。止水片的材料和做法与重力坝相同。

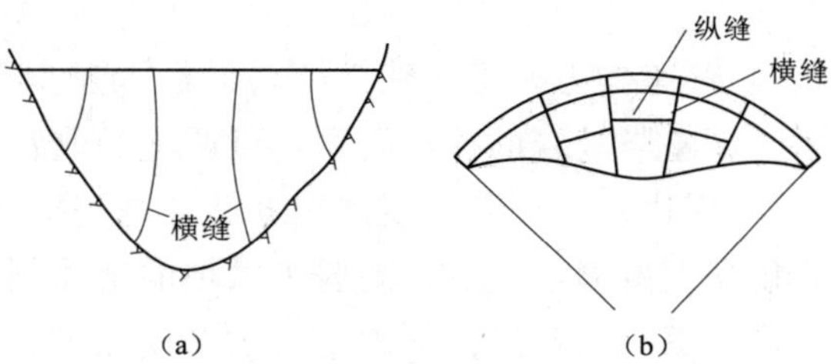

图 4.28 拱坝的横缝和纵缝

拱坝厚度较薄时，一般可不设纵缝。只有当坝体厚度大于 40m 时，才考虑设置纵缝。相邻坝块间纵缝应错开，错距为 5～8m。为了方便施工，纵缝宜采用铅直面，纵缝到缝顶附近应缓转与下游面正交，避免浇筑块出现尖角。

纵缝内应设置水平键槽，以提高铅直向抗剪强度，键槽形状为三角形，键槽尺寸可参考图 4.29 (c)。

(5) 垫座与周边缝。垫座是一种设置在坝体与基岩之间的人工基础。垫座根据实际的

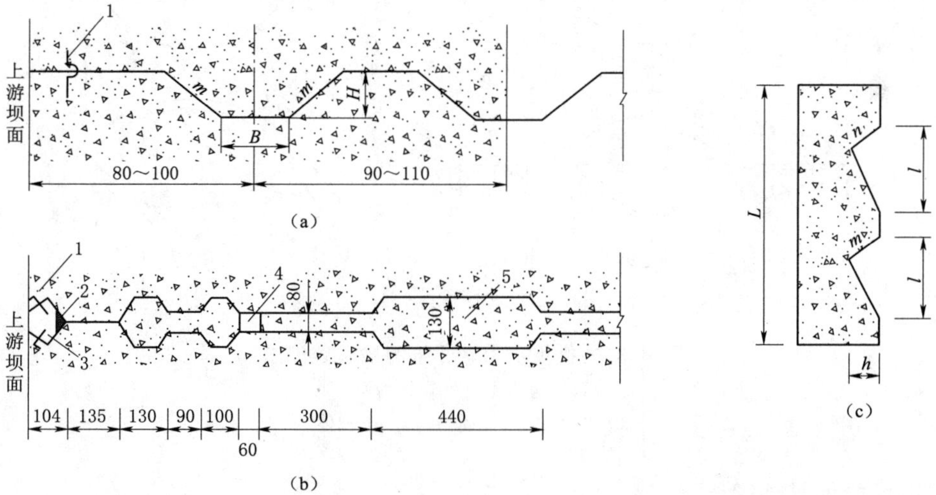

图 4.29 拱坝纵横缝键槽及宽缝（单位：cm）

(a) 横（窄）缝键槽；(b) 宽缝；(c) 纵缝键槽

1—金属止水片；2—沥青止水体；3—钢筋混凝土塞；4—排水井；5—回填混凝土

H=15～20cm；B 以能安装灌浆盒为宜；坡度 m 可为 1∶1.5～1∶2.0；L=30cm；

l≥100cm；h=30～40cm；坡度 n 应结合主应力方向考虑，可为 1∶1.2～1∶1.5，不陡于 1∶1

地形地质条件，可以设置于整个坝体的周边，也可设置于部分坝体。周边缝是在垫座与坝体之间设置的永久性缝，周边缝一般做成二次曲线或卵形曲线，以保证垫座以上的坝体尽量接近对称和获得较优的体形。设置垫座和周边缝主要有以下几方面作用：

1）减少河谷的不规则和地质上局部软弱带对坝体布置和结构的影响，改进其支承条件。

2）周边缝可减小坝体传至垫座的弯矩，从而减小甚至消除坝上游面的竖向拉应力，使坝体和垫座接触面的应力分布趋于均匀，其还可松弛坝体周边弯曲应力，改善应力状态。

3）垫座作为人工基础，可以灵活调整其形状和尺寸以适应地形、地质条件的要求。当增大垫座与基岩的接触面积，可调整和改善地基的应力状态。

4）周边缝可以阻止坝体裂缝延伸进基础，减小防渗灌浆帷幕受拉破坏的可能性。

拱坝设置周边缝后，削弱了拱坝的整体刚度，坝体和垫座间的抗滑稳定安全度较低。

（6）重力墩和推力墩。重力墩是设在拱坝坝端的人工支承。对形状复杂的河谷，为了减少宽高比，避免岸坡的大量开挖，改善支承坝体的河谷断面形状，可以设置重力墩；当河谷一岸或两岸较宽阔，在拱坝与其他坝段（重力坝或土石坝等）或河岸式溢洪道相连时，可设置重力墩连接过渡，如图 4.30（a）所示。重力墩主要是依靠其自身的重力在基岩产生的摩擦力来抵抗坝体传来的水平推力，其稳定是靠自身重力来维持。推力墩也是设置于拱端的人工支承，如图 4.30（b）所示，由于其端面尺寸较小，墩底摩擦力也较小，推力墩自身不能完全抵抗拱端传来的水平推力，而将部分推力传到岸边的基岩。

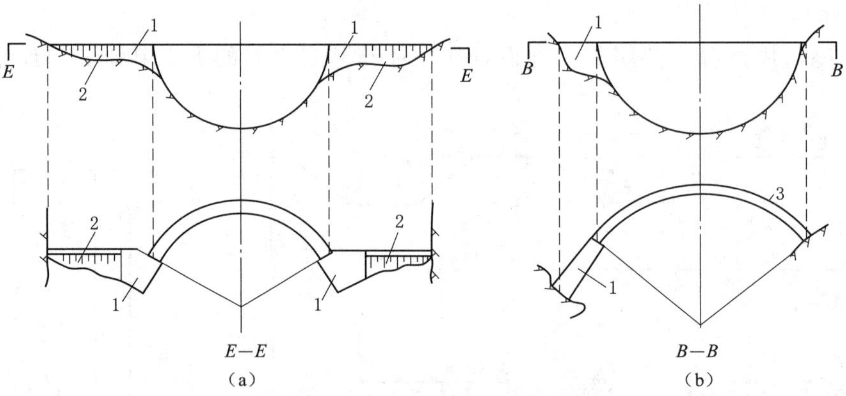

图 4.30　拱坝重力墩、推力墩布置简图

（a）重力墩；（b）推力墩

1—推力墩；2—重力墩；3—坝体

4.6.2　拱坝的地基处理

拱坝的地基处理方法和原则与岩基上的重力坝基本相同，但处理的要求比重力坝要高，尤其对两岸坝肩的处理更为重要和严格。因此，拱坝坝基处理设计更应重视综合考虑坝体结构、拱坝布置与地基之间的关系（例如：可通过调整拱坝布置、修改坝体体形、设缝分块、设重力墩及推力墩等措施来避开或改善不利的地形地质条件）以及泄洪建筑物的布置和施工技术等因素。在拱坝设计和施工时，应针对坝址的具体地形地质条件，认真进

行综合性研究，确定安全、经济和有效的地基处理方案，使处理后的坝基地质条件满足筑坝要求。

小　结

拱坝按其厚高比分为薄拱坝、中厚拱坝和厚拱坝（或称重力拱坝）。拱坝的主要荷载要分别对待，对薄拱坝及中厚拱坝，主要荷载为水压力和温度荷载；对厚拱坝，除了水压力和温度荷载以外，还有自重和扬压力。

进行拱坝布置时，在初拟坝体尺寸之后就可从顶拱开始，顶拱两端要满足的条件是：①拱端内弧面的切线与等高线的夹角不小于30°；②拱端不能悬空；③拱端要嵌入基岩内一定深度（约为1m）。当布置顶拱下面一层拱圈时，除同样要满足上述三个条件外还要满足倒悬度的要求。顶拱以下各层拱圈都要满足这四个条件。

拱冠梁法是常用的一种拱坝应力计算方法。在计算中要分析坝的变位，坝体任一点均有六个变位，而拱冠梁法以拱冠处的一根悬臂梁为代表与若干层水平拱圈作为计算单元，在各拱圈与拱冠梁交点上的径向变位一致，荷载分配后进行应力计算。该法计算较为简单，应力成果与精确计算方法相比，差别不大，中底拱坝设计和高坝初设采用较多。

拱坝的拱座破坏是坝体失稳的主要形式。在拱座稳定分析中有整体分析和平面分析两大类。平面分析时因不计或少计上下层拱圈之间的相互作用，所以计算所得的安全系数不能代表整个坝座的稳定程度，但是，可以看出各层坝座的相对稳定性；只有进行整体分析后才能说明拱座的稳定程度。

由于拱坝在平面上呈拱形，当坝顶溢流时水流的向心作用会形成落水处的单宽流量集中现象，致使冲刷坑深度大为增加。因此，应从平面上和立面上分别扩散水流，使落水处单宽流量的集中程度削减到最小。

练　习　题

1. 拱坝属于__________结构，超载能力强，安全度高；拱坝是__________结构，坝体轻韧，弹性较好。

2. 当拱坝厚高比（T_B/H）小于0.2时，为__________；当厚高比（T_B/H）大于0.35时，为__________。

3. 关于拱坝的特点，描述正确的是（　　）。

A. 超载能力大　　B. 工程量大（与重力坝比较）

C. 抗震性较差　　D. 受温度变化影响小

4. 河谷断面的宽高比 L/H 是衡量是适宜修建拱坝的首要条件，当 L/H 为（　　）适宜修建薄拱坝。

A. <2　　B. 2.0～3.0　　C. 3.0～4.5　　D. >4.5

5. 拱坝布置中，对于一定的河谷，拱中心角越（　　），拱圈厚度越（　　）。

A. 大，小　　B. 小，小　　C. 大，大　　D. 小，大

6. 拱坝中，由拱梁联合作用而共同分担的荷载是（　　）。

A. 温度荷载　　B. 水平水压力　　C. 垂直水压力　　D. 扬压力

7. 在外荷作用下拱坝坝体的稳定性主要依靠（　　）作用。

A. 坝体自重　　B. 坝体与地基摩擦力

C. 两岸拱端的反力　　D. 下游水压力

8. 拱坝的特点有哪些？拱坝与重力坝相比有哪些工作特点？

9. 拱坝如何进行分类？什么样的地形地质条件适合修建拱坝？

10. 拱圈中心角对拱坝应力、稳定及工程造价有何影响？

11. 拱坝水平拱圈形态主要有几种？特点是什么？各适用于什么样的地形、地质条件？

12. 什么是拱坝的倒悬？如何处理拱坝的倒悬？

13. 拱端布置有哪几种方式？各适用于什么条件？

14. 拱坝温度荷载的定义是什么？拱坝修建过程中如何考虑温度荷载的作用？

15. 温度荷载对拱坝的应力和坝肩岩体的稳定有何影响？

16. 什么是拱坝应力分析的纯拱法？

17. 什么是拱坝应力分析的拱梁分载法？什么是拱冠梁法？

18. 拱冠梁法的假定条件有哪些？

19. 拱坝坝肩失稳常有哪几种形式？

20. 如何提高拱坝坝体的抗滑稳定性？改善拱坝稳定的措施有哪些？

21. 拱坝的泄流方式有哪些？其适用条件是怎样的？

22. 拱坝的消能方式有哪些？分别适用于什么条件？

23. 拱坝的周边缝有哪些作用？

24. 拱坝的重力墩和推力墩有何区别？

第5章　土　石　坝

本章目标：

掌握土石坝的特点以及土石坝剖面设计、结构设计方法；掌握土石坝地基处理的措施及其与其他结构的连接布置型式。

具体要求：

(1) 掌握土石坝的工作特点、类型及适用条件。

(2) 掌握土石坝的坝顶高程、宽度及坝坡坡度等尺寸布置和设计。

(3) 掌握土石坝渗流计算原理以及均质土石坝、心墙坝、斜墙坝在透水和不透水地基情况下的渗流计算方法。

(4) 掌握土石坝坝坡失稳的类型、特点，掌握瑞典圆弧法和简化毕肖普法的原理、计算方法。

(5) 掌握筑坝土石料各项参数的选取及填土标准确定。

(6) 掌握土石坝坝顶、护坡、防渗体、排水体的尺寸布置及结构构造。

(7) 掌握软土地基的防渗、增强稳定性、减小沉降等方面的地基处理方法和措施。

(8) 掌握土石坝与地基、岩石岸坡及其他混凝土建筑物的连接布置型式。

(9) 掌握土工合成材料的类型、特点、用途以及相关的计算方法和布置要求。

5.1　概　　述

土石坝历史悠久，是世界坝工建设中应用最为广泛和发展最快的一种坝型。它是利用坝址附近的土石料填筑而成的挡水建筑物，故又称当地材料坝。早在公元前600年左右，我国就已开始填筑土堤防御洪水，修建陂坝蓄水兴利。在古印度、埃及、秘鲁等国家也很早开始修筑土坝。与其他坝型相比，土石坝具有如下优点：就地取材，节省大量钢筋、水泥、木材等材料；筑坝经验丰富；对地形、地质条件适应性强；施工技术简单；便于维修、加高、培厚和扩建。因此，在国内外应用十分广泛。据统计，我国已建成的9.8万余座大坝中，土石坝约占90%。特别是20世纪70年代以后，随着大型高效的土石方施工机械的采用，岩土力学理论和计算机技术在土石坝设计中的广泛使用，为建筑高土石坝提供了有利条件，土石坝得到了很大发展，成为当今世界上坝体高度最高、应用最广泛的坝型。目前世界上最高的大坝为塔吉克斯坦的罗贡土石坝，坝高335m。我国已建最高土石坝为水布垭面板堆石坝，坝高达233m。

5.1.1　土石坝的工作特点

1. 透水性

土石坝挡水后，由于上下游水位差的作用，渗水将从上游经坝体和坝基土体颗粒孔隙向下游渗透。如果渗透性过大，不仅使水库的水量大量流失，而且还会引起坝体或坝基产生管涌、流土等渗透变形，严重者可导致溃坝事故。对土石坝而言，以坝体浸润线为界，界面以上的土体处于非饱和状态，界面以下的土体则呈饱和状态。饱和状态下的土体不仅承受着渗透压力作用，其抗剪强度指标也将相应降低，对坝坡稳定不利。为此，应布置较大坝体断面并设置防渗和排水措施，以减少水库的渗漏损失和保证坝坡的稳定性。

2. 局部失稳破坏

由于土石坝是利用松散的土石料填筑，坝体剖面需要做成上、下游边坡较平缓的梯形断面。因此，它的断面面积一般都比较庞大。由于其由松散颗粒组成，其失稳是以局部坝坡坍塌的形式出现。当坝坡太陡或土体的抗剪强度指标较小时，在渗透压力和上部土体重力的作用下，局部坝坡土体（包括坝基土体）将向坡外滑移，简称滑坡。为了保持坝体稳定，需要设置较平缓的上下游坝坡。因此，应根据坝址的地形、地质条件和筑坝材料等因素选择适宜的坝坡，使坝体在保证安全稳定的前提下做到经济合理。

3. 抗冲性能差

由于坝体材料都是松散的颗粒，整体性差。当洪水漫过坝顶时，水流必然会携带土粒流失，从而引起坝体局部破坏或整体溃决。例如，1975 年 8 月，我国淮河上游的板桥、石漫滩两座土坝因特大暴雨发生洪水漫顶而溃坝。同时，水面的激荡波动也将对坝坡产生淘刷作用。波浪的起落必然导致坡面土料的流失和坍塌，削弱坝体剖面尺寸，对坝体稳定造成影响。因此，在设计中，不仅要求坝体应有足够的超高和坝坡应有相应的防冲措施，还应保证泄洪措施有足够的泄洪能力。

4. 坝体沉陷量大

由于坝体土料、石料之间存在孔隙，坝体是可压缩的。尽管在筑坝时要求分层填筑、逐层压实，但坝体的沉陷仍然是不可避免的。当坝基为土基时，沉陷值将更大。过大的沉陷将会降低坝顶的设计高程；而不均匀的沉陷将使坝体产生纵向、横向裂缝，危及坝身安全。监测资料表明，竣工后的坝体沉陷仍可达到坝高的 0.5%～1.0%。因此，在设计坝顶高程时应适当考虑预留沉陷值。

5.1.2 土石坝的类型

土石坝的类型，从不同的角度有不同的分类方法。下面主要按施工方法、筑坝材料和坝体防渗型式进行分类。

1. 按筑坝材料分类

按筑坝材料，土石坝可分为土坝、土石混合坝和堆石坝。当坝体绝大部分由土料筑成时称为土坝；绝大部分由石料筑成时称为堆石坝；由土石混合堆筑时称为土石混合坝。

2. 按施工方法分类

（1）碾压式土石坝。碾压式土石坝是由适宜的土石料分层填筑，并用压实机械逐层碾压而成的坝型。二十多年来，随着大型碾压机械的采用，使得这种坝型得到最广泛的应用。本章将重点介绍这种坝型的设计。

（2）水力冲填坝。水力冲填坝是利用水力和简易的水力机械完成土料开采、运输和填筑等主要工序而筑成的坝型。具体地说，是用高压水枪驱动高压水流向料场的土料喷射冲击，使之成为泥浆，然后通过泥浆泵和输浆管把浆液输送到坝体预定位置分层淤积、沉淀、排水和固结后形成的坝型。我国西北地区水坠坝与这种坝型的施工原理相似，其料场位于坝顶高程以上的山体，泥浆输送是利用浆液的重量经沟渠自流到坝面，因而有学者也把水坠坝归类为水力冲填坝。这种坝型因施工质量难以保证，在高坝中很少应用。

（3）水中填土坝。水中填土坝是将易于崩解的土料分层倒入静水中，依靠土体自身重量和运输工具压实而成。施工时，一般在施工仓面上用堤埝围埂分格，并在格中灌水倒土逐层填筑。

（4）定向爆破土石坝。这种坝型是在坝肩山体上方的预定位置开挖洞室，埋放炸药，引爆后使土石料按照物体平抛运动的轨迹抛到预定的位置，完成大部分坝体填筑，再经过加高、防渗、修复而形成的坝型。这种筑坝方法由于爆破力很大，可能造成坝址附近地质构造破坏等方面的问题，因而一般采用较少。我国已建成这种土坝或堆石坝40余座，最高的有陕西石砭峪水库大坝，坝高82.5m；广东乳源南水电站的主坝，坝高81.3m。

3. 按防渗体型式分类

按坝体防渗设施的型式，土石坝可分为均质坝、土质防渗体分区坝和非土质材料防渗体坝。从施工方法分析，这三种坝型实际上均属于碾压式土石坝，现分别介绍如下：

（1）均质坝。均质坝绝大部分是由大致均一的土料分层填筑而成，如图5.1（a）所示。由于筑坝土料一般采用透水性较小的黏性壤土或砂质黏土，坝体本身具有防渗作用。因此，无需设置专门的防渗措施。

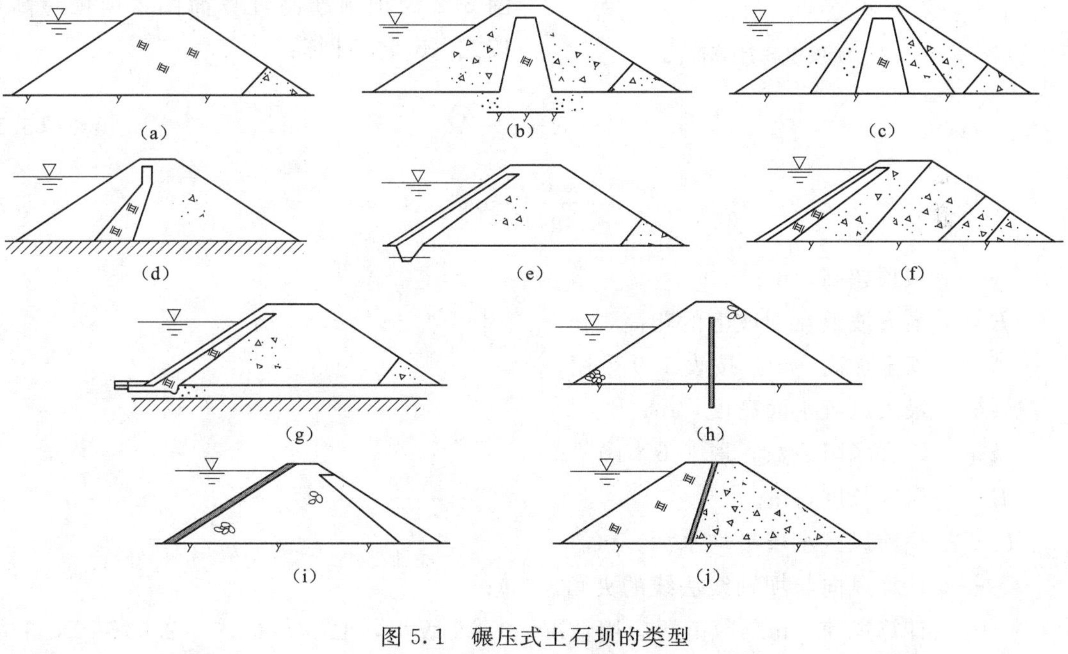

图5.1　碾压式土石坝的类型

（a）均质坝；（b）、（c）黏土心墙坝；（d）黏土斜心墙坝；（e）、（f）、（g）黏土斜墙坝；（h）钢筋混凝土心墙坝；（i）面板土石坝；（j）分区坝

（2）土质防渗体分区坝。这种坝型是由透水性很小的土质防渗体和若干种透水土石料分区分层填筑而成。其中黏性土质防渗体设在坝体中部或稍向上游倾斜的称为黏土心墙坝或黏土斜心墙坝，如图5.1（b）～（d）所示；设在坝体上游面的称为黏土斜墙坝，如图

5.1 (e)～(g) 所示。此外，还有其他型式的分区坝，如坝体上游部分为防渗土料，下游部分为透水土料的分区坝等，如图 5.1 (j) 所示。

(3) 非土质材料防渗体坝。这种坝型的防渗体一般由钢筋混凝土、沥青混凝土或其他非土质材料做成。其中防渗体布置在坝体中央附近的称为心墙坝，如图 5.1 (h)；防渗体布置在上游面的称为面板土石坝，如图 5.1 (i)。在堆石坝中，一般将防渗体设在上游坝面，又称面板堆石坝。

5.2 土石坝剖面的设计

土石坝的剖面设计，首先根据坝址附近的土石料分布状况（包括土石料的种类、性能、储量、运距等）、坝址的地形地质条件和施工条件等多种因素选择适宜的坝型，并参照已建工程的实践经验，初步拟定剖面的基本尺寸，然后通过稳定、渗流计算并修正，使之成为安全、经济、合理的剖面。土石坝剖面的基本尺寸包括坝顶高程、坝顶宽度和坝坡。

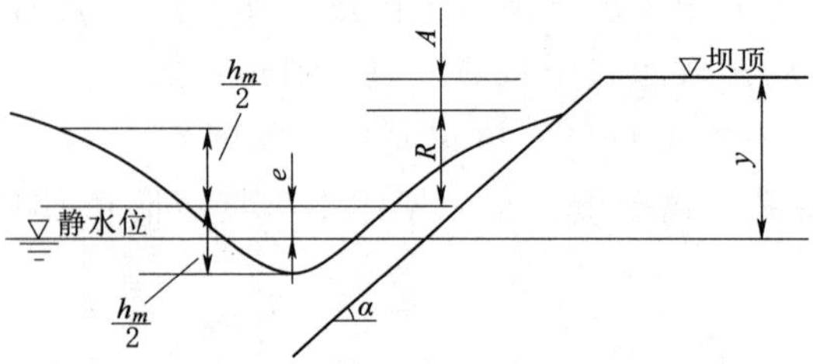

图 5.2 坝顶超高计算简图

5.2.1 坝顶高程

坝顶高程应为水库静水位加坝顶超高，图 5.2 为坝顶超高计算简图，坝顶超高可按式 (5.1) 计算：

$$y=R+e+A \tag{5.1}$$

$$e=\frac{kw^2D}{2gH_m}\cos\beta \tag{5.2}$$

式中 y——坝顶超高，m；

R——最大波浪在坝坡上的爬高，m；

A——安全加高，m，按表 1.9 采用；

e——最大风壅水面高度，m；

k——综合摩阻系数，取 3.6×10^{-6}；

D——风区长度，m；

H_m——坝前风区水域平均水深，m；

β——计算风向与坝轴线法线的夹角，(°)；

w——计算风速，m/s，正常运用情况，1、2 级坝，取 $w=(1.5\sim2.0)\overline{w}_{max}$，3～5 级坝取 $1.5\overline{w}_{max}$，非常运用情况，取 $w=\overline{w}_{max}$；$\overline{w}_{max}$ 为坝址多年平均最大风速。

波浪爬高是指波浪沿建筑物坡面爬升的垂直高度（从风壅水面起算），其值以蒲田公式计算为宜。采用蒲田公式计算波浪爬高应首先计算平均爬高 R_m，再按表 5.1 换算所需概率的爬高 R_p。

表 5.1　　**波浪爬高统计分布（R_p/R_m 值）**

$\frac{h_m}{H}$	P/%										
	0.1	1	2	3	4	5	10	15	20	30	50
<0.1	2.66	2.23	2.07	1.97	1.90	1.84	1.64	1.5	1.39	1.23	0.96
0.1～0.3	2.44	2.08	1.94	1.86	1.80	1.75	1.57	1.46	1.36	1.21	0.97

当坝坡的单坡系数 $m=1.5\sim5.0$ 时，平均爬高可按式（5.3）计算：

$$R_m=\frac{K_\Delta K_w(h_m L_m)^{1/2}}{(1+m^2)^{1/2}} \tag{5.3}$$

式中　K_Δ——坝面糙率渗透性系数，按表 5.2 选用；

K_w——经验系数，按表 5.3 选用；

h_m、L_m——平均波高和平均波长，m，计算方法见重力坝；

m——坝坡系数，当静水位附近变坡且设马道时，应采用折算坡度系数 m_e 代替 m，折算坡度 $m_e=\frac{1}{2}\left(\frac{1}{m_上}+\frac{1}{m_下}\right)$，$m_上$、$m_下$ 为变坡处马道以上、以下坝坡系数。

表 5.2　　**坝面糙率渗透性系数 K_Δ**

护面类型	K_Δ	护面类型	K_Δ
光滑不透水护面（沥青混凝土）	1.00	砌石护面	0.75～0.80
混凝土板护面	0.90	抛填两层块石（不透水基础）	0.60～0.65
草皮护面	0.85～0.90	抛填两层块石（透水基础）	0.50～0.55

表 5.3　　**经验系数 K_w**

$W/\sqrt{gH}$	≤1.0	1.5	2.0	2.5	3.0	3.5	4.0	≥5.0
K_w	1.0	1.02	1.08	1.16	1.22	1.25	1.28	1.30

求出 R_m 后，按工程等级选用设计累计频率（%）（对 1～3 级土石坝取 $P=1\%$；对 4、5 级土石坝取 $P=5\%$），并由 P（%）值查表 5.1，求得设计爬高值 R_p。

当来波波向线与坝轴线的法线成夹角 β 时，波浪爬高 R_p 应有所降低。因此，应将爬高值 R_p 乘以折减系数 K_β 后作为设计值，K_β 值按表 5.4 选用。

表 5.4　　**斜向来波折减系数 K_β**

β	0	10	20	30	40	50	60
K_β	1	0.98	0.96	0.92	0.87	0.82	0.76

对于小型低水头的土石坝，波浪爬高可按式（5.4）近似计算：

$$R=3.2K_\Delta h_m\tan\alpha \tag{5.4}$$

式中　h_m——波高，m，可按官厅公式计算；

α——静水位坝面坡角，（°）。

对于设有防渗体的土石坝，防渗体顶部在静水位以上也应有一定的超高，并预留竣工后沉降量。具体要求是：正常运用情况，心墙坝超高值取 0.3～0.6m，斜墙坝取 0.6～0.8m；非常运用情况，防渗体顶部应不低于相应的静水位。

当坝顶上游侧设有稳定、坚固和不透水且与防渗体紧密接合的防浪墙时，坝顶高程可改为防浪墙墙顶的高程，但在正常运用情况下，坝顶最少应高出相应的静水位 0.5m；在非常情况运用情况下，坝顶应不低于相应的静水位。

最后指出，确定坝顶高程应分别按正常运用和非常运用情况计算，取其最大值作为设计坝顶高程。当坝址地震烈度大于 6 度时，还应考虑地震的影响。

5.2.2 坝顶宽度

坝顶宽度取决于交通、防汛、施工及其他专门性要求。当坝顶有交通要求时，应按交通部门的有关规定执行；如无特殊要求，对于高坝，坝顶宽度可选用 10～15m；对于中、低坝，可选用 5～10m。

5.2.3 坝坡

土石坝的坝坡大小主要取决于坝型、坝高、坝基和坝体材料性质以及工作条件等因素，一般可参照已建工程初步拟定，然后由坝坡稳定计算确定合理的坝坡。从坝型分析，碾压式土石坝的坝坡可比水力冲填、水中填土坝陡些；黏性土均质坝坝坡可比非黏性土分区坝缓些。从坝面工作条件分析，上游坝坡长期浸水并承受库水位骤降的影响，因而在土料相同的情况下，上游坝坡应比下游缓些。从坝基条件分析，岩基坝坡可比土基陡些。此外，沿土石坝剖面不同高程部位的坝坡也应不同，一般在坝顶附近的坝坡宜陡些，向下逐级变缓，每级高度为 15～20m，由黏性土料制成的坝坡相邻坡率差值取 0.25 或 0.5，砂石和堆石的稳定坝坡为平面，可采用均一坡率。常用的坝坡一般取 1∶2.0～1∶4.0，对于中低水头的土石坝，可参照表 5.5 和表 5.6 初步拟定。

表 5.5 均质坝参考坝坡比值

塑性指数较高的亚黏土					塑性指数较低的亚黏土				
坝高/m	平台		上游坡	下游坡	坝高/m	平台		上游坡	下游坡
	顶宽/m	级数	由上而下	由上而下		顶宽/m	级数	由上而下	由上而下
<15	1.5	1	1∶2.50 1∶2.75	1∶2.25 1∶2.50	<15	1.5	1	1∶2.25 1∶2.50	1∶2.00 1∶2.25
15～25	2	2	1∶2.75 1∶3.00	1∶2.50 1∶2.75	15～25	2	2	1∶2.50 1∶2.75	1∶2.25 1∶2.50
25～35	2	3	1∶2.75 1∶3.00 1∶3.50	1∶2.50 1∶2.75 1∶3.00	25～35	2	3	1∶2.50 1∶2.75 1∶3.25	1∶2.25 1∶2.50 1∶2.75

为了方便检修、监测和拦截雨水，土石坝一般在下游坝面变坡处设置一定宽度的马道，并在马道上游侧设排水沟。马道的宽度视其用途而定，一般取 1.5～2.0m。均质坝和土质防渗体分区坝上游坝面宜少设马道，非土质防渗体面板坝上游不宜设马道。

表 5.6　　心墙坝参考坝坡比值

坝壳部分					心墙部分	
坝高/m	平台顶宽/m	平台级数	上游坡 （由上而下）	下游坡 （由上而下）	顶宽	边坡
<15	1.5	1	1∶2.00～1∶2.25 1∶2.25～1∶2.50	1∶0.75～1∶2.0 1∶2.0～1∶2.25	1.5	1∶0.20
15～25	2.0	1～2	1∶2.25～1∶2.50 1∶2.50～1∶2.75	1∶2.0～1∶2.25 1∶2.25～1∶2.50	2.0	1∶0.15～1∶0.25
25～35	2.0	2	1∶2.50～1∶2.75 1∶2.75～1∶3.00 1∶3.00～1∶3.50	1∶2.25～1∶2.50 1∶2.50～1∶2.75 1∶2.75～1∶3.0	2.5	1∶0.15～1∶0.25

注　表中坝壳部分边坡变化范围可根据不同土质选用，土质较好可用较陡值。心墙部分边坡变化范围根据塑性材料透水性的强弱选用，透水性弱者可用陡值。

5.3　土石坝的渗流分析

5.3.1　概述

在土石坝中，渗透水流对坝体、坝基产生渗透破坏，危害性更大，因渗透破坏属于隐蔽性破坏，常不易被发现。如发现和抢修不及时，将会导致难以补救的严重后果。

1. 渗流分析的主要任务

土石坝剖面基本尺寸和防渗排水设施初步拟定后，必须进行渗流分析，并通过分析求得渗流场的水头分布和渗透水力比降，为坝坡安全性和渗流稳定性评判提供依据。渗流分析的主要任务如下：

（1）确定浸润线位置，为坝坡稳定计算和布置坝内监测设备提供依据，并根据浸润线的高低，选择和修改排水设施的型式和尺寸。

（2）确定坝坡渗流逸出段和下游地基表面的渗透比降以及不同土层之间的渗透比降，评判该处的渗透稳定性，以便确定是否应采取更加有效的防渗反滤保护措施。

（3）确定坝体与坝基的渗流量，估算水库的渗漏损失，以便加强防渗措施，把渗流量控制在允许的范围内。

2. 渗流分析方法

土石坝渗流分析方法可分为水力学法、数值解法和流网法。

（1）水力学法。水力学法是一种近似的解析法，计算大大简化，但其前提基于以下基本假设：

1）假设渗透系数 K 在相同或近似相同的土料中各向同性。

2）假设坝体内部渗流为层流，认为坝内渗流符合达西定律 $V=KJ$。

3）假设坝体内部渗流为渐变流（杜平假定），认为渗流场中任意过水断面各点的水平流速和比降都是相等的。

这种方法不完全符合拉普拉斯方程，因而不能精确求出任一点的水力要素。但其所确定的浸润线、平均流速、平均比降和渗流量，已能满足3～5级土石坝工程的精度要求，且计算简单，容易为人们所掌握。因此，这种方法在3～5级工程设计中应用较为广泛。

（2）数值解法。渗流计算的数值解法一般采用有限单元法。有限单元法是目前解决复杂渗流问题的最有效方法，对1、2级坝和高坝应采用数值解法计算渗流场的要素。

（3）流网法。用手工绘制流网，利用流网求解平面渗流问题的水力要素，也可用来解决较复杂的边界问题。

5.3.2 渗流分析的水力学法

用水力学法进行土石坝渗流分析的基本思路是把坝内渗流区域划分为若干段（一般为两段），建立各段水流的运动方程式，并根据渗流的连续性原理求解渗流要素和浸润线。对某些特殊边界条件的渗流问题（如透水地基），也常引入流体力学的分析成果，以提高该分析方法的计算精度。

另外，考虑到坝体的工程实际情况和坝基渗透系数的各向异性，在采用水力学法进行渗流分析时又需把渗透系数视为常量。因此，SL 274—2020《碾压式土石坝设计规范》规定：计算渗流量时，宜采用渗透系数的大值平均值；计算水位降落时的浸润线宜采用小值平均值。渗透系数相差5倍以内的土层可视为同一种土层，其渗透系数由加权平均计算。

5.3.2.1 不透水地基均质坝的渗流计算

严格地讲，绝对不透水的坝基是不存在的。当坝基渗透系数小于坝体渗透系数的1%时，视坝基为相对不透水地基。计算时一般取单位坝长作为分析对象。

1. 下游无排水（贴坡排水）设施的情况

对上游坝坡，斜面入流的渗流分析要比垂直面入流复杂得多。而电模拟试验结果证明，用虚拟适宜位置的垂直面代替上游坝坡斜面进行渗流分析，其计算精度误差不大，能满足一般工程要求。为简化计算，在实际分析中，常以虚拟等效的矩形代替上游坝体三角形，如图5.3（a）所示，虚拟矩形宽度ΔL按式（5.5）计算：

$$\Delta L=\frac{m_1 H_1}{2m_1+1} \tag{5.5}$$

式中 m_1——上游坝面坡度系数，变坡时取平均值；

H_1——上游水深。

无排水设施均质坝渗流分析的思路是以渗流逸出点为界把坝体分为上、下游两部分，分别列出各部分的流量表达式，根据流量连续性原理即可求出相应的未知量。

（1）上游段分析［图5.3（a）］。根据达西定律，通过浸润线以下任何单宽垂直剖面的渗流量q为

$$q=-Ky\frac{\mathrm{d}y}{\mathrm{d}x}$$

移项积分（积分区间从0至x）可得

$$y^2=H_1^2-\frac{2q}{K}x \tag{5.6}$$

同理，积分区间从EO断面至渗流逸出点断面可得

$$q=K\frac{H_1^2-(a_0+H_2)^2}{2L'} \tag{5.7}$$

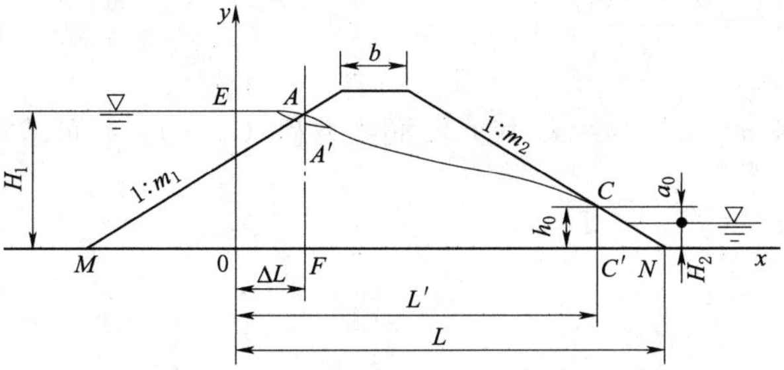

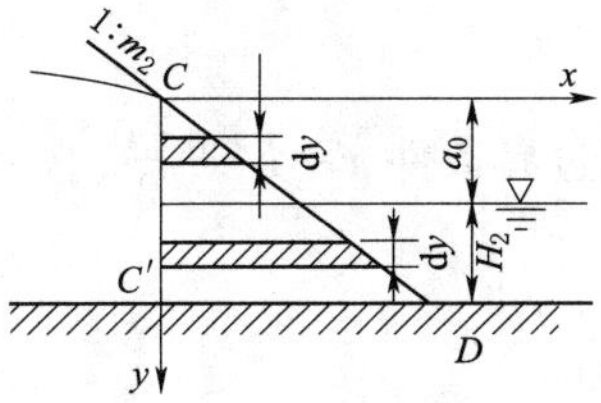

图 5.3 不透水地基上均质坝的渗流计算

(a) 计算剖面示意图；(b) 渗流逸出处示意图

(2) 下游段分析。以下游水面为界把下游段三角形坝体分为水上、水下两部分分别计算。为简化起见，采用新的坐标系如图 5.3 (b) 所示。

水面以上坝体的渗流量 q_1 为

$$q_1=\int_0^{a_0}\mathrm{d}q=\int_0^{a_0}KJ\,\mathrm{d}y=\frac{K}{m_2}\int_0^{a_0}\mathrm{d}y=\frac{Ka_0}{m_2}$$

水面以下坝体渗流量 q_2 为

$$q_2=\int_{a_0}^{a_0+H_2}\mathrm{d}q=\int_{a_0}^{a_0+H_2}K\ \frac{a_0}{m_2 y}\mathrm{d}y=\frac{Ka_0}{m_2}\ln\frac{a_0+H_2}{a_0}$$

两式相加 ($q=q_1+q_2$) 得

$$q=\frac{Ka_0}{m_2}\left(1+\ln\frac{a_0+H_2}{a_0}\right) \tag{5.8a}$$

根据流量连续性原理，对式 (5.7) 和式 (5.8a) 联解即可求出未知量 q 和 a_0 [联解时可把 $L'=L-m_2(a_0+H_2)$ 代入式 (5.7)]，浸润线按式 (5.6) 计算。

(3) 下游段无水情况讨论分析。当下游无水时，把 $H_2=0$ 代入式 (5.8a) 得

$$q=\frac{Ka_0}{m_2} \tag{5.8b}$$

即不透水地基均质坝的渗流计算，当下游无排水设施且 $H_2=0$ 时，可由式 (5.7) 和 (5.8b) 联解求出 q 和 a_0，浸润线仍按式 (5.6) 计算。

由两段法计算的浸润线，在渗流进口段应作适当修正，浸润线起点应与坝面 A 点正交，末点与原浸润线相切，中间修改成曲线，如图 5.3 所示。

2. 下游有褥垫式排水设施的情况

褥垫式排水如图 5.4 (a) 所示，这种排水设施在下游无水时排水效果更为显著。模拟实验证明，褥垫排水的坝体浸润线为标准抛物线，抛物线的焦点在排水体上游起始点，焦点在铅直方向与抛物线的截距为 a_0，至顶点的距离为$\frac{a_0}{2}$，由此可得

$$q=K\ \frac{H_1^2-a_0^2}{2L'} \tag{5.9}$$

把式 (5.9) 代入式 (5.6) 可得浸润线方程：

$$y^2=\frac{a_0^2-H_1^2}{L'}x+H_1^2 \tag{5.10}$$

把边界条件 $x=L'+\frac{a_0}{2}$、$y_1=0$ 及 $x=L'$，$y=a_0$ 代入浸润线方程（5.10），即可求得 a_0：

$$a_0=\sqrt{L'^2+H_1^2}-L' \tag{5.11}$$

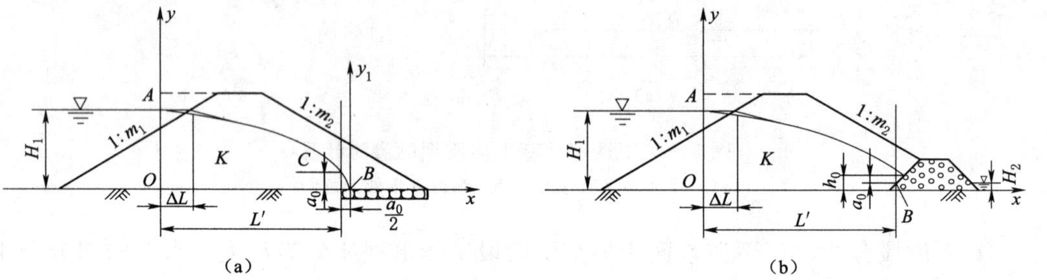

图 5.4 均质土坝渗流计算图

（a）有水平排水时；（b）有棱体排水时

3. 下游有堆石棱体排水设施情况

当下游有水时，如图 5.4（b）所示。为简化计算，以下游水面与排水体上游面的交点 B 为界把坝体分为上、下游两段，取上游 OA 断面和 B 点断面分析，分别列出两断面之间的平均过水断面面积和平均比降，由达西定律可导出渗流量 q 表达式：

$$q=K\frac{H_1^2-(a_0+H_2)^2}{2L'} \tag{5.12}$$

把下游水面看为地基，取 $H=H_1-H_2$ 代替 H_1，并注意到 $h_0=a_0+H_2$ 的关系，由此可直接按褥垫式排水情况的公式导出 a_0：

$$a_0=\sqrt{L'^2+(H_1-H_2)^2}-L' \tag{5.13}$$

浸润线仍可按式（5.10）计算。

当下游无水时，令 $H_2=0$ 代入式（5.12）和式（5.13）将得到与式（5.9）和式（5.11）完全相同的公式。因此，下游无水的堆石棱体排水设施均质坝的渗流可采用褥垫式排水情况的公式计算。

【例 5.1】 某土坝为均质坝，坝高 $H_d=37\text{m}$，建在不透水地基上，坝体土料渗透系数 $k=1\times10^{-6}\text{cm/s}$，下游设堆石棱体排水，坝体尺寸如图 5.5 所示，求单位坝长的渗流量 q 及浸润线。

解：

$$\begin{aligned}L'&=m_1(H_d-H_1)+b+m_2(H_d-h)-m(h-t)\\&=3\times(37-32)+4+2.5\times(37-6)-1.25\times(6-2)\\&=91.5(\text{m})\end{aligned}$$

$$\Delta L=m_1H_1/+(1+2m_1)=3\times32/(1+2\times3)=13.71(\text{m})$$

$$L=\Delta L+L'=13.71+91.5=105.21(\text{m})$$

因下游有水，$t=2\text{m}$，按式（5.13）计算 a_0：

$$a_0=\sqrt{105.21^2+(32-2)^2}-105.21=4.19(\text{m})$$

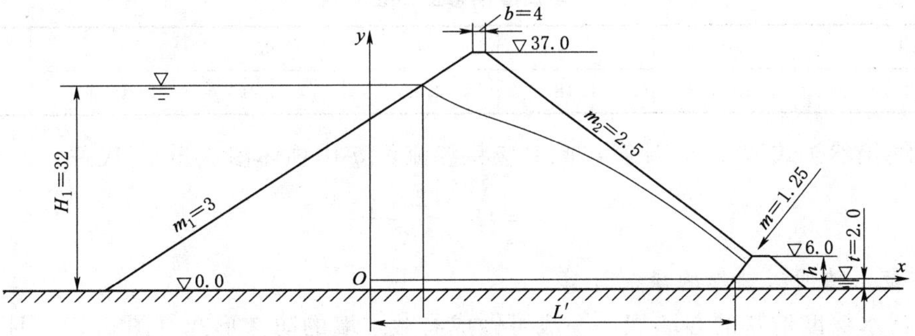

图 5.5 均质土坝渗流计算图（单位：m）

按式（5.12）计算 q：

$$q=1\times10^{-6}\times10^{-2}\times\frac{32^2-(4.19+2)^2}{2\times105.21}=4.68\times10^{-6}\,\mathrm{m^3/(s\cdot m)}$$

按式（5.10）计算浸润线：

$$y=\sqrt{\frac{a_0^2-H_1^2}{L'}x+H_1^2}=\sqrt{\frac{4.19^2-32^2}{105.21}x+32^2}=\sqrt{1024-9.57x}$$

5.3.2.2 有限深度透水地基土石坝的渗流计算

1. 均质坝

对于透水地基上的均质坝（特别是下游有水情况），分析时把坝体与坝基分开考虑，即先假设地基为不透水，由上述方法计算坝体的渗流量 q_1 和浸润线（用 q_1 代替 q），然后再假定坝体为不透水的，计算坝基渗流量 q_2，两者相加可得通过坝体和坝基的流量 q。

当有棱体排水时（图 5.6），因地基产生渗流使得浸润线有所下降，可假设浸润线在下游水面与排水体上游面的交点进入排水体（即 $h_0=H_2$，$a_0=0$），则通过坝体的渗流量 q_1 为

$$q_1=K\,\frac{H_1^2-H_2^2}{2L'}$$

引入流体力学分析结果，通过坝基的渗流量 q_2 为

$$q_2=K_T\,\frac{(H_1-H_2)T}{nL_0}$$

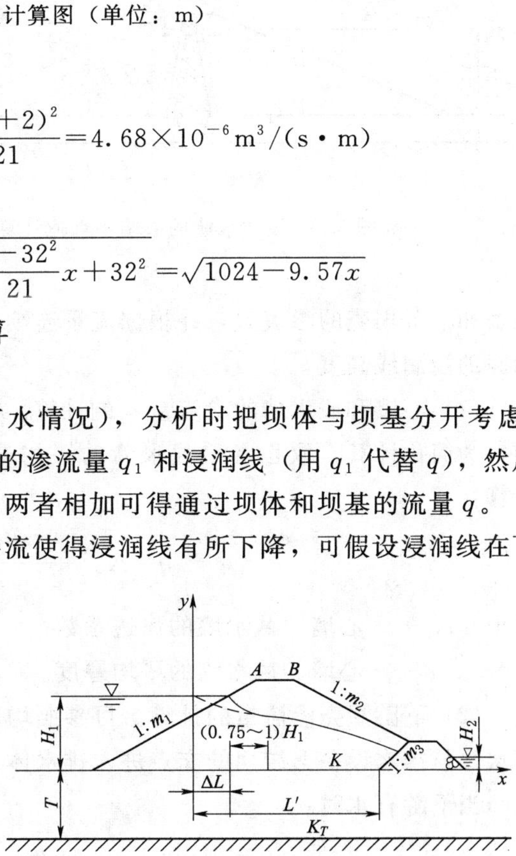

图 5.6 透水地基上均质坝渗流计算图

至此，坝体、坝基的单宽渗流总量 q 可按式（5.14）计算：

$$q=q_1+q_2=K\,\frac{H_1^2-H_2^2}{2L'}+K_T\,\frac{(H_1-H_2)T}{nL_0}\tag{5.14}$$

式中 K_T——坝基土料渗透系数；

T——透水层厚度，m；

L_0——排水体上游起始点前的坝底宽度；

n——坝基渗径修正系数，按表 5.7 选用。

表 5.7 **坝基渗径修正系数 n 值**

L_0/T	20	5	4	3	2	1
n	1.15	1.18	1.23	1.30	1.44	1.87

浸润线仍然按式（5.6）计算，此时应将渗流量 q 用坝体渗流量 q_1 代替：

$$y=H_1^2-\frac{2q_1}{K}x \tag{5.15}$$

2. 有截水墙的心墙坝的渗流计算

有限透水深度地基的心墙坝，一般可做成有截水墙的防渗形式（图 5.7）。计算时假设上游坝壳无水头损失（因为坝壳土料为强透水土石料），心墙上游面的水位按水库水位确定。因此，只需计算心墙和截水墙以及下游坝壳两部分渗流量。

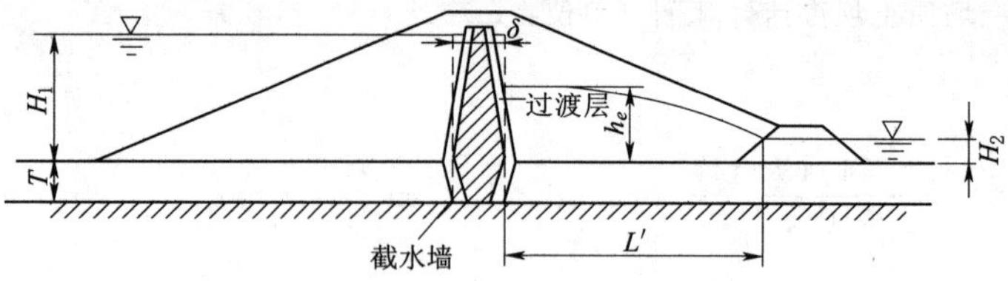

图 5.7 设截水墙的心墙坝渗流计算图

分析时，可分别计算通过心墙和下游坝壳的渗流量，并根据流量连续性原理求出渗流单宽流量 q 和下游坝壳在起始断面的浸润线高度 h_e。

（1）心墙和截水墙的渗流量 q 的计算。由于心墙和截水墙的土料一般都采用同一种土料，为简化计算，取心墙和截水墙的平均厚度代替变截面厚度，渗流量可按式（5.16）计算：

$$q=K_e\frac{(H_1+T)^2-(h_e+T)^2}{2\delta} \tag{5.16}$$

式中 K_e——心墙、截水墙的渗透系数；

δ——心墙、截水墙的平均厚度。

（2）下游坝壳渗流量的计算。可参照均质坝公式，取 h_e 代替 H_1，并假定浸润线在下游水位与排水设备上游面的交点进入排水体，可导出渗流量表达式。

当下游有水时：

$$q=q_1+q_2=K\frac{h_e^2-H_2^2}{2L'}+K_T\frac{H_e-H_2}{n'L'}T \tag{5.17}$$

当下游无水时：

$$q=q_1+q_2=K\frac{h_e^2}{2L'}+K_T\frac{h_e}{n'L'}T \tag{5.18}$$

其中

$$n'=\frac{n+1}{2}$$

n 按表 5.7 查用，查表时应取 L' 代替 L_0。

根据流量的连续性，联解式（5.16）与式（5.17）或式（5.18）即可求得 q 和 h_e。浸润线方程仍可按式（5.6）计算。计算时，取 h_e 代替 H_1，q_1 代替 q 即可导出方程：

$$y^2=h_e^2-\frac{2q_1}{K}x \tag{5.19}$$

式中 q_1——透过下游坝壳的渗流量。

对于不透水地基，只要将 $T=0$ 代入上述公式即可导出不透水地基心墙坝的渗流计算公式。

3. 有截水墙的斜墙坝的渗流计算

同样，把斜墙和截水墙与下游坝体和坝基分开分别进行计算，如图 5.8 所示。计算时，取斜墙和截水墙平均厚度为 δ_e 和 δ，则通过斜墙、截水墙的渗流量可近似按式（5.20）计算：

$$q=K_e\frac{H_1^2-h_e^2-Z_0^2}{2\delta_e\sin\alpha}+K_e\frac{H_1-h_e}{\delta}T \tag{5.20}$$

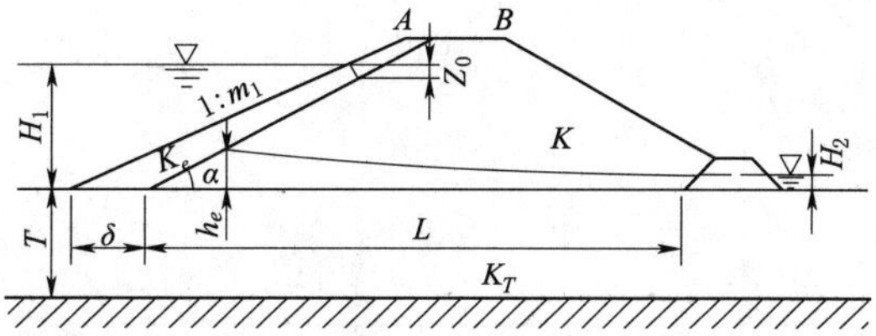

图 5.8 有截水墙的斜墙坝的渗流计算

通过下游坝体和坝基的渗流量可按（5.21）式计算：

$$q=q_1+q_2=K\frac{h_e^2-H_2^2}{2(L-m_1h_e)}+K_T\frac{h_e-H_2}{n'(L-m_1h_e)}T \tag{5.21}$$

式中 q_1——通过下游坝体的渗流量；

m_1——斜墙外坡坡度系数；

其他符号如图 5.8 所示。

联解上述两式即可求出 q 和 h_e。对于不透水地基，只要将 $T=0$ 代入上述公式即可导出不透水地基斜墙坝的渗流计算公式。

坝体浸润线可近似按式（5.19）计算。

4. 有水平铺盖的斜墙坝的渗流计算

相对而言，铺盖、斜墙土料的渗透系数要比坝体和坝基土料小得多。当铺盖和斜墙的渗透系数 K_e 小于坝体、坝基的 $\frac{1}{50}\sim\frac{1}{100}$ 时，可按下述方法计算。计算时，以下游坝体浸润线起始点（A、B 断面）为界分为上、下游两段分析，如图 5.9 所示。

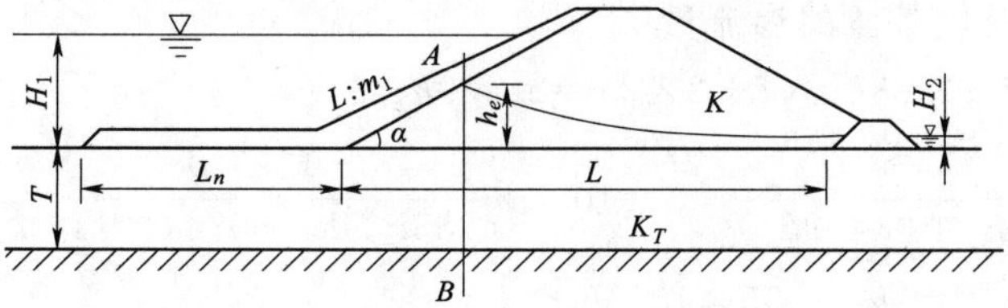

图 5.9 有铺盖的斜墙坝的渗流计算

通过上游段的渗流量：

$$q=K_T\frac{H_1-h_e}{n'(L_n+m_1h_e)}T \tag{5.22}$$

通过下游段的渗流量：

$$q=q_1+q_2=K\frac{h_e^2-H_2^2}{2(L-m_1h_e)}+K_T\frac{h_e-H_2}{n'(L_1-m_1h_e)}T \tag{5.23}$$

n'的意义与式（5.18）相同，查表时，式（5.22）用（$L_n+m_1h_e$）代替 L_0；式（5.23）

用（$L_n - m_1 h_e$）代替 L_0。

坝体浸润线仍可近似按式（5.19）计算。

对于下游无水情况，只需将 $H_2=0$ 代入上述两式，即可以导出相应公式。

5.3.2.3 总渗流量计算

计算总渗流量时，应根据坝址地形和透水层厚度变化情况以及坝体结构，沿坝轴线方向将坝体分成若干坝段（图 5.10），分别计算各坝段的平均单宽渗流量，则通过坝体和坝基的总渗流量可按式（5.24）计算：

$$Q=\frac{1}{2}[q_1L_1+(q_1+q_2)L_2+\cdots+(q_{n-2}+q_{n-1})L_{n-1}+q_nL_n] \tag{5.24}$$

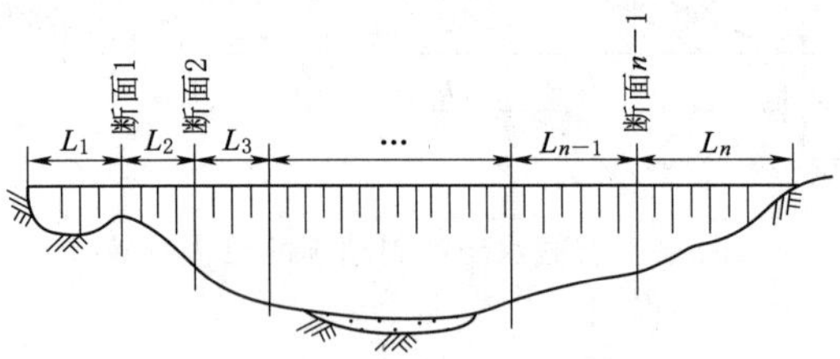

图 5.10 总渗流量计算示意图

上述介绍的渗流计算水力学法的各种公式，对于计算边界条件较简单的渗流问题，无疑是能满足工程的精度要求的。因此，对于 3～5 级的土石坝，一般可采用水力学法进行计算；对于边界条件复杂及多层地基的渗流问题，水力学法计算精度自然会大大降低。因此，对于 1、2 级坝或高坝，采用有限单元法计算。

【例 5.2】 某土坝为黏土斜墙坝（图 5.8），上游设截水墙，其斜墙与截水槽相连接，下游水位与地面齐平（即图中 $H_2=0$），$H_1=39.2\text{m}$，$T=11.0\text{m}$，$m_1=3$，$\sin\alpha=0.316$，$L=223\text{m}$，斜墙平均厚度 $\sigma_e=4.0\text{m}$，截水槽平均厚度 $\sigma=6.53\text{m}$，$K_e=2.35\times10^{-7}\text{cm/s}$，$K=3.5\times10^{-4}\text{cm/s}$，$K_T=5\times10^{-4}\text{cm/s}$。求坝的单宽渗流量 q 及斜墙后的浸润线高度 h。

解： 按式（5.20）计算通过上游斜墙及截水槽段的渗流量：

$$q=q_1=2.35\times10^{-7}\times\frac{39.2^2-h_e^2-\delta\cos\alpha^2}{2\times4\times0.316}+2.35\times10^{-7}\times\frac{(39.2-h_e)\times11}{6.53}$$

$$q=(1570.2-0.93h_e^2-3.96h_e)\times10^{-7} \tag{a}$$

按式（5.21）计算通过下游坝壳及坝基段的渗流量：

$$\Delta L'=mh/(1+2m)=3h_e/(1+2\times3)=0.429h_e$$

$$q=q_2=3.5\times10^{-4}\times\frac{h_e^2}{2\times(223-3h_e+0.429h_e)}+5\times10^{-4}\times\frac{11h_e}{233-3h_e+0.44\times11}$$

$$q=\frac{3.5\times10^{-4}h_e}{446-5.14h_e}+\frac{55\times10^{-4}h_e}{227.84-3h_e} \tag{b}$$

联解式（a）及式（b），假定不同的 h 值用试算法求解，解得

$$q=1.52\times10^{-4}\text{m}^3/(\text{s}\cdot\text{m}),\quad h_e=5.64\text{m}$$

5.3.3 有限单元法

由于计算机技术和二维、三维稳定及非稳定渗流计算程序的广泛应用，有限单元法已成为深入研究复杂渗流问题的重要手段。

应用有限单元法进行渗流计算，首先要建立数学模型（描述渗流运动的数学方程式和初始条件、边界条件），然后将研究的渗流区域离散化。离散化的方法是将研究的区域在

空间上分割为有限个小区域（或称单元），这些小单元的集合代表研究区域。另外，在时间上则划分为若干时段，这些时段的集合就是研究时间段。接着建立某时段每个计算单元的计算公式并求解，把这些解集合起来便得到原渗流场在这一时段的解。这一时段解决了，按顺序一个时段接一个时段计算下去，直至把各个时段算完为止。这样，未知量（水力要素）随空间和时间的变化过程就被模拟出来了。有限单元法求解渗流问题是在计算机上进行渗流数值模拟，其中修改计算公式和修改数学模型都较方便，并且有现成程序可应用，目前已基本取代实验模拟法。

5.3.4　流网法

在稳定渗流的情况下，渗流场内充满运动的水体质点，这些质点的运动轨迹称为流线；同时，渗流场中还存在着许多势能相等的点，把它们连接起来构成的曲线称为等势线。渗流场内由这两束曲线构成的网络称为流网。

手工绘制流网一般多采用试绘、修正的方法，试绘时首先按类比或凭经验定出初步的浸润线位置，然后在浸润线与不透水层之间绘出逐渐变化并在进出口与边界垂直的若干条流线；再将浸润线分为若干个合适的等水头差的间隔，通过分割点画出若干条等势线，并按流网的基本性质不断修改流线和等势线，使等势线与流线组成曲线正交方形网格，如图 5.11 所示。

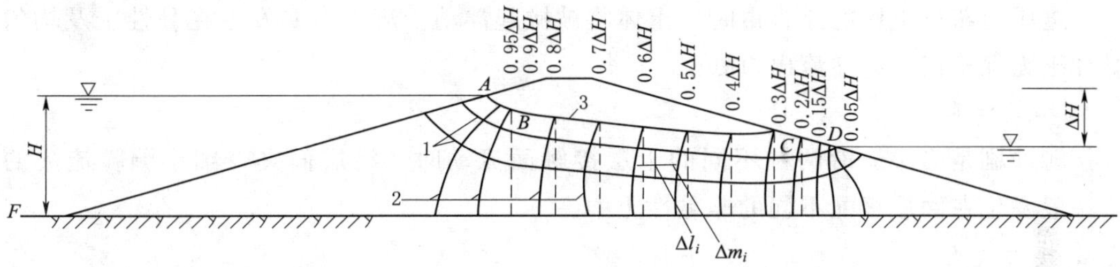

图 5.11　流网的绘制

1—流线；2—等势线；3—浸润线

应用流网即可求得有关的水力要素。以网格 i 为例，该网格的平均渗流比降、平均流速分别为

$$J_i=\frac{\Delta H}{n\Delta l_i},\quad V_i=\frac{K\Delta H}{n\Delta l_i}$$

式中　K——渗透系数；

ΔH——上下游水位差；

n——等势线的分格数。

整个截面的单宽流量　　　$q=K\sum_{1}^{m}\frac{\Delta H}{n}$

式中　m——流线的分格数。

5.3.5　土石坝的渗透变形及其防止措施

土石坝在渗透水流的作用下可能发生渗透变形，严重时坝坡或坝脚附近还会产生渗透破坏，甚至会导致工程失事，必须采取有效的控制措施。

5.3.5.1 渗透变形的型式

土体渗透变形的型式及其发展过程主要与土料的性质、级配、渗流条件以及防渗、排水措施等因素有关，通常可归纳为管涌、流土、接触冲刷与接触流失四种类型。

1. 管涌

管涌是在渗流作用下，无黏性土中的细小颗粒从骨架孔隙中连续移动和流失的现象。当土体内的流速和水力比降达到一定的数值时，土体中的细小颗粒开始悬浮移动，并被渗透水流夹带流出坝体外或地基外。随着细小颗粒的连续流失，土体的孔隙逐渐加大，渗透流速也随之增大，继而带走较大的颗粒，形成集中的渗流通道。使个别小颗粒在渗流作用下开始在土体孔隙内移动的水力比降称为临界比降，使土体产生渗流通道和较大范围破坏的水力比降称为破坏比降。

工程实践经验表明，管涌一般发生在无黏性砂土、砂砾土的下游坡面和地基面渗流逸出处。对于黏性土料，由于土料颗粒之间存在有黏聚力，渗流难以把土粒夹带流失，因此一般不会发生管涌。

2. 流土

流土是在渗流作用下，土体从坝身或坝基表面隆起、顶穿或粗细颗粒同时浮起而流失的现象。这种渗透变形从发生到破坏整个过程比较迅速，一旦渗流的水力比降超过某一范围，渗透压力超过土体的浮容重时，土体将被掀起浮动。流土主要发生在黏性土及均匀的非黏性土无保护措施的渗流出口处。

3. 接触冲刷

接触冲刷是当渗流沿两种不同的土层接触面流动时，沿层面夹带细小颗粒流失的现象，一般发生在两层级配不同的非黏性土中。

4. 接触流失

接触流失是渗流沿层次分明、渗流系数相差悬殊的两相邻土层的垂直面流动中，将渗透系数较小土层中的细小颗粒带入渗透系数较大土层中的现象。如黏性土心墙（或斜墙）与非黏性土坝壳之间、坝体或坝基与排水设施之间的渗流，由于上游层面的颗粒比下游层面颗粒小，在一定的流速和压力作用下，一层土料的颗粒将会产生移动流入另一土层中。

5.3.5.2 渗透变形计算

1. 产生管涌和流土的临界比降

(1) 管涌的临界水力比降。管涌临界水力比降的理论研究至今尚不成熟，对于中、小型工程，当渗流自下而上时，非黏性土发生管涌的临界水力比降可参照下式计算：

$$J_{cr}=2\times2(G_S-1)(1-n)^2\frac{d_5}{d_{20}} \tag{5.25}$$

式中 J_{cr}——土的临界水力比降；

n——土的孔隙率，%；

G_S——土的颗粒密度与水的密度之比；

d_5、d_{20}——占总土重的5%和20%的土粒粒径。

管涌的临界水力比降也可以采用南京水利科学研究院建议的公式计算：

$$J_{cr}=\frac{42d_3}{\sqrt{\frac{K}{n^3}}} \tag{5.26}$$

式中 K——土的渗透系数，cm/s；

d_3——占总土重3%的土粒粒径，cm；

n——土的孔隙比，%。

（2）流土的临界水力比降。流土的临界水力比降的计算公式较多，也较成熟，常用的有太沙基公式和王韦公式。计算流土临界水力比降 J_{cr} 的太沙基公式为

$$J_{cr}=(G_S-1)(1-n) \tag{5.27}$$

管涌和流土的允许水力比降［J］一般可由临界水力比降除以安全系数确定。对于无黏性土，安全系数可取1.5～2.0，其对建筑物危害较大时取2.0，特别重要的工程也可取2.5。无实验资料时，无黏性土的允许水力比降可按表5.8查用。

表5.8　无黏性土［J］值

允许水力比降	渗透变形型式					
	流土型			过渡型	管涌型	
	$C_u\leqslant3$	$3<C_u\leqslant5$	$C_u>5$		级配连续	级配不连续
［J］	0.25～0.35	0.35～0.50	0.50～0.80	0.25～0.40	0.15～0.25	0.10～0.20

注　本表不适用于渗流出口有反滤层的情况，表中 C_u 为土的不均匀系数，按 $C_u=\frac{d_{60}}{d_{10}}\times100\%$ 计算。

2. 管涌和流土的判别方法

黏性土不会产生管涌，无需判别，对于无黏性土，管涌与流土应根据土的细小颗粒含量 P_c 按式（5.28）判别：

$$\left.\begin{array}{ll}\text{管涌} & P_c<\frac{1}{4(1-n)}\times100 \\ \text{流土} & P_c\geqslant\frac{1}{4(1-n)}\times100\end{array}\right\} \tag{5.28}$$

式中 P_c——土的细小颗粒含量，以质量百分率计算，%，按GB 50487—2008《水利水电工程地质勘察规范》规定的办法确定。

对于不均匀系数 $C_u>5$ 的不连续级配土也可采用式（5.29）判别：

$$\left.\begin{array}{ll}\text{管涌} & P_c<25\% \\ \text{流土} & P_c\geqslant35\% \\ \text{过渡型} & 25\%\leqslant P_c<35\%\end{array}\right\} \tag{5.29}$$

5.3.5.3　防止渗透变形的工程措施

坝体和坝基产生渗透变形的条件主要取决于渗透比降、土料的性质和级配。因此，防止渗透变形的措施主要有：①在渗流的上游或源头采用防渗措施，拦截渗水或延长渗径，从而减小渗透流速和渗透压力，降低渗透比降；②在渗流的出口段采用排水减压措施和渗透反滤保护措施，提高渗流出口段抵御渗透变形的能力。一般采用的工程措施如下。

1. 设置垂直或水平防渗设施（如截水墙、斜墙、心墙和水平铺盖等）

设置垂直或水平防渗设施，以拦截渗透水流，延长渗径，消减水头，达到降低渗透比降的目的。

2. 设置排水设施

对于表层为弱透水覆盖层的坝基，在坝后布置排水减压设施可以有效地降低坝基的渗透水头，从而防止渗透变形的形成和增加背水坡的抗滑稳定性，这些措施包括排水沟和减压井。对于坝体部分的保护措施主要有贴坡、堆石棱体等主要排水反滤设施。

3. 盖重压渗措施

当坝基透水层深厚，采用垂直防渗措施不经济时，除了在上游采用水平防渗铺盖之外，在背水坡外侧采用盖重压渗成为首选措施。盖重材料以排水通畅的砂石料为主，以免产生附加渗透压力。

4. 设置反滤层

反滤层是提高坝体抗渗破坏能力、防止各种渗透变形特别是防止管涌的有效措施。在防渗体渗流出口处，如不符合反滤要求，必须设置反滤层。

反滤层可由2～3层不同粒径的砂、石料组成，其作用是滤土排水。按照渗流方向顺序，选择第一层反滤料时，以坝体或坝基作为被保护土料；选择第二、第三层反滤料时，以第一、第二层反滤料作为被保护的土料。水平反滤层层厚以15～25cm为宜，垂直或倾斜的反滤层应适当加厚；采用机械化施工时，每层厚度宜根据施工要求确定。

反滤层的土料应采用抗风化能力较强的耐用砂石料。为保证滤土排水作用的正常发挥，反滤层布置应满足如下要求：

（1）应有足够的渗透性，能通畅地排除渗透水流。

（2）使被保护的土层不发生渗透变形，即被保护的土料（包括反滤层砂石料）不得穿越下一层反滤料的孔隙。

（3）反滤层不致被淤塞而失效。

5.4 土石坝的稳定分析

5.4.1 概述

土石坝为一个由松散颗粒构成的整体，由于其剖面一般比较庞大，土石坝的稳定就是局部坝坡的滑动稳定问题。如果局部滑坡现象得不到控制，任其发展下去，也会导致坝体整体破坏。

土石坝滑坡型式与坝体的工作条件、土料类型和地基的性质有关，一般可归纳为以下几种滑裂型式：

（1）曲线滑动面。如图5.12（a）、（b）、（e）所示，滑动面为顶部陡峭而底部渐趋平缓的曲线面。由于曲线面近似于圆弧面，在坝坡稳定分析中常以圆弧面代替。当坝基为岩基或坝基土料比坝体土料坚实得多时，多从坝脚处滑出，否则，将切入坝基从坝脚以外滑出，如图5.12（b）所示。

（2）直线或折线滑动面。如图 5.12（c）、（d）所示，这种滑动面多数发生在非黏性土料的坝坡。对于斜墙坝，滑动面上部通常是沿着斜墙与坝体接触面滑动，下部在某一部位转折向坝外滑出。对于坝坡部分浸水时也是呈折线形式滑动。

（3）复合滑动面。如图 5.12（f）所示，当坝基表面附近有软弱夹层时，因其抗剪强度低，滑动面上部可能呈弧形滑动、下部可能呈直线滑动的复合滑动。

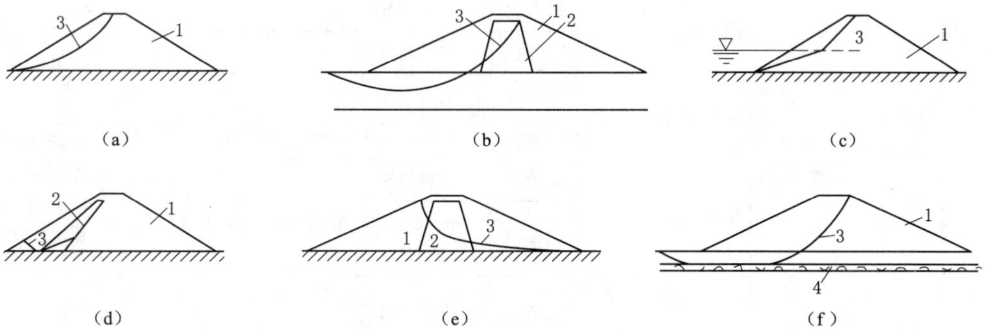

图 5.12 坝坡坍塌破坏形式

（a）、（b）、（e）曲线滑动面形式；（c）、（d）直线或折线滑动面形式；（f）复合滑动面形式

1—坝壳或坝身；2—防渗体；3—滑动面；4—软弱夹层

5.4.2 土料抗剪强度指标的选取

土石坝从施工期到运用期，土体的抗剪强度指标都在不断变化。因此，土料抗剪强度指标的选用是否合理，关系到坝体的工程量和安全问题。

1. 确定抗剪强度指标的计算方法

抗剪强度指标的计算方法有总应力法和有效应力法。对于各种计算工况，土的抗剪强度都可采用有效应力法按式（5.30）确定：

$$\tau_e = C' + (\sigma - u)\tan\varphi' = C' + \sigma'\tan\varphi' \tag{5.30}$$

对于黏性土在施工期或库水位降落期，其抗剪强度在某些情况下（如中、低坝的各种工况或高坝在非常运用情况下），也可以采用总应力法按式（5.31）确定：

$$\left.\begin{aligned} &\text{施工期} && \tau_e = C_u + \sigma\tan\varphi_u \\ &\text{库水位降落期} && \tau_e = C_{cu} + \sigma_c'\tan\varphi_{cu} \end{aligned}\right\} \tag{5.31}$$

式中 τ_e——土体的抗剪强度；

σ'、σ——法向有效应力和法向总应力；

σ_c'——库水位降落前的法向有效应力；

u——孔隙水压力；

C'、φ'——有效强度指标；

C_u、φ_u——不排水剪的总强度指标；

C_{cu}、φ_{cu}——固结不排水剪的总强度指标。

2. 抗剪强度指标的测定方法及仪器使用规定

筑坝土料的抗剪强度应采用三轴仪测定。3～5 级的中低坝也可用直剪仪按慢剪试验测定有效强度指标；对于渗透系数小于 10^{-7}cm/s 或压缩系数小于 0.02 的 3～5 级的中低坝，也允许采用直剪仪按快剪或固结快剪试验测定其总应力抗剪强度指标。

不同情况下抗剪强度指标的测定方法和仪器使用要求见表 5.9。

表 5.9　　抗剪强度指标的测定方法和仪器使用

<table>
<tr><th>控制稳定的时期</th><th>强度计算方法</th><th colspan="2">土　类</th><th>使用仪器</th><th>试验方法与代号</th><th>强度指标</th><th>试样起始状态</th></tr>
<tr><td rowspan="8">施工期</td><td rowspan="6">有效应力法</td><td colspan="2" rowspan="2">无黏性土</td><td>直剪仪</td><td>慢剪（S）</td><td rowspan="6">C'，φ'</td><td rowspan="8">填土用填筑含水率和填筑容量的土，坝基用原状土</td></tr>
<tr><td>三轴仪</td><td>固结排水剪（CD）</td></tr>
<tr><td rowspan="4">黏性土</td><td rowspan="2">饱和度小于 80%</td><td>直剪仪</td><td>慢剪（S）</td></tr>
<tr><td>三轴仪</td><td>不排水剪测孔隙压力（UU）</td></tr>
<tr><td rowspan="2">饱和度大于 80%</td><td>直剪仪</td><td>慢剪（S）</td></tr>
<tr><td>三轴仪</td><td>固结不排水剪测孔隙压力（CU）</td></tr>
<tr><td rowspan="2">总应力法</td><td rowspan="2">黏性土</td><td>渗透系数小于 10^{-7}cm/s</td><td>直剪仪</td><td>快剪（Q）</td><td rowspan="2">C_u，φ_u</td></tr>
<tr><td>任何渗透系数</td><td>三轴仪</td><td>不排水剪（UU）</td></tr>
<tr><td rowspan="4">稳定渗流期和水库水位降落期</td><td rowspan="4">有效应力法</td><td colspan="2" rowspan="2">无黏性土</td><td>直剪仪</td><td>慢剪（S）</td><td rowspan="4">C'，φ'</td><td rowspan="6">同上，但要预先饱和，而浸润线以上的土不需饱和</td></tr>
<tr><td>三轴仪</td><td>固结排水剪（CD）</td></tr>
<tr><td colspan="2" rowspan="2">黏性土</td><td>直剪仪</td><td>慢剪（S）</td></tr>
<tr><td>三轴仪</td><td>固结不排水剪测孔隙压力（CU），或固结排水剪（CD）</td></tr>
<tr><td rowspan="2">水库水位降落期</td><td rowspan="2">总应力法</td><td rowspan="2">黏性土</td><td>渗透系数小于 10^{-7}cm/s</td><td>直剪仪</td><td>固结快剪（R）</td><td rowspan="2">C_{cu}，φ_{cu}</td></tr>
<tr><td>任何渗透系数</td><td>三轴仪</td><td>固结不排水剪（CU）</td></tr>
</table>

注　表内施工期总应力法抗剪强度为坝体填土非饱和土，对于坝基保护土，抗剪指标应改为 C_{cu}、φ_{cu}。

抗剪强度指标的整理和采用按如下原则进行：

（1）黏性土料抗剪强度指标组数大于 11 组宜采用小值平均值确定；对于粗粒土料以及黏性土，当试验组数较少时，可根据试验成果和参考类似工程确定。

（2）在应用总应力法确定填土强度包线时，施工期应采用图 5.13（a）的直线 2，库水位降落期应采用图 5.13（b）的包线 ABC。

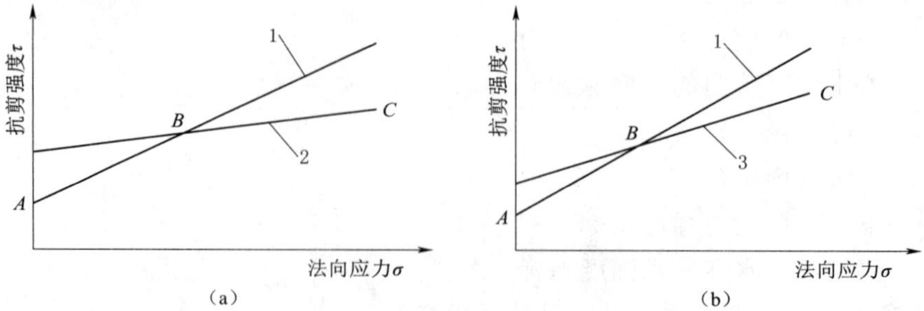

图 5.13　强度包线的组合

（a）不排水剪试验；（b）固结不排水剪试验

1—有效强度包线；2—不排水剪强度线；3—固结不排水剪总强度包线

（3）在没有条件通过试验确定接触面的抗剪强度包线时，应分别测得砂土强度包线 *OAB* 和黏土包线 *FAD*（图 5.14），采用 *OAD* 作为接触面的强度指标。

对于地震情况的抗剪强度指标，原则上应由动力试验确定。因条件不具备，无法进行动力实验的 3～5 级坝可采用静力抗剪强度指标代替。

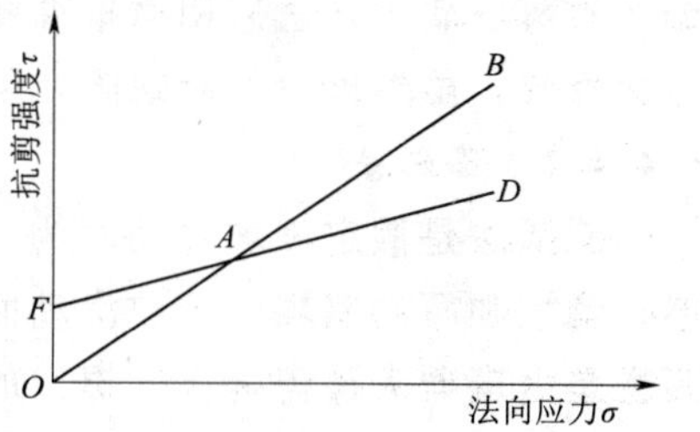

图 5.14　砂土黏土接触面的抗剪强度

5.4.3　坝坡稳定计算工况和安全系数的采用

1. 坝坡稳定计算工况

稳定计算的目的是保证土石坝坝坡在荷载作用下具有足够的稳定性。SL 274—2020《碾压式土石坝设计规范》规定，控制坝坡稳定应按如下几种工况进行核算：

（1）正常运用条件。

1）上游正常蓄水位与下游相应的最低水位或上游设计洪水位与下游相应的最高水位形成稳定渗流期的上下游坝坡。

2）水库水位从正常蓄水位或设计洪水位正常降落到死水位的上游坝坡。

（2）非常运用条件Ⅰ。

1）施工期的上下游坝坡。

2）上游校核洪水位与下游相应最高水位可能形成稳定渗流期的上下游坝坡。

3）水库水位的非常降落，即库水位从校核洪水位降至死水位以下或大流量快速泄空的上游坝坡。

（3）非常运用条件Ⅱ。正常运用水位遇地震的上下游坝坡。

2. 稳定安全系数的采用

按照 SL 274—2020《碾压式土石坝设计规范》规定，当采用计及条块间作用力的计算方法时，坝坡稳定安全系数应不小于表 5.10 规定的数值；当采用不计条块间作用力的圆弧法计算时，对 1 级坝正常运用条件的最小安全系数应不小于 1.30，其他情况应比表 5.10 规定的数值减少 8%。

表 5.10　坝坡抗滑稳定最小安全系数

运用条件	坝的等级			
	1	2	3	4、5
正常运用条件	1.5	1.35	1.30	1.25
非常运用条件Ⅰ	1.30	1.25	1.20	1.15
非常运用条件Ⅱ	1.20	1.15	1.15	1.10

采用滑楔法计算坝坡稳定，当滑楔之间的作用力按平行于坡面和滑底斜面的平均坡度假设时，最小安全系数按表 5.10 规定采用；当作用力按水平方向假设时，安全系数参照不计条块之间作用力的圆弧法的有关规定执行。

5.4.4　坝坡稳定分析方法

坝坡稳定计算应采用刚体极限平衡法。极限平衡稳定分析时，常用条分法，有不计条间作用力和计及条间作用力两类，按滑动面形状分圆弧法和滑楔法两种。对于均质坝、土质厚斜墙坝和厚心墙坝，宜采用计及条间作用力的简化毕肖普法；对于有软弱夹层、薄斜墙坝和薄心墙坝，适采用摩根斯顿-普赖斯法。圆弧法和滑楔法计算简单，且积累了较丰富的经验，虽然理论上有缺陷，但对于一般性中低坝，仍为较实用的方法。

5.4.4.1 圆弧法

圆弧法是假定坝坡滑动面为一圆弧，取圆弧面以上土体作为分析对象。对于均质坝、厚心墙坝和厚斜墙坝，坝坡滑动面近似为圆弧形，故常采用圆弧法进行坝坡稳定分析。圆弧法是由瑞典人彼得森首先提出的，该法把分析对象分为若干个土条，计算时不考虑土条间的作用力，把滑动土体相对圆弧圆心的总阻滑力矩 M_r 与总滑动力矩 M_T 的比值定义为坝坡稳定安全系数。约四十年后，毕肖普又把安全系数定义为滑动面的抗剪强度 τ_e 与滑动面实际的剪应力 τ 之比，即 $K=\dfrac{\tau_e}{\tau}$。

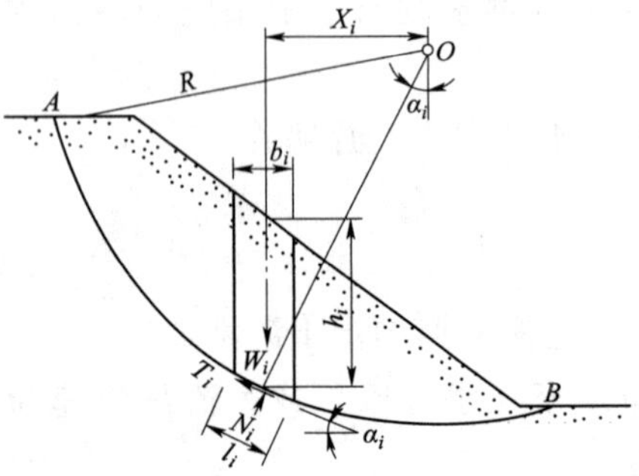

图 5.15 瑞典圆弧法计算示意图

毕肖普定义不仅使安全系数的物理意义更加明确，而且为坝坡稳定分析提供了更为广泛的途径。瑞典圆弧法由于不考虑土条间的作用力，因而计算结果一般比精确结果低 10%～20%，并且这种误差随着圆弧面的圆心角和孔隙压力的增大而增大。

1. 不计条间作用力的瑞典圆弧法

图 5.15 表示均质坝坡滑动面和其中任一土条 i 的作用力，W_i 为土条自重；N_i 及 T_i 分别表示作用在土条底部的法向反力和切向阻力。

由毕肖普对安全系数的定义有 $\tau=\dfrac{\tau_e}{K}$，τ_e 可按式（5.30）或式（5.31）计算。采用有效应力法计算时，土条底部的切向阻力 T_i 为

$$T_i=\tau_i l_i=\frac{\tau_e}{K}l_i=\frac{C'_i l_i}{K}+(\sigma_i l_i-U_i l_i)\frac{\tan\varphi'_i}{K}=\frac{C' l_i}{K}+(N_i-U_i l_i)\frac{\tan\varphi'_i}{K} \tag{a}$$

式中 N_i——为土条底部总应力的法向合力。

取土条沿底部法线方向列出极限平衡条件可得

$$N_i=W_i\cos\alpha_i \tag{b}$$

同时，各土条对圆心的总力矩应满足极限平衡条件，即

$$\sum W_i X_i-\sum T_i R=0 \tag{c}$$

把 $X_i=R\sin\alpha_i$，并将式（a）、式（b）代入式（c），得

$$K=\frac{\sum[(W_i\cos\alpha_i-u_i L_i)\tan\varphi'_i+C'_i L_i]}{\sum W_i\sin\alpha_i} \tag{5.32}$$

式中 K——坝坡稳定安全系数；

u_i——作用在土条底面的孔隙压力；

C'_i、φ'_i——土条底面采用有效应力法测定的抗剪强度指标；

其余尺寸符号如图 5.15 所示。

式（5.32）就是用有效应力抗剪强度指标表示的瑞典圆弧法的基本公式。

计算时，若采用 $b=0.1R$，则 $\sin\alpha_i=0.1i$、$\cos\alpha_i=\sqrt{1-(0.1i)^2}$，在每个滑弧计算时均为固定值，可使计算工作简化。当端土条宽度 $b'\neq b$ 时，可将该土条的实际高度 h' 换算为等效高度 $h\left(h=\dfrac{b'h'}{b}\right)$进行计算。

采用总应力法计算时，可在式（5.32）中令孔隙压力 $u_i=0$，同时把 C_i'、φ_i'换成总应力强度指标即可导出用总应力法计算的瑞典圆弧法公式。

2. 计算条块间作用力的简化毕肖普法

如图 5.16 所示，图中 E_i、E_{i+1}、X_i、X_{i+1} 分别表示土条两侧的法向力和切向力，W_i 为土条自重，N_i、T_i 分别表示土条底部的总法向反力和切向反力。

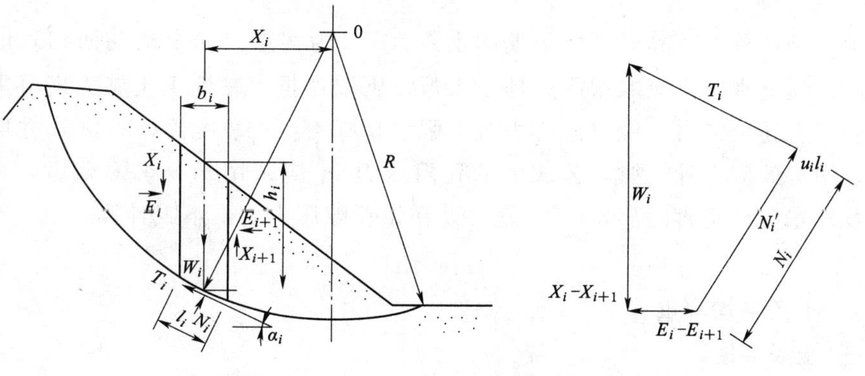

图 5.16 简化毕肖普法示意图

根据土条满足垂直方向的极限平衡条件有

$$N_i\cos\alpha_i=W_i-T_i\sin\alpha_i+X_i-X_{i+1} \tag{d}$$

同时，土条外力对圆心的总力矩也应满足极限平衡条件（条间力作用相互抵消），即

$$\sum W_iX_i-\sum T_iR=0 \tag{e}$$

把 $X_i=R\sin\alpha$ 和式（d）代入式（e）并整理得到

$$K=\frac{\sum[(N_i-u_il_i)\tan\varphi_i'+C_i'l_i]}{W_i\sin\alpha_i} \tag{f}$$

由图 5.16（b）中力的多边形平衡原理可求出：

$$\left.\begin{aligned}N_i'&=(N_i-u_il_i)=\left[W_i+(X_i+X_{i+1})-\frac{C_i'l_i\sin\alpha_i}{K}+\frac{u_il_i\tan\varphi_i'\sin\alpha}{K}\right]\frac{1}{m_{ai}}\\ m_{ai}&=\cos\alpha_i+\frac{\tan\varphi_i'\sin\alpha_i}{K}\end{aligned}\right\} \tag{g}$$

把式（g）代入式（f）并整理得毕肖普公式：

$$K=\frac{\sum\dfrac{1}{m_{ai}}[(W_i-u_ib_i+X_i-X_{i+1})\tan\varphi_i'+C_i'b_i]}{\sum W_i\sin\alpha_i} \tag{5.33}$$

式中 X_i 和 X_{i+1} 为未知量。为使问题简化，毕肖普假定 $X_i\approx X_{i+1}$，其影响可以忽略

不计，因此式（5.33）式可简化为

$$K=\frac{\sum\frac{1}{m_{ai}}[(W_i-u_ib_i)\tan\varphi_i'+C_i'b_i]}{\sum W_i\sin\alpha_i} \tag{5.34}$$

式（5.34）就是国内外广泛应用的简化毕肖普公式。式中两端均含未知量 K，故需采用迭代法或手工试算法求解。采用迭代法求解时，一般收敛较快，可以通过编写程序在计算机中运算。采用手工试算时，一般可先假设 $K=1$，代入求 m_{ai} 和 K，再用此 K 求出新的 m_{ai} 及 K，如此反复计算几次，直至假设的 K 和算出的 K 非常接近为止。

以上两组公式推导未考虑地震作用，考虑地震时，可按 SL 274—2020《碾压式土石坝设计规范》有关公式计算。

3. 讨论与分析

（1）施工期计算。计算时，施工期的土条重 W_i 为实重。如果滑动面切入地基且地基有地下水时，地下水位以上取湿重；地下水位以下取浮重。黏性填土施工期可采用总应力法计算，应用上述公式时，应将总应力抗剪强度指标 C_u、φ_u 代替 C'、φ'，并取孔隙压力为零；当采用有效应力计算时，公式中的孔隙压力 u_i 应采用 $u_0-\gamma_w z$ 代替，z 为土条底部中点至坡外水位的垂直距离，u_0 为施工期初始孔隙压力，由下式计算：

$$u_0=\gamma h\overline{B} \tag{5.35}$$

式中　γ——土条平均容重；

h——土条高度；

$\overline{B}$——孔隙压力系数，由试验确定。

（2）稳定渗流期计算。稳定渗流期应采用有效应力法计算。应用式（5.32）或式（5.34）时，式中的土条重 $W=W_1+W_2$。其中 W_1 为坡外水位以上的土条重，浸润线以上土条取湿重，浸润线与坡外水位之间的土条取饱和重；W_2 为坡外水位以下土条的浮重。另外，公式中的 u_i 采用 $u-\gamma_w z$ 代替，$\gamma_w z$ 与施工期意义相同，u 为稳定渗流期土条底部中点的孔隙压力，其值按流网图确定。如图 5.17 所示，图中任一等势线 aa' 上任意点 b 的孔隙压力等于 b 点与 a 点（该等势线与浸润线的交点）的水头压力值。

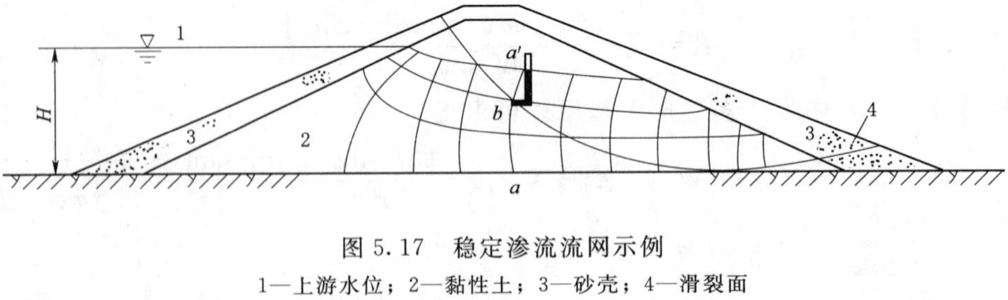

图 5.17　稳定渗流流网示例

1—上游水位；2—黏性土；3—砂壳；4—滑裂面

（3）库水位降落期计算。黏性土在库水位降落期可用总应力法计算。在应用上述公式时，应将总应力强度指标 C_{cu} 和 φ_{cu}（意义见表 5.9）代替式中的 c' 和 φ'，C_{cu} 和 φ_{cu} 按图 5.13（b）的下包线确定。式中分子和分母的土条重 W 应分别按下述方法确定：分子中 W 应采用库水位降落前的土条重，即 $W=W_1+W_2$，W_1 为坡外水位以上土条湿重，W_2 为坡外水位以下的土条浮重，u_i 应用 $u-\gamma_w z$ 代替，u 为库水位降落前土条底部中点的孔隙压力；分母中的 W 应采用库水位降落后的土条重，即 $W=W_1+W_1$，W_1 为库水位降落后坡外水位以上土条重，其中浸润线以上取湿重，浸润线与坡外水位之间取饱和重，W_2 为坡外水位以下土条的浮重。

当采用有效应力法计算时，应按库水位降落后的水位计算，土条重量 W 和孔隙压力 u_i 按稳定渗流期方法确定。

以上讨论情况适用瑞典圆弧法和简化毕肖普法。根据分析的结果，可分别导出施工期、稳定渗流期和库水位降落期 3 种工况的 12 组公式，大家不妨尝试导出，了解应用。

4. 最小安全系数的确定

具有最小安全系数的滑动面需要反复试算才能确定。黏性土由于其土粒间具有黏聚性，滑动面切入坝体或坝基一般都比较深；无黏性土则切入较浅。对于均质（包括黏性或无黏性）的简单坝坡，可认为最小安全系数对应的滑动面的圆心在坝坡中点上方一封闭的曲线形范围内（图 5.17），而且只有一个极小值点。对于非均质多土层（各层土料性质不同）的复杂坝坡，则存在着多极值问题。下面以瑞典圆弧法为例介绍均质单层土料坝坡寻找最小安全系数的试算方法。

（1）最危险滑动面的圆心位置的确定。最小安全系数对应的滑动面称为最危险滑动面。要想确定最小安全系数，首先要确定最危险滑动面圆心的大致范围。潘家铮认为，最危险滑动面的圆心位置在坝坡上方的扇形面积 $bcdf$ 范围内。该扇形可通过坝坡中点 a 引出中法线和中垂线，并以 a 点为圆心，以 $R_1=\dfrac{L}{2}$、$R_2=\dfrac{3}{4}L$（L 为坝坡在水平面上的投影长度）为半径画弧交中法线和中垂线于 b、c、d、f 点形成，如图 5.18 所示。费伦纽斯认为最危险滑动面的圆心位置在图中 M_1M_2 线的延伸线附近。图中 H 为坝高，$\beta_1=25°$，$\beta_2=35°$。在实际应用中，常把两者结合起来使用，即认为最危险滑动面的圆心位置

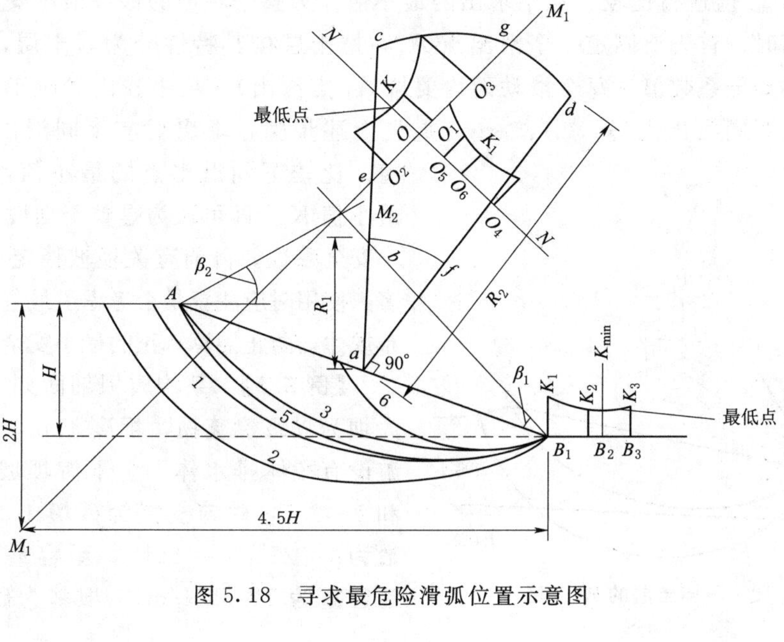

图 5.18 寻求最危险滑弧位置示意图

在M_1M_2延伸线贯入扇形面积$bcdf$的eg线附近。

(2) 最小安全系数试算。

1) 以坝脚B_1点为坝坡滑出点，在eg线上任拟三点O_1、O_2、O_3为圆心，分别画出通过B_1点的三个弧形滑动面计算K值，并按比例标在对应的圆心位置上，连成曲线，从中找出最小K值的位置O点（注：最小K值位置不一定在原拟定的圆心上）。

2) 通过O点取eg线的垂线$N—N$，在$N—N$线上任取三个圆心O_4、O_5、O_6，仿照步骤1）的方法，从中求出最小安全系数K。一般可以认为，该安全系数即为通过B_1点的最小安全系数K_1。

3) 根据坝基土质情况，在坝坡或坡外再选B_2、B_3点为坝坡滑出点，重复步骤1）和2)，又可分别求出对应于B_2、B_3点的最小安全系数K_2、K_3。

4) 把K_1、K_2、K_3按比例标在对应的位置上，连成曲线，从中求出的最小值即认为是坝坡的最小安全系数K_{min}。

从以上步骤可以看出，试算坝坡一种工况的最小安全系数，通常要求计算18个滑动面，设计时需要计算多种工况，计算工作量很大。如全部依靠手工计算非常费时费力。当前计算机在设计领域被广泛使用，这些计算都可以利用有关程序由计算机完成。

(3) 安全系数的多极值问题。多土层复杂坝坡稳定安全系数的多极值是存在的，高坝和重要工程应予考虑。早在1980年潘家铮就在《建筑物的抗滑稳定和滑坡分析》一书中指出：对于复杂的边坡，土壤是成层的，则安全系数等值线的轨迹也会出现在若干区域（见图5.19的安全系数等值曲线），每个区域都有一个低值，此时需要经过细致的分析比较，最终才能求得真正的K_{min}值。

一般而言，有多少层不同填料的土层（包括地基）就可能有多少个极小值区域。如图5.19所示，两层不同土层极小值的滑动面圆心分别为O_1和O_2。在设计中，应将所有极小值区域的K_{min}值进行比较，从中求出的最小值作为整个坝坡的最终最小安全系数。

具体计算时，首先要固定一个滑出点A_1，把土层按其特性分为若干层，分别对每一层试算其最小安全系数值（每个滑动面均要从A_1点滑出），从中找出对应于A_1点的最小值。变换若干不同滑出点A_2、A_3、…，重复上述步骤，求出对应不同滑出点的最小K值。比较不同滑出点的最小值，从中求出的最小值K_{min}即可认为是整个坝坡某种工况的最小安全系数。目前有关坝坡稳定计算的程序很多，使用时应注意是否考虑了最危险滑动面的分布规律，防止漏算真正的最小安全系数K_{min}。

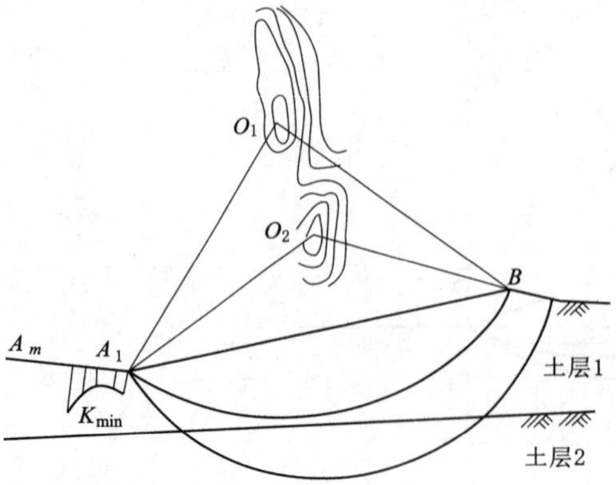

图5.19 不同土层的K_{min}区

【例5.3】 某均质坝剖面如图5.20所示，大坝为Ⅳ级建筑物，坝高15m，顶宽5m，下游设有棱体排水体。上下游坝坡分别为1∶3和1∶2.5，建筑土料为砂壤土，土体设计参数为$\phi=25°$，$c=6kPa$，湿容重为$19kN/m^3$，浮容重为$10.5kN/m^3$，坝基为砂壤土，土体参数与坝体相同。

试求上游设计洪水位（水深 $H_1=12.8$m），下游无水（下游水位与地基齐平）时下游坝坡的稳定安全系数。

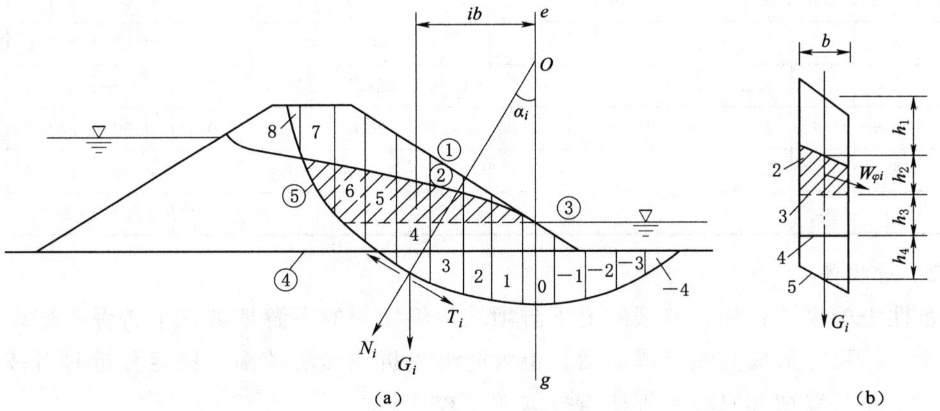

图 5.20 均质土坝坝坡稳定计算示意图

①—坝坡面；②—浸润线；③—下游水面；④—地基面；⑤—滑裂面

解：（1）按本节介绍的方法，确定危险滑弧圆心的范围，浸润线等参数如图 5.20 所示。

（2）在 eg 线上（扇形区上方）任选一点 O 为圆心，选用半径 $R=36$m，作圆弧通过下游坝脚点，初选第一个坝坡滑动体，将其分为 $b=0.1$、$R=3.6$m 的若干土条并编号。编号时，以 O 垂线为中心线，左边编号为正 1，2，3…，右边为−1，2…。

（3）列表（表 5.11）计算各土条的荷载（重力），表中 8 号土条宽度取 3.4m，高度为 2.1m，换算高度为 1.98m，但是 α 角未进行修正。下游排水体近似采用坝体参数（偏于安全）。

（4）利用前面所学的公式进行该滑弧的安全系数计算。式中 $\tan\phi=\tan25°=0.466$，弧长 $L=\pi R\beta/180°=3.14\times36\times71.5/180=44.8$（m）。

$$K_c=\frac{1066.4\times0.466+6\times44.8\div3.6}{437.1}=1.31$$

（5）按本节所述最小稳定安全系数的求法，多次重复上述计算，即可求得该坝坡的最小稳定安全系数值。

表 5.11 瑞典圆弧法滑坡稳定计算表（$h_3=0$，$\gamma_1=19$，$\gamma_2=20.5$，$\gamma_3=\gamma_4=10.5\text{kN/m}^3$）

土条编号	h_1	h_2	h_4	$h_1\gamma_1$	$h_2\gamma_2$	$h_3\gamma_3$	$h_4\gamma_4$	W_i	W_i'	$\sin\alpha$	$\cos\alpha$	$W_i\cos\varphi$	$W_i\sin\varphi$
8	1.98			37.6				135.4	135.4	0.8	0.6	81.2	108.3
7	6.1			116.0				417.6	417.6	0.7	0.71	296.5	292.3
6	5.8	1.8		110.3	36.9	18.9		465.1	529.9	0.6	0.8	372.1	317.9
5	5.4	3.2		102.5	65.6	33.6		490.0	605.1	0.5	0.87	426.3	302.6
4	5.2	3.8		98.8	77.9	39.9		499.3	636.1	0.4	0.92	459.4	254.4

续表

土条编号	h_1	h_2	h_4	$h_1\gamma_1$	$h_2\gamma_2$	$h_3\gamma_3$	$h_4\gamma_4$	W_i	W_i'	$\sin\alpha$	$\cos\alpha$	$W_i\cos\varphi$	$W_i\sin\varphi$
3	5.1	3.7		97.0	75.8	38.8		488.9	622.1	0.3	0.95	464.5	186.6
2	6.0	1.8	0.6	114.0	36.9	19.8	6.3	501.1	565.9	0.2	0.98	491.1	113.2
1	6.4		1.1	122.0			11.5	480.6	480.6	0.1	0.99	475.8	48.1
0	5.0		1.2	95.0			12.6	387.4	387.4	0	1	387.4	0
−1	3.6		1.1	68.5			11.5	288	288	−0.1	0.99	285.1	28.8
−2	1.2		0.6	22.8			6.3	104.8	104.8	−0.2	0.98	106.9	20.9
合计												3839	1573.6

5.4.4.2 滑楔法

无黏性土的坝坡，如心墙坝的上下游坝坡、斜墙坝的下游坝坡或上游保护层以及保护层与斜墙等，可能形成圆弧形滑动面，也可能形成折线形滑动面。稳定分析时可按滑楔法计算。对于厚斜墙坝和厚心墙坝还应按圆弧法校核。

按滑楔法计算时，常将滑动体以折点为界分为若干滑楔。滑楔间相互作用力的方向一般按两种方向拟定：一种是水平方向；另一种是平行于滑动斜面。前者计算的稳定安全系数比后者小。因此，假定滑楔间作用力的方向不同，对稳定安全系数的要求也不同。

1. 无黏性土坝坡稳定计算

以图5.21所示的心墙坝上游坝坡为例，假设任一滑动面ADC，折点D在坡外水位附近，一般取1/3上游水位附近。将滑动土体分为$BCDE$和ADE两块，重量分别为W_1、W_2，抗剪强度指标分别为φ_1、φ_2。滑楔间的作用力P_1按平行CD面方向假设，则$BCDE$和ADE滑块的极限平衡方程式为

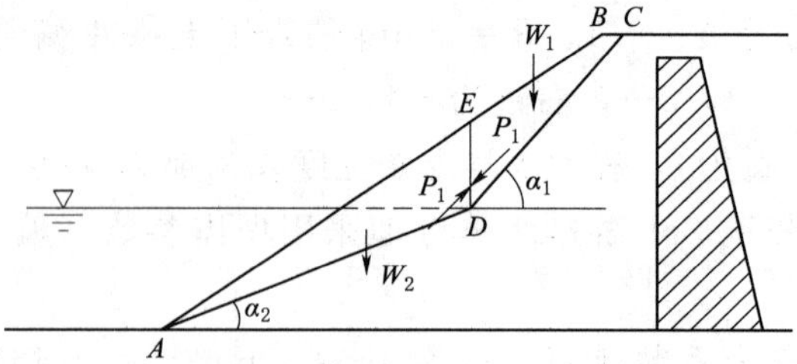

图5.21 用滑楔法计算坝坡稳定

$$P_1-W_1\sin\alpha_1+W_1\cos\alpha_1\frac{\tan\varphi_1}{K}=0 \qquad (5.36)$$

$$P_1\cos(\alpha_1-\alpha_2)+W_1\sin\alpha_2-P_1\sin(\alpha_1-\alpha_2)\frac{\tan\varphi_1}{K}-W_2\cos\alpha_2\frac{\tan\varphi_2}{K}=0 \qquad (5.37)$$

联解两式可求出安全系数K。计算时，坡外水位以上取湿重，以下取浮重。

与圆弧法相同，最小安全系数需要反复试算确定。试算时通常是先固定一水位和α_2，变动3个α_1求出对应的安全系数，建立α_1与K的关系曲线从中求出最小值。然后在相同水位下变动α_2和α_1，重复上述步骤可求出对应这一水位的最小安全系数。一般还要变动两种水位，才能最终确定坝坡在某种工况的最小安全系数。

【例5.4】 某3级黏土心墙坝，剖面尺寸如图5.22所示。已知上游坝坡系数$m_1=2.0$，坝高$H=36$m，水位如图所示。坝壳为砂砾填料，经土工试验测得其强度指标：水上部分$\varphi_1=36°$，水下部分$\varphi_2=34°$，土料湿容重为20.5kN/m³，浮容重为12.45kN/m³，地震基本烈度为5度，试计算上游水位在12.00m时的稳定系数。

解： 首先固定水位在12.0m，取D点垂线将滑动土体分为DCE和ADC两条块，条

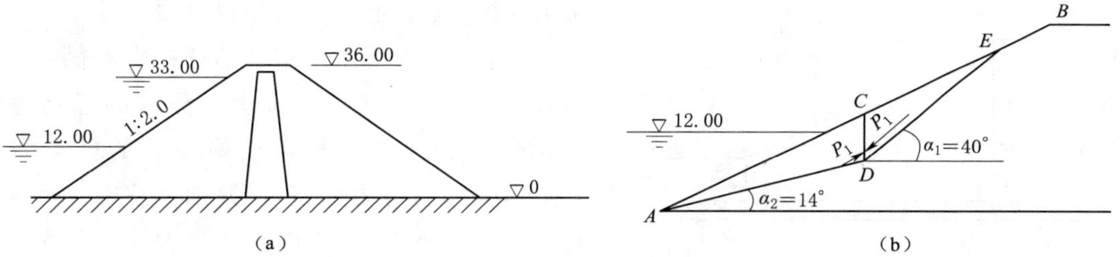

图 5.22 滑楔法算例图

(a) 黏土心墙坝横剖面图；(b) 计算示意图

块间相互作用力 P_1 按平行 ED 面方向假定，并计算两条块土重分别为 $W_1=5552.3\text{kN}$，$W_2=16836.1\text{kN}$（水上部分取湿重，水下部分取浮重）。把 α_1、α_2、$\tan\varphi_1$、$\tan\varphi_2$ 代入式（5.36）和式（5.37）可得

$$P_1-3568.9+\frac{3090.2}{K}=0$$

$$0.8988P_1+4073-\frac{1}{K}(0.2957P_1+11018.8)=0$$

联解得 $$K=1.98$$

2. 斜墙与保护层一起滑动的稳定计算

斜墙与坝体接触面是两种抗剪强度不同土料的接触面。进行稳定计算时，应计算两种情况：一是保护层沿斜墙表面滑动，二是斜墙与保护层一起沿斜墙底面滑动。前者可按无黏性土坝坡计算（但强度指标选择和分块应按下述方法确定），后者按如下方法计算。

计算不同土层接触面滑动时，应分别测得两层土料的强度指标，绘成包线如图 5.23 所示，其抗剪强度指标的确定方法为：当接触面的法向压力 p_e 小于包线 A 点的应力 σ_c 时，强度指标采用 OA 线，反之采用 AC 线。

下面以图 5.24 为例介绍斜墙与保护层一起滑动的稳定计算思路。首先应定出 e 点，使该点法向压力 $P_e=\sigma_c$。可近似取 $P_e=\bar{\gamma}h\cos\alpha_1$，其中 $\bar{\gamma}$ 为 e 点以上土体平均容重，h 为 e 点以上土柱高、α_1 为斜墙底面与水平面的夹角。e 点以上土体取坝体砂性土的抗剪强度 φ_1，以下取斜墙黏性土的 $c_2\varphi_2$、φ_2。过 e 点、g 点和 B 点把滑动体分为四块，重量分别为 W_1、W_2、W_3、W_4。假设条块间的作用力为水平方向，取各块滑楔为分析对象，可分别列出极限平衡方程式并联解即可求出安全系数 K，具体可应用有关程序上机计算。

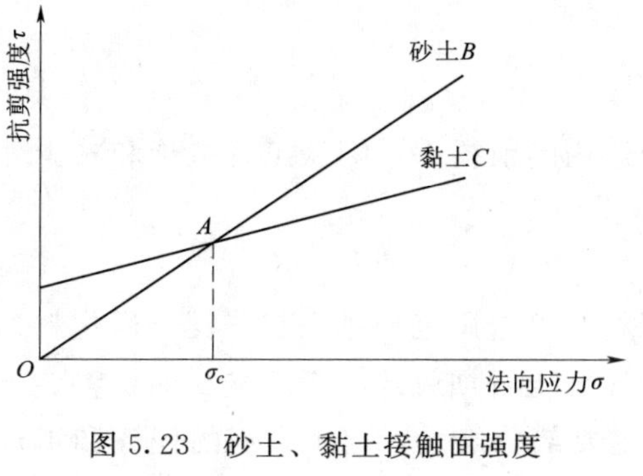

图 5.23 砂土、黏土接触面强度

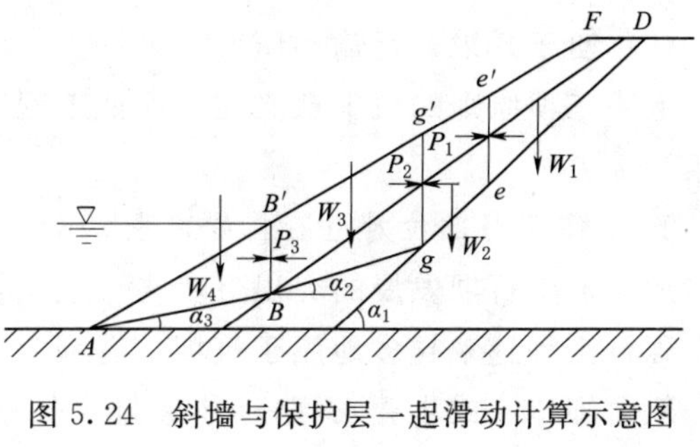

图 5.24 斜墙与保护层一起滑动计算示意图

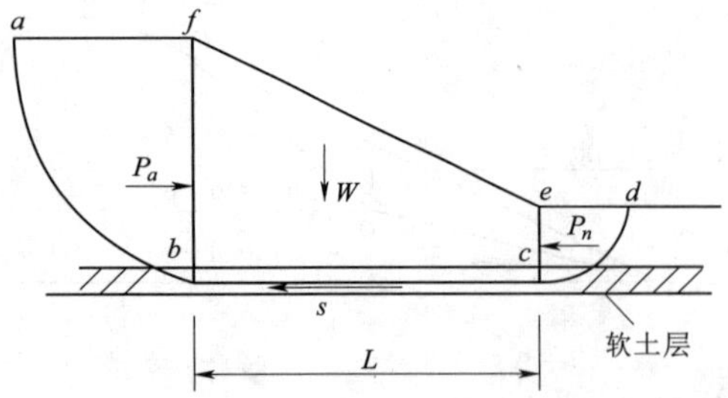

图5.25　复合滑动面稳定计算

5.4.4.3　复合滑动面的坝坡稳定计算

如图5.25所示，坝坡的任一滑动面 $abcd$，其中 ab、cd 为圆弧滑动面。分析的思路是将滑动体分为三个区域，土块 abf 的推动力为 P_a，cde 的阻滑力为 P_n，分别作用在 fb 和 ec 面上，土块 $bcef$ 产生的阻滑力为 S，作用在 bc 面上，建立稳定极限平衡方程式为

$$K=\frac{P_n+S}{P_a} \tag{5.38}$$

其中
$$S=W\tan\varphi+CL$$

式中　W——土块 $bcef$ 的实重，浸润线以上取湿重，以下取饱和重；

φ、C——软土层的抗剪强度指标；

L——bc 面水平长度。

P_a 和 P_n 的计算，也可采用条分法计算，并拟定其方向近似为水平方向，用试算法求出 P_a 和 P_n。试算时，假设一个安全系数 K，推求 P_a 和 P_n。求 P_a 时，取 abf 为分析对象，从左边土条开始；求 P_n 时，取 cde 为分析对象，从右边土条开始。求出 P_a 和 P_n 后代入式（5.38），如果求出的 K 值与假定的 K 值不同，则重新假定 K 值重复计算，逐步逼近。

5.5　土料选择与填土标准确定

5.5.1　筑坝材料选择

就地、就近取材是设计土石坝的基本原则。筑坝材料的选择应查明坝址附近各种天然土石料和枢纽建筑物开挖料的性质、种类、储量、运距等因素。

1. 筑坝土石料选择的原则

当坝址附近有多种适于筑坝的土石料时，应进行技术经济比较后选用，选择筑坝土石料应遵循下列原则：

（1）具有（或经加工后具有）与其使用目的相适应的工程特性和长期稳定性。

（2）就地、就近取材，减少弃料，少占或不占农田，并优先考虑利用枢纽建筑物的开挖弃料。

（3）便于开采、运输和压实。

上述三项原则的根本意义在于保证工程安全运用的前提下，降低工程造价和减少环境污染。

2. 坝体不同部位对土石料的要求

近年来土石坝发展的突出进步之一就是筑坝材料的选用范围越来越广泛。风化料、软岩、砾石土等越来越多地用于筑坝，有利于充分发挥土石坝就地、就近取材的优势。土石坝一般由坝体（或坝壳）、防渗体和排水体三个主要部分组成，由于它们的任务和工作条件不同，因而对土石料的要求也不同。

（1）防渗体对土料的要求。防渗土料一般可用黏性土，土中黏粒（0.005mm）含量应大于10%～15%，但也不宜太高，以免造成施工困难。防渗土料也可采用砾石土，当砾石孔隙中填满密实的黏土时，同样具有黏性土的防渗性能。有合适级配的红黏土、坡积土、湿陷性黄土或黄土状土经处理后均可作为防渗土料。风化岩或软岩开挖碾压后可压碎为透水性较小的细颗粒时，也可用作防渗土料。防渗土料应满足下列要求：

1）渗透系数要求：均质坝应不大于1×10^{-4}cm/s，心墙和斜墙应不大于1×10^{-5}cm/s。

2）水溶盐（指易、中溶盐，按质量计）含量要求：均质坝、心墙和斜墙应不大于3%。

3）有机质含量（按质量计）要求：均质坝应不大于5%，心墙和斜墙应不大于2%。

4）具有较好的塑性和稳定性。

5）浸水与失水时体积变化较小。

对塑性指数大于20和液限大于4%的冲积黏土，膨胀土，开挖、压实困难的干硬黏土，冻土和分散性黏土不宜作为防渗体的填筑土料。

我国南方分布较广的红黏土具有低可压缩性，较高抗剪强度和抗冲能力及较小的透水性，可作为防渗体的填筑土料。但用于高坝时，应对其压缩性进行论证。

湿陷性黄土或黄土状土用于填筑防渗体，压实后应不再具有湿陷性。实践证明，湿陷性黄土在合适的含水率下压实到较高的密实性，彻底破坏其原状结构才能消除其湿陷性。

砾石土用于填筑防渗体，粒径大于5mm的颗粒含量不宜超过50%，最大颗粒不宜大于150mm（一般在75～150mm之间，国内多在100mm以下），0.075mm以下的颗粒含量不应少于15%。填筑时不得发生粗料集中架空现象。

当采用含有可压碎的风化岩或软岩的砾石土作防渗料时，其级配和物理力学指标应按碾压后的级配设计。人工掺合砾石土中各种土料的掺合比例应经试验论证后才能用作防渗体土料。采用土工膜作为防渗材料时，应按土工合成材料的要求执行。

（2）坝壳土石料的要求。坝壳土石料应基本满足排水性能好、抗剪强度高、易压实和抗震稳定性良好的要求。料场开采和枢纽建筑物开挖的无黏性土（包括砂、砾石、卵石、漂石等）、石料和风化料及砾石均可作为坝壳的填筑材料，并根据材料性质用于坝壳的不同部位。

均匀中细砂和粉砂因易于产生渗透变形，一般只能用于中、低坝坝壳浸润线以上的干燥区，高坝应避免使用这种土料，地震区的土石坝更不宜采用这种土料。

下游坝壳水下部位和上游坝壳水位变化区应采用透水性能良好的土石料填筑。采用风化石料和软岩填筑坝壳时，应按压实后的级配研究确定土料的物理力学指标，并应考虑浸水后抗剪强度降低、压缩性增加等不利情况。对软化系数低，不能压碎成砾石土的风化石料和软岩宜在坝壳的干燥区填筑。

（3）反滤层、过渡层和排水体对填筑材料的要求如下：

1）质地致密、抗水性和抗风化性能满足工程运用的技术要求。

2）具有符合使用要求的级配和透水性。

3）反滤料和排水体料中粒径小于0.0075mm的颗粒含量应不超过5%。

反滤料可利用天然或经过筛选的砂砾石料，也可采用块石、砾石轧制，或采用天然和轧制的混合料。3～5级低坝经论证可采用土工布作为反滤料。

5.5.2 土料填筑标准的确定

土料的填筑要求填土有较高的密实度和均匀性，有较高的强度和较小的压缩性，在满足坝体的渗流条件和坝坡稳定要求的前提下，取得经济合理的坝体剖面。确定填筑标准时，应对下列因素进行综合研究：①坝高、坝型、坝的级别和坝的不同部位；②坝体填料特性：土石料的压实特性、填筑干容重和含水量与力学性质的关系、填料的天然干容重和天然含水率以及土石坝设计对填料的力学性质要求；③坝基土的强度和压缩性；④自然条件：当地气候对施工影响、设计地震烈度和其他动荷载作用；⑤施工条件：采用的压实机具、施工难易程度；⑥不同填筑标准对造价的影响。

1. 黏性土的填筑标准

SL 274—2020《碾压式土石坝设计规范》对黏性土的填筑标准作出如下规定：

含砾和不含砾黏性土的填筑标准以压实度和最优含水率作为控制指标，设计干容重应以击实最大干容重乘以压实度确定。对于1、2级坝和高坝的压实度应取98%～100%，3～5级坝和中、低坝应取0.95～0.98，5级坝和低坝取小值，设计地震烈度为8～9度时取最大值。对有特殊用途和性质特殊的土料，可灵活确定压实度的大小，如混凝土防渗墙顶部的高塑性土，要求能承受较大的变形，并不要求太高的压实度；又如湿陷性黄土，需要最大限度地破坏其原状结构，使其不再具有湿陷性，因而要求较高的压实度。因此，对类似上述特殊情况的土料，需要根据工程实际情况确定合适的压实度。

土石料的压实程度受击实功能的控制，同时又随含水率的大小而变化。在一定的压实功能条件下达到最佳压实效果的含水率称为最优含水率。黏性土最优含水率和最大干容重应按照GB/T 50123—2019《土工试验方法标准》规定的击实试验方法确定，对砾石土应按全料试样求取最优含水率和最大干容重。

2. 砂和砾石的填筑标准

无黏性土，如砂、砂砾石等，通过击实可提高其抗剪强度和减小压缩性，对于细、粉砂还可以防止液化。试验表明：砂、砂砾的压实程度与颗粒级配和压实功能有关，与含水率关系不大。为此，其填筑标准应以相对密度为设计控制指标。对于砂料，相对密度不应低于0.7，反滤料宜为0.7，砂砾石不应低于0.75。砂砾石中粗粒料含量少于50%时，应保证大于50%的细料（小于5mm的颗粒）的相对密度也应满足上述要求，尤其在防止地震液化时更需要这种控制。对于砂砾石，实际应用中一般根据不同级配的室内结果整理出级配-干容重-相对密度关系，以便现场挖坑取样检查时能根据测出的级配和干容重，查出相对密度是否满足要求。地震区的土石料相对密度应符合GB 51247—2018《水工建筑物抗震设计标准》的规定。

对于堆石料，宜用孔隙率为设计控制指标，孔隙率宜取0.2%～28%。

5.6 土石坝的构造

对满足抗渗和稳定要求的土石坝，尚需进一步通过构造设计来保证坝的安全和正常运用。土石坝的构造主要包括坝顶、护坡、防渗体和排水设施四个部分。

5.6.1 坝顶

坝顶可采用碎石、单层砌石、沥青或混凝土护面，4、5 级的土石坝也可以用草皮护面。当坝顶有交通要求时，坝顶护面应满足公路路面的有关规定。

为了排除降雨积水，坝顶护面可向上下游侧放坡，坡度可根据坝址降雨强度的强弱在2%～3%之间选择，并做好向下游的排水系统。

坝顶上游侧宜布置防浪墙，墙顶应高于坝顶 1.00～1.20m，墙底必须与防渗体紧密结合。防浪墙应做成坚固不透水的结构，其尺寸应根据稳定和强度条件确定，并设置变形伸缩缝和做好止水措施，如图 5.26 所示。

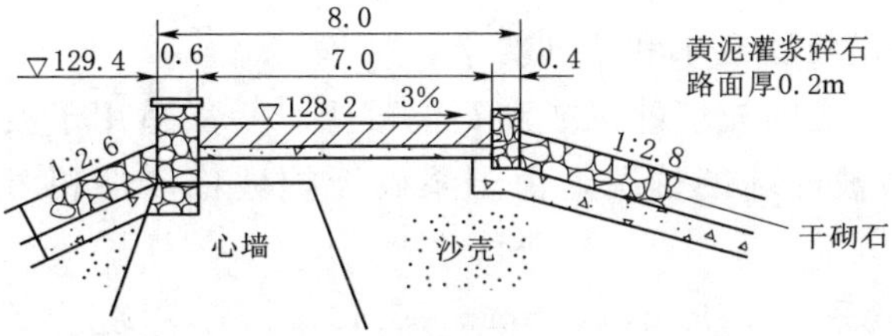

(a)

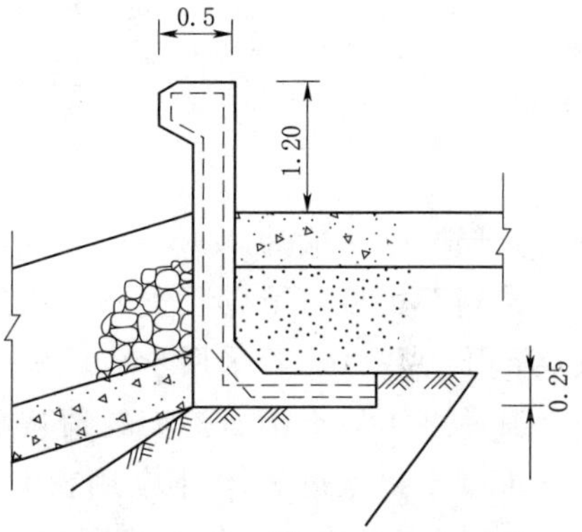

(b)

图 5.26 坝顶及防浪墙构造图（单位：m）
(a) 坝顶路面和浆砌石防浪墙；(b) 钢筋混凝土防浪墙

对于高坝或兼顾旅游功能的土石坝，下游侧或不设防浪墙的上游侧应设置栏杆等安全防护措施，特别是有旅游功能或位于城镇区域的土石坝，应按运用要求设置照明设施，建筑艺术处理应美观大方并与周围环境相互协调。

5.6.2 护坡

土石坝的上下游坝面通常都要设置护坡。设置护坡是为了保护上游坝坡免受波浪淘刷、顺坡水流冲刷、冰层和漂浮物等的危害和下游坝坡免遭雨水、冻胀干裂等主要因素的破坏，此外还有防止无黏性土料被大风吹散，蛇、鼠和土栖白蚁等野生动物在坝坡中营洞造穴对坝坡造成危害的作用。因此，坝坡表面为土、砂、砂砾石等土石料填筑时应设置专门的护坡。

1. *上游护坡*

上游坝面工作条件较差，应选择有足够抗冲能力的护坡。我国已建造的土石坝多采用堆石、干砌石和浆砌石护坡，近年来混凝土护坡采用也不少。堆石坝广泛采用堆石或抛石护坡，即在堆石填筑面上用推土机或抓石机将超径大块石置于上游坡面，这样能有利于机械化施工，可缩短工期，而且保证安全，有条件的土石坝可采用这种护坡形式。

干砌石护坡根据波浪大小可做成单层或双层，单层厚度为 0.3～0.5m，如图 5.27 (a) 所示；双层干砌石护坡厚度为 0.4～0.6m，如图 5.27 (b) 所示。当护坡与坝体土料之间不满足反滤要求时，护坡底面需设碎石或砾石垫层，防止库水位降落和波浪对坝坡的淘

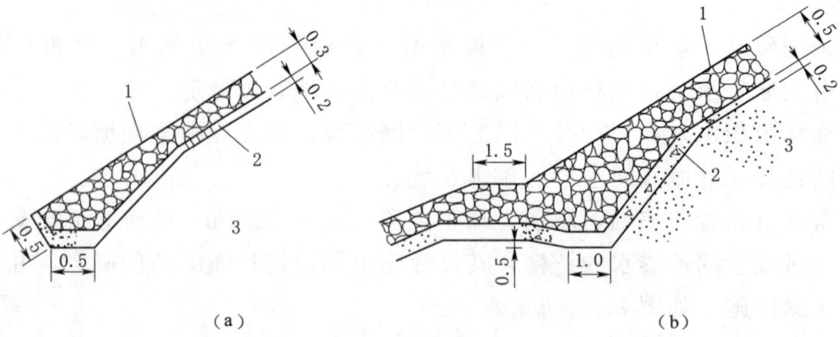

图 5.27 干砌石护坡（单位：m）

(a) 单层；(b) 双层

1—干彻石；2—砾石或碎石；3—粗砂

刷。垫层厚度一般为 0.15～0.25m，并满足反滤要求和不冻要求。

浆砌石护坡与干砌石类似，只是在块石之间充填砂浆或细石混凝土，一般适用于波浪较高、压力较大、若采用干砌石护坡容易被冲坏的情况。由于浆砌石护坡稳定性相对较好，其厚度可比干砌石护坡酌情减小。

混凝土护坡过去国外应用甚广，一般采用方形 5m×5m～20m×20m 厚度为 15～20cm 的现浇板块。近年来我国也使用不少，如碧口、刘家峡黄山副坝、陆浑等工程，使用效果都较好，在石料缺乏的地区可考虑采用。我国采用的混凝土或钢筋混凝土护坡有现浇和预制两种形式，厚度一般为 15～20cm。平面尺寸，现浇式有（10～15）m×(10～15）m，预制式有（1.5～3.0）m×(1.5～3.0）m 板块或厚度约为 10cm 的六角形板，如图 5.28 所示。其他型式的护坡，如沥青混凝土护坡和水泥土护坡，可参考有关文献论述，在此不再赘述。

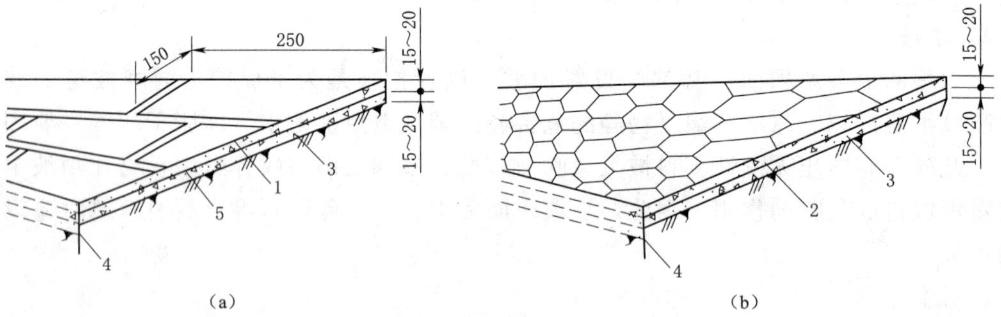

图 5.28 混凝土板护坡（单位：cm）

(a) 矩形板；(b) 六角形板

1—矩形混凝土板；2—六角形混凝土板；3—碎石或砾石；4—木板柱；5—结合缝

2. 下游坝坡

下游坝坡工作条件相对上游坝坡好些，一般宜简化设置。下游护坡形式一般有草皮护坡、单层干砌石护坡、卵石或碎石护坡和钢筋混凝土框格填石护坡等。

草皮护坡是均质坝常见的护坡形式，国内应用较普遍，若坝面排水布置合理，则护坡效果良好，而且可以美化环境。草皮护坡的草苗宜采用爬地草或矮草，以减少日常维护工作。若坝坡为无黏性土时，则可在草皮下铺一层20～30cm厚的腐殖土，以利于草的生长。

干砌石护坡国内过去使用较多，一般采用单层干砌形式，厚度为0.2～0.3m，通常在石料丰富且砌石费用便宜的地区考虑采用。这种护坡用于下游坝面，费工费料，除少数旅游地区外，没有必要采用。

卵石或碎石护坡适用于由砂或砾石填筑的下游坝坡，护坡卵石或碎石的粒径应为5～10cm，厚度40cm。

钢筋混凝土框格填石护坡适用坝坡较陡、仅仅采用卵石或碎石护坡不稳定且不适宜采用草皮护坡的情况。框格尺寸一般为（4～5）m×（4～5）m，框条宽0.2m，厚0.3m，在框格中填卵石或碎石。

采用干砌石、浆砌石、卵石或碎石、沥青混凝土以及钢筋混凝土护坡（包括上游和下游护坡），护坡底部都应设置碎石或砂、砂砾石垫层，垫层厚度为15～30cm。冰冻严重的地区，垫层厚度还应满足坝坡不冻要求。堆石、干砌石护坡与被保护的土料之间不满足反滤要求时，垫层应按反滤要求设置。为了消除护坡底面积水、降低坝体浸润线和护坡底面扬压力，现浇混凝土或钢筋混凝土、沥青混凝土和浆砌石护坡均应预留排水孔，排水孔之间的间距应根据渗水多少而定。

护坡的范围应根据水位变化情况和坝坡工作条件而定。上游护坡，上部自坝顶开始（如设防浪墙时应与防浪墙连接），下部伸至死水位以下不小于2.50m（4、5级坝可减至1.5m），最低水位不确定时应护至坝脚。下游坝坡应由坝顶护至排水体顶部，无排水体时也应护至坝脚。

3. 坝面排水

除了干砌石或堆石护坡之外，下游坝坡均须设置坝面排水，排水应包括坝顶、坝坡、坝头及坝下游等部位的集水、截水和排水措施。同时，坝坡与岸坡连接处也应设排水沟，其集水面积应包括岸坡积水面积在内。

坝面排水系统的布置（图5.29）、排水沟的尺寸和底坡应由计算确定。排水系统应纵横贯通，有马道时，纵向排水沟宜设在马道内侧，竖向排水沟可每隔50～100m设一条。排水沟的横断面可用混凝土浇筑或浆砌石砌筑，一般断面尺寸应不小于深0.2m，宽0.3m。

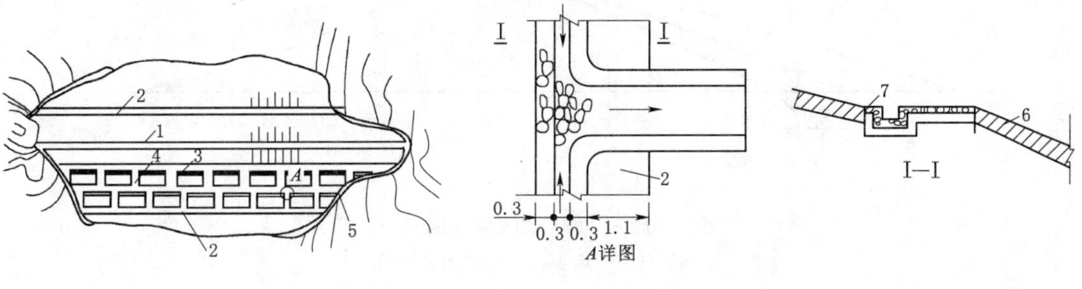

图5.29 坝面排水布置图（单位：m）

1—坝顶；2—马道；3—纵向排水沟；4—横向排水沟；5—岸坡排水沟；6—草皮护坡；7—浆砌石排水沟

5.6.3　防渗体

防渗体按其填筑材料分类可分为土质防渗体和非土质材料防渗体，其中土质防渗体包括黏性土心墙和斜墙等；非土质材料防渗体包括沥青混凝土、钢筋混凝土心墙、斜墙、面板和复合土工膜等。

1. 土质防渗体

土质防渗体在土石坝中应用最为广泛，是由渗透系数满足设计要求的土料填筑，一般以黏性土，含砂、砾石黏性土和壤土最为普遍。土质防渗体的断面尺寸应根据下列因素研究确定：①防渗体土料的数量和质量（包括允许比降、塑性和抗裂性能等）；②防渗体土料底面坝基的性质和处理措施；③土料施工难度及防渗土料与坝壳土料的比价关系；④库区设计地震烈度。

实践证明，土质防渗体（包括斜墙和心墙）的断面（图 5.30）及厚度取决于防渗体土料的允许比降，在设计中通常采用渗流平均允许比降 [J] 作为控制条件，并由最大作用水头 H 与允许比降的比值计算，即 $B=H/[J]$。从理论上来说，允许比降应由理论公式或试验求得临界比降并除以安全系数确定。但是，理论计算的防渗体断面可能太薄，对抗震抗裂不利。为此，根据实际工程经验提出的心墙允许比降不宜大于 4.0，斜墙不宜大于 5.0，据此可求出土质防渗体底部的厚度。由于反滤层设计理论的不断完善，允许比降有逐步加大的趋势。如挪威的斯伐提文心墙坝，坝高 125m，取 [J] $=5.0$；加拿大的肯尼斜墙坝，坝高 85m，取 [J] $=5.3$；国内的窄口水库黏土心墙坝，坝高 77m，取 [J] $=6.4$m；陆浑水库斜墙坝，坝高 55m，取 [J] $=6.9$。

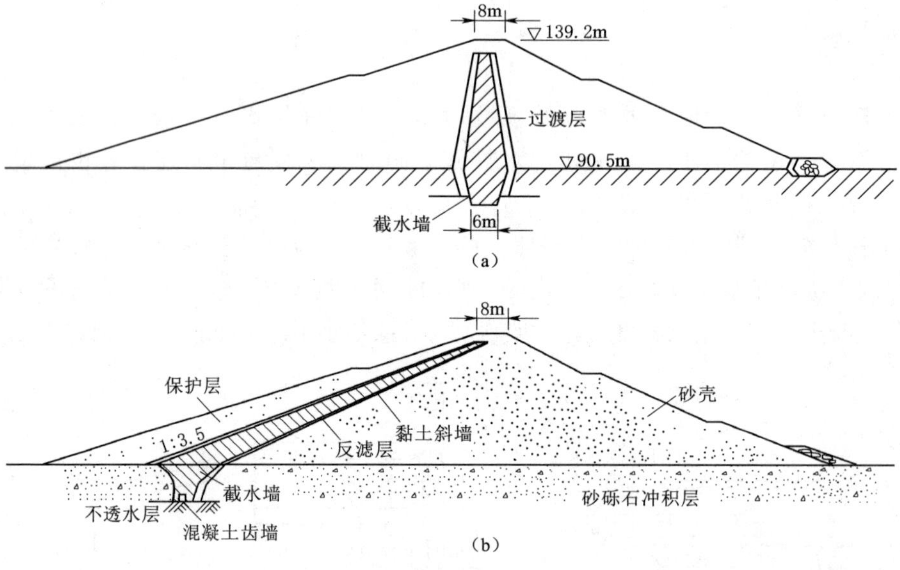

图 5.30　土质防渗体坝断面示意图

(a) 黏土心墙坝；(b) 黏土斜墙坝

土质防渗体顶部厚度应适应机械化施工要求，最小厚度宜取 3.0m。为了防止防渗体的冻裂和干缩，心墙的顶部、斜墙的上游墙面和顶部都应设保护层，其厚度应根据库区冰冻深度和干缩深度而定，但不得小于 1.0m。土质防渗体与坝壳的上下游接触面，如不能满足反滤要求，均须设置反滤层。防渗体下游由于渗透比降较大，一般情况下应按反滤要求认真设计反滤层，但防渗体上游反滤层可适当简化。当反滤层总厚度不能满足过渡要求时，可加厚反滤层或设置过渡层。

2. 非土质材料防渗体

(1) 沥青混凝土防渗体。沥青混凝土具有较好的塑性和柔性，适应变形能力和防渗性能较好。当沥青混凝土的孔隙率为 2%～5%时，渗透系数为 10^{-7}～10^{-10}cm/s，在坝址附近缺乏防渗土料或采用土料防渗体造价较高时，可考虑采用沥青混凝土作心墙或斜墙防渗体。沥青混凝土心墙多用于堆石坝，砂砾石坝也有采用，但一般以中低坝居多。如陕西的石砭峪堆石坝、甘肃的党河水库大坝和北京的半城子坝均采用沥青混凝土作为防渗体。

沥青混凝土防渗体可做心墙或斜墙形式。心墙的断面可以做得很薄，其厚度通常取 40～125cm。对于中低坝，其底部厚度可采用坝高的 1/40～1/60，顶部可以减小，但不应小于 30cm。如党河水库沥青混凝土心墙坝，坝高 58m，心墙底部厚度为 1.5m，顶部为 0.5m。

沥青混凝土斜墙坝采用较多，早期的沥青混凝土斜墙做成双层式，即在两层密实的沥青混凝土防渗层之间夹一层由贫混凝土铺成的排水层，如图 5.31 (a) 所示，其作用是排除渗过首层防渗层的渗水，但效果并不明显。近年来许多工程都倾向于采用简单的单层式沥青混凝土斜墙，如图 5.31 (b) 所示。

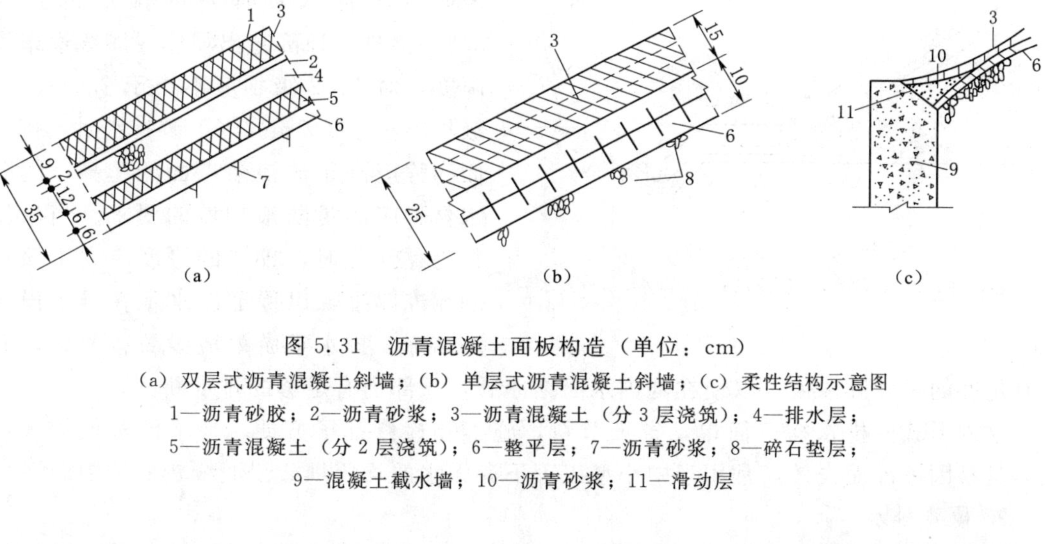

图 5.31 沥青混凝土面板构造（单位：cm）

(a) 双层式沥青混凝土斜墙；(b) 单层式沥青混凝土斜墙；(c) 柔性结构示意图

1—沥青砂胶；2—沥青砂浆；3—沥青混凝土（分 3 层浇筑）；4—排水层；5—沥青混凝土（分 2 层浇筑）；6—整平层；7—沥青砂浆；8—碎石垫层；9—混凝土截水墙；10—沥青砂浆；11—滑动层

斜墙铺筑在坝体上游坝面的垫层上，垫层一般由碎石或砾石填筑，最大粒径应不超过沥青混凝土骨料最大粒径的 7～8 倍。垫层厚度 1～3m，其作用是调节坝体变形，其上铺一层厚度为 3～4cm 的沥青碎石层作为斜墙的基垫。斜墙本身由密实的沥青混凝土浇筑而成，厚度约为 20cm，分层铺压，每层厚 3～6cm。为了延缓沥青混凝土的老化时间和增加防渗效果，一般还应在斜墙表面涂一层沥青玛蹄脂保护层。

按照施工要求，沥青混凝土斜墙的坡度应缓于 1∶1.6～1∶1.7，斜墙与坝基防渗结构连结周边应做成适应变形错动的柔性结构，如图 5.31 (c) 所示。

(2) 钢筋混凝土面板。采用钢筋混凝土作为防渗体，在堆石坝中应用较多，少量土坝也有采用。防渗体的型式以面板居多，也有用作心墙防渗体的。如广东飞来峡水库的副坝就是用钢筋混凝土做成心墙防渗体的土坝。关于钢筋混凝土面板的设计要求将在堆石坝中介绍。

3. 复合土工膜

利用土工膜作为坝体防渗体材料可以降低工程造价，而且施工方便快速，不受气候影响。对 2 级及其以下的低坝，经论证可采用土工膜代替黏土、混凝土或沥青等，作为坝体的防渗体材料。如云南楚雄州塘房庙堆石坝，坝高 50m，采用复合土工膜作为防渗材料，布置在坝体断面中间，现已竣工运行。土工膜防渗体的设计等内容详见 5.10 节。

5.6.4 排水设施

土石坝虽然设置防渗设施拦截渗水，但仍有一定的水量渗入坝体内。因此，应设置排水设施，将渗水有计划地排出坝外，以达到降低坝体浸润线和孔隙压力、改变渗流方向、防止渗流逸出区域产生渗透变形、保证坝坡稳定和保护坝坡土层不产生冻胀破坏的目的。

为使坝体排水设施满足运用条件，坝体排水应满足以下三点要求：①排水体能自动地向坝外排出全部渗水；②排水体应便于观测和检修；③排水体应按反滤要求设计。常用的排水设施有以下几种：

1. 贴坡排水

贴坡排水又称表面排水，它是在下游坝坡底部区域用石块或卵石加反滤层铺砌在坝坡表面（不伸入坝体）的排水设施（图 5.32）。排水顶部超出坝体浸润线逸出点的高度，对 1、2 级坝应不小于 2.0m，3～5 级坝不小于 1.5m。当下游有水时，排水顶面高程应高于波浪沿坡面的爬高，同时排水材料应满足防浪护坡的要求。当坝体土料为黏性土时，排水的厚度应大于该地区的冰冻厚度，以保证渗水不在排水设施内部结冻。排水下游处应设置排水沟，并应具有足够的尺寸和深度，以便在沟内水面结冰后，下部仍有足够的排水断面。

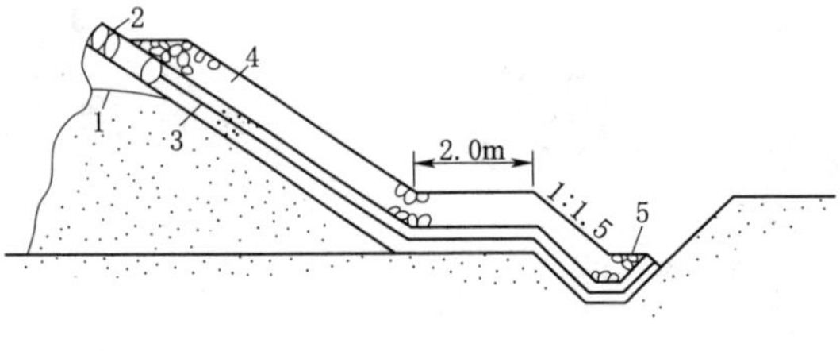

图 5.32　贴坡排水

1—浸润线；2—护坡；3—反滤层；4—排水；5—排水沟

这种形式的排水构造简单，省工节料，施工和检修都很方便，但不能降低坝体浸润线，且易因冰冻而失效，常用于中小型工程下游无水的均质坝或浸润线较低的中低坝。

2. 棱体排水

棱体排水又称滤水坝趾，它是在下游坡脚处用块石堆筑而成的排水设施，如图 5.33 (a) 所示。其顶部高程应使坝体浸润线距下游坝面的距离大于该地区的冰结深度，并应满足波浪爬高的要求。其高出下游水位的高度，对 1、2 级坝应不小于 1.0m，3～5 级坝不小于 0.5m。排水顶部宽度应根据施工和观测的要求确定，一般为 1.0～2.0m，最小不宜小于 1.0m。

排水的内坡由施工条件确定，一般为 1∶1.0～1∶1.5，外坡根据坝基的性质和施工要求采用，一般为 1∶1.5～1∶2.0。为使逸出段的渗透比降分布均匀，在非岩性坝基上的棱体排水，应避免在棱体上游坝脚处出现锐角，宜做成图 5.33（a）所示的形式。

棱体排水是一种可靠的排水设施，它可以降低坝体浸润线，防止坝体发生渗透破坏和坝坡冻胀，在下游有水时可防止波浪淘刷。当坝基强度较高时，还可以增加坝坡的稳定性。但需要的石料较多，造价也相对较高，且与坝体施工有干扰，检修有一定的困难。

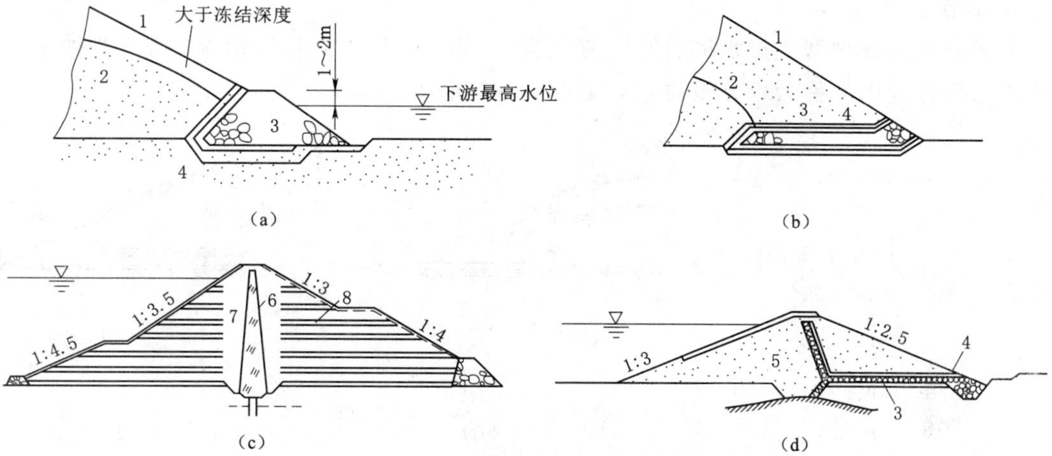

图 5.33 排水体的型式

（a）棱体排水；（b）褥垫式排水；（c）坝内水平排水；（d）坝内竖向排水

1—坝坡；2—浸润线；3—排水；4—反滤层；5—砂壤土坝体；

6—黏土心墙；7—黏性土坝体；8—砾卵石水平排水

3. 坝内排水

坝内排水包括水平排水、竖式排水、网状排水带、排水管等。

（1）水平排水。水平排水有布置在坝基面上的褥垫式排水和沿坝体不同高程布置的坝内水平排水层，如图 5.33（b）、（c）所示。

褥垫式排水是沿坝基表面由块石铺成的水平排水层。其伸入坝体内的深度一般不宜超过坝底宽的 1/4～1/3，纵坡取 0.05～0.1，块石厚度为 0.4～0.5m，并通过渗流计算进行验算。这种排水能有效地降低坝体浸润线，防止土体的渗透破坏和坝坡土的冻胀，增加坝基的渗透稳定，造价也较低，在下游无水时是一种较好的排水设施。缺点是不易检修，施工时容易堵塞。布置在上游坝壳不同高程的坝内水平排水层，其目的是在库水位降落时，改变上游坝壳渗流方向，降低孔隙压力，以增加上游坝坡在库水位降落时的稳定性。下游坝壳的水平排水层有助于孔隙压力的消散和降低浸润线，对均质坝或坝壳采用透水性弱土料填筑的下游坝坡的稳定性有利。其设置位置、层数、厚度和伸入坝体内长度应根据渗水量大小确定，排水层厚度不宜小于 0.30m，并满足反滤层最小厚度要求。

（2）竖式排水。竖式排水［图 5.33（d）］包括直立式排水、上昂式排水和下昂式排水等。设置竖式排水的目的，是使渗入坝体的渗水通过竖式排水自由顺畅地排向下游，保持坝体干燥，有效降低坝体浸润线，防止渗透水流从坝坡逸出。许多均质坝采用风化料或砾石土筑成，常因土料的不均匀性而形成局部的渗透通道，使浸润线升高，甚至浸润线在下游坝坡排水体以上逸出，造成险情。即使是相对均质的土料，因水平碾压致使水平向渗透系数大于垂直向渗透系数，由此而使实际浸润线比计算情况偏高。一般的竖式排水顶部通至坝顶附近，底部与坝底的褥垫式排水层连接，通过褥垫式排水排向下游。这是近年来开始采用的控制渗流的有效排水方式，对于均质坝和下游坝壳采用强透水性材料填筑的土石坝，宜优先选择这种排水型式。

4. 综合型排水

为充分发挥各种型式排水的优点，在实际工程中，常根据具体情况将 2～3 种不同型式的排水组合应用，称为综合型排水，如图 5.34 所示。

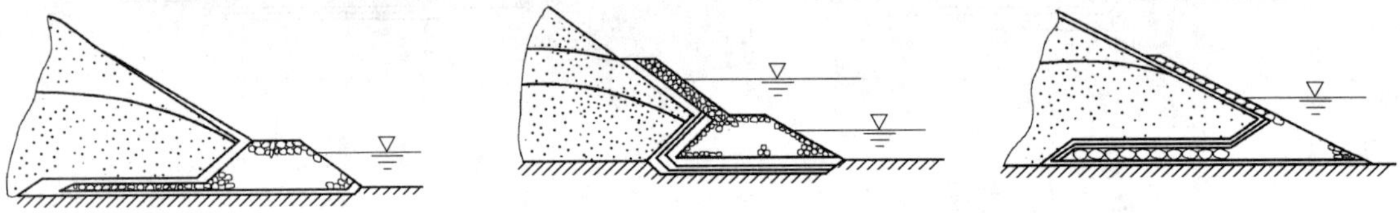

(a)　　(b)　　(c)

图 5.34　综合式型排水

(a) 水平排水；(b) 竖式排水；(c) 水平加竖式排水

例如：当下游高水位持续时间较长时，为节省石料，可考虑在下游正常水位以上用贴坡排水，以下用棱体排水；当浸润线较高采用棱体排水难以满足设计要求且下游有水时，可采用褥垫式排水与棱体排水组合或采用贴坡、棱体和褥垫式组合型排水型式。

5.7　土石坝的地基处理

土石坝的主要优点之一是对地基适应能力较强，几乎在各类地基上都可建造土石坝。但是，土石坝多数建在土基上，土基的承载力、强度和抗变形、抗渗能力远比岩基差。因此，对坝基处理的要求也丝毫不能放松。据国外资料统计，土石坝失事约有 40%是由于地基问题引起的，可见土石坝的地基处理也是相当重要的。土石坝地基处理应满足如下三个方面的要求：①控制渗流，要求经过技术处理后的地基不产生渗透变形和有效地降低坝体浸润线，保证坝坡和坝基在各种情况下均能满足渗透稳定要求，并将坝体的渗流量控制在设计允许的范围内；②控制稳定，通过处理使坝基具有足够的强度，不致因坝基强度不足而使坝体及坝基产生滑坡，软土层不致被挤出，砂土层不致发生液化等；③控制变形，要求沉降量和不均匀沉降控制在允许的范围内（竣工后，坝基和坝体的总沉降量一般不应大于坝高的 1%），以免影响坝的正常运行。

5.7.1　砂砾石地基处理

常见的砂砾石地基，其河床段上部多为近代冲积的透水砾石层，具有明显的成层结构特性。这种地基的强度一般较大，压缩性也较小，即使建造高坝，其承载力一般也是足够的，因而对这种地基的处理主要是控制渗流。渗流控制的思路是“上铺、中截、下排”。上铺是在上游坝脚附近铺设水平防渗铺盖。中截是在坝体底部中上游布置截水设施，两者目的就是延长渗径，拦截渗流，降低渗透比降和减少渗流量；垂直截渗措施往往是最有效和最可靠的方法。下排就是在渗流出口段布置排水减压设施，使地基的渗水顺畅自由地排出地面，达到滤土、排水、降压的目的，避免地基发生渗透失稳。

5.7.1.1 垂直截渗措施

垂直截渗措施包括明挖回填黏土截水槽、混凝土防渗墙和帷幕灌浆等。

1. 黏土截水槽

明挖回填黏土截水槽是一种结构简单、工作可靠、截渗效果好的防渗措施，当砂砾土层深度在 15m 以内时，应优先考虑采用这种措施。截水槽的位置一般设在大坝防渗体的底部（均质坝则多设在靠上游 1/3～1/2 坝底宽处），横贯整个河床并伸到两岸。黏土截水槽的底宽应按回填土料的允许比降确定（一般砂壤土的允许比降取 3.0，壤土取 3.0～5.0，黏土取 5.0～10.0），一般取 5～10m，并满足施工最小宽度 3.0m 的要求。

当黏土截水槽底部与相对不透水土层接合时，其插入相对不透层的深度应不小于 0.5m（图 5.35），伸入相对不透水层的渗径长度应大于最大工作水头与土料允许坡降的比值 H/J。

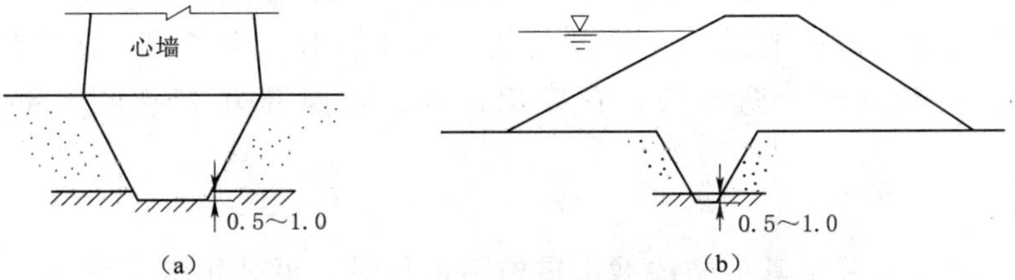

图 5.35 黏土截水槽底部要求（单位：m）
(a) 心墙坝；(b) 均质坝

当黏土截水槽底部与岩基接合时，容易发生接触冲刷，应妥善处理。除了渗径应满足设计要求（同上）以外，一般还应在岩石表面喷一层水泥砂浆后再回填黏土。黏土截水槽上部与坝体防渗体连成整体，下部与岩基或不透水土基紧密结合，形成一个从上到下、从河床到两岸的完整截渗体系。

2. 混凝土防渗墙

当地基砂砾石层深度为 15～80m 时，采用混凝土防渗墙截渗是比较有效和经济的措施（图 5.36）。一般做法是用冲击钻沿坝基防渗轴线分段建造深窄式槽形孔直至基岩，以泥浆固壁，在槽内按水下混凝土浇筑方法构成一道连续的混凝土防渗墙。这种防渗方法不需要大量开挖，具有施工进度较快、造价较低、防渗效果较显著的优点。

混凝土防渗墙的厚度由坝高和防渗墙的允许渗透比降、墙体溶蚀速度和施工条件等因素确定，其中施工条件和坝高起决定性作用。根据国内已建工程经验，一般允许比降以 80～100 为宜，并由最大工作水头除以允许比降校核墙的厚度。从混凝土溶蚀速度方面考虑，混凝

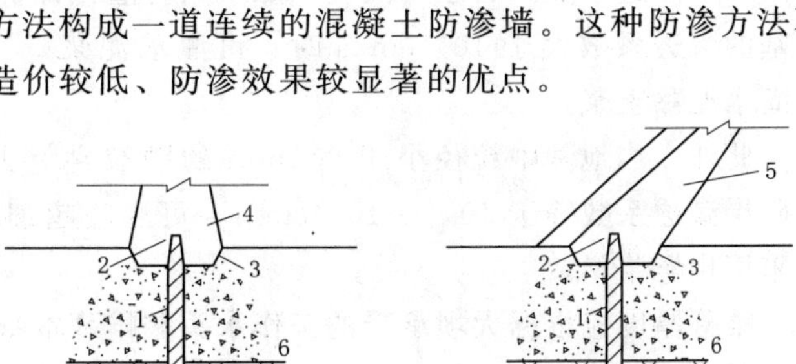

图 5.36 混凝土防渗墙顶部与防渗体的结合
1—防渗墙；2—楔形体；3—高塑性黏土；4—黏土心墙；5—黏土斜墙；6—砂砾层；7—基岩

土在渗水作用下带走游离氧化钙而使强度降低，渗透性增加，因此，可按其强度50%的年限审核墙体厚度。从施工条件和坝高方面考虑，利用冲击钻造孔，1.3m直径钻具的重量已近极限，所以国内已建工程一般将墙体厚度控制在0.6～1.3m的范围内。另外，造墙的工期和造价由钻孔和浇筑混凝土两道主要工序控制，薄墙钻孔数量增大而混凝土量减少，厚墙则反之，两者有一个最佳的经济组合。按已有经验，墙厚小于0.6m时，减少的混凝土量已不能抵偿钻孔量增加的代价，经济上已不合理。因此，采用冲击钻施工方法，当坝较高、水头较大时，应采用两道墙，最小厚度不小于0.6m。

防渗墙顶部和底部是防渗的薄弱部位，应慎重处理。为此要求防渗墙墙顶应做成光滑的楔形，插入土质防渗体的深度为1/10坝高，其中高坝可适当降低，或根据渗流计算确定；低坝应不小于2.0m，并在墙顶填筑含水率大于最优含水率的高塑性土区。墙底应嵌入基岩0.5～1.0m，对风化较深和断层破碎带处，可根据坝高和断层破碎情况适当加深。

高坝深砂砾石层的混凝土防渗墙，应进行应力应变分析核算墙的应力，为选择混凝土的强度提供依据。墙体除了应具有设计要求的强度外，还应具有足够的抗渗性和耐久性，为此可在混凝土内掺入适量的黏土、粉煤灰及其他外加剂。为了保证防渗墙的施工质量，对高坝深砂砾石层的混凝土防渗墙，宜采用钻孔、物探等方法做强度和渗透性的质量检查。

3. 灌浆帷幕

当砂砾石层很深或采用其他防渗截水措施不可行时，可采用灌浆帷幕，或在深层采用灌浆帷幕，上层采用明挖回填黏土截水槽或混凝土防渗墙等方法截渗。

在确定灌浆帷幕防渗前，应对地基的可灌性和可灌何种料浆进行评估，可灌性应通过室内及现场试验最终确定。

（1）可灌比M。

$$M=\frac{D_{15}}{d_{85}} \tag{5.39}$$

式中　D_{15}——受灌地层中小于该粒径的土重占总土重的15%，mm；

d_{85}——灌注材料中小于该粒径的土重占总土重的85%，mm。

当$M>15$时，可灌水泥浆；$M>10$时可灌水泥黏土浆。

（2）渗透系数。关于可灌性，除了用可灌比评价之外，也可用渗透系数进行评估。当地基的渗透系数大于10^{-1}cm/s时，可灌水泥浆；当地基的渗透系数大于10^{-2}cm/s时，可灌水泥黏土浆。

此外，当地基中粒径小于0.1mm的颗粒含量少于5%时，一般能灌注水泥黏土浆；当砂层渗透系数等于10^{-3}～10^{-4}cm/s，可灌注超细水泥；对所有的砂层和砂砾石层，均可采用化学浆材。

帷幕厚度应根据大坝承受的工作水头和帷幕本身的渗透比降确定，可按下式计算：

$$T=\frac{H}{J} \tag{5.40}$$

式中　T——帷幕厚度，m；

H——最大设计水头，m；

J——帷幕的渗透比降，对一般水泥黏土浆可取3～4。

对深度较深的多排帷幕，根据渗流计算和已建工程经验，灌浆厚度可沿深度逐渐减薄。多排帷幕灌浆的孔距和排距应通过现场灌浆试验确定，初拟时可选用2～3m，排数可根据帷幕厚度确定。

帷幕底部伸入相对不透水层的深度，对于高中坝应不小于5m，低坝可酌情减小；当相对不透水层较深时，可根据渗流分析并结合已建类似工程研究确定。

近20年来，我国发展了高压定向喷射灌浆新技术，主要设备有高压水泵、空气压缩机和泥浆泵。工作原理是：将30～50MPa的高压水和0.7～0.8MPa的压缩空气输送到钻入土体内的喷嘴，（喷嘴直径2～3mm），形成流速为100～200m/s的射流，扰动和切割地层形成缝槽，同时由1.0MPa左右的压力把水泥浆液由钢管输送到另一喷嘴，充填缝槽并渗入缝壁砂砾石地层中，凝结后构成地下连续防渗墙。根据实际监测资料分析，这项技术用于处理砂砾石地基也较适宜，具有设备简单、施工速度快、造价较低的优点，在高层建筑基坑开挖防渗中应用也较广泛。

5.7.1.2 水平防渗铺盖

铺盖的作用是延长渗径，从而使坝基渗漏损失和渗流比降减小至允许范围内。当坝基砂砾石透水层深厚，采用其他防渗措施从经济上不够合理时可考虑。采用黏性土铺盖防渗，因可就地取材，施工简单，多用于中小型工程。采用黏性土铺盖防渗成功的实例不少，但也有失败的。因此，对高坝或地层复杂的情况一定要慎重。如巴基斯坦的塔贝拉坝，坝高148m，用黏性土铺盖防渗，铺盖长2.12km，最大厚度12.8m，最小厚度4.5m，虽然多次发生陷坑，但经过维修还是发挥了防渗作用。

黏性土防渗铺盖是从坝身防渗体向上游延伸，多用于斜墙坝，如图5.37所示。其长度和厚度应根据水头、透水层厚度以及铺盖和坝基土的渗透系数通过试验或计算确定。铺盖的厚度一般应由上游向下游逐渐加厚，前端最小厚度可取0.5～1.0m，任意截面厚度由下式确定：

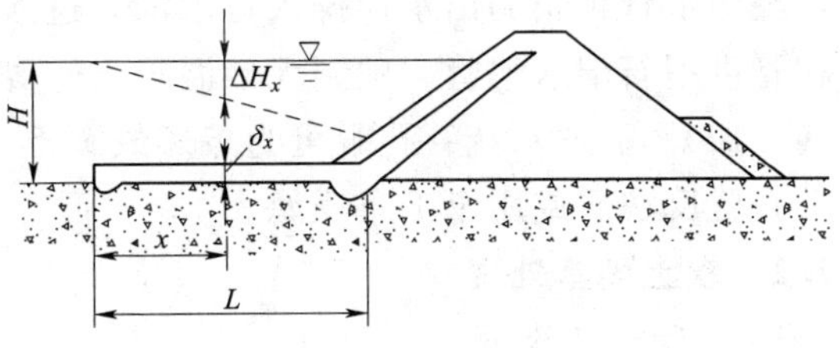

图5.37 黏性土防渗铺盖示意图

$$\delta_x=\frac{\Delta H_x}{J} \tag{5.41}$$

式中 δ_x——任一断面铺盖厚度，m；

ΔH_x——任一断面铺盖上、下面水头差，m；

J——铺盖土料的允许比降，黏土$J=5\sim10$，壤土$J=3\sim5$。

铺盖的长度主要取决于下卧土层的允许比降，国内已建工程一般取设计水头的4～6倍，个别工程最大取至11倍水头。

铺盖与坝基接触面应平整、压实。当铺盖与地基土之间不满足反滤要求时，应设反滤层。铺盖应采用相对不透水土料填筑，其渗透系数应小于坝基土砂砾石层的100倍，并应小于1×10^{-6}cm/s，在等于或略高于最优含水率下压实。小型工程或低坝，经技术论证后也可采用土工膜作防渗铺盖。

5.7.1.3 排水减压措施

当采用铺盖防渗时，由于其不能有效地拦截渗水，可能引起坝下游地层的渗透变形或沼泽化。因此，采用铺盖防渗或采用其他措施防渗效果较差时，可在下游坝脚或以外处配套设置排水减压措施，如图5.38所示。

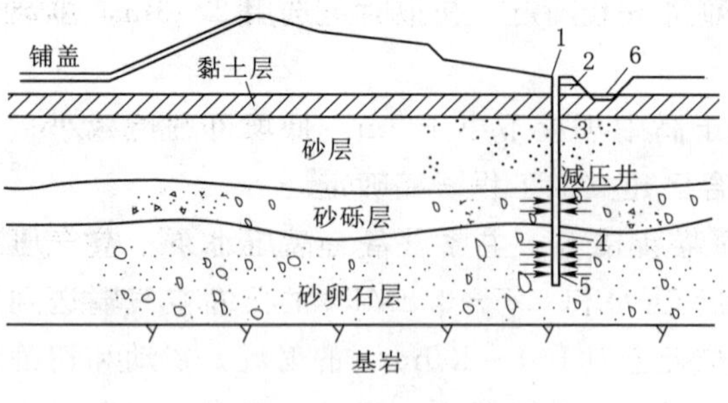

图5.38 排水减压井

1—混凝土井帽；2—出水口；3—导水管；4—进水花管；5—沉淀管；6—排水沟

对于双层结构透水地基，当表层为不太厚的弱透水层且其下卧透水层较浅，渗透性较均匀时，可将表层挖穿做成反滤排水暗沟或明沟。排水沟的位置，在不影响坝坡稳定的前提下，尽量接近坝脚。沟顶面应略高于地面以防止雨水夹带砂粒流入造成淤积，沟底应有一定坡度并与下游河沟（或另开引沟）连通，沟的断面尺寸根据渗流量大小确定。

当表层弱透水层太厚或透水层成层性较显著时，宜采用减压井深入强透水层，将渗水导出，经排水沟排向下游，如图5.38所示。

减压井通常在靠近下游坝脚以外处并沿平行于坝轴线方向布置一排，井距根据地基渗流量大小确定，一般为15～30m。井径（内径）宜大于150mm。出口高程应尽量降低，但不得低于排沟底面，以免地面水倒灌造成井内淤塞，一般比沟底高程高0.3～0.5m。

减压井由沉淀管、进水花管和导水管三部分组成，渗水由进水花管四周孔眼进入管内，经导水管顶面的出水口排入排水沟，进入管内的土粒则靠自身重量淤落沉淀管内。进水花管可用石棉水泥管、预制无砂混凝土管等，贯入强透水层的深度宜为强透水层厚度的50%～100%。进水花管孔眼可为条形或圆形，开孔率宜为10%～20%，管四周宜按反滤要求布置反滤层或用土工布反滤。

5.7.2 软土地基处理

1. 细砂地基处理

均匀饱和的细砂地基受振动时（特别是遇地震时）极易液化，必须进行处理。当易液化地基厚度不大或分布范围不广时，可考虑全部挖除。当挖除困难或很不经济时，可进行振动压密或重锤夯实，其有效深度为1～2m，如采用重型振动碾，则可达2～3m，压实后土层可达中密或紧密状态。当易液化细砂地基厚度较深时，宜采用振冲、强夯等方法加密。

（1）振冲法。其原理是一方面依靠振冲器的强烈振动，迫使饱和细砂层液化后颗粒重新排列，趋于密实；另一方面依靠振冲器的水平振动力，通过回填粗粒料使砂层进一步加密。一般振冲孔孔距为1.5～3.0m，加固深度可达30m。经过群孔振冲处理，土层的相对密实度可提高到0.7～0.8以上，可达到防止液化的程度。我国现有功率为20kW、30kW、55kW、75kW、100kW的电动型和150kW液压型各种规格的振冲器，可根据具体地基情况选用。采用振冲法处理时，可沿处理范围布置一系列的振冲孔，并在孔中投入碎石或卵砾石，形成一系列的排水桩体，使振冲孔隙水压力加速消散，达到与设计地震烈度相应的密实程度，提高地基的承载力。

(2) 强夯法。其原理是用重锤（一般为 8～25t），从高处自由落下（落距一般为 8～25m），经地基以冲击和振动，迫使地基加密。夯击时的巨大能量可引起饱和砂土层的短暂液化，重新沉积到更加密实状态，产生较大的压实效应。用强夯法加固的深度与夯击能量有关，一般可达 10 余 m。

2. 淤泥地基处理

淤泥地基天然含水率大，抗剪强度低，承载能力小，一般不适宜直接作为坝基使用，必须进行处理。当淤泥土层较浅和分布范围不广时，优先考虑全部挖除；当淤泥土层较深，挖除难度较大和不经济时，可采用表层挖除与压重法或砂井排水法相结合的处理方法。

压重法是在下游坝脚附近堆放可滤水的块石或卵石，如图 5.39 所示。其作用是保护淤积土层不被坝体的巨大重量从下游坝脚附近挤出，保证坝坡的安全。

砂井排水法是在坝基中打造砂井加快排水固结，如图 5.40 所示。砂井直径为 30～40cm，井距约为 6～8 倍的井径，深度应伸入至潜在最危险滑动面以下。砂井的施工是在地基中打入封底的钢管，拔管后回填粗粒砂、砾石料。其目的一方面是加密地基，另一方面是通过砂井把地基土料的含水量从砂井中导出，从而加快地基固结，提高其承载力和抗剪强度。

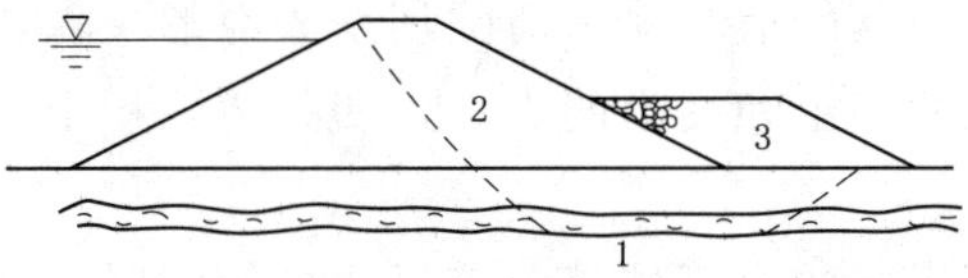

图 5.39 用压重法处理有淤泥夹层的地基

1—淤泥层；2—可能滑动面；3—反压台

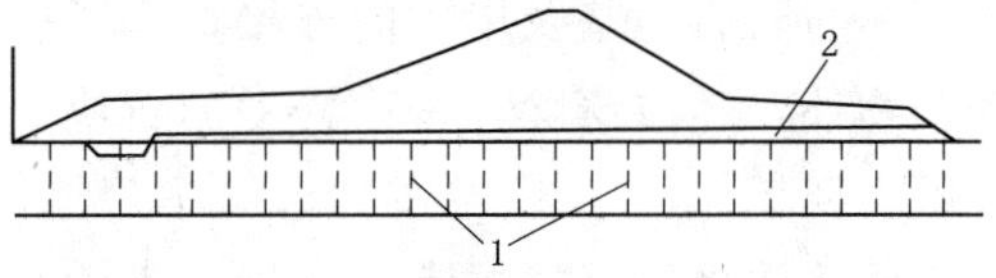

图 5.40 用砂井法处理有淤泥夹层的地基

1—砂井；2—砂垫层

3. 软黏性和湿陷性黄土地基处理

软黏土地基土层较薄时宜全部挖除；当软黏土层较厚、分布范围较广、全部挖除难度较大或不经济时，可将表面强度很低的部分挖除，其余部分可用打砂井、插塑料排水带、加载预压、真空预压、振冲置换，以及调整施工速率等措施处理。

湿陷性黄土在一定压力作用下受水浸湿后将产生附加沉降。这种地基可用作低坝坝基，但应论证其沉降、湿陷和溶滤对土石坝的危害，并做好处理措施。一般的处理方法有挖除、翻压、强夯等，以消除其湿陷性，经论证也可采用预先浸水法使地基完成湿陷后成为可利用的坝基。

5.8 土石坝与坝基、岸坡及其他建筑物的连接

土石坝与坝基、岸坡及其他建筑物的连接是土石坝设计的关键部位，应高度重视并妥善处理，使其结合紧密，避免产生水力劈裂和邻近接触面岩石大量漏水；保证坝体与河床及岸坡结合面的质量，避免其形成影响坝体稳定的软弱夹层面；不应由于岸坡形状或坡度

不当引起不均匀沉降而导致坝体产生裂缝。

5.8.1 坝体与土质坝基及岸坡的连接

筑坝前，必须进行清基，把建筑物范围内（包括坝基和岸坡）的草皮、树根、含有植物的表土、蛮石、垃圾和其他废料清除，并将清理后的坝基表面土层压实。把不符合设计要求的低强度、高压缩性软土和地震时易液化的土层清除或作妥善的处理，保证坝底面与坝基和岸坡的紧密结合，不致形成强度和渗流的薄弱面。坝身防渗体应与坝基防渗设施妥善连接，坝基防渗设施应坐落在相对不透水土基或经过处理的坝基上，以免影响坝基防渗效果。坝基覆盖层与下游坝壳粗粒料接触处应符合反滤要求，否则必须设置反滤层，以保证该处不发生渗透稳定问题。

为使防渗体与岸坡紧密结合，防止发生不均匀沉降而导致坝体产生裂缝，岸坡开挖应当大致平顺，避免做成台阶形状、反坡或突然变坡，当岸坡上缓下陡时，变坡角应小于20°。此外，还应注意对岸坡本身整体性和稳定性的要求，防止蓄水后岸坡稳定条件恶化，为此要求土质岸坡沿坝轴线方向的开挖坡度不宜陡于1∶1.5。

土质防渗体（包括心墙和斜墙）与岸坡连接，如因防渗体底面较窄而不满足防渗要求时，应加厚防渗体的断面和加强反滤层布置，以增加该处的防渗可靠性，加厚的断面应以渐变的形式过渡。

5.8.2 坝体与岩石地基及岸坡的连接

坝体与岩石地基及岸坡的连接，除了按土质地基的清基要求清除坝基表面的垃圾、废料和杂物外，还应清除其表面松动的石块、凹处的积土和突出的岩石，凹处清除积土后应用混凝土回填。

土质防渗体和反滤层宜与坚硬、不冲蚀和可灌浆的岩石连接。若风化层较深时，高坝宜开挖到弱风化层上部，中、低坝可开挖到强风化层下部，在开挖的基础上对岩基进行灌浆处理。开挖完毕后，宜用高压水枪冲洗干净，对断层、张开节理裂隙应逐条开挖清理，并用混凝土或砂浆封堵。坝基岩面上宜设混凝土盖板、喷混凝土或喷水泥砂浆，以利坝体底面与坝基岩面的结合。国内许多工程经验表明，在防渗体与岩石表面之间的接合面上建筑混凝土盖板对保证填土质量，便于施工、防止接触冲刷，特别是便于帷幕灌浆都是必要且有效的措施。

对失水后很快风化的软岩（如灰岩、泥岩等），开挖时应预留保护层，待开始回填时，边开挖边回填，或开挖后用喷水泥砂浆或喷混凝土保护。非黏土土质防渗体与岩石接触处，在邻近接触面0.5～1.0m范围内，防渗体应改为黏土，并在略高于最优含水率情况下填筑，在填土前应用黏土浆对岩层表面涂刷抹面。岸坡段防渗体底部渗径不足时，应加厚防渗体尺寸，直至满足要求为止。同时岩石岸坡开挖坡度应满足稳定要求。一般不宜陡于1∶0.5。

5.8.3 土石坝与混凝土建筑物的连接

土石坝与混凝土建筑物的连接，除了应认真夯实填土保证结合紧密外，还应采取使结合面具有足够渗径长度和保护坝坡、坝脚不受冲刷的连接措施。土石坝与混凝土建筑物连接一般采用插入式和侧墙式（翼墙式和重力墩式等）两种型式。

1. 插入式

如图 5.41 所示，这种连接型式从混凝土坝与土石坝的连接部位开始，混凝土坝的断面逐渐缩小，最后成为混凝土心墙插入土坝心墙内。插入式的连接结构简单，也较经济，所以在高、中、低坝均采用较多。采用这种连接型式，土石坝的坝脚要向混凝土坝方向延伸较长，一般适用于与非溢流重力坝段的连接。其插入距离较长，如刘家峡坝插入段长 22.5m，相当于连接处坝高的 1/2；三道岭坝插入段长度相当于连接处坝高的 1/3。

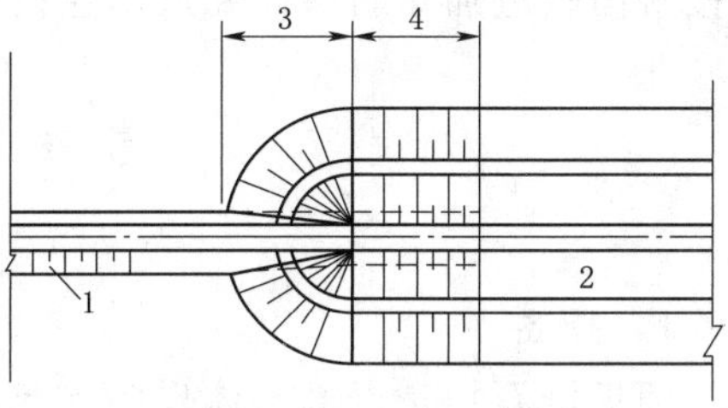

图 5.41　插入式连接示意图

1—混凝土重力坝；2—土石坝；3—半插入段；4—插入段

2. 侧墙式

土石坝与溢流坝、溢洪道、水闸或船闸连接时，一般采用侧墙式连接。侧墙式包括重力墩式和翼墙式等。

重力墩式连接是把连接部位的混凝土边墩或边墙做成重力式边墩，并向上下游延伸至足够的长度（不弯折），必要时，还应在边墩背水面筑 1～3 道防渗刺墙插入土石坝防渗体内，以保证土质防渗体与混凝土建筑物的连接面具有足够的渗径长度。为了避免两种不同材料接触面的变形不协调而出现间隙和产生裂缝，重力墩与土石坝接合面的坡度不宜陡于 1∶0.25，连接段的防渗体应适当加厚，并选用高塑性黏土填筑和充分压实，且在接合面附近加强防渗体下游的反滤保护，严寒地区应符合防冻要求。如我国的丹江口坝，土坝与混凝土坝接合坡度为 1∶0.25，并设有 4 道伸入土石坝长度 3.0m 的防渗刺墙。

翼墙式连接是把连接处的混凝土边墩或边墙向上下游延伸做成圆弧形或八字形翼墙，如图 5.42 所示。其中图 5.42（a）的上下游翼墙在平面上均为圆弧形，与土石坝的接触渗径较长，水流条件也较好，适用于较高水头情况；图 5.42（b）上游翼墙为圆弧形，下游为八字形斜坡形式，工程量较省，但渗径较短，适用于中低水头情况；图 5.42（c）上下游翼墙均做成八字形斜坡墙形式，渗径很短，一般只适用于水头很低的闸堤类工程的连

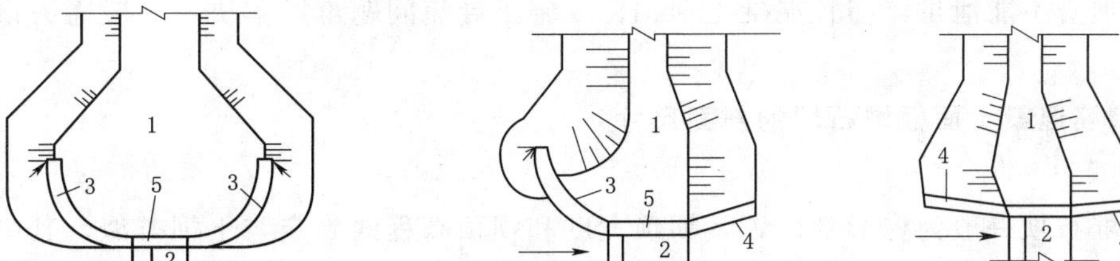

图 5.42　翼墙式连接

（a）圆弧形上下游翼墙；（b）圆弧形上游翼墙，八字形斜坡下游翼墙；（c）八字形斜坡式上下游翼墙

1—土石坝；2—溢流重力坝；3—圆弧形翼墙；4—斜坡式翼墙；5—边墩

接。当然，在渗径不足时也可以在边墩背水面做防渗刺墙，但刺墙的受力条件复杂，且不利于机械化施工，可能影响结合面填土质量，近年来已较少采用。为了保证渗透稳定，可在接触面附近加厚防渗体和反滤层的厚度。

5.9 面板堆石坝

5.9.1 概述

面板堆石坝是以堆石体作为支承，以水泥混凝土、沥青混凝土等材料作为防渗体的一种坝型。堆石体是坝的主体，对坝体的强度和稳定条件起决定性作用，因而要求由新鲜、完整、耐久、级配良好的石料填筑。

进入20世纪60年代以后，由于大型振动碾薄层碾压技术的应用，使堆石坝的密实度得到充分提高，从而大幅度降低了堆石坝的变形，加上钢筋混凝土面板结构在设计、施工方法上的改进，其运行性能好、经济效益高、施工工期短等优点得到充分地显示。目前，钢筋混凝土面板堆石坝已成为国内外坝工建设的一种重要坝型，是可行性研究阶段优先考虑的坝型之一，是当今高坝发展的一种趋向。

与其他坝型相比，面板堆石坝有如下主要特点：

(1) 就地取材，在经济上有较大的优越性，除了在坝址附近开采石料以外，还可以利用枢纽其他建筑物开挖的废弃石料。

(2) 施工度汛问题比土坝较为容易解决，可部分利用坝面溢流度汛，但应做好表面保护措施。

(3) 对地形地质和自然条件的适应性较混凝土坝强，可建在地质条件略差的坝址上，且施工不受雨天影响，对温度变化的敏感度也比混凝土坝低得多。

(4) 方便机械化施工，有利于加快施工工期和减少沉降，重型振动碾等大型施工机械的应用，克服了过去堆石坝抛填法沉降量很大的缺点，这也是近代面板堆石坝得到迅速发展的主要原因之一。

(5) 坝身不能泄洪，与较混凝土坝相比，施工导流问题难以解决，一般需另设泄洪和导流设施。

5.9.2 钢筋混凝土面板堆石坝的剖面尺寸

1. 坝顶

面板堆石坝一般为梯形剖面，其坝顶宽度和坝顶高程的确定与土坝类似，其中坝顶宽度除了应参考土坝的要求外，还应兼顾面板堆石坝的施工要求，以便浇筑面板时有足够的工作面和进行滑模设备的操作，一般不宜小于5m。

面板堆石坝一般在坝顶上游侧设置钢筋混凝土防浪墙，以利于节省堆石填筑方量。防浪墙高可取4～6m，背水面一般高于坝顶1.0～1.2m，底部与面板间应做好止水连接，如图5.43所示。对于低坝也可采用与面板整体连接的低防浪墙结构。

2. 坝坡

面板堆石坝的坝坡与堆石料的性质、坝高及地基条件有关，设计时可参考类似工程拟定。对于采用抗剪强度高的堆石料，上下游坝坡在静力条件下均可采用堆石料的天然休止角对应的坡度，鉴于经过大型振动碾压的堆石体内摩擦角多大于45°，因此一般采用1∶1.3～1∶1.4。对于地质条件较差或堆石体填料抗剪强度较低以及地震区的面板堆石坝，其坝坡应适当放缓。

5.9.3 钢筋混凝土面板堆石坝的构造

钢筋混凝土面板堆石坝主要是由堆石体和钢筋混凝土面板防渗体等组成。

5.9.3.1 堆石体

堆石体是面板堆石坝的主体部分，根据其受力情况和在坝体所发挥的功能，又可划分为：垫层区（2A区）、过渡区（3A区）、主堆石区（3B区）和次堆石区（3C区），如图5.44所示。

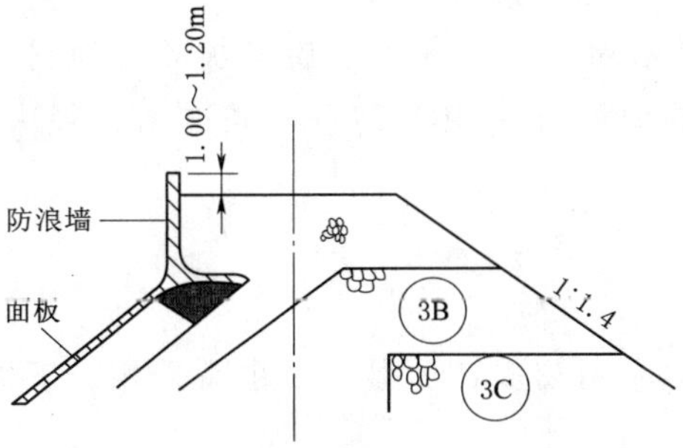

图5.43 面板堆石坝坝顶构造

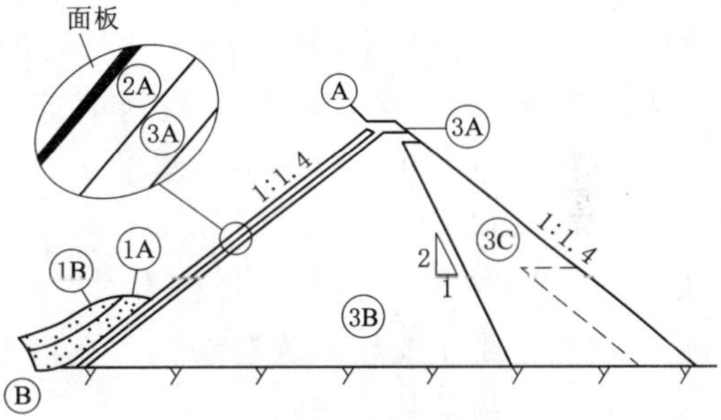

图5.44 堆石坝分区示意图

1. 垫层区

垫层区应选用质地新鲜、坚硬且耐久性较好的石料，可采用经筛选加工的砂砾石、人工石料或者由两者混合掺配。高坝垫层料应具有连续级配，一般最大粒径为80～100mm，粒径小于5mm的颗粒含量为30%～50%，小于0.075mm的颗粒含量应少于8%。垫层料经压实后应具有内部渗透稳定性、低压缩性、高抗剪强度，并应具有良好的施工质量。垫层施工时每层铺筑厚度一般为0.4～0.5m，用10t振动碾碾压4遍以上。对垫层上游坡面，由于重型振动碾难于碾压，因此对上游坡面还应进行斜坡碾压。

垫层上下游之间水平宽度应根据坝高、地形、施工工艺并进行技术经济比较后确定。垫层顶部水平宽度一般可取3～4m，向下逐渐加宽。坝高100m以下的面板堆石坝，为了简化施工也可考虑采用上下等宽的垫层。

对于周边缝附近的特殊垫层区，可以采用最大粒径小于40mm且内部稳定的细反滤料，经薄层碾压密实，以尽量减少周边缝的位移。

2. 过渡区

过渡区介于垫层与主堆石区之间，起过渡作用，石料的粒径级配和密实度应介于垫层与主堆石区两者之间。由于垫层很薄，过渡区实际上是与垫层共同承担面板传力。此外，当面板开裂和止水失效而漏水时，过渡区应具有防止垫层内细颗粒流失的反滤作用，并保持自身的抗渗稳定性。过渡区石料粒径要求可比垫层材料适当放宽，最大粒径一般为300～400mm。该区水平宽度可取3～5m，分层碾压厚度一般为0.40～0.5m。

3. 主堆石区

主堆石区为面板坝堆石的主体，是承受水压力的主要部分，它将面板承受的水压力传递到地基和下游次堆石区，该区既应具有足够的强度和较小的沉降量，同时也应具有一定的透水性和耐久性。该区石料应级配良好，以便碾压密实。主堆石区填筑层厚一般为 0.8～1.0m，最大粒径应不超过 600mm，用 10t 振动碾碾压 4 遍以上。

4. 次堆石区

下游次堆石区承受水压力较小，其沉降和变形对面板变形影响也一般不大，因而对填筑要求可酌情放宽。石料最大粒径可达 1500mm，填筑层厚 1.5～2.0m，用 10t 振动碾碾压 4 遍。下游次堆石区在坝体底部下游水位以下部分，应采用能自由滤水、抗风化能力较强的石料填筑；下游水位以上部分，宜使用与主堆石区相同的材料，但可以采用较低的压实标准，或采用质量较差的石料，如各种软岩料、风化石料等。

另外，混凝土面板上游铺盖区（1A 区）可采用粉土、粉细砂、粉煤灰或其他材料填筑；上游盖重区（1B 区）可采用渣料填筑；下游护坡可采用干砌石，或选用超径大石，运至下游坡面，以大头向外的方式堆放。

5.9.3.2 防渗面板

1. 钢筋混凝土面板

采用钢筋混凝土面板作为防渗体，在堆石坝中应用较多，少量土坝也有采用。下面介绍钢筋混凝土面板的构造要求。

钢筋混凝土面板要求下游非黏性土坝体必须具有很小的变形，而面板本身也应能够适应坝体的相对变形。为此，钢筋混凝土面板在坝体完成初始变形后铺筑最为理想。

钢筋混凝土面板防渗体主要是由防渗面板和趾板组成，如图 5.45（a）所示。面板是防渗的主体，对质量有较高的要求，即要求面板具有符合设计要求的强度、不透水性和耐久性。面板底部厚度宜采用最大工作水头的 1%，考虑施工要求，顶部最小厚度不宜小

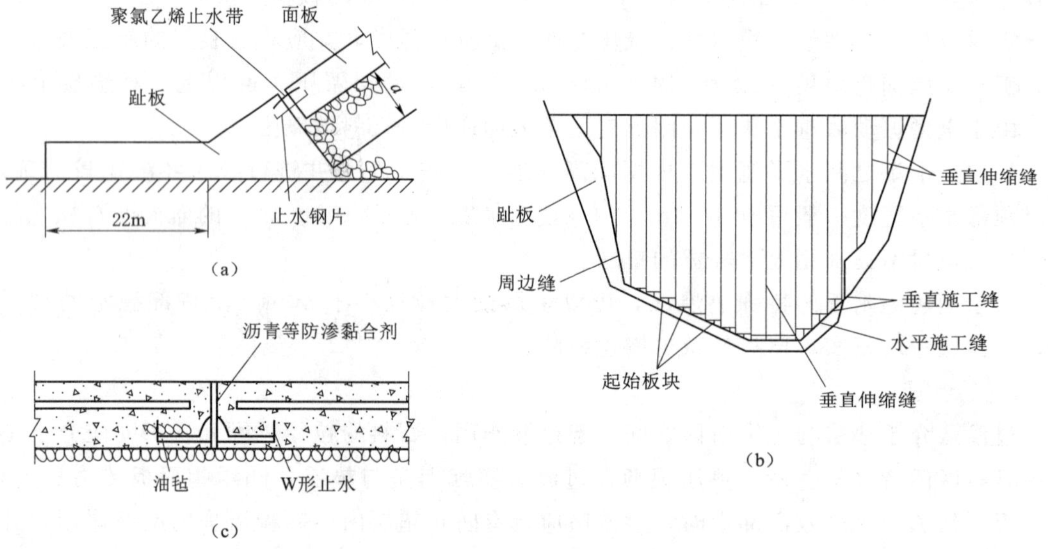

图 5.45 面板与趾板及分缝布置

（a）防渗面板与趾板；（b）伸缩缝与施工缝；（c）垂直缝平接布置

于 30cm。

为使面板适应坝体变形、施工要求和温度变化的影响，面板应设置伸缩缝和施工缝，如图 5.45（b）所示。垂直伸缩缝的间距应根据面板受力条件和施工要求确定。位于面板中部一带，垂直伸缩间距可以取大些，一般以 10～18m 为宜，靠近岸坡的垂直缝间距则应酌情减小。垂直缝宜采用平接［图 5.45（c）］，不使用柔性填充物，以便最大限度地减少面板的位移。水平施工缝一般设在坝底以上 1/3～1/4 坝高处。采用滑模施工时，为适应滑模连续施工的要求，也可以不设水平施工缝。

为控制温度裂缝和干缩裂缝及面板适应坝体变形而产生的应力，面板需要布置双向钢筋，每向配筋率为 0.3%～0.5%。由于面板内力分布复杂，计算有一定的难度，故一般将钢筋布在面板中间部位。周边缝、垂直缝和水平缝附近配筋应适当加密，以控制局部拉应力和边角免遭挤压破坏。

2. 趾板（底座）

趾板是面板的底座，其作用是保证面板与河床及岸坡之间的不透水连接，同时也作为坝基帷幕灌浆的盖板和滑模施工的起始工作面。

趾板的截面形式和布置如图 5.45（a）所示，其沿水流方向的宽度 b 取决于作用水头 H 和坝基的性质，一般可按 $b=H/J$ 确定，J 为坝基的允许渗透比降。无资料时可取相对趾板位置水头的 1/10～1/20，最小取 3.0m，低坝最小可取 2.0m。对局部不良岸坡，应加大趾板宽度，增大固结灌浆范围。趾板厚度一般为 0.5～1.0m，最小厚度为 0.3～0.4m。配筋布置可与面板相同，分缝位置应与面板分缝（垂直缝）对应。如果地基为岩基，可设锚筋与岩基固定。

面板接缝设计（包括面板与趾板的周边接缝和趾板之间接缝）主要是止水布置，周边缝止水布置最为关键。面板中间部位的伸缩缝一般设 1～2 道止水，底部用止水铜片，上部用聚氯乙烯止水带。周边缝受力较复杂，一般采用 2～3 道止水，在上述止水布置的中部再加 PVC 止水。如布置止水困难，可将周边缝面板局部加厚。

3. 面板与岩坡的连接

面板与岸坡的连接是整个面板防渗的薄弱环节，面板常因随坝体产生的位移而产生变形，使其与岸坡结合不紧密，甚至出现被拉离岸坡或产生错动的现象，形成集中渗流，设计中应特别慎重对待。

面板是通过趾板与岸坡连接的，面板与趾板又通过分缝和止水措施防渗。为此，了解面板与岸坡的连接就必须了解趾板与岸坡的连接。

趾板作为面板与岸坡的不透水连接和灌浆压帽，应置于坚硬、不冲蚀和可灌浆的弱风化至新鲜基岩上（低坝或水头较小的岸坡段可酌情放宽），岸坡的开挖坡度不宜陡于 1∶0.5～1∶0.7；对置于强风化或有地质缺陷岩基的趾板，应采用专门的处理措施。趾板基础开挖应做到整体平顺，不带台阶，避免陡坎和反坡，当有妨碍垫层碾压的台阶、反坡或陡坎时，应作削坡或回填混凝土处理。

为保证趾板与岸坡紧密结合和加大灌浆压重，趾板与岸坡之间应插锚筋固定。锚筋直径一般为 25～35mm，间距 1.0～1.5m，长 3～5m。

趾板范围内的岸坡应满足自身稳定和防渗要求，为此，应认真做好该处岸坡的固结灌浆和帷幕灌浆设计。固结灌浆可布置两排，深 3～5m。帷幕灌浆宜布置在两排固结灌浆之间，一般为一排，深度按相应水头的 1/3～1/2 确定。灌浆孔的间距视岸坡地质条件而定，一般取 2～4m，重要工程应根据现场灌浆试验确定。为了保证岸坡的稳定，防止岸坡坍塌而砸坏趾板和面板，趾板高程以上的上游坡应按永久性边坡设计。

5.10　土工合成材料在土石坝中的应用

5.10.1　概述

5.10.1.1　土工合成材料的应用情况

由于土工合成材料具有质量轻、加工简便、不易腐烂、料源丰富等特点，并能根据土木工程的需要（主要是排水、反滤、防渗等），制成各种型式、尺寸的成品，克服了一些天然材料的不足和缺陷，因此在工程中得越来越广泛的应用。其在水利水电工程方面的应用如下：

（1）防渗。利用土工膜或复合土工膜抗渗性强的特点，进行土坝、堤防、池塘等工程的防渗，可以大量节约混凝土、黏土等材料，并具有施工简单、节省工期、防渗效果好等特点。

（2）反滤、排水。利用土工布透水性好、孔隙小的特点，将其作为土石坝、水闸、堤防、挡土墙等工程的排水和反滤体。即使渗水顺畅通过反滤体，有效降低浸润线，减小渗透压力，又有效地保护土体中土颗粒的稳定，提高了坝坡稳定性。还可将其制成排水软管式排水带，插入堤防、软土地基中，从而能快速排除渗水，加速土体固结，提高地基的承载能力。

（3）护岸护底工程。为了防止水流对渠道及海岸等土岸坡冲刷，可用土工布做成软体排铺设在防冲的边坡上。实践证明，其防冲效果良好。

（4）防汛抢险。在江河堤防的防汛抢险过程中，利用填满土石料的土工编织袋，可快速加高加固堤坝，利用土工布制成的软体卷材快速铺在迎水面上，能及时堵住渗漏通道，有效控制管涌、流土，迅速控制险情。

（5）环境保护。在电厂灰坝建设中，利用土工膜外包垃圾深埋、有害污水防渗等处理措施，进一步保护了环境。

（6）其他方面。在高速公路、高等级公路中使用土工布处理软基、岸坡挡土墙以及利用植被土工材料网垫绿化岩石边坡等。另外，在铁路建设以及民航机场跑道建设、煤矿等矿山建设中均得到了一定的应用。

5.10.1.2　土工合成材料的种类

根据 GB/T 50290—2014《土工合成材料应用技术规范》规定，土工合成材料分土工织物、土工膜、土工复合材料及土工特殊材料四大类，各类又分为若干小类及不同品种，其具体划分如图 5.46 所示。

5.10.1.3　土工合成材料的性能

1. 物理性能指标

（1）单位面积质量。单位面积质量是指每平方米土工合成材料所含质量的多少，反映

- 土工合成材料
  - 土工织物
    - 织造型（圆扁丝）
      - 编织
      - 针织（平织）
    - 非织造型（长短丝）
      - 针刺
      - 热黏结
      - 化学黏结
  - 土工膜
  - 土工复合材料
    - 复合土工膜——膜与织物或其他材料复合
    - 复合防、排水材料——排水管、排水带等
  - 土工特种材料
    - 土工格栅、土工带、土工格室、土工网
    - 土工管、土工模袋、三维网垫EPS等

图 5.46 土工合成材料的种类

材料的品质，一般用 g/m^2 来表示。对于同一种系列来讲，其与材料的力学强度和单位价格成正比。因此，在选用产品时，它是必须考虑的技术经济指标。

（2）厚度。厚度指土工织物在自然无压状态下，其顶面与底面之间的距离，一般单位为 mm。在一定的压力作用下，各种材料均有不同的压缩变形。因此，当设计土工织物的水力特性时，必须考虑其上覆压力的大小对水力特性的影响。

（3）孔隙率。孔隙率是指其所含孔隙的体积与总体积之比。可由下式计算：

$$n_p=1-\frac{M}{\rho\delta} \tag{5.42}$$

式中 n_p——土工织物的孔隙率；

M——土工织物的单位面积质量，g/m^2；

ρ——原材料的密度，g/cm^3，一般为 $0.91\sim1.39g/cm^3$；

δ——土工织物的厚度，mm。

2. 力学性能指标

（1）抗拉强度和拉伸率。抗拉强度是指土工合成材料单位宽度所能承受的拉力，用 kN/m 表示，可分为纵向和横向两种情况。拉伸率是指材料对应于达到抗拉强度时的应变，用百分数表示。在工程应用中，对抗拉强度都有一定的要求，特别是在加筋和隔离功能中，它是主要的设计指标。

（2）握持强度、撕裂强度。握持强度表示土工织物抵抗外来集中荷载的能力，单位为 N。撕裂强度表示沿土工织物某一裂口逐步扩大过程中的最大拉力，单位为 N。

（3）胀破强度、刺破强度。胀破强度指土工膜在液压作用下胀破或变形到不能正常使用时承受的最大压强，单位为 kPa。刺破强度为用 $\phi8$ 的杆件刺破土工合成材料的所用的最小力值，单位为 N。

3. 水力特性指标

水力特性指标主要有等效孔径和渗透系数两个反映反滤和排水功能的指标。

（1）等效孔径。等效孔径指以土工织物为筛布，取石英砂通过土工织物的过筛率为5%时所对应的粒径，用 O_{95} 表示，单位为 mm。

（2）渗透系数。渗透系数分为垂直渗透系数和水平渗透系数。垂直渗透系数是指垂直

于织物平面方向的传导水流的性能，表示当水流方向垂直于织物平面时的透水性，该系数是渗流的水力梯度等于1时的渗透流速。水平渗透系数是指土工布在水平土工织物方向传导水流的性能，可用沿织物平面的水平渗透系数表示。水平渗透系数表示水力坡降等于1时的渗流流速。

4. 其他特性指标

(1) 界面摩擦系数。当土工合成材料埋入土中时，土体和土工合成材料接触面上摩擦系数按试验方法可分为直剪摩擦系数和拉拔摩擦系数。

(2) 耐久性。耐久性指土工织物在自然环境中不丧失正常使用功能的最小时间。一般耐久性指标有耐磨、抗紫外线、抗生物、抗化学、抗大气环境等多种指标表示。

因用途、功能的不同，对土工合成材料的性能指标要求不同。设计时，应根据应用要求选择材料的特性指标。表5.12列出了土工合成材料品种和对应的特性指标。

表5.12　　不同功能常用土工合成材料品种和性能指标种类表

功能	土工合成材料性能指标						常用主要土工合成材料品种
	单位面积质量	厚度	抗拉强度	延伸率	孔径	渗透系数	
隔离	▲	○	▲	▲	△	△	织造土工织物、土工网复合土工织物
排水	▲	▲	△	△	▲	▲	非织造土工织物、复合非织造土工织物
加筋	▲	○	▲	▲	△	△	织造土工织物、土工格栅、土工带、复合土工织物
反滤	▲	▲	△	△	▲	▲	非织造土工织物、复合非织造土工织物
防护	▲	△	▲	△	▲	▲	土工模袋
防渗	▲	▲	○	▲		▲	土工膜、复合土工膜

注　▲为主要指标；△为次要指标；○为不重要指标。

5.10.2　土工织物的反滤、排水设计

5.10.2.1　反滤设计

研究和工程实践证明，利用土工织物可代替土木工程中的砂砾等天然材料反滤层。一般情况下，可用土工合成材料作反滤的工程包括：堤坝黏土斜墙、黏土心墙及下游排水体后的反滤层；水闸分缝处、下游护坦、海漫下的滤层；挡墙、岸墙后的填土排水系统的反滤层；排水暗管、水田水利工程、减压井、农用井等的外包体滤层；公路和机场跑道基层、铁路路基的隔离层等的反滤。

1. 反滤设计规则

和天然材料反滤层的设计原理相同，用土工织物作为工程的反滤层时，必须满足以下三个基本原则：

(1) 保土性。被保护的土料在渗透水流作用下，土粒不得被水流带走，以防止管涌破坏。为了达到保土性，则要求土工织物的等效孔径 O_{95} 和被保护土的特征粒径 d_{85} 满足以下关系：

$$O_{95} \leqslant Bd_{85} \tag{5.43}$$

式中　O_{95}——土工织物的等效孔径，mm；

d_{85}——土的特征粒径，表示土中粒径小于该值的颗粒占土总质量的85%；

B——系数，按工程经验可取1～2，当土中细粒含量大及为往复水流时取小值。

（2）透水性。即保证渗透的水能通过反滤及时顺畅排走。一般情况下，土工织物的透水性应符合下式要求：

$$K_g \geqslant AK_s \tag{5.44}$$

式中　K_g——土工织物渗透系数，cm/s，应按其垂直渗透系数 K_v 确定；

K_s——土的渗透系数，cm/s；

A——系数，按工程经验确定，不宜小于10。

（3）防堵性。为了防止土工织物在长期工作中被土体中的细小颗粒堵塞，使反滤效果下降或失效，则要求土工织物应满足以下要求：

$$O_{95} \geqslant 3d_{15} \tag{5.45}$$

$$GR \leqslant 3 \tag{5.46}$$

式中　d_{15}——被保护土的特征粒径，mm；

GR——标准淤堵试验的梯度比。

式（5.45）适用于土体级配良好、水力梯度小、流态稳定、修理简单且费用小的情况。式（5.46）适用于被保护土的 $K_s \geqslant 10^{-5}$cm/s，易管涌，具有分散性，水力梯度高，流态复杂，修理费用高的情况。

2. 设计步骤

（1）确定被保护土体的原始指标，通过相关试验确定被保护土体的特征粒径值，如 d_{15}、d_{10}、d_{60}、d_{85} 等，确定其渗透系数 K_v、K_h 等值。

（2）选定合适的土工织物，根据式（5.44）～式（5.46）选择待选的土工织物的品种、型号，必要时应进行室内试验。

5.10.2.2　排水设计

1. 土工织物排水设计

在水利工程中，反滤层的下游侧均需布置排水，以便快速将渗水排走，减少渗压力。另外，有些场合只设置排水系统。如软土地基排水、挡墙背面的排水等，利用土工合成材料代替天然材料的排水具有施工简便、缩短工期、节约费用等特点。

排水设计的主要任务是将全部渗水及时导走，保证排水区的水位不影响结构功能的正常发挥。土工织物作为排水的设计步骤如下：

（1）根据地质、水文等资料确定土体的各项参数，计算需排出的渗水量及水体的化学成分。

（2）提供待选土工织物的厚度、有效孔径 O_{95}、水平和垂直渗透系数等参数。

（3）先按反滤设计的准则选择土工合成材料，然后对其排水能力进行校核。土工织物的导水率 Q_a 和结构渗水要求的导水率 Q_r 可用下式表示：

$$Q_a = K_h \delta \tag{5.47}$$

$$Q_r = q/i \tag{5.48}$$

式中　δ——土工织物在预计现场压力作用下的厚度，cm；

K_h——土工织物水平渗径系数，cm/s；

q——预估或计算的单宽来水量，cm^3/m；

i——土工织物首末端的平均水力梯度。

待选的土工织物应满足下式要求：

$$Q_a \geqslant F_s Q_r \tag{5.49}$$

式中　F_s——安全系数，可取3～5，重要工程取大值。

当土工织物铺在坡面上时，应进行稳定验算，并对土工织物表层进行防护。

2. 塑料排水带排水设计

利用排水带进行软土地基的地基固结处理的原理和砂井是相同的。只是将砂井用塑料排水带替代。排水带在平面上可按三角形或正方形布置，布置间距和插入软基中的深度应根据地基固结的时间等要求计算确定。排水带地基设计方法与传统的砂井地基设计方法相同。计算时，将排水带断面转化为当量砂井直径即可。一般情况下，可按下式进行计算：

$$d_w = 2(b+\delta)/\pi \tag{5.50}$$

式中　b——塑料排水带的宽度，cm；

δ——塑料排水带的厚度，cm；

d_w——塑料排水带的转化当量砂井直径，cm。

排水带地基表面应用洁净的中、粗砂铺设砂垫层，垫层厚度应大于400mm。排水带的上端应伸入砂层内，其伸入长度应大于400mm，并与砂垫层相贯通，以利顺畅排出渗水。

另外，由于塑料排水带或砂井在施工时会引起地基土的扰动，这种扰动作用称为涂抹作用，它会降低土体的透水性。同时，塑料排水带或砂井的导水能力需要在一定的水头差作用下才起作用，砂井或排水带导水能力的有限性称为井阻。涂抹和井阻对渗透固结有一定的影响，可进行专门计算。一般情况下，考虑方法是将理想状态下计算的结果（平均固结度）乘以0.8～0.95的系数。

3. 土工织物及排水带的施工要求

（1）场地平整。应将铺设场地进行平整，坡面平顺，清理场地上的杂物，必要时应在土工织物下铺设砂砾石垫层。

（2）备料及铺设。将预铺材料铺展，对孔洞等损坏处进行修补，窄幅进行接缝，制成利于施工块料。铺设时，应与土面铺贴严密，布体平顺。相邻片搭接宽度大于300mm，不平整面、软土和水下铺设应适当增大搭接宽度，并应随铺随压重。

排水带施工时，应先划线定位，垂直插入。平面间误差应在±150mm，垂直度不应大于1.5%，插设深度应达到设计深度，并采取防止发生回带的措施。施工完毕后，对排水带的各设计参数抽查，抽查数量不应少于2%。对不合格者进行返工处理。

5.10.3　防渗设计

工程实践证明，利用土工合成材料进行防渗防漏，具有防渗效果好、工程量小、施工简单、造价低廉等特点，可考虑用土工合成材料做防渗的工程包括：土石堤、坝的心斜墙防渗体，地基垂直防渗墙及水平铺盖；堆石坝、碾压混凝土坝的上游面防渗体；渠道、蓄水池（塘）、水库的防渗衬砌，水闸、水工隧洞的防渗体；施工围堰、河道截潜流、土坝加高防渗；地铁、地下室、隧道的防渗衬砌，尾矿坝、废料场等。

5.10.3.1 土工膜选择及其防渗结构设计

1. 土工膜选择

用于防渗的土工合成材料主要有土工膜、复合土工膜、土工织物膨润土垫等。选用PE土工膜时应满足以下技术指标要求：

密度 $\rho \geqslant 900\mathrm{kg/m^3}$；破坏拉应力不小于12MPa；断裂伸长率不小于300%；弹性模量（5℃）不应低于70MPa；抗冻性不低于60°，撕裂强度大于40N/mm；抗渗强度在1.05MPa水压下48h不渗水；渗透系数小于 $10^{-11}\mathrm{cm/s}$。

当土工膜无保护层或保护层较薄时，宜选用黑色或加防老化添加剂的土工膜。

在芦苇等穿透性植物丛生地区，需膜下排水及提高保护层稳定性的工程，不宜选用薄土工膜。可选用PE复合土工膜或在膜下铺设土工织物。

2. 土工膜防渗结构设计

为了有效保护土工膜防渗体的正常工作，土工膜防渗结构应包括上面防护层、上垫层、下垫层、下部支持层等几部分。

（1）防护层可用压实土料、砂砾料、水泥砂浆、砌石、混凝土板块等材料，应根据工程类别、重要性及实际工作环境条件等确定。防护层是与外界接触的最外层，具有防御外界水流冲刷、日光照射、冰冻等破坏作用。

（2）上、下垫层。上垫层是防护层和下卧土工膜之间的过渡层，当防护层是大块粗糙材料时，很容易破坏土工膜，此时必须设置上垫层。上垫层可以用透水性良好的砂砾料、沥青砂浆等透水且颗粒较小的材料，其厚度不小于10cm。当防护层为压实细粒土粒且有足够厚度或选用复合土工膜防渗材料时，可不设上垫层。

下垫层具有排除膜下积水和积气，保护土工膜不被支持层材料破坏的作用。下垫层可采用细粒土及砂砾料、土工织物、土工网等材料。基底为均匀平整的细粒土（砂砾）以及选用复合土工膜、土工织物膨润土垫作防渗材料时，可不设下垫层。

（3）支持层，支持层主要是对下垫层和防渗土工膜起到稳定可靠的支撑作用，防止膜体变形造成的破坏。支持层可用级配良的压实砂砾料、压实土层等材料。对碾压式土石坝的防渗结构，可不再专门设置支持层。

对于堤坝铺设土工膜防渗时，通常按图5.47所示的几种铺设形式。

5.10.3.2 土石堤坝的防渗设计

利用土工膜作为防渗体时，除满足防渗结构要求外，还应满足膜身强度、稳定性、膜后排渗能力、抗渗等方面的要求。

1. 土工膜厚度及防渗设计

对于土石堤、坝防渗土工膜，一般不能受力，考虑其在水压、下垫层裂缝等不利条件影响下，厚度应不小于0.5mm。对重要工程适当加厚，次要工程其厚度不应小于0.3mm。

由于土工膜本身有微小孔隙，仍具有渗水性，在土工膜质量合格的条件下，PE土工膜的正常渗透量可用下式计算：

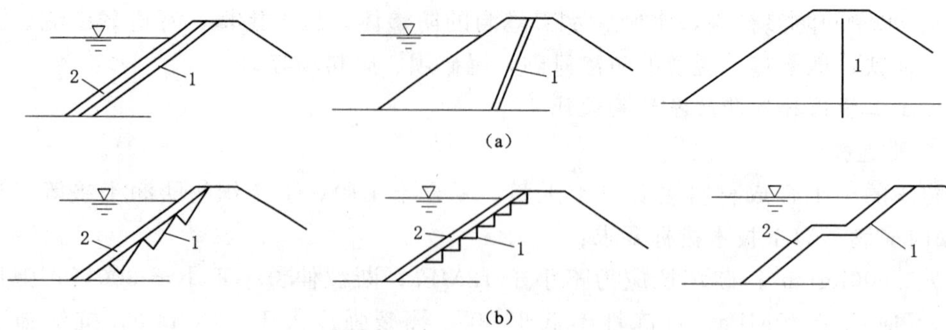

图 5.47　土工膜铺设形式

(a) 直线铺设；(b) 折线铺设

1—土工膜；2—保护层

$$Q = kA\Delta H/\delta \tag{5.51}$$

式中　Q——土工膜正常渗水量，m^3/s；

k——土工膜渗透系数，m/s；

A——土工膜渗透面积，m^2；

ΔH——土工膜上、下游的水位差，m；

δ——土工膜的厚度，m。

2. 稳定性验算

对铺设在土石堤、坝上游面的土工膜防渗结构，其上部的防护层和上垫层有可能沿土工膜之间滑动，特别是在上游水位骤降的情况下更容易造成失稳破坏，必须对其进行稳定验算分析，保证在各种可能运行工况下土工膜安全正常工作。

当保护层透水性良好，厚度均匀不变时，其稳定安全系数 F_s 应按下式计算：

$$F_s = \frac{\tan\delta}{\tan\alpha} \tag{5.52}$$

式中　α——土工膜放坡角，(°)；

δ——上垫层土料与土工膜之间的摩擦角度。

对于透水性不良的防护层，安全系数 F_s 需乘以 γ'/γ_{sat}。γ_{sat} 为防护层饱和容重。

对于透水性良好的不等厚防护层，其抗滑稳定安全系数应按式（5.53）计算：

$$F_s = \frac{W_1\cos^2\alpha\tan\varphi_1 + W_2\tan(\beta+\varphi_2) + c_1 l_1\cos\alpha + c_2 l_2\cos\alpha}{W_1\sin\alpha\cos\alpha} \tag{5.53}$$

式中　W_1、W_2——主动楔体 $ABCD$ 和被动楔体 CDE 的单宽重量，kN/m；

c_1、φ_1——沿 BC 面防护层（上垫层）土料与土工膜之间的黏着力（kN/m^2）和摩擦角（°）；

c_2、φ_2——防护层土料的黏聚力（kN/m^2）和内摩擦角（°）；

α、β——土工膜及防护层坡角，如图 5.48 所示；

l_1、l_2——BC 和 CE 段的长度，m；

F_s——土工膜防渗体的稳定安全系数，应满足 SL 274—2020《碾压式土石坝设计规范》的要求。

当防护层透水性不良且水库水位骤降情况下，可采用容重变化法考虑层内孔隙水压力影响。即降前水位以上防护层土料采用湿容重；计算滑动力时，降前水位与降后水位之间的土料用饱和容重，降后水位以下用浮容重；计算抗滑力时，降前水位以下一律用浮容重。土的抗剪强度指标采用有效指标值（c'、φ'）。

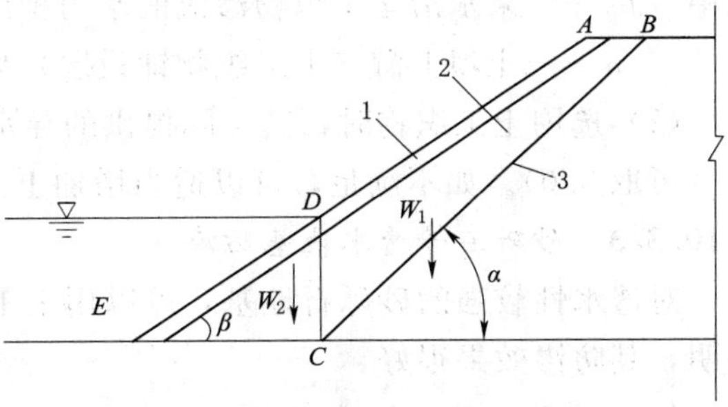

图 5.48 不等厚防护层稳定分析图
1—护坡；2—防护层；3—土工膜

3. 膜后排渗能力校核

对于倾斜布置在堤坝体内的土工膜防渗体，一般膜后设土工织物排水或砂垫层排水体，渗水沿膜流至坡底，然后由水平排水管及时导向下游。因此，先根据土工膜渗透情况估算渗水量；然后校核膜后土工织物或砂垫层的导水情况，导水量应大于渗水量，并考虑一定的安全系数。上游水位骤降时，坝体中部分水量将流向上游，沿土工织物流向坝底，再经坝后排水管排向下游。该状态下膜后土工织物的排渗能力校核步骤如下：

(1) 估算来水量。按图 5.49 所示断面情况将断面分成若干层，每层厚度为 Δz_i，由该层流入土工织物的水量按式 (5.54) 估算：

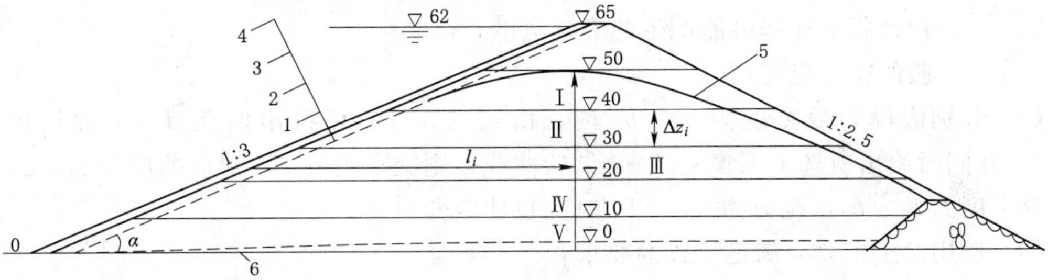

图 5.49 土工织物排水计算图
1—土工织物；2—土工膜；3—防护层（上垫层）；4—护坡；5—浸润线；6—排水管

$$\Delta q_i = kJ_i\Delta z_i \tag{5.54}$$

$$J_i = h_i / l_i$$

式中 K——坝体土料的渗透系数，m/s；

J_i——第 i 层的平均水力梯度；

h_i——第 i 层中点处的水头，m；

l_i——渗水流程（图 5.49），m。

对第 i 层土工织物，其接受的来水量 q_i 应为该层以上各层来水量之和，即

$$q_i = \sum_1^i \Delta q_i \tag{5.55}$$

则对第 i 层，要求土工织物的导水率为

$$\theta_r = \frac{q_i}{J_g} \tag{5.56}$$

式中　J_g——来水沿土工织物渗流的水力梯度，$J_g=\sin\alpha$；

　　α——土坝上游（土工织物铺设层）坡角，(°)。

（2）选用土工织物时，其实际提供的导水率 $\theta_a=(k_n\delta)$ 应大于 θ_r，并有适当的安全系数（可取 3.0）。如不满足，可以适当增加土工织物的厚度或改用其他复合排水材料。

5.10.3.3　*砂砾石等透水地基防渗*

对透水性较强的砂砾石地基，可以用土工膜等材料代替传统的黏土等材料防渗，实践表明，其防渗效果很好。

1. 水平防渗铺盖设计

利用土工膜作防渗铺盖时，其水平铺设长度、渗透流量及其与岸坡的连接等均按 SL 274—2020《碾压式土石坝设计规范》的有关规定设计。

由于渗流、沉降等的影响，膜下地基可能产生裂隙，在膜上水头作用下，土工膜产生一定的变形，并承受相应的拉力，所选的土工膜应满足拉力及应变的要求。土工膜厚度的设计步骤如下：

（1）根据膜下地基可能产生的裂缝情况，由下式计算单宽土工膜所受的拉力：

$$T=0.204\frac{pb}{\sqrt{\varepsilon}} \tag{5.57}$$

式中　T——单宽土工膜所受拉力，kN/m；

　　p——膜上作用水压力，kPa；

　　b——预计膜下地基可能产生的裂缝宽度，m；

　　ε——膜的拉力应变，%。

（2）分别假设裂缝宽度为 b_1、b_2 时，由式（5.57）可得出两条 $T-\varepsilon$ 曲线图（图 5.50）。并同时绘出所选土工膜的 $T-\varepsilon$ 试验曲线，则交点 P_1、P_2 对应的应变 ε_1、ε_2 分别为裂缝宽度为 b_1、b_2，拉力为 T_1、T_2 时的拉伸应变。

（3）选用的土工膜应满足下式的要求：

$$\left.\begin{aligned}T_f&\geqslant F_sT\\ \varepsilon_f&\geqslant F_s\varepsilon\end{aligned}\right\} \tag{5.58}$$

式中　T_f、ε_f——土工膜的极限抗拉强度及相应应变；

　　F_s——安全系数，取 4～5。

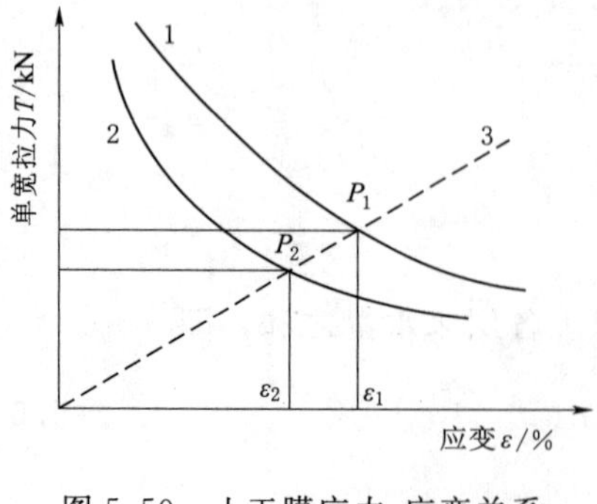

图 5.50　土工膜应力-应变关系
1—b_1 曲线；2—b_2 曲线；
3—选用土工膜的试验曲线

如不满足以上情况，则应选用较厚或抗拉性能更好的土工膜。

2. 透水地基的垂直防渗

当地基的透水性较强，深度在开槽机能力范围内时，可利用土工膜、复合土工膜或防水塑料板垂直插入透水地基内，截断地基渗流通道。当前，插入土工膜的深度可达 15m，插入塑料板的深度已达 40m。

实施土工膜垂直防渗方案的地基应符合以下条件：

（1）透水层深度在 12～15m 以内，透水层中大于 5cm 的颗粒含量不超过 10%，且少量大石块的最大粒径不超过 15cm，或不超过开槽设备允许的尺寸。

(2) 透水层中的水位应能满足泥浆固壁的要求。垂直防渗采用何种材料，应根据透水层深度、颗粒直径、渗透性及经济等合理选用。使用土工膜时，其厚度不得小于 0.5mm，并采用热熔法焊接，以保证其抗渗性能。

对砂土透水层埋深不大于 10m，其上黏土层又较薄时，可用高压水造孔冲槽法成槽；当地基为含粗粒的强透水层且上部覆盖黏土层较薄时，则宜选用链斗式或液压式锯槽机开槽。成槽过程中，槽孔内以泥浆固壁。槽孔完成后，及时将与槽深相当的土工膜铺入槽内。在 24 小时内尽早在膜两侧均匀填土，并在槽底回填不少于 1.0m 高的黏土，以防止下部的绕渗。将其顶部与上部建筑物妥善连接，不得外露。

5.10.4 土工合成材料护坡及防冲设计

1. 防护材料种类及其制品

工程实践表明，利用土工合成材料的堤坝防护工程具有施工速度快、防护效果好、工程投资低和耐久性的特性。当前可用于防护工程的土工合成材料包括土工织物、土工膜及复合土工膜、土工网等。

在工程应用中，为了满足各种防护要求，常将几种土工合成材料制成一定规格的土工制品，工程上常用的有以下几种：

(1) 土袋、土枕。由织造型土工织物缝制成一定尺寸的袋体或长形枕体，内填土料或砂体，可用作压载、堵塞洞穴、加固加高及建筑临时堤坝等。

(2) 土工膜袋。由两层土工织物缝制而成，放置于坡面上，内充填混凝土或砂浆，凝固后形成块体护坡。模袋可由工厂加工，也可在现场缝制成简易膜袋。

(3) 软体排。由单层或双层土工织物制成的大面积排布，可代替传统的柴排、树排，能有效地起到防冲刷、反滤排水作用，必要时可制成一定面积的土工膜排体。

(4) 土工格室。由长条塑料片材焊接成菱形或六角形的立体网络，高度的 2/3 嵌入坡土中，1/3 露于坡面外，格室空间填小砾石或植草，可用于防止坡面雨水冲刷。

(5) 三维植被网。用热塑性丝网制成的膨松制品，覆于坡面上并植入草籽，在草籽未长成草毯之前可有效地防止水流、雨淋冲刷，保护草籽及坡面土流失。

2. 土工模袋护坡设计

(1) 型式选择。土工模袋类型较多，选用时应根据工程的地形、地质、水文等条件及工程的作用、重要性综合考虑。

(2) 模代厚度设计。模袋厚度设计时，其抗漂浮所需厚度 δ 可按式 (5.59) 估算：

$$\delta \geqslant 0.07cH_w\sqrt[3]{\frac{L_w}{L_r}}\frac{\gamma_w}{\gamma_c-\gamma_w}\frac{\sqrt{1+m^2}}{m} \tag{5.59}$$

式中 c——面板系数，大块混凝土护面取 $c=1$，护面有滤水点取 $c=1.5$；

H_w、L_w——波浪高度与长度，m；

L_r——垂直于水边线的护面长度，m；

m——护坡的边坡系数；

γ_c——砂浆或混凝土有效容重，kN/m^3；

γ_w——水的容重，kN/m^3。

在北方地区，水面结冰后对模袋有推力作用，模袋重力应能抵抗冰的推力，如忽略护面材料的抗拉强度，模袋厚度可按式（5.60）估算：

$$\delta \geqslant \frac{\frac{P_i \delta_i}{\sqrt{1+m^2}}(F_s m - f_{cs}) - H_1 C_{cs}\sqrt{1+m^2}}{\gamma_c H_i (1+m f_{cs})} \tag{5.60}$$

式中 δ_i——冰层厚度，m；

p_i——设计水平冰推力，建议初设取 $150kN/m^2$；

H_i——冰层以上护坡垂直高度，m；

c_{cs}——护面与坡面间黏着力，可取 $150kN/m^2$；

f_{cs}——护面与坡面间摩擦系数；

F_s——稳定安全系数，一般可取3.0。

根据以上两式估算模袋的厚度后，再结合工程的具体情况，分析后取较大值。

（3）模袋的稳定性分析。当模袋的类型、厚度等参数确定后，可根据式（5.61）进行稳定安全计算，其安全系数 F_s 值应满足SL 274—2020《碾压式土石坝设计规范》的有关规定。

$$F_s = \frac{L_3 + L_2 \cos\alpha}{L_2 \sin\alpha} f_{cs} \tag{5.61}$$

式中 L_2、L_3——护坡斜长及护底拐角长度（图5.51），m；

α——护坡与水平面夹角，(°)；

f_{cs}——模袋与坡面间摩擦系数，由试验测定，无试验资料时，可取约0.5。

当模袋底部地下水位较高时，为保证模袋稳定的计算条件，模袋底部渗水应及时排走，如排渗能力不足时，要增设排水孔。

为了增加模袋抗滑稳定性，可根据工程具体条件，采取坡顶河口打固定桩、压槽，坡脚用混凝土等材料固定等措施（图5.52）。

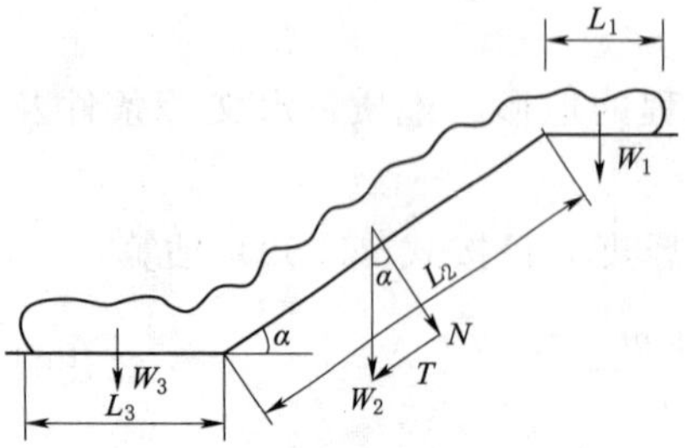

图5.51 模袋抗滑稳定分析示意图

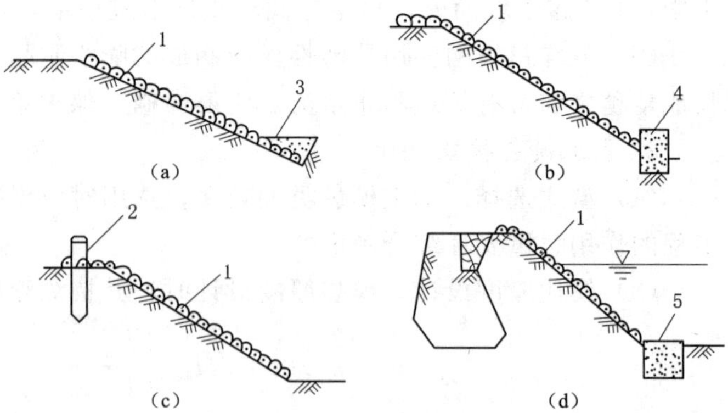

图5.52 土工模袋抗滑措施示意图

（a）坡脚回填；（b）坡脚压混凝土块；（c）坡顶打固定桩；（d）坡顶和坡脚沟槽回填

1—模袋；2—固定柱；3—回填；4—混凝土块；5—底端埋入沟槽回填

(4) 模袋施工。由于模袋均为现场充填，施工质量直接影响模袋功能的发挥和使用寿命，在施工时应注意以下几个要点：

1) 平整场地。对坡面进行平整，削高填凹，使坡面平顺，清除草皮树根等杂物。

2) 展铺模袋。展袋后在其上下缘插入挂袋钢管，铺于平整后的坡面上，在坡肩处设挂袋桩，在钢管上松紧器，将模袋挂在桩上。

3) 充灌填料。灌料用特制的混凝土泵进行，由两侧向中间，由下而上顺序进行充填。充填1h后可设置排水孔，回填上下固定模袋沟。

4) 为防止充填中出现硬结，发生管道堵塞故障，填料中最大粒径不得大于泵管径的1/3；严格控制混凝土坍落度；充填灌注压力不小于200kPa。

综上所述，土工合成材料在土石坝及堤防工程的防渗、反滤、排水、护坡等方面被广泛应用，并应用于土石边坡加固、加筋挡墙、防汛抢险等方面，效果显著。

小　结

土石坝是填筑坝，在筑坝材料、施工方法和设计理论上与前两章所介绍的重力坝、支墩坝、拱坝等混凝土坝有明显的不同。学习本章应从土石坝的特点和工作条件出发，深刻领会并掌握剖面设计、稳定分析、坝体构造材（土）料设计、地基处理和渗流分析等方面的内容，以及土石坝的设计要求和设计计算方法。其中最具特色的内容是渗流计算和稳定计算，这两部分内容也正是本章的重点和难点。书中内容原则上均要求学生掌握。

对于坝体渗流，学习者应弄懂矩形土体单宽渗流量公式和浸润线方程的推导，这两个公式实际上就是水力学中无压渐变渗流的基本公式。由于在水力学方法中，坝体渗流均近似按无压渗流处理，因此，均质坝和心墙坝的渗流计算公式均是该公式的直接应用。斜墙坝的公式虽然形式上有所不同，但推导的思路也是一样的。对于坝基渗流，均近似按有压渗流处理，因此计算公式在形式上都是相同的。

在稳定计算中，应重点掌握瑞典圆弧法和简化毕肖普法的基本原理、计算公式和计算步骤。掌握计算非黏性土坡的折线法（滑楔法）的计算原理和步骤。该法在应用刚体极限平衡理论的同时引入了等安全系数的概念，即认为当剪切面上的 c 和 $\tan\varphi$ 的极值除以 K_c 值之后，边坡在自重和其他荷载作用下，整个剪切面均达到极限平衡状态，且各滑块之间的内力也满足平衡条件，把这时的 K_c 值作为整个滑动体的抗滑稳定安全系数。在斜墙坝的稳定计算中，斜墙连同保护层沿着斜墙与坝壳交界面（实际上是斜墙黏性土料与反滤层非黏性土料的交界面）滑动时，在界面上究竟应采用哪种材料的抗剪强度值是计算中的一个难点。了解寻求最危险滑弧或最小安全系数折线的方法和步骤。

练　习　题

1. 碾压式土石坝的几种主要类型中，______坝的坝体主要由一种土料组成，同时起防渗和稳定作用；土质防渗体分区坝按防渗体在坝断面中所处的部位不同，又可进一步区分为______坝、斜心墙坝、斜墙坝等；非土质材料防渗体坝中，防渗体位于坝的上游面时，称为________坝。

2. 土坝的上游坝坡一般______于下游坝坡，这是因为______游坝坡受水的影响，其抗剪指标________于下游坝坡。

3.（　　）是指由土、石料等当地材料建成的坝，是历史最为悠久的一种坝型，是目前世界坝工建设中应用最为广泛和发展最快的一种坝型。

A. 重力坝　　B. 拱坝　　C. 土石坝　　D. 橡胶坝

4. 土石坝设计的坝顶高程是针对（　　）情况而言的。

A. 坝刚建好时的　　B. 坝体沉降稳定后以后

C. 坝施工中的　　D. 坝体还未沉降时

5. 满库时对土坝下游坡稳定影响较大的是（　　）。

A. 孔隙水压力　　B. 渗透水压力　　C. 上游水平水压力　　D. 坝体自重

6. 下列哪一种情况不是土石坝的稳定分析所要考虑的工况。（　　）

A. 施工期　　B. 稳定渗流期　　C. 水库水位降落期　　D. 水库水位回涨期

7. 土石坝坝坡滑动时，当滑裂面通过黏性土的部位时，其滑裂面形式为（　　）。

A. 直线滑裂面　　B. 曲线滑裂面　　C. 折线滑裂面　　D. 复合滑裂面

8. 工程中常用的均质土石坝坝坡稳定分析方法是（　　）。

A. 有限元法　　B. 圆弧滑动法　　C. 直线滑动法　　D. 任意曲线滑动法

9.（　　）可降低浸润线，防止渗透变形，保护下游坝脚不受尾水淘刷，且有支撑坝体增加稳定的作用。

A. 贴坡排水　　B. 棱体排水　　C. 褥垫排水　　D. 综合式排水

10. 砂砾石地基处理的主要任务是（　　）。

A. 提高地基强度　　B. 减小地基变形　　C. 控制渗流　　D. 控制稳定

11. 土石坝主要由哪几部分组成？它们各自的作用是什么？

12. 土石坝的工作原理和工作特点是什么？

13. 土石坝与岩基上混凝重力坝坝顶高程确定的方法有什么区别？

14. 影响土石坝坝坡的因素有哪些？为什么均质土坝很少用于高土石坝？

15. 土石坝防渗体的型式有哪些？其适用情况是什么？

16. 土石坝渗流分析的目的是什么？渗透变形的型式有哪些？防止渗透变形的工程措施有哪些？

17. 影响土石坝坝坡失稳的因素是什么？为什么土石坝稳定分析只进行局部坝坡稳定验算而不进行整体抗滑稳定验算？

18. 土石坝常见的滑动破坏型式有哪几种？各发生在什么土体中？对应的稳定计算方法有哪些？

19. 以瑞典圆弧法为例，简述确定坝坡稳定最小安全系数的步骤。

20. 对土石坝不同部位的材料有什么要求？填土标准是什么？

21. 土石坝排水的型式有哪些？其优缺点和适用范围是什么？

22. 土石坝与岸坡连接时应注意哪些问题？

23. 土石坝与混凝土结构连接时应注意哪些问题？

24. 面板堆石坝的构造要求是什么？

25. 土工合成材料的作用及工程应用领域有哪些？

26. 土工膜和土工布有什么不同？两者各应用于土石坝的什么部位？

27. 已知某均质土坝建在不透水地基上，坝高 37m，上游坝坡为 1∶3，下游坝坡为 1∶2.5，坝体土料渗透系数 $K=5\times10^{-8}$m/s，其他尺寸如图 5.53 所示，已知浸润线在下游坝坡上的逸出高度为 1.5m，求单位坝长的渗流量及浸润线方程。

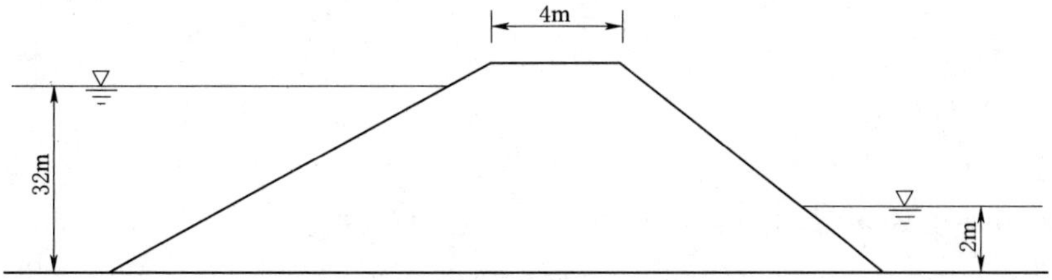

图 5.53　均质坝横剖面示意图

28. 已知某均质土坝修建在不透水地基上，坝体下游设有堆石棱体排水，坝体土料的渗透系数 $K=1\times10^{-6}$cm/s。坝体断面尺寸如图 5.54 所示，计算：

(1) 计算坝体的单宽渗流。

(2) 确定坝体浸润线方程。

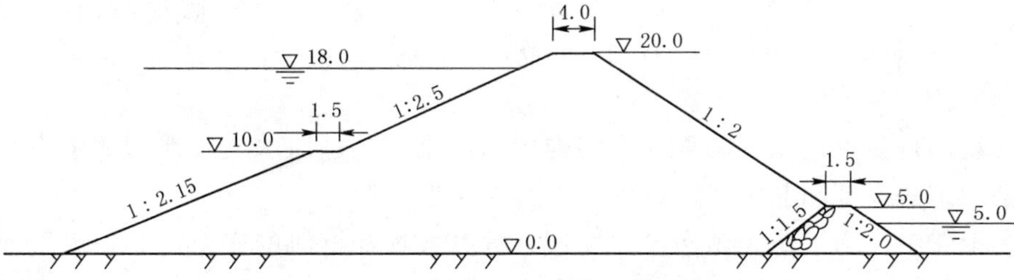

图 5.54　设排水棱体的均质坝横剖面图（单位：m）

29. 某修建在不透水地基上的黏土心墙坝的横剖面如图 5.55 所示。计算时忽略上游坝壳段的水头损失，认为该段浸润线是与库水位同高的水平线；梯形心墙可以简化为等厚的矩形断面，$\delta=(\delta_1+\delta_2)/2$，各符号含义如图所示。已知：$k_e=2\times10^{-7}$cm/s，$k=5\times10^{-4}$cm/s，$m_1=m_2=2.5$，$\delta_1=3$m，$\delta_2=9$m，$H_1=30$m，$t=3$m，$L=75$m。试求：

(1) 心墙后的浸润线高度 h 和该坝段的单宽渗流量 q。

(2) 下游坝壳浸润线方程。

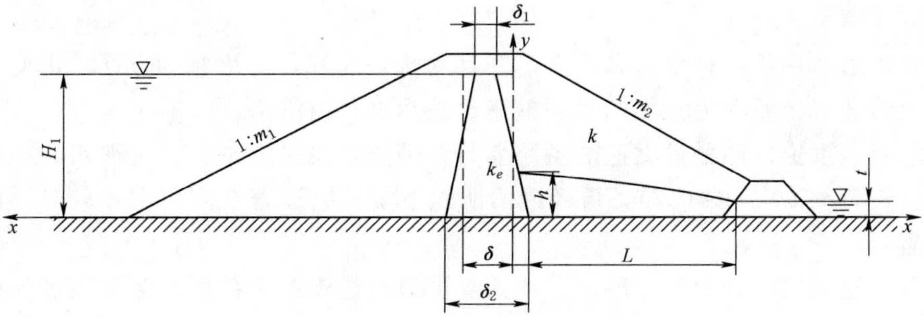

图 5.55　黏土心墙坝横剖面图

第6章 河岸溢洪道

本章目标：

掌握河岸溢洪道的类型、特点及设计时需注意的问题。

具体要求：

（1）掌握河岸溢洪道的类型、特点及适用的地形地质等条件。

（2）掌握正槽溢洪道的组成以及进水渠、控制段、泄槽、消能防冲的结构构造，重点掌握溢洪道宽度确定的方法。

（3）掌握侧槽溢洪道的特点及适应条件，一般性了解其布置及水力计算。

（4）一般了解非常溢洪道的类型、布置及使用控制条件。

6.1 概 述

本章的重点是溢洪道宽度的确定及结构构造，难点是过堰水流及泄槽的水力计算。对于侧槽式溢洪道的设计和非常泄洪设施，可只作一般了解。

在水利枢纽中，为了防止洪水漫过坝顶，危及大坝和枢纽的安全，必须布置泄水建筑物，以宣泄水库按运行要求不能容纳的多余来水量。

常用的泄水建筑物有坝身溢洪道、河岸溢洪道。对于以土石坝及某些轻型坝型为主坝的枢纽，常在坝体以外的岸边或天然垭口布置溢洪道，称为河岸溢洪道。溢洪道除了应具备足够的泄洪能力外，还应保证在运用期间的自身安全和下泄水流与原河道水流得到良好的衔接。

6.1.1 河岸溢洪道的型式

河岸溢洪道主要有正槽溢洪道、侧槽溢洪道、井式溢洪道和虹吸式溢洪道4种型式。

（1）正槽溢洪道。正槽溢洪道泄槽与溢流堰轴线正交，过堰水流与泄槽轴线方向一致，如图6.1所示。

正槽溢洪道适用于各种水头和流量，并且水流条件好，运用管理方便。因此，在实际工程中，大多数以土石坝为主坝的水利枢纽都采用这种溢洪道。

（2）侧槽溢洪道。侧槽溢洪道的溢流堰与泄槽的轴线接近平行，过堰水流在侧槽段的较短距离内转弯约90°（图6.2），再经泄槽泄入下游。它适宜在坝肩山体较高，岸坡较陡的岸边布置。

（3）井式溢洪道。如图6.3所示，井式溢洪道由溢流喇叭口段、竖井段和泄洪隧洞段组成。水流进入环形溢流堰后，经竖井和泄水隧洞段流入下游。实际上这种泄水设施的主要建筑物是泄水隧洞，它的缺点是水流条件复杂，超泄能力小，容易产生空蚀和振动。在

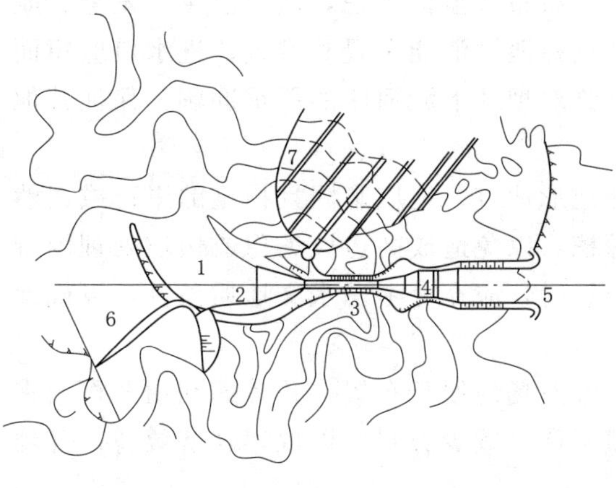

图 6.1　正槽溢洪道布置图

1—进水渠；2—控制段；3—泄槽；4—消能防冲；5—出水渠；6—非常溢洪道；7—土坝

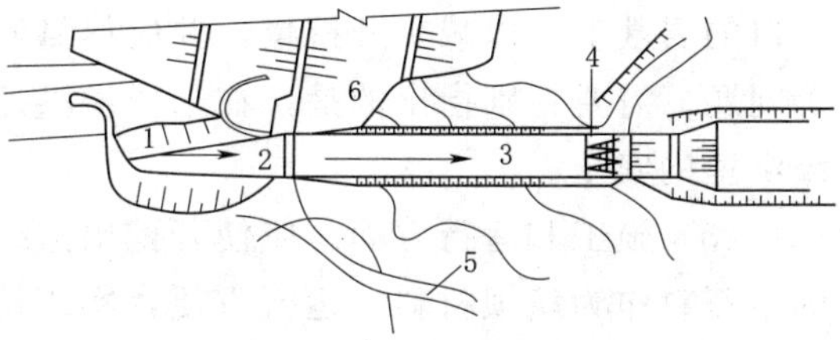

图 6.2　侧槽式溢洪道布置图

1—溢洪道；2—侧槽；3—泄槽；4—出口消能段；5—上坝公路；6—土石坝

工程实践中，布置这种泄洪设施往往与导流隧洞相结合，施工期采用隧洞导流，竣工后封堵隧洞；专门布置竖井式溢洪道泄洪在我国应用较少。

（4）虹吸式溢洪道。如图 6.4 所示，它是一种封闭式溢洪道，其工作原理是利用虹吸的作用泄水。当库水位达到一定的高程时，淹没了通气孔，水流经过堰顶并与空气混合，逐渐将曲管内的空气带出，使曲管内产生真空，虹吸作用发生而自动泄水。这种溢洪道的优点是能自动调节上游水位，不需设置闸门；缺点是超泄能力较小，构造复杂，且工作可靠性较差，在大中型工程应用较少。

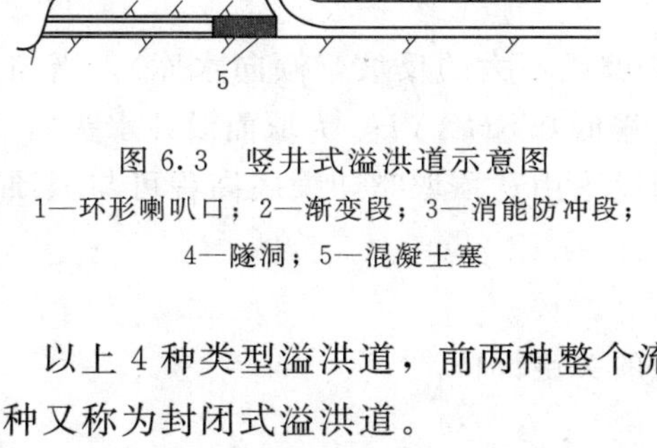

图 6.3　竖井式溢洪道示意图

1—环形喇叭口；2—渐变段；3—消能防冲段；4—隧洞；5—混凝土塞

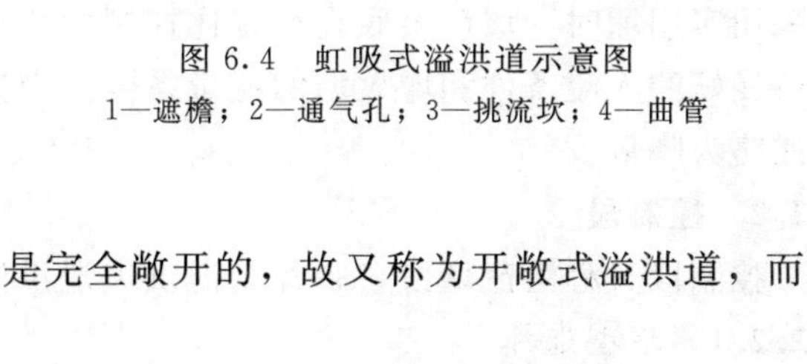

图 6.4　虹吸式溢洪道示意图

1—遮檐；2—通气孔；3—挑流坎；4—曲管

以上 4 种类型溢洪道，前两种整个流程是完全敞开的，故又称为开敞式溢洪道，而后两种又称为封闭式溢洪道。

6.1.2　河岸溢洪道的位置选择

河岸溢洪道位置选择应考虑枢纽总体布置、地形、地质、施工及运行、经济指标等因素。

（1）枢纽总体布置方面。溢洪道布置应结合枢纽布置全面考虑，避免泄洪、发电、航运及灌溉等建筑物在布置上的干扰。布置时合理选择泄洪消能布置和型式，进水口应短而直，出水渠应与下游河道平顺连接，避免下泄水流对坝址下游河床的严重冲刷，保证其他建筑物的正常工作。

（2）地形、地质条件方面。溢洪道应布置在地形适宜、地质坚固且稳定的岸边或天然垭口的岩基上，以减少开挖量，并应尽量避免深挖，以免造成高边坡失稳或边坡处理困难等问题。需要特别指出的是，在选择溢洪道的位置时，应充分考虑水文地质条件，以确保溢洪道的安全。

（3）施工和运行方面。应使开挖出渣线路和堆渣场地便于布置，并考虑利用开挖出来的土石料作为筑坝材料，运行方便，实现挖、填平衡，减少弃料，以取得经济效益，且溢洪道不宜离水库管理处太远。

6.2　正 槽 溢 洪 道

正槽溢洪道一般由进水渠、控制段、泄槽、消能防冲和出水渠 5 个部分组成，如图 6.1 所示。

6.2.1　进水渠

进水渠是水库与控制段之间的连接段，具有进水及调整水流的作用。当控制段邻近水库时，进水渠可用喇叭形进水口代替，具体布置应从以下 3 个方面考虑：

（1）平面布置。进水渠在平面上最好按直线布置，且前缘不得有阻碍进流的山头或建筑物，以便水流均匀平顺入渠。受地形、地质条件及上游河势的影响需设置弯道时，弯道轴线的转弯半径不宜小于渠底宽度的 4 倍。弯道与控制段之间应布置直线段过渡。

（2）横断面布置。进水渠一般按梯形断面布置，在控制段前缘过渡成矩形断面。进水渠应有足够的断面尺寸。一般可先拟定流速，由流速控制断面尺寸。进水渠流速应大于库水悬移质的不淤流速和小于渠底不冲流速，一般不应大于 4m/s。在山势陡峭、开挖量较大的情况下，也可以取 5～7m/s。

进水渠一般可不衬护，当为了减小水头损失或满足抗冲要求时，也可用混凝土、浆砌石衬护。

（3）纵断面布置。进水渠的纵断面应布置成平坡或不大的反坡（倾向水库）。当控制段采用实用堰时，堰前渠底高程宜比控制段堰顶高程低 $0.5H_s$（H_s 为堰面设计水头），以保持良好的入流条件和增大堰的流量系数。当控制段采用宽顶堰时，渠底高程可与堰顶齐平或略为降低。

6.2.2　控制段

控制段又称溢流堰段，是控制溢洪道泄洪流量的关键部位。

6.2.2.1　堰型选择

溢流堰通常选用宽顶堰、实用堰，有时也采用驼峰堰。

1. 宽顶堰

宽顶堰的特点是结构简单、施工方便、水流条件稳定，但流量系数较小，在泄洪量不大的中小型工程中应用较广，其堰型如图 6.5（a）所示。

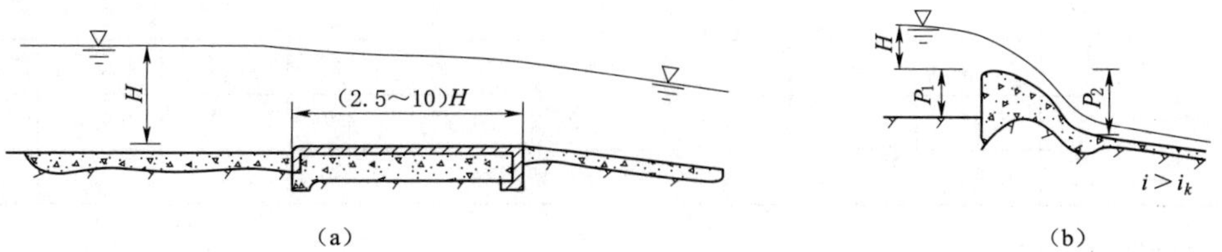

图 6.5 控制段堰型

（a）宽顶堰；（b）实用堰

宽顶堰的堰体一般都采用混凝土或浆砌石进行衬砌，使堰基免受冲刷，保持堰面平整光滑，以增加泄水能力。岩基坚实，如有足够的抗冲能力，也可以不衬砌，但应考虑岩基开挖的平整度对流量系数的影响。

2. 实用堰

实用堰的优点是堰面流量系数比宽顶堰大，泄水能力强，但施工相对复杂。在大中型工程中，特别是在泄洪流量较大的情况下，多采用这种堰型，如图 6.5（b）所示。

我国采用最多的是 WES 标准剖面堰和克-奥I剖面堰，堰面的水力学参数可从《水力学》或有关设计手册查摘。对于重要工程，其水力学参数应由水工模型试验进行验证或修正。

3. 驼峰堰

驼峰堰是一种复合圆弧低堰，如图 6.6 所示。它的特点是堰体较低、流量系数较大，设计与施工难度介于 WES 堰与宽顶堰之间，对地基要求相对较低，适用于软弱岩性地基。

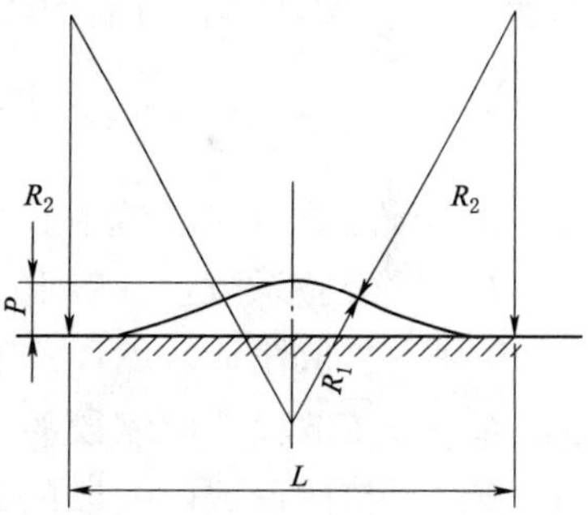

图 6.6 驼峰堰常见的剖面图

6.2.2.2 堰面参数对流量的影响

（1）定型设计水头 H_d 的选择。在堰顶水头不变的情况下，H_d 越小，流量系数越大，但是过小的 H_d 将对堰面产生不利影响。对于低堰（$P_1 \leqslant 1.33H_d$），堰面出现危险负压的机会比高堰少得多。所以，当 $P_1 \leqslant 1.33H_d$ 时，取 $H_d=(0.65\sim0.85)H_{max}$；当 $P_1>1.33H_d$ 时，取 $H_d=(0.75\sim0.95)H_{max}$。

（2）实用堰高度的选择。堰高对流量系数也有较大的影响，实践证明，低实用堰的流量系数随 P_1/H_d 的减小而减小。在 H_d 确定的前提下，P_1 越小，则 m 越小。当 $P_1/H_d<0.3$ 时，m 值明显降低，为了获得较大的流量系数，一般要求 P 应大于 $0.3H_d$。

在低堰中，下游堰高 P_2 对流量系数也有影响。当堰顶水头较高，下游堰高不足时，过堰水流将不能保证自由宣泄，从而出现流量系数随堰顶水头增加而降低的现象。因此，下游堰高 P_2 必须保持一定的高度，一般 $P_2 \geqslant 0.6H_d$。

（3）堰长对流量的影响。对于宽顶堰，堰长 L（沿水流方向）对流量影响也很大。当堰长 $L>10H$ 时（H 为堰顶水头），堰面流态已发生了质的变化。此时，不能按宽顶堰公式计算过堰流量。

表 6.1　　(P_1/H_d)-m 关系表

堰面 (P_1/H_d)	m								
	0.1	0.2	0.3	0.4	0.5	0.6	0.7	0.8	0.9
克-奥Ⅰ型	0.426	0.446	0.460	0.469	0.476	0.480	0.483	0.485	0.490
悬务局	0.422	0.445	0.458	0.467	0.473	0.477	0.480	0.483	0.492

6.2.3　泄槽

泄槽的水流特点是高速、紊乱、掺气、惯性大，对边界变化非常敏感。当边墙有转折时，就会产生缓冲击波，对下游消能产生不利影响；当水流的弗劳德数 $Fr>2$ 时，将会产生波动和掺气现象；若流速超过 15m/s，可能产生空蚀问题。因此，应注重泄槽的合理布置。

6.2.3.1　泄槽的平面布置

泄槽在平面上应尽量按直线、等宽和对称布置。当泄槽较长，为减少开挖，可在泄槽的前端设收缩段、末端设扩散段，但必须严格控制。为了适应地形地质条件，减少工程量，泄槽轴线也可设置为弯道。

1. 收缩角与扩散角

当泄槽的边墙向内收缩时，将使槽内水流产生陡冲击波。冲击波的波高取决于边墙的偏转角 θ，其值越大，波高则越大。当边墙向外扩散时，水流将产生缓冲击波。若扩散角 θ 过大，水流将产生脱离边墙的现象。因此，应严格控制其边墙的收缩角和扩散角。一般不宜大于 6°。设计时，边墙的收缩角和扩散角可按下式计算：

$$\tan\theta=\frac{1}{kFr}=\frac{\sqrt{gh}}{kv} \tag{6.1}$$

式中　θ——边墙与泄洪槽中心线夹角，(°)；

k——经验系数，一般取 3.0；

Fr——扩散段或收缩段的起、止断面的平均弗劳德数；

h——扩散段或收缩段的起、止断面的平均水深，m；

v——扩散段或收缩段的起、止断面的平均流速，m/s。

工程经验和试验资料表明，当收缩角和扩散角控制在 6°以内时，槽内的水流流态较好。当 $\theta<6°$时，可不进行冲击波验算。对重要工程还应进行水工模型试验。

2. 弯道设计

泄槽在平面上必须设置弯道时，弯道应设置在流速较小、水流平稳、底坡较缓且无变化的部位。转弯时，应采用较大的转弯半径及适宜的转角。对矩形断面一般可取 $r=(4\sim6)B$，转角 $\theta\geqslant20°$。如图 6.7 所示，可在直线与弯道之间设缓和曲线段。

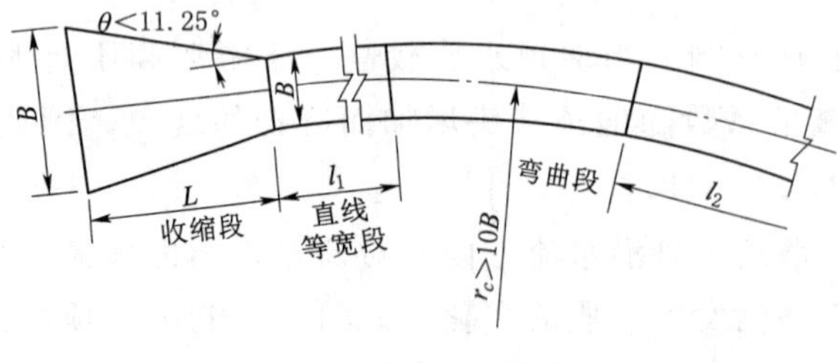

图 6.7　泄槽平面布置图

缓和曲线段可采用大圆弧曲线，其轴线半径 r 可取 $2r_c$，长度取 b

$\sqrt{Fr^2-1}$（b 为弯道底宽）。

6.2.3.2 泄槽的纵剖面布置

泄槽纵剖面设计主要是选择适宜的纵坡。泄槽纵坡以一次坡的水力条件最佳，因此，对于长度较短的泄槽，宜采用单一的纵坡。为了保证不在泄槽上产生水跃，纵坡不宜太缓，而太陡的纵坡对泄槽底板和边墙的自身稳定不利。因此，纵坡坡度必须大于水流临界坡。常用纵坡坡度为 1%～15%。

当泄槽较长时，为了适应地形地质条件，减少开挖量，泄槽沿程可以随地形、地质变化而变坡，但变坡次数不宜过多，且以由缓变陡为好。

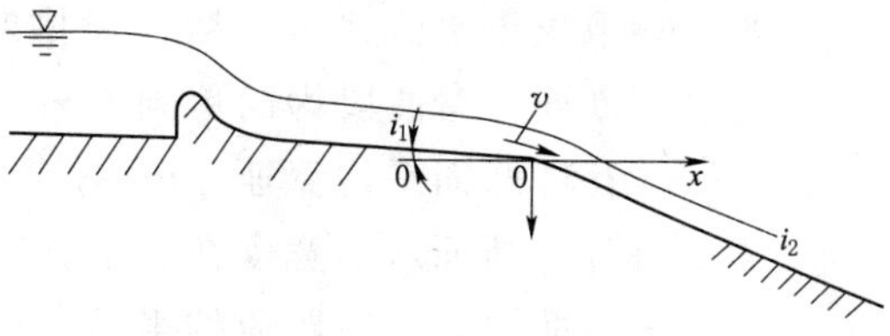

图 6.8 变坡处抛物线连接

纵坡由缓变陡时，应避免缓坡段末端出射的水流脱离陡坡段始端槽底而产生负压和空蚀现象。为此，应在变坡处采用与水流轨迹相似的抛物线过渡，如图 6.8 所示。抛物线方程按下式确定：

$$y=x\tan\theta+\frac{x^2}{K4H_0^2+\cos^2\theta} \tag{6.2}$$

$$H_0=h+\frac{v^2}{2g}$$

式中 H_0——抛物线起始断面的比能，m；

h——抛物线起始断面水深，m；

v——抛物线起始断面平均流速，m/s；

θ——变坡处前段坡角，(°)；

K——系数，对于重要工程且落差较大者取 1.5；其余取 1.1～1.3。

纵坡由陡变缓时，由于槽面体型变化和离心力的作用，流态复杂，压力分布变化大，水流紊动强烈，该处及其后一定范围内容易发生空蚀，应尽量避免。在无法避免的情况下，应在变坡处用半径 R 不小于 8 倍水深的反弧段过渡。

6.2.3.3 泄槽的横断面布置

泄槽的横断面应尽可能按矩形布置并进行衬砌。这种断面流态较好，特别是消能设施采用底流消能时，能保证较好的消能效果。对于岩基较软弱破碎或土基上的泄槽，可按梯形断面布置，并加固边坡护面或用挡土墙护砌。边坡系数不应大于 1.5（以 1.1～1.5 为宜），以免水流外溢。

泄槽的边墙或衬护高度应按水流波动及掺气后的水深加安全超高确定，水流波动及掺气后的水深可按下式估算：

$$h_b=\left(1+\frac{\zeta v}{100}\right)h \tag{6.3}$$

式中 h_b、h——计入和不计入波动及掺气的计算断面水深，m；

v——为不计入波动及掺气时计算断面上的平均流速，m/s；

ζ——修正系数，一般取 1.0～1.4，当 $v>20$m/s 时宜取大值。

泄槽的安全超高可根据工程的规模和重要性决定，一般取0.5～1.5m。

设置弯道后，弯道处由于离心力和冲击波共同作用产生的横向水面高差ΔZ（图6.9）按下式计算：

$$\Delta Z = K\frac{v^2 B}{g r_c} \tag{6.4}$$

式中　ΔZ——横向水面高差，m；

K——取决于水流弗劳德数、泄槽断面及弯道几何形状的系数，对于急流、矩形断面和弯曲段为简单圆弧时，K取2.0；

v——计算断面平均流速，m/s；

B——计算断面水面宽度在水平方向的投影，m；

r_c——弯曲中心轴线对应的半径，m。

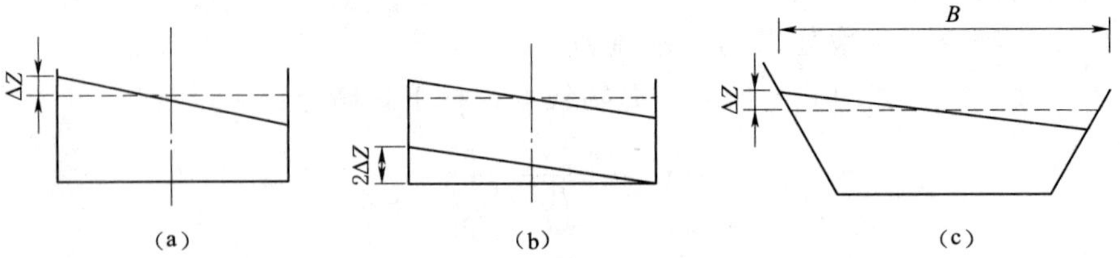

图6.9　弯道横向水面超高

(a)横向水面高差ΔZ；(b)内侧渠底高程降低ΔZ，外侧抬高ΔZ；(c)梯形断面渠道横向水面高差ΔZ

为消除弯道冲击的干扰，保持泄槽轴线底部高程和边程高度，常将内侧渠底高程降低ΔZ，外侧抬高ΔZ。

6.2.3.4　泄槽的构造

1. 泄槽的衬砌

为了保护槽基不受冲刷和风化，泄槽一般都要进行衬砌。衬砌表面要求平整光滑，避免槽面产生负压和空蚀；接缝处止水可靠，防止高速水流钻入缝内将衬砌掀动；排水畅通，有效降低衬砌底面的扬压力而增加衬砌的稳定性。

泄槽一般采用混凝土衬砌，流速不大的中小型工程也可以采用水泥砂浆或细石混凝土砌石衬砌，但应适当控制砌体表面的平整度。

衬砌的厚度主要根据工程规模、流速大小和地质条件决定。目前，衬砌厚度的确定尚未形成成熟的计算方法和公式，在工程应用中主要还是采用工程类比法确定，一般取0.4～0.5m，不应小于0.3m。当单宽流量或流速较大时，衬砌厚度应适当加厚，甚至可达0.8m。

为了防止温变应力引起温度裂缝，重要的工程常在衬砌临水面配置适量的钢筋网，纵横布置，每方向的含钢率为0.1%～0.2%。岩基上的衬砌，在必要的情况下可布置锚筋插入新鲜岩层，以增加衬砌的稳定。锚筋的直径在25mm以上，间距为1.5～3.0m，插入岩基1.0～1.5m。土基上的衬砌，由于土基与衬砌之间基本无黏着力，又不能采用锚筋，为增加衬砌的稳定，可适当增加衬砌厚度或增设上下游齿墙。

2. 衬砌的分缝、止水和排水

为了控制温度裂缝的发生，除了配置温度钢筋外，泄槽衬砌还需要在纵、横方向分缝，并与堰体及边墙贯通。岩基上的混凝土衬砌，由于岩基对衬砌的约束力大，分缝的间距不宜太大，一般采用10～15m，衬砌较薄时对温度影响较敏感，应取小值。衬砌的接缝有平接、搭接和键槽接等多种型式，如图6.10所示。垂直于流向的横缝比纵缝要求高，宜采用搭接式，岩基较坚硬且衬砌较厚时也可采用键槽式；纵缝可采用平接式。

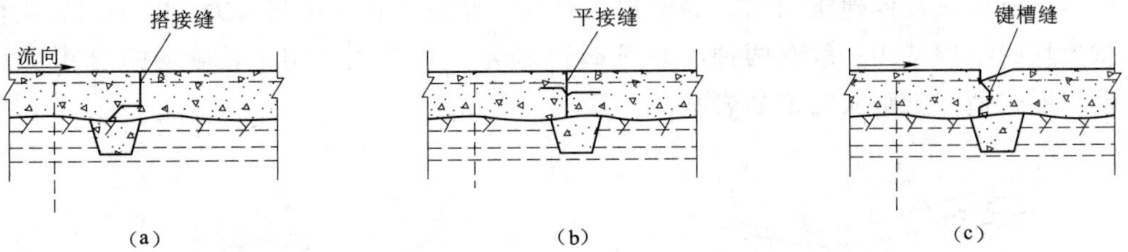

图6.10 衬砌的接缝型式

(a) 搭接缝；(b) 平接缝；(c) 键槽缝

为防止高速水流通过缝口钻入衬砌底面掀动衬砌，所有的伸缩缝都应布置止水，其布置要求与水闸底板基本相同。

衬砌的排水设施一般布置在纵、横伸缩缝下面，并且纵、横贯通，将渗水汇集到纵向排水管内排往下游。通常岩基上的横向排水为在岩基开挖沟槽并回填不易风化的碎石。沟槽尺寸一般取0.3m×0.3m，顶面盖上木板或沥青油毛毡，防止浇筑衬砌时砂浆进入而影响排水效果。纵向排水一般在沟内放置透水的混凝土管，直径为10～20cm，视渗水多少而定。管与横向排水沟的接口不封闭，以便收集横向渗水，管周填上不易风化的碎石。小型工程也可以按横向排水方法布置。施工时，纵、横排水沟应注意开挖成一定的坡度，保证横向排水汇集的渗水尽快地汇集到纵向排水管，并顺畅地排往下游。

对于土基或破碎软弱的岩基，常在衬砌底面设置平铺式排水，由30cm厚度的碎石层形成。对于黏性土地基，应先铺一层厚0.2～0.5m的砂砾垫层，再铺碎石，或直接在砂砾垫层中布置透水混凝土管形成排水层。对于细砂地基，则应先铺一层厚0.2～0.4m的粗砂，再做碎石排水层。

泄槽两侧的边墙，其墙顶高程可由泄槽的水面曲线高程并考虑水流波动和掺气高度及安全超高确定。边墙的结构，如基岩良好，可做成衬砌式，其结构与底板衬砌相同，厚度一般不小于30cm，且用钢筋与岩坡锚固。边墙本身无需设置纵缝，但多在与边墙接近的底板设置纵缝（见水闸分离式底板布置）；横缝应与底板贯通。对于较差的岩基，需将边墙做成重力式挡土墙。此外，边墙同样应做好止水和排水，排水应与底板下面横向排水连通。必须指出，泄槽构造（止水排水等）是防止动水压力和扬压力对衬砌的安全稳定产生影响而采取的有力措施，对保证泄槽的安全运用是很重要的，切勿忽视其作用而马虎从事，以致造成工程事故。

6.2.4 消能防冲设施

溢洪道泄洪，其特点一般是单宽流量大、流速高，能量集中，如果消能设施考虑不当，出槽的高速水流与下游河道的正常水流不能妥善衔接，下游河床和岸坡就会遭受冲刷，甚至会危及溢洪道的安全。

河岸溢洪道一般采用挑流消能或底流消能，有时也可采用其他型式的消能措施。当地形地质条件允许时，优先考虑挑流消能，以节省消能防冲设施的工程投资。

挑流消能一般适用岩石地基的高中水头枢纽，消能设施的平面形式有等宽式、扩散式和收缩式（包括窄缝式），挑流鼻坎有连续式、差动式等。采用挑流消能时，应考虑挑射水流的雾化对枢纽其他建筑物运行的影响，有关计算内容和方法与重力坝相关内容类似。

挑流坎的结构型式一般有两种，如图6.11所示，重力式适用于较软弱的岩基或土基，锚筋薄护层式适用于坚实完整的岩基。

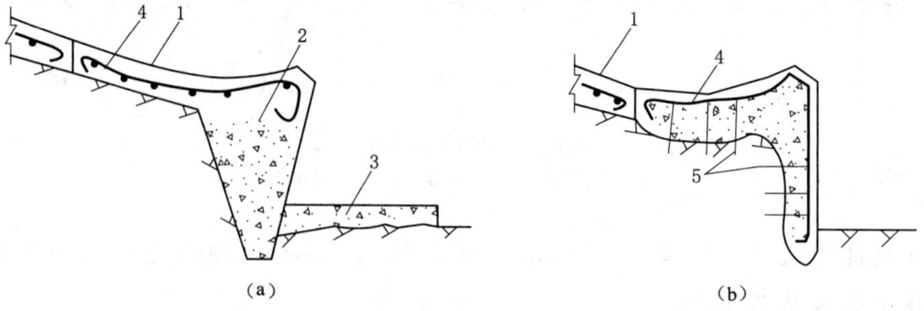

图6.11　挑流鼻坎的型式

(a) 重力式；(b) 锚筋薄护层式

1—面板；2—齿墙；3—护坦；4—钢筋；5—锚筋

挑流坎上还常设置通气孔和排水孔，如图6.12所示。通气孔的作用是从边墙顶部孔口向水舌补充空气，以免形成真空影响挑距或造成结构空蚀。坎上排水孔用来排除反弧段积水；坎底排水孔则用来排放地基渗水，降低扬压力。

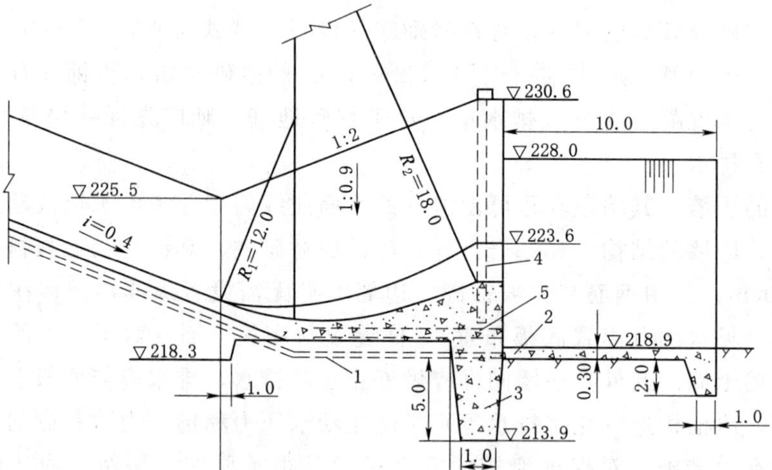

图6.12　挑坎构造（单位：m）

1—纵向排水；2—护坦；3—混凝土齿墙；4—ϕ50cm通气孔；5—ϕ10cm排水管

底流消能适用于土基或软弱岩基，其消能原理和布置与水闸相应内容基本相同。

6.2.5 出水渠

出水渠的作用是使溢洪道下泄的洪水顺畅地流入下游河床。当消能防冲设施直接与河床连接时，可不另设出水渠。此时，必须通过水文计算和洪水调查等方法确定下游河床水位，同时还应考虑建库后可能发生的水位变化。

出水渠的布置优先考虑利用天然沟谷，并采用必要的工程措施，如明挖或布置成小型跌水，以较小的投资保证沟谷受到冲刷或坍塌时不影响泄洪和危及当地民房及其他建筑物的安全，使出流平顺归入原河道。

6.3 侧 槽 溢 洪 道

6.3.1 侧槽溢洪道的布置特点

侧槽溢洪道一般适用于坝肩山头较高、岸坡较陡、不利于布置正槽溢洪道且泄流量相对较小的情况，其布置如图 6.2 所示。

侧槽溢洪道与正槽溢洪道相比，主要区别在于溢流堰部分。其布置特点是溢流堰在侧槽的侧边，进槽水流从侧向进流，纵向泄流，溢流堰既是低堰也是侧槽的一边槽壁。侧槽溢洪道主要优点是溢流堰可大致沿地形等高线布置，并沿河岸向上游延伸，以减少开挖量；主要缺点是进堰水流首先冲向对面的槽壁，再向上翻腾，产生旋涡，再泄向下游，形成一种不规则的复杂流态，与下游水面衔接难以控制，给侧槽的布置造成困难。

由于岸坡较陡，侧槽的横断面宜按窄深式布置。这样，有利于增加槽内水深，稳定流态。在陡峭的山坡上，窄深断面要比宽浅断面节省开挖量。以图 6.13 为例，如窄深断面过水面积为 ω_1，宽浅断面过水面积为 ω_2，当 $\omega_1=\omega_2$ 时，窄深断面可节省开挖面积 ω_3。

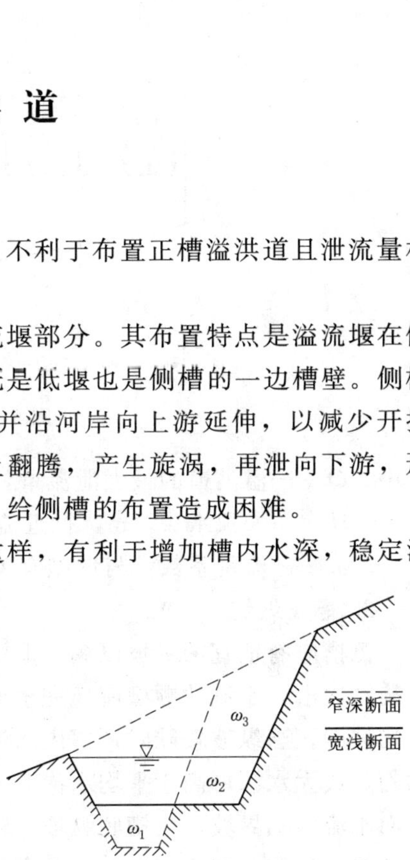

图 6.13 侧槽挖方量比较图

侧槽溢洪道的溢流堰可采用实用堰、宽顶堰和梯形堰，但采用实用堰较多。

6.3.2 侧槽尺寸设计

侧槽设计的要求是满足泄洪条件，保持槽内流态良好，造价低廉和施工管理方便，设计的任务是确定侧槽的槽长（堰长）、槽底纵坡、侧槽横断面底宽、侧槽横向边坡系数和侧槽始端槽底高程与末端水深，有关尺寸参数如图 6.14 所示。

1. 堰长

侧槽堰长 L（即溢流前缘长度）与堰型、堰顶高程、堰顶水头和溢洪道的最大设计流量有关。堰型应根据工程规模、流量大小选择，对于大、中型工程一般选择实用堰。溢流堰长度可按下式计算：

$$L=\frac{Q}{m\sqrt{2g}H^{\frac{3}{2}}} \tag{6.5}$$

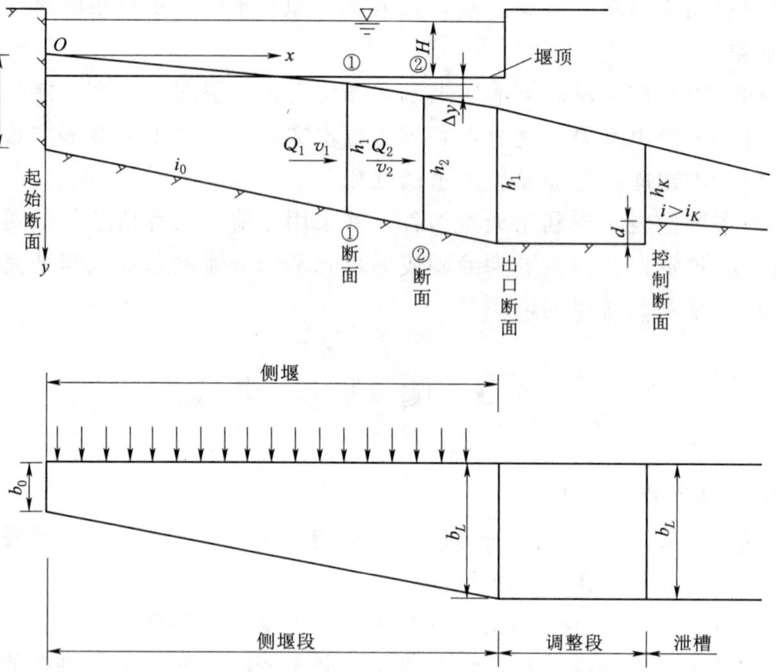

图 6.14　侧槽水面曲线计算简图

式中　Q——溢洪道的最大泄流量，m^3/s；

H——堰顶水头，m，行近流速水头可忽略不计；

m——流量系数，与堰型有关。

2. 槽底纵坡

侧槽应有适宜的纵坡以满足泄洪要求。由于过堰水流的大部分能量消耗于槽内水体间的旋转撞击，水流的顺槽流速完全取决于水体的自重和水力比降。因此，槽底纵坡应有一定的坡度。当纵坡较陡时，槽内水流为急流，水流不能充分掺混消能，并且槽中水深很不均匀，最大水深可高于平均水深 5%～20%。因此，槽底纵坡应取单一纵坡，且小于槽末断面水流的临界坡。当槽底纵坡 i 较缓时，槽内水流为缓流，水流流态平衡均匀，并可较好地掺混消能。初步拟定时，槽底纵坡一般取 0.05 左右，最大以不超过 0.1 为宜。

3. 侧槽横断面底宽

为了适应流量沿程不断增加的特点，侧槽横断面底宽应沿侧槽轴向自上而下逐渐加大。首先，根据地形地质条件通过工程类比法初选若干起始断面底宽 b_0，并经过经济比较确定。采用机械施工时，应满足施工最小宽度要求。侧槽末端断面底宽 b_L 可按比值 b_0/b_L 确定。一般来说，b_0/b_L 值越小，侧槽开挖量越省。但是，b_0/b_L 过小时，由于槽底需要开挖较深，将增加紧接侧槽末端水流调整段的开挖量。因此，合理的 b_0/b_L 值应根据槽址的地形地貌条件通过比较确定。通常 b_0/b_L 值宜采用 0.25～0.65，即 $b_L=(1.5\sim4.0)b_0$。

4. 侧槽横向边坡系数

侧槽横向边坡系数（图 6.15）取值合理与否，不仅与入流条件有关，还与开挖工程量有关。靠岸一侧的边坡系数，在满足水流条件和边坡稳定的前提下，以较陡为宜，一般采

用 $m_1=0.3\sim0.5$；靠溢流堰一侧，溢流曲线以下的直线段坡度，一般可采用 $m_2=0.5$ 左右。

5. 侧槽始端槽底高程与末端水深

侧槽的槽底高程，以满足溢流堰为非淹没出流和减少开挖量作为控制条件。由于侧槽沿程水面为降落曲线，因此，确定槽底高程的关键是首先确定侧槽起始断面水面高程，并由该水面高程减去断面水深求得该处的槽底高程。试验研究结果表明：当起始断面附近有一定的淹没时，不至于对整个溢流堰的过堰流量有较大的影响，此时仍可认为溢流堰沿程出流属于非淹没出流。为节省开挖量，适当提高渠底高程，常取侧槽起始断面水位高出堰顶水位 $h_s=0.5H$，据此确定槽底高程。

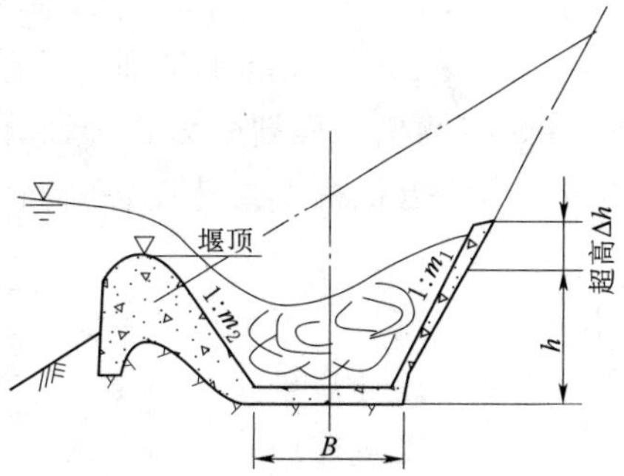

图 6.15　侧槽内流态示意图

侧槽水面曲线的推算，首先必须确定控制断面水深 h_1。控制断面一般选用侧槽末端断面（若设水平调整段，则以调整段末端为控制断面），由该断面的临界水深 h_k 计算侧槽末端水深 h_1。为减少侧槽开挖量，应使侧槽末端断面水深 h_1 尽量接近经济断面水深。江西省水利科学研究所的研究成果认为，采用 $h_1=(1.2\sim1.5)h_k$ 较为理想，h_k 为该断面的临界水深，当 $b_L/b_0=4$ 时取 1.5；$b_L/b_0=1.5$ 时取 1.2，其余情况按内插法选用。

为保证侧槽末端实际水深与理论水深 h_1 一致，常需在侧槽末端设置一水平调整段与泄槽连接，并在调整段末端设置控制断面。调整段的长度以不小于（2～3）h_k 为宜；控制断面则用抬高泄槽起始断面高程（形成低坎）构成，使水流在该断面形成临界流，该断面的水深即为临界水深 h_k，h_k 可由水力学公式计算。

6.3.3　侧槽水力计算要点

侧槽水力设计的目的是选择适宜的侧槽底板纵坡 i 和断面尺寸，以减少开挖量。在满足泄洪的前提下，使侧槽水流呈缓流流态，实现水流均匀平稳地进入泄槽，改善后接建筑物的水流条件。实践证明，侧槽水流在各级流量下均保持为缓流是很难做到的，但在泄放设计流量时，应保证槽内水流为缓流（即非淹没流）。

根据水库调洪演算确定水位、流量、堰顶高程和水头，可按下述步骤进行侧槽的水力计算：

（1）选择堰型。根据最大设计流量 Q_{max} 和相应的设计水头 H_{max} 计算侧槽堰长 L。

（2）根据地形地质及施工条件，在平面地形图上布置侧槽的有关尺寸。可选择几组槽底宽度 b_0、b_L，纵坡 i_0 和横截面坡度系数 m，进行经济比较，选出较合理的数值。

（3）根据设计流量和控制断面宽度 b_K，计算控制断面的临界水深 h_K，进而计算侧槽末端水深 h_1。

（4）根据侧槽末端水深 h_1、控制断面临界水深 h_K 和槽底宽度 b_0、b_L，计算相应断面流速 v_L、v_K，并由下式确定控制断面坎高 d：

$$d=(h_1-h_K)+(1+\zeta)\frac{V_L^2-V_K^2}{2g} \tag{6.6}$$

式中　h_1、V_L——侧槽末端水深和流速；

h_K、V_K——侧槽控制断面临界水深和流速；

ζ——局部水头损失系数，可取0.2。

（5）将侧槽沿程划分为若干计算段，定出若干断面（断面编号从始端开始依次编为1，2,3,4,…），近似按下式计算各断面流量 Q_i：

$$Q_i = qX_i \tag{6.7}$$

式中　q——流量，近似取 $q=Q/L$，$m^3/(s \cdot m)$；

Q——设计流量，m^3/s；

L——溢流堰净长，m；

X_i——计算断面至侧槽始端水平距离，m；

Q_i——计算断面流量，m^3/s。

（6）侧槽水面曲线推算。侧槽水面曲线推算是从侧槽末端水深 h_{i+1} 向上游推算，如图6.16所示，相邻两计算断面的水深关系可按下式求得

$$h_i = h_{i+1} + \Delta Y_i - \Delta X_i \tan\theta_i \tag{6.8}$$

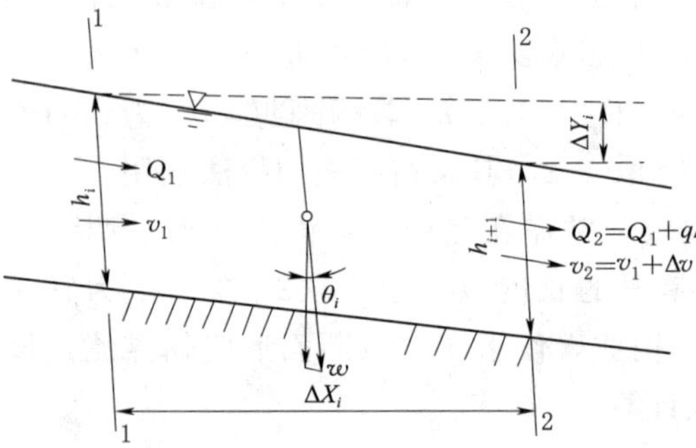

图6.16　水力计算示意图

式中　h_i、h_{i+1}——相邻两计算断面水深；

ΔX_i——相邻两计算断面水平距离；

θ_i——侧槽槽底面与水平面的夹角；

ΔY_i——相邻两计算断面水面差。

当侧槽纵坡很小时，$i_0 = \theta \approx \tan\theta_i$，此时，式（6.8）可简化为

$$h_i = h_{i+1} + \Delta Y_i - i_0 \Delta X_i \tag{6.9}$$

在槽中不发生水跃的情况下，相邻两计算断面落差可由动量原理推出的差分公式计算：

$$\Delta Y_i = \frac{v_1 + v_2}{2g}\left[(v_2 - v_1) + \frac{Q_2 Q_1}{Q_1 + Q_2}(v_1 + v_2)\right] + \overline{J}\Delta X_i \tag{6.10}$$

$$\overline{J} = \frac{n^2 \overline{V}^2}{\overline{R}^{4/3}}$$

式中　v_1、v_2——相邻两计算断面的流速和流量；

Q_1、Q_2——相邻计算断面的流量，m^3/s；

$\overline{J}$——两计算断面平均摩阻比降；

n——侧槽底板糙率，混凝土为0.011～0.017，岩石为0.025～0.045；

$\overline{V}$——相邻两计算断面的平均流速，m/s；

$\overline{R}$——相邻两计算断面的平均水力半径。

一般工程，可忽略摩阻水头损失 $\overline{J}\Delta X_i$，则式（6.10）可简化为

$$\Delta Y_i = \frac{\overline{V}}{g}\left(\Delta v + \frac{2Q_1 Q_2}{Q_1 + Q_2}\overline{V}\right) \tag{6.11}$$

利用式（6.11）和式（6.9）推求水面曲线时，应采用试算法。试算法的步骤如下：

1）已知 h_2、b_2、v_2、Q_2（如侧槽末端断面）和 Q_1，假设一个 ΔY_i。

2）把 ΔY_i 代入式（6.9）计算1—1断面水深 h_i。

3）计算1—1断面过水面积 w_1，并计算 $v_1=\dfrac{Q_1}{w_1}$。

4）把 v_1、v_2、Q_1、Q_2 代入式（6.11）计算 ΔY_i。

5）比较计算值 ΔY_i 与假设值 ΔY_i，若二者相等，则 ΔY_i 就是相邻两断面的水面落差；否则，应重新假设 ΔY_i 值，重复上述计算，直至相等为止。

（7）槽底高程确定。首先要确定泄槽起始断面高程，然后按选定的侧槽纵坡确定其他断面底部高程。起始断面槽底高程可根据侧槽首端溢流堰允许的淹没水深 h_s，定出侧槽起始断面水位，由该水位减去相应水深求得该截面底部高程。其他断面槽底高程可按槽底纵坡确定。

6.4 非常溢洪道

SL 253—2018《溢洪道设计规范》规定，在具备合适的地形地质条件时，经技术经济比较后，溢洪道可布置为正常溢洪道和非常溢洪道，必要时，正常溢洪道还可分为主、副溢洪道。

非常溢洪道在土石坝枢纽中应用最多，这是因为土石坝一般不允许洪水漫过坝顶。作为保坝措施，它的运用任务是宣泄超过设计标准的洪量。超设计标准的洪量既包括校核洪水位与设计洪水位之间的洪量，也包括坝址出现超过校核洪水位的特大洪量。

非常泄洪道的启用标准应根据工程条件确定。一般情况下，当库水位达到设计洪水位后即应启用。由于超设计标准的洪水是稀遇的，故非常溢洪道启用机会很少，为此非常溢洪道的结构布置可以简化些。除了控制段和泄洪能力不能降低标准以外，其余部分都可以简化布置。如泄槽可不衬砌，消能防冲设施可不布置，以获得全面综合的经济效益。

非常溢洪道的位置应与大坝保持一定距离，以泄洪时不影响其他建筑物为控制条件。为了防止泄洪造成下游的严重破坏，当非常泄洪道启用时，水库最大总下泄流量不应超过坝址相同频率的天然洪水量。

非常溢洪道一般分为漫流式、自溃式和爆破引溃式。

6.4.1 漫流式

漫流式非常溢洪道的布置与正槽溢洪道类似，堰顶高程应选用与非常溢洪道启用标准相应的水位高程。控制段（溢流堰）通常采用混凝土或浆砌石衬砌，设计标准应与正槽溢洪道控制段相同，以保证泄洪安全。控制段下游的泄槽和消能防冲设施，如行洪过后修复费用不高可简化布置，甚至可以不做消能设施。控制段可不设闸门控制，任凭水流自由宣泄。溢流堰过水断面通常做成宽浅式，故溢流前缘长度一般较长。因此，这种溢洪道一般布置在高程适宜、地势平坦的山坳处，以减少土石方开挖量。

6.4.2 自溃式

自溃式非常溢洪道有漫顶溢流自溃式和引冲自溃式两种型式。漫顶溢流自溃式由自溃坝（或堤）、溢流堰和泄槽组成。自溃坝布置在溢流堰顶面，坝体自溃后露出溢流堰，由溢流堰控制泄流量，如图6.17所示。自溃坝平时可起挡水作用，但当库水位达到一定的高程时应能迅速自溃行洪。为此，坝体材料宜选择无黏性细砂土，压实标准不高，易被水流漫顶冲溃。当溢流前缘较长时，可设隔墙将自溃坝分隔为若干段，各段坝顶高程应有差异，形成分级分段启用的布置方式，以满足库区出现不同频率稀遇洪水的泄洪要求。浙江南山水库自溃式非常溢洪道，采用2m宽的混凝土隔墙将自溃坝分为三段，各段坝顶高程均不同，形成三级启用形式，除遇特大洪水时需三级都投入使用外，其他稀遇洪水情况只需启用一级或两级，行洪后的修复工程量也可减少。

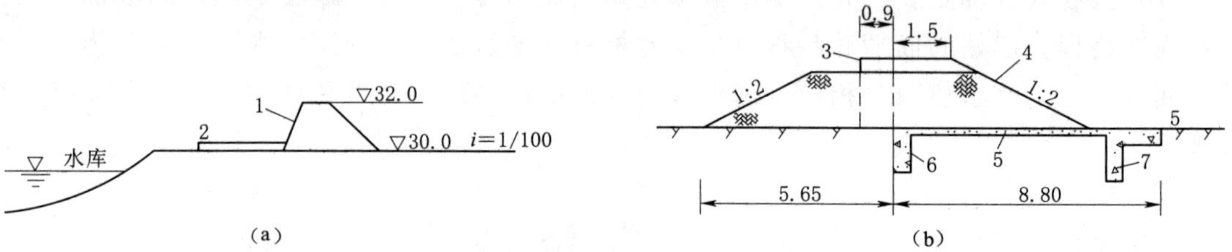

图6.17　漫顶自溃式非常溢洪道进水口断面图（单位：m）

(a) 国内某水库非常溢洪道示意图；(b) 国外某水库漫顶自溃堤断面图

1—土堤；2—公路；3—自溃堤各段间隔墙；4—草皮护面；5—厚0.3m混凝土护面；6—厚0.6m深1.5m的混凝土截水墙

自溃式非常溢洪道的优点是结构简单、施工方便、造价低廉；缺点是运用的灵活性较差，溃坝时具有偶然性，可能造成自溃时间的提前或滞后。所以，自溃坝的高度常有一定的限制，国内已建工程一般在6m以下。

引冲自溃式也是由自溃坝、溢流堰和泄槽组成，在坝顶中部或分段中部设引冲槽，如图6.18所示。当库水位超过引冲槽底部高程后，水流经引冲槽向下游泄放，并把引冲槽冲刷扩大，使坝体自溃泄洪。这种自溃方式在溃决过程中流量逐渐加大，对下游防护较有利，故自溃坝体高度可以适当提高。对于溢流前缘较长的坝，也可以按分级分段布置。引冲槽槽底高程、尺寸和纵向坡度可参照已建工程拟定。

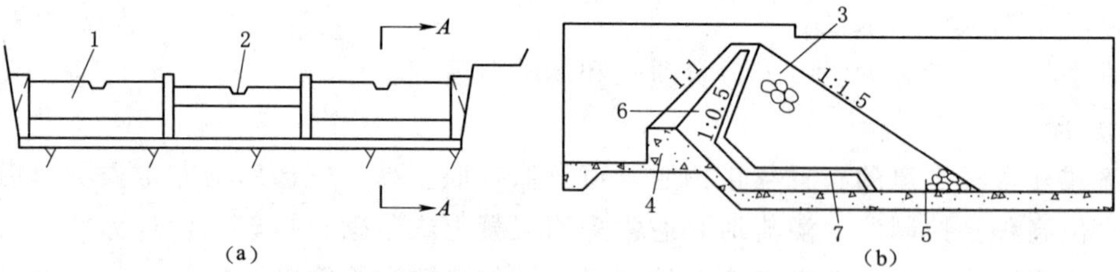

图6.18　某水库引冲自溃坝式溢洪道

(a) 上游立视图；(b) A—A剖面图

1—自溃堤；2—引冲槽；3—引冲槽底；4—混凝土堰；5—卵石；6—黏土斜墙；7—反滤层

应当指出，自溃式溢洪道在溃坝泄洪后，需在水位降落后才能修复，如果堰顶高程较低，还会影响水库当年的蓄水量。但是，非常溢洪道的启用机遇很小，故这种影响一般不大。关键的问题是保证自溃土坝在启用时必须能按设计要求被冲溃，为此应参照已建工程经验进行布置，并应通过水工模型试验验证。

6.4.3 爆破引溃式

与自溃式类似，爆破引溃式非常溢洪道是由溢洪道进口的副坝、溢流堰和泄槽组成。当溢洪道启用时，引爆预先埋设在副坝廊道或药室的炸药，利用爆破的能量把布置在溢洪道进口的副坝强行炸开决口，并炸松决口以外坝体，通过快速水流的冲刷，使副坝迅速溃决而泄洪。如果这种溢洪措施副坝较长，也可分段爆破。爆破的方式、时间可灵活、主动掌握。由于这种引溃方式是由人工操作的，因而使坝体溃决有可靠的保证。图 6.19 为我国沙河水库溢洪道的副坝药室布置图。

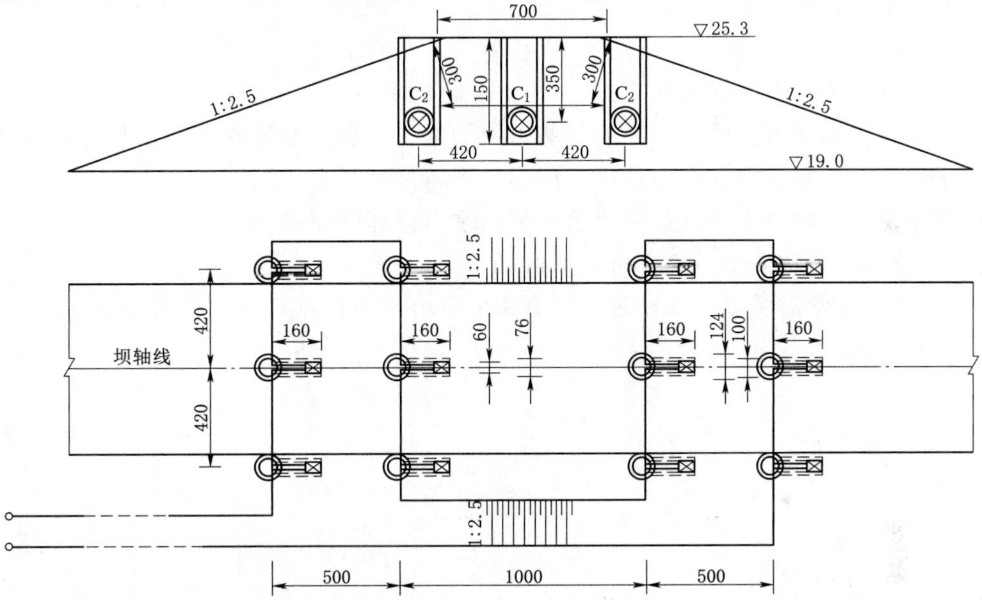

图 6.19　沙河水库副坝药室及导洞布置图（单位：高程为 m，其他为 cm）

应当指出，非常溢洪道由于设计理论不完善，实践经验不足，在运用中还存着不少问题，在设计和运用中应谨慎对待。若启用不当，将造成不必要的人为洪峰，反而会加重下游的灾情。

小　　结

本章主要讲述开敞式河岸溢洪道，重点是正槽式，其次是侧槽式，河岸溢洪道各个部分的设计应在把握好水流特性的基础上掌握其设计原则和水力计算方法。例如，引水渠的设计主要考虑减小水头损失并使水流平顺；控制段的设计主要是在可能的条件下选择泄流能力较大的合理堰型，并进行泄流能力的水力计算；泄槽的设计主要应针对可能出现的高速水流问题（急流冲击波、掺气、空化与空蚀、水流脉动及其引起的动水压力等），采取合理的布置方式和防范措施；消能段主要是选择合理的消能方式并进行消能防冲设施的水力计算；尾水渠主要是解决水流平顺归原河道问题等。

本章的主要目标是掌握正槽溢洪道的组成以及进水渠、控制段、泄槽、消能防冲等结构构造，重点掌握溢洪道宽度确定的方法。对于侧槽式溢洪道的设计和非常泄洪设施，可只作一般了解。

练　习　题

1. 控制堰为自由溢流式的溢洪道其堰顶高程与（　　）齐平。

A. 设计洪水位　　B. 防洪限制水位　　C. 正常蓄水位　　D. 校核洪水位

2. 水利枢纽在什么情况下应设置河岸溢洪道?

3. 河岸溢洪道有哪些型式? 其特点和适用条件是什么?

4. 正槽溢洪道有哪些组成部分? 各部分的作用和设计原则是什么?

5. 溢洪道的控制堰有哪些形式和布置方式? 堰顶是否设置闸门? 简述堰顶设置闸门的利弊。

6. 泄槽底板的构造要求是什么?

7. 高水头溢洪道的泄槽上可能有哪些水流问题? 它们与泄槽的体型、布置有何关系?

8. 正槽溢洪道和侧槽溢洪道适应的河岸地形条件有什么区别?

9. 侧槽溢洪道的水力特性如何? 简述侧槽水力计算的原理。

10. 正槽溢洪道和侧槽溢洪道有什么区别?

11. 什么叫非常溢洪道? 其设置方式有哪些? 各有何特点? 如何选用?

第 7 章　水工隧洞与坝下埋管

本章目标：

掌握衬砌荷载的基本概念和工程布置理论，分析圆形断面衬砌结构计算。

具体要求：

（1）掌握隧洞与涵管的组成和分类，对它们的工作条件也要有一定的了解。

（2）掌握隧洞总体布置以及对流态（有压、无压）的分析。线路选择在工程中是个关键问题，主要在以后的实践中加深理解。

（3）掌握深层取水和表层取水的主要形式和特点。对选用表层取水的必要性需有足够的认识。

（4）掌握隧洞中圆形和圆拱直墙式的断面拟定和构造。对于喷锚衬砌，要分析它和刚性衬砌的异同点。

（5）掌握围岩压力、弹性抗力和地层反力的基本概念和它们的相互关系。在衬砌结构计算中，对有压隧洞主要了解圆形断面的计算原理和方法。

（6）掌握圆形涵管的安装方式对管身的影响，以及管壁集中渗流问题。

7.1　概　　述

7.1.1　水工隧洞的类型

水工隧洞是在山体中开凿的一种泄水、放水建筑物，其主要作用是宣泄洪水、引水发电或灌溉、供水、航运输水、放空水库、排放水库泥沙以及水利枢纽施工期导流等。

水工隧洞按其担负的任务可分为泄洪隧洞和放水隧洞；按其工作时洞内的水流状态可分为有压隧洞和无压隧洞。一般从水库引水发电的水工隧洞是有压的，而为泄洪、供水、排沙、导流等目的而设置的隧洞可以是有压的，也可以是无压的。有压隧洞运行时，其内壁承受一定的内水压力。无压洞内水流具有自由水面，水面与洞顶保持一定的净空。水工隧洞可以设计成有压的，也可以设计成无压的。即使是在同一条隧洞中，以主闸门为界，闸门前有压，闸门后为无压。但是在隧洞的同一段内，除了流速低的导流隧洞外，应严禁出现时而有压，时而无压的明满交替的流态，以免造成因此引起的震动与空蚀。

7.1.2　水工隧洞的工作特点

1. 深式过水建筑物的特点

（1）泄水隧洞出口流速高，单宽流量大，能量集中，对消能防冲措施要求较高。

（2）进口处于水下较深处，闸门承受的水压力大，要求闸门刚度大，启闭机容量大。

（3）高水头无压泄水隧洞，容易在高速水流的作用下引起振动及洞身空蚀破坏。

（4）有压隧洞往往承受较大的内水压力，要求有一定厚度的围岩和足够强度的衬砌。

2. 地下建筑物的特点

（1）水工隧洞是一种地下结构。隧洞开挖后，改变了岩体原来的平衡状态，引起孔洞附近应力重分布，岩体产生变形，严重的甚至发生崩塌。因此，隧洞中常需设置临时性（施工期）支护和永久性衬砌，以确保隧洞施工期和运行期的安全。

（2）与地面建筑物相比较，隧洞的断面尺寸小，施工场地狭窄，施工干扰较大。

（3）内、外水压力是水工隧洞设计的主要荷载之一。

7.1.3　水工隧洞的线路选择和工程布置

7.1.3.1　水工隧洞的线路选择

在洞线选择时，应结合其用途，根据当地实际情况，综合考虑地质、地形、水力学、施工、运行、枢纽总布置及对周围环境影响等因素，并通过多方案进行经济技术比较加以确定。

1. 地质条件

（1）隧洞线路选择原则上应使洞线布置于地质构造简单、岩体完整坚硬稳定，水文地质条件有利及施工方便的地区。尽量避开向斜、断层、软弱地层、滑坡等不利地质构造。同时尽量避开涌水量大、地下水位高、岩溶发育、承压水区以及高地应力区，以减少隧洞衬砌上的荷载及便于施工。

（2）若洞线与岩层、构造破碎带及主要节理面相交时，应尽量使洞线具有较大夹角。在整体块状结构的岩体中，其夹角应不小于30°；在层状岩体中，其夹角不宜小于45°。

（3）隧洞洞线穿过高地应力区时，原则上应使洞线与最大水平地应力方向一致。

（4）当隧洞沿水平或倾斜岩层走向布置时，应使洞身位于坚硬、均质、不透水的岩层中。当洞身穿切不同岩体的岩层时，应使其洞顶置于较坚硬的岩层中。

2. 地形条件

（1）隧洞的线路在平面上应力求短、直，以降低工程造价和减小水头损失，并保持良好的水流条件。若受限制而不能保持直线时，隧洞应以曲线连接，其曲率半径不小于5倍的隧洞洞径（洞宽），且转角不宜大于60°。弯道的两端应设直线连接，其长度不宜小于5倍的洞径（洞宽）。

（2）洞线穿过沟谷时，应根据地形、地质、水文及施工条件进行经济技术比较而定其线路。

（3）隧洞的出口与下游河道的连接，应尽可能地使其衔接畅顺，减少对河岸的冲刷。

3. 施工条件

隧洞施工工作面小、干扰多，因此，隧洞的线路选择应认真考虑施工出渣通道和施工场地布置等条件。对于洞线较长的隧洞，应考虑在适合的地点设置竖井、斜井或平洞（图7.1），以便进料、出渣和通风，增加工作面，加快施工进度。此外，应尽量少破坏自然环境，并使其较易恢复，环境投资最小。

4. 运行管理条件

洞线选择应考虑工程的运行管理条件，应满足枢纽总体布置和运行的要求，应尽量避免其在施工和运行中与枢纽其他建筑物的相互干扰，如土石坝结合泄洪洞时，在隧洞线路选择时，其进出口应尽可能地离坝体一定距离，以免影响大坝正常工作。

7.1.3.2 水工隧洞的工程布置

隧洞工程布置的主要内容包括：进出口的布置、纵剖面的布置以及闸门的布置。隧洞布置的总体要求是必须满足过水流量、水流状态和运行的要求，并尽可能地降低工程造价。

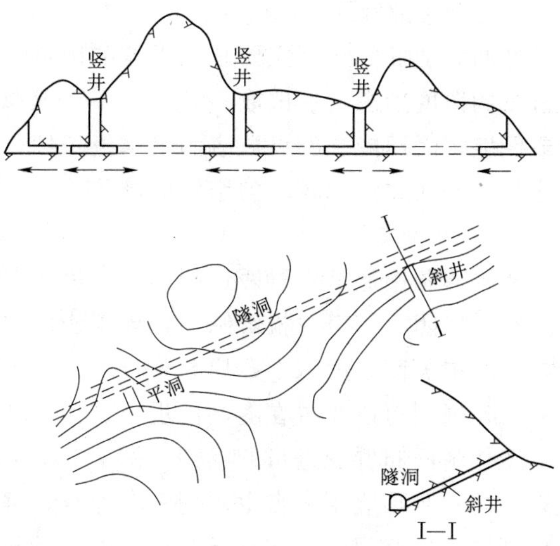

图 7.1　竖井、平洞及斜井的位置

在修建水工隧洞时，应根据实际情况，尽可能地考虑“一洞多用”，以降低工程造价，如采用灌溉与发电相结合的布置方式。导流与引水泄洪相结合的隧洞，由于两者进口高程不同，导流洞进口较低，引水泄洪洞进口较高，工程竣工后，先将导流隧洞的进口封堵，并用斜管将引水隧洞的进口与主洞连接起来，工程上称为“龙抬头”的型式，如图 7.2 所示。

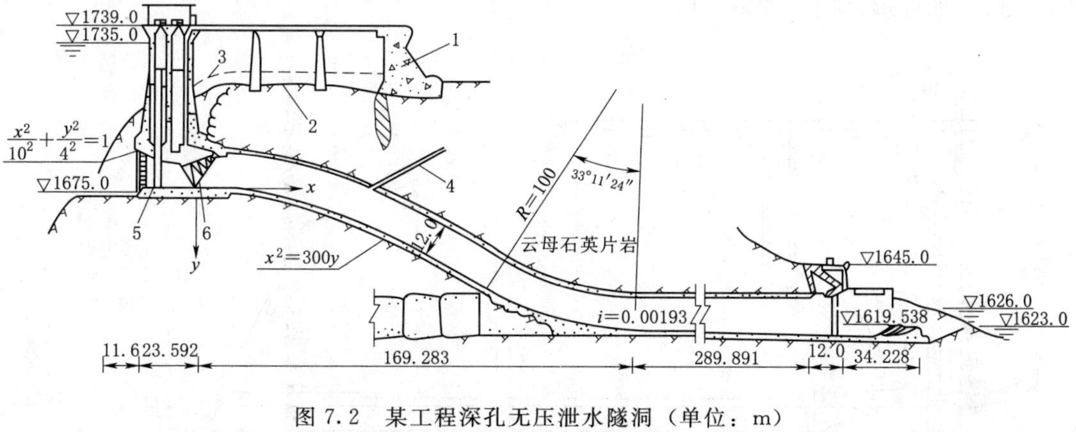

图 7.2　某工程深孔无压泄水隧洞（单位：m）

1—混凝土坝；2—岩面线；3—原地面线；4—通风洞；5—检修门槽；6—弧形闸门

1. 隧洞进出口的布置

隧洞进出口位置应依据总体规划，结合地形地质条件，使水流顺畅，进流均匀，出流平稳，满足使用功能和运行安全等方面的要求。进出口宜选在地质构造简单、岩体完整，风化层较浅的地区，避开不良地质构造和易崩塌、危崖、滑坡地区。

隧洞的进口高程应根据隧洞的用途，结合实际要求加以确定。如发电隧洞，其进口顶部的高程应在水库最低工作水位以下 0.5～1.0m；底部最小高程应高出水库淤沙高程 1.0m 以上，以防止粗颗粒泥沙进入洞中。在不影响隧洞正常使用的前提下，尽量提高隧洞的进口高程，以缩短洞长，减小主闸门的作用水头和洞身的内力压力，降低造价。

2. 隧洞纵剖面的布置

隧洞纵剖面的布置主要是其纵坡的确定，有压隧洞的纵坡主要从施工排水和放空隧洞及检修的角度考虑，一般取 $i=1/200\sim1/1000$。当洞身较短时，也可以做成水平，但不应做成倒坡。无压隧洞的纵坡应满足水流条件，多采用陡坡。隧洞纵坡不宜变化太多，而变坡应尽量选在水流比较均匀稳定的部位。

3. 闸门的布置

泄水隧洞中通常设置两道闸门。一道为工作闸门，用来调节流量或封闭孔口，要求能在动水中启闭。一道为检修闸门，当工作闸门或隧洞发生事故时用来挡水，检修闸门要求能在动水中关闭，静水中开启。

工作闸门可以布置在隧洞的进口、出口或隧洞中的某一适宜位置。

工作闸门布置在进口的隧洞（图 7.2），洞内一般为无压。为了保证洞内为稳定的无压流态，门后洞顶应距离自由水面一定净空，并向门后不断、充分通气。这种布置的优点是工作闸门、检修闸门都布置于首部，便于运行管理。

工作闸门布置在出口的隧洞（图 7.3），洞内一般为有压。这种布置洞内水流条件好，但工作闸门与检修闸门分置于出口、进口，不便于运行管理。

工作闸门设置于洞内时，门前为有压段，门后为无压段。这种布置往往是受某些条件限制所致，如地形、施工和枢纽的布置。

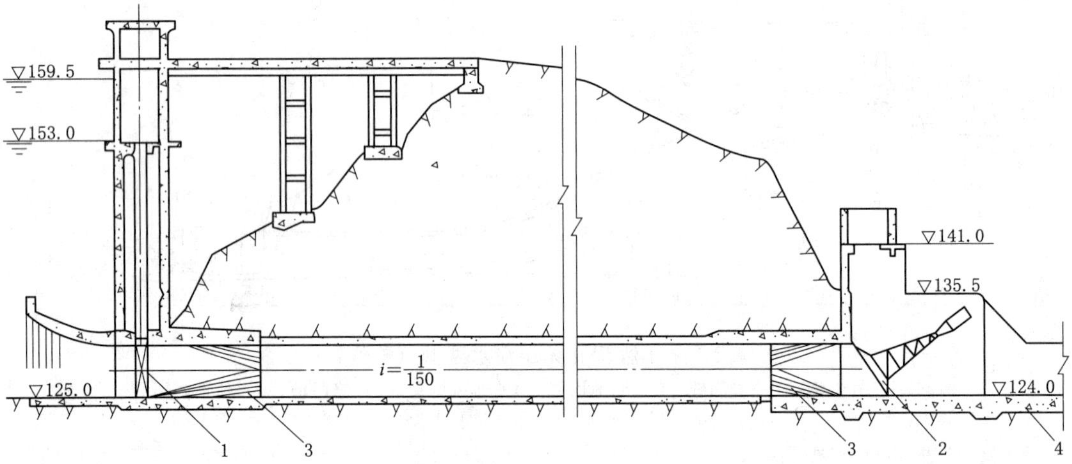

图 7.3　深孔有压泄水隧洞（单位：m）

1—平面检修闸门；2—弧形工作闸门；3—渐变段；4—消能段

7.2　隧洞的进出口建筑物

7.2.1　进口建筑物

7.2.1.1　进口建筑物的型式

进口建筑物位于隧洞的最前端，按其结构型式和布置方式可分为竖井式、塔式、岸塔式和斜坡式等。

1. 竖井式

竖井式是指在隧洞进口附近的山体中开挖竖井，井壁衬砌，井内设置闸门，启闭设备及操作室布置于井顶（图 7.4）。其优点是结构简单，抗震性好，稳定性高，不受风浪水的影响，工程量小，造价较低；缺点是闸门前的进口段和洞身段检修不便。竖井式一般适用于隧洞进口段岩石坚硬完整的情况。

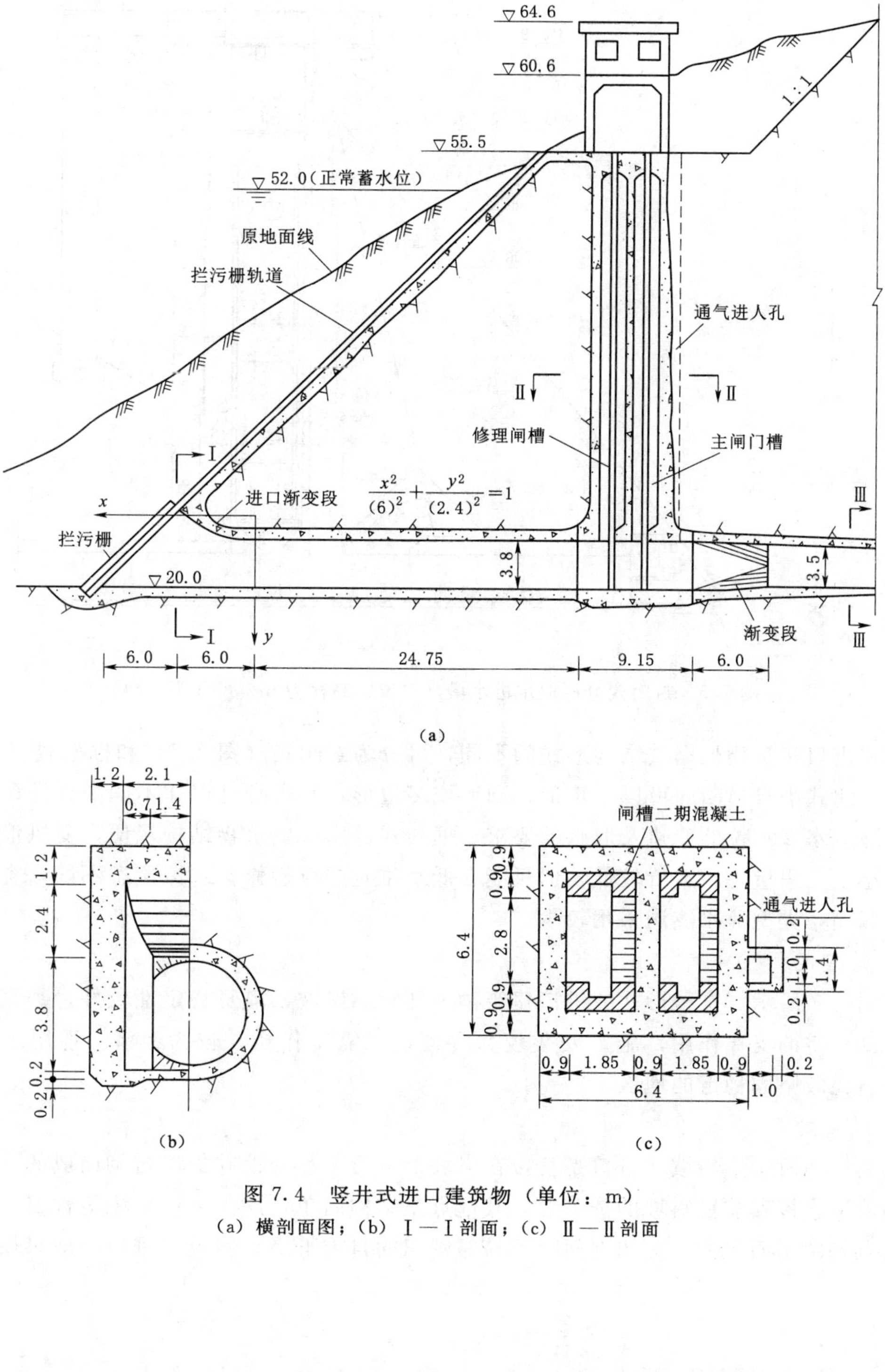

图 7.4 竖井式进口建筑物（单位：m）

（a）横剖面图；（b）Ⅰ—Ⅰ剖面；（c）Ⅱ—Ⅱ剖面

2. 塔式

如图 7.5 所示，塔式进口是独立于隧洞进口处的钢筋混凝土塔。闸门布置于塔底，启闭设备及操作室布于塔（内）顶，操作室与岸坡之间用工作桥连接。这种形式适用于岸坡较平缓，边坡岩石破碎，覆盖层厚，不宜采用靠岸进口的情况。其优点是布置紧凑，闸门启闭较为方便可靠；缺点是受风、浪、冰、地震的影响大，稳定性相对较差，工程造价高。

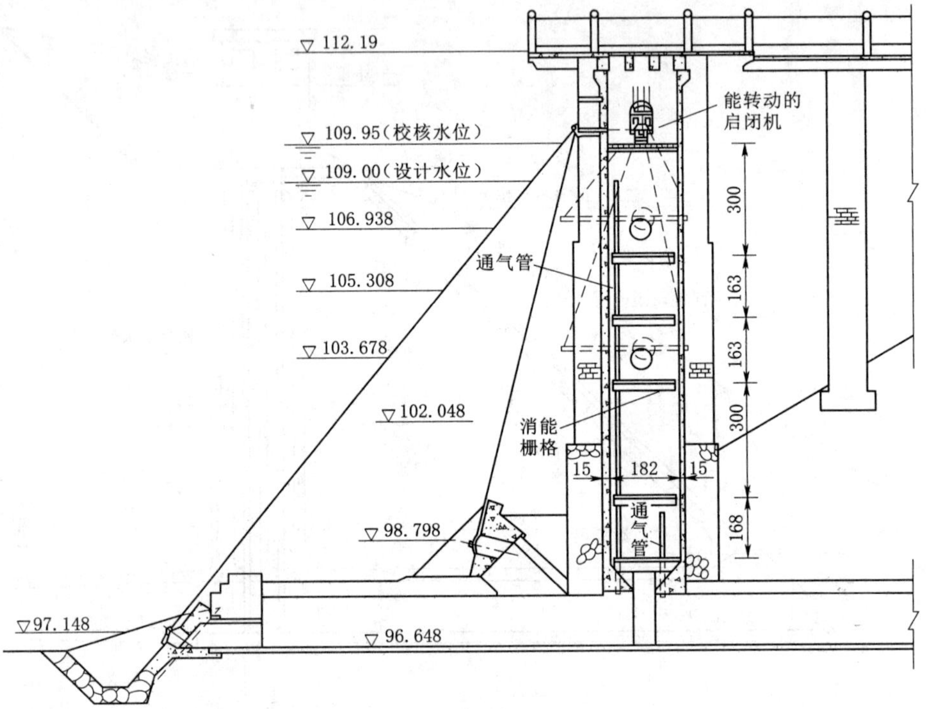

图 7.5　封闭式分层取水进水塔（单位：高程为 m；尺寸为 cm）

塔式进口建筑物根据其结构形式的不同，可分为封闭式（图 7.5）和框架式（图 7.6）两种。封闭式塔身横断面可以是矩形、圆形或多边形，其塔身可以在不同高程处设置进水口，以适应水库水位的变化及取水的要求。框架式进水口建筑物结构轻便，受风浪等的作用也较小，工程量小，造价较低，但只能在低水位时进行检修，水流流态不好，容易产生空蚀，因而，大型泄水隧洞采用较少。

3. 岸塔式

如图 7.7 所示，这种形式的进口建筑物下部紧靠岸坡，塔身稳定性较好，甚至可以对岩坡起到一定的支撑作用，施工安装较为方便，无需工作桥，较为经济。适用于岸坡较陡，岩石比较坚固稳定的地区。

4. 斜坡式

如图 7.8 所示，斜坡式进口是直接在岸坡上进行平整开挖并加以衬砌而成的。闸门及拦栅的轨道直接安装在斜坡的护砌上。其优点是结构简单，施工方便，稳定性好，工程量小；缺点是闸门面积大，关闭闸门时不易靠闸门的自重下降。斜坡式进口一般只用于岸坡

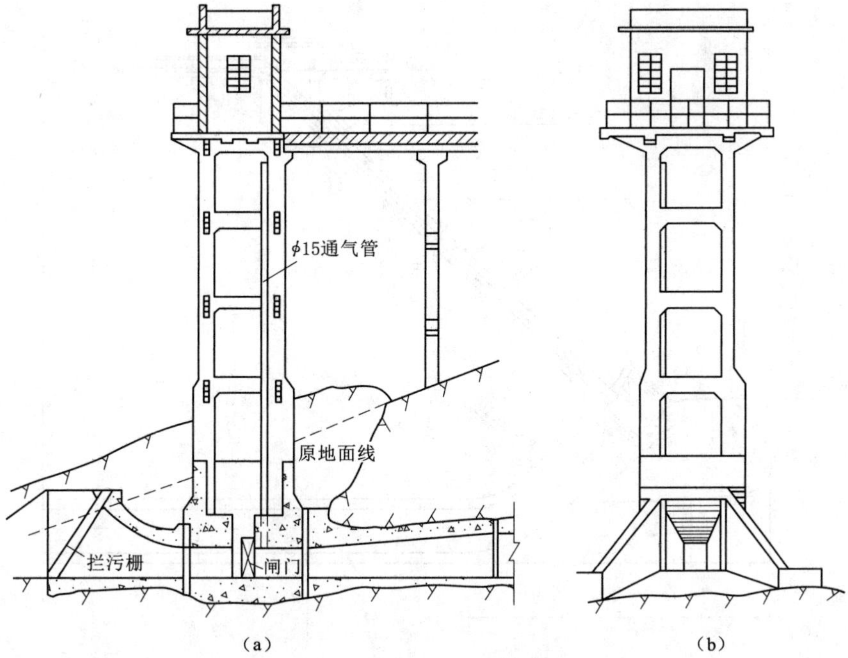

图 7.6 框架式进口建筑物
(a) 横剖面图；(b) 立面图

岩体条件较好的中、小型工程。

7.2.1.2 进口建筑物的组成、作用及构造

进口建筑物主要由进水口、闸室段及渐变段组成，主要包括：拦污栅、进水喇叭口、门槽、平压管、通气孔和渐变段等。通气孔、渐变段的构造详见重力坝有关章节。

1. 拦污栅

拦污栅是由纵、横向金属栅条组成的网状结构。拦污栅布置在隧洞的进口，其作用是防止漂浮物进入隧洞。为了便于维修更换等，拦污栅通常做成活动式的。

2. 进水喇叭口

喇叭口段是隧洞的首部。喇叭口的作用就是保证水流能平顺地进入隧洞，避免不利的负压和空蚀破坏，减少局部水头损失，提高隧洞的过水能力。

喇叭口的横断面一般为矩形，顺水流方向呈收缩状，顶部常采用 1/4 的椭圆曲线（图 7.9），椭圆曲线方程为

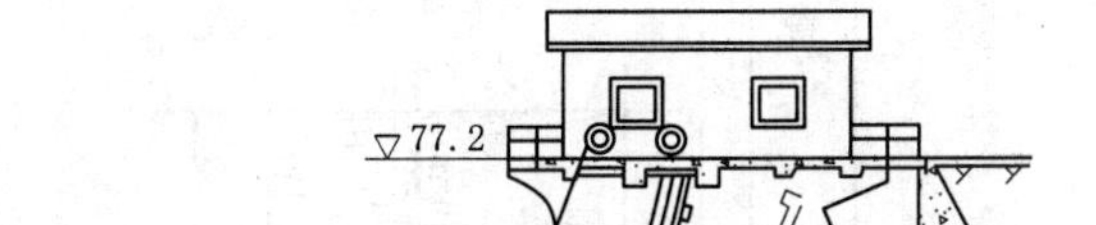

图 7.7 岸塔式进水口（单位：高程为 m；尺寸为 cm）
1—清污台；2—固定栏污格栅；3—通气孔；
4—闸门轨道；5—锚筋

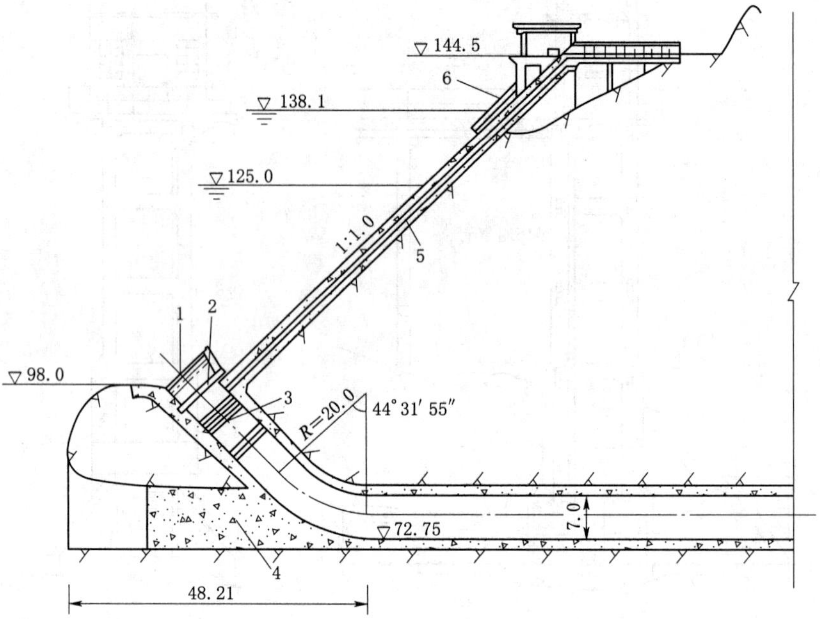

图 7.8　斜坡式进水口（单位：m）

1—喇叭口式进水口；2—检修闸门；3—渐变段；4—堵头；5—通气孔；6—贮门罩

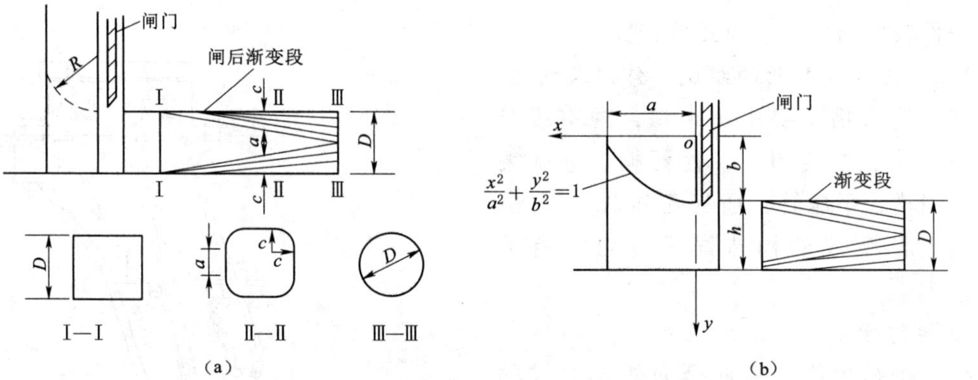

图 7.9　喇叭口形状

（a）圆弧曲线；（b）椭圆曲线

$$\frac{x^2}{a^2}+\frac{y^2}{b^2}=1 \tag{7.1}$$

式中　a——椭圆长半轴，约等于 h；

b——椭圆短半轴，等于 $h/3 \sim h/5$；

h——渐变段上游端断面的高度。

边墙曲线 a 可取闸门处孔口的宽度，b 可取闸门处孔口宽度的 1/3～1/5。当隧洞流速不大时，顶部也可采用圆弧曲面，其半径要求 $R \geqslant 2D$（D 为洞径）。

对于无压隧洞的进口段，检修闸门与工作闸门之间的洞顶（图 7.10）多采用 1∶4～1∶6 的坡度向下游压缩，以增加进口段的压力，防止发生空蚀。

3. 平压管

为了减小检修闸门的启门力，通常在检修闸门与工作闸门之间设置平压管与水库相通（图 7.11）。检修完毕后，首先在两道闸门中间充水，使检修闸门前后的水压相同，保证检修闸门在静水中开启。平压管直径主要根据充水时间、充水体积等确定。当充水量不大时，也可以采用布置在检修门上的短管，充水时先提起门上的充水阀，待充满后再继续提升闸门。

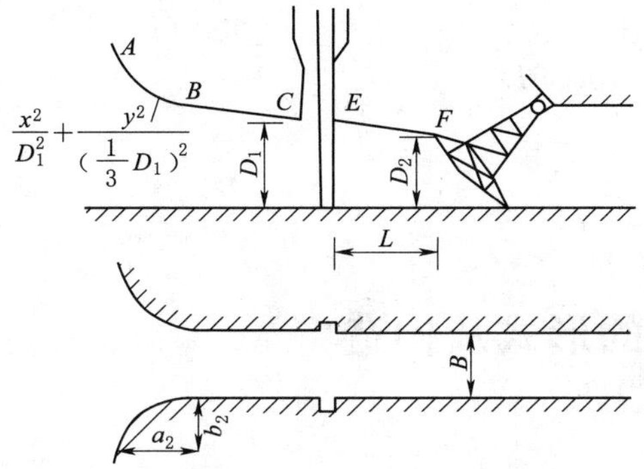

图 7.10 无压隧洞进口段布置（单位：cm）

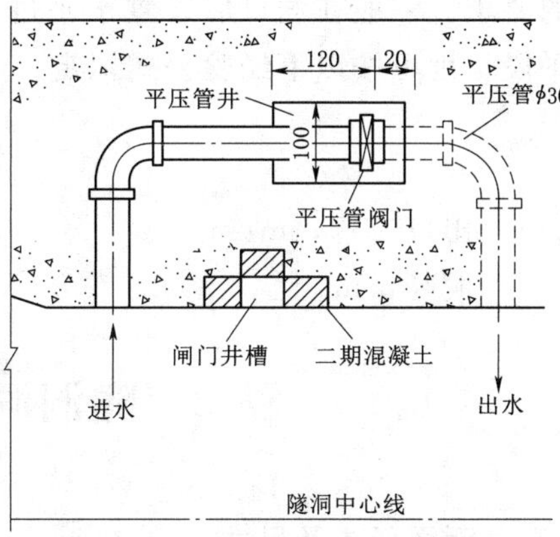

图 7.11 平压管布置

4. 通气孔

通气孔是向闸门后通气的一种孔道。其主要作用是补充被高速水流带走的空气，防止气蚀的破坏和闸门的振动，同时在工作闸门和检修闸门之间充水时，通气孔又兼作排气孔。因此，通气孔通常担负着补气、排气的双重任务。通气量和泄水量与下游洞内的流态有关，通气孔的面积计算见重力坝。

7.2.2 出口建筑物

隧洞出口建筑物的型式与布置主要取决于隧洞的功用及出口附近的地形地质条件。隧洞出口建筑物主要包括渐变段、闸室段及消能设施。

有压隧洞出口常设有工作闸门和启闭设施（图 7.12），闸门前设渐变段，出口之后为消能设施；无压隧洞的出口仅设门框而不设闸门，以防止洞脸及上部岩石崩塌，洞身直接与下游消能设施相连接（图 7.13）。

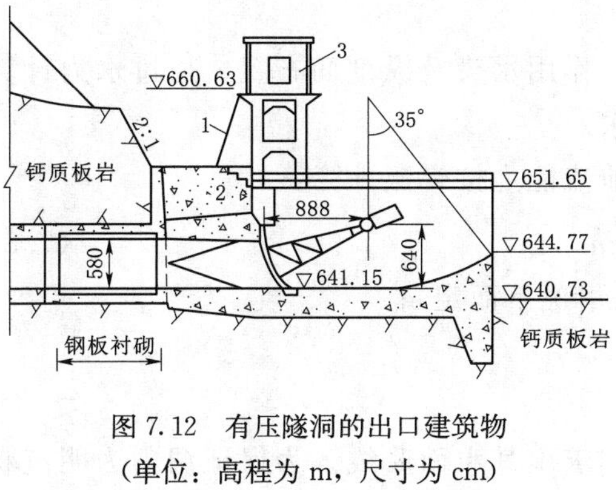

图 7.12 有压隧洞的出口建筑物
（单位：高程为 m，尺寸为 cm）
1—钢梯；2—混凝土块压重；3—启闭机操纵室

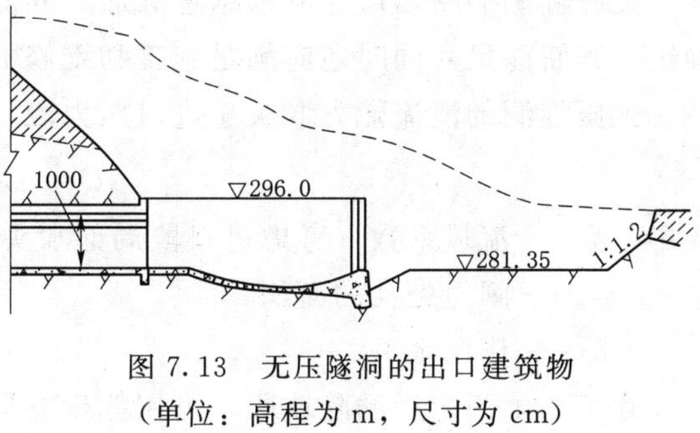

图 7.13 无压隧洞的出口建筑物
（单位：高程为 m，尺寸为 cm）

隧洞出口的消能方式与岸边溢洪道相似，常采用挑流消能和底流消能两种型式。

由于隧洞的出口断面尺寸较小，单宽流量大，能量较集中，通常采取平面扩散的措施，以减小挑流鼻坎处或消力池的单宽流量。扩散度的要求与溢洪道相同。对于特别重要的工程，扩散段的布置应由模型试验来确定。

隧洞的出口流速较大，除平面上要求适当扩散外，底部边界布置平顺光滑，以适应高速水流的要求。一般在洞口后设置水平过渡段，然后再接不陡于 1∶4 的斜坡，从洞口算起的水平段长度可按以下经验公式拟定：

$$L=0.4\frac{v^2}{g}+0.35D \tag{7.2}$$

式中　v——出口流速，m/s；

D——洞径，m。

7.3　隧洞洞身的形式及构造

7.3.1　洞身断面形式及尺寸

影响洞身断面形式及尺寸的因素很多，如水流条件、地质条件、地应力情况、施工及运用要求条件等，因此，断面形式及尺寸应通过技术经济分析来确定。

1. 无压隧洞洞身的断面形式

（1）圆拱直墙式。如图 7.14（d）、（i）所示，由于其顶部为圆形，适宜于承受垂直围岩压力，且便于开挖和衬砌。圆拱中心角一般为 90°～180°。一般情况下，较大跨度泄洪隧洞的中心角常采用 120°左右。为了减小或消除作用在侧墙上的侧向围岩压力，也可以把直墙改做倾斜，如图 7.14（e）所示。其缺点是圆拱受力条件不好，拱圈截面将出现弯矩。

（2）马蹄形。如图 7.14（f）、（h）所示，当岩石比较软弱破碎，洞壁崩塌严重，铅直围岩压力及侧向围岩压力较大，而且底部也存在围岩压力时，可采用马蹄形的断面形式。这种形式的最大特点是受力条件好，但施工复杂。

（3）圆形。如图 7.14（a）、（b）、（c）、（g）所示，当地质条件较差同时又有较大的外水压力时，可以考虑采用圆形断面。当采用掘进机开挖施工时，也可采用圆形断面。

2. 无压隧洞的断面尺寸

无压隧洞的断面尺寸应根据隧洞通过的流量、作用水头及纵剖面布置，通过水力计算确定，其断面尺寸同时还应满足施工和维修的要求。

无压隧洞的泄流能力取决于进口压力段，其泄流能力按管流计算：

$$Q=\mu\omega\sqrt{2gh} \tag{7.3}$$

式中　μ——流量系数（考虑进口段局部水头损失情况下而定）；

ω——闸门处孔的面积；

h——作用水头。

在工作闸门之后的陡坡段，可用能量方程分别求出其水面曲线。为保证洞内为明流状态，洞内必须留有一定的净空。当流速较低、通气很好时，要求净空面积不小于断面面积

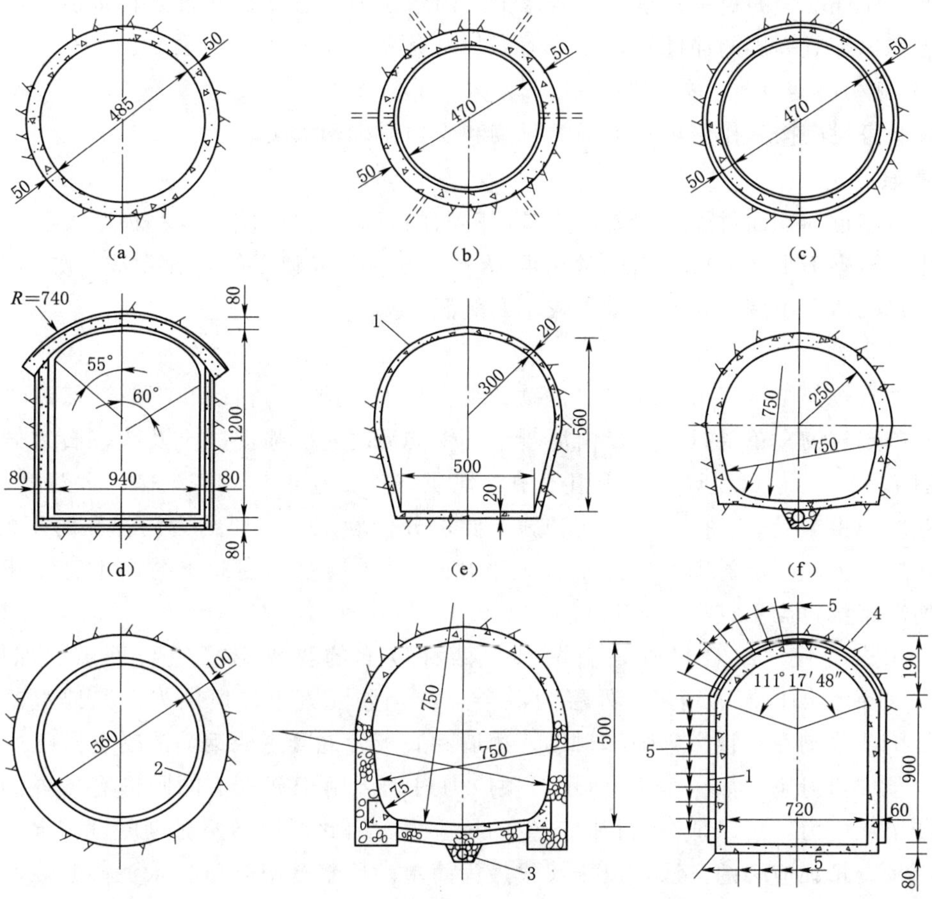

图 7.14 断面形式及衬砌类型（单位：cm）

(a)～(f) 单层衬砌；(g)～(i) 组合式衬砌

1—喷混凝土；2—δ=16mm 钢板；3—ϕ25 排水管；4—20cm 钢筋网喷混凝土；5—锚筋

的 15%，且净空高度不小于 40cm。当流速较大时，还应考虑掺气的影响，在掺气水面以上的净空约为洞身断面积的 15%～20%；对圆拱直墙式断面，水流波峰应限制在直墙范围以内。

无压隧洞断面的高宽比一般为 1.0～1.5，一般非圆形断面的尺寸（宽×高）不小于 1.5m×1.8m；圆形断面的内径不小于 1.8m。

3. 有压隧洞的洞身断面形式及尺寸

有压隧洞的洞身形式一般均采用圆形断面。若洞径较小，外水压力又不大，为了施工方便，也可采用无压隧洞常用的断面形式。

有压隧洞的断面尺寸可按有压管流公式进行计算。为了保证洞内水流处于有压流态，一般要求洞顶应有 2m 以上的压力余幅。流速越大，压力余幅也应加大。

7.3.2 洞身衬砌的类型和构造

衬砌是指在开挖后的洞壁做一层人工护壁。衬砌的作用主要包括：阻止洞周围岩体的变形发展，保证围岩的稳定；承受围岩压力、内水压力和其他荷载；防止水流、空气、温度和干湿变化等对围岩的冲蚀破坏。

7.3.2.1　衬砌的类型

隧洞洞身衬砌按其作用可分为平整衬砌和受力衬砌两大类。

1. 平整衬砌

平整衬砌也称抹面衬砌，主要作用是使隧洞围岩面光滑平整，减小糙率，防止渗漏和岩面风化。衬砌不承受荷载，因此常用混凝土、喷浆及浆砌石等材料做成，如图 7.15 所示。这种衬砌适用于围岩较好，水头较小的隧洞。

2. 受力衬砌

受力衬砌按其结构又可分为单层衬砌、组合衬砌、预应力衬砌和喷锚衬砌四种。

(1) 单层衬砌。单层衬砌是指由混凝土、钢筋混凝土、喷混凝土及浆砌石等做成的衬砌，如图 7.14 (a)～(f) 所示，适用于中等地质条件、高水头、高流速、大跨度的情况。衬砌的厚度应根据受力、抗渗、结构和施工要求分析确定，一般约为洞径和跨度的 1/8～1/12。单层整体混凝土衬砌的厚度不宜小于 20cm；单层钢筋混凝土衬砌不宜小于 25cm；双层钢筋混凝土衬砌不宜小于 30cm。

(2) 组合衬砌。组合衬砌是由两种或两种以上的衬砌形式组合而成，如图 7.14 (g)～(i) 所示。如内层为钢板、外层为混凝土或钢筋混凝土；顶拱为砂浆或混凝土，边墙为混凝土或浆砌石；顶拱为喷锚衬砌，边墙和底板为混凝土或钢筋混凝土衬砌。

(3) 预应力衬砌。如图 7.16 所示，预应力衬砌多用于高水头的圆形有压隧洞。由于衬砌预加了压应力，可以抵消运行时产生的拉应力，因此可使隧洞衬砌厚度减薄，节省材料和开挖量。预加应力的方法，以压浆式最为简单。压浆是用高压将水泥砂浆或水泥浆灌注到衬砌外层的预留孔隙中，使衬砌承受预加的压应力。

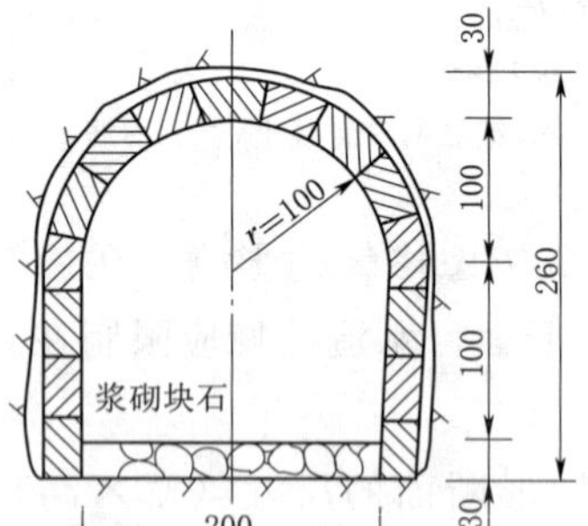

图 7.15　砌石衬砌（单位：cm）

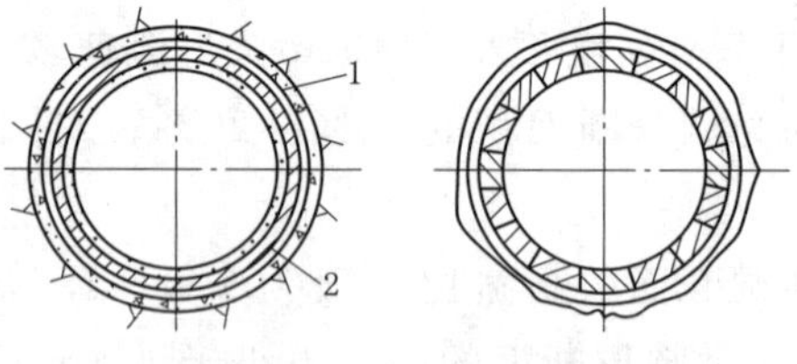

图 7.16　预应力衬砌

(a) 预压灌浆；(b) 衬砌混凝土块

1—5cm 水泥砂浆预压灌浆层；2—7cm 预制混凝土块

(4) 喷锚衬砌。喷锚衬砌是喷混凝土衬砌，喷混凝土与锚杆组合式衬砌，喷混凝土、锚杆与钢筋网组合式衬砌等几种衬砌形式的统称，如图 7.17 所示。喷混凝土衬砌是在洞室开挖后，通过喷射机械将掺有速凝剂和按一定比例配合的混凝土干拌混合物送至喷头与水混合后，以高速喷射到岩面，凝结硬化而成的一种衬砌。

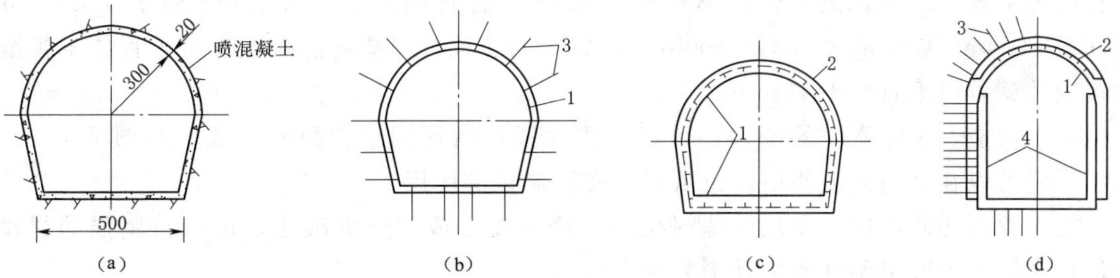

图 7.17 喷锚衬砌类型（单位：cm）

(a) 喷混凝土衬砌；(b) 喷混凝土与锚杆组合式衬砌；(c) 喷混凝土与钢筋网组合式衬砌；
(d) 喷混凝土、锚杆与钢筋网组合式衬砌
1—喷混凝土；2—钢筋网；3—锚杆；4—浇混凝土

喷锚衬砌的工作原理如下：隧洞开挖后，原来岩层的平衡状态即遭到破坏，洞室附近的应力重新分配，造成环向集中应力，并使岩体向临空面产生位移。当围岩应力小于其弹性极限强度时，岩体处于稳定状态；当洞壁一定范围内围岩应力超过极限强度时，该范围内的岩体将呈塑性状态，形成塑性区或松弛区，在此区范围之外，围岩仍为弹性体。由于塑性的影响，在洞壁处应力减小，而在深处应力增大。因此，可以认为塑性区形成了一个承重圈，以承受周围岩体的压力。如果岩层压力过大，使承重圈内的应力超过破坏强度或产生过大的变形，岩体将产生裂缝、滑移、掉块以至大面积坍塌，从而失去稳定。

在岩体变形过程中，喷锚衬砌能及时将围岩予以封闭加固，给予其一定的反力，阻止变形的发展，可以发挥围岩的自承能力，保持围岩的稳定。喷锚衬砌与围岩紧密联合，它具有一定的柔性，能与岩体共同变形，衬砌所承受的载荷仅为抑制围岩继续变形所产生的压力，这种变形压力与松散压力相比较要小得多。

喷锚衬砌设计要点及特点如下：

1）不需要立模，衬砌随隧洞掘进而进行，既可减少施工工序，又能提高施工效率。

2）在高压喷射作用下，衬砌能与围岩紧密黏结并共同作用，改善衬砌受力条件。

3）在喷射压力作用下，混凝土不仅可填充洞壁坑洼，同时砂浆能渗入节理裂缝中，胶结松动的岩块，加固围岩。

4）能使围岩迅速与大气隔离，避免或者缓和围岩风化、潮解而引起的岩体松动和剥落，并同时堵塞渗漏通道。

5）喷混凝土衬砌能够分别与锚杆或钢筋网结合使用，并可以任意调整掌握其厚度。喷混凝土衬砌的厚度与隧洞围岩的地质条件、隧洞的运行条件有关。

喷混凝土与锚杆组合式衬砌［图 7.17 (b)］，是按一定的距离、方向和深度打孔插入锚杆，注入砂浆固定，或以机械加载锚固，再喷混凝土面而形成的组合衬砌。它一般适用于地质条件较差的围岩。为了及时进行喷锚，除一般情况下可先锚后喷外，当地质条件不良时，宜采用喷—锚—喷的施工程序。如遇有局部不稳定岩块，可采用悬吊式的砂浆锚杆加固。

锚杆应垂直岩面布置，锚入稳定围岩的长度一般为 40～50 倍锚杆直径，通常采用锚杆长度为 1.5～2.9m，最小长度不宜小于 1.0m。锚杆间距不宜大于其长度的 1/2，一般为 0.5～1.0m。锚杆直径按 GB 50087—2015《岩土锚杆与喷射混凝土支护工程技术规范》的规定计算，但不宜小于 16mm。

对于构造、裂隙发育的围岩，可以采用喷锚加钢筋网组合衬砌型式，如图 7.17（d）所示。它可以在全断面上使用，也可以只在隧洞顶部使用。

在更软弱的岩体中，使用喷锚衬砌后再浇混凝土或钢筋混凝土，形成较坚强的衬砌。在设计内层衬砌时可不计或少计围岩松动压力。

7.3.2.2　隧洞洞身构造

1. 衬砌的分缝与止水

洞身衬砌的分缝按其方向可分为纵缝和横缝；按其作用可分为临时施工缝和永久的伸缩变形缝。

纵缝平行于洞线，其位置应根据隧洞施工的浇筑能力和隧洞衬砌的结构形式确定。一般设在顶拱、边墙及底板分界处或是内力较小的部位。对于这些纵向施工缝，都需进行凿毛或插筋处理，以加强其整体性，缝内可设键槽，必要时还应加设止水片。

横缝是沿洞身断面轴线布置。横缝的主要作用是满足隧洞混凝土浇筑能力；防止混凝土因干缩和温度变化产生裂缝；防止因围岩变形产生洞身断裂。一般洞身横向施工缝常与其横向变形伸缩缝相结合，形成永久性横缝。因此，横缝的间距一般可采用 6～12m。当隧洞通过断层破碎带或软弱带时，除适当加厚隧洞衬砌外，还应设置沉陷横缝（图 7.18）。

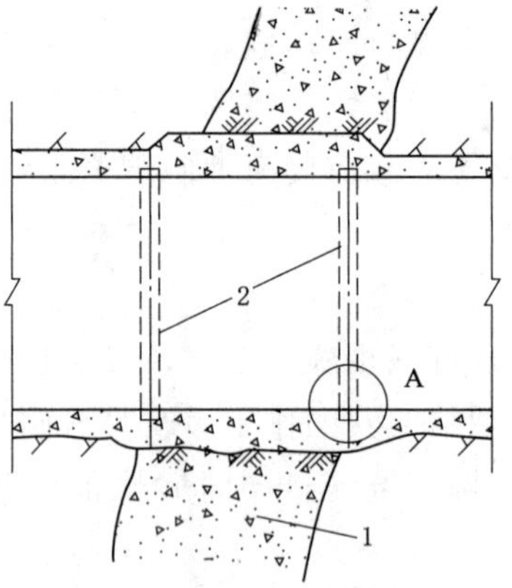

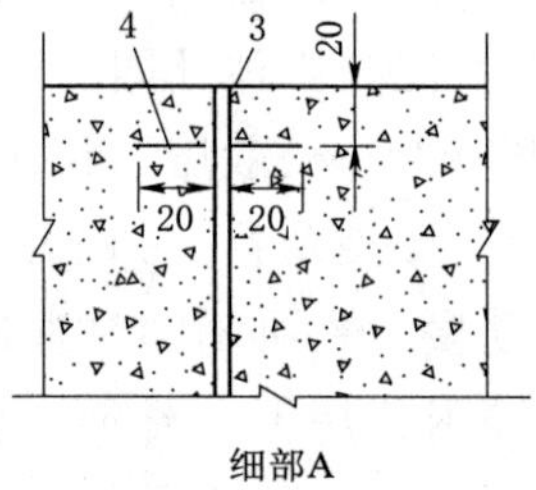

图 7.18　伸缩变形缝（单位：cm）

1—断层破碎带；2—变形缝；3—沥青油毡 1～2cm；4—止水片

2. 灌浆

（1）固结灌浆。固结灌浆的目的在于加固围岩，提高围岩的整体性，减小围岩压力，减小地下水对衬砌的压力和渗漏。固结灌浆的参数应根据围岩的地质条件、衬砌结构形式、围岩的防渗和加固要求等确定。一般灌孔深入围岩的深度为一倍的洞径，灌浆孔常呈梅花形布置，灌浆孔排距一般为 2～4m，每排不少于 6 孔，对称布置（图 7.19）。灌浆压力为 1.5～2.0 倍的内水压力。

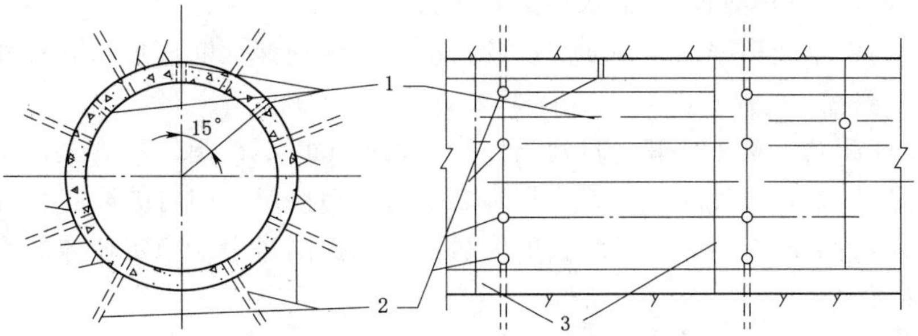

图 7.19　灌浆孔布置图

1—回填灌浆孔；2—固结灌浆孔；3—伸缩缝

(2) 回填灌浆。回填灌浆的目的在于填充衬砌与围岩之间的空隙，保证衬砌与围岩紧密结合，改善传力条件及减少渗漏。回填灌浆多在顶拱中心角 90°～120°以内布置。孔距和排距一般为 2～6m，灌浆压力常采用 0.2～0.3MPa，孔深应深入围岩 5cm 以上。

7.3.2.3　防渗与排水

在外水压力控制衬砌设计的有压隧洞中，除应加强围岩的固结灌浆外，还应采用相应的排水措施（图 7.20）。通常可在隧洞底部设置纵向排水管，间距为 4～10m 的横向排水槽，槽内填放卵石，构成纵、横向排水系统。

对于无压隧洞，在外水压力较大时，可在洞顶最高水面线以上通过衬砌设置排水孔。排水孔间距、排距一般为 2～4m，深入岩层 2～4m。同时还可以在洞底衬砌下设置排水设施（排水管、排水沟）。

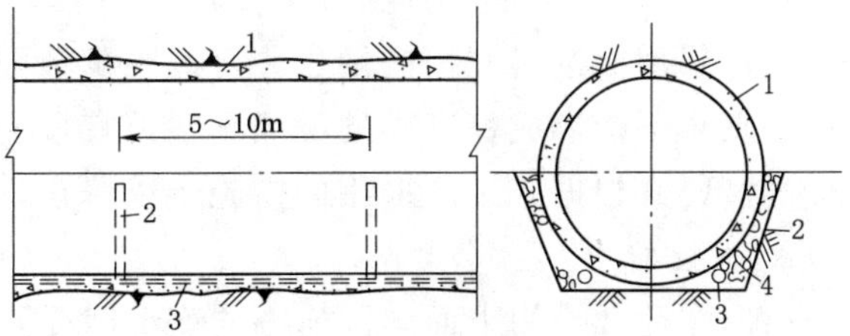

图 7.20　有压隧洞排水布置

1—隧洞混凝土衬砌；2—横向排水槽；3—纵向排水管；4—卵石

7.4　圆形有压隧洞的衬砌结构计算

7.4.1　隧洞衬砌的荷载及其组合

7.4.1.1　作用于衬砌上的荷载

作用于衬砌上的荷载有围岩压力、弹性抗力、内水压力、外水压力、衬砌自重、灌浆压力、温度荷载、施工荷载和地震力等。

1. 围岩压力

在山体中开挖隧洞后，岩体平衡被破坏，应力重新分布。洞周围的岩体变形，乃至滑移、塌落，这些可能塌落的围岩施加在隧洞衬砌上的压力称为围岩压力，也称为山岩压力。

围岩压力可分为垂直围岩压力和水平围岩压力，一般岩体中，主要考虑垂直围岩压力，对破碎的岩体，则需同时考虑水平围岩压力。

围岩压力的大小应根据围岩性质、破碎情况、隧洞埋深、断面形状和尺寸、施工方法等因素确定。

(1) 对于埋深大、整体性好、自稳条件好的岩层，可不计围岩压力。在洞室开挖时采取了支护或加固措施，设计时不计或少计围岩压力，但要研究围岩的地应力问题。

(2) 对块状、中厚层至厚层状结构的围岩，可根据围岩中不稳定块体的重力作用确定围岩压力标准值。

(3) 对薄层状及碎裂、散体结构的围岩，垂直均布和水平均布围岩压力标准值可按下式确定，并根据开挖后的实际情况进行修正：

$$q_{Vk}=S_y\gamma_R B \tag{7.4}$$

$$q_{hk}=S_x\gamma_R H \tag{7.5}$$

式中 q_{Vk}、q_{hk}——垂直、水平均布围岩压力标准值，kN/m²；

B——洞室开挖宽度，m；

γ_R——岩体重度，kN/m³；

S_y、S_x——垂直、水平均布围岩压力系数；

H——洞室开挖高度，m。

(4) 采用掘进机开挖的围岩，可适当少计围岩压力。

(5) 对不能形成稳定拱的浅埋洞室，宜按洞室拱顶上覆盖岩体的重力作用计算围岩压力标准值，并根据施工所采用的措施予以修正。围岩作用分项系数可采用1.0。

2. 弹性抗力

衬砌在荷载作用下而向围岩方向变形时受到围岩的抵抗作用，此时围岩对衬砌的作用力称为弹性抗力。它是一个被动力，使衬砌变形受阻，衬砌内力减小。

弹性抗力受围岩性质、洞径尺寸、岩石构造、围岩厚度等因素的影响，且和衬砌与围岩的结合紧密程度有关。因此，工程上常对衬砌与围岩的间隙进行压力充填灌浆，从而有效地利用围岩的弹性抗力。此外，弹性抗力与洞周围岩厚度有关。对有压洞，其围岩厚度大于3倍开挖洞径且在内水压力下不存在滑动和上抬的可能时，方可考虑弹性抗力。当围岩厚度小于2倍洞径时，可不考虑弹性抗力。对无压洞，其两侧围岩有足够的厚度且无不利滑动面时，可考虑弹性抗力。

一般条件下，围岩的弹性抗力可用下式计算：

$$p_0=K\delta \tag{7.6}$$

式中 p_0——围岩的弹性抗力强度值，kN/cm²；

δ——围岩受力面的法向位移，cm；

K——围岩弹性抗力系数，kN/cm³。

围岩弹性抗力系数与岩石的性质及洞径尺寸等有关，为计算方便，对圆形有压洞常以开挖半径为100cm时的弹性抗力系数 K_0 表示围岩的弹性抗力特性：

$$K=\frac{100}{r_e}K_0 \tag{7.7}$$

式中 r_e——隧洞开挖半径，cm。

弹性抗力系数 K 及单位弹性抗力系数 K_0 可参见表 7.1 或用工程类比法确定，对重要且地质条件复杂的工程，应由现场试验确定。

表 7.1　围岩压力系数与岩石抗力系数表

岩石坚硬程度	代表岩石名称	节理裂隙多少或风化程度	围岩压力系数		单位岩石抗力系数 K_0 /(×10kN/cm²)	无压隧洞的岩石抗力系数 K /(×10kN/cm²)
			铅直 S_y	侧向 S_x		
坚硬岩石	石英岩、花岗岩、流纹斑岩、安山岩、玄武岩、后层硅质灰岩	节理裂隙少新鲜	0~0.05	—	10~20	2~5
		节理裂隙不太发育风化	0.05~0.1	—	5~10	1.2~2
		节理裂隙发育弱风化	0.1~0.2	—	3~5	0.5~1.2
中等坚硬岩石	砂岩、石灰岩、白云岩、砾岩	节理裂隙少新鲜	0.05~0.1	—	5~10	1.2~2
		节理裂隙不太发育风化	0.1~0.2	—	3~5	0.8~1.2
		节理裂隙发育弱风化	0.2~0.3	0~0.05	1~3	0.2~0.8
软弱岩石	砂页岩互层、黏土质岩石、致密泥灰岩	节理裂隙少新鲜	0.1~0.2	—	2~5	0.5~1.2
		节理裂隙不太发育风化	0.2~0.3	0~0.05	1~2	0.2~0.5
		节理裂隙发育弱风化	0.3~0.5	0.05~0.1	<1	<0.2
松软岩石	严重风化及十分破碎的岩石、断层及破碎带		0.3~1.0 或更大		<0.05	<0.1

注　1. 本表不适应竖井及埋藏特别深或特别浅的隧洞。
2. 本表数据适用于 $H \leqslant 1.5B$ 的隧洞，H 和 B 分别为隧洞的开挖高度和宽度。
3. 单位岩石抗力系数 K_0 值一般适用于有压隧洞。
4. 无压隧洞的 K 值仅适用于开挖宽度为 5~10m 的隧洞，当开挖宽度大于 10m 时，K 值应适当减小。

3. 内水压力

作用在管道内壁上的静水压力称为内水压力；在结构分析时，应根据具体情况计入这些水压力。对于内水压力，为计算方便，常将其分解成均匀内水压力和非均匀内水压力两部分，如图 7.21 所示。

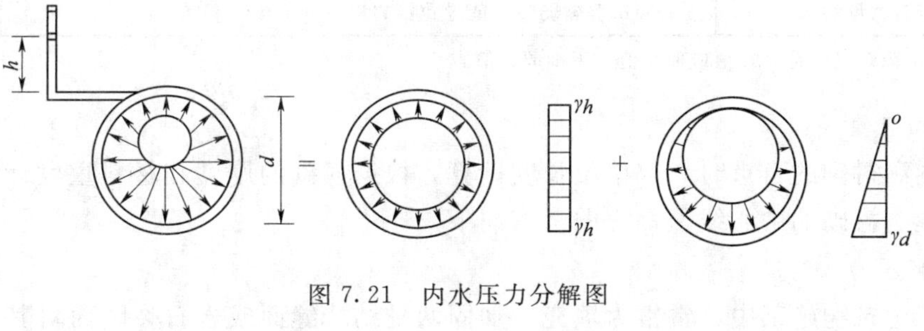

图 7.21　内水压力分解图

均匀内水压力 p'_{wr} 是指管道内壁顶点以上的静水压力，沿管内一周均匀分布，其强度标准值可按式（7.8）计算。非均匀内水压力 p''_{wr} 是指管道内水满时，对管道的静水压力，其压力强度沿洞内周边分布按式（7.9）计算。非均匀内水压力的合力方向垂直向下，数值等于单位管长的总水重。

$$p'_{wr}=\gamma_w h \tag{7.8}$$

$$p''_{wr}=\gamma_w r_i(1-\cos\theta) \tag{7.9}$$

式中　γ_w——水的重度，kN/m^3；

r_i——管道或隧洞的内半径，m；

θ——自管顶算起的圆心角，(°)；

h——管道内壁顶点至计算静水位的高度，m。

4. 外水压力

作用于管道或衬砌外侧的水压力称为外水压力。由于外水压力是由坝体渗水及地下水引起的，其值取决于坝体及围岩的渗透特性、水文地质条件及地基处理等情况。一般情况下，外水压力强标准值可按式（7.10）计算。

$$p_{ek}=\beta_e\gamma_w H_e \tag{7.10}$$

式中　p_{ek}——作用于衬砌上的外水压强标准值，kN/m^2；

β_e——外水压力折减系数，可按表 7.2 采用；

H_e——作用水头，m，按设计采用的地下水位线与隧洞中心线的高差确定。

同内水压力一样，外水压力也可分解成均匀外水压力和非均匀外水压力。非均匀外水压力的合力方向垂直向上，合力的大小应等于单位洞长排开水体的重量。

表 7.2　外水压力折减系数 β_e 值选用表

级别	地下水活动状态	地下水对围岩稳定的影响	建议的 β_e 值
1	洞壁干燥或潮湿	无影响	0～0.2
2	沿结构面有渗水或滴水	风化结构面充填物质，地下水降低结构面抗剪强度，对软弱岩体有软化作用	0.1～0.4
3	沿裂隙或软弱结构面有大量滴水线状流水或喷水	液化软弱结构面中充填物质，地下水降低结构面的抗剪强度，对中硬岩体有软化作用	0.25～0.6
4	严重滴水，沿软弱结构面有小量涌水	地下水冲刷结构面中充填物质，加速岩体风化，对断层等较弱带软化泥化，并使其膨胀崩解，以及产生机械管涌。有渗透压力，能鼓开较薄的软弱层	0.4～0.8
5	严重股状流水，断层等软弱带有大量涌水	冲刷携带结构面充填物质，分离岩体有渗透压力，能鼓开一定厚度的断层等软弱带，能导致围岩塌方	0.65～1.0

注　当有内水荷载组合时，β_e 值应取小值，否则取大值。

5. 衬砌自重

计算隧洞衬砌的自重时，取单位长度计算，根据衬砌的厚度和材料重度计算。衬砌自重作用在隧洞衬砌的中心线上，方向垂直向下。

6. 灌浆压力

在水工建筑物施工中，常常为填充、加固两种结构缝面或岩石裂隙而对其进行压力灌浆。压力灌浆可分为回填灌浆、接触灌浆及接缝灌浆几种。一般只考虑地下结构的混凝土衬砌与围岩之间的回填灌浆压力、钢衬与外围混凝土之间的接触灌浆压力。对于灌浆压力的标准值，可取回填灌浆、接触灌浆的设计压力值乘以小于 1.0 的面积系数。

压力灌浆荷载为施工过程中出现的临时可变作用，通常不与建筑物运行期出现的其他荷载叠加，此荷载仅作为施工期的一种临时性复核作用。灌浆压力的作用分项系数采用 1.3。

7.4.1.2　荷载的组合

在隧洞设计时，应根据不同情况，把各种可能同时作用的荷载进行组合，找出最不利的组合情况。作用于衬砌上的荷载分为基本荷载和特殊荷载。

基本荷载包括衬砌自重、围岩压力、弹性抗力、预应力设计条件下的内水压力和外水压力等。它是运行中经常出现的主要荷载。

特殊荷载包括校核洪水位时的内水压力和外水压力、灌浆压力、温度荷载以及地震作用等。

荷载组合必须切合实际，设计中常考虑的荷载组合如下：

(1) 正常运用情况：围岩压力＋衬砌自重＋设计水位时的内水压力、外水压力。

(2) 校核情况：围岩压力＋衬砌自重＋校核水位时的内水压力、外水压力。

(3) 施工、检修情况：围岩压力＋衬砌自重＋可能出现的最大外水压力＋灌浆压力＋施工荷载。

温度荷载、地震荷载在隧洞设计时一般不考虑。

7.4.2　均匀内水压力作用下的衬砌结构计算

下面针对圆形有压隧洞，介绍其承受均匀内水压力作用下的衬砌结构计算方法。

1. 混凝土衬砌（按混凝土未开裂考虑）

当围岩厚度大于3倍洞径且围岩坚硬完整时，按照弹性理论，应考虑围岩体的弹性抗力，将衬砌当作无限介质中的厚壁圆筒进行计算。

(1) 围岩弹性抗力及衬砌边缘应力的计算。根据衬砌和围岩接触面的径向变位相容条件，可求出内水压力 p 作用下围岩的弹性抗力 p_0，然后按轴对称内外受力的弹性厚壁圆筒公式计算衬砌应力，如图7.22所示，弹性抗力及衬砌边缘应力可用下式计算：

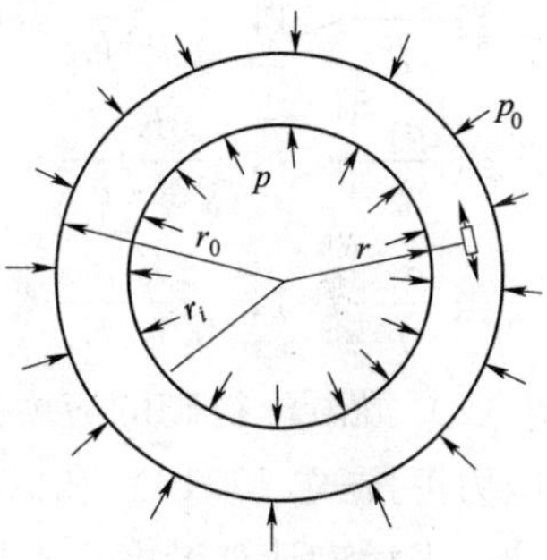

图7.22　均匀内水压力应力计算图

弹性抗力：
$$p_0=\frac{1-A}{1+A}p \tag{7.11}$$

衬砌内缘切向应力：
$$\sigma_i=\frac{t^2+A}{t^2-A}p \tag{7.12}$$

衬砌外缘切向应力：
$$\sigma_0=\frac{1+A}{t^2-A}p \tag{7.13}$$

其中
$$A=\frac{0.01E_h-(1-\mu)K_0}{0.01E_h+(1+\mu)(1-2\mu)K_0}$$

式中　A——弹性特征；

t——衬砌外半径与内半径之比；

E_h——混凝土的弹性模量；

μ——混凝土的泊桑比；

K_0、p_0——围岩的单位弹性抗力、弹性抗力；

p——均匀内水压力；

σ_i、σ_0——衬砌内、外缘切向的应力。

当围岩太差或施工质量难以保证时，可不考虑弹性抗力，但内外表面应力仍可按式（7.12）和式（7.13）进行计算。

（2）混凝土衬砌厚度的计算。对于Ⅰ、Ⅱ类围岩中的圆形有压隧洞且直径小于 6m，衬砌计算只考虑均匀内水压力。由于 $\sigma_i > \sigma_0$，控制衬砌厚度的是内表面应力 σ_i，令 σ_i 等于混凝土允许拉应力 $[\sigma_L]$，使 $t = r_0/r_i = 1 + h/r_i$（h 为衬砌厚度），将上述值代入式（7.12），经整理得

$$h = r_i\left(\sqrt{A\frac{[\sigma_L]+p}{[\sigma_L]-p}}-1\right) \tag{7.14}$$

为了不使混凝土衬砌过厚，对坚固岩体的混凝土衬砌，一般限制水头不超过 20m，否则宜采用钢筋混凝土衬砌。

由于式（7.14）只考虑均匀的内水压力，故要求混凝土衬砌不得小于结构的最小厚度，对于素混凝土结构的最小厚度为 20cm。

由式（7.14）还可以看出，当混凝土的泊桑比取 1/6，$\frac{K_0}{0.01E_h} > \frac{6}{7} = 0.86$ 时，A 将出现负值；又当 $p > [\sigma_L]$ 时，式（7.14）根号内也为负数。此时，我们可进行如下处理：

当 $\frac{[\sigma_L]}{p} > 1$，$\frac{K_0}{0.01E_h} < 0.86$ 时，可直接按式（7.14）计算衬砌厚度，但取值不得小于结构的最小值；

当 $\frac{[\sigma_L]}{p} < 1$，$\frac{K_0}{0.01E_h} > 0.86$ 时，衬砌采用结构的最小厚度；

当 $\frac{[\sigma_L]}{p} < 1$，$\frac{K_0}{0.01E_h} < 0.86$ 时，则应提高衬砌混凝土的强度等级；

当 $\frac{[\sigma_L]}{p} > 1$，$\frac{K_0}{0.01E_h} < 0.86$ 时，则应降低衬砌混凝土强度等级。

（3）混凝土衬砌的应力校核。当仅考虑均匀内水压力作用计算衬砌厚度时，其内、外表面应力可按式（7.12）和式（7.13）进行计算，所求得的 σ_i 和 σ_0 均应不大于允许应力 $[\sigma_L]$；当衬砌计算考虑内水压力和其他荷载时，则衬砌内、外表面应力应按下式进行校核：

$$\sigma_i = \frac{t^2+A}{t^2-A}p + \frac{\sum M}{W} - \frac{\sum N}{F} \leqslant [\sigma_L] \tag{7.15}$$

$$\sigma_0 = \frac{1+A}{t^2-A}p - \frac{\sum M}{W} - \frac{\sum N}{F} \leqslant [\sigma_L] \tag{7.16}$$

式中　$\sum M$、$\sum N$——除内水压力以外的其他荷载产生的弯矩和轴力之和，当使衬砌内表面受拉应力时弯矩为正，使衬砌断面受压时的轴力为正；

F——衬砌横截面的面积；

W——衬砌横截面的抗弯模量。

2. 双层配筋的钢筋混凝土衬砌（按混凝土未出现裂缝情况）

（1）对Ⅰ、Ⅱ类围岩中的隧洞，当直径 $D < 6$m 时，只计均匀内水压力作用。

1）衬砌厚度计算。衬砌厚度仍按式（7.14）计算，但要将钢筋混凝土中混凝土允许轴拉应力替代混凝土允许轴拉应力强度，如果算得的值为负值或小于结构的最小厚度时，

则采用结构的最小厚度。

钢筋混凝土衬砌厚：
$$h=r_i\left[\sqrt{A\frac{[\sigma_{gh}]+p}{[\sigma_{gh}]-p}}-1\right] \tag{7.17}$$
$$[\sigma_{gh}]=R_f/K_f$$

式中 $[\sigma_{gh}]$——钢筋结构中混凝土的允许轴向拉应力；

R_f——混凝土的设计抗裂强度；

K_f——钢筋混凝土结构构件的抗裂安全系数。

2）钢筋布置。衬砌中的钢筋按对称布置，钢筋面积可按结构最小配筋率配置。

3）混凝土应力校核。如图 7.23 所示，由于内水压力作用，衬砌内、外表面的应力可按下式计算：

$$\sigma_i=\frac{F}{F_r}p\frac{\left(\frac{r_0}{r_i}\right)^2+A}{\left(\frac{r_0}{r_i}\right)^2-A}\leqslant[\sigma_{gh}] \tag{7.18}$$

$$\sigma_0=\frac{F}{F_r}p\frac{1+A}{\left(\frac{r_0}{r_i}\right)^2-A}\leqslant[\sigma_{gh}] \tag{7.19}$$

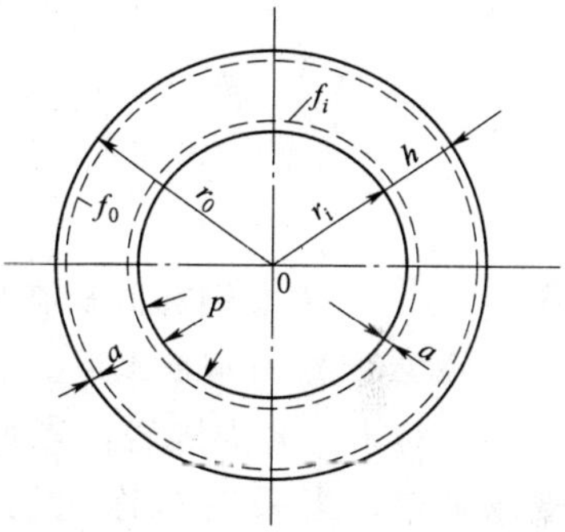

图 7.23 双层钢筋混凝土衬砌断面图

其中
$$F_r=F+\frac{E_g}{E_h}(f_i+f_0)$$

式中 F_r——包括钢筋面积在内的衬砌横截面折算面积；

E_g——钢筋的弹性模量；

E_h——混凝土的弹性模量；

f_i——衬砌的内层钢筋面积；

f_0——衬砌的外层钢筋面积。

（2）对于非Ⅰ、Ⅱ类围岩，或洞径大于 6m，则按内水压力和其他荷载共同作用计算。

1）衬砌厚度。隧洞的衬砌厚度不得小于按式（7.14）所计算的值。

2）内水压力产生的轴向力：

$$N_p=pr_i-pr_0\frac{1-A}{\left(\frac{r_0}{r_i}\right)^2-A} \tag{7.20}$$

式中 N_p——在内水压力作用下每米洞长的衬砌中产生的轴向拉力。

3）配筋计算。双层钢筋混凝土内、外钢筋的横截面面积可按下式计算：

$$f_i=\frac{(N_p-\sum N)(h_0-a)+2\sum M}{2[\sigma_g](h_0-a)} \tag{7.21}$$

$$f_0=\frac{(N_p-\sum N)(h_0-a)-2\sum M}{2[\sigma_g](h_0-a)} \tag{7.22}$$

其中
$$[\sigma_g]=R_g/K_g$$

式中 $\sum N$、$\sum M$——除内水压力以外的其他荷载产生的轴向力、弯矩的总和，其符号规定同前；

$[\sigma_g]$——钢筋允许应力；

R_g——钢筋的设计强度；

K_g——钢筋混凝土结构构件的强度安全系数；

h_0——衬砌的有效厚度；

a——内外钢筋的保护层厚度。

4）混凝土应力校核。钢筋混凝土衬砌中混凝土的应力校核可按下式计算：

$$\sigma_i=\frac{F}{F_r}p\frac{\left(\frac{r_0}{r_i}\right)^2+A}{\left(\frac{r_0}{r_i}\right)^2-A}+0.65\frac{\sum M}{W_r}-\frac{\sum N}{F}\leqslant[\sigma_{gh}] \tag{7.23}$$

$$\sigma_0=\frac{F}{F_r}p\frac{1+A}{\left(\frac{r_0}{r_i}\right)^2-A}-0.65\frac{\sum M}{W_r}-\frac{\sum N}{F}\leqslant[\sigma_{gh}] \tag{7.24}$$

式中 W_r——考虑钢筋面积在内的衬砌折算抗弯截面模量。

3. 双层配筋的钢筋混凝土衬砌（按混凝土衬砌出现裂缝情况）

（1）对Ⅰ、Ⅱ类围岩，当直径 $D<6$m 时，只考虑内水压力作用，其衬砌的厚度按构造要求确定。当采用对称配筋时，钢筋面积可按式（7.25）计算，但不得小于最小配筋率。

$$f=\frac{pr_i+100K_0\left(m-\frac{r_i[\sigma_g]}{E_g}\right)}{0.01\left(1+\frac{r_i}{r_0}\right)[\sigma_g]-0.01E_g\frac{m}{r_0}} \tag{7.25}$$

其中

$$m=\frac{pr_i}{E_h'}\ln\frac{r_0}{r_i},\quad E_h'=0.85E_h$$

内、外圈钢筋应力可按下式校核：

$$\sigma_{gi}=\frac{pr_i+\left(0.01E_g\frac{f_0}{r_0}+100K_0\right)m}{0.01\left(f_i+f_0\frac{r_i}{r_0}\right)+\frac{K_0r_i}{0.01E_g}}\leqslant[\sigma_g] \tag{7.26}$$

$$\sigma_{g0}=\frac{(pr_i^2+0.01E_gf_im)\frac{1}{r_0}}{0.01\left(f_i+f_0\frac{r_i}{r_0}\right)+\frac{K_0r_i}{0.01E_g}}\leqslant[\sigma_g] \tag{7.27}$$

当必须进行衬砌的限裂计算时，其计算方法参见 SL 191—2008《水工钢筋混凝土结构设计规范》。

（2）对非Ⅰ、Ⅱ类岩体，或洞径 $D>6$m 时，衬砌计算还应考虑其他荷载的共同作用，衬砌厚度按构造要求确定。在内水压力 N_p 的作用下，钢筋断面面积可按式（7.25）计算，并采用对称配筋。在其他荷载作用下，衬砌内、外圈钢筋横截面面积可按下式计算：

$$f_i=\frac{-\sum N(h_0-a)+2\sum M}{2[\sigma_g](h_0-a)} \tag{7.28}$$

$$f_0=\frac{-\sum N(h_0-a)-2\sum M}{2[\sigma_g](h_0-a)} \tag{7.29}$$

衬砌内、外圈钢筋横截面积应为内水压力、其他荷载共同作用下钢筋面积之和，而且截面面积不得小于结构的最小配筋率。

内、外圈钢筋应力可按下式校核：

$$\sigma_{gi}=\frac{pr_i+\left(0.01E_g\frac{f_0}{r_0}+100K_0\right)m}{0.01\left(f_i+f_0\frac{r_i}{r_0}\right)+\frac{Kr_i}{0.01E_g}}+\frac{-\sum N(h_0-a_0)+2\sum M}{2(h_0-a)f_i}\leqslant[\sigma_g] \tag{7.30}$$

$$\sigma_{g0}=\frac{(pr_i^2-0.01E_gf_im)\frac{1}{r_0}}{0.01\left(f_i+f_0\frac{r_i}{r_0}\right)+\frac{K_0r_i}{0.01E_g}}+\frac{-\sum N(h_0-a)-2\sum M}{2(h_0-a)f_0}\leqslant[\sigma_g] \tag{7.31}$$

式中符号意义同前。

7.4.3　受围岩压力及其他荷载作用下的衬砌内力计算

圆形有压隧洞的衬砌不仅承受均匀内水压力作用，同时还要承受围岩压力、衬砌自重等荷载作用。将各荷载单独作用产生的内力求和后，计算相应截面的应力然后与均匀内水压力产生的应力叠加。

7.4.3.1　考虑弹性抗力时的内力计算

对于Ⅰ、Ⅱ类围岩，对衬砌具有弹性抗力。弹性抗力作用在中心角为270°的部分衬砌上，如图7.24所示，抗力方向为径向，其分布的变化规律常假定为

当$\frac{\pi}{4}\leqslant\xi\leqslant\frac{\pi}{2}$时，

$$K\delta=-K_a\delta_a\cos2\xi \tag{7.32}$$

当$\frac{\pi}{2}<\xi\leqslant\pi$时，

$$K\delta=K\delta_a\sin2\xi+K\sigma_b\cos2\xi \tag{7.33}$$

式中　ξ——计算截面与过洞顶铅直线的夹角；

$K\delta_a$、$K\delta_b$——抗力图上水平轴、铅直轴处的弹性抗力值。

为了计算方便，给出以下基本假定：荷载对称于顶拱垂直中心线；垂直和侧向的围岩压力均匀分布；衬砌自重沿衬砌中心线均匀分布；隧洞满水而无水头时，内水压力的作用方向及外水压力的作用方向均为径向；计算中不计衬砌与围岩之间的摩擦力。

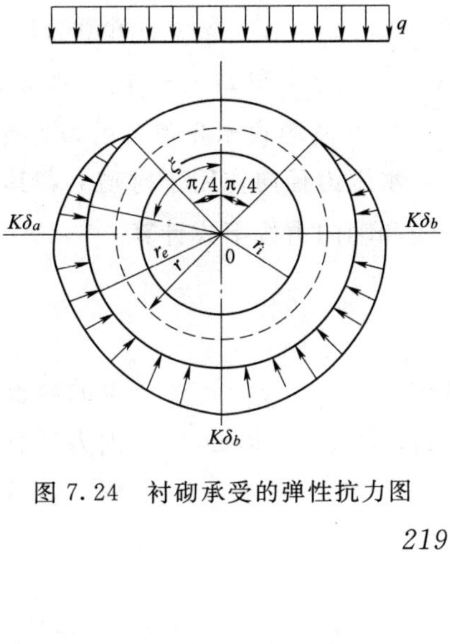

图7.24　衬砌承受的弹性抗力图

利用结构力学法，求出各荷载单独作用下的内力。

1. 铅直围岩压力作用下的内力计算

假定围岩压力均匀分布如图7.25（a）所示，各断面上的弯矩和轴向力按下式计算：

$$M=qr_e\gamma[A\alpha+B+Cn(1+\alpha)] \tag{7.34}$$

$$N=qr_e[D\alpha+E+Fn(1+\alpha)] \tag{7.35}$$

其中
$$n=\frac{1}{0.06416+\dfrac{EJ}{r^3 r_e Kb}},\alpha=\frac{2r_e}{r} \tag{7.36}$$

式中　M、N——计算断面上的弯矩和轴向力；

q——垂直围岩压力强度；

r_e、r_i、r——衬砌的外半径、内半径和平均半径，m；

K——围岩弹性抗力系数；

b——计算采用的衬砌宽度，取 $b=1$m；

E——衬砌材料的弹性模量；

J——计算断面的惯性矩，m^4。

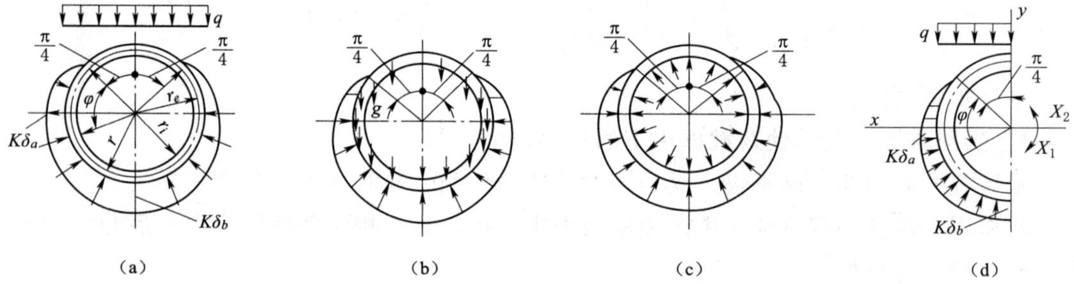

图 7.25　圆形隧洞衬砌上的荷载及其弹性抗力分布示意图

(a) 铅直围岩压力；(b) 衬砌自重；(c) 非均匀内水压力；(d) 对称简图

A、B、C、D、E 和 F 为内力计算系数，与断面和垂直线的夹角有关，各系数值可查有关书籍和文献。

2. 衬砌自重作用下的内力计算

假定衬砌为等厚度，其作用力分布如图 7.25 (b) 所示，各断面的弯矩和轴向力按下式计算：

$$M=gr^2(A_1+B_1n) \tag{7.37}$$

$$N=gr(C_1+D_1n) \tag{7.38}$$

式中　g——单位面积衬砌的自重；

A_1、B_1、C_1 和 D_1——内力计算系数，其值的大小与断面和垂直线的夹角有关。

3. 非均匀内水作用下的内力计算

水压力径向作用于衬砌上，其值由 0（顶拱）起逐渐增加到 $2\gamma r_i$（洞底），各断面的弯矩和轴向力按下式计算：

$$M=\gamma_\omega r_i^2 r(A_2+B_2n) \tag{7.39}$$

$$N=\gamma_\omega r_i^2(C_2+D_2n) \tag{7.40}$$

式中　r_ω——水的容重；

A_2、B_2、C_2 和 D_2——内力计算系数，断面与垂直线的夹角不同，各系数的取值也不一样，各系数的取值可查有关书籍和文献。

4. 外水压力作用下的内力计算

在无内水压力组合的情况下，当衬砌所受的浮力小于铅直围岩压力及衬砌自重之和，即 $\pi r_e^2 r_w < 2(qr_e + \pi gr)$ 时，断面的弯矩和轴向力可按下列公式计算：

$$M = -\gamma_\omega r r_e^2 (A_2 + B_2 n) \tag{7.41}$$

$$N = -\gamma_\omega r_e^2 (C_2 + D_2 n) + \gamma_\omega h_w r_e \tag{7.42}$$

式中 h_w——均匀外水压力水头，即计算水位线在拱顶以上的高度；

A_2、B_2、C_2 和 D_2——计算内力系数，各系数的值可查阅有关书籍和文献。

当 $\pi r_e^2 r_w \geq 2(qr_e + \pi gr)$ 时，衬砌内力计算应按不考虑弹性抗力的公式计算。

当荷载组合中包括内水压时，均匀外水压力一般与均匀内水压力先进行叠加，然后进行衬砌的内力计算。通常在荷载叠加后，衬砌的变形指向围岩，弹性抗力为正。此时，计算外水压力作用下衬砌的内力不受 $\pi r_e^2 r_w < 2(qr_e + \pi gr)$ 条件的限制。

5. 灌浆压力作用下的内力计算

由于灌浆压力作用范围及分布情况复杂，通常只计算由回填灌浆压力所引起的内力。

回填灌浆孔一般布置在隧洞的顶拱部分，布置范围为 $\theta = 30° \sim 60°$，灌浆压力垂直作用于衬砌上。假定灌浆压力为 p_2，均匀分布于顶部 2θ 的范围内（α 为 $\pi/4$ 或 $\pi/3$），如图 7.26 所示，其内力计算公式如下：

$$M = p_2 (A_3 + B_3 n) r_e r \tag{7.43}$$

$$N = p_2 (C_3 + D_3 n) r_e \tag{7.44}$$

式中 p_2——回填灌浆压力；

A_3、B_3、C_3 和 D_3——计算内力系数，各系数的取值可查有关书籍和文献。

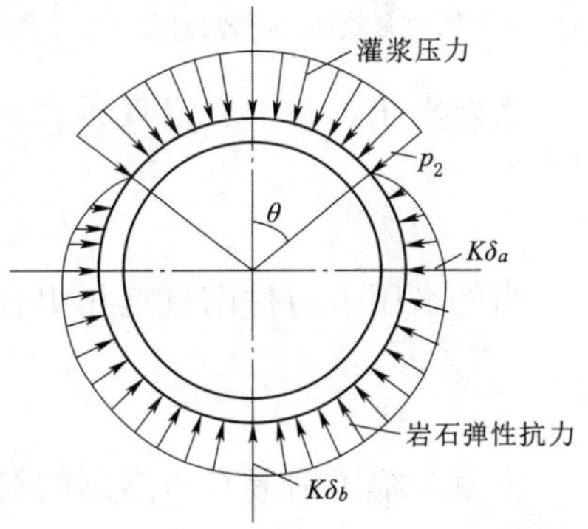

图 7.26 灌浆压力及岩石弹性抗力布图

7.4.3.2 不考虑弹性抗力时衬砌的内力计算

对于Ⅲ、Ⅳ、Ⅴ类围岩，岩体比较软弱，特别是后两种，不仅不能考虑围岩的弹性抗力作用，而且还需计入侧向围岩压力的影响。不考虑弹性抗力时，应考虑与铅直荷载相应的地基反力，假定地基反力按余弦曲线分布且作用在衬砌的下半圆上，如图 7.27 所示。

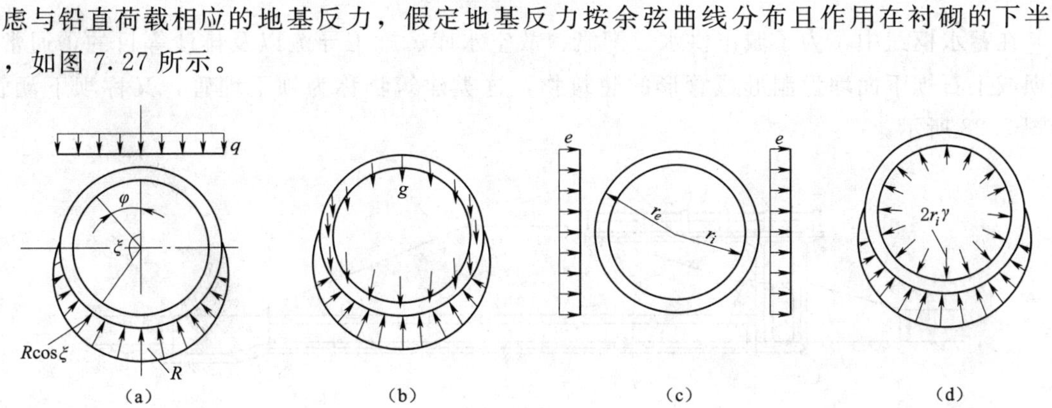

图 7.27 荷载及反力分布图

(a) 铅直围岩压力；(b) 衬砌自重；(c) 侧向围岩压力；(d) 水重

反力强度在竖轴处最大，其值为 R，其余部分为 $R\cos\xi$。地基反力值可由作用在衬砌上的全部荷载与全部地基反力的平衡条件来确定，其方向与围岩变化的方向相反。当地基反力的大小、方向和分布规律确定后，便可用结构力学方法求出在各种荷载单独作用下衬砌内力的大小。

衬砌在围岩铅直压力、围岩侧向压力、衬砌自重、无水头洞内满水压力和外水压力作用下的内力计算公式见表 7.3，相关内力系数可查阅有关书籍和文献。

表 7.3　不同荷载作用下衬砌的内力计算表

<table>
<tr><th>序号</th><th colspan="2">荷载名称</th><th>断面弯矩</th><th>断面轴向力</th></tr>
<tr><td>1</td><td colspan="2">围岩铅直压力</td><td>$qr_e\gamma(A_3\alpha+B_3)$</td><td>$qr_e(c_3\alpha+D_3)$</td></tr>
<tr><td>2</td><td colspan="2">围岩侧向压力</td><td>$er_e\gamma\alpha A_4$</td><td>er_eC_4</td></tr>
<tr><td>3</td><td colspan="2">衬砌自重</td><td>gr^2A_5</td><td>grC_5</td></tr>
<tr><td>4</td><td colspan="2">无水头洞内满水压力</td><td>$\gamma_w r_i^2 rA_6$</td><td>$\gamma_w r_i^2 C_6$</td></tr>
<tr><td rowspan="2">5</td><td rowspan="2">外水压力</td><td>当 $\pi\gamma_w r_e^2\leqslant 2(qr_e+\pi rg)$</td><td>$-\gamma_w r_e^2 rA_6$</td><td>$-\gamma_w r_e^2 C_6+\gamma_w h_w r_e$</td></tr>
<tr><td>当 $\pi\gamma_w r_e^2>2(qr_e+\pi rg)$</td><td>$\gamma_w r_e^2 rA_6(1-2\varepsilon)$</td><td>$\gamma_w r_e^2 C_7(1-\varepsilon)-\gamma_w r_e^2 C6_\varepsilon+\gamma_w h_w r_e$</td></tr>
</table>

注　e 为围岩有效侧向压力强度；h_w 为均匀外水压力的计算高度；$\alpha=2-r_e$。

当外水压力与围岩铅直压力及衬砌自重组合时，表 7.3 中的 ε 按下式计算：

$$\varepsilon=\frac{2(\pi rg+qr_e)}{\pi r_e^2 r_w} \tag{7.45}$$

当外水压力与衬砌自重相组合时，表 7.3 中的 ε 按下式计算：

$$\varepsilon=\frac{2\pi rg}{\pi r_e^2 r_w} \tag{7.46}$$

上面介绍了圆形有压隧洞的衬砌设计和配筋计算，其他断面形式及无压隧洞的衬砌结构设计和配筋计算详见 SL 279—2016《水工隧洞设计规范》。

7.5　土石坝坝下埋管

在蓄水枢纽中，为了城市供水、灌溉、放空水库、施工导流以及排沙等目的，通常在土坝或土石坝下面埋设洞形或管形的建筑物，这类建筑物称为坝下埋管，又称坝下涵管，如图 7.28 所示。

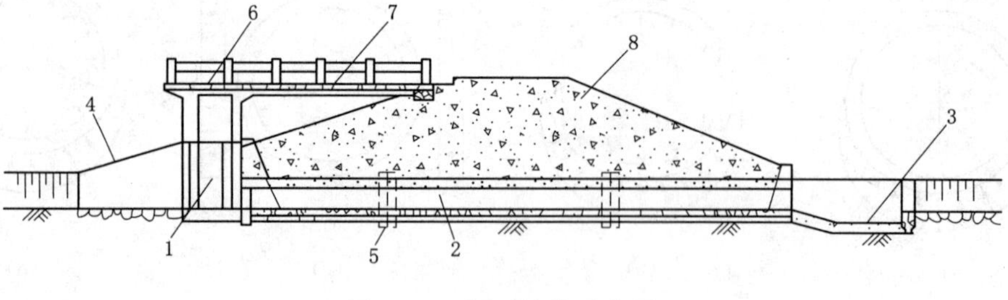

图 7.28　坝下涵管示意图

1—进口；2—洞身；3—出口消能段；4—八字墙；5—截渗环；6—自闭台；7—工作桥；8—土石坝

与隧洞相比，坝下埋管施工方便，构造简单，通常工期短、造价也低，但施工时与土石坝相互干扰大。因此，在我国中小型土坝或堆石坝枢纽工程中，使用比较普遍。与水工隧洞类似，坝下埋管也属于深式泄水或放水建筑物，其进口通常在水下较深处，其工作特点、工程布置、进出口建筑物的形式、构造等许多方面与水工隧洞有相同之处。

由于坝下埋管置于坝下，穿坝而过，它的破坏直接威胁着大坝的安全，所以在高水头、大流量、基础差的情况下，其安全性低。据国内外土石坝失事的调查资料分析，坝下埋管的缺陷是引起土石坝失事的重要原因之一。

因此，在坝下埋管设计、施工中必须采取适当的措施，加强管身的防渗、管身与坝体的结合，以保证埋管和坝体的安全。

坝下埋管也属于深埋式地下建筑物，管道上有较大的填土压力和外水压力，而且维修、扩建都十分困难。因此，在设计中必须认真考虑各种可能的运用情况，合理确定结构的型式和断面尺寸。

7.5.1 坝下埋管的线路选择及工程布置

坝下埋管线路选择与工程布置的一般原则为：经济合理，安全可靠，运行方便。

在进行埋管线路选择及布置时，应综合考虑埋管的用途与作用、工程地质地形条件、水力条件等因素，进行多方案经济技术分析比较确定。

在具体线路选择及工程布置时，应主要从以下几方面进行考虑：

(1) 地形地质条件。在平面上埋管的轴线应尽可能地与坝轴线垂直，而且直线布置，这样管道水流条件较好。但有时为了适应地形条件和利用岩石基础，也可稍有弯曲。但弯曲段应以光滑曲线连接，其曲率半径不得小于5倍的洞径。为了减少沿埋管轴线不均匀沉陷，埋管应尽可能建在岩石地基或均匀土基上。一定要避免将管身一部分放在岩基上而另一部分放在软基上，切忌从坝体填土中通过。

(2) 运行管理灵活方便。如坝下灌溉埋管，多放在坝的两端，并布置在灌区同一侧，以免建过河建筑物。埋管尽可能离溢洪道远些，以免相互干扰；泄洪排沙或放空水库的坝下埋管，尽量布置在主河槽部位，其轴线与河流的主流方向一致，以获得良好的水流条件；为了避免管身漏水影响土石坝安全，坝下埋管最好设计成无压的。在运用中，必须严格按设计规定的水流状态进行工作，不能任意将无压管变成有压管。

(3) 经济合理。坝下埋管应尽可能选择较短的轴线，节省工程量，降低工程造价，而且减少管道的水头损失，提高其过水能力。

7.5.2 坝下埋管的进、出口建筑物

1. 进口建筑物

埋管的进口建筑物通常有卧管式、塔式及浮子式等几种型式。对用于引水灌溉的坝下埋管，由于农业生产对水温有一定的要求，其进口建筑物最好设计成分层取水结构，以使在灌溉季节引取表层的清水灌溉。

(1) 塔式。坝下埋管的塔式进口建筑物的结构、构造与水工隧洞的塔式进口建筑物相同，如图7.5所示。对灌溉用的埋管，其塔式进口结构大多采用分层取水的封闭塔。

塔式进口的布置一般有以下三种方式：

1) 进水塔布置在坝身内靠近坝顶处，其优点是塔身不受风浪、冰冻压力的作用，周

围侧向土压力大致相同，稳定性较好，产生不均匀沉降和断裂的可能性较小，对地基的要求较低。不足之处是：塔前输水管常浸在水中，检修不便；塔身位于坝体中部，若塔身与管道结合处漏水，则会抬高坝体浸润线，引起坝体的渗透变形，甚至导致滑坡。

2）将进水塔布置在上游坝脚处，其优、缺点正好与第一种布置相反。

3）将进水塔布置在前述两种位置之间，此时塔身受坝体变形的影响大，承受的土压力也不平衡，对于斜墙坝更不宜采用这种布置型式。

（2）浮子式。浮子式进口建筑物是一种活动的取水装置，由浮子、取水盘、伸缩套筒式水管以及竖塔所组成，如图 7.29 所示。竖塔为钢架或钢筋混凝土框架，用作浮子升降时的导向和安装拦污栅。控制水量的工作闸门设在塔底后部或其他适当位置。浮子式进口型式一般取表层水效果很好。

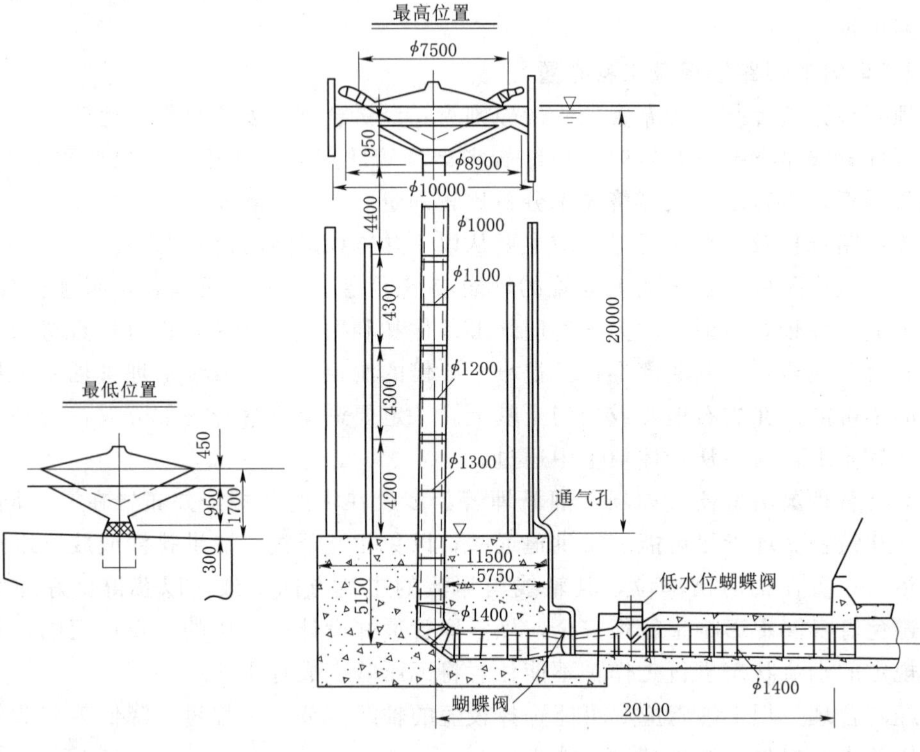

图 7.29　浮子竖塔型取水结构（单位：mm）

2. 出口建筑物

坝下埋管出口建筑物的型式及构造与水工隧洞相同，它包括出口渐变段及消能设施。坝下埋管出口处的消能大多采用底流式水跃消能。

7.5.3　坝下埋管的管身型式及构造

坝下埋管的管身应具有足够的断面以满足过流能力，要有一定的强度以承担外部荷载，并能抵抗水流的冲刷。管身断面型式、建筑材料及管身结构尺寸，应根据其用途、水力条件及材料特性等，经水力计算和结构计算，并进行经济技术比较确定。

1. 坝下埋管的管身横断面型式

埋管的管身横断面型式通常有圆形、矩形及圆拱直墙形等几种。

(1) 圆形。圆形断面是坝下埋管使用较多的一种型式，如图 7.30 (a) 所示。其特点是水流条件好，同样的条件下，过水流量大。受力条件也较好，它可以承受较大的内、外水压力及填土压力。圆形管大多为现浇的钢筋混凝土管。近年来，在小型工程中也常采用预制钢筋混凝土管。预制管道施工快，工期短，但其接头处理难度大，止水较困难。

(2) 矩形。矩形过水断面在大型埋管中使用较多，如图 7.30 (b) 所示。它具有结构简单、施工方便、整体性好等特点。其通常是现浇的钢筋混凝土箱式结构，因此也称为箱涵。当过水断面尺寸较大时，为了提高管身的刚度，可以做成双箱甚至多箱的结构型式。

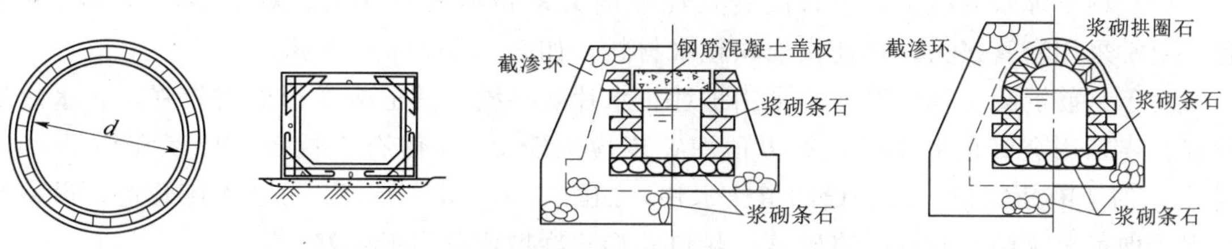

图 7.30 坝下埋管管身断面型式

(a) 圆形断面；(b) 矩形断面；(c) 盖板式矩形断面；(d) 半圆拱直墙式断面

(3) 圆拱直墙形。对小型的无压埋管，管道承受的主要荷载是外水压力和填土压力，管壁受压，为节省钢筋、水泥，并充分发挥浆砌石结构的抗压性能，常用浆砌石的半圆拱直墙式结构或钢筋混凝土做盖板的盖板式矩形断面，如图 7.30 (c)、(d) 所示。

需要指出的是，由于浆砌石的防渗性能较差，结构的安全性能低，对于较重要及较大的埋管，以采用现浇钢筋混凝土管为妥。

2. 坝下埋管的构造

(1) 管壁厚度。埋管管壁厚度应根据管身的受力情况，通过结构计算确定。目前，管壁厚度常参照已建工程的经验拟定或采用经验公式估算。对于有压圆形管道的壁厚，可近似采用下式进行估算：

$$\delta=r_i\left(\sqrt{\frac{R_f+K_fP_i}{R_f-K_fP_i}}-1\right) \tag{7.47}$$

式中 δ——管壁厚度；

r_i——管的内半径；

R_f——混凝土的抗裂强度；

K_f——混凝土的抗裂安全系数；

P_i——管道所受内水压力。

式 (7.47) 适用于 $\delta/r_i>1/8$ 的厚管壁。当管道为薄管壁时，即 $\delta/r_i\leqslant 1/8$ 时，其管壁厚度可按下列经验公式估算：

$$\delta=\frac{K_fP_ir_i}{R_l+200\mu} \tag{7.48}$$

式中　R_l——混凝土的极限抗拉强度；

μ——环向钢筋的含筋率；

其他符号的意义同前。

(2) 管身分缝与止水。为了适应地基沉降及管身伸缩变形，防止管身断裂破坏以及满足施工能力的要求，在埋管的轴线方向需分缝。

对土基上的埋管，在不均匀压力的作用下，将产生不均匀沉降。为适应这种沉陷而设置的缝称为沉降缝。在岩基上，不均匀沉降较小，但其对管身的约束作用较大，阻止管道因温度变化等产生的自由变形，故每隔一定距离设置温度伸缩缝。常将伸缩缝与沉降缝结合布置，称温度沉降缝。缝距 10～15m，缝宽为 1～3cm，缝中必须设金属或塑料止水。

(3) 坝下埋管的接头。埋管接缝处理直接关系到坝体的安全。对于钢筋混凝土预制管，通常采用套管接头，在连接处填止水材料，如图 7.31 (b) 所示。

对于钢筋混凝土现浇管，常采用预埋止水片式接缝。其适应变形能力较强，止水效果较好。当采用金属止水片时，每边预埋宽度应大于 2～3 倍石子粒径，且不宜小于 10～15cm。对于有压管道，最好设两道止水片，如图 7.31 (d) 所示。对于无压管道，设一道止水片即可。为防止封口砂浆脱落，封口外形轮廓做成燕尾形较好。

对薄壁管，设止水有困难时，可将接缝处加厚管壁，如图 7.31 (a) 所示。

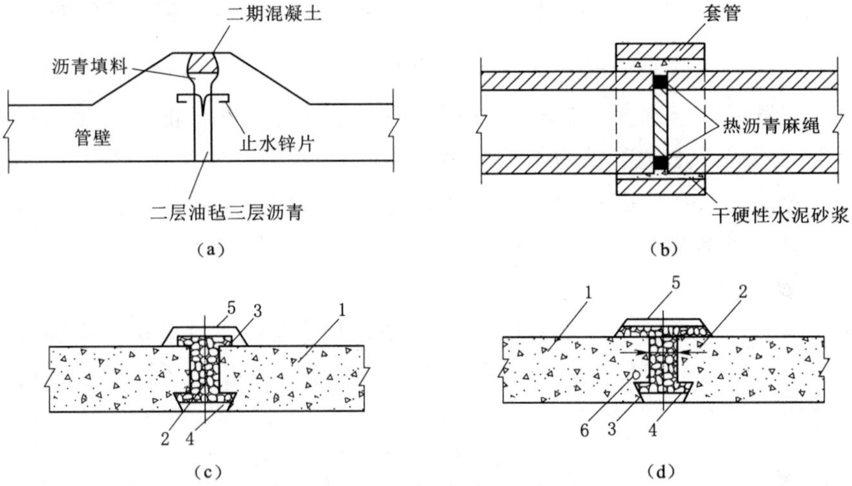

图 7.31　埋管接头构造

(a) 接缝处加厚管壁；(b) 在连接处填止水材料；(c) 无压管道设一道止水片；(d) 有压管道设两道止水片

1—管壁；2—止水片；3—柔性填料；4—封口砂浆；5—两油毡；6—预埋螺栓

(4) 防渗措施。坝下埋管与坝体填土的接触面结合不好时，可能出现集中渗流，易引起坝体渗透变形，严重时将威胁坝体安全。因此，坝下埋管与坝体的接触面是防渗的薄弱环节。为加强埋管与坝体的连接，防止出现集中渗流，通常在埋管周围铺设一层 1～2m 厚的黏性土作为防渗层。防渗层与砂性坝壳之间设过渡带。防渗层应分层填筑，人工夯实，保证施工质量。不宜用机械碾压，以防损坏管道。

(5) 埋管基础。埋管的管身应坐落在较为坚实稳定的基础上，由于基础条件和管身的结构型式不同，管身所受荷载不一，则管身的安置方式也就不同。

当管径小，基础土质良好时，可采用平基铺管；当管外填土不高，管径不大，竖向荷载较小，基础土质良好时，可采用弧形土基，将管道直接铺设在天然地基的圆弧形槽内或置于三合土或分层夯实的碎石坐垫上，如图 7.32（a）所示；当管径及竖向荷载都比较大时，宜将管身置于浆砌石或混凝土制成的刚性坐垫上［图 7.32（b）］。坐垫的包角一般为 90°～135°，竖向荷载大时，坐垫包角可采用 180°。圆管设置坐垫后，由于管身底部与坐垫间有一定的接触弧长，坐垫与地面接触面较大，所以改善了管身受力和减小了地基的压应力。刚性坐垫的厚度 t_1 可取 1.5～2.0 倍的管壁厚度且不小于 30cm。坐垫肩宽 t_2 可取 1.0～1.5 倍的管壁厚度。管壁与坐垫接触面上涂抹沥青或铺沥青油毛毡垫层，以减小管身受坐垫约束，适应管身的收缩变形。

圆形埋管若铺设在岩基下，可不设坐垫，而在岩石中挖槽，槽中浇筑半圆形混凝土管垫，铺上油毡垫层后即可浇筑管身，如图 7.32（c）所示。

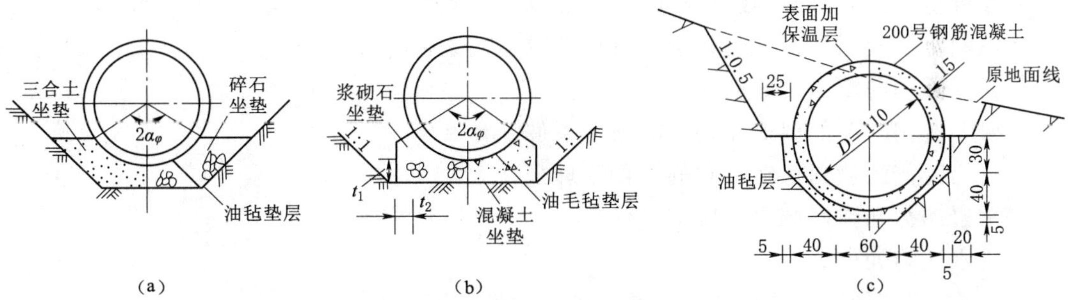

图 7.32　坝下埋管的基础（单位：cm）

（a）管道铺设于碎石坐垫上；（b）管道铺设于刚性坐垫上；（c）岩基中挖槽埋管

小　　结

本章叙述水工隧洞及坝下埋管两部分内容，隧洞处于岩体之中，而埋管位于土石坝底部。虽然两者所处的位置不同，但是有许多共同之处。本章重点介绍隧洞，在学习埋管时要注意与隧洞有关内容对照分析。

水工隧洞通常分为有压隧洞和无压隧洞，同时具有深式过水和地下建筑的特点。在洞线选择时，应结合其用途，根据当地实际情况，综合考虑地质、地形、水力学、施工、运行、枢纽总布置及对周围环境影响等因素，并通过多方案进行经济技术比较加以确定。

水工隧洞进口建筑物由进水口、闸室段及渐变段等组成，按结构型式和布置方式可分为竖井式、塔式、岸塔式和斜坡式等；出口建筑物主要包括渐变段、闸室段及消能设施等。隧洞进、出口建筑物的型式与布置，主要取决于隧洞的功用及进出口附近的地形地质条件。

无压隧洞洞身的断面型式有圆拱直墙式、马蹄形和圆形等几种；有压隧洞的洞身型式一般采用圆形断面，其断面尺寸应根据隧洞通过流量、作用水头及纵剖面布置，通过水力计算确定。洞身衬砌按其作用可分为平整衬砌和受力衬砌，受力衬砌按其结构又可分为单层衬砌、组合衬砌、预应力衬砌和喷锚衬砌。

作用于水工隧洞衬砌上的荷载有围岩压力、弹性抗力、内水压力、外水压力、衬砌自重和灌浆压力等，着重理解并区别围岩压力和弹性抗力这两种衬砌荷载的概念。由于隧洞是在岩层中开凿出来的，所以洞身的形式、构造及结构计算均与围岩有密切关系。在多种荷载作用下的圆形有压隧洞衬砌结构计算，可将各荷载单独作用产生的内力叠加。

坝下埋管在进行线路选择及布置时，应秉持经济合理、安全可靠和运行方便等原则，综合考虑埋管的用途与作用、工程地质地形条件、水力条件等因素，进行多方案经济技术分析比较确定。坝下埋管的管身应具有足够的断面以满足过流能力，要有一定的强度以承担外部荷载，并能抵抗水流的冲刷。

练　习　题

1. 水工隧洞的作用有哪些？如何对其进行分类？
2. 水工隧洞有什么工作特点？
3. 在进行水工隧洞的洞线选择时应考虑哪些因素？
4. 不同水工隧洞进口建筑物型式的特点及适用条件是什么？
5. 无压隧洞的断面尺寸如何确定？
6. 水工隧洞衬砌的型式及各自的适用条件是什么？
7. 何为隧洞的喷锚衬砌？它的工作原理是什么？
8. 围岩压力和弹性抗力的区别是什么？
9. 内水压力如何计算？
10. 坝下埋管的线路选择和工程布置应考虑哪些因素？
11. 坝下埋管的不同基础各适用于什么条件？
12. 水工隧洞衬砌的作用是什么？主要有哪些型式？
13. 围岩压力和弹性抗力分别是什么？它们对衬砌各有什么影响？
14. 坝下埋管的线路选择和工程布置应考虑的因素有哪些？

第8章　水　闸　设　计

本章目标：

学习水闸的结构构造及各部尺寸的布置；孔口尺寸的确定、消能防冲、闸基渗流、闸室稳定以及闸室结构计算的方法、步骤。重点学习孔口尺寸的确定、闸室稳定计算中的水平水压力及扬压力计算、水闸渗流计算、水闸底板结构计算。

具体要求：

(1) 掌握不同类型水闸之间的区别、水闸的组成部分及其作用。

(2) 掌握堰顶高程的确定、闸孔不同形式的适用条件、闸孔总宽度及孔数的确定。

(3) 掌握消能防冲的设计条件，包括消力池、海漫及防冲槽的设计。

(4) 掌握防渗长度的定义，地下轮廓布置的原则及具体布置。对改进阻力系数法，仅了解其基本原理。

(5) 掌握闸室各组成部分形式之间的区别及选用条件，各组成部分尺寸的确定，各组成部分相互之间位置的布置原则，以及对缝的具体要求。

(6) 掌握闸室稳定应满足的具体要求、上游水平水压力的计算方法、抗滑稳定计算公式的意义及使用。

(7) 掌握整体式平底板结构计算中的荷载组合法。对弹性地基梁法，了解其基本原理及计算方法和步骤。

(8) 了解两岸连接结构物的形式和布置，以及具体的结构形式。对于绕流计算部分，不作要求。

(9) 了解平面闸门、弧形闸门及自动翻倒闸门的结构形式和适用条件。

8.1　概　　述

水闸是一种具有挡水和泄水双重作用的低水头水工建筑物。它通过闸门的启闭来控制水位和调节流量，在防洪、灌溉、排水、航运和发电等水利工程中广泛应用。

8.1.1　水闸的类型

1. 按照所承担的任务分类

水闸可分为进水闸、节制闸、分洪闸、排水闸、冲沙闸等，如图8.1所示。

(1) 进水闸（分水闸）。进水闸用来从河道、湖泊、水库引取水流，一般建于引水渠道的首部。位于干渠首部的进水闸又称为渠首闸或引水闸；位于支、斗渠首部的进水闸通常称为分水闸、斗门。

(2) 节制闸。节制闸一般横跨干、支渠，且位于下一级渠道分水口附近的下游，用以

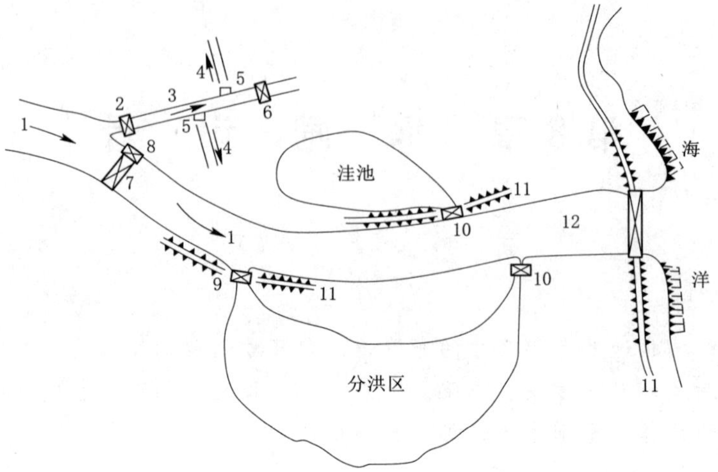

图 8.1 水闸分类示意图

1—河道；2—进水闸；3—干渠；4—支渠；5—分水闸；6—节制闸；7—拦河闸；8—冲沙闸；9—分洪闸；10—排水闸；11—堤防；12—挡潮闸

控制水位、流量，满足下一级渠道引水时对水位、流量的要求。修建在河道上的节制闸又称为拦河闸。枯水时期利用闸门拦蓄水量，抬高闸上游水位，调节流量；洪水时期则打开闸门，宣泄洪水。

(3) 分洪闸。分洪闸设在分洪道的进口，当河道下游段过水能力不足，或下游有重要区域或建筑物需要重点保护时，常开辟分洪道宣泄部分或全部洪水，以确保下游河（渠）段的安全。

(4) 排水闸。排水闸一般修在江河沿岸排水沟或河道末端，用以排除江、河两岸低洼地区的渍水及防止江、河洪水倒灌，有时还要发挥蓄水和引水的作用。故排水闸闸底高程常较低而闸身较高且具有双向承受水头的作用。

(5) 挡潮闸。以挡潮、排水和蓄淡为目的，在沿海感潮河段上修建挡潮闸，其易受潮水的顶托，在夏秋雨季排水受阻；与排水闸一样，挡潮闸也具有双向承受水头的作用。

(6) 冲沙闸。冲沙闸用来排除进水闸或拦河（节制）闸前淤积的泥沙，减少泥沙入渠，是引水枢纽中的一个重要组成部分。

2. 按照闸室结构型式分类

按照闸室结构型式水闸可分为开敞式和封闭（涵洞）式，如图 8.2 所示。

(1) 开敞式水闸。水闸闸室是露天的，上面没有填土。这种水闸又分为有胸墙和无胸墙两种，如图 8.2 (a)、(b) 所示。前者用于泄水和挡水时闸前水位相差不大，或有特殊要求，如通航、排冰等；后者用于挡水水位高于泄水运用水位，或闸上游水位变幅较大，且有限制过闸单宽流量要求，高水位时利用胸墙和闸门关闭共同挡水，而低水位时开闸泄水。

(2) 封闭（涵洞）式水闸。封闭式水闸主要修建在深挖式渠道上或在较高的河堤之下，它与开敞式水闸的主要区别是闸室后有洞身段。洞身上面填土作为路基，两岸连接建筑物较开敞式简单，往往也较经济。封闭式水闸根据水力条件的不同，可分为无压式和有

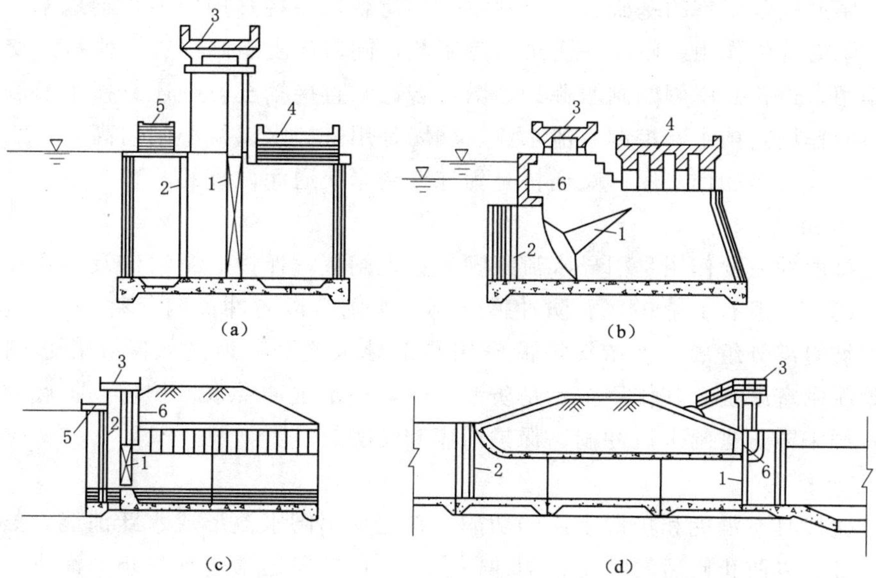

图 8.2　水闸结构型式

(a) 开敞式；(b) 带胸墙开敞式；(c) 无压封闭（涵洞）式；(d) 有压封闭（涵洞）式
1—闸门；2—检修闸门；3—工作桥；4—交通桥；5—便桥；6—胸墙

压式两种，如图 8.2（c）、(d) 所示。

8.1.2　水闸的组成部分及其作用

水闸一般由上游连接段、闸室段和下游连接段三部分组成，如图 8.3 所示。

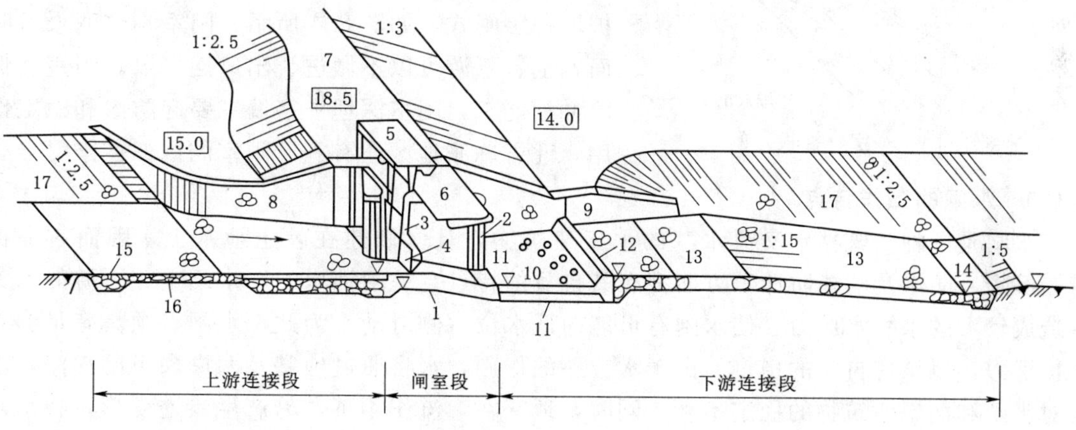

图 8.3　水闸组成

1—闸室底板；2—闸墩；3—胸墙；4—闸门；5—工作桥．6—交通桥；7—堤顶；8—上游翼墙；
9—下游翼墙；10—护坦；11—排水孔；12—消力坎；13—海漫；14—下游防冲槽；
15—上游防冲槽；16—上游护底；17—上、下游护坡

1. 闸室

闸室是水闸挡水和泄水的主体部分，通常包括闸底板、闸墩、闸门、胸墙、工作桥及

交通桥等。闸底板是闸室的基础，承受闸室全部荷载，并将其均匀地传给地基，此外，还具有防冲、防渗等的作用。闸墩是用来分隔闸孔，同时起支承闸门、工作桥及交通桥等上部结构的作用。边孔靠岸侧的闸墩称为边墩，若边墩直接挡土，则还有挡土及侧向防渗的作用。闸门的作用是挡水和控制下泄水流。胸墙是用来挡水以减小闸门高度。工作桥供安置启闭机和工作人员操作之用。交通桥是为连接两岸交通而设置的。

2. 上游连接段

上游连接段的主要作用是引导水流平顺地进入闸室，保护上游河床及河岸免遭冲刷并具有防渗作用。一般有上游护底、防冲槽（小型水闸常以防冲齿墙代替）、铺盖、上游翼墙及两岸护坡等部分组成。上游翼墙的作用是引导水流平顺地进入闸孔并起侧向防渗作用。铺盖紧靠闸室底板，其作用主要是防渗，但应满足抗冲要求。护坡、护底和上游防冲槽（齿墙）用来防止进闸水流冲刷、保护河床和铺盖。

3. 下游连接段

下游连接段具有消能和扩散水流的功能。首先使出闸水流形成水跃消能，然后再使水流平顺地扩散，以防止闸后发生有害的冲刷。下游连接段通常包括护坦、海漫、下游防冲槽（齿墙）以及下游翼墙与护坡等。下游翼墙导引水流均匀扩散兼有防冲及侧向防渗作用。下游护坡作用与上游护坡相同。护坦紧接闸室，是消减水流动能的主要措施并兼有防冲作用。海漫的作用是继续消除护坦出流的剩余动能、扩散水流、调整流速分布、防止河床遭冲刷。下游防冲槽（齿墙）是海漫末端的防护设施，防止下游河床冲刷坑向上游发展。

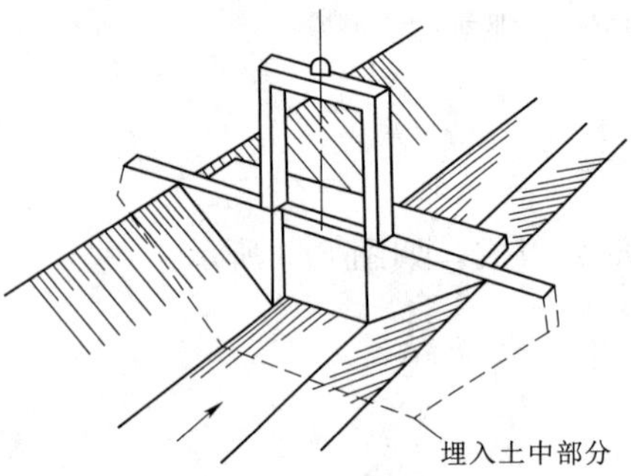

图 8.4　一字（插板）闸

灌排渠系田间水闸，由于水头很低，也可做成护坡一字闸式，如图 8.4 所示。闸室不改变渠道断面，上、下游可以不做进、出口连接段。闸室后作防冲消能工，闸室深埋一字墙主要起防渗和稳定作用，北方冻胀地区还有利于闸室的抗冻害作用。

8.1.3　水闸的工作特点

水闸是一种“既挡水又泄水”的水工建筑物，且多修建在软土地基上，因而它在稳定、沉降、防渗及消能防冲等方面都有其自身的特点。关闸挡水时，水闸上、下游的水头差造成较大的水平水压力，使水闸有可能向低水位一侧滑动。为此，水闸必须具有足够水平抗滑力，以维持自身的稳定。由于水位差的作用，水将通过地基及两岸向下游渗流，渗流对水闸和两岸建筑物的稳定不利。同时，地基在渗流作用下，易产生渗透变形，特别是粉细砂地基，如防渗措施不当，则其细小颗粒会不断被渗流带走，严重时闸基和两岸的土体会被掏空，危及水闸安全。因此，应妥善设计防渗设施，并在渗流逸出处设反滤层等设施以保证不发生渗透变形。

开闸泄水时，在上、下游水位差的作用下，过闸水流往往具有较大的流速，流态也较复杂，而河床上的土体抗冲能力通常较差，可能引起冲刷，严重时会扩大到闸室地基，致使水闸失事。因此，设计水闸除应保证足够的过水能力外，还必须采取有效的消能防冲措施，以防止闸下游产生有害的冲刷。

土基上建闸，由于土基的抗剪强度比较低，压缩性比较大，在水闸的重力和外部荷载作用下，可能产生较大的沉降，影响正常使用，尤其是不均匀沉降会导致水闸倾斜，甚至断裂。在水闸设计中，必须通过选择合理的水闸闸型和构造、组织恰当的施工程序和采取必要的地基处理等措施，以减少过大的地基沉降和沉降差。

8.2 闸孔设计

水闸闸孔设计的任务为：根据给定的设计流量和水闸上下游水位，确定闸孔型式，底板顶高程和闸孔尺寸，以满足泄水或引水的要求。

水闸闸孔设计的主要步骤为：①选择闸孔型式，进而参考单宽流量的数值，确定底板顶高程；②进行闸孔尺寸计算，验算过流能力。

8.2.1 闸孔型式

闸孔型式可分为开敞式（含胸墙式）和封闭（涵洞）式两种。在挖深较大的场合，往往采用涵洞式水闸。

对于带胸墙的开敞式水闸，胸墙底高程应高于闸前泄水水位，避免出现闸孔出流。如果有通航要求，还要满足通航净空要求。胸墙代替部分闸门，可以减小闸门高度和启门力，从而降低工作桥高和工程造价。

8.2.2 底板型式

底板型式有宽顶堰型和低实用堰型两种，如图 8.5 所示。

宽顶堰型是水闸中最常用的底板结构型式。其主要优点是结构简单，施工方便，泄流能力比较稳定，有利于泄洪、冲沙、排淤、排冰、通航等；缺点是自由泄流时流量系数较小。低实用堰型有梯形堰、驼峰堰和 WES 低堰等型式。其主要优点是自由泄流时流量系数较大。当上下游河底高差较大，必须限制单宽流量；或由于地基表层松软需要降低闸底面高程；或有拦沙要求时宜选用。

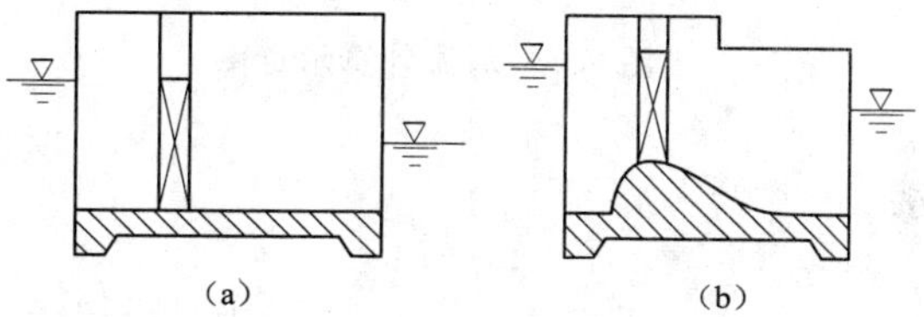

图 8.5 闸底板结构型式

（a）宽顶堰；（b）低实用堰

8.2.3 闸底板顶面高程

闸底板顶面（闸槛）高程的确定，关系闸孔型式和尺寸的决定，也直接影响整个水闸的工程量和造价。如将槛高定得低些，闸前水深和过闸单宽流量要大些，从而使闸孔总宽度缩短，减少闸室段工程投资。但同时将增大两岸连接建筑物的高度，并增加基坑开挖和闸下消能防冲布置上的难度，增加两岸连接建筑物工程投资。由此可见，闸底板顶面高程的确定是由多方面因素决定的。一般情况下，闸槛高程可根据水闸的不同用途确定。节制闸的闸槛高程可与河底高程相平；进水闸或分洪闸在满足引用或分洪设计流量条件下，可比河底略高一些，以防止大量推移质泥沙被挟带入渠或进入分洪区；排水闸应布置得低一些，以满足排涝要求。对运行条件复杂、规模较大的大中型水闸的槛高应根据河道水文、闸址的地形和地质条件，选择几种方案，经技术经济比较确定。

选择闸底板顶面高程以前，首先要确定合适的最大过闸单宽流量，它取决于闸下游河渠的允许最大单宽流量，即下游河渠的最大水深与河床土体的抗冲流速的乘积。最大过闸单宽流量可根据我国修建水闸经验，参考闸址地质及水闸出流条件来选取，在细砂、粉砂、粉土及淤泥河床上，单宽流量取 5～10m^3/(s·m)；在砂壤土河床上取 10～15m^3/(s·m)；在壤土河床上取 15～20m^3/(s·m)；在黏土河床上取 15～25m^3/(s·m)。下游水深较深、上下游水位差较小和闸后出流扩散条件较好时，可选用较大值。

8.2.4　闸孔总宽度及孔数的确定

根据规划的过闸设计流量和上下游水位，按照选定的闸孔型式、闸槛高程以及分析判断过闸水流流态，用下列有关水力学公式初步算出闸孔总净宽度 B。

1. 堰流

不设胸墙的开敞式水闸或设胸墙水闸，当闸门全开泄水时，过闸水流具有自由水面，保持堰流特性，闸孔总净宽 B 可按下式计算，计算示意图如图 8.6 所示。

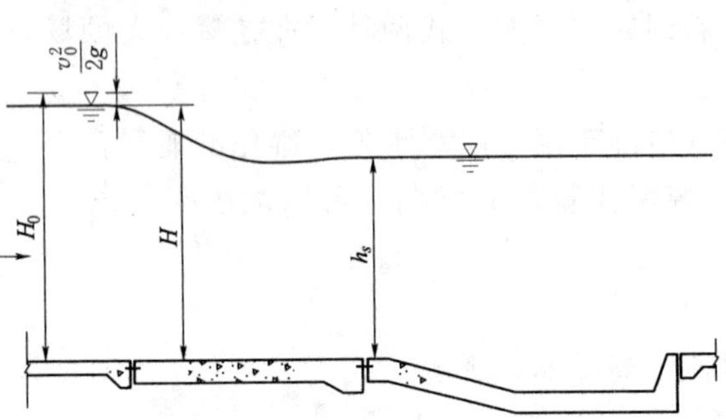

图 8.6　堰流计算示意图

$$B=\frac{Q}{\sigma\varepsilon m\sqrt{2g}H_0^{\frac{3}{2}}} \tag{8.1}$$

单孔闸，

$$\varepsilon=1-0.171\left(1-\frac{b_0}{b_s}\right)\sqrt[4]{\frac{b_0}{b_s}} \tag{8.2}$$

多孔闸，闸墩墩头为圆弧形时：

$$\varepsilon=\frac{\varepsilon_z(N-1)+\varepsilon_b}{N} \tag{8.3}$$

$$\varepsilon_z=1-0.171\left(1-\frac{b_0}{b_0+d_z}\right)\sqrt[4]{\frac{b_0}{b_0+d_z}} \tag{8.4}$$

$$\varepsilon_b=1-0.171\left(1-\frac{b_0}{b_0+\frac{d_z}{2}+b_b}\right)\sqrt[4]{\frac{b_0}{b_0+\frac{d_z}{2}+b_b}} \tag{8.5}$$

$$\sigma=2.31\frac{h_s}{H_0}\left(1-\frac{h_s}{H_0}\right)^{0.4} \tag{8.6}$$

式中　B——闸孔总净宽，m；

Q——过闸流量，m^3/s；

H_0——计入行近流速水头的堰上水深，m；

g——重力加速度，可取 9.81m/s^2；

m——堰流流量系数，可取 0.385；

ε——堰流侧收缩系数，对于单孔闸可按式（8.2）计算求得或由表 8.1 查得，对于多孔闸可按式（8.3）计算求得；

b_0——闸孔净宽，m；

b_s——上游河道一半水深的宽度，m；

N——闸孔数；

ε_z——中闸孔侧收缩系数，可按式（8.4）计算求得或由表 8.1 查得，但表中 b_s 为 b_0+d_z；

d_z——中闸墩厚度，m；

ε_b——边闸孔侧收缩系数，可按式（8.5）计算求得或由表 8.1 查得，但表中 b_s 为 $b_0+\dfrac{d_z}{2}+b_b$；

b_b——边闸墩顺水流向边缘线至上游河道水边线之间的距离，m；

σ——堰流淹没系数，可按式（8.6）计算求得或按表 8.2 查得；

h_s——由堰顶算起的下游水深，m。

表 8.1　　ε 值

b_0/b_s	≤0.2	0.3	0.4	0.5	0.6	0.7	0.8	0.9	1.0
ε	0.909	0.911	0.918	0.928	0.940	0.953	0.968	0.983	1.000

表 8.2　　宽顶堰 σ 值

h_s/H_0	≤0.72	0.75	0.78	0.80	0.82	0.84	0.86	0.88	0.90	0.91
σ	1.00	0.99	0.98	0.97	0.95	0.93	0.90	0.87	0.83	0.80
h_s/H_0	0.92	0.93	0.94	0.95	0.96	0.97	0.98	0.99	0.995	0.998
σ	0.77	0.74	0.70	0.66	0.61	0.55	0.47	0.36	0.28	0.19

对于平底闸，当堰流处于高淹没度（$h_s/H_0 \geqslant 0.9$）时，闸孔总净宽也可按式（8.7）和式（8.8）计算：

$$B_0=\frac{Q}{\mu h_s\sqrt{2g(H_0-h_s)}} \tag{8.7}$$

$$\mu_0=0.877+\left(\frac{h_s}{H_0}-0.65\right)^2 \tag{8.8}$$

式中　μ_0——淹没堰流的综合流量系数，可按式（8.8）计算求得或按表 8.3 查得。

表 8.3　　淹没出流综合系数表 μ_0

h_s/H_0	0.90	0.91	0.92	0.93	0.94	0.95	0.96	0.97	0.98	0.99	0.995	0.998
μ_0	0.940	0.945	0.950	0.955	0.961	0.967	0.973	0.979	0.986	0.993	0.996	0.998

2. 孔流

不同堰型水闸，当闸门开度 h_e 和堰上水头比值 $h_e/H \leqslant 0.65$ 时，即为闸孔出流。闸孔总净宽 B 按下式计算，计算示意图如图 8.7 所示。

$$B=\frac{Q}{\sigma'\mu h_e\sqrt{2gH_0}} \tag{8.9}$$

$$\mu=\varphi\varepsilon'\sqrt{1-\frac{\varepsilon' h_e}{H}} \tag{8.10}$$

$$\varepsilon'=\frac{1}{1+\sqrt{\lambda\left[1-\left(\frac{h_e}{H}\right)^2\right]}} \tag{8.11}$$

$$\lambda=\frac{0.4}{2.718^{16\frac{r}{h_e}}} \tag{8.12}$$

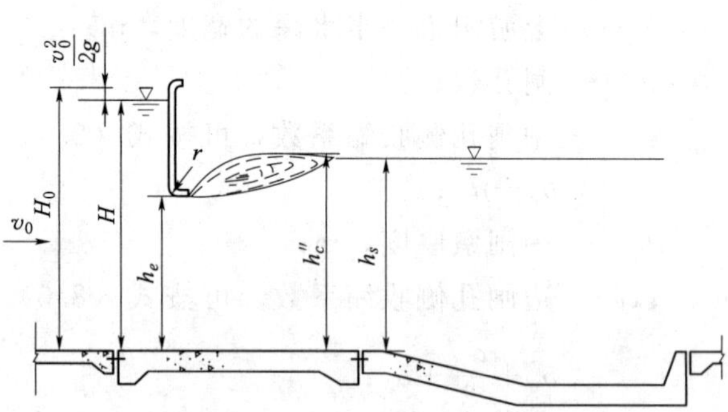

图 8.7　孔流计算示意图

式中　h_e——孔口高度，m；

μ——孔流流量系数，可按式（8.10）计算求得或由表 8.4 查得；

φ——孔流流速系数，可取 0.95～1.0；

ε'——孔流垂直收缩系数，可按式（8.11）计算求得；

λ——计算系数，可按式（8.12）计算求得，该公式适用于 $0<\frac{r}{h_e}<0.25$ 情况；

r——胸墙底圆弧半径，m；

σ'——孔流淹没系数，可由表 8.5 查得，表中 h_c'' 为跃后水深，m。

表 8.4　　　　**μ　值**

r/h_e \ h_e/H	0	0.05	0.10	0.15	0.20	0.25	0.30	0.35	0.40	0.45	0.50	0.55	0.60	0.65
0	0.582	0.573	0.565	0.557	0.549	0.542	0.534	0.527	0.520	0.512	0.505	0.497	0.489	0.481
0.05	0.667	0.656	0.644	0.633	0.622	0.611	0.600	0.589	0.577	0.566	0.553	0.541	0.527	0.512
0.10	0.740	0.725	0.711	0.697	0.682	0.668	0.653	0.638	0.623	0.607	0.590	0.572	0.553	0.533
0.15	0.798	0.781	0.764	0.747	0.730	0.712	0.694	0.676	0.657	0.637	0.616	0.594	0.571	0.546
0.20	0.842	0.824	0.805	0.785	0.766	0.745	0.725	0.703	0.681	0.658	0.634	0.609	0.582	0.553
0.25	0.875	0.855	0.834	0.813	0.791	0.769	0.747	0.723	0.699	0.673	0.647	0.619	0.589	0.557

表 8.5　　　　**σ'　值**

$\frac{h_s-h_c''}{H-H_c''}$	≤0	0.1	0.2	0.3	0.4	0.5	0.6	0.7	0.8	0.9	0.92	0.94	0.96	0.98	0.99	0.995
σ'	1.00	0.86	0.78	0.71	0.66	0.59	0.52	0.45	0.36	0.23	0.19	0.16	0.12	0.07	0.04	0.02

闸孔总净宽算出后，可进行分孔，选定每孔净宽 b 时，应考虑水闸的任务、闸门型式和启闭设备等条件，一般不宜太大。弧形钢闸门为 8～12m；钢丝网水泥闸门为 6～8m；小型水闸每孔为 2～4m。选定孔宽 b 后，则闸孔数目 $n=B/b$，n 值应取整数，当孔数较少（例如少于 6～8 孔）时，宜采用单孔数以便对称开启，有利于消能防冲。当孔数超过 6～8 孔时采用单、双孔数均可。

【例 8.1】　拟在某河道上修建节制水闸，其平面布置如图 8.8 所示。该闸趾处河床稳定，河岸土质较密实，地基为轻壤土。闸址处河底高程为 50.0m。考虑河道蓄水、排水的要求，闸底板顶高程定为 50.0m。该段河道底宽 27.0m，边坡 1∶2.5。根据规划资料，夏季洪水期，河道设计流量 $72m^3/s$，闸下相应的水位为 53.15m。水流过闸时，允许壅高 0.05～0.1m，河道平均流速约为 0.8m/s。试确定过设计流量时水闸闸孔宽度。

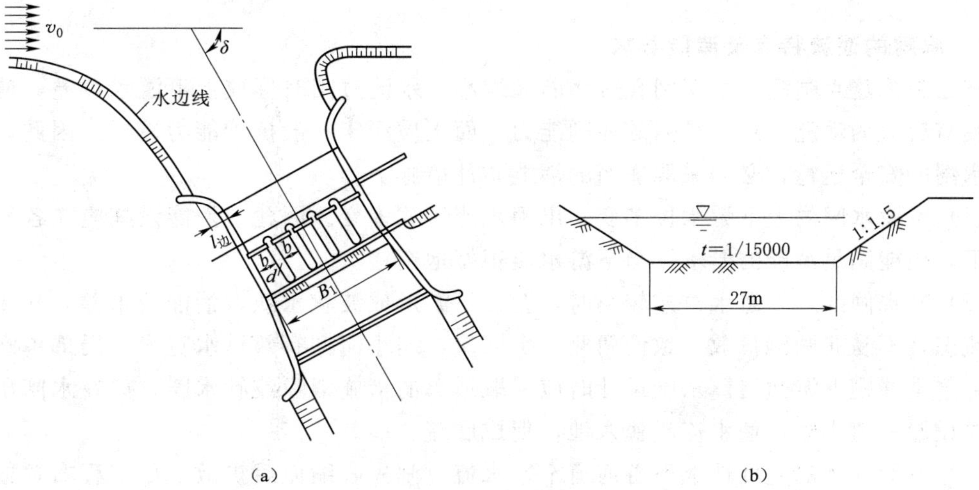

图 8.8 渠道布置图

(a) 渠道平面布置图；(b) 引水渠断面图

解：根据闸基土质及河道底高程等条件，选用宽顶堰型平底板并设闸底板顶高程为 50.00m。

(1) 先判别宽顶堰堰流流态。

$$h_s/H=\frac{3.15}{3.200}=0.98>0.72$$

故过闸水流流态均为淹没宽顶堰堰流。

(2) 初拟闸孔总净宽为 17.50m，共分为 5 孔，每孔宽度 3.5m。中墩厚 0.8m，半圆形墩头。

用淹没式宽顶堰流对上述孔宽进行验算。

过设计流量时：上游水深 $H_1=3.2m$，外河流速 $v_1=0.8m/s$，故：

$$H_{10}=H_1+\frac{\alpha v_1^2}{2g}=3.2+\frac{1.0\times0.8^2}{19.6}=3.232(m)$$

则

$$\frac{h_s}{H_{10}}=\frac{3.15}{3.232}=0.974$$

查表 8.2 得 $\sigma=0.52$，由于堰顶高程与渠底高程相同，故为无坎宽顶堰，流量系数 $m=0.385$。并先假设 $\varepsilon=0.96$。

将 σ，m 等值代入式 (8.1)，可求出闸孔总净宽 B 为

$$B=\frac{Q}{\sigma m\varepsilon\sqrt{2g}H_0^{3/2}}=\frac{72.0}{0.52\times0.96\times0.385\times4.43\times3.232^{3/2}}=16.0(m)$$

小于初拟的闸孔宽度，故可以采用 $B=17.5m$，并验算水闸实际过流量应大于设计流量。

8.3 水闸的消能防冲

8.3.1 水闸的泄流特点及消能要求

河渠上修建水闸后，由于闸孔过水断面缩小，水流过闸时形成上下游水位差，使过闸水流具有较大的动能，产生较强的冲刷能力，而土质河床一般抗冲能力较低。因此，为了保证水闸的安全运行，必须采取适当的消能防冲措施。

（1）平原水闸的上下游水位多变、出闸水流形式多变。因此，消能设施应在各种水流条件下，均能满足消能的要求并与下游水流很好地衔接。

（2）当水闸的上下游水位差较小时，会在下游形成波状水跃，消能效果差，水流保持急流流态，不易向两侧扩散，致使两侧产生回流，缩小河槽有效过水宽度，局部单宽流量增大，严重冲刷下游河道。水闸设计时应采取适当的措施消除波状水跃。如在水闸出流平台末端设置一道小槛，使水流越槛入池，促成底流消能。

（3）一般水闸的宽度地上下游河道窄，水流过闸先收缩而后扩散。如工程布置或管理不当，容易使主流集中，蜿蜒冲击，形成折冲水流，冲毁消能防冲设施和下游河道。因此，在水闸设计布置时应做好总体布置，闸上游渠（河）段要顺直，使水流平顺；闸下游翼墙扩散角不宜太大，使出闸水流逐渐扩散，两侧不产生回流；闸门启闭应制定并严格遵循合理的闸门操作规程。

8.3.2 水闸的消能防冲设施

平原水闸由于水头低、河床土体抗冲能力差，下游水位变幅又较大，故不能采用挑流式和面流式消能，通常采用底流式消能。底流式消能防冲设施一般由消力池、海漫和防冲槽等部分组成。

8.3.2.1 消力池

消力池的作用是促使水流形成水跃并保护地基免遭冲刷。其形式有挖深式、消力槛式和综合式三种。挖深式消力池［图8.9（a）］是最常用的，其优点是消能效果好，但要增加开挖量，对闸室稳定也不利；消力槛式消力池［图8.9（b）］施工简单，工程量也少，但容易引起二次水跃，对下游防冲不利；结合上述两种型式的消力池即为综合式消力池［图8.9（c）］，即既挖深又筑有低槛的消力池。

1. 消力池计算

消力池计算的主要内容是确定池深和池长，以保证消力池中能产生淹没式水跃，且使水跃不致从池中跃出。计算步骤为：①分析下游水流的衔接形式，判断是否需要消力池；②选定消力池型式；③经过水力试算，确定池深和池长。

（1）消力池深 d。

消力池深应满足：

$$d=\sigma h_c''-(h_s-\Delta z) \tag{8.13}$$

式中　σ——水跃淹没系数，可取1.05～1.10；

h_c''——消力池中跃后水深，m；

h_s——下游河道水深，m；

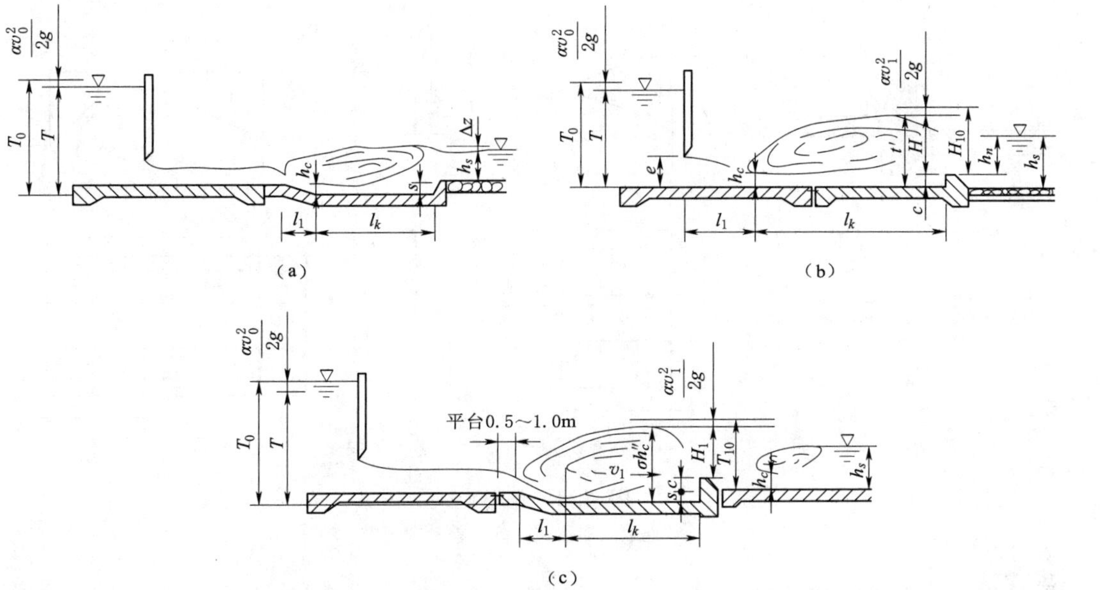

图 8.9 消力池型式

(a) 挖深式；(b) 消力槛式；(c) 综合式

Δz——出池水位落差，m。

(2) 消力池长度 L。消力池长度应容纳下水跃的长度，由于池的末端布置有尾槛，对水流具有限制作用，故池中水跃长度小于自由水跃长度 L_j，根据试验减小 20%～30%。考虑一般消力池与闸室底板常用 1∶3～1∶4 的斜坡连接，计入斜坡的长度，则消力池长度为

$$L=l_s+l_k=l_s+(0.7\sim0.8)L_j \tag{8.14}$$

式中 l_s——消力池斜坡段水平投影长度，m；

L_j——平底渠的自由水跃长度，m，矩形断面非扩散二元水跃，$L_j=6.9(h_c''-h_c)$，对扩散型或梯形水跃长度，按有关水力学公式计算。

(3) 尾槛。尾槛设在消力池末端，用以壅高消力池内水深，稳定水跃，调整槛后水流流速分布，如图 8.10 所示，并加强水流平面扩散，以减小下游河床的冲刷。

尾槛的型式可分为连续式的实体槛［图 8.11 (a)］和差动式的齿槛［图 8.11 (b)］两大类。实体槛壅高池中水位的作用比齿槛好，也便于施工，一般采用较多。齿槛对调整槛后水流流速分布和扩散作用均优于实体槛，但其结构型式较复杂，当水头较高、单宽流量较大时易空蚀破坏，一般多用于低水头的中、小型工程。

(4) 辅助消能工。为了提高消力池的消能效果，除尾槛外，还可设置消力墩、消力齿等辅助消能工，以加强紊动扩散、减小跃后水深、缩短水跃长度、稳定水跃和达到提高水跃消能效果的目的。最常用的是两排间错布置的消力墩。

2. 消力池构造

水闸泄流时，池内水流非常紊乱，池底作用有自身重力、水的重

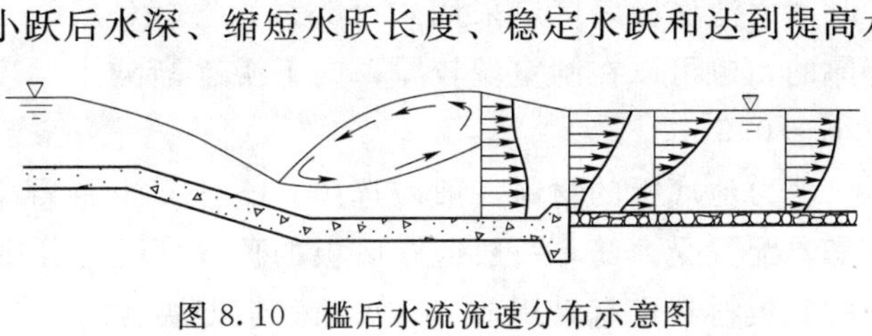

图 8.10 槛后水流流速分布示意图

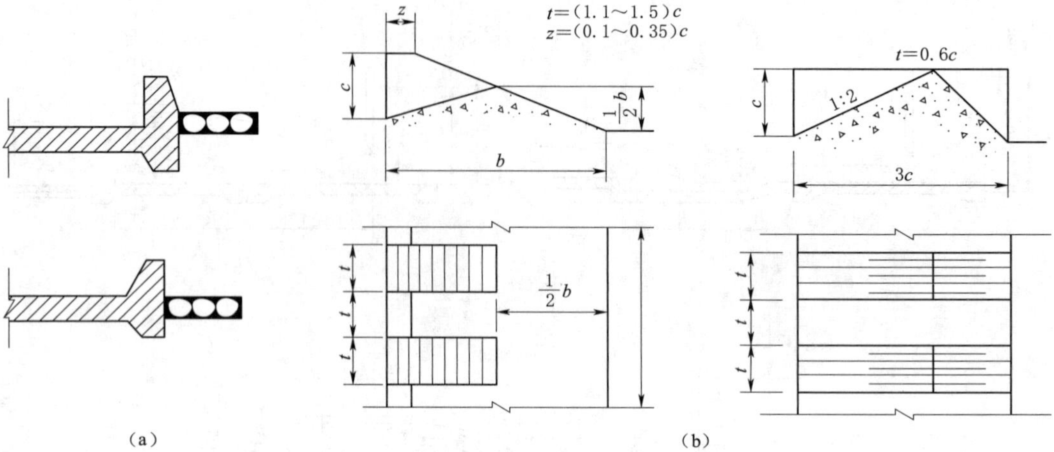

图 8.11 尾槛型式

(a) 连续式实体槛；(b) 差动式齿槛

力、扬压力、脉动水压力及水流的冲击力，受力比较复杂，消力池结构必须具有足够的抗冲性、整体性和稳定性。如果消力池底板不承受渗透压力，消力池底板厚度 t 根据抗冲要求可用下式估算：

$$t=k_1 q^{0.5}\Delta H'^{0.25} \tag{8.15}$$

式中 q——消力池单宽流量，$m^3/(s\cdot m)$；

$\Delta H'$——上下游水位差，m；

k_1——经验系数，常取 0.15～0.20（中小型小闸取用小值）。

当消力池底板承受渗透压力时，消力池底板应有足够的重力克服渗透压力，以免顶托浮起。消力池底板厚度 t 可用下式估算：

$$t=k_2\frac{U-W\pm P_m}{\gamma_b} \tag{8.16}$$

式中 k_2——消力池底板的安全系数，可取 1.1～1.3；

U——作用在消力池底板底面的扬压力，kPa；

W——作用在消力池底板顶面的水重（水压力），kPa；

P_m——作用在消力池底板上的脉动压力，kPa，其值可取跃前收缩断面流速水头值的 5%，通常计算消力池底板前半部的脉动压力时取“+”号，计算消力池底板后半部的脉动压力时取“－”号；

γ_b——消力池底板材料的饱和容重，kN/m^3。

消力池底板厚度应采用式（8.15）、式（8.16）计算的大值。消力池底板厚度可以是等厚的，也可以在闸室端较厚，向下游逐渐减小厚度，消力池底板末端厚度可取 $t/2$，不应小于 0.5m。

消力池底板的材料一般应选用 C15 或 C20 混凝土，底板按强度计算并进行配筋，如果不需要配置受力筋，一般应在底板的顶底面配置分布钢筋 $\phi10@250$ 或 $\phi12@250$。小型水闸的底板材料也有采用 M7.5 水泥砂浆砌块石的。

为适应不均匀沉降与温度伸缩，在消力池与闸室底板、翼墙及下游防冲海漫之间均应设置变形缝。如过闸宽较大，还需设置顺水流方向的伸缩缝。消力池底板的伸缩缝位置宜与闸底板的沉降缝错开，同时不宜置于闸孔中心线位置，以减轻水流对缝的冲刷。缝距应不大于20cm，但靠近翼墙的缝距应小些，以尽量减少翼墙及墙后填土的荷载影响。消力池底板在垂直水流方向一般不分缝，以保证消力池底的整体稳定性。

为降低消力池底板下的渗透压力，在消力池底板后半部水平段设置排水孔，一般采用直径为8～12cm的PVC管或直径为15cm的无砂混凝土管，间距一般为1.0～2.0m，梅花形布置，孔下铺设反滤层。

8.3.2.2 海漫

水流经过消力池消能后仍有较大的余能，水流紊动仍很剧烈，流速分布也未恢复到河渠正常状态，底部流速仍较大，具有一定的冲刷能力；故在消力池后面仍需采取防冲措施，海漫即是措施之一。海漫的作用是消减水流剩余水能，使水流均匀扩散，调整流速分布，并保护河床免遭冲刷如图8.12所示。

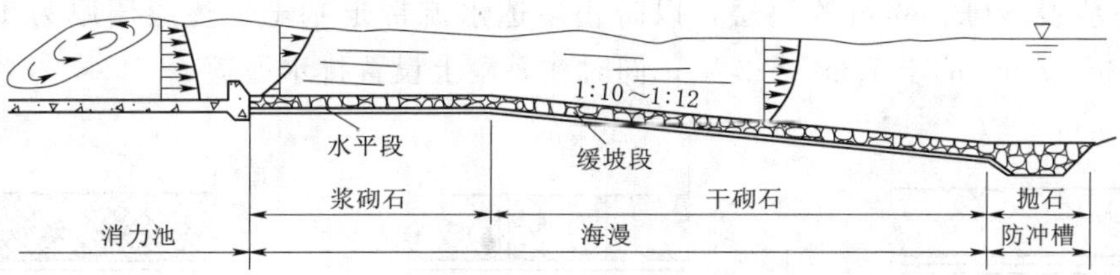

图8.12 海漫布置示意图

1. 海漫长度

海漫长度取决于消力池出口的单宽流量、上下游水位差、地质条件、尾水深度及水流扩散情况以及海漫本身的粗糙程度等因素。根据可能出现的最不利水位流量组合情况，可用下面的经验公式计算（公式适用范围为$\sqrt{q_s\sqrt{\Delta H'}}=1～9$，在实际的水闸中一般均不会大于9）：

$$L_P=K_s\sqrt{q_s\sqrt{\Delta H'}} \tag{8.17}$$

式中 L_P——海漫长度，m；

q_s——消力池末端单宽流量，$m^3/(s\cdot m)$；

K_s——海漫长度计算系数。当河床土质为粉砂、细砂时取13～14；中砂、细砂及粉质壤土时取11～12；粉质黏土时取9～10；坚硬黏土时取7～8。

2. 海漫的布置和构造

海漫的布置沿水流方向除在平面上向两侧扩散外，在剖面上可布置成水平的或前1/3段是水平的，后面2/3段是倾斜的，如图8.12所示。水平海漫适用于下游河床抗冲能力较强的情况，反之则采用倾斜海漫。倾斜段坡度以1∶6～1∶10为宜。

海漫的材料主要是块石和混凝土。在构造上要求材料具有粗糙、抗冲、透水和柔韧等性能。粗糙的目的是有效消耗水流的余能；抗冲为的是保护河床；透水为的是消除底面的渗透压力；柔韧的目的是使海漫能适应河床的变形。

由于海漫上水流的紊动余能向下游逐渐衰减，故海漫结构的强度也应前强后弱，通常在前段 1/3 左右海漫长度范围内多采用浆砌石或混凝土结构，后段多用干砌石结构。

（1）混凝土海漫。一般厚度为 10～20cm 的方形钢筋混凝土板，边长 200～500cm，如图 8.13（d）所示。为增强其稳定性，常用钢筋联系起来，抗冲流速可达 6～100m/s。为增加表面糙率，可采用斜面或垛式混凝土块结构型式，如图 8.13（e）、（g）所示。混凝土海漫的缺点是柔韧性较差，造价较高。

（2）浆砌块石海漫。块石直径大于 30cm，砌筑厚度一般为 40～60cm，如图 8.13（b）所示。浆砌块石海漫的抗冲流速为 3～6m/s。浆砌块石海漫的缺点是透水和柔韧性较差。

（3）干砌块石海漫。块石的尺寸和砌筑厚度要求同浆砌块石，如图 8.13（a）所示。其最大优点是能适应河床变形，抗冲刷流速为 2.5～3.0m/s。干砌块石海漫的缺点是抗冲能力较差。

除了上述三种形式外，也有因地制宜地采用铅丝或铝合金丝石笼，如图 8.13（c）所示。这种形式施工方便，粗糙、抗冲、透水和柔韧等性能能较协调地发挥。

海漫下应设砂砾、碎石等垫层，以防止渗透水流带走基土。垫层层厚为 10～15cm，下铺 200～350g/m^3 的土工布 1～2 层；同时在海漫上设置排水通道。

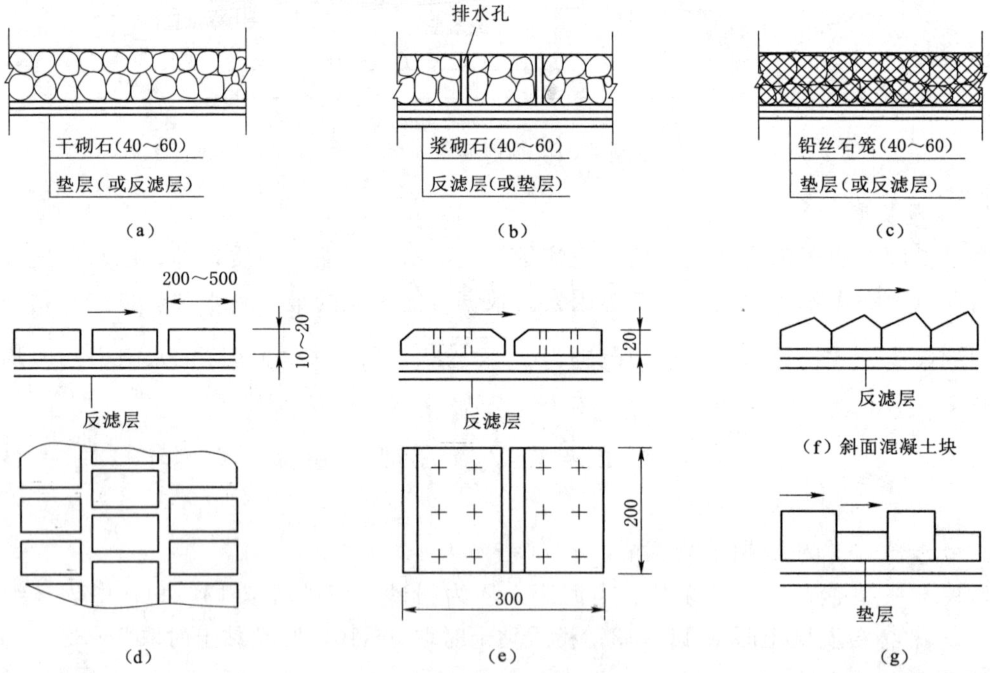

图 8.13　海漫构造图（单位：cm）

（a）干砌石海漫；（b）浆砌石海漫；（c）铅丝石笼海漫；（d）～（g）混凝土海漫

8.3.2.3　防冲槽

水流经过海漫后，能量得到进一步消除，但仍具有一定的冲刷能力，下游河床仍难免遭受冲刷，为了防护海漫，常在海漫末端挖槽抛石加固，形成防冲槽，旨在下游河床冲刷到最大深度（d_m）时，海漫仍不遭破坏，如图 8.14 所示。

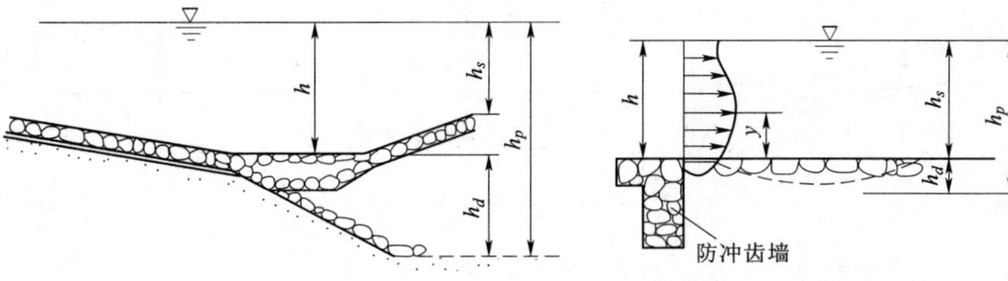

图 8.14 防冲槽（齿墙）示意图

(a) 防冲槽；(b) 防冲齿槽

防冲槽尺寸可根据冲刷深度确定，冲刷深度（h_p）的计算公式如下：

$$h_p = 1.1\frac{q_m}{[v_0]} \tag{8.18}$$

式中 q_m——海漫末端单宽流量，$m^3/(s \cdot m)$；

$[v_0]$——河渠土体允许不冲流速，m/s。

防冲槽顶面以下的冲刷深度 $d_m = h_p - h$，如图 8.14（a）所示。槽顶与海漫末端顶面齐平，槽底高程决定于开挖施工和堆（抛）石数量等条件。工程上多采用宽浅式梯形断面，槽顶与槽底的高差一般取 1.5～2.0m。

槽中堆石数量应能安全盖护冲刷坑上游坡。防冲槽的堆石断面（W）可按经验公式估算：

$$W = \delta d_m \sqrt{1 + m^2} \tag{8.19}$$

式中 d_m——顶面以下的冲刷深度，m；

δ——堆石护面厚度，m，应按 $\delta \geqslant 0.5$m 选取；

m——坍落的堆石形成的边坡系数，可取 $m = 2 \sim 4$。

对于冲刷深度较小的水闸，可采用 1～2m 深的防冲齿墙（渠系小型水闸可更小些，大于冻层深度即可），以代替防冲槽，如图 8.14（b）所示。

对于冲刷深度很大的水闸，建议采用板桩或地下连续墙来阻止冲刷坑向消力池方向推进，板桩或地下连续墙的深度不应小于 3 倍的 d_m，如图 8.15 所示。

8.3.2.4 上下游护坡及上游河床防护

上游水流流向闸室，流速逐渐加大，为了保证河床和河岸不受冲刷，闸室上游的河床和岸坡应采取相应的防护措施。与闸室底板连接的铺盖主要是为防渗而设的，但因处于冲刷地段，其表层必须是防冲材料，如黏土铺盖必须加混凝土或浆砌块石等作护面，长度为 2～4 倍的设计水深。上游翼墙通常设于铺盖段，紧邻铺盖段河床和岸坡常用浆砌块石作护面，护面式样应与整条河道的护岸（坡）相协调，护砌长度常为 2～3 倍的设计水深。

水闸下游河床和岸坡防冲，除护坡、海漫、防冲槽和下游翼墙外，防冲槽以上两岸需护坡，其结构与海漫相协调，在防冲槽下游两岸还应护砌 4～6（小型水闸 2.5～4.0）倍设计水深的长度。护砌材料一般用干砌块石，护坡的式样也应与整条河道的护岸（坡）相协调。

8.3.3 消能防冲设计条件的选择

消能防冲的设计应根据不同的控制运用情况选用最不利的水位和流量组合，通常以过

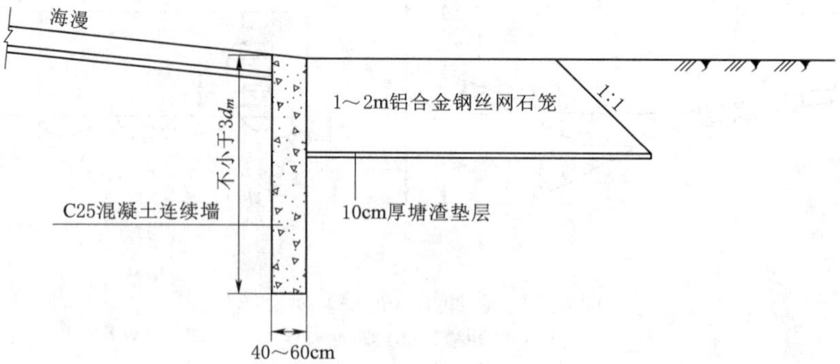

图 8.15 地下连续墙示意图

闸水流具有最大单宽能量 E（$E=\gamma\Delta Hq$，其中 γ 为水的容重，ΔH 为上下游水位差，q 为闸孔单宽流量）作为控制条件。闸门全开泄放最大流量时，上下游水位差较小，并不一定是控制条件。可能是上游高水位，闸门部分开启，泄放某一流量时，单宽能量最大是控制条件。因此，设计时应结合安全运用、闸门操作管理和工程投资等因素，选择不同水位和不同闸门开度的组合，进行计算并分析比较确定控制条件。

合理的闸门操作管理可以减轻水流对下游河床的冲刷。一般要求闸门尽可能均匀、分档、间歇地开启。如由于启闭设备或其他条件限制不能均匀开启时，则可分成 2～3 次匀称地开启，每次开 0.5～1.0m，但闸门初始开度要控制在 0.3～0.5m。闸门的启闭次序应按如下顺序进行：闸门先开启中孔 0.3～0.5m，待下游水位升高后，再开启中孔两侧的闸孔 0.3～0.5m，逐次开启，直至闸门全部开启。闸门关闭次序与闸门开启次序相反。

选取消能防冲设计条件时，应考虑水闸建成后上下游河道可能发生淤积或冲刷等情况（使上下游水位变动）对消能防冲措施产生的不利影响。

【例 8.2】 根据［例 8.1］并补充以下资料：水闸的最高挡水位为 53.75m，相应下游水位为 51.0m；在此水位时，最大过闸流量控制为 21.5m³/s，并假定 2 孔发生故障，全部引水流量由其余 3 孔泄放。试计算该状态下的挖深式消力池池深。

（1）检查闸下水流衔接状态。按照水力学有关公式用迭代法求 h_c 时，将 $T_0=h_c+\dfrac{q^2}{2g\phi^2h_c^2}$进行转换。令$\dfrac{q^2}{2g\phi^2}=\alpha$，则 $T_0=h_c+\dfrac{\alpha}{h_c^2}$，即 $h_c=\sqrt{\dfrac{\alpha}{T_0-h_c}}$，故

$$h_c=\sqrt{\frac{\alpha}{T_0-\sqrt{\dfrac{\alpha}{T_0-\sqrt{\dfrac{\alpha}{T_0}}}}}}$$

结合本例，取 $\phi=0.95$，则 $\alpha=\dfrac{q^2}{2g\phi^2}=\dfrac{\left(\dfrac{21.5}{24\times3/5}\right)^2}{19.6\times0.95^2}=0.126$，将结果代入上式，迭代法可得

$$h_c=\sqrt{\frac{0.126}{4.75-\sqrt{\frac{0.126}{4.75-\sqrt{\frac{0.126}{4.75}}}}}}=0.166$$

因 $Fr^2=\frac{q_c^2}{gh_c^3}=\frac{1.49^2}{9.8\times0.166^3}=49.50$，故得

$$h_c''=\eta_1 h_c=9.45\times0.166=1.57(\mathrm{m})>h_s=1.0\mathrm{m}$$

故需设消力池。

(2) 试求池深。试算时，令 $d=\sigma_0 h_c''-h_s=1.05\times1.57-1.0=0.65\mathrm{m}$，取池深 0.7m。此时 $T=4.75+0.7=5.45\mathrm{m}$，通过迭代法计算和查表，得 $h_c''=1.62\mathrm{m}$。计算消力池深度为 0.7m。

同时，按消力池出口实际宽度 $B_1=27\mathrm{m}$ 计算行近流速为

$$v_{10}=\frac{21.5}{1.05\times1.62\times27}=0.47(\mathrm{m/s})<0.5\mathrm{m/s}$$

行近流速水头甚小，可不予考虑。取 $\phi=0.95$，由式 (8.13) 得出出池水流的水面降落值为 $\Delta z=0.05\mathrm{m}$（忽略流速水头项）。

由 $d=\sigma_0 h_c''-h_s-\Delta z=0.7\mathrm{m}$，计算消力池深度为 0.7m。经验算，满足 $\sigma_0=1.05\sim1.10$ 的要求。开启三孔泄放时，以隔孔开启为最好。如只开中间三孔，下游两侧回流会压缩主流，使单宽流量加大，对消能不利。不对称开启闸门，下游流态更加恶劣，应予避免。

以上计算是按闸孔出流在消力池内未扩散至全部池宽考虑的。如果 5 孔齐开，所需要的池深自然要小一些。

8.4 水闸的防渗排水设计

水闸防渗排水设计的任务是经济合理地拟定水闸地下轮廓线的型式和尺寸，采取必要和可靠的防渗排水措施，以消除和减小渗流对水闸所产生的不利影响，保证闸基和两岸不产生渗透变形。

水闸防渗排水设计的步骤一般是：根据水闸作用水头的大小、地基地质条件和闸下游排水设施等因素，初步拟定地下轮廓线和防渗排水设施的布置；通过渗流计算，验算地基土的抗渗稳定性并确定闸底所受的渗透压力；如果满足水闸抗滑稳定的要求，又不致产生渗透变形破坏，初步拟定的地下轮廓线即可采用。否则，需进一步修改设计，直至满足要求为止。

8.4.1 闸基防渗长度的确定

如图 8.16 所示，水流在上下游水位差 ΔH 的作用下，经地基向下游渗流，并从消力池底板的排水孔等处排出。上游铺盖、板桩、水闸底板及部分消力池底板等不透水部分与地基的接触线，即图中折线（0—1—2—…—14—15—16）是闸基渗流的第一根流线，称为地下轮廓线，其长度称为闸基防渗长度。

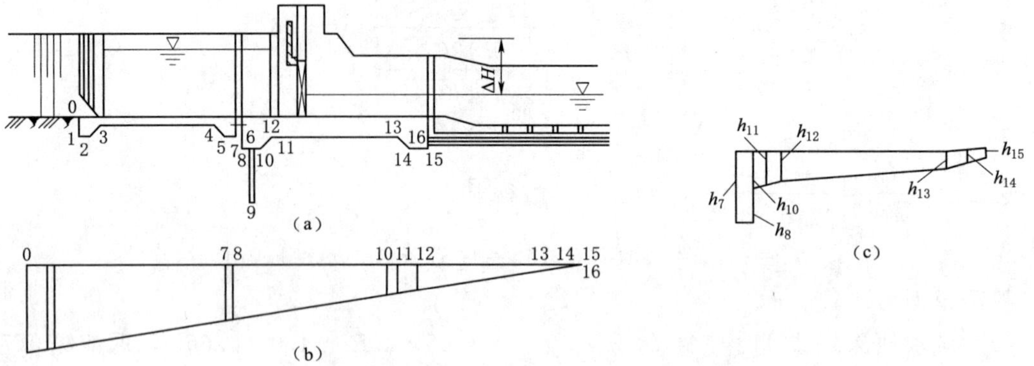

图 8.16　防渗长度示意图

(a) 地下轮廓线；(b) 闸基渗透压力；(c) 渗透水头

根据实践经验，为防止闸基渗流破坏，防渗长度 L 与闸上下游水头差 ΔH 至少应保持一定的比例，即

$$L \geqslant C\Delta H \tag{8.20}$$

式中　C——允许渗径系数，见表 8.6。当闸基设板桩时，可采用表 8.6 中规定的小值。

表 8.6　　渗径系数 C 的取值

地基类别 / 排水条件	粉砂	细砂	中砂	粗砂	中、细砾	粗砾夹卵石	轻粉质砂壤土	轻砂壤土	壤土	黏土
有反滤层	13～9	9～7	7～5	5～4	4～3	3～2.5	11～7	9～5	5～3	3～2
无反滤层	—	—	—	—	—	—	—	—	7～4	4～3

8.4.2　闸基地下轮廓线的布置

闸基防渗长度初步确定后，可根据地基特性，参考已建工程的经验进行闸基地下轮廓线的布置。

同其他水工建筑物一样，闸基防渗设计也遵循“高防低排”的原则，即在高水位侧采用铺盖、板桩、齿墙等防渗设施，用以延长渗径、减小渗透比降和闸底板下的渗透压力；在低水位侧设置排水设施（如排水孔、减压井等）与低水位侧沟通，使地基渗水尽快地排出，减少底板下渗透压力，增加闸室水平抗滑稳定性，并防止渗流逸出处产生渗透变形。

地下轮廓布置与地基土质有密切关系，现分述如下：

(1) 黏性土地基。黏性土具有凝聚力，不易产生管涌，但摩擦系数较小。因此，布置地下轮廓时，主要考虑降低闸底渗透压力，以提高闸室稳定性。防渗措施常采用水平铺盖。排水设施可前移到闸底板下，以降低底板上的渗透压力并有利于黏土加速固结，如图 8.17 (a) 所示。当黏性土地基内夹有承压透水层时，应考虑设置垂直排水，如图 8.17 (b) 所示，以便将承压水引出，以提高闸基的稳定性。

(2) 砂性土地基。砂性土粒间无黏结力，易产生管涌，防止渗透变形是其考虑的主要因素；砂性土摩擦系数较大，对减小渗透压力要求相对较小。当砂层很厚时，可采用铺盖

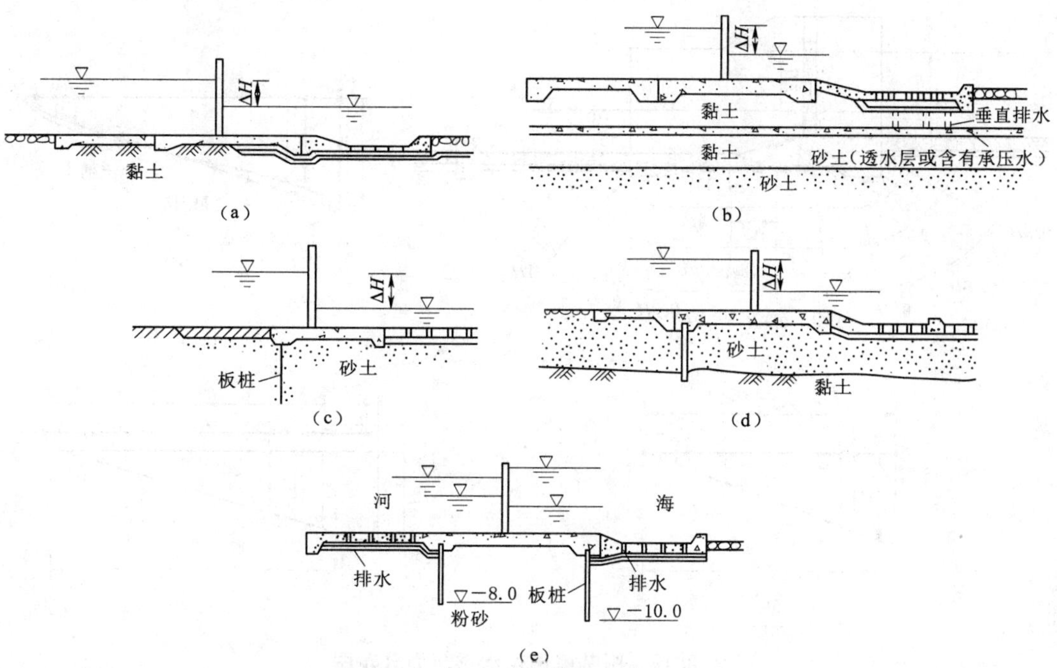

图 8.17 闸基地下轮廓线地布置

(a) 黏性土闸基；(b) 黏性土闸基下含有承压透水层；(c) 砂层厚度较深时；(d) 砂层厚度较浅时；(e) 易液化粉细砂土地基

与板桩相结合的型式，排水设施布置在消力池底板的末端，如图 8.17 (c) 所示。

必要时，在铺盖前端再加设一道短板桩，以加长渗径；当砂层较薄、下面卧有不透水层时，可将板桩插入不透水层，如图 8.17 (d) 所示；当地基为粉细砂土基时，为了防止地基液化，常将闸基四周用板桩封闭起来。图 8.17 (e) 为某挡潮闸的防渗布置。

8.4.3 闸基渗流计算

闸基渗流计算的目的是求解渗透压力、渗透坡降，并验证地基土在初步拟定的地下轮廓线和排水布置是否满足要求。常用的渗流计算方法有流网法、直线法比例及改进阻力系数法。

8.4.3.1 流网法

对于边界条件复杂的渗流场，很难求得精确的渗流理论解，工程上往往利用流网法确定任一点的渗流要素。流网绘制的基本原理及绘制方法如图 8.18 (a) 所示，可参阅水力学有关章节。

8.4.3.2 直线比例法

直线比例法是假定渗流沿地下轮廓流动时，水头损失沿程按直线变化。直线比例法有勃莱法和莱因法两种。

1. 勃莱法

将地下轮廓线予以展开，按比例绘成直线，在渗流开始点 1 作一长度为 ΔH 的垂线，并由垂线顶点用直线和渗流逸出点 8 相连，即得地下轮廓展开成直线后的渗透压力分布

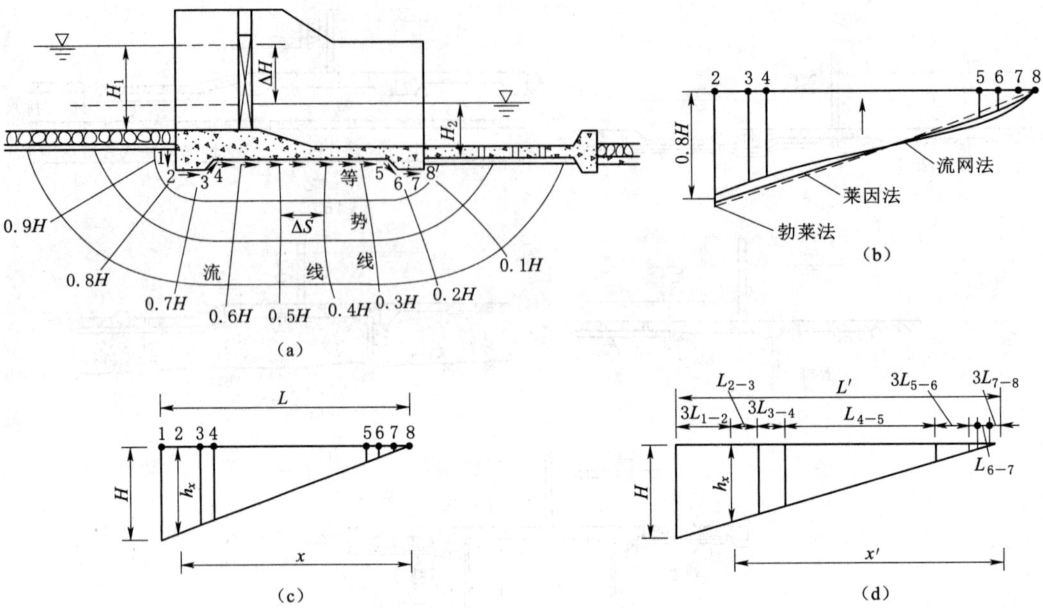

图 8.18 闸基流网及渗透压力分布图

(a) 闸基渗流流网；(b) 流网法与直线比例法的渗透压力分布；

(c) 典型阻力系数法的渗透压力分布；(d) 直线比例法的渗透压力分布

图。任一点的渗透压力 h_x，如图 8.18 (c) 所示，可按比例得

$$h_x=\frac{\Delta H}{L}x$$

2. 莱因法

根据工程实践，莱因法认为水流在水平方向流动和垂直方向流动，消能的效果是不一样的，后者为前者的 3 倍。在防渗长度展开为一直线时，应将水平渗径除以 3，再与垂直渗径相加，即得折算后的防渗长度。然后按直线比例法求得各点渗透压力，如图 8.18 (d) 所示。

从图 8.18 (b) 中可以看出，由流网法求得的渗透压力呈曲线分布，与直线法求得的结果相比较，在底板的上游部分偏小而在下游部分则偏大。莱因法考虑垂直渗径的消能效果为水平渗径的 3 倍，仅是经验概略数值，确切的倍数应随板桩长度及其位置不同而异。但该法考虑了两种渗径的不同消能效果，较勃莱法前进了一步。

从图 8.18 (b) 也可看出莱茵法更接近流网法。直线比例法计算结果与实际情况有一定出入，但因计算简便故可在地下轮廓布置简单、地基又不复杂的低水头的小型水闸设计中，用来计算底板的渗透压力和平均渗透坡降。

8.4.3.3 改进阻力系数法

改进阻力系数法是在独立函数法、分段法和阻力系数法等方法的基础上综合发展起来的一种精度较高的近似计算方法。

1. 基本原理

如图 8.19 所示，有一简单的矩形渗流区，渗流段长度为 L，透水层厚度为 T，两断

面间的水头差为 h。根据达西定律，渗流区的单宽渗流量 q 为

$$q=K\frac{h}{L}T \text{ 或 } h=\frac{Lq}{TK}$$

令 $\frac{L}{T}=\xi$，则得 $h=\xi\frac{q}{K}$

式中 ξ——渗透区域的阻力系数。

显然，ξ 只与渗透区域的几何形状有关，是渗流边界条件的函数，ξ 的大小表示各分段相对防渗效果的大小。

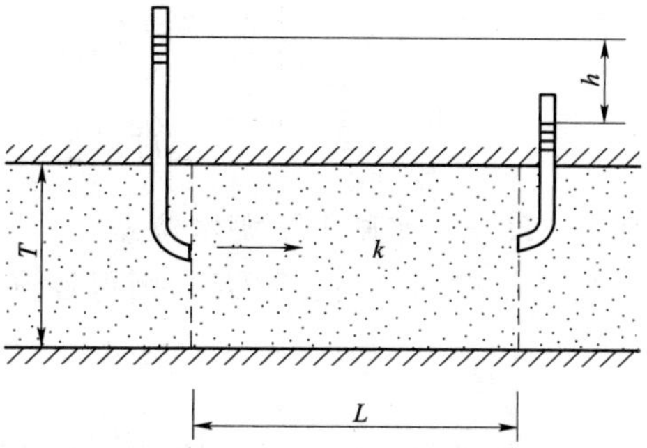

图 8.19 基本原理示意图

对于比较复杂的地下轮廓，先将实际的地下轮廓进行适当简化，使之成为铅直和水平两个主要部分，如图 8.20（a）、（b）所示。简化时出口处的齿墙或短板桩的入土深度应予保留，以便得出实际的出口坡降。根据简化了的地下轮廓线各角点及板桩尖端的等势线，将渗流区划分为若干典型段，每个流段都可依其几何形状用流体力学法算出各典型段的阻力系数 ξ_i。根据水流的连续条件，经过各流段的单宽渗透流量 q 均应相等。所以，任一流段的水头损失 h_i 可写为

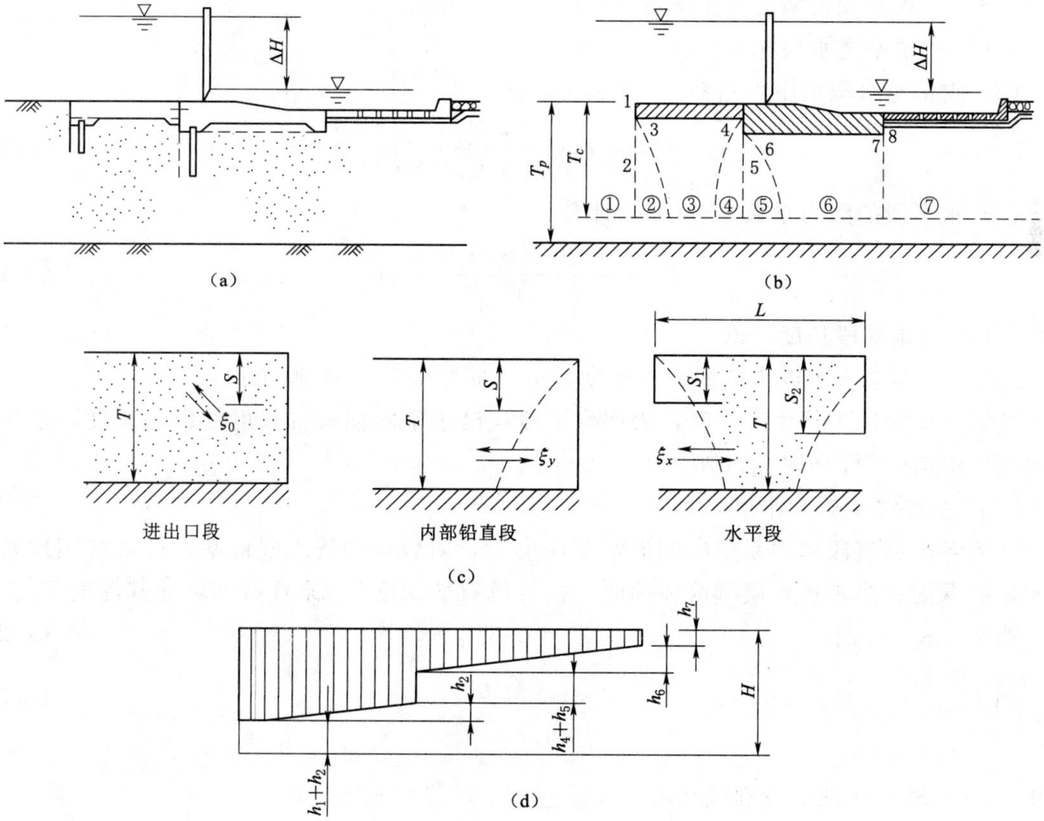

图 8.20 改进阻力系数法计算图

（a）水闸结构示意图；（b）改进阻力系数法分区；（c）三种基本流段；（d）渗透压力分布图

$$\left.\begin{aligned}h&=\xi_i\frac{q}{K}\qquad(i=1,2,3,\cdots,n)\\\Delta H&=\sum h_i=\sum\xi_i\frac{q}{K}=\frac{q}{K}\sum_{i=1}^{n}\xi_i\end{aligned}\right\}\tag{8.21}$$

式中　ΔH——水闸上下游水位差。

解式（8.21）消去 q/K，则得各流段的水头损失为

$$h_i=\frac{\xi_i}{\sum\xi_i}\Delta H\tag{8.22}$$

求出各段水头损失后，即可由出口处向上游依次叠加各段的水头损失，得出各段分界线的渗透压力水头值。沿地下轮廓线水平段的水头损失近似按直线规律变化，最后可绘出渗透压力分布图，如图 8.20（d）所示。

2. 典型流段阻力系数

水闸的地下轮廓通常可归纳为三种基本流段，即进出口段、内部铅直段和水平段，如图 8.20（c）所示。

（1）进出口段的阻力系数 ξ_0 可按下式计算：

$$\xi_0=1.5\left(\frac{S}{T}\right)^{1.5}+0.441\tag{8.23}$$

式中　S——板桩或齿墙的入土深度，m；

T——地基透水层深度，m。

（2）内部垂直段的阻力系数 ξ_y 按下式计算：

$$\xi_0=\frac{2}{\pi}\ln\cot\left[\frac{\pi}{4}\left(1-\frac{S}{T}\right)\right]\tag{8.24}$$

（3）水平段的阻力系数 ξ_x 按下式计算：

$$\xi_x=\frac{L-0.7(S_1+S_2)}{T}\geqslant 0\tag{8.25}$$

式中　L——水平段长度，m；

S_1、S_2——两端板桩或齿墙的入土深度，m，如图 8.20（c）所示。

按式（8.25）求得 $\xi_x<0$ 时，表明水平段长已小于两端板桩长度的影响长度，水平段已不具有渗流阻力，可取 $\xi_x=0$。

3. 地基有效深度的计算

计算各典型流段阻力系数时的透水层深度 T，对较浅的透水层地基，可直接用地基不透水层的深度；当不透水层埋藏较深时，需计算有效深度 T_e 来代替实际地基深度 T_p。

当 $L_0/S_0\geqslant 5$ 时：
$$T_e=0.5L_0\tag{8.26}$$

当 $L_0/S_0<5$ 时：
$$T_e=\frac{5L_0}{1.6\dfrac{L_0}{S_0}+2}\tag{8.27}$$

式中　L_0、S_0——地下轮廓线在水平及垂直面上的投影长度，m。

当地基实际透水层深度 $T_p>T_e$ 时，则式（8.23）～式（8.25）中的 T 取 $T=T_e$；若 $T_p<T_e$ 时，则 $T=T_p$。

4. 进出口段水头损失值局部修正

当进出口底板埋深或板桩长度较小时，进出口附近的水力坡降线为曲线分布，与前面的线性假定不符，因此，对进出口段的水头损失应作如下修正：

$$h_0' = \beta' h_0 \tag{8.28}$$

式中 h_0——修正前的进出口水头损失值，m；

h_0'——修正后的进出口水头损失值，m；

β'——修正系数。

$$\beta' = 1.21 - \frac{1}{\left[1.2\times\left(\frac{T'}{T}\right)^2 + 2\right]\left(\frac{S'}{T} + 0.059\right)} \tag{8.29}$$

式中 S'——底板埋深与板桩入土深度之和，m；

T'——板桩另一侧地基透水层深度，m，取值同有效深度的计算方法，如图 8.21 所示。

经式（8.28）修正后，水头损失的减小值 Δh，按下式计算：

$$\Delta h = (1-\beta')h_0 = h_0 - h_0' \tag{8.30}$$

水力坡降的影响范围 a 可用下式进行计算：

$$a = \frac{\Delta h}{\Delta H / \sum \xi_i} T \tag{8.31}$$

渗流坡降线可按图 8.21 进行修正，图中 QP' 为原来的渗流坡降线，QOP 曲线为修正后的渗流坡降线。

对于进出口段齿墙不规则部位的水头损失修正方法可参见 SL 265—2016《水闸设计规范》。

5. 渗透坡降 J 的验算

数值也应小于表 8.7 中的规定值，水平段渗透坡降为 $J_x = h_i / L$，其数值应小于表 8.7 中的规定值。出口段渗透坡降按下式计算：

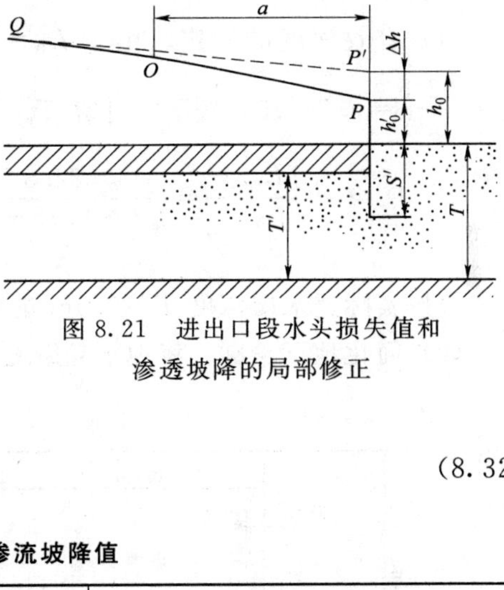

图 8.21 进出口段水头损失值和渗透坡降的局部修正

$$J_0 = \frac{h_0'}{S'} \tag{8.32}$$

表 8.7 **水平段和出口段允许渗流坡降值**

地基类别	容许坡降值		地基类别	容许坡降值	
	水平段 $[J_x]$	出口段 (J_0)		水平段 $[J_x]$	出口段 (J_0)
粉砂	0.05～0.07	0.25～0.30	砂壤土	0.15～0.25	0.40～0.50
细砂	0.07～0.10	0.30～0.35	壤土	0.25～0.35	0.50～0.60
中砂	0.10～0.13	0.35～0.40	软黏土	0.30～0.40	0.60～0.70
粗砂	0.13～0.17	0.40～0.45	坚硬黏土	0.40～0.50	0.70～0.80
中砾、细砾	0.17～0.22	0.45～0.50	极坚硬黏土	0.50～0.60	0.80～0.90
粗砾夹卵石	0.22～0.28	0.50～0.55			

注 当渗流出口处设反滤层时，表中数值可加大 30%。

【例8.3】 用改进阻力系数法进行闸基的渗流计算。

采用［例8.2］的有关资料，挡水时，假设水闸最大水头差 $\Delta H=5.0\text{m}$，闸底板顶高程为100.00m；根据地基钻探报告，闸基土质在高程100.00～90.50m之间为砂壤土，渗透系数 $K_1=2.4\times10^{-4}\text{cm/s}$；高程90.50m以下为黏壤土，渗透系数 $K_2=2.5\times10^{-6}\text{cm/s}$。因 $K_2/K_1=2.5\times10^{-6}/2.4\times10^{-4}=1.04\times10^{-2}$，故认为高程90.50m以下的黏壤土是不透水的。

地基为砂壤土，闸底板顺水流方向长度可取10.0～17.5m，现取底板长度为 $2.5\times5.0=12.5\text{m}$。底板上下游端均设齿墙，齿墙底宽分别为1.5m及1.0m。

铺盖：选用混凝土铺盖。长度参考现有工程实践资料，采用10.0m；厚度为0.4m。铺盖上下游端设齿墙，齿墙底宽0.6m，齿深0.5m。

板桩：采用钢筋混凝土板桩、黏壤土表层距底板齿墙底为 $98.4-90.5=7.90\text{m}$，采用“悬挂式”位于上游齿墙底中部（距齿墙上下游端各0.75m），入土深度为4.4m（未计入桩顶伸进齿墙内的长度0.2m和桩尖部分的长度0.4m）。

排水设施：为减小作用于闸底板上的渗透压力，将排水尽量靠上游布置，将其置于底板之后的护坦下面，而首部紧接底板下游齿墙。

按上述布置，可绘出用改进阻力系数法计算各渗流要素的计算简图（图8.22）。

解： 1. 阻力系数的计算

（1）有效深度的确定。由于 $L_0=10+12.5=22.5\text{m}$，$S_0=100-94.00=6.0\text{m}$，故 $\dfrac{L_0}{S_0}=\dfrac{22.5}{6.0}=3.75<5$，按下式计算 T_e：

$$T_e=\frac{5L_0}{1.6\dfrac{L_0}{S_0}+2}=\frac{5\times22.5}{1.6\times3.75+2}=14.1(\text{m})>T=100.00-90.5=9.5(\text{m})$$

故按实际透水层深度 $T=9.5\text{m}$ 进行计算。

（2）简化地下轮廓。将地下轮廓划分成7个渗流段，如图8.22所示。

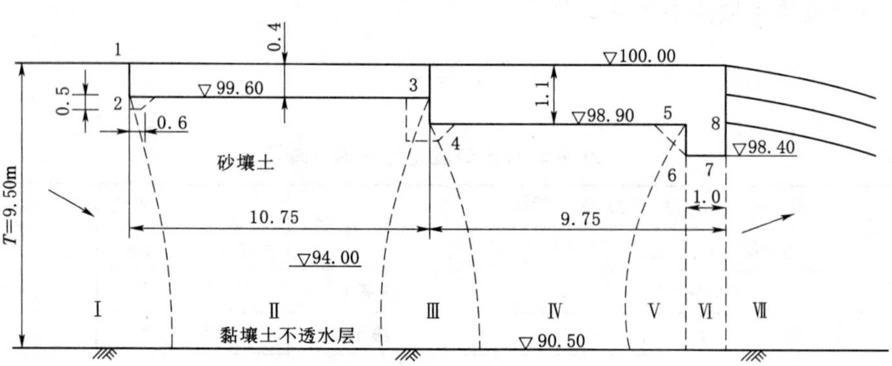

图8.22 改进阻力系数法计算简图（单位：m）

（3）计算阻力系数。

1）进口段。将齿墙简化为短板桩，板桩入土深度为0.5m，铺盖厚度为0.4m。故 $S_1=0.5+0.4=0.9\text{m}$，$T_1=9.5\text{m}$；而另一侧的 $S_2=0.5\text{m}$，$T_2=9.1\text{m}$。进口段阻力系数

ξ_{01} 为

$$\xi_{01}=\left[1.5\times\left(\frac{S_1}{T_1}\right)^{3/2}+0.441\right]+\left[\frac{2}{\pi}\ln\cot\frac{\pi}{4}\left(1-\frac{S_2}{T_2}\right)\right]$$
$$=\left[1.5\times\left(\frac{0.9}{9.5}\right)^{3/2}+0.441\right]+\left[\frac{2}{\pi}\ln\cot\frac{\pi}{4}\left(1-\frac{0.5}{9.1}\right)\right]=0.58$$

2）铺盖水平段。$S_1=0.5\text{m}$，$S_2=5.6\text{m}$，$L_1=10.0\text{m}$，铺盖水平段阻力系数 ξ_{x1} 为

$$\xi_{x1}=\frac{L_1-0.7(S_1+S_2)}{T}=\frac{10.0-0.7\times(0.5+5.6)}{9.1}=0.63$$

3）板桩垂直段。$S_1=5.6\text{m}$，$T_1=9.1\text{m}$，$S_2=4.9\text{m}$，$T_2=8.4\text{m}$，板桩垂直段阻力系数 ξ_{y1} 为

$$\xi_{y1}=\frac{2}{\pi}\left[\ln\cot\frac{\pi}{4}\left(1-\frac{S_1}{T_1}\right)+\ln\cot\frac{\pi}{4}\left(1-\frac{S_2}{T_2}\right)\right]$$
$$=\frac{2}{\pi}\left[\ln\cot\frac{\pi}{4}\left(1-\frac{5.6}{9.1}\right)+\ln\cot\frac{\pi}{4}\left(1-\frac{4.9}{8.4}\right)\right]=1.43$$

4）底板水平段。$S_1=4.9\text{m}$，$S_2=0.5\text{m}$，$L_2=12.0-1.0=11.0\text{m}$，$T=8.4\text{m}$，故底板水平段阻力系数 ξ_{x2} 为

$$\xi_{x2}=\frac{11.0-0.7\times(4.9+0.5)}{8.4}=0.86$$

5）齿墙垂直段。$S=0.5\text{m}$，$T=8.4\text{m}$。齿墙垂直段的阻力系数 ξ_{y2} 为

$$\xi_{y2}=\frac{2}{\pi}\left[\ln\cot\frac{\pi}{4}\left(1-\frac{0.5}{8.4}\right)\right]=0.06$$

6）齿墙水平段。$S_1=S_2=0$，$L_3=1.0\text{m}$，$T=7.9\text{m}$，齿墙水平段的阻力系数 ξ_{x3} 为

$$\xi_{x3}=\frac{1.0}{7.9}=0.13$$

7）出口段。出口段中 $S=0.55\text{m}$，$T=8.45\text{m}$，阻力系数 ξ_{02} 为

$$\xi_{02}=1.5\times\left(\frac{0.55}{8.45}\right)^{3/2}+0.441=0.46$$

2. 渗透压力的计算

（1）求各分段的渗压水头损失值。已知 $h_i=\frac{\xi_i}{\sum\xi_i}\Delta H$，其中 $\Delta H=5.0\text{m}$，$\sum_{i=1}^{7}\xi_i=0.58+0.63+1.43+0.86+0.06+0.13+0.46=4.15$。

1）进口段：　$h_1=\frac{\xi_1}{\sum\xi_i}\Delta H=\frac{5.0}{4.15}\times0.58=1.205\times0.58=0.70(\text{m})$

2）铺盖水平段：　$h_2=1.205\times0.63=0.76(\text{m})$

3）板桩垂直段：　$h_3=1.205\times1.43=1.72(\text{m})$

4）底板水平段：　$h_4=1.205\times0.86=1.04(\text{m})$

5）齿墙垂直段：　$h_5=1.205\times0.06=0.07(\text{m})$

6）齿墙水平段：　$h_6=1.205\times0.13=0.16(\text{m})$

7）出口段：　$h_7=1.205\times0.46=0.55(\text{m})$

（2）进、出口水头损失值的修正。

1）进口处修正系数 β_1 按式（8.29）计算：

$$\beta_1=1.21-\frac{1}{\left[12\left(\frac{T'}{T}\right)^2+2\right]\left(\frac{S}{T}+0.059\right)}=1.21-\frac{1}{\left[12\times\left(\frac{9.1}{9.5}\right)^2+2\right]\times\left(\frac{0.9}{9.5}+0.059\right)}=0.71$$

$\beta_1=0.71<1.0$，应予修正。进口段水头损失值应修正为

$$h_1'=\beta_1 h_1=0.71\times0.70=0.50(\text{m})$$

进口段水头损失减小值为

$$\Delta h_1=0.70-0.50=0.20(\text{m})<h_2=0.85\text{m}$$

故铺盖水平段水头损失值应修正为

$$h_2'=h_2+\Delta h_1=0.85+0.20=1.05(\text{m})$$

2）出口处修正系数 β_2 为

$$\beta_2=1.21-\frac{1}{\left[12\times\left(\frac{7.9}{8.45}\right)^2+2\right]\times\left(\frac{0.55}{8.45}+0.059\right)}=0.56<1$$

出口段水头损失应修正为

$$h_7'=\beta_2 h_7=0.56\times0.55=0.31(\text{m})$$

$$\Delta h_7=0.55-0.31=0.24(\text{m})>h_6+h_5=0.23\text{m}$$

按相应公式修正各该段的水头损失值为

$$h_6'=2h_6=2\times0.16=0.32(\text{m})$$

$$h_5'=2h_5=2\times0.07=0.14(\text{m})$$

$$h_4'=h_4+\Delta h_7-(h_6+h_5)=1.04+0.24-(0.16+0.07)=1.05(\text{m})$$

验算 $\Delta H=\sum h'=0.50+0.96+1.72+1.05+0.14+0.32+0.31=5.0(\text{m})$

计算无误。

（3）计算各角隅点的渗压水头。由上游进口段开始，逐次向下游用作用水头值相继减去各分段水头损失值（也可由下游出口段从零开始向上游逐段累加各分段水头损失值），即可求得各角隅点的渗压水头值：

$H_1=5.0\text{m}$； $H_2=5.0-0.50=4.5(\text{m})$；

$H_3=4.5-0.96=3.54(\text{m})$； $H_4=3.54-1.72=1.82(\text{m})$；

$H_5=1.82-1.05=0.77(\text{m})$； $H_6=0.77-0.14=0.63(\text{m})$；

$H_7=0.63-0.32=0.31(\text{m})$； $H_8=0.31(\text{m})$

3. 绘制渗压水头分布图

根据以上算得的渗压水头值，并认为沿水平段的水头损失呈线性变化，即可绘出渗压水头分布图，如图8.23所示。

图中进口处渗压水头修正范围按式（8.31）计算：

$$a=\frac{\Delta h}{\frac{\Delta H}{\sum\xi}}T=\frac{0.20}{\frac{5.0}{4.15}}\times9.1=1.52(\text{m})$$

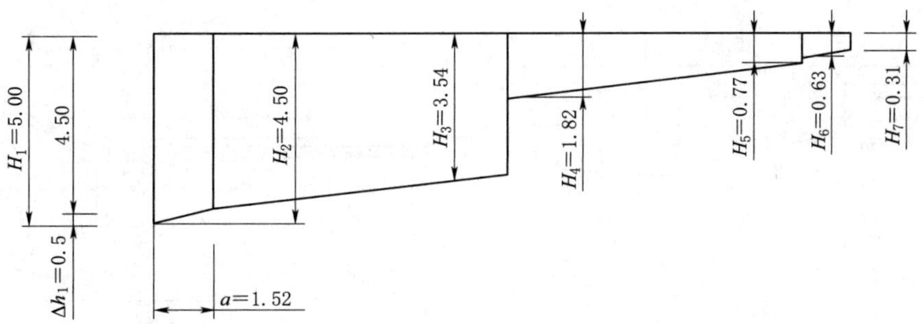

图 8.23 渗压水头分布图（单位：m）

4. 闸底板水平段渗透坡降和渗流出口处坡降的计算

（1）渗流出口处平均坡降按式（8.32）计算：

$$J_0=\frac{h_0'}{S'}=\frac{0.31}{1.60}=0.19$$

满足相关要求。

（2）底板水平段平均渗透坡降为

$$J_x=\frac{h_4'}{L_2}=\frac{0.72}{9.75}=0.07$$

满足相关要求。

8.4.4 防渗排水设施

8.4.4.1 防渗设施

防渗设施主要有两类，即水平防渗和竖向防渗，水平防渗以铺盖为主，竖向防渗有板桩、地下连续墙和齿墙等。

1. 铺盖

铺盖设在闸底板上游侧，主要用以延长渗径，降低渗透压力和渗透坡降；同时具有防冲作用。铺盖应具有不透水性、柔性和抗冲性。铺盖的长度根据闸基防渗需要确定，一般采用上下游最大水位差的 3～5 倍。常用的材料有黏土、壤土、黏土混合土、沥青、混凝土、钢筋混凝土和防渗土工膜等。

（1）黏土及壤土铺盖。通常采用渗透系数 $K=10^{-7}\sim10^{-9}$m/s 的黏性土，且要求其渗透系数小于地基渗透系数的 1/100。铺盖厚度上游端薄，SL 265—2016《水闸设计规范》要求不小于 0.60m，靠近闸底板处应适当加厚，同时任一断面的厚度 δ 必须满足渗流要求，计算方法见 5.7 节黏土铺盖内容。

铺盖与闸底板连接处，底板应作向上游的倾斜面，以使铺盖与之很好贴紧，并在铺盖与底板间铺设油毡，以防产生接触冲刷，如图 8.24 所示。为了防止铺盖发生干裂、冻胀及施工时遭到破坏，在铺盖表面铺设 0.15～0.2m 砂砾石垫层，其上铺设 0.3～0.5m 厚的干砌块石护面，以防水流的冲刷。

（2）混凝土、钢筋混凝土铺盖。若缺乏作铺盖的土料或水头较高的水闸，多用混凝土铺盖，这是目前广泛运用的一种形式。混凝土强度等级一般用 C15 或 C20，当然，要符合 GB 50010—2019《混凝土结构设计规范》，板厚为 0.30～0.60m。在黏性土地基上，混凝

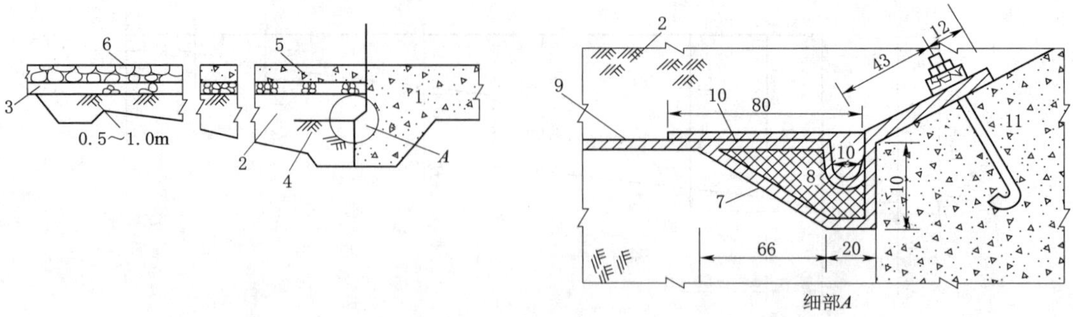

图 8.24　黏土铺盖细部构造（单位：cm）

1—闸底板；2—黏土；3—垫层；4—沥青油毡；5—混凝土板保护；6—砌石保护；7—二层沥青油毡，每层 0.5cm；8—沥青填料；9—六层沥青油毡，每层 0.5cm；10—木盖板；11—钢筋 Φ6@75（$l=50$）

土的渗透系数值要求为 10^{-7}～10^{-11}m/s，允许渗透坡降大致为［J］＜30。铺盖与底板接触的一端应适当加厚，并用沉降缝分开，顺水流向也应设沉降缝，缝距一般为 15～20m，缝中均设止水。

2. 板桩

板桩一般设在闸底板的高水位端，用以延长渗径、减少闸底板下的渗透压力。设在闸底板下游端的短板桩主要用以减小逸出渗透坡降。板桩入土最大深度一般为闸上水头的 0.6～1.0 倍。当透水层较浅时，板桩可插入相对不透水层 0.5～1.0m。

板桩按材料的不同可分为木板桩、钢筋混凝土板桩及钢板桩几种。木板桩过去应用较广，通常用长 3～5m，板厚 8～12cm 的松木板，适宜于砂土地基。钢筋混凝土板桩是应用较为广泛的一种，其地基的适应性较强，一般现场预制，厚 10～15cm，宽 50～60cm，长 5～7m。钢板桩目前我国使用较少，随着经济的发展，建筑物标准的提高，钢板桩的应用将会越来越广泛。

为避免闸室沉降引起板桩开裂，板桩与底板的连接要求采用柔性连接，主要方式有两种：一种是把板桩紧靠底板的前缘，顶部嵌入黏土铺盖一定的深度，适用于闸室沉降较大而板桩尖已插坚实地层的情况；另一种是软接头，将板桩顶部嵌入底板中特设的凹槽内，并在桩顶填沥青，以适应闸室的沉降并保证其不透水性。

3. 塑性混凝土地下连续墙

塑性混凝土具有低弹性模量的特点，能较好地适应闸室沉降引起的地基变形。作为防渗墙用的塑性混凝土弹性模量要求小于 10MPa，厚度一般为 40～60cm，深度根据防渗要求确定。施工方法可采用明挖开槽、开槽机或钻孔法等。

4. 齿墙

闸底板上下游端一般均设有浅齿墙，如图 8.14（b）所示，用作延长渗径，并有增加闸身抗滑稳定注和防止地基被冲刷的作用，齿深 0.50～1.5m。若进一步加深就形成了深齿墙。

8.4.4.2　排水设施

水闸的排水设施主要是将闸基中的渗水有计划地排到下游，以减小闸底板的渗透压力，增加闸室稳定性。排水型式如下：

(1) 平铺式排水。平铺式排水一般都平置在设有排水孔的消力池底板下面和海漫首端。在开挖好的地基上平铺1～2层200～300g/m^{2}的土工布，土工布上平铺直径1～2cm，厚15～30cm的卵石、砾石或碎石等，如图8.25所示。

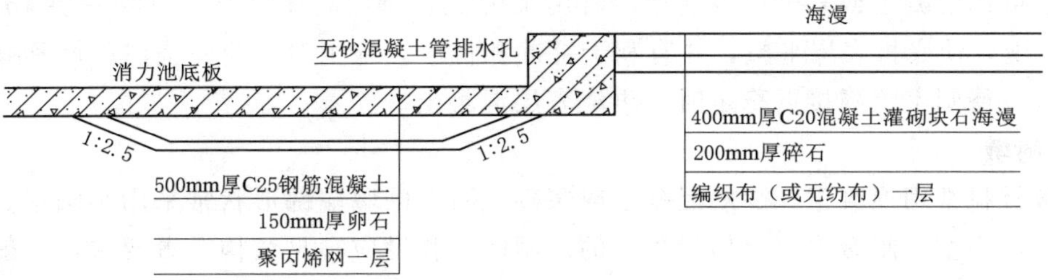

图8.25 平铺式排水示意图

(2) 铅直排水。铅直排水常用于地基下面有承压透水层处。将排水井伸入到该层内0.3～0.5m，引出承压水，达到降压的目的。排水井的井径一般为0.3m左右，间距约为3m或更大，并内填滤料。

(3) 水平带状排水。水平带状排水多用于岩基上。

8.5 闸室的布置与构造

8.5.1 底板

常用的闸室底板有水平底板和低实用堰底板两种类型，前者用得较多。当上游水位较高而过闸单宽流量又受到限制时，可将堰顶抬高，做成低实用堰底板。

对多孔水闸，为适应地基不均匀沉降和减小底板内的温度应力，需要沿水流方向用横缝（温度沉降缝）将闸室分成若干段，每个闸段可为单孔、两孔或三孔，如图8.26(a)所示。横缝设在闸墩中间，闸墩与底板连在一起的，称为整体式底板。整体式底板闸孔两侧闸墩之间不会出现过大的不均匀沉降，对闸门启闭有利，用得较多。整体式底板常用实心结构；当地基承载力较差，如只有30～40kPa时，则需考虑采用刚度大、重量轻的箱式底板。

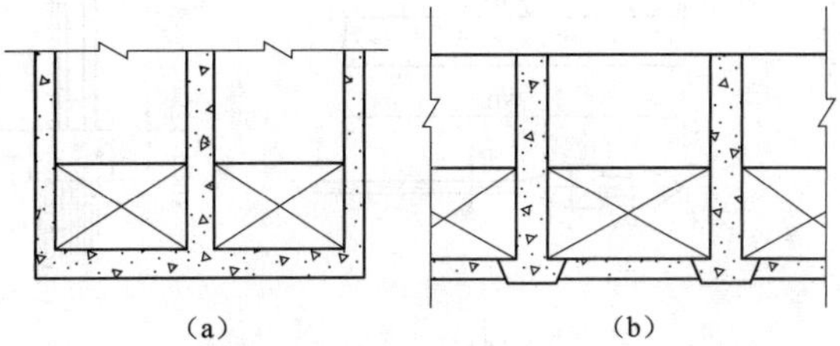

图8.26 闸底板的型式
(a) 整体式；(b) 分离式

整体式底板顺水流方向长度应根据闸室上部结构布置、抗滑稳定和地基应力分布要求而定，上下游水位差越大，地基条件越差，底板越长。初步拟定时，对砂砾土和砾石地基可取(1.5～2.0)ΔH；砂土和砂壤土可取(2.0～2.5)ΔH；黏壤土可取(2.0～3.0)ΔH；黏土可取(2.5～3.5)ΔH。底板厚度必须满足强度和刚度的要求。大中型闸可取闸孔净宽的1/5～1/8，一般为1～2m，最薄不小于0.6m，渠系小型水闸可薄至0.3m。混凝土除满足强度和限裂要求外，还应根据所在场合的工作条件、地区气候和环境等情况，分别满足抗渗、抗冻、抗侵蚀、抗冲刷等耐久性的要求。

分离式底板，如图 8.26（b）所示，一般适用于土质较好的砂土及砂壤土地基。在软土地基或地震区建造水闸时，可在闸墩下设桩基，则分离式底板不承受闸室结构重量，但有防冲、防渗及稳定的要求，底板厚度应满足在渗透压力作用下底板自身能保持稳定。分离式底板可用混凝土或浆砌块石建造。若用浆砌块石时，应在块石上再浇一层 15cm 厚的 C20 混凝土，使底板表层平整，并有利于抗冲和抗渗。施工时，应先浇注闸墩和砌筑浆砌块石底板，待闸室沉降接近稳定时，再浇表层混凝土。

8.5.2　闸墩

闸墩材料常用混凝土、少筋混凝土或浆砌块石。闸墩端部形状常采用半圆形、流线形和尖角形，小型水闸墩尾也有做成矩形的。闸墩的长度应满足结构布置要求，一般与底板等长或稍短于底板，如上下游均短于底板 0.2～0.5m，这样有利于闸墩的施工。闸墩高程应保证最高水位以上有足够的超高，以防水流漫溢闸顶。超高值等于波浪中心线超过静水位的高度、波浪高度以及安全超高下限值的总和。顶高程确定时还应考虑闸室沉降、闸前河渠淤积、潮水位壅高等的影响，在防洪堤上的水闸闸顶高程应不低于两侧堤顶高程。下游部分的闸顶高程可适当降低，但应保证下游的交通桥梁底高出最高泄洪水位 0.5m 及桥面能与闸室两岸道路衔接。为节省闸的工程量和造价，也可采用框架的结构型式，如图 8.27 所示。

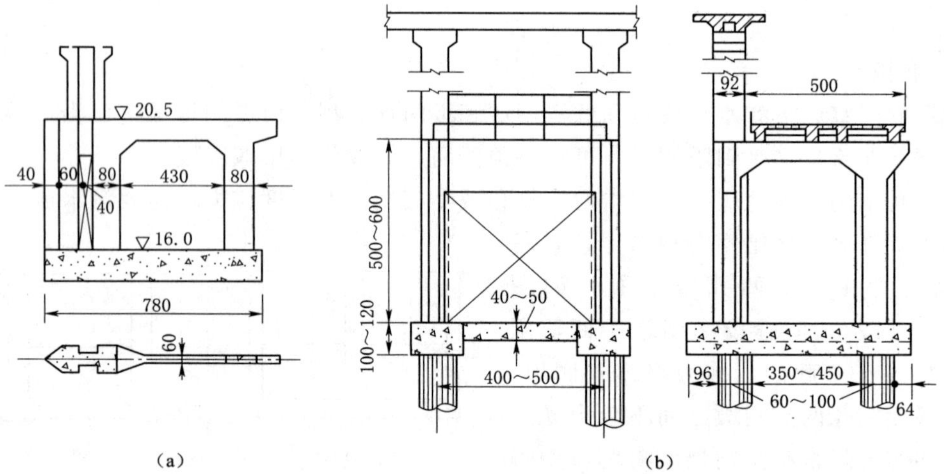

图 8.27　框架结构型式的桥墩（单位：cm）

（a）横剖面图；（b）立面图和侧面图

闸墩厚度必须满足稳定和强度要求，并与闸门型式及闸门跨度等有关。初选时可参考表 8.8 拟定。

平面闸门闸墩厚度决定于工作门槽颈部的厚度和门槽深度。门槽颈部厚度的最小值为 0.4m（渠系小闸可取 0.3m）。工作门槽尺寸根据闸门的尺寸决定，一般工作门槽深度为 0.2～0.3m，门槽宽度为 0.5～1.0m（视闸门支承方式决定）；检修门槽深 0.15～0.20m，宽 0.15～0.30m。检修门槽至工作门槽的净距离为 1.5～2.0m，以便于检修操作。

表 8.8 闸墩厚度 *d* 参考表

闸孔净宽 b_0/m	闸墩厚度 d/m		备注
	中墩	缝墩	
小跨度（3～6）	0.5～1.0	2×0.4～2×0.6	
中跨度（6～12）	0.8～1.4	2×0.6～2×0.8	
大跨度（>12）	1.2～2.5	2×0.8～2×1.5	

门槽位置一般在闸墩中部偏高水位一侧，有时为了利用水重增加闸室稳定，也可把门槽设在闸墩中部偏低水位一侧。

8.5.3 胸墙

布置在闸门上方，和闸门一起挡水的板式结构称为胸墙。胸墙顶部高程与闸墩顶齐平，胸墙底缘高程应以不影响泄水为原则，一般高于泄流水面 0.1～0.2m，如果有通航、过木及排冰的要求，还要满足相应的净空要求。

胸墙相对于闸门的位置，取决于闸门的型式。对于弧形闸门，胸墙位于门的上游侧；对于平面闸门，可设在闸门上游侧或下游侧。前者止水结构较复杂，顶止水容易漏水，且易磨损，但有利闸门启闭，钢丝绳也不易锈蚀。

胸墙一般为钢筋混凝土结构。当跨度较小时，可采用等厚或上小下人的楔形板，最小板厚不小于 0.15m，如图 8.28（a）所示。大跨度闸孔可采用梁板式结构，如图 8.28（b）所示。板厚不小于 12cm，顶梁高度（水平向）约为闸孔净宽的 1/12～1/15；梁宽常取 40～80cm；底梁高度约为孔净宽的 1/6～1/9，梁宽 60～120cm，以保证有足够刚度。当胸墙高、跨度均较大时，可增设横梁及竖梁形成助形结构；也可采用拱形或钢丝网水泥波形、折板形结构等，如图 8.28（c）所示。

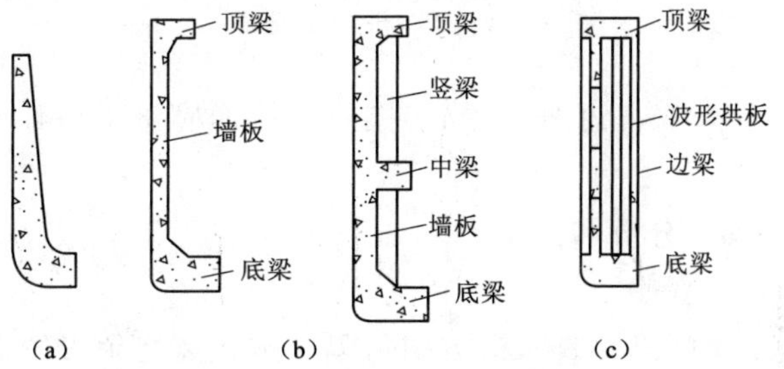

图 8.28 胸墙结构型式

（a）板式；（b）梁板式；（c）拱形

胸墙的支承方式有简支和固结两种。简支胸墙与闸墩分开浇筑，缝间设止水，简支胸墙断面尺寸较大。固结式胸墙与闸墩整浇在一起，以增加闸室的整体性，但易在连接处的迎水面产生裂缝。

8.5.4 工作桥

工作桥供安设启闭机和操作启闭设备之用，常设置在闸墩上。若工作桥较高时，宜在闸墩上另建支墩或排架支承工作桥。桥的高程必须满足在水闸下泄最大流量时能使闸门脱离水面。工作桥的梁底至堰顶的净空高度 h 由下式估算：

$$h=h_1+h_2+e \tag{8.33}$$

式中 h_1——相应于最大泄流量的堰顶水深，如有胸墙则为孔口高度；

h_2——直升平面门的高度（包括附件高度，如门顶的滑轮等），如是弧形门或升卧门，则为闸门旋转时所需要的净空高度；

e——安全加高，可取0.5～1.0m。

初步确定桥高时，平面门可取门高的2倍再加1.0～1.5m的超高值，并满足能从闸门中取出检修的要求。若用活动式启闭机，桥高可低些，但也应大于1.7倍门高。升卧闸门的桥高为平面直升门高的70%。弧形门则视闸门吊点位置等情况而定，一般要比平面门的工作桥低得多。

工作桥面宽度除应满足安置启闭机所需宽度外，还应在两侧各留0.6～1.2m以上的通道，以供操作及设置栏杆之用。采用卷扬式启闭机时，宽度取3～5m；采用螺杆式启闭机（30～100kN）时，宽度取1.5～2.5m。

工作桥结构型式视水闸规模而定。大中型水闸一般采用现浇钢筋混凝土结构，为改善工作桥的工作条件，往往在工作桥上修建启闭机房，高度不小于3.50m，如图8.29所示。

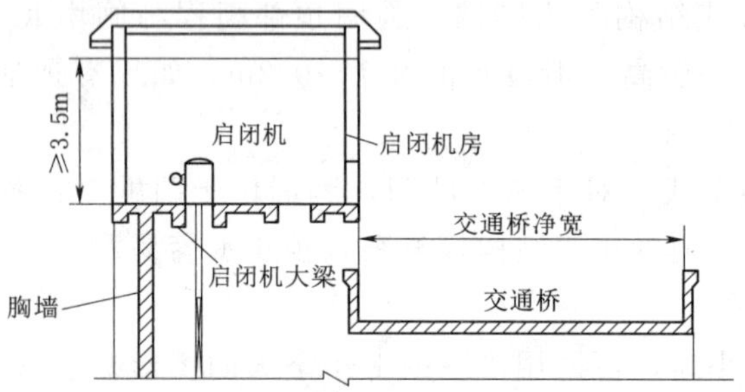

图8.29 工作桥和交通桥

8.5.5 交通桥

建造水闸时应考虑交通桥的设置，以供汽车、拖拉机、行人等通过。交通桥的位置应根据闸室稳定及两岸交通连接等条件确定，一般布置在低水位侧。桥面宽度按交通要求确定，公路桥单车道净宽4.5m，双车道净宽7m；拖拉机桥净宽3.5～4.0m；生产桥净宽2.0～2.5m，如图8.29所示。

8.5.6 分缝和止水

1. 分缝

水闸沿垂直水流方向每隔一定距离必须设置沉降缝予以分开，以免闸室因地基不均匀沉降及伸缩变形而产生裂缝。缝的间距，岩基上不宜超过20m，土基上不宜超过35m，缝宽2～3cm。

整体式底板的沉降缝一般设在闸墩中间，将水闸分为若干个独立部分，例如一跨、二跨或三跨为一联，任一独立部分有不均匀沉降时，仍能正常工作。在靠近岸墙处，为了减轻岸墙及墙后填土对闸室的不利影响，最好采用一跨或二跨一联，然后再接以三跨一联，如图8.30（a）所示。若地基条件较好，也可将缝设在底板上，如图8.30（b）所示，这样可以减少缝墩工程量，且减小底板的跨中弯矩。

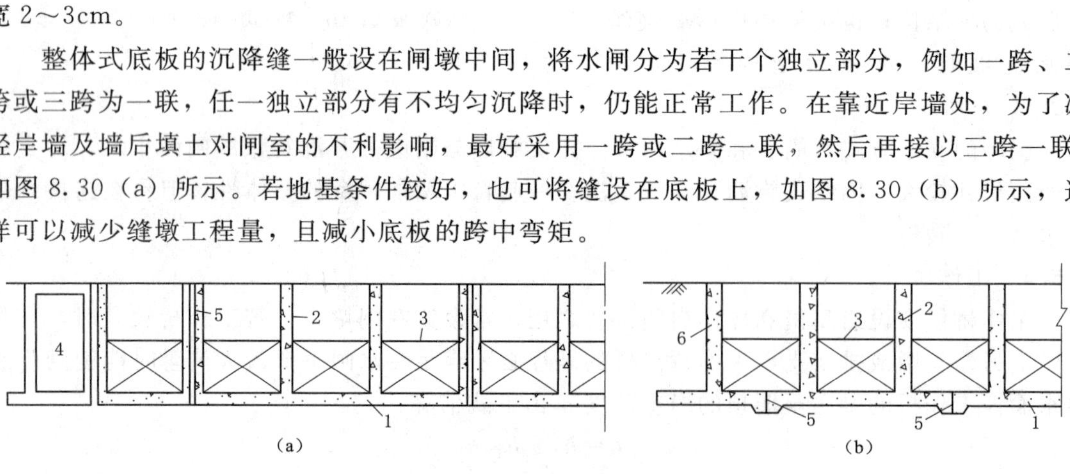

图8.30 闸室分缝布置图

（a）闸域分缝；（b）底板分缝

1—底板；2—闸墩；3—闸门；4—岸墙；5—沉降缝；6—边墩

在分离式底板中，闸墩与底板设缝分开。

除了上述闸室分缝外，凡相邻结构荷重相差悬殊或结构较长、面积较大的地方，都需设缝分开。如在铺盖与水闸底板连接处，翼墙与边墩及铺盖连接处，消力池底板与闸底板、翼墙连接处都要设沉降缝，当混凝土铺盖及消力池底板面积较大时，也要设沉降缝。

2. 止水

凡具有防渗要求的缝都应设止水。按照止水设备的方向可分为铅直止水和水平止水两种。前者设在缝墩中、边墩与翼墙之间以及各段翼墙之间等。后者设在铺盖、消力池底板与闸底板、翼墙之间，闸底板与铺盖、消力池底板间的分缝处等，如图 8.31 所示。

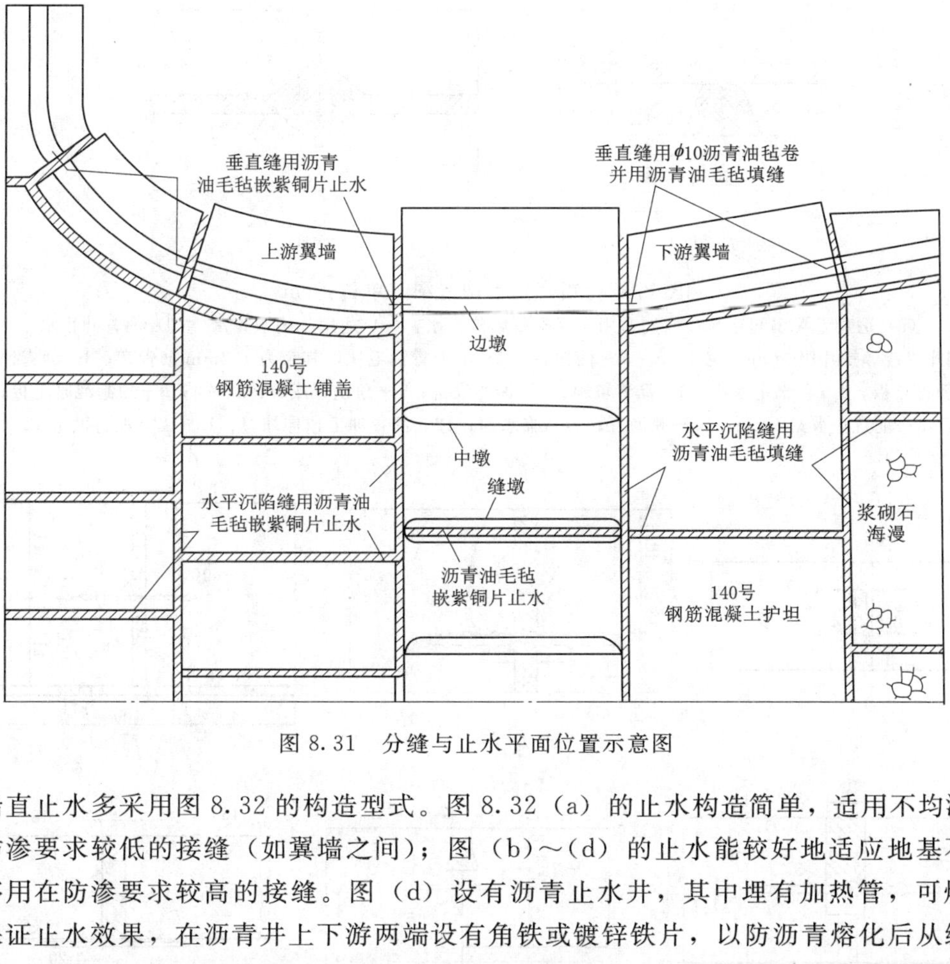

图 8.31　分缝与止水平面位置示意图

铅直止水多采用图 8.32 的构造型式。图 8.32（a）的止水构造简单，适用不均沉降较小或防渗要求较低的接缝（如翼墙之间）；图（b）～（d）的止水能较好地适应地基不均沉降，多用在防渗要求较高的接缝。图（d）设有沥青止水井，其中埋有加热管，可熔化沥青，保证止水效果，在沥青井上下游两端设有角铁或镀锌铁片，以防沥青熔化后从缝中流失。图（b）、（c）止水性能仅次于图（d），除可用在闸墩铅直缝中外，还可用在岸墙与翼墙之间的铅直缝中。图（b）的止水适于浆砌块石墙体，需预制混凝土槽，每节长度 0.5m 左右，槽的外侧凿毛，使其能与砂浆结合良好。

图 8.33 为几种常用的水平止水构造图。其中除图（f）适用地基沉降较小或防渗要求较低的接缝外，其他各图均适用于地基沉降较大或防渗要求较高的接缝处。

止水交叉处的构造必须妥善处理，否则容易漏水。交叉的形式有两种：一是铅直缝与水平缝的交叉；另一是水平缝与水平缝的交叉。常用的止水交叉连接方法有柔性连接和刚

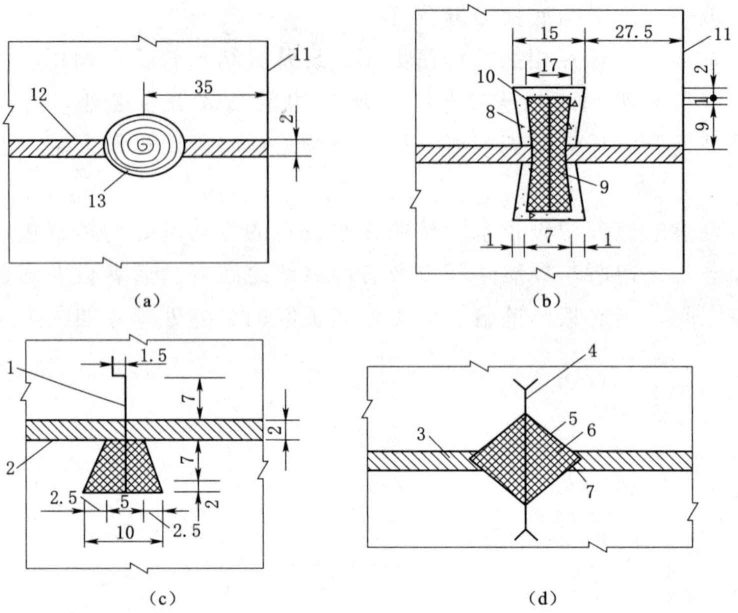

图 8.32 铅直止水构造图（单位：cm）

(a) 适用于翼墙间止水；(b) 适用于浆砌石墙体止水；(c) 适用于闸墩止水；(d) 沥青井止水

1—紫铜片或镀锌铁片厚 1mm，宽 18cm；2—两侧各 2.5mm 沥青油毛毡，其余为 1.2mm 沥青席；3—沥青油毛毡及沥青杉板；4—金属止水片；5—沥青填料；6—加热设备；7—角铁（或镀锌铁片）；8—预制混凝土板；9—垂直止水宽 18cm；10—灌沥青；11—临水面；12—沥青油毛毡伸缩缝；13—ϕ10 沥青油毛毡

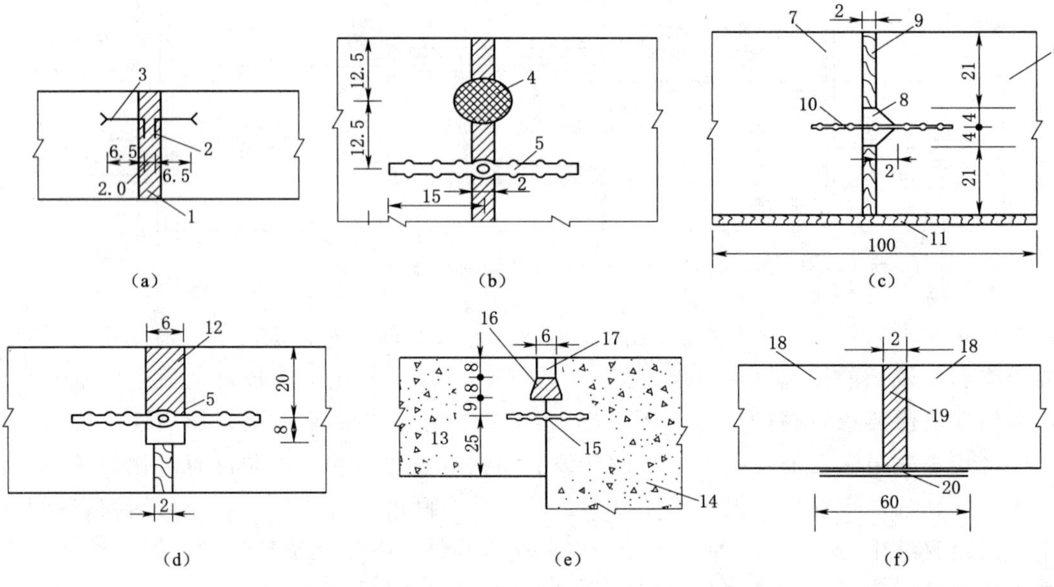

图 8.33 水平止水构造图（单位：cm）

(a)、(f) 沥青油毛毡止水；(b) 沥青麻绳止水；(c) 沉陷槽止水；(d) 沥青砂嵌缝止水；(e) 错缝止水

1—沥青油毛毡伸缩缝；2—灌 3 号松香沥青；3—紫铜片厚 1mm（或镀锌铁片厚 1.2mm）；4—ϕ7 沥青麻绳；5—塑料止水片；6—先浇铺盖；7—后浇铺盖；8—沉陷槽；9—沥青杉木板厚 1.5cm；10—橡胶止水片；11—三层麻袋涂沥青；12—沥青砂嵌缝；13—小底板；14—大底板；15—止水橡皮；16—沥青；17—二期混凝土；18—消力池底板；19—沥青油毛毡；20—三层麻袋两层油毡浸沥青

性连接两种。前者常用在铅直缝与水平缝交叉处，是在止水片就位后在外面包以沥青块体。刚性连接常用在水平缝交叉处，是在止水片剪裁后予以焊接成整体，这种方法目前被普遍采用，特别是当止水材料采用橡胶止水片时。

8.6 闸室表层抗滑稳定性分析

水闸的闸室，要求在施工、运行、或检修等各个时期，都不产生过大的沉降或沉降差；不致沿地基表面发生水平滑动；不致因基底压力的作用使地基发生剪切破坏而失稳。因此，必须验算闸室在各种荷载条件下的稳定性，以确保水闸能安全、可靠地运行。验算时，对于未分缝的小型水闸，一般取整个闸室（包括边墩）作为计算单元。对于设置了沉降缝的水闸，可取两沉降缝闸的独立工作闸段进行验算。

8.6.1 荷载及其组合

1. 荷载计算

闸室荷载主要有以下几种（图 8.34）：

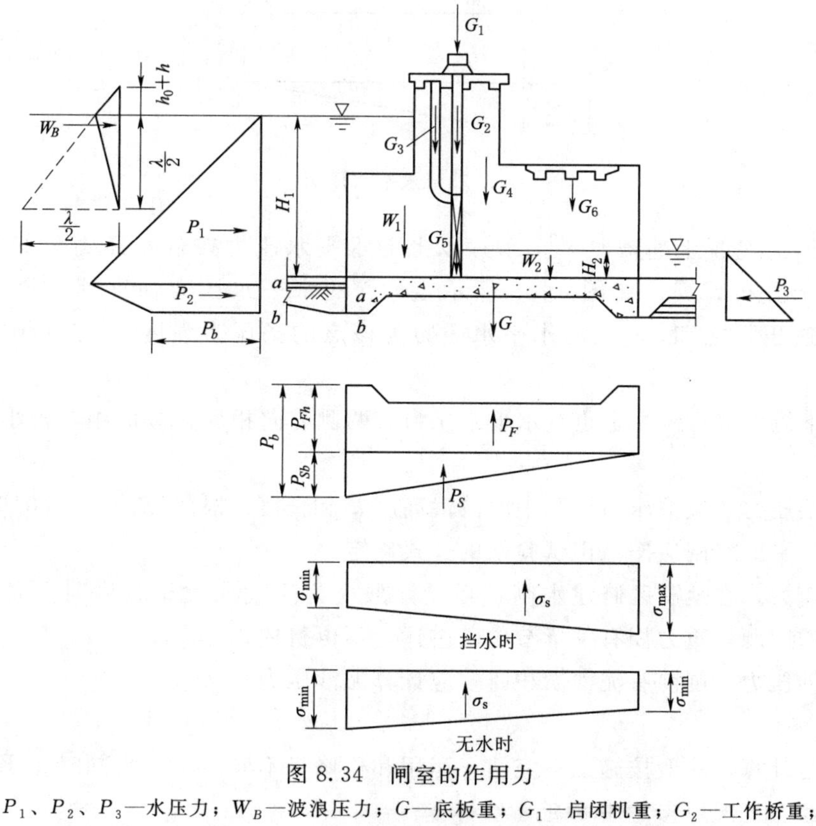

图 8.34 闸室的作用力

P_1、P_2、P_3—水压力；W_B—波浪压力；G—底板重；G_1—启闭机重；G_2—工作桥重；G_3—胸墙重；G_4—闸室重；G_5—闸门重；G_6—交通桥重；W_1、W_2—水重；P_F—浮托力；P_S—渗透压力；σ_s—地基反力；h—波浪高度；λ—波浪长度

（1）重力，主要指结构自身重力，包括底板、闸墩、胸墙、工作桥、交通桥、闸门及启闭设备等的重力。

(2) 水的重力，指闸室范围内底板顶面以上的水体重力。

(3) 扬压力，作用底板底面上渗透压力及浮托力之和。

(4) 水平水压力，指作用胸墙、闸门、闸墩及底板上的水平水压力。上下游应分别计算。

闸前铺盖为黏土时，底板与铺盖连接处的水压力可以近似地按倒梯形分布计算，如图 8.35 所示，a 点处按静水压强计算，b 点为该点的扬压力强度值，a、b 之间按直线变化计算。

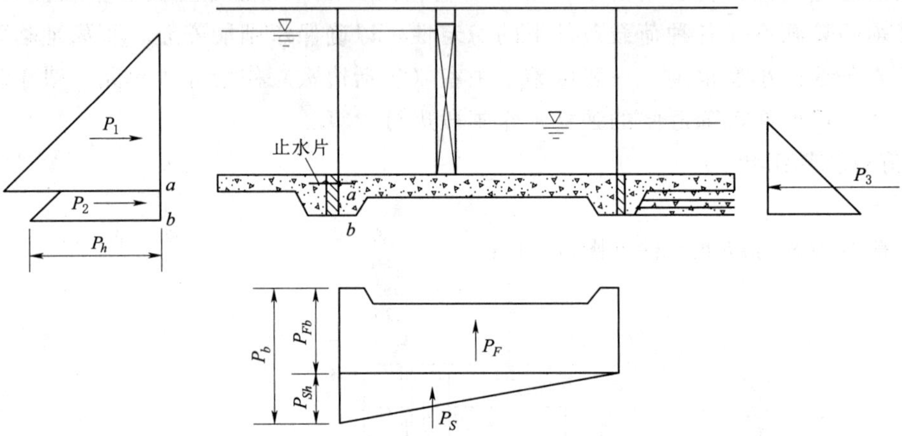

图 8.35 水平水压力

闸前为钢筋混凝土铺盖时，止水片以上的水平水压力按静水压力分布计算，止水片以下按梯形分布计算。如图 8.35 所示，a 点的水平水压力强度等于该点的浮压强及 b 点的渗透压强之和。b 点的水平水压力为该点的扬压力强度。a、b 闸按直线变化计算。

底板上下游齿墙内侧面上也有水平水压力，两侧方向相反且数值相差较小，可以略去不计。

(5) 波浪压力。波浪压力计算中的波浪高度 h 和长度 λ 根据 SL 265—2016《水闸设计规范》确定，平原水闸应按莆田试验站的公式确定。

(6) 地震力。在地震区修建水闸，当设计烈度为 7 度或大于 7 度时，需考虑地震影响。有关地震问题，重力坝有关章节中已讲述，不再赘述。

(7) 泥沙压力。闸前有泥沙淤积时，应计算泥沙压力。

2. 荷载组合

闸室稳定计算，一般按施工、完建、运用和检修等不同工况，将同时作用的各种荷载进行组合，组合工况可参考表 8.9。

8.6.2 闸室表层抗滑稳定性验算

土基上的闸室沿基础底面的抗滑稳定，应按式 (8.34) 和式 (8.35) 两式之一计算。

1. 砂性土地基

闸室沿基础底面的抗滑稳定可用下式计算：

表 8.9　　荷载组合表

荷载组合	计算情况	荷载：自重	静水压力	扬压力	土压力	泥沙压力	波浪压力	地震荷载	其他	说明
基本组合	完建情况	√			√				√	必要时，可考虑地下水产生的扬压力
	正常挡水位情况	√	√	√	√	√	√		√	按正常挡水位组合计算好水压力、扬压力及波浪压力
	设计洪水位情况	√	√	√	√	√	√		√	按设计洪水位组合计算好水压力、扬压力及波浪压力
特殊组合	施工情况	√			√				√	应考虑施工过程中各个阶段的临时荷载
	检修情况	√	√	√	√	√	√		√	按正常挡水位组合，必要时可按设计洪水位组合或冬季低水位条件计算田水压力、扬压力及波浪压力
	校核洪水位情况	√	√	√	√	√	√			按校核洪水位组合计算好水压力、扬压力及波浪压力
	地震情况	√	√	√	√	√	√	√		按正常挡水位组合计算为水压力、扬压力及波浪压力。有论证时可另作规定

$$K_c = f\sum G/\sum H \geqslant [K_c] \tag{8.34}$$

式中　K_c——抗滑稳定安全系数，要求等于或稍大于表 8.10 值；

f——基底与地基之闸的摩擦系数，可参考表 8.11；

$\sum G$、$\sum H$——作用在闸室的全部竖向、水平向荷载。

表 8.10　　土基上沿闸室基底面抗滑稳定安全系数的允许值 $[K_c]$

荷载组合		水闸级别 1	2	3	4、5
基本组合		1.35	1.30	1.25	1.20
特殊组合	Ⅰ	1.20	1.15	1.10	1.05
	Ⅱ	1.10	1.05	1.05	1.00

注　1. 特殊组合Ⅰ适用于施工情况、检修情况及校核洪水位情况。
2. 特殊组合Ⅱ适用于地震情况。

表 8.11　　f 值表

地基类别		f 值	地基类别	f 值
黏土	软弱	0.20～0.25	细砂、极细砂	0.40～0.45
	中等坚硬	0.25～0.35	中砂、粗砂	0.45～0.50
	坚硬	0.35～0.45	砂砾石	0.40～0.50
壤土、粉质壤土		0.25～0.40	砾石、卵石	0.50～0.55
砂壤土、粉砂土		0.35～0.40	碎石土	0.40～0.50

2. 黏性土地基

抗滑稳定安全系数可用下式计算：

$$K_c=\frac{\tan\phi_0\sum G+c_0A}{\sum H} \tag{8.35}$$

式中　ϕ_0——基础底面与地基土的摩擦角；

c_0——基础底面与地基土之闸的黏结力；

A——闸室底板的底面积；

其他符号意义同前。

关于闸室基础底面与地基土的摩擦角 ϕ_0 及黏结力 c_0 的取值，对于砂性土地基，ϕ_0 可取室内饱和固结快剪试验内摩擦角中的 85%～90%，不计 c_0 值，如 $\tan\phi_0>0.50$，采用时应有论证；对于黏性土，ϕ_0 值可采用 90%，c_0 可取室内饱和固结快剪试验凝聚力 c 值的 20%～30%，如折算的综合摩擦系数：

$$f=\frac{\sum G\tan\phi_0+c_0A}{\sum G} \tag{8.36}$$

f 值大于 0.45，采用时应有论证。

当闸室沿基面抗滑稳定安全系数值小于容许值时，常采取下列措施提高抗滑稳定：

(1) 调整上部结构布置，将闸门位置向低水位侧移动，或将底板向高水位一侧加长，以增加水的重力。

(2) 适当增加铺盖长度，或在不影响防渗安全的条件下将排水设施向闸室靠近，以减少闸底板上的渗透压力。

(3) 在闸室底板上游端或在铺盖上游端设置防渗板桩或适当加深齿墙。

(4) 利用钢筋混凝土铺盖作为阻滑板，增加闸室的抗滑稳定性。

8.6.3　闸室基底压力

闸室基底压力根据结构布置和受力情况，分别按下列公式计算。

1. 单向偏心受压公式

对于结构布置和受力情况对称的闸孔（指相邻两沉降缝之闸的闸段）基底压力，认为沿水流方向呈线性分布，故按偏心受压公式计算：

$$p_{\min}^{\max}=\frac{\sum G}{A}\pm\frac{\sum M}{W} \tag{8.37}$$

式中　$p_{\min}^{\max}$——闸室基底压力的最大值与最小值，kPa；

$\sum G$——作用在闸室上的全部竖向荷载（包括闸室基底面上的扬压力），kN；

$\sum M$——作用在闸室上的全部荷载对基础底面垂直水流方向的形心轴的力矩，kN·m；

W——闸室基础底面对于该底面垂直水流方向的形心轴的截面距，m^3。

2. 双向偏心受压公式

对于结构布置及受力情况不对称的闸孔，如多孔闸的边孔或左右不对称的单孔，应按双向偏心受压公式计算：

$$P_{\min}^{\max}=\frac{\sum G}{A}\pm\frac{\sum M_x}{W_x}\pm\frac{\sum M_y}{W_y} \tag{8.38}$$

式中 $\sum M_x$、$\sum M_y$——作用在闸室上的全部荷载分别对基底面垂直水流方向形心轴 x、顺水流方向 y 的力矩，kN·m；

W_x、W_y——闸室基底面对垂直水流方向形心轴 x、顺水流方向 y 的截面距，m^3；

其他符号意义同前。

一般情况下，按式（8.37）计算均能满足工程需要，按式（8.38）计算出的基底压力是偏于安全的。

各种情况下的平均基底压力 $\overline{P}$ 不得大于地基允许承载力。地基允许承载力根据地质资料确定，也可按 SL 265—2016《水闸设计规范》有关方法计算。基底压力的最大值与最小值之比，即基底压力分布不均匀系数 η 不得大于表 8.12 规定的允许值，以免产生过大的不均匀沉降，导致闸室严重倾斜，甚至断裂破坏等。

表 8.12　　土基上允许值［η］表

地基土质	荷载组合		地基土质	荷载组合	
	基本组合	特殊组合		基本组合	特殊组合
松软	1.50	2.00	坚实	2.50	3.00
中等坚实	2.00	2.50			

注 1. 对于特别重要的大型水闸，采用值可按表列数值适当减小。
2. 对于地震区的水闸，采用值可按表列数值适当增大。
3. 对于地基特别坚实或可压缩层甚薄的水闸，采用值不受本表限制，但要求闸基不出现拉应力。

8.6.4 闸室的沉降

如闸室总沉降过大，则闸顶高程下降过多，达不到设计挡水要求。如闸室沉降差过大则会引起闸室倾斜、断裂，影响其正常运用。因此，土基上的水闸在研究地基稳定的同时，还必须考虑地基的沉降，通过计算，分析地基的变形情况，以便选择合理的结构型式和尺寸，安排好施工进度和先后次序，或进行适当的地基处理。

水闸地基最终沉降量的计算，可选用正常情况下的荷载组合，并根据地基土质条件和设计需要，选择有代表性的计算点。例如，在闸身部分一般选中心闸室底板与岸墙相邻的底板，选有代表性断面 2～3 个，每个断面选 3～5 点（至少 3 点，包括两端点和中心点）。计算点确定后，一般采用分层总和法计算各点的最终沉降量，各点间最终沉降量的差值即为沉降差。

土基允许最大沉降量和最大沉降差，应以保证水闸安全和正常使用为原则，根据具体情况研究确定。天然土质地基上水闸地基最大沉降量不宜超过 15cm，相邻部位的最大沉降差不宜超过 5cm。

为了减少不均匀沉降和最终沉降量，可从闸室和地基两个方面采取以下措施：

（1）采用轻型结构和加长底板长度，或增加埋置深度以减小基地压力。

（2）调整结构布置，尽量使基地压力均匀分布。

（3）尽量减少相邻建筑物的重力差，并将重的建筑物先施工，使其提前沉降。

(4) 增强闸室刚度以减小不均匀沉降差；如浙江省慈溪市某一挡潮排涝闸，闸室分缝距离为 36.40m，采用双胸墙增强闸室刚度后，最大沉降差仅为 4.2cm，效果明显，如图 8.36 所示。

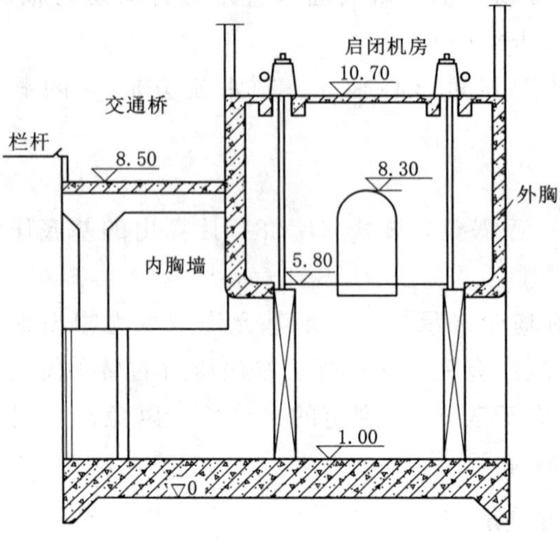

图 8.36　双胸墙结构（高程单位：m）

(5) 进行地基处理，以提高地基承载力。

8.6.5　水闸的地基处理

对建在土基上的水闸，为了保证其安全、正常地运行，有时需要对地基进行必要的处理，以满足上部结构的要求；或从上部结构及地基处理两个方面采取措施，使其相互适应，以满足稳定和沉降的要求。

根据工程实践，当黏性土地基的贯入击数大于 5、砂性土地基的击数大于 8 时，可直接在天然地基上建闸，不需进行处理。如天然地基不能满足抗滑稳定和沉降方面的要求，则需进行适当的处理。常用的处理方法有以下几种：

1. 预压加固

在修建水闸之前，先在建闸范围内的软土地基表面加荷（如堆土、堆石），对地基进行预压，等沉降基本稳定后，将荷载挖去，再正式修建水闸。预压堆石高度应使预压荷重为 1.5～2.0 倍的水闸荷载，但不能超过地基的承载能力，否则会造成天然地基的破坏。

堆土预压时，施工进度不能过快，以免地基发生滑动或将基土挤出地面。根据经验，堆土（石）施工需分层堆筑，每层高 1～2m，填筑后间歇 10～15 天，待地基沉降稳定后，再进行下一次堆筑。根据水闸的规模，预压施工时间为半年至一年。对含水量较大的黏性土地基，为了缩短预压施工时间，可在地基中设置塑料排水板，以改善软土地基的排水条件，加快地基固结。塑料排水板间距一般为 1～3m，深度应穿过预压层。

2. 换土垫层

换土垫层是工程上广为采用的一种地基处理方法，适用于软弱黏性土，包括淤泥质土。当软土层位于基面附近，且厚度较薄时，可全部挖除；如软土层较厚不宜全部挖除，可采用换土垫层法处理，将基础下的表层软土挖除，换以强度较高的砂性土或其他土，水闸即建在新换的土基上，如图 8.37 所示。

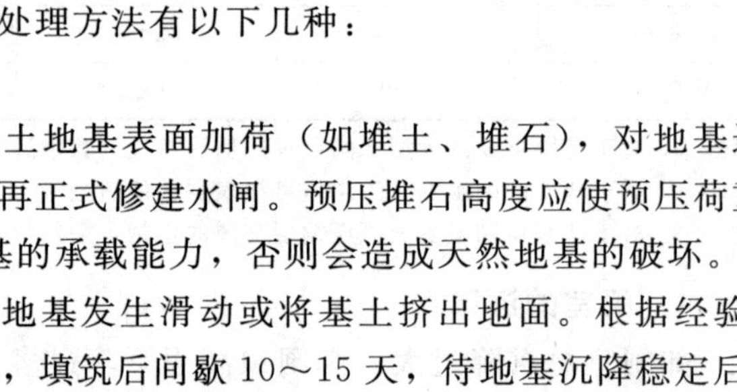

图 8.37　换土垫层

换土垫层的主要作用是：①通过垫层的应力扩散作用，减小软土层所受的附加应力，提高地基的稳定性；②减小地基沉降量；③铺设在软黏土上的砂层，具有良好的排水作用，有利于软土地基加速固结。

垫层设计主要是确定垫层厚度、宽度及所用材料。垫层厚度 h 应由垫层底面的平均压力不大于地基容许承载力的原则确定。垫层的传力扩散角θ，对中壤土及含砾黏土，可取20°～25°；对中砂、粗砂，取30°～35°。垫层厚度过小，作用不明显；厚度过大，基坑开挖困难，一般垫层厚度为1.5～3.0m。垫层的宽度B'，通常选用建筑物基底压力扩散至垫层底面的宽度再加2～3m。换土垫层材料以采用中壤土最为适宜；含砾黏土也是较好的垫层材料；级配良好的中砂和粗砂，易于振动密实，用作垫层材料，也是适宜的；至于粉砂和细砂，因其容易"液化"，不宜作为垫层材料。

3. 振冲砂石桩

振冲砂石桩是利用一个直径为0.3～0.8m，长约2m，下端设有喷水口的振冲器，先在土基内造孔、下管，然后向上移动，边振动，边沿管向下填注砂石料形成砂石桩。桩径一般为0.6～0.8m，间距1.5～2.5m，呈梅花形或正方形布置。桩的深度根据设计要求和施工条件确定，一般为8～10m。振冲桩的砂石料宜有良好的级配，碎石最大粒径不宜大于5cm。振冲砂石桩适用于松砂或软弱的壤土地基。

4. 强夯法

强夯法是由重锤夯实法发展起来的。用100～400kN重锤从6～25m高处自由落下，撞击土层，每分钟2或3次。该法适用于细砂、中砂和砂壤土等强透水的土层。在透水性差的黏性土地基上，如设置砂井（或排水板），也可收到较好的效果。

5. 爆炸振密法

在松砂层厚度较大的地基上建闸，可采用爆炸振密法。先在地基内钻孔，孔距为5～6m，沿孔深每隔一定距离放置适量的炸药，利用爆炸力使松砂密实。该法对粗砂、中砂地基比较有效，而对细砂，尤其是粉砂地基，效果较差。爆炸振密深度一般不超过10m。

6. 高压旋喷法

高压旋喷法是用钻机以射水法钻进至设计高程，然后由安装在钻杆下端的特殊喷嘴把高压水、压缩空气和水泥浆或其他化学浆液高速喷出，搅动土体，同时钻杆边旋转边提升，使土体与浆液混合，形成桩柱，以达到加固地基的目的。

高压旋喷法可用来加固黏性土及砂性土地基，也可用作砂卵石层的防渗帷幕，适用范围较广。

7. 桩基础

桩基础是一种较早使用的地基处理方法，实践经验较多。水闸的桩基础一般均采用钢筋混凝土桩。按其施工方法又可分为灌注桩和预制桩两类，前者在选用桩径和桩长时比较灵活，用得较多，桩径一般均在60cm以上，中心距不小于3倍桩径，桩长根据需要确定；对桩径和桩长较小的桩基础，可采用钢筋混凝土预制桩，桩径一般为20～40cm，中心距为桩径的3倍。

桩基础适用于：①在松软地基上，有排放大块漂浮物或冰凌的要求，必须采用较大的闸孔跨度，利用桩基承受上部的主要荷载，以改善底板的受力条件；②水头高，水平推力大，一般地基处理方法难以满足抗滑稳定要求；③根据运用要求，需要严格控制沉降等情况。

水闸桩基一般采用摩擦桩，由桩周摩阻力和桩端支承力共同承担上部荷载；对于桩基础的水平承载能力，可参阅GB 50007—2011《建筑地基基础设计规范》及相关手册。对需要进入承压水层的桩基础，不宜采用灌注桩。

8. 沉井基础

沉井基础与桩基础同属深基础，也是工程上常采用的一种地基处理方法。沉井可作为闸墩或岸墙的基础，如图 8.38 所示，用以解决地基承载力不足和沉降或沉降差过大；也可与防冲加固结合考虑，在闸室下或消力池末端设置较浅的沉井，也有在海漫末端设置小沉井的，以减少其后防冲设施的工程量。

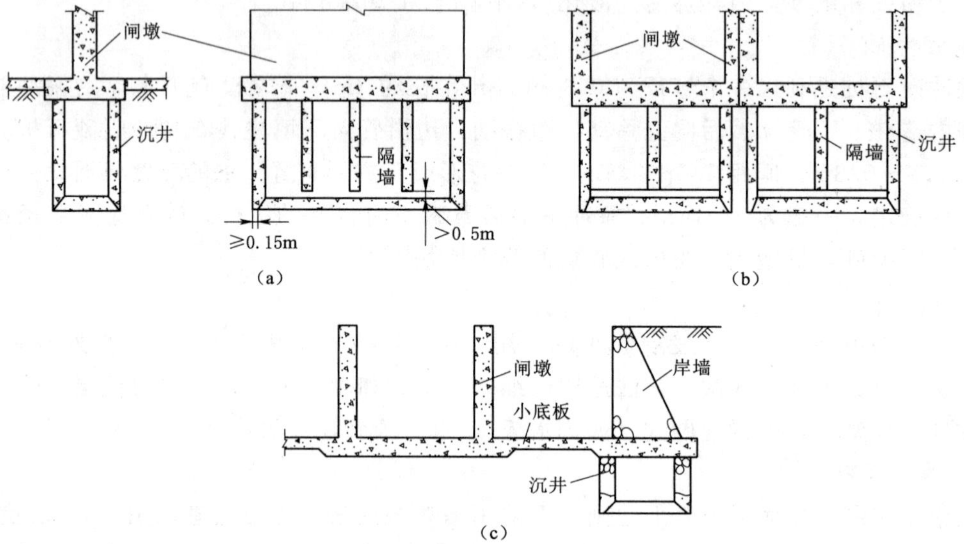

图 8.38　沉井布置图

(a) 闸墩下沉井基础；(b) 底板下沉井基础；(c) 翼墙下沉井基础

沉井一般均用钢筋混凝土，也有采用少筋混凝土或浆砌石建造的。在平面上多呈矩形，长边不宜大于 30m，长宽比不宜大于 3，以便于均匀下沉。沉井分节浇筑高度应根据地基条件、控制下沉速度及沉井的强度要求等因素确定。沉井深度取决于地基下卧坚实土层的埋置深度和相邻闸孔或岸墙的沉降计算；如兼作防冲设施还需考虑闸下可能的冲坑深度。为了保证沉井顺利下沉到设计标高，需要验算自重是否满足下沉要求，其下沉系数（沉井自重与井壁摩阻力之比）可取 1.15～1.25。沉井是否需要封底，取决于沉井下卧土层的允许承载力。若允许承载力能满足要求，应尽量采用不封底沉井，因为沉井开挖较深，地下水影响较大，施工比较困难。不封底沉井内的回填土应选用与井底土层渗透系数相近的土料，并且必须分层夯实，以防止渗透变形和过大的沉降，使闸底与回填土脱开。

当地基内存在承压水层且影响地基抗渗稳定性时，不宜采用沉井基础。

8.7　闸室的结构设计

闸室为一受力比较复杂的空间结构，可以将它分解为若干部件（如墩、胸墙、底板、工作桥及交通桥）分别进行结构计算，计算时考虑它们之间的相互作用。本教材仅对平面闸门的闸墩应力计算进行分析。

8.7.1 闸墩的结构计算

1. 闸墩底板正应力计算

闸墩可视为固结于闸底板上的悬臂结构，应力计算应考虑以下两种情况，分别按偏心受压公式验算它们的强度。

(1) 运用情况：闸墩所受荷载按闸门关闭承受最大水压力的情况考虑。如闸门所受上下游的水压力分别为 P_1、P_2，则作用于闸墩的水平力为 P_1-P_2，此外有闸墩及上部结构的重力 $\sum G$，如图 8.39 (a) 所示。

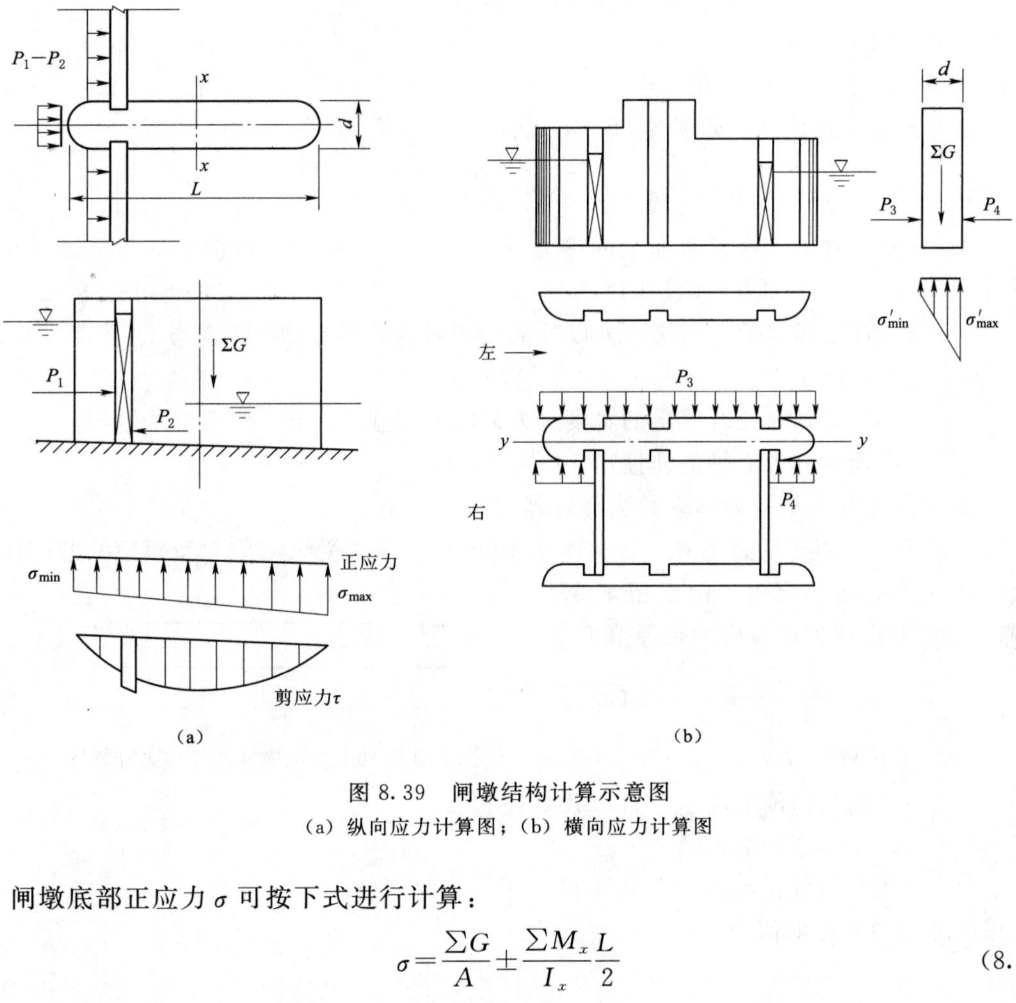

图 8.39 闸墩结构计算示意图

(a) 纵向应力计算图；(b) 横向应力计算图

闸墩底部正应力 σ 可按下式进行计算：

$$\sigma=\frac{\sum G}{A}\pm\frac{\sum M_x}{I_x}\frac{L}{2} \tag{8.39}$$

$$I_x\approx\frac{d(0.98L^3)}{12} \tag{8.40}$$

式中 $\sum G$——竖向作用力总和，kN；

$\sum M_x$——各力对墩底截面形心轴 $x—x$（与闸墩长边方向垂直）的力矩和，kN·m；

A——闸墩底截面面积，m^2；

I_x——墩底截面对 $x—x$ 轴的惯性矩，m^4；

L——闸墩长度，m；

d——闸墩厚度，m。

（2）检修情况：考虑一孔检修而邻孔过水的情况，闸墩所受荷载有侧向水压力、闸墩及上部结构的重力、交通桥上车辆刹车制动力等，墩底部横向应力 d 仍按偏心受压公式计算，如图 8.39（b）所示。

$$\sigma'=\frac{\sum G}{A}\pm\frac{\sum M_y}{I_y}\frac{L}{2} \tag{8.41}$$

式中　$\sum M_y$——各力对底部截面形心轴 $y—y$，（与闸墩长边方向平行）的力矩和，kN・m；

I_y——墩底截面对 $y—y$ 轴的惯性矩，m^4；

其他符号意义同前。

2. 墩底水平截面的剪应力计算

剪应力 τ 按下式计算，如图 8.39（a）所示。

$$\tau=\frac{QS}{Ib} \tag{8.42}$$

式中　Q——作用在墩底水平截面上的剪力，kN（应注意：在运行情况下和检修情况下，Q 的大小和方向均不同）；

S——截面上需要确定剪应力处以外的面积对截面形心轴（方向与 Q 垂直）的面积矩，m^3；

b——剪应力计算处纤维层的宽度（方向与 Q 垂直），m；

I——截面对其形心轴的惯性矩，m^4。

3. 边墩（包括缝墩）墩底主拉应力计算

闸门关闭时，由于受力不对称，如图 8.40 所示，墩底受纵向剪力和扭矩的共同作用，可能产生较大的主拉应力。由于扭矩 M_n 的作用，在 A 点产生的剪应力近似值为

$$\tau_1=\frac{M_n}{0.4d^2L} \tag{8.43}$$

$$M_n=Pd_1$$

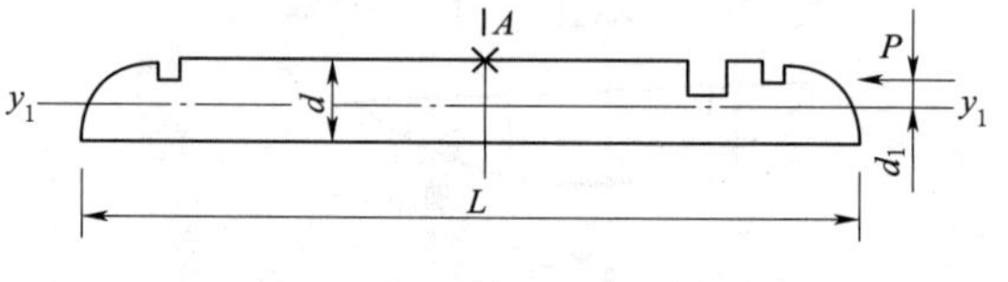

图 8.40　边墩墩底主拉应力计算图

式中　P——半扇闸门传来的水压力，kPa；

d_1——P 至形心轴的距离，m；

d、L——墩宽与墩长，m。

纵向剪应力的近似值为

$$\tau_2=\frac{3P}{2dL} \tag{8.44}$$

A 点的主拉应力为

$$\sigma_{zl}=\frac{\sigma}{2}\pm\frac{1}{2}\sqrt{\sigma^2+4(\tau_1+\tau_2)^2} \tag{8.45}$$

$$\sigma=\frac{\sum G}{dL}$$

式中　σ——边墩（缝墩）的正应力。

当 σ_{zl} 值超过混凝土的允许拉应力时，应配置受力钢筋。

4. 门槽应力计算

门槽颈部因受闸门传来的水压力而产生拉力。门槽应力的计算一般选在门槽取下（或上）游段部分闸墩为脱离体，视为支承于门槽上的悬臂梁，如图 8.41 所示，将闸墩及其上部结构的重力、水压力，以及墩底水平截面上的竖向正应力和剪应力等作为荷载，用偏心受拉公式，求出门槽面上的应力：

$$\sigma=\frac{T_0}{A}\pm\frac{M_0}{I}\times\frac{h}{2} \tag{8.46}$$

$$I=\frac{b'h^3}{12}$$

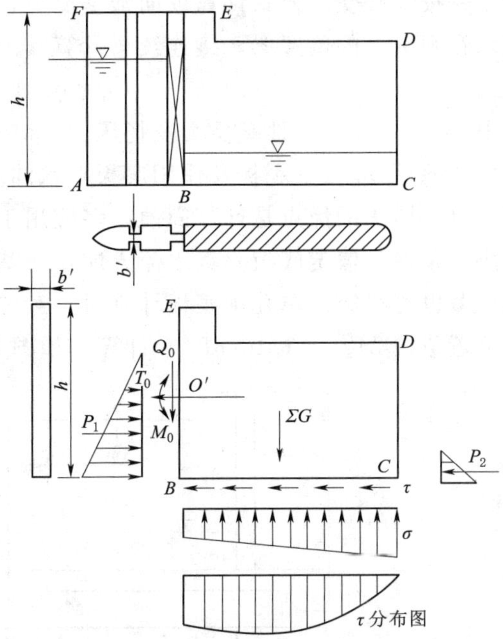

图 8.41 门槽应力计算

式中 T_0——作用于脱离体上水平作用力的总和，kN；

A——门槽截面 BE 的面积，$A=b'h$，b 为门槽颈部厚度，m^2；

M_0——全部荷载对门槽截面中心 O' 的力矩和，kN·m；

I——门槽截面对中心轴的惯性矩，m^4；

h——门槽截面高度，m。

5. 闸墩配筋

一般情况下，闸墩的拉应力不会超过混凝土的容许拉应力，实际工程中为加强闸墩与底板的连接，并考虑温度应力的影响，常在底板与闸墩间布置 $\phi 10\sim14$，间距 250～300mm 的竖向连接钢筋，下端伸入底板 25～30 倍钢筋直径长，另一端伸入闸墩 2～3m 长或至墩顶。水平方向仍采用 $\phi 8\sim12$，间距 250～300mm 的分布钢筋。

门槽配筋根据计算，一般门槽上部为压应力，下部为拉应力，拉应力若大于混凝土允许值，根据需要在颈部两侧配置钢筋，直径大小应满足计算需要。拉应力若小于混凝土允许值，可按构造配筋采用与闸墩水平向钢筋相同的闸距，钢筋直径应适当加大。门槽配筋如图 8.42 所示。

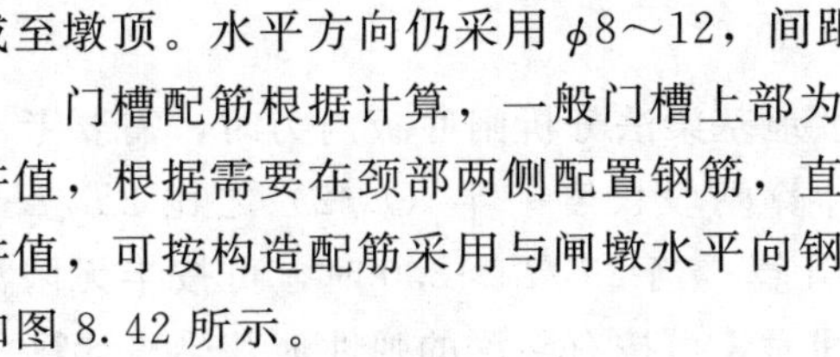

图 8.42 门槽配筋图

8.7.2 整体式平底板内力计算

整体式平底板的平面尺寸远比厚度大，可视为地基上的一块板，受力情况比较复杂。目前工程实际仍用近似简化计算方法进行强度分析。一般认为闸墩刚度较大，底板顺水流方向弯曲变形远比垂直水流向小，故常在垂直水流方向截取单宽板条进行内力计算，常用的计算方法如下。

1. 倒置梁法

倒置梁法假定地基反力顺水流方向呈直线分布，垂直水流方向也为均匀分布。计算时，先按偏心受压公式计算纵向地基反力，然后在垂直水流方向截取若干单宽板条，作为支承在闸墩上的倒置梁，接连续梁计算其内力并布置钢筋。作用在梁上的均布荷载 q 为

$$q=q_{反}+q_{扬}-q_{自}-q_{水} \tag{8.47}$$

式中　$q_{反}$、$q_{扬}$——地基反力及扬压力，kPa/m；

$q_{自}$、$q_{水}$——底板及作用底板上水的重力，kPa/m。

倒置梁法的优点是计算简便，多应用于小型水闸。其缺点是没有考虑底板与地基变形的协调条件，假定底板垂直水流方向，地基反力均匀分布是不符合实际的；支座反力与竖向荷载也不相等。单孔闸底板计算时，考虑墩、墙对底板的约束为弹性固结，故跨中负弯矩可近似按 $M_{max}=1/10(qL^2)$ 计算，如图 8.43 所示。

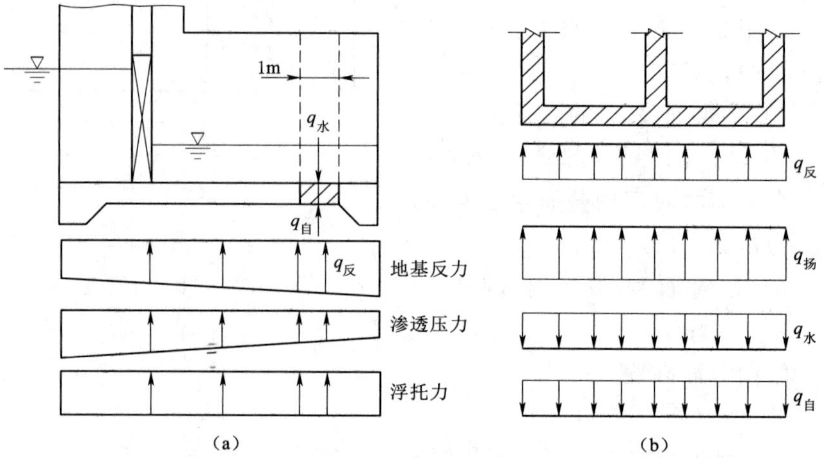

图 8.43　倒置梁法计算板条荷载示意图

(a) 顺水流方向；(b) 垂直水流方向

2. 弹性地基梁法

SL 265—2016《水闸设计规范》规定：用弹性地基梁法分析闸底板内力时，需要考虑可压缩土层厚度的影响。当压缩土层厚度 T 与计算闸段长度一半（$L/2$）之比 $2T/L<0.25$ 时，可按基床系数法（假定为文克尔地基）计算；当 $2T/L>2.0$ 时，可按半无限深的弹性地基梁法计算；当 $2T/L$ 在 0.25～2.0 之间时，可按有限深的弹性地基梁法计算。

底板连同闸墩在顺水流方向的刚度很大，可以忽略底板沿该方向的弯曲变形，假定地基反力呈直线分布。在垂直水流方向截取单宽板条及墩条，按弹性地基梁计算地基反力和底板内力，计算步骤如下：

(1) 用偏心受压公式计算闸底纵向（顺水流方向）的地基反力。

(2) 计算板条及墩条上的不平衡剪力。以闸门为界，将底板分为上下两段，分别在两段的中央截取单宽板条及墩条进行分析，如图 8.44 (a) 所示。作用在板条及墩条上的力有底板自重（q_1）、水重（q_2）、中墩重（G_1/b_i）及缝墩重（G_2/b_i），中墩及缝墩重中包括其上部结构及设备自重在内，在底板的底面有扬压力（q_3）及地基反力（q_4），如图

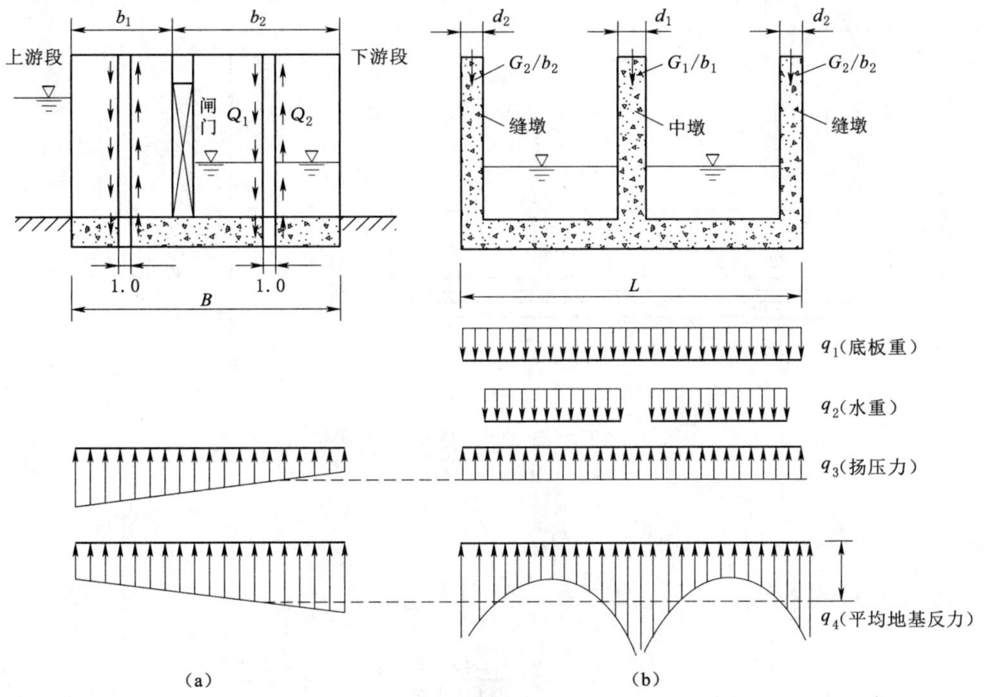

图 8.44 作用在单宽板条及墩条上的荷载及地基反力示意图
(a) 顺水流方向;(b) 垂直水流方向

8.44 (b) 所示。

由于底板上的荷载在顺水流方向是有突变的，而地基反力是连续变化的，所以，作用在单宽板条及墩条上的力是不平衡的，即在板条及墩条的两侧必然作用有剪力 Q_1 及 Q_2，并由 Q_1 及 Q_2 的差值来维持板条及墩条上力的平衡，差值 $\Delta Q = Q_1 - Q_2$，称为不平衡剪力。以下游段为例，根据板条及墩条上力的平衡条件，取补 $\sum F = 0$，则

$$\frac{G_1}{b_2} + 2\frac{G_2}{b_2} + \Delta Q + L(q_1 + q_2' - q_3 - q_4) = 0 \tag{8.48}$$

由式 (8.48) 可求出 ΔQ。式中假定 ΔQ 的方向向下，如算得结果为负值，则 ΔQ 的实际作用方向应向上，$q_2' = q_2(L - 2d_2 - d_1)/L$。

(3) 确定不平衡剪力在闸墩和底板上的分配。不平衡剪力 ΔQ 应由闸墩及底板共同承担，各自承担的数值可根据剪应力分布图面积按比例确定。为此，需要绘制计算板条及墩条截面上的剪应力分布图。对于简单的板条和墩条截面，可直接应用积分法求得，如图 8.45 所示。

由材料力学得知，截面上的剪应力 τ_y 为

$$\tau_y = \frac{S\Delta Q}{bI} \quad 或 \quad b\tau_y = \frac{S\Delta Q}{I} \tag{8.49}$$

式中 ΔQ——不平衡剪力，kN；

I——截面惯性矩，m^4；

S——计算截面以下的面积对全截面形心轴的面积矩，m^3；

b——截面在 y 处的宽度，底板部分 $b = L$，闸墩部分 $b = d_1 + 2d_2$，m。

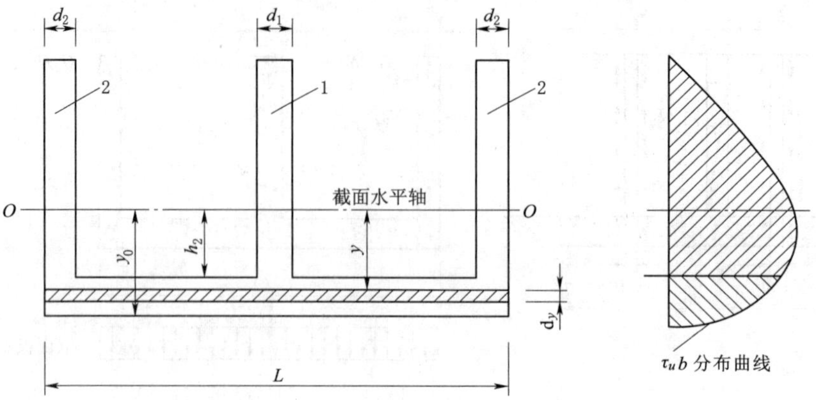

图 8.45 不平衡剪力 ΔQ 分配计算简图

1—中墩；2—缝墩

显然，底板截面上的不平衡剪力 $\Delta Q_{板}$。应为

$$\Delta Q_{板}=\int_{h_2}^{y_0} b\tau d=\int_{h_2}^{y_0}\frac{S\Delta Q}{I}\mathrm{d}y=\frac{\Delta Q}{I}\int_{h_2}^{y_0}2L(y-y)\left(y+\frac{y-y}{2}\right)\mathrm{d}y$$

$$=\frac{L\Delta Q}{I}\left(\frac{2}{3}y_0^3-y_0^2h_2+\frac{1}{3}h_2^3\right) \tag{8.50}$$

$$\Delta Q_{墩}=\Delta Q-\Delta Q_{板}$$

不平衡剪力的分配，一般闸墩占 85%～90%，底板占 10%～15%。对于小型水闸，即可按此比例分配。

（4）计算基础梁上的荷载。

1）将分配给闸墩上的不平衡剪力与闸墩及其上部结构的重量作为梁的集中力，则有

$$\left.\begin{aligned}&\text{中墩集中力}\qquad P_1=\frac{G_1}{b_2}+\Delta Q_{墩}\left(\frac{d_1}{2d_2+d_1}\right)\\&\text{缝墩集中力}\qquad P_2=\frac{G_2}{b_2}+\Delta Q_{墩}\left(\frac{d_2}{2d_2+d_1}\right)\end{aligned}\right\} \tag{8.51}$$

2）将分配给底板上的不平衡剪力转化为均布荷载，并与底板自重、水重及场压力等合并，作为地基梁的均布荷载：

$$q=q_1+q_2'-q_3+\frac{\Delta Q_{板}}{L} \tag{8.52}$$

底板自重 q_1 的取值因地基性质而异：由于黏性土地基固结缓慢，计算中可采用底板自重的 50%～100%；对于砂性土地基，因其在底板混凝土达到一定刚度以前，地基变形几乎全部完成，底板自重对地基变形影响不大，在计算中可以不计。

（5）边荷载的影响。边荷载是指计算闸段底板两侧的闸室或边墩背后回填土及岸墙等作用于计算闸段上的荷载。如图 8.46 所示，计算闸段左侧的边荷载为其相邻闸孔的基底压力，右侧的边荷载为回填土的重力及水平土压力所产生的力矩。

边荷载对底板内力的影响与地基性质和施工程序有关，见表 8.13。在实际工程中，一般可按下述原则考虑：

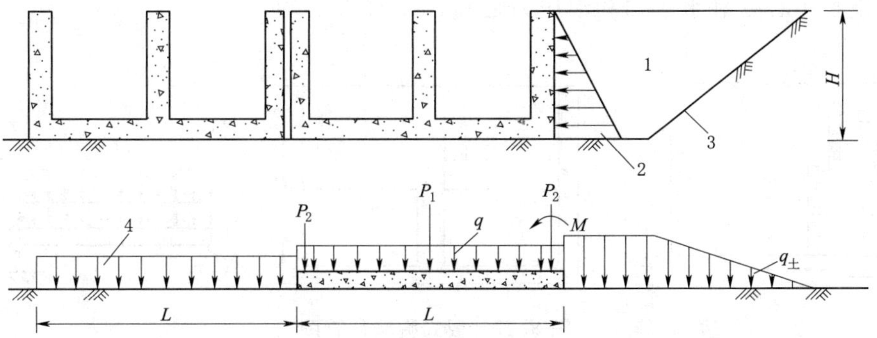

图 8.46 边荷载示意图

1—回填土；2—侧向土压力；3—开挖线；4—相邻闸孔的基底压力

1）对于在计算闸段修建之前，两侧相邻闸孔已经完建的情况，如果由于边荷载的作用减小了底板内力，则边荷载的影响不予考虑。如果由于边荷载的作用增加了底板内力，此时，对砂性土地基可考虑50%的影响，对黏性土地基则应按100%考虑。

2）对于计算闸段先建、相邻闸孔后建的情况，由于边荷载使底板内力增加，必须考虑100%的影响。如果由于边荷载作用使底板内力减小，在砂性土地基中只考虑50%；在黏性土地基中则不计其影响。

必须指出，要准确考虑边荷载的影响是十分困难的，上述设计原则是从偏于安全一面考虑的。在有些地区或某些工程设计中，对边荷载的考虑可另作不同的规定

（6）计算地基反力及梁的内力。根据 $2T/L$ 来判别所需采用的计算方法，然后利用已编制好的数表、现有的商用或共享软件计算地基反力和梁的内力，进而验算强度并进行配筋，在底板配筋时要特别注意钢筋和止水的关系。

表 8.13　　边荷载计算百分数表　　%

地基类别	边荷载施加程序	边荷载对弹性地基梁的影响	
		使计算闸段底板内力减少	使计算闸段底板内力增加
砂性土	计算闸段底板浇筑之前施加边荷载	0	50
	计算闸段底板浇筑之后施加边荷载	50	100
黏性土	计算闸段底板浇筑之前施加边荷载	0	100
	计算闸段底板浇筑之后施加边荷载	0	100

注　1. 对于黏性土地基上的老闸加固，边荷载的影响可按本表规定适当减小。
2. 计算采用的边荷载作用范围可根据基坑实际开挖及墙后回填土实际回填的情况研究确定；在一般情况下，边荷载作用范围可采用与弹性地基梁计算长度相同的尺度。

8.7.3 胸墙计算要点

胸墙承受的荷载主要是静水压力和浪压力。根据其结构型式及与闸墩的连接方式确定胸墙的计算图形。

1. 板式胸墙

计算时选取 1.0m 高的水平板条，作为简支或固支梁计算其内力及配筋。板条的均匀

荷载 q 为该条中心处静水压强和浪压力之和，如图 8.47 所示。

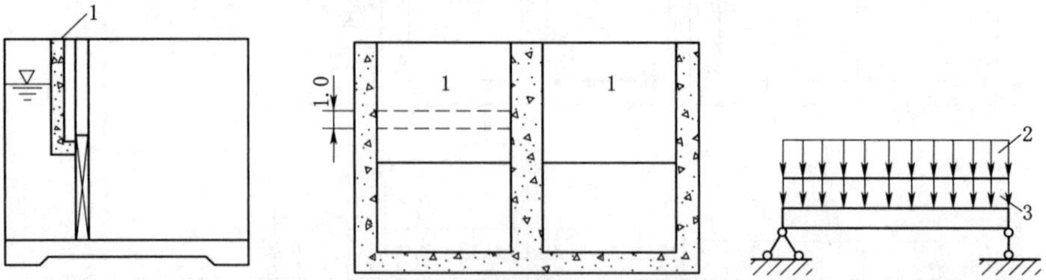

图 8.47 板式胸墙计算图

1—胸墙；2—水压力；3—浪压力

由于胸墙的荷载呈三角形分布，板厚应做成上薄下厚，但为施工方便，常做成等厚的。板的最小厚度不小于 20cm。

2. 板梁式胸墙

对于挡水高度及闸孔宽度较大的水闸，胸墙常做成板梁式结构，如图 8.48 所示。板梁式胸墙一般由板、上梁及下梁三部分组成。板的上下两端支承在梁上，两侧支承在闸墩上。胸墙高度大于 5m 时，可在上下梁闸增加一根中梁，以减小板的跨度。

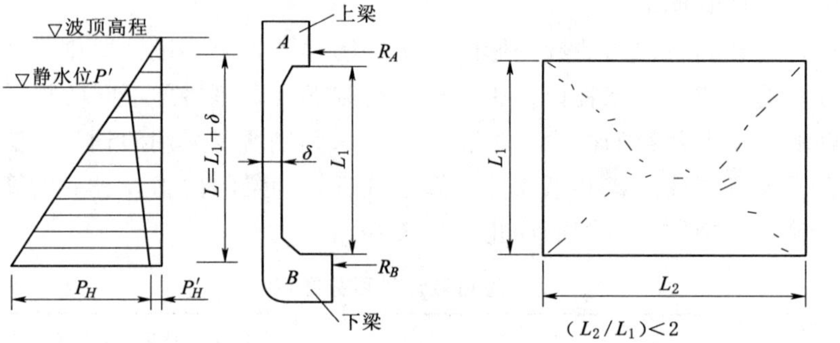

图 8.48 板梁式胸墙计算图

当板的长边与短边的比值不大于 2 时，为双向板，可按承受三角形荷载或梯形荷载的四边支承板计算其内力。当板的长边与短边之比大于 2 时，为单向板，可以沿长边方向截取 1.0m 板条，按承受三角形或梯形荷载进行内力计算与配筋。

顶梁与底梁可视为简支或固支在闸墩上的梁，梁上所受荷载为墙板传来的水平力 q，对于顶梁和底梁分别等于梁对板的支承反力 R_1 和 R_2，如图 8.49 所示。梁底还应考虑重力所产生的内力。

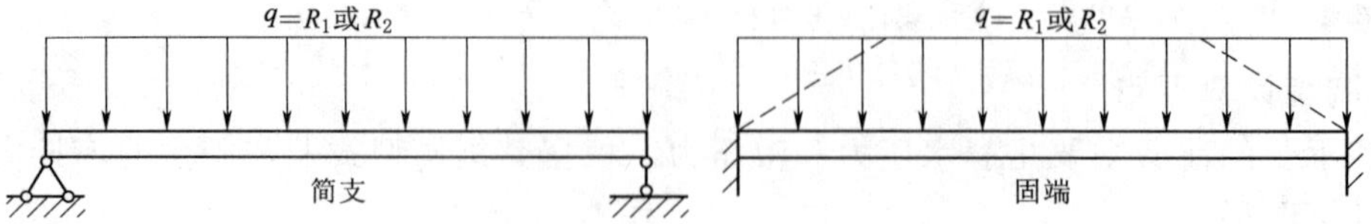

图 8.49 支承梁计算图

8.8　水闸的两岸连接建筑物

8.8.1　连接建筑物的作用

水闸与河岸或堤、坝等连接时，须设置岸墙和翼墙（有时还有防渗刺墙）等连接建筑。其作用如下：

（1）挡两侧填土，保证岸土的稳定及免遭过闸水流的冲刷。

（2）当水闸过水时，引导水流平顺入闸，并使出闸水流均匀扩散。

（3）控制闸身两侧的渗流，防止土壤产生渗透变形。

（4）在软弱地基上设岸墙以减少两岸地基沉降对闸室结构的不利影响。

两岸连接建筑物约占水闸工程量的15%～40%，闸孔数越少，所占的比例越大。因此，水闸设计中，对两岸连接建筑物的型式选择与布置应予重视。

8.8.2　两岸建筑物的布置

1. 闸室与河岸的连接型式

水闸闸室与两岸（或土坝等）的连接型式主要与地基及闸身高度有关。当地基较好，闸身高度不大时，可用边墩直接与河岸连接，如图8.50所示。在闸身较高、地基软弱的条件下，如仍采用边墩直接挡土，由于边墩与闸身地基的荷载相差悬殊，可能产生严重不均匀沉降，影响闸门启闭，并在底板内产生较大的内力。此时，可在边墩后面设置轻型岸墙，边墩只起支承闸门及上部结构的作用，而土压力全由岸墙承担，如图8.51所示。这种连接型式可以减小边墩和底板的内力，同时还可使作用在闸室上的荷载比较均衡，以减少不均匀沉降。

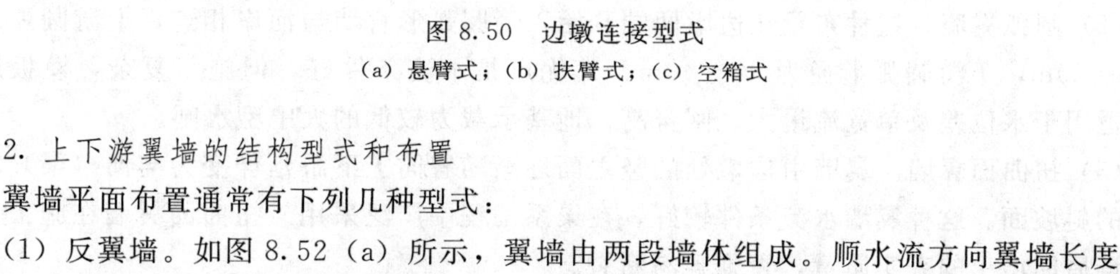

图8.50　边墩连接型式

(a) 悬臂式；(b) 扶臂式；(c) 空箱式

2. 上下游翼墙的结构型式和布置

翼墙平面布置通常有下列几种型式：

（1）反翼墙。如图8.52 (a) 所示，翼墙由两段墙体组成。顺水流方向翼墙长度，上游为水闸水头的3～5倍，或与铺盖同长，下游伸至消力池末端，然后分别垂直插入堤岸内，插入长度为0.3～0.5m。两段墙体相连的转角处，常用半径$R=2\sim3$m的圆弧段连接。为改善水流条件，上游翼墙的收缩角θ不宜大于12°，下游扩散角β不大于7°。这种布置型式水流和防渗效果好，但工程量较大，一般适用于大中型工程。对于渠系小型水

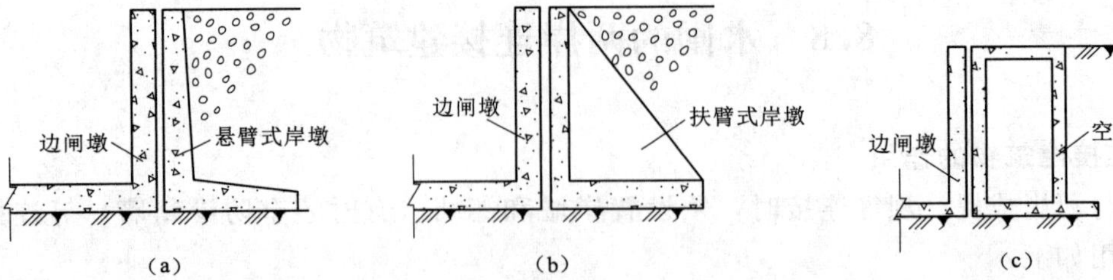

图 8.51 岸墙连接型式
(a) 悬臂式；(b) 扶臂式；(c) 空箱式

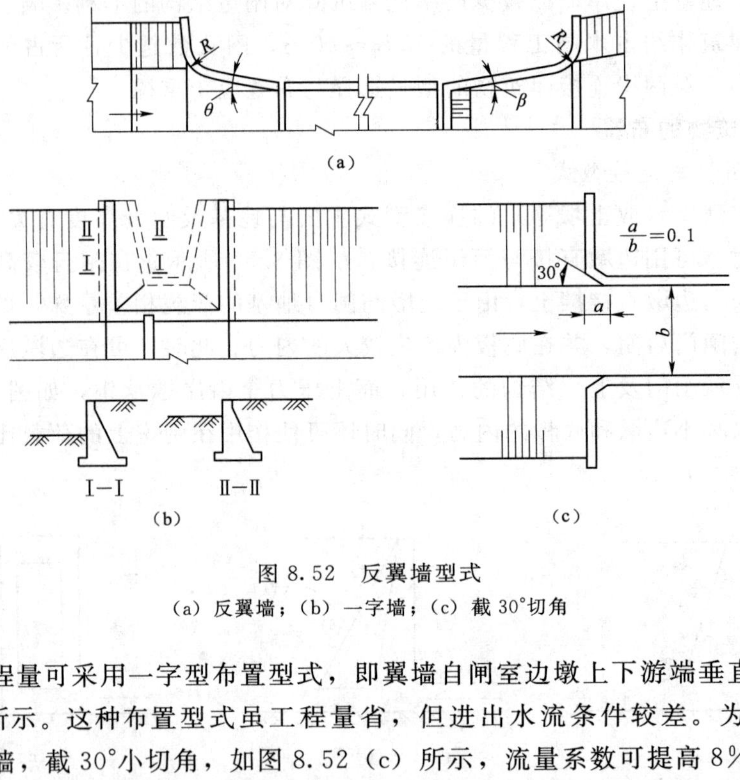

图 8.52 反翼墙型式
(a) 反翼墙；(b) 一字墙；(c) 截 30°切角

闸，为节省工程量可采用一字型布置型式，即翼墙自闸室边墩上下游端垂直插入堤岸，如图 8.52 (b) 所示。这种布置型式虽工程量省，但进出水流条件较差。为了改善水流条件，在进口角墙，截 30°小切角，如图 8.52 (c) 所示，流量系数可提高 8%左右。

(2) 圆弧翼墙。这种布置从边墩两端开始，用圆弧形直墙与河岸相连，上游圆弧半径为 15～20m，下游圆弧半径为 30～40m。其优点是水流条件好，但施工复杂，模板用量大，适用于水位差及单宽流量大、闸身高、地基承载力较低的大中型水闸。

(3) 扭曲面翼墙。翼墙由边墩处的竖立面逐渐随着向上下游延伸变为与河（渠）坡度相同的斜坡面。这种翼墙水流条件较好，在渠系工程中广泛采用。扭曲面翼墙在施工中应保证墙后回填土的夯实质量，否则容易断裂。

(4) 斜降翼墙。斜降翼墙在平面上呈八字形，墙顶随岸坡逐渐下降至东端与河底相平。这种型式的翼墙施工方便、工程量省，但水流易在闸孔附近产生立轴漩涡，冲刷岸坡，而且岸墙后渗径较短，有时需设刺墙，一般适用于小型水闸。

8.8.3 两岸连接建筑物的结构型式

两岸连接建筑物为挡土墙，常用的结构型式有重力式、悬臂式、扶壁式、空箱式及连拱式等。

1. 重力式挡土墙

重力式挡土墙主要依靠自身的重力维持稳定，如图 8.53 所示。它比较适用于中、小型水闸工程。由于重力式挡土墙自重大，限制了它在松软地基上的建筑高度，一般墙高均低于为 6m。挡土墙的墙身多用 M5～M10 水泥砂浆砌块石或 C15～C20 细骨料混凝土砌块石砌筑。为了改善地基压力分布和增强墙的耐久性，挡土墙的底板和墙身压顶多用混凝土或钢筋混凝土浇筑。

重力式挡土墙的顶宽一般为 0.3～0.6m，临水面常做成铅直或接近铅直的；背水面自墙顶向下可做成高度为 0.8m 左右的铅直段，然后以 1∶0.25～1∶0.5 的斜坡连至底板。混凝土底板宽度宜取墙高的 0.6～0.8。底板板厚 0.5～0.8m，板两端悬臂部分长度一般为 0.3～0.5m。

为了提高挡土墙的稳定性，墙顶填土面应设防渗措施；墙内设排水设施，以减少墙背面水压力。排水设施为墙内设排水孔，如图 8.54（a）所示，孔后作反滤层。当墙身不宜开孔排水时，可采用墙后暗管排水，如图 8.54（b）所示。

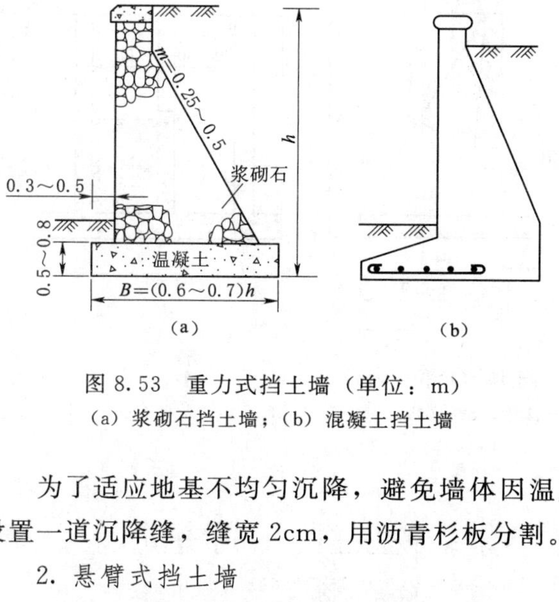

图 8.53 重力式挡土墙（单位：m）
（a）浆砌石挡土墙；（b）混凝土挡土墙

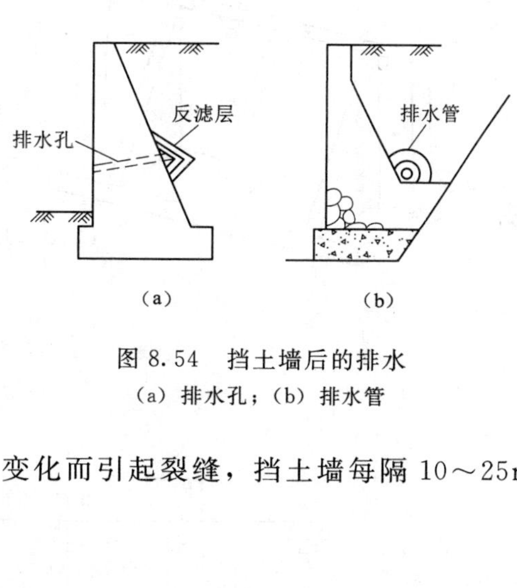

图 8.54 挡土墙后的排水
（a）排水孔；（b）排水管

为了适应地基不均匀沉降，避免墙体因温度变化而引起裂缝，挡土墙每隔 10～25m 设置一道沉降缝，缝宽 2cm，用沥青杉板分割。

2. 悬臂式挡土墙

悬臂式挡土墙一般为钢筋混凝土结构，由直墙和底板组成，如图 8.55 所示。其适宜高度为 6～10m。悬臂式挡土墙具有厚度小、自重轻等优点。底板宽度由挡土墙稳定条件和基底压力分布条件确定。调整后踵长度可以改善稳定条件；调整前趾长度可以改善基底压力分布条件。直墙和底板近似按悬臂板计算。

3. 扶壁式挡土墙

当墙的高度超过 9～10m 以后，采用钢筋混凝土扶壁式挡土墙较为经济。扶壁式挡土墙由直墙、底板及扶壁三部分组成，如图 8.56 所示。

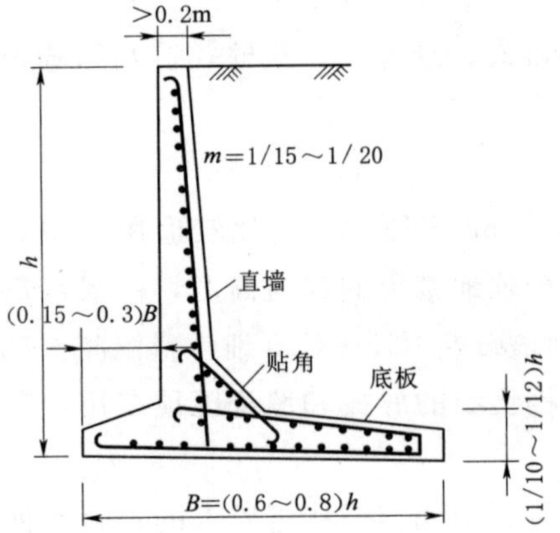

图 8.55 悬臂式挡土墙剖面（单位：m）

直墙的计算分上下两部分，在离底板顶面 $1.5L_0$（扶壁净距）处的高程以下，按三边固定、一边自由的双向板计算；上部以扶壁为支座，按单向连续板计算。

底板的计算分前趾和后踵两部分。前趾计算与悬臂梁相同。后踵分两种情况：当 $L_1/L_0 \leqslant 1.5$ 时，按三边固定一边自由的双向板计算；当 $L_1/L_0 > 1.5$，则自直墙起至离直墙 $1.5L_0$ 为止的部分，按三面支承的双向板计算，在此以外按单向连续板计算。

扶壁计算，可把扶壁与直墙作为整体结构，取墙身与底板交界处的 T 形截面按悬臂梁分析。为了加强扶壁与主墙的连接，可在连接处适当加宽。

4. 空箱式挡土墙

空箱式挡土墙由底板、前墙、后墙、扶壁、顶板和隔墙等组成，如图 8.57 所示。利

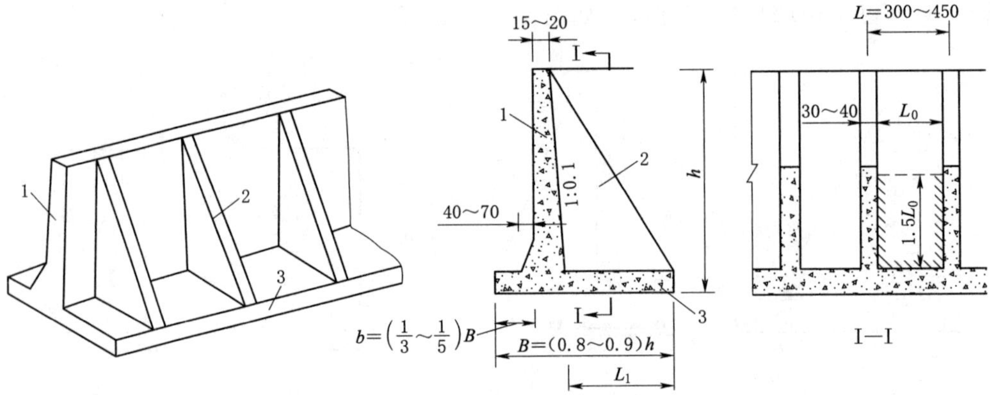

图 8.56 扶壁式挡土墙（单位：cm）

1—立墙；2—扶壁；3—底板

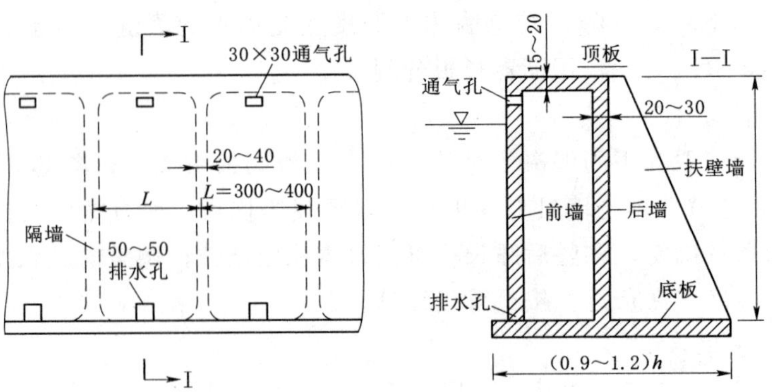

图 8.57 空箱式挡土墙（单位：cm）

用前后墙之间形成的空箱充水或填土可以调整地基应力。因此，它具有重力小和地基应力分布均匀的优点，但其结构复杂，需用较多的钢筋和木材，施工麻烦，造价也高。因此，仅在某些地基较差的大型水闸中使用。

顶板和底板均按双向板或单向板计算，原则上与扶壁式底板计算相同。前墙、后墙与扶壁式挡土墙的直墙一样，按以隔墙支承的连续板计算。

5. 连拱空箱式挡土墙

连拱空箱式挡土墙也是空箱式挡土墙的一种型式，它由底板、前墙、隔墙和拱圈组成，如图 8.58 所示。前墙和隔墙多采用浆砌石结构，底板和拱圈一般为混凝土结构。拱圈净跨一般为 2～3m，矢跨比常为 0.2～0.3，厚度为 0.1～0.2m。拱圈的强度计算可选取单宽拱条，按支承在隔墙（扶壁）上的两铰拱进行计算。连拱式挡土墙的优点是钢筋省、造价低、自重小，适于软土地基。缺点是：挡土墙在平面布置需转弯时施工较为困难、预制拼装的拱圈整体性差。这种结构目前已经较少采用。

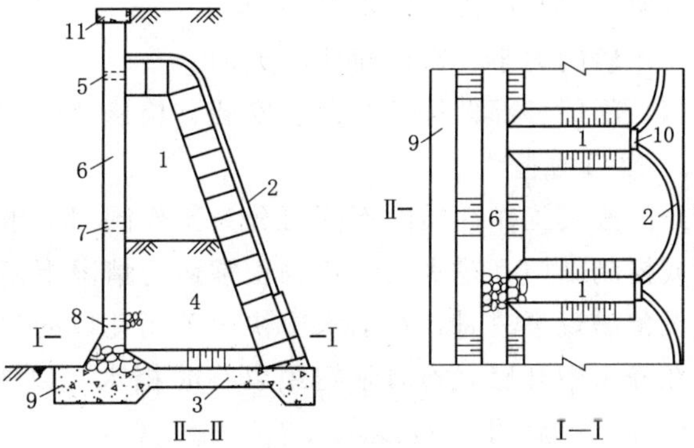

图 8.58 连拱式挡土墙

1—隔墙；2—预制混凝土拱圈；3—底板；4—填土；5—通气孔；6—前墙；7—进水孔；8—排水孔；9—前趾；10—C15 混凝土；11—压顶土

8.8.4 侧向绕渗和防渗措施

水闸建成挡水后，除闸基有渗流外，水流还从上游经水闸两岸渗向下游，这就是侧向渗流（绕渗）。绕渗对岸墙、翼墙产生渗透压力，有可能使两岸填土产生危害性的渗透变形；绕渗加大了墙底扬压力和墙身的水平水压力，影响其稳定性。

侧向绕流有自由水面，属于三维无压渗流，计算方法很多，但计算多属近似且较繁复。对于墙后土层的渗透系数小于或等于地基土的渗透系数时，粗略计算，墙后侧向渗透压力近似地采用相应部位的闸基渗透压力数值，这样计算既简便，又有一定的安全度。

两岸建筑物的防渗布置，必须与闸基的防渗布置相协调。上游翼墙与铺盖的连接，不仅其连接部位要确保防渗，还要注意翼墙插入河岸的防渗深度与闸基一致，以保证在空间上形成防渗的整体。两岸各个可能渗径长度都不得小于闸基防渗长度。当墙后土层土质与地基土不同时，应考虑其不同的渗径系数，取其较大者。

8.9 闸门与启闭机

8.9.1 闸门的组成、类型及设计要求

闸门是水工建筑物的孔口上用来调节流量，控制上下游水位的活动结构。它是水工建筑物的一个重要组成部分。

1. 闸门组成

闸门一般由三部分组成：

(1) 挡水门体部分，用以开关和调节孔口大小的挡水体，统称闸门或门叶。

(2) 埋固构件部分，即预埋在闸墩和胸墙内的固定构件，如支承行走埋设件、止水埋设件和护砌埋设件等。

(3) 启闭设备部分，包括连接闸门和启闭机的螺杆或钢丝绳索和启闭机等。

闸门是水工建筑物的活动机构，设计中应满足以下要求：

(1) 建筑物在各种情况下运用自如、工作可靠。

(2) 闸门的水流条件好，即泄水能力大，出流平顺，避免引起门底、门槽空蚀及闸门振动现象；封水严密、漏水量小。

(3) 启门力小、操作简便、灵活。

(4) 闸门各部件符合制造、安装、检修及维护等方面要求。

2. 闸门的类型

闸门按其工作性质的不同可分为工作闸门、事故闸门和检修闸门等。工作闸门又称主闸门或控制闸门，是水工建筑物正常运行情况下使用的闸门。事故闸门是在水工建筑物或机械设备出现事故时，在动水中快速关闭孔口的闸门，又称快速闸门。事故排除后充水平压，在静水中开启。检修闸门用以临时挡水，以便检修建筑物、工作闸门或机械设备等，一般在静水中启闭。

闸门按门体的材料可分为钢闸门、钢筋混凝土或钢丝网水泥闸门、木闸门及铸铁闸门等。钢闸门门体较轻，但除锈、防蚀维护工作量较大，一般适用于大中型水闸。钢筋混凝土或钢丝网水泥闸门可以节省钢材，不需除锈但前者较笨重，启闭设备投资大；后者容易剥蚀，耐久性较差，一般常用于渠系小型水闸。铸铁门抗锈蚀、抗磨性能好、止水效果也好，但由于材料抗弯强度较低，性能又脆，故仅在低水头、小孔径小闸中使用。木闸门由于耐久性差及我国木材资源紧缺，已逐渐不用。

闸门按其结构型式可分为平面闸门（图8.59）、弧形闸门和其他型式闸门等。前二种是应用最广的型式。本节主要介绍平面闸门和弧形闸门。

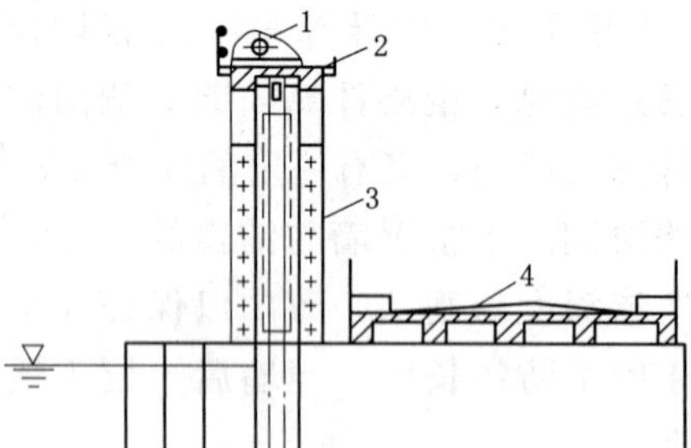

图8.59　直升式平面闸门示意图
1—启闭机；2—工作桥；3—排架；4—公路桥；5—检修门槽；6—平面闸门

8.9.2　闸门的布置与构造

1. 平面闸门

平面闸门按其提升方式可以分为直升式和升卧式。

直升式平面闸门的挡水面板一般做成平面的，门体两侧支承在闸墩的门槽内，平面上的水压力通过门槽传给闸墩，如图8.60所示。它可用于开敞式水闸，也可用于孔口尺寸和水头不大的潜孔以内，我国最大的钢闸门跨度已达到30m。

中小型水闸多用钢筋混凝土或钢丝网水泥平面闸门，跨度可达6～8m。直升平面闸门与弧形闸门相比较，其优点是①门体结构较为简单，便于制造加工、安装和运输；②闸墩长度较短；③闸门可吊

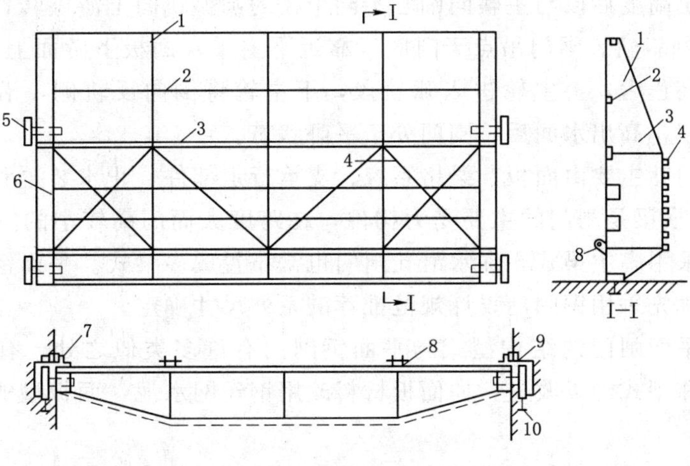

图 8.60 平面钢闸门结构布置

1—竖向隔板；2—水平次梁；3—主梁；4—纵向联结系；5—主轮；6—支承边梁；7—侧止水；8—吊耳；9—反轨；10—主轮轨道

出孔口，便于检修维护和在各孔间互换，并可兼作检修闸门。其缺点是①启门时门体底部需提出最高泄水位，故工作桥的排架较高；②启门力较大，从而使启门设备的造价也较高。

升卧式平面闸门是平面闸门的一种。但它综合了直升平面门和弧形门的优点，闸墩短薄，工作桥可降低约 0.7 倍闸门高的高度，既节省了投资又提高了抗地震性能，如图 8.61 所示。升卧式平面闸门结构虽与直升平面闸门类似，但也有其特点：承受水压的门槽主轨道自下而上不完全是直的，而是分成直轨、弧轨和斜轨三段。而对侧反轨则随闸门倾倒的方向而定，向下游倾倒的升卧门，反轨自下而上均为直轨；向上游倾倒的升卧门，反轨下

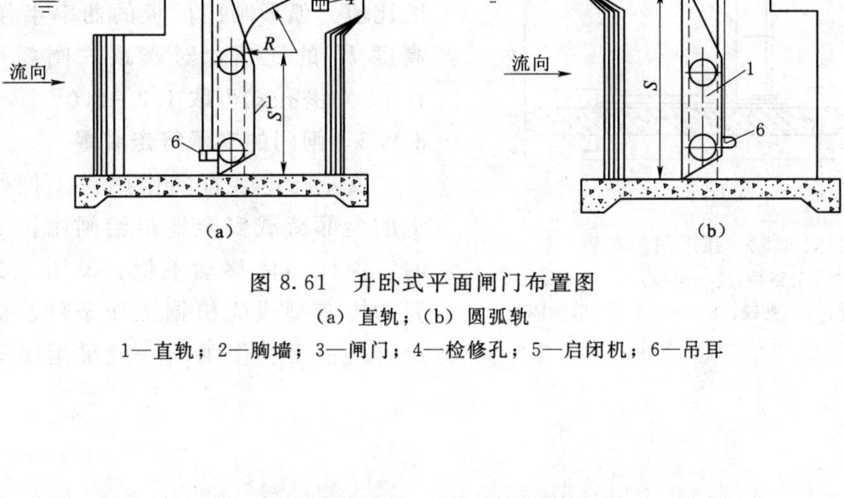

图 8.61 升卧式平面闸门布置图

(a) 直轨；(b) 圆弧轨

1—直轨；2—胸墙；3—闸门；4—检修孔；5—启闭机；6—吊耳

段为直段，从一定高度后以与主轨同圆心不同半径的圆弧轨向上游旋转，而后转成平轨或0.15°～1.0°左右的斜轨。闸门吊点于门底（靠近下主梁）面板下游面上。当闸门开启时，向上提升到一定高程后，上主轮进入弧轨段，下主轮将倒向反轨侧，沿之滚动，闸门后倾；继续提升闸门，高出水面后，闸门处于平卧状态。

平面钢闸门门叶主要由面板、梁格系统、支承行走部件、止水装置和吊具等组成，如图8.60所示。主横梁是闸门的主要受力构件，在跨度大而门高较小的露顶闸门多布置成双主梁式，反之采用多主梁式，深水潜孔闸门也常布置成多梁式。平面钢闸门的基本尺寸应根据孔口尺寸优先采用钢闸门设计规范推荐的系列尺寸确定。

钢筋混凝土平面闸门的结构型式与平面钢闸门有许多类似之处。有的为减轻闸门自重，将面板材料和型式加以改进，如面板材料改用钢丝网水泥，面板型式改为拱形、波形及双曲薄壳形等。

平面闸门通常做成单扉的。当有些水闸要求排泄漂浮物、冰凌而不多泄水，或为了降低工作桥高度时，可采用双扉闸门。双扉闸门的上扉闸门高一般为孔口高度的0.25～0.40。双扉闸门控制运时，要避免下扉闸门门顶溢流而发生负压振动。

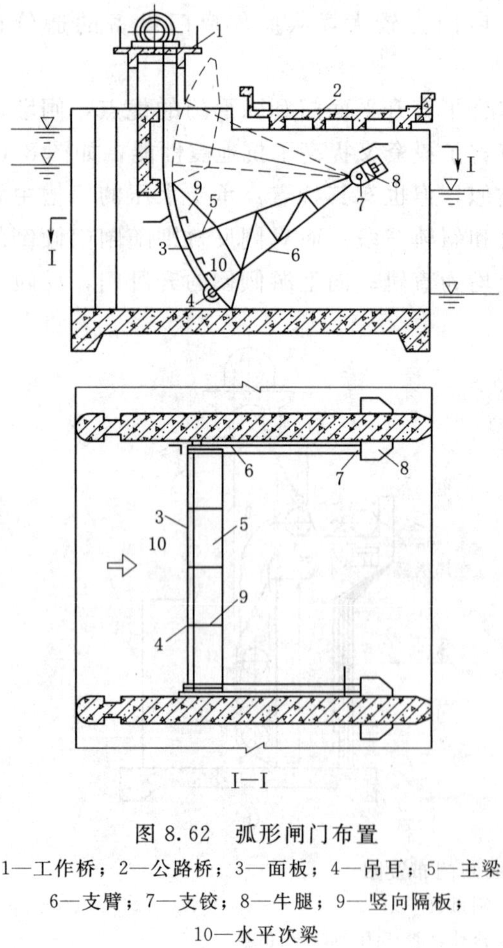

图8.62 弧形闸门布置

1—工作桥；2—公路桥；3—面板；4—吊耳；5—主梁；6—支臂；7—支铰；8—牛腿；9—竖向隔板；10—水平次梁

2. 弧形闸门

弧形闸门由弧形面板、梁系和支臂组成，如图8.62所示。支臂末端支承在闸墩的铰座上。一般情况下闸门的旋转中心与弧形面板的圆心重合，作用在面板上水压力的合力通过旋转中心，因而减少了启门力（约为平面门的1/2～1/3)，节省了启闭设备投资。所以弧形闸门在大跨度孔口和较大工作水头的情况下尤为适用。弧形闸门常采用钢材、钢筋混凝土等材料制成；孔口宽度一般在10～20m。

弧形闸门的主梁应根据孔口宽高比布置成横梁式或纵梁式结构。前者适用于较大的宽高比，后者适用于较小的宽高比。弧形门的宽高比一般采用1.2～3.0。对露顶式弧形门常用较大的比值，潜孔式弧形门常用较小的比值。弧形闸门面板的曲率半径 R 与闸门高度 H 的比值，对露顶式闸门可取1.1～1.5；对潜孔式可取1.2～2.0。

8.9.3 闸门的支承行走装置

支承行走装置的作用是①把作用在闸门上的全部荷载安全地传给闸墩；②启闭闸门时，保证门体移动平稳、灵活。支承行走装置的构造型式应根据工作条件、荷载和跨度决定。平面工作闸门一般采用滚动或滑动支承，弧形门采用铰接式支承装置。

1. 滑动支承

滑动支承是平面闸门上用得很多的支承型式。常用的滑道材料有磨石子（或水泥砂浆面）、花岗岩、钢板、胶木等。由于前三种材料摩擦系数较大，所以只能用于小型闸门。压合胶木或油尼龙是一种承载能力高、摩擦系数小、构造简单、安装制造容易且重量轻的材料，由于该材料的出现，使滑动支承得到了推广。但其性能不太稳定，尤在深水或干湿交替的环境中，摩擦系数会增加很多，运行可靠性有待提高。胶木滑道或滑块（闸门高度方向通常布设的称为滑道，分段布设的称为滑块）的工作面一般由三条压合胶木组成，其总宽度为 100～150mm，加工时应使受力面为颜色较深的顺纹断面，为此，切割与装置时，应予注意，如图 8.63 所示。为提高其承载力，应使其受到足够的侧向挤压力。装置时，先将左右两块放入夹槽，然后将中间一块以机械压入。大型闸门的夹槽多数是整体铸造，简单可靠；而中小型闸门则以可拆卸的装配式居多。支承方钢的顶部作成圆弧形，有的是不锈钢的，也有的可在表层堆焊一层不锈钢或焊一条弧面不锈钢条，加工磨光至 6～7 光洁度，且保留厚度不小于 2mm。

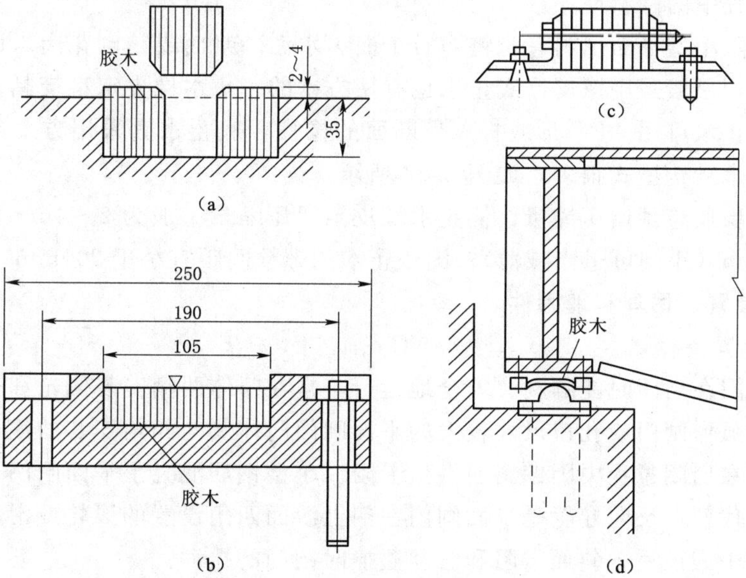

图 8.63 胶木板及滑块的正确切割和装置方向（单位：mm）
(a) 胶木压入夹槽；(b) 胶木就位；(c) 滑道；(d) 圆弧形支撑

2. 滚动支承

对孔口尺寸或水头较大的平面闸门，为了减少水压力的摩擦力，常采用滚动支承。常用的滚动支承有以下四种型式：

(1) 悬臂轮式。适于荷载不大时，一般每个轮压不超过 500～1000kN。

(2) 简支轮式。滚轮以简支轴装在双腹式边梁的腹板之间，每个轮压可达 1000～1500kN，适用于孔口或水头较大的闸门。

(3) 轮座式。装置滚轮的轮座对准主梁，直接传力，边梁受力小，构造简单但闸门槽需要加宽，轮子直径受限，一般用于小型闸门。

(4) 台车式。当轮压较大时，可使台车式支承将滚轮由4个增加到8个，而门体的支承点仍将保持4个。

3. 铰接式支承

铰接式支承一般在弧形闸门、扇形闸门和翻板闸门中使用。铰接式支承由铰轴、铰链和铰座三部分组成。铰链与支臂连接，铰座与闸墩牛腿连接，铰轴为联系铰链和铰座。铰接式支承的结构型式有圆柱铰、圆锥铰及球铰等。圆锥铰、球铰适用于大型斜支臂弧形闸门，以传递斜向推力，后者能确保闸门主框架支点具有铰接特性。两者由于构造复杂、重量大造价高而应用较少。圆柱铰不仅适用弧形闸门，也适用于扇形闸门、翻板闸门，应用较为广泛。

8.9.4 闸门的止水装置

闸门止水装置的作用是将门体与闸孔周界的间隙密封，防止漏水，也称为水封。止水按其装置位置分为顶止水、侧止水、底止水和中间止水。各部位的止水装置均应具有连续性和严密性。对大跨度潜孔闸门，其顶止水应考虑顶梁弯曲变形的影响，并应防止其止水橡皮在启闭过程中的翻卷现象。

止水材料除小型平面闸门有时将磨石子面、水泥砂浆面或镶砌花岗岩的滑道和轨道兼作止水之用外，一般采用橡皮，底止水也有用方木的。止水橡皮定型产品规格繁多，一般闸门的顶、侧止水可用“P”形或板条形断面的橡皮，底止水宜采用方木或条形橡皮。闸门不同部位止水结构型式很多，如图8.64所示。

闸门止水橡皮应预留压缩量，侧止水橡皮预留压缩量一般为2～4mm；止水压板厚度不宜小于10mm（小闸可适当减薄）；固定止水的螺栓间距宜小于200mm。

8.9.5 导向装置、吊耳和埋固件

1. 导向装置

为了使闸门在启闭时能顺利、安全地运行，常在门体两侧安装侧轮和上游安装反向导轮。侧轮是在弧形闸门或孔口尺寸较大的平面闸门门体侧向四角安装的滚轮或滑块。其作用是防止闸门在启闭过程中因偏斜而发生卡阻。小型钢筋混凝土平面闸门可用侧滑钢筋或混凝土弧块来代替。反向导轮是平面闸门在门上游面四角设置的滚轮或滑块，其作用是防止闸门在启闭中因前后歪斜而卡阻和缓冲碰撞时闸门的振动。

2. 吊耳

吊耳位于闸门的吊点处，是门体和启闭机相连接的部件。平面闸门的吊耳一般都安设在门顶（升卧门的吊耳安设在门底以上附近），并尽量布置在闸门的重心线上。当门宽在5m以内时多采用单吊耳；当门宽大于5m时则宜采用双吊耳。露顶式弧形闸门的吊耳一般布置在闸门下主梁与下支臂交点的面板前面，而潜孔式弧形门的吊耳多设在面部顶部。

3. 闸门埋件

为了使闸门的支承、止水等部件有效地工作，在与之相接触的混凝土构件表面设置轨道、连接座、侧导板和止水座等铁件。铁件需牢固、准确地预埋在接触构件表面，一般采用二期混凝土予以安装。

对于安装、调整、定位和固定埋件的锚栓，其直径一般不小于ϕ16mm，伸出一期混

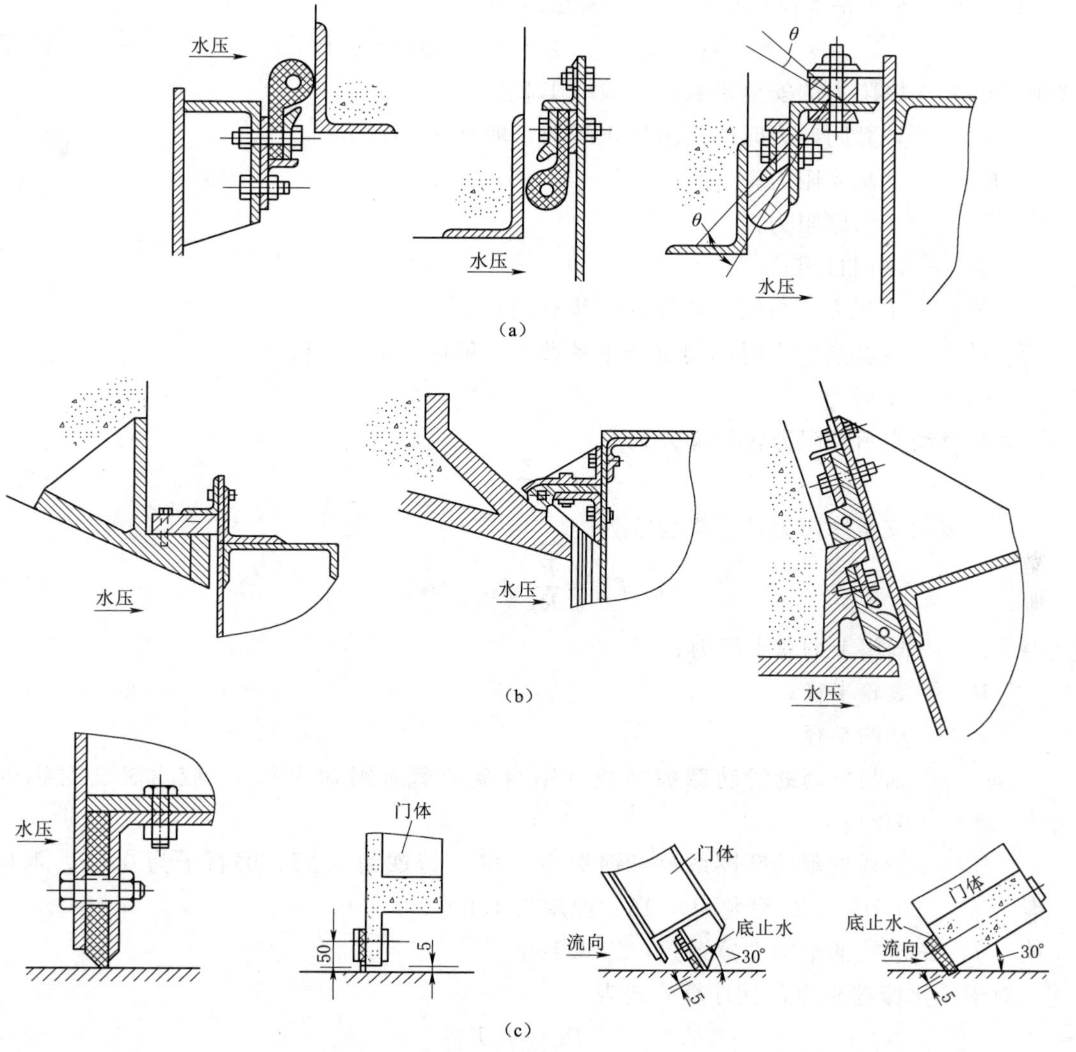

图 8.64 闸门止水示意图（单位：mm）

(a) 潜孔式平面闸门顶止水；(b) 潜孔式弧形闸门顶止水；(c) 底止水

凝土的长度不小于 150mm。低水头、小孔径闸门上述要求可适当减小。

8.9.6 启闭力

影响启闭力的主要因素有门体自重、各种摩阻力和动水作用力等。中小型闸门启闭力的计算，一般也可以不考虑闸门底缘的动水上托力和下吸力。

1. 平面闸门启闭力的计算

(1) 在动水中平面闸门闭门力的计算公式为

$$F_w = n_R(T_{zd} + T_{zs}) - n_G G + P_T \tag{8.53}$$

若 F_w 为负值，表明闸门能靠自重关闭；若 F_w 为正值，则需要加压力闭门。如用油压启闭机或螺杆启闭机加压（如为卷扬式启闭机），则需改变闸门布置，利用水柱重（W_s）加压或加设配重（G_j）。

(2) 在动水中平面闸门启门力的计算公式为

$$F_Q=n(T_{zd}+T_{zs})+P_x+n'_GG+G_i+W_s \tag{8.54}$$

式中 n_T——摩阻力的安全系数，一般取1.2；

n_G——计算闭门力时的门重修正系数，取0.9～1.0；

T_{zd}——支承摩阻力；

T_{zs}——止水摩阻力；

G——闸门自重；

P_t——上托力，与闸门底缘的形状有关；

N'_G——计算启门力时的门重修正系数，一般取1.0～1.1；

P_x——下吸力。

对于滑动支承摩阻力，计算公式为

$$T_{zd}=f_2P \tag{8.55}$$

对于滚动支承摩阻力，计算公式为

$$T_{zd}=\frac{P}{R}(f_1r+f) \tag{8.56}$$

式中 P——闸门上的总水压力；

R——滚轮半径；

r——轴的半径；

f_1——轴与轴套的滑动摩擦系数（钢合金轴套对钢轴为0.3、胶木轴套对钢轴为0.2）；

f_2——滑动支承的摩擦系数（钢板为0.60、铸铁为0.35、磨石子为0.65、木材为0.70、MC尼龙为0.16、橡皮为1.60）；

f——滚轮的滚动摩擦系数，为0.1cm。

对于止水摩擦阻力，其计算公式为

$$T_{zs}=f_3P_{zs} \tag{8.57}$$

式中 f_3——止水与止水座的滑动摩擦系数（橡皮对钢板为0.65、磨石子面等取0.70）；

P_{zs}——作用在止水的水压力，可用侧止水和顶上水的总长度乘以止水橡皮作用的宽度，再乘以平均水压力得出。

静水中启闭的闸门（如检修门）启闭力的计算，除计入门体自重外，为安全计，也可计入由一定的水位差所引起的摩阻力。对露顶式闸门，可采取1～5m的水位差。

2. 弧形闸门启闭力的计算

(1) 闭门力计算公式为

$$F_w=\frac{1}{R_1}[n_T(T_{zd}r_0+T_{zs}r_1)+P_tr_3-n_GG_{r2}] \tag{8.58}$$

F_w 为正值时，需要加压力闭门；F_w 为负值时，则表示依靠门体自重就可关闭。

(2) 启门力计算公式为

$$F_Q=\frac{1}{R_1}[n_T(T_{zd}r_0+T_{zs}r_1)+n'_GG_{r2}+G_jR_2+P_xr_4] \tag{8.59}$$

以上两式中，r_0、r_1、r_2、r_3、r_4 分别为转动铰摩阻力、上水摩阻力、门体重力、上托力和下吸力对转动中心的力臂；R_1、R_2 分别为启门力和配重（或机械下压力）对转动中心的力臂。其他符号意义同平面闸门。

弧形闸门在启闭过程中，力的大小、作用点、方向和力臂随闸门开度而变，应根据启闭力变化过程线决定其最大值。

8.9.7 启闭机

1. 启闭机类型

水工闸门常用的启闭机有螺杆式、卷扬机式和液压式 3 种。

(1) 螺杆式启闭机。螺杆式启闭机是中小型平面闸门普遍采用的启闭机。它由摇柄、主机和螺杆组成。螺杆的下端与闸门的吊耳连接，上端利用螺纹与承重螺母相扣合。当承重螺母通过与其相连的齿轮被外力（电动机或手摇）驱动而旋转时，它驱动螺杆作垂直升降运动，从而启闭闸门。该型启闭机结构简单、机身小、造价低、操作简便，闭门时可施加压力且易于制造，但是启闭速度慢、启闭力小。

(2) 卷扬式启闭机。卷扬式启闭机也是用得很广泛的一种启闭机。它由电动机、减速箱、传动轴和绳鼓组成。卷扬式启闭机是由电力或人力（机电发生故障时）驱动减速齿轮，从而驱动缠绕钢丝绳的绳鼓，借助绳鼓的转动收放钢丝绳使闸门升降。卷扬式启闭机启门力大、操作方便、启闭速度快，但造价较高，适用于弧形闸门及启门力大而不需闭门力的平面闸门。

(3) 液压式启闭机。液压式启闭机利用较小的动力便能获得较大的起重能力，它耗钢材少、操作简便、造价较低、启闭速度也较快，还便于集中控制和自动操作，因此，液压启闭机适用于启闭力大而孔数较多的闸门。在液压启闭机的结构中，油泵通过电动机或柴油机带动，从油箱中吸入并加压油液后，通过输油管将油液传递到启门的油缸，使油缸中的活塞在液压的作用下沿缸壁作轴向往复运动，从而带动活塞杆以升降闸门。

2. 启闭机速度、电动机功率及启闭机重量

(1) 启闭机速度。为防止运转时速度过快产生事故，一般对启闭机速度有一定的限制：人力启闭为 0.01～0.03m/min；电动为 1～2m/min；油压操作的闸门全开时间不超过 8min。

(2) 电动机功率。电动机操作闸门所需功率为

$$N = FV/(102 \times 60\eta) \tag{8.60}$$

式中 F——启闭力；

V——启闭速度；

η——总的机械效率，初估时采 0.6。

3. 启闭机选择

启闭机的型式应根据工作条件、设计启闭力及工程规模等因素确定。对于工作闸门、快速事故闸门，由于经常处于工作状态或要求快速关闭，故以采用固定式启闭机为宜；对于多孔口检修闸门、尾水闸门，一般不需同时启用，则以采用移动式启闭机较为经济。卷扬式启闭机多用于不需施加外力，闸门能依靠自重关闭的情况，一般大中型闸门采用较多；螺杆式和液压式启闭机多用于闸门不能依靠自重关门的情况。螺杆式启闭机常用于中

小型闸门。当启门力小于 100kN 时，采用手摇式；当启门力大于 100kN 时可采用手摇和电动两用的螺杆式启闭机。液压式启闭机多用于大中型潜孔高压闸门和要求快速关闭的闸门上。

选择启闭机时，应根据启门力和闭门力确定合适的容量；启闭机的扬程可根据运行条件决定，并满足露顶式工作闸门起门高度为提出水面 1～2m；快速事故闸门为提到孔口以上 0.5～1.0m。

小　结

本章主要从孔口设计、消能防冲、防渗设计、稳定验算及结构计算等五个部分对水闸进行分析。

孔口设计时既要学会初估水闸总净宽的方法，更重要的是如何验算过闸流量，特别要掌握侧收缩系数计算中的基本假定及计算原理。

水闸常见的消能形式是底消能，主要是确定消力池的深度和护坦厚度。在设计不同结构物尺寸时要采用不同的单宽流量，如设计消力池时采用孔口中的单宽流量，而不是采用消力池始端的平均单宽流量，这是由于安全的原因；设计海漫时采用消力池末端的平均单宽流量；设计防冲槽时则采用海漫末端的平均单宽流量。

防渗设计时采用 $L=C\Delta H$ 计算，仅是对防渗长度加以初步拟定，但要确定其最终值还须计算渗透坡降及渗透压力，以满足闸室稳定的要求，同时又要满足整个水闸工程最经济的要求。防渗设计考虑闸基（有压流）和绕渗（无压流）两部分。

闸室结构计算方法有反力直线分布法和弹性地基梁法。对于黏性土地基和相对密度 $D_r>0.5$ 的砂土地基，应采用弹性地基梁法；对 $D_r\leqslant 0.5$ 的砂性地基，则采用反力直线分布法。

练　习　题

1. 水闸按闸室结构型式可分为________、________、________。

2. 闸室是水闸的主体，主要由________、________、________、________、________等组成。

3. 水闸下游连接段主要由____________、____________、____________、____________组成。

4. 为了灌溉或其他目的引水的需要，常在天然河道、湖泊和水库的堤岸上建闸引水，这种闸称为（　　）。

A. 进水闸　　B. 节制闸　　C. 排水闸　　D. 分洪闸

5. 在溢流坝消能设计时，对地质条件适应性强，流态稳定，消能效果好是（　　）消能的特点。

A. 底流　　B. 挑流　　C. 面流　　D. 消力戽

6. （　　）消能具有结构简单、工程造价低、检修施工方便等优点，但可能造成冲刷严重、堆积物较多，雾化及尾水波动等问题。

A. 挑流式　　B. 底流式　　C. 面流式　　D. 消力戽

7. 水闸的工作特点是什么？

8. 如何选用水闸的闸孔型式及底板顶高程？水闸闸孔净宽与闸室底板高程之间有什么关系？什么情况宜增加净宽？什么情况宜降低底板高程？

9. 过闸水流的不利形态有哪几种？如何防止不利流态？

10. 水闸消能防冲设计的主要内容是什么？

11. 水闸渗流分析常用计算方法有哪几种？各有什么特点？防渗设施的设计要求是什么？

12. 闸室抗滑稳定分析的原理是什么？需要重点关注的问题有哪些？

13. 水闸地下轮廓有哪几种布置方式？其适用条件是什么？

14. 海漫的作用是什么？其设计有哪些要求？

15. 改进阻力系数法的原理是什么？

16. 水闸的哪些部位应设缝？哪些缝要设置止水？请简述分缝的作用。

17. 请说明闸门的组成、类型及适应条件。

18. 简述启闭机的类型、特点及适用条件。

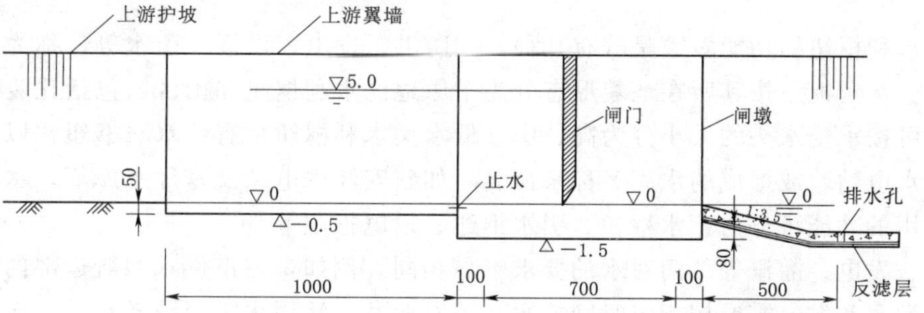

图 8.65　水闸顺水流方向断面图

19. 根据图 8.65 所示尺寸，试求水闸地下轮廓线上各点的扬压力强度及单位宽度闸底板上的扬压力值。要求用国际单位制，计算结果保留一位小数。图中高程单位为 m，尺寸单位为 cm。

（1）标出（用笔在图上描出）地下轮廓线。

（2）采用直线比例法计算闸底板转折点的渗透压力强度值。

（3）绘制作用在底板上的扬压力强度分布图。

（4）计算作用在单位宽度闸底板上的扬压力。

第9章　水　利　枢　纽

本章目标：

掌握蓄水枢纽和取水枢纽的类型、组成及布置，船闸的工作原理和结构。

具体要求：

（1）掌握蓄水枢纽的类型、特点和布置要求。

（2）掌握取水枢纽的类型、特点、布置及适用条件。

（3）掌握船闸的工作原理和结构构造。了解过木建筑物的原理和型式。查阅鱼道相关资料。

一个水利枢纽的功能多数是兼有几种，如防洪、发电、灌溉、引水等，称为综合利用水利枢纽。水利枢纽按其所在地貌形态分为平原地区水利枢纽和山区（包括丘陵区）水利枢纽；也可按承受水头的大小分为高、中、低水头水利枢纽。有些水利枢纽常以其主体工程（坝或水电站）或形成的水库名称来命名，如新安江水电站及官厅水库等。水利枢纽按其主要作用的功能可分为蓄水枢纽、引水枢纽、发电枢纽等。

防洪、发电、灌溉等部门对水的要求不尽相同，例如，城市供水和航运部门要求均匀供水，而灌溉和发电需要按指定时间放水；工农业及生活用水需要消耗水量，而发电只是利用了水的能量。又如，防洪部门希望尽量加大防洪库容，以便能够拦蓄更多的洪水，而兴利部门希望扩大兴利库容，等等。为了协调上述各部门供需之间的矛盾，在进行枢纽规划时，应当在流域规划的基础上，根据枢纽所在地区的自然条件、社会经济特点以及近期与远期国民经济发展的需要等，统筹安排，以水定需，最合理地开发利用水资源，做到以最少的投资，最大限度地满足国民经济各个部门的需要。

9.1　蓄　水　枢　纽

蓄水枢纽设计的主要内容有坝址、坝型选择和枢纽布置等。坝址、坝型选择和枢纽布置共同受所在河流（区域）的社会经济和自然条件的制约。

9.1.1　坝址与坝型选择

坝址和坝型的选择工作贯穿在各个设计阶段之中，并且是逐步深入的。在可行性研究阶段，一般根据开发任务的要求和地形、地质及施工等条件，初选几个可能筑坝的地段和若干条有代表性的坝轴线，通过枢纽布置进行综合比较，选择其中最有利的地段和相应较好的坝轴线，提出推荐坝址。然后在推荐坝址上进行枢纽布置，通过方案比较，初选基本坝型（重力坝、拱坝、土石坝）和初选枢纽布置方式。在初步设计阶段，根据掌握的地质资料，通过技术经济比较，选定最合理的坝轴线，确定坝型及其他建筑物的型式和主要尺寸，进行枢纽布置。在施工详图阶段，随着地质资料和试验资料的进一步深入和完善，对已确定的坝轴线、坝型和枢纽布置做最后的修改和定案。

坝址、坝型选择和枢纽布置关系密切，不同的坝轴线可选用不同的坝型和枢纽布置；对同一条坝轴线，也可采用几种坝型和枢纽布置方案。在优选坝址、坝型时，一般应考虑以下几个因素。

1. 地质条件

地质条件是建库建坝的基础，是衡量坝址优劣的重要条件之一，在某种程度上决定着枢纽工程的结构和投资。在选择坝址、坝型阶段，应摸清各比较方案的区域、库区和建筑物区的地质情况。坚硬完整、无构造缺陷的岩基是最理想的坝基。但天然地基总会存在地质缺陷，可通过妥善的地基处理措施使其达到筑坝的要求。在该阶段作为宏观决策，关键是不能疏漏重大地质问题；对重大地质问题要有正确的定性判断，以便决定坝址的取舍或定出防护处理的措施，或在坝型选择和枢纽布置上设法适应坝址的地质条件。

一般情况下，拱坝对两岸坝基地质条件要求较高，重力坝或支墩坝次之，土石坝要求最低；高坝要求较严格，低坝要求较低。坝址选择还必须对区域地质稳定性及库区的渗漏、库岸塌滑、岸坡及山体稳定等地质条件做出评价。

2. 地形条件

坝址地形条件必须满足开发任务对枢纽布置的要求。一般来说，坝址河谷狭窄，坝轴线短，坝体工程量较小，但河谷太窄则不利于泄水建筑物、发电建筑物、施工导流及施工场地的布置，是否经济应根据枢纽总造价来衡量。通常，河谷两岸有适宜的高度和必需的挡水前缘宽度时，则对枢纽布置有利；对于多泥沙河流及有漂木要求的河道，应注意坝址位置对取水、防沙及漂木是否有利；对于通航河道，还应考虑通航建筑的布置；对坝址上游，希望河谷开阔，争取在淹没损失较小的情况下获得较大库容。

坝址地形条件还应与坝型相互适应，拱坝要求河谷窄狭；土石坝要求河谷宽阔、岸坡平缓，坝址附近或库区内有高程合适的天然山垭口，可供布置河岸式溢洪道，以及坝址附近有开阔的地形，便于布置施工场地。

3. 建筑材料

坝址附近应有数量足够、质量符合要求的建筑材料，应便于开采、运输，且施工期间料场不会被淹没。

4. 施工条件

坝址和坝型选择要考虑易于施工导流、施工交通运输、能源供应及便于布置施工场地。

5. 综合效益及环境影响

对不同坝址要综合考虑防洪、灌溉、发电、通航、过木、城市和工业用水、渔业以及旅游等各部门的经济效益；并考虑兴建水库后，原来的陆相地表和河流型水域变为湖泊型水域，改变了地区自然景观，对自然生态和社会经济产生多方面的环境影响。其有利的影响是发展了水电、灌溉、供水、养殖、旅游等水利事业和消除了洪水灾害、改善气候条件等。但是，也会带来淹没损失、浸没损失、土壤沼泽化、水库淤积、诱发地震、生态平衡受到破坏以及造成下游冲刷、河床演变等不利影响。虽然水库对环境的不利影响与其社会、经济效益相比是次要的，但处理不当也能造成严重的后果，故在进行水利规则和坝址选择时必须进行认真研究。

9.1.2　枢纽布置

拦河筑坝以形成水库是蓄水枢纽的主要特征。其枢纽组成除拦河坝和泄水建筑物外，还包括输水建筑物、水电站建筑物和过坝建筑物等。枢纽布置主要是研究和确定枢纽中各水工建筑物的相互位置，其涉及泄洪、发电、通航、导流等各项任务，并与坝址、坝型密切相关，应统筹兼顾，认真分析，全面安排，最后通过综合比较，从若干个比较方案中选优。枢纽布置的一般原则如下：

（1）枢纽布置应满足各建筑物在布置上的要求，并应避免运行时相互干扰，确保各建筑物在任何工作条件下都能正常工作。

（2）枢纽布置应同时考虑合理选择施工导流的方式、施工程序和标准，合理选择主要建筑物的施工方法。工程实践证明，在某种情况下，配合得当不仅能方便施工，还能使部分建筑物提前发挥效益（提前蓄水、发电等）。

（3）枢纽布置应做到在满足安全和运用管理要求的前提下，尽量降低枢纽总造价和年运行费用；如有可能，应考虑使一个建筑物发挥多种作用；应对枢纽建筑物进行优化设计或采用先进的技术、工艺和材料。例如，结合实际条件尽量选用双曲拱坝、堆石面板坝、碾压混凝土坝等新坝型。

（4）枢纽布置应与周围自然环境相协调，因地制宜地将人工环境和自然环境有机地结合起来，创造出一个完美的、多功能的宜人环境。

9.1.3　枢纽布置方案的选定

水利枢纽设计最后需通过论证比较，从若干个枢纽布置方案中选出一个最优方案。最优方案应该是技术上先进且可能、经济上合理、施工期短、运行安全可靠以及管理维修方便的方案。方案选择时主要论证比较的内容有以下几个方面：

（1）主要工程量。如土石方、混凝土和钢筋混凝土、砌石、金属结构、机电安装、帷幕和固结灌浆等工程量。

（2）主要建筑材料用量。如木材、水泥、钢筋、钢材、砂石和炸药等用量。

（3）施工条件。如施工工期、发电日期、施工难易程度、所需劳动力和施工机械化水平等。

（4）运行管理条件。如泄洪、发电、通航是否相互干扰，建筑物及设备的运用操作和检修是否方便，对外交通是否便利等。

（5）经济指标。即总投资、总造价、年运行费用、电站单位千瓦投资、发电成本、灌溉单位面积投资、通航能力、防洪以及供水等综合利用效益等。

（6）其他根据枢纽具体情况需专门进行比较的项目。

上述项目有些可以定量计算，有些则难以量化，这就给枢纽布置方案的选定增加了复杂性。因而，必须以国家的技术政策为指导，在充分掌握基本资料的基础上，以科学的态度实事求是地全面论证，通过综合分析和技术经济比较确定最优方案。

9.1.4 蓄水枢纽布置实例

1. 中、低水头水利枢纽

修建在河流中、下游的丘陵或平原地区的水利枢纽一般位于河床坡度平缓、河谷宽阔的河段上，其主要建筑物是拦河闸（坝），由于其上下游水头差不大，称为中、低水头水利枢纽。此时，挡水建筑物可建在岩基或软基上，由于地形开阔，通常是将挡水建筑物、过坝建筑物、泄水建筑物和电站厂房一字摆开。枢纽布置的关键问题是妥善处理好泄洪消能及防淤排沙问题。

图 9.1 为长江葛洲坝水利枢纽工程布置图。它是我国在长江干流上修建的第一座大坝，位于三峡出口南津关下游 2.3km 处，下距宜昌市约 6km。枢纽的主要任务是对三峡电站进行反调节，解决未来三峡电站日调节不稳定流对下游航道及宜昌港的不利影响以及发电。主体建筑物有泄水闸、船闸、电站厂房、冲沙闸及挡水坝段等。枢纽总库容 15.8 亿 m^3，最大闸坝高 47m，大坝全长 2595m。电站总装机容量 271.5 万 kW。1、2 号大型船闸可通过万吨级货驳船及客轮，是世界最大船闸之一。

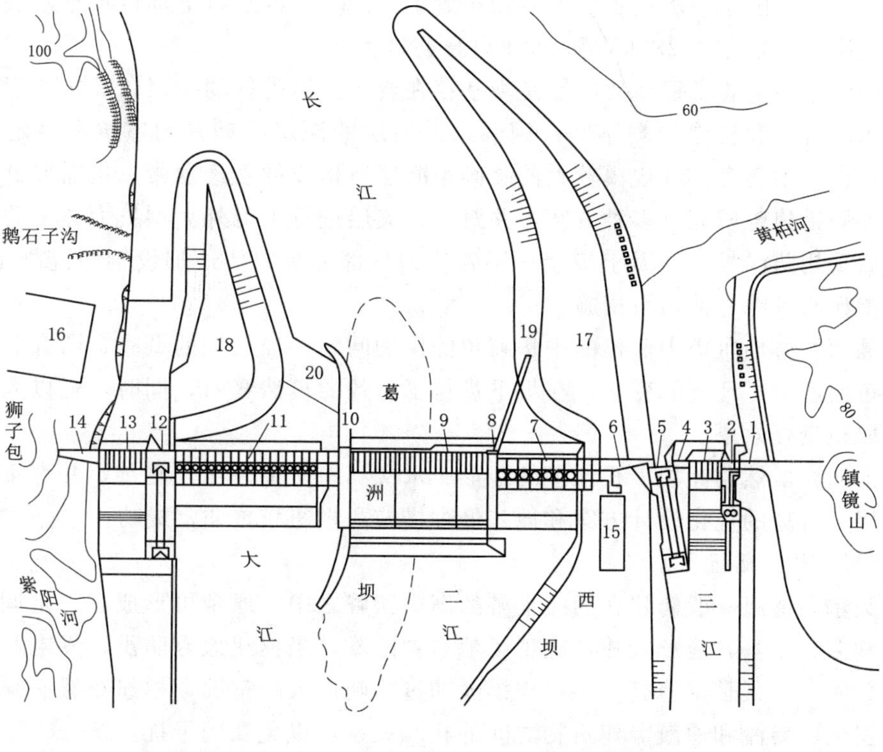

图 9.1 长江葛洲坝水利枢纽工程布置图（高程单位：m）

1—土石坝；2—3 号船闸；3—三江冲沙闸；4—三江混凝土坝；5—2 号船闸；6—混凝土坝；7—二江电站；8—左导墙；9—泄水闸；10—右导墙（纵堰）；11—大江电站；12—1 号船闸；13—大江冲沙闸；14—右岸土石坝；15、16—开关站；17、18—防淤堤；19、20—导沙坎

葛洲坝工程坝址处河宽 2200m。江中有葛洲坝和西坝两座小岛自右向左将长江分为大江、二江和三江。

大江是主河槽，二江、三江枯水期断流。其坝址地形和水文条件的主要问题是，长江出南津关后自东转向南流，南津关以上峡谷河宽约 300m，到坝址处急剧扩展至 2200m，水流流速减缓，向下至宜昌市江面又缩至 800m。坝址又位于河流弯道，泥沙较多，如枢纽布置不当，将淤塞航道和影响发电。因而，在枢纽布置时，首先应适应长江河势，妥善安排好主流位置，以利于通航、发电、排沙和泄洪。经过多种方案比较和水工、泥沙模型试验，最后确定枢纽布置如下：挖掉江中葛洲坝，将枢纽中的关键建筑物即 27 孔泄水闸居中布置在正对主流的深槽位置，以利于泄洪、排沙和满足河势要求。在上游，左右各设置一道防淤堤，既可束窄主流河道，有利于稳定主槽和消除回流淤积，又能在两侧形成与主流分开的三江和大江两条独立的人工航道（大江下游并设导航墙）。在大江航道中设有 1 号大型船闸；三江航道中设有 2 号和 3 号大、中型船闸各一座。为防止上游航道淤积，在大江航道 1 号船闸右侧布置 9 孔泄洪冲沙闸；在三江航道 2、3 号船闸之间布置 6 孔泄洪冲沙闸一座，在需要时可开闸拉沙、冲沙。为提前发挥发电效益，将枢纽电站分设在大江、二江两处，二江电站装机容量 2×17 万 kW＋5×12.5 万 kW，大江电站装机为 14×12.5 万 kW。第一期工程建二江电站，使其提前投产发电。为防止厂前泥沙淤积和减少粗砂通过水轮机，在两座厂房进水口上游均布置了导沙坎，进水口下部设置排沙底孔。在西坝和大江右岸，分别布置 220kV 和 500kV 开关站。

该工程坝址的主要工程地质问题是坝基存在着黏土岩类软弱夹层，其抗剪强度低，且产状和倾角对抗滑和抗渗透均不利。因而，沿夹层的深层滑动是闸室抗滑稳定的控制条件。此外，地层中还存在着规模较大的缓倾角断层所构成的强透水带，也需要处理。对抗滑稳定的加固措施曾研究过多种方案，并对泥化夹层进行了野外大型抗力体试验，经分析比较，最后采用防渗板、混凝土齿墙、尾岩抗力（部分抗力体还加设钢筋混凝土加固桩）和加强防渗排水等综合性阻滑措施。

对于溯河洄游性鱼类中珍稀的中华鲟鱼的保护问题，经长期的调查、研究和试验，证明中华鲟鱼已适应了环境的变化，在坝下进行了有效的自然繁殖，同时，辅以人工繁殖放流后，可取得良好效果。

实践证明，虽然葛洲坝工程坝址的地形、水文和地质条件比较复杂，并有重大地质缺陷，但采用了合理的优化设计方案和地基处理措施，枢纽布置非常成功。

2. 高水头水利枢纽

高水头水利枢纽一般修建在河流上游的高山狭谷之中，通常可形成有一定调节能力的水库，坝基多为岩基，地形陡峻，施工场地布置困难。当枢纽兼有防洪、发电和通航等多项综合任务时，尤其是洪峰高、装机规模大和过船吨位大的情况，枢纽布置必须妥善处理好泄洪、发电、导流和通航等建筑物之间的相互关系，以免互相干扰。

泄洪和发电建筑物的布置通常有两者分散布置和两者重叠布置两大类。一般来说，分散布置可能更有利于施工和运行，但重叠布置使枢纽布置紧凑并可能节省投资。

图 9.2 为湖南东江水电站枢纽工程布置图。电站枢纽任务以发电为主，兼有防洪、航运、工业用水和养殖等综合效益。东江水电站位于湖南省湘江支流耒水的中上游，为耒水流域梯级开发第六级，控制流域面积 4719km^2，占耒水总流域面积的 40%。水库正常蓄水位以下库容 81.2 亿 m^3，死库容为 24.5 亿 m^3，有效库容 56.7 亿 m^3，库容系数高达 1.3。具有库容大、水头高、有效蓄能多、一般水文年不弃水的特点，是国内已建和在建水电工

程中调节性能最优越的水库。它能有效地对梯级及系统进行径流电力补偿调节，为提高系统的保证出力和改善系统运行条件发挥主导作用。因而，东江水电站是优选梯级的范例。

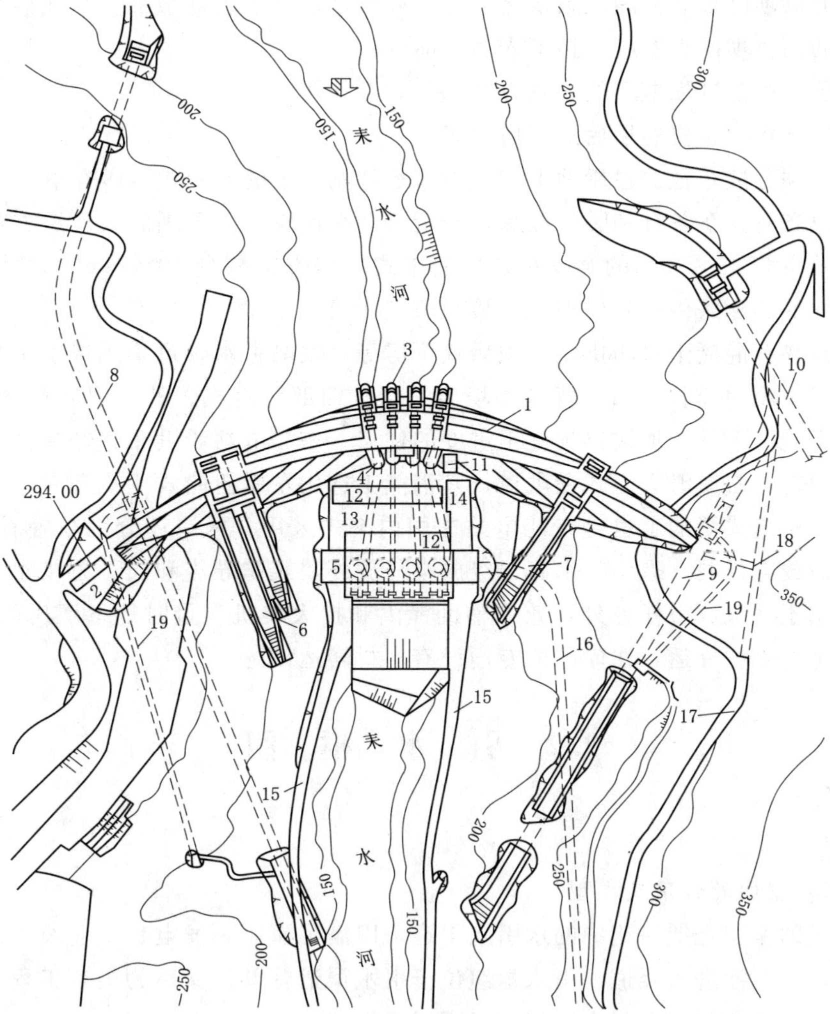

图 9.2 东江水电站枢纽工程布置图

1—混凝土双曲拱坝；2—重力墩；3—电站进口；4—坝后背管；5—主厂房；6—右岸滑雪道式溢洪道（窄缝式）；7—左岸溢洪道（扭曲式挑坎）；8—二级放空洞（兼导流及供水）；9—一级放空洞（兼泄洪）；10—扩机引水洞；11—电梯井；12—开关站；13—变压器场；14—副厂房；15、17—公路；16、18、19—交通洞

东江电站坝址河谷呈 V 形，两岸对称，岸坡 40°～45°，河谷宽高比为 2，基岩裸露，常水位时水面宽 20～40m，水深 1～3m，河床砂卵石覆盖层仅厚 3～5m。坝基为单一块状花岗岩，岩性致密，新鲜完整，强度高，无较大断层、岩脉通过，坝址区地震基本烈度为 6 度是一处难得的、得天独厚的优良坝址。

东江坝型采用变圆心、变半径、混凝土双曲拱坝，最大坝高 157m，底厚 35m，顶厚 7m；坝顶中心弧长 438m，最大中心角 95°7′18″，中心半径 305.8m，倒悬度控制在 0.25∶1 以内。在坝型方案比较时，不少专家考虑到东江工程的重要性及顾虑当时的技术和管理水平，曾主张采用重力坝或重力拱坝，以求稳妥。而后通过综合分析、全面论证，并对设计施工条件进行了充分的估量，最后审定为较薄的混凝土双曲高拱坝。经过精心设计、施工，东江双曲拱坝已耸立在湘江耒水之上，工程质量达到了优良水平。东江拱坝的建设经验为我国双曲高拱坝的大发展开拓了光明的前景。

初设阶段，东江拱坝枢纽的布置方案主要有以下两种：

(1) 厂、坝集中布置的坝后式厂房方案。

(2) 厂、坝分散布置的左岸地下式或左岸长隧洞引水的河岸式厂房方案。

两种枢纽布置方案各有利弊，经综合分析，全面比较，由于坝后式厂房方案比地下式厂房方案可减少55%～70%的洞挖量；比河岸式厂房方案减少40%～60%的洞挖量，考虑到施工开挖的实际条件和其他因素，最后审定为第一方案。

枢纽建筑物有混凝土双曲拱坝、坝后式厂房等，发电引水管道采用单管引水式，它由斜面式进水口、坝内埋管、坝后背管和坝后平管段四部分组成。其中坝后背管是新技术，具有减少厂坝施工干扰，加快拱坝施工进度的优点。东江电站泄洪布置经多种方案试验分析比较，采用左、右岸滑雪道式溢洪道，其消能工选用左岸扭曲式挑坎和右岸窄缝式挑坎的挑流形式，窄缝式消能工也是东江电站在国内率先采用。两岸还分别布置有放空隧洞，右岸布置二级放空隧洞，除用于水库二级放空任务外，兼作导流和向下游供水，左岸一级放空隧洞除用于一级放空任务外，兼作辅助泄洪和扩大装机容量时地下厂房的引水隧洞。另外，考虑上游木材外运，在库区内专门设有木材转运设施。

9.2 引 水 枢 纽

9.2.1 概述

9.2.1.1 引水枢纽的作用及类型

引水枢纽的作用是把河流中的水引入渠道，以满足灌溉、发电、工业及生活用水等需要；并防止粗粒泥沙进入渠道。引水枢纽位于引水渠道首部，又称为渠首工程。根据是否有拦河闸（坝）又分为有坝引水枢纽和无坝引水枢纽。

(1) 无坝引水枢纽。它是一种最简单的引水方式，在河道上选择适宜地点开渠并修建必要的建筑物引水。通常由进水闸、冲沙闸、沉沙池、河道整治建筑物及泄水排沙渠等组成。无坝引水枢纽在大江、大河的下游或山区河流上采用较多。

(2) 有坝引水枢纽。当河道水量比较丰富，但水位较低，不能自流灌溉；或引水量较大，无坝引水不能满足要求时，则应修建拦河坝（闸），以抬高水位，保证引取灌溉所需的流量。这种引水方式称有坝引水枢纽或有坝渠首。通常由溢流坝（也称壅水坝）或拦河闸、进水闸、防沙冲沙措施、船闸、阀道、鱼道、电站等组成。由于工作可靠被广泛使用。

引水枢纽的形式也受到经济条件制约。日本在20世纪50年代的有坝渠首多为闸坝结合式渠首（即壅水坝及冲沙闸），但随着其经济发展逐步改建成对天然河流状态无影响的拦河闸式渠首，目前多采用闸坝结合式（泄洪闸及壅水坝，大孔口泄洪闸兼作泄洪、排沙、排冰）改造原有半永久性渠首（壅水坝及行洪滩地）。随着我国经济快速发展，拦河闸式渠首是未来的发展方向。

9.2.1.2 引水枢纽的特点

1. 无坝引水枢纽特点

无坝引水枢纽的优点是工程简单、投资少、施工容易、工期短及收效快，而且不影响航运、发电及渔业，对河床演变影响小。其缺点是受河道水位变化的影响大，枯水期引水保证率低；在多泥沙河流上引水时，还会引入大量的泥沙，使渠道发生淤积现象，影响渠道正常工作；当河床变迁时，一旦主流脱离引水口，就会导致引水不畅，甚至引水口被泥沙淤塞而报废；当从河流侧面引水时，由于水流转弯，产生强烈的横向环流，以致引水口的上唇受到泥沙淤积，而下唇则受到水流冲刷。

实验表明，水流转弯产生的横向环流，使大量推移质泥沙随底流进入渠道，并随引水率（引水流量与河道流量的比值）的增大而增大。当引水率达50%时，河道中的底沙几乎全部进入渠道。我国河套地区的经验认为，引水率不宜大于20%。

2. 有坝引水枢纽的特点

有坝引水枢纽的优点是引水保证率高，而且不受引水率限制。缺点是工程量大、造价高，且破坏了天然河道的自然状态，改变了水流、泥沙运动的规律，尤其是在多泥沙河流上，会引起渠首附近上下游河道的变形，影响渠首的正常运行。

（1）对上游河道坝区的影响。建坝后，上游水位抬高，流速减小，挟沙能力减低，故河流中的推移质泥沙淤积在上游，使河床逐渐抬高。这种淤积发展很快，有的工程在短期内将坝前淤平。坝前淤平后，失去对主流的控制作用，进水闸处于无坝引水的工作状态，而且由于主流的摆动，加剧了上游河岸的冲刷变形，甚至使主流改道，招致工程报废。坝前淤平也使泄流能力降低，回水水位亦增高。

（2）对下游河道的影响。溢流坝运行初期，上游河床的淤积，下泄的水流含沙量减小，具有很大的冲刷力，使坝下游河床发生冲刷现象。当坝前泥沙淤平后，泥沙被挟带到下游，由于上游大量引水，导致下游河道流量相应减小，而含沙量增大，水流挟沙能力降低，使下游河床淤积。如果下游河道坡度较缓，这种淤积将使河床抬高，严重时会产生埋坝现象。

根据以上特点，在进行引水枢纽设计时，合理布置枢纽建筑物，充分考虑泥沙对天然河道的影响，确保渠首正常工作。

9.2.2 弯道环流原理

天然河道都是弯曲的，对于土质河床，由于流量的随机性、地形及地质的千差万别，只有10%～20%的直线段河道能保证在不冲、不淤的稳定状态。而弯道均处于冲淤演变、摆动状态，其弯曲演变如图9.3所示。

河流在直线段上的水深、流速及含沙量的分布是比较均匀的。弯道则不然，在弯道受离心力的作用，表层的水流向凹岸水面壅高，凸岸水面降低，形成横向比降，如图9.4（b）所示。因水流所受离心力的大小和水流流速的二次方成正比，而河道水流流速的分布是表层大、底层小，故表层水流所受离心力较大，并沿水深逐渐减小。因离心力的方向与横向水位差所引起的水压力的方向相反，这两种作用力的合力方向如图9.4（c）所示。在合力作用下，表层的水流向凹岸，底层的水流向凸岸，从而形成横向环流，横向环流与纵向流合成为螺旋状前进水流，如图 9.4（a）所示。

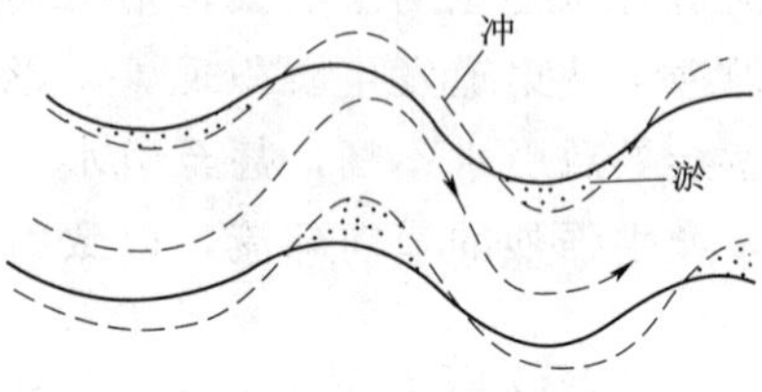

图 9.3 河流弯道冲淤图

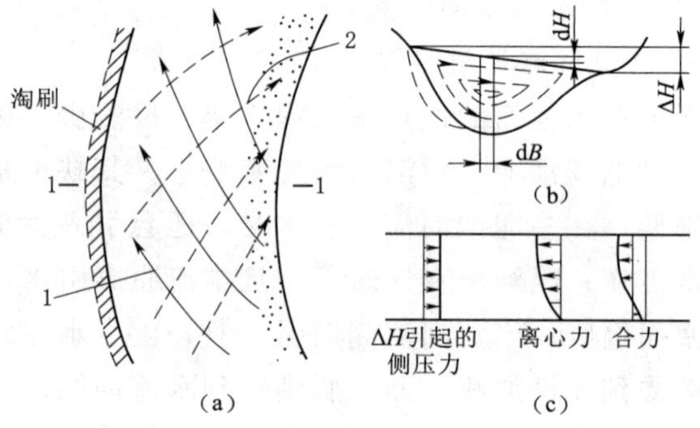

图 9.4 弯道环流原理示意图
1—表层流；2—底层流

当横向环流由上向下流动时，流速增大、含沙量较小，当流速大于凹岸的抗冲流速时，凹岸就产生冲刷。而底流流向凸岸时，含沙量大增，在岸坡处，底流转而向上流动，因重力作用，流速减小而使泥沙淤积。当水流到达表层后，改变方向再流向凹岸，周而复始。这样发展的结果是凹岸成为水深流急的主流深槽，而凸岸则成为水浅流缓的浅滩。如凹岸不够坚固，则会使弯道逐渐向下游移动（图 9.3）。

根据弯道环流的特性，引水枢纽应布置在凹岸，引取表层较清水流，有效地防止泥沙入渠，并可防止引水口被淤积，保证引水量要求。

9.2.3 无坝引水枢纽布置

1. 无坝引水枢纽位置选择

合理确定无坝渠首位置，对于保证正常引水、减少泥沙入渠起着决定性的作用，在确定位置时，必须详细了解河岸的地质地形情况、河道洪水特性、含沙量及河床变迁规律。位置选择时可按如下原则：

（1）根据弯道环流分沙原理，无坝渠首应设在河道坚固、河流弯道的凹岸，以引取表层较清水流，防止泥沙入渠。设在弯道顶点以下水深最深、单宽流量最大、环流作用最强的地方。如图 9.5 所示，这个地点距弯道起点的距离（L）可按下式初步拟定：

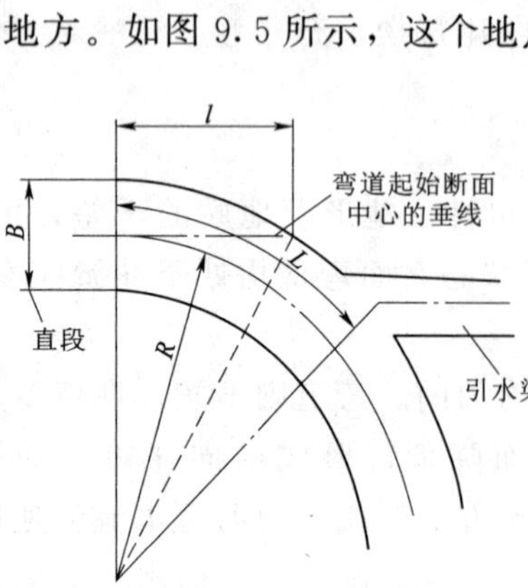

图 9.5 引水口位置

$$L = mB\sqrt{4\frac{R}{B}+1} \tag{9.1}$$

式中 m——系数，一般取 $m=0.8\sim1.0$；

B——河道设计水位时水面宽度，m；

R——弯道中心半径，m。

当地形条件受到限制，不能把渠首布置在凹岸而必须设在凸岸时，应将渠首设在凸岸中点偏上游处，该处环流较弱，泥沙较少。必要时可在对岸设置丁坝将主流逼向凸岸，以利引水。

（2）在分汊河段上，一般不宜设置引水口，因其主流摆动不定。常常发生交替变化，导致汉道淤塞，引水困难。如引水口必须设在汉道上时，要对河道进行整治，将主流控制在汉道上。

（3）无坝渠首设在河道的直段也是不理想的，因在直段侧向引水时，引水口会产生漩涡，不仅进水量小而且也不均匀。必需从河道的直段引水时，应把引水口设在主流靠近岸边、河床稳定、水位较高、流速较大的地段。

（4）渠首位置应选在干渠路线比较短，而且经过的地方没有陡坡、深谷及坍方的地段，以减少土方工程量。

2. 无坝引水枢纽的布置形式

（1）弯道凹岸渠首。弯道凹岸渠首适用于河床稳定、河岸土质坚固的凹岸。由进水闸、拦沙坎及沉沙设施等建筑物组成，如图 9.6 所示。

进水闸的作用是控制入渠水流，一般布置在引水口处，应尽量减少引渠的长度，以减小水头损失和减轻清淤工程量。引水口两侧的土堤应为喇叭口的形状，以使入渠水流平顺，避免出现漩涡，减少水头损失。进水闸的中心线与河道水流所成的夹角称为引水角，一般应为锐角，通常为了使水流平顺，增大引水量，常取 30°～45°。进水闸堰顶高程应高于河床 1.0～1.5m，与干渠渠底齐平或略高。

拦沙坎的作用是用来加强天然河道环流，使底沙顺利排走，一般布置在引水口的岸边。坎的形状通常采用“Γ”形。坎顶高出渠底的高度约 0.5～1.0m，如图 9.7 所示。

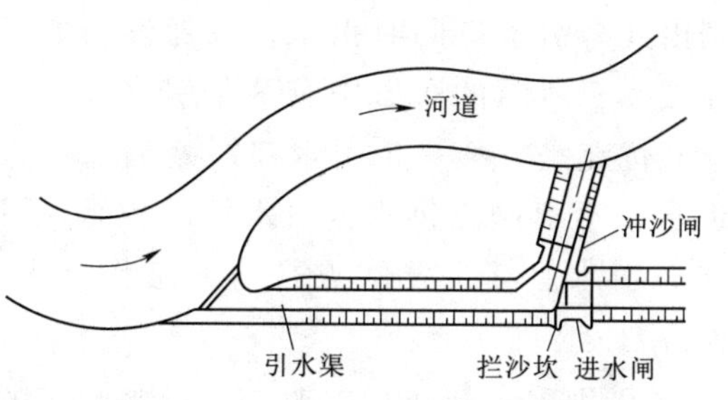

图 9.6 无坝引水枢纽

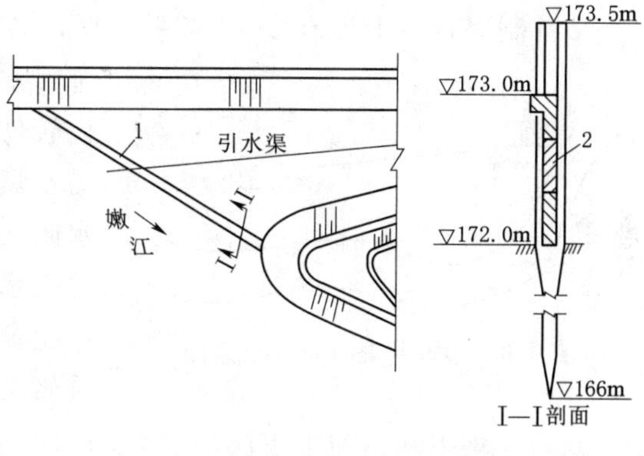

图 9.7 引嫩渠首拦沙坎布置图
1—拦沙坎；2—叠梁

在洪水期打开冲沙闸，冲洗进水闸前、引渠内沉积的泥沙，如图 9.8 所示，其底板高程比进水闸低 0.5～1.0m。

沉沙设施一般布置在进水闸后面适当的地方。通常将总干渠加宽加深而成沉沙池，也可建成厢形的，或利用天然洼地布置成条渠沉沙。

（2）导流堤式渠首。在不稳定的河流上及山区河流坡降较陡、引水量较大的情况下，采用导流堤式渠首来控制河道流量，保证引水。导流堤式渠首由导流堤、进水闸及泄水冲沙闸等建筑物组成。导流堤的作用是束窄水流，抬高水位，保证进水闸能引取所需要的水量。导流堤轴线与主流方向夹角成 10°～20°，向上游延长，接近主流。

进水闸与冲沙闸的位置一般按正面引水排沙的形式布置，如图 9.8（a）所示，进水闸

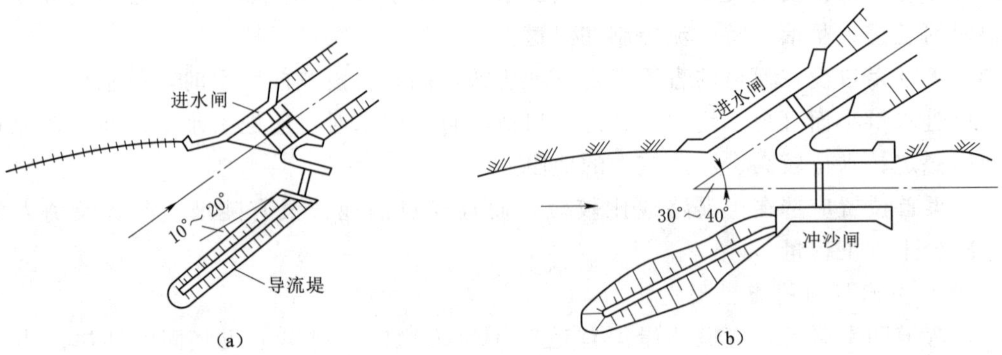

图 9.8　导流堤式渠首

(a) 正面引水，侧面排沙；(b) 正面排沙，侧面引水

轴线与河流主流方向一致，冲沙闸轴线多与水流方向成接近 90°的夹角，以加强环流，有利排沙。当河流来水量较大，含沙量较小时，也可按侧面引水、正面排沙的形式布置，如图 9.8 (b) 所示，冲沙闸方向与水流方向一致，进水闸的中心线与主流方向呈 30°～40°夹角。

(3) 多首制渠首。在不稳定的多泥沙河流上，采用一个引水口时，常常由于泥沙的淤塞而不能引足所需的水量，严重时甚至使渠首废弃。这时应采用多首制渠首。

多首制渠首一般设有 2～3 条引水渠，各渠相距 1～2km，甚至更远些。洪水期仅从一个引水口引水，其余引水口关闭。枯水期，由于水位较低，则由几个引水口同时引水，以保证引取所需水量。在图 9.9 所示的布置中有两条引水渠与进水闸相连。其优点是：某一个引水口淤塞后可由其他引水口进水，不致停止供水；引水渠淤积后，可以轮流清淤、引水。其主要缺点是清淤工作量大，维修费用大。

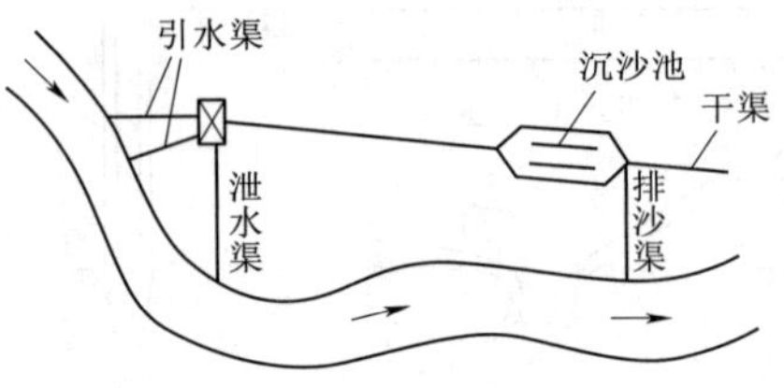

图 9.9　多首制渠首布置示意图

(4) 无坝引水枢纽上下游河道整治。由于修建了无坝引水枢纽后，改变了原来河道的水流条件，加剧了河道变迁。因此，对引水枢纽上下游应进行必要的整治。整治的目的是使河道主流靠近引水口，并能维持所需要的水位，以便引入所需的水量；调整水沙分布结构，引取表层清水，排走底层泥沙；保证渠首建筑物不受冲击或淘刷破坏，平顺水流以增加引水量。

河道整治措施应根据河床的稳定性、地形地质条件、水力特性，进行全面规划、综合治理。通常采取的措施如下：

1) 修建丁坝、顺坝。丁坝、顺坝是用来控制和束窄水流，防止河床淤积变形，调整河宽，并保护河岸不受水流冲刷的河道整治建筑物，如图 9.10 所示。适用于引水口的上游河岸受水流冲刷而坍塌变形，河道主流轴线改变，偏离引水口，恶化引水条件等情况。

2) 清除引水口处的凸出体。当引水口前有硬土堆或硬石妨碍水流时，必须清除，以避免导致主流偏离引水口。

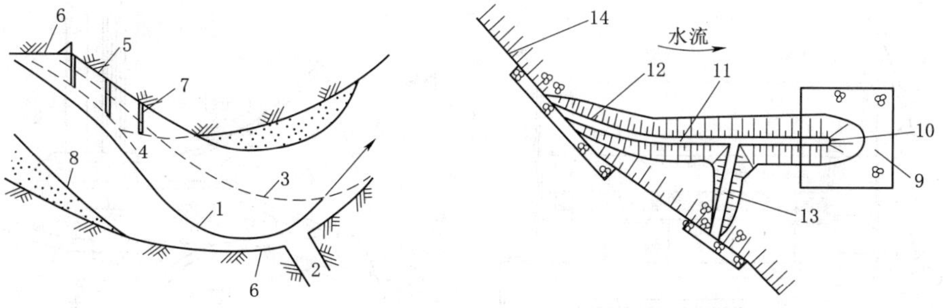

图 9.10 丁坝、顺坝布置示意图

(a) 丁坝；(b) 顺坝

1—正常主流轴线；2—引水口；3—偏移主流轴线；4—原河岸线；5—冲刷河岸线；6—河岸防护；7—丁坝；8—浅滩；9—沉排；10—坝头；11—坝身；12—坝根；13—格坝；14—护岸

3）堵塞河汊。当引水口处河道枯水时期形成几股汊道时，河槽位置频繁改变，使枯水期引水困难，可用筑潜坝截断汊道，将水流导向引水口。

以上各项措施可单独采用，也可与护岸工程综合在一起使用。

必须注意的是丁坝及顺坝属于专门的工程措施，在边界、边境河道治理中应慎重采用，避免引起不必要的争端。

9.2.4 有坝引水枢纽布置

9.2.4.1 有坝引水枢纽位置选择

首先应根据河道特性在弯曲河道上选择弯道凹岸；在顺直河段，引水口应选在位于主流靠近河岸的地方；在多泥沙河流上应选在河床稳定的地段；兼顾干渠底高程，应选择河岸坚固、高度适宜的地段，避免增加渠首土石方开挖量；当河流有支流流入时，应选择支流汇入处的上游，如为了引更多水量，也可选在其下游，但应充分考虑相互影响。

其次考虑地质条件，其优劣顺序为岩石地基、沙卵石和坚实黏土、沙砾石及沙基。淤泥和流沙不宜作为坝址。

再次应考虑施工条件及抗冻条件，从施工条件考虑，应选取河道宽窄适宜的地段，既满足施工又不使溢流坝过大。从严寒地区抗冻角度考虑，应把引水口设在向阳的一侧。

渠首位置选择应按上述原则拟定几个不同方案进行技术经济比较，择优选取。

9.2.4.2 在多泥沙河流上的有坝引水枢纽布置

在多泥沙河流上有坝引水枢纽的布置，其核心问题就是根据河流含泥沙量情况，选取合理的泥沙处理措施。对于大中型渠首，应通过水工模型试验确定泥沙处理措施。根据泥沙处理措施的不同，渠首的布置形式有如下几种。

1. 沉沙槽（冲沙槽）式渠首

沉沙槽式渠首采用正面排沙、侧面引水的布置型式。渠首由溢流坝、冲沙闸、泄洪闸、沉沙槽、导水墙、进水闸及防洪堤等建筑物组成，如图 9.11 所示。

（1）溢流坝。作用是抬高水位，以便引水灌溉；宣泄河道多余的洪水。根据河宽及上

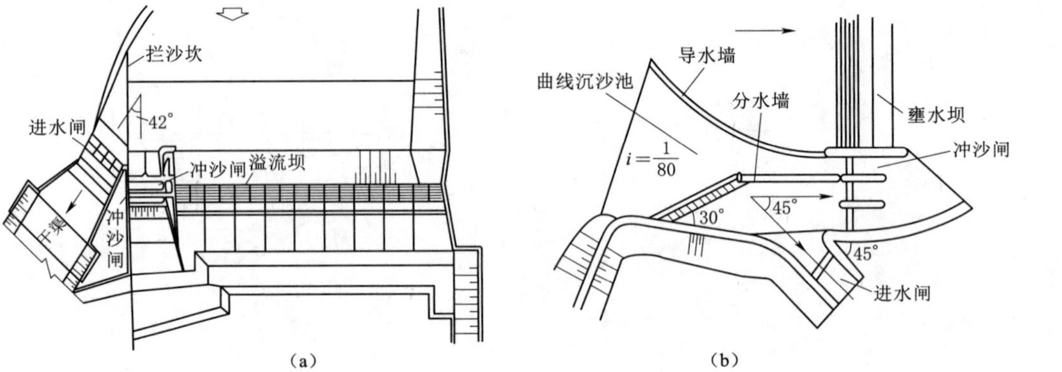

图 9.11 沉沙槽式渠首工程布置图

(a) 河南鲇鱼山灌正渠道工程；(b) 陕西千惠渠渠首工程

游允许壅高可建成带闸门的溢流坝或拦河闸。

(2) 进水闸。作用是控制入渠流量，位于坝端河岸上。多泥沙河道上，进水闸的引水角多为70°～75°的锐角，以减少水头损失和减弱横向环流，使入渠泥沙减少。

(3) 冲沙闸。冲沙闸既可以定期冲洗水闸前的泥沙，又可以宣泄河道部分洪水，使河道主流趋向进水闸，保证进水闸能引取所需的水量。

(4) 泄洪闸。在寒区把冲沙闸尺寸加大，起到泄洪、冲沙、排冰的作用，避免冰排从坝顶宣泄，防止冰排破坏坝体。当泄洪闸能够宣泄凌汛流量时，坝前的冰凌可以慢慢融化，也是一种防止冰排的方法。

(5) 导水墙与沉沙槽。导水墙位于冲沙闸与溢流坝连接处，并与进水闸的上游翼墙共同组成沉沙槽。当冲沙闸冲沙时，槽内水流应有较高流速，以便冲走沉沙槽内的泥沙。此外，导水墙还可拦阻坝前的泥沙，以免经沉沙槽进入渠道。

(6) 拦沙坎与导沙坎。为防止泥沙进入干渠，在进水闸引水口前设拦沙坎，如图9.11 (a) 所示。也可在沉沙槽入口处设导沙坎，一般与水流方向成30°～40°夹角，其高度约为沉沙槽内水深的1/4。

2. 人工弯道式渠首

在不稳的河床上，修建人工弯道，根据弯道环流分沙的原理，就可以正面引水、侧面排沙，如图9.12所示。

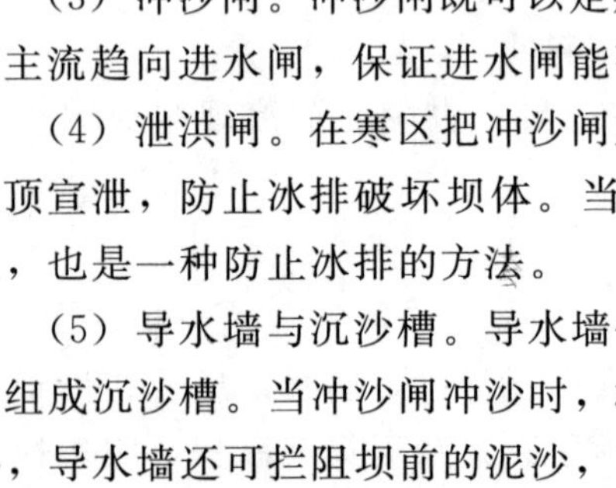

图 9.12 人工弯道渠首示意图

(1) 人工弯道。要求其在汛期能形成较强烈而稳定的横向环流，以利于引水防沙。一般情况下，弯道半径 $R \geqslant 3B$，弧中心线长度 $L=(1.0\sim1.4)R$、渠底坡降 i 等于或略缓于天然河道的纵向比降，底宽 B 按进水闸流量的2～2.2倍设计。

(2) 冲沙闸。设在进水闸旁靠凸岸的一侧，用以冲洗引水弯道淤积的泥沙，与进水闸的夹角以36°～45°为宜。

(3) 泄洪闸。在引水弯道进口处设置泄洪闸，用以泄洪和排沙，并使河道主槽靠近引水口。底部高程与河道高程相近，并低于引水弯道底高程 1～1.5m。轴线与人工弯道中心线成 40°～45°夹角。在寒区还可以起到排冰的作用。

3. 底部冲沙廊道式渠首

根据水流泥沙分层原理，进水闸引取表层较清的水流，底层含沙量较多的水流经底部冲沙廊道排到下游，其布置如图 9.13 所示。该渠首适用于缺少冲沙流量、坝前水位有一定壅高的河流。其缺点是结构复杂，廊道易被淤塞，检修困难。平面布置有以下两种型式：

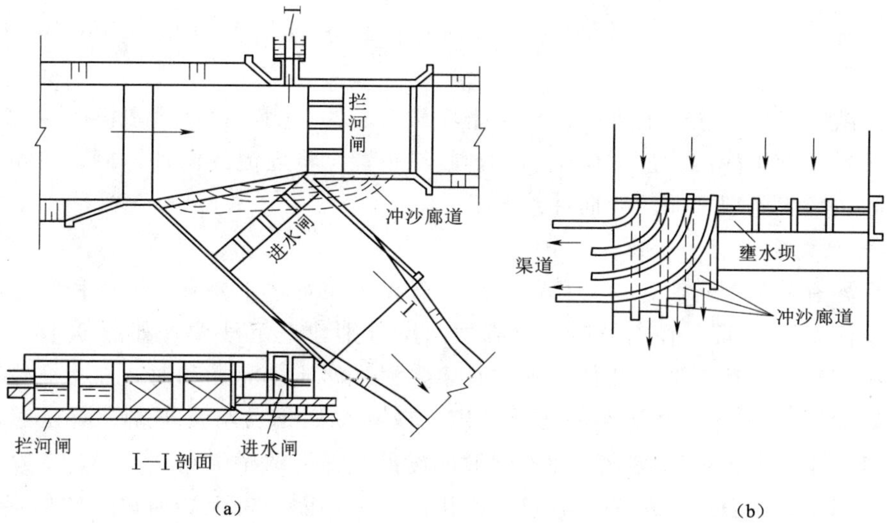

图 9.13 底部冲沙廊道式渠首

(a) 侧面引水式渠首；(b) 正面引水、正面排沙式渠首

(1) 侧面引水式渠首。侧面进水闸的引水角采用锐角，如图 9.13 (a) 所示。由于引水口引水时水流的弯曲，产生横向环流，使泥沙淤积在引水口上唇附近，为更有效排沙，在靠近引水口上唇部分，廊道应布置较密，而靠近坝端部分则较稀。

(2) 正面引水、正面排沙式渠首。渠首进水闸与壅水坝位于同一轴线上，如图 9.13 (b) 所示，闸底板下设尺寸较大的冲沙廊道。进水闸引水时，进口水流无弯曲现象，可以减少泥沙入渠。同时廊道尺寸较大，也可用来宣泄部分洪水，即便在上下游水位差较小时，也能保证通过冲沙流量。

4. 底栏栅式渠首

引水廊道设在坝内，廊道顶盖有栏栅，当河水从坝顶溢流时，一部分水流经过栏栅流入廊道，然后由廊道的一端流入渠道，河流中的推移质由坝顶栏栅滑到坝的下游，而随水流进入廊道的细沙则经过设在干渠的冲沙道排泄到河道下游。该渠首适用于含有较多大颗粒推移质和比降低较陡的山溪性河道。如图 9.14 所示，枢纽由底栏栅、泄洪排沙

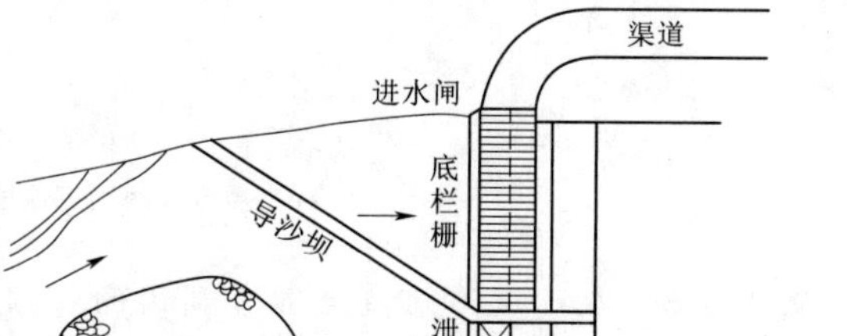

图 9.14 底栏栅式渠首

闸、导沙坝及渠道等建筑物组成。它的优点是布置容易、结构简单、施工方便、造价低廉及便于管理；缺点是栏栅空隙易被推移质或漂浮物堵塞，需经常清理；在寒区如果流量小、水深浅，栏栅易被冰块堵塞或结冰冻死。

（1）栏栅坝。在平面布置上与水流正交，使水流平顺而均匀地流入。当河道洪水流量较大，需要另建溢流堰泄洪时，溢流堰与栏栅坝不一定布置在同一轴线上。栏栅坝坝顶比枯水河床高1.5m。坝内布置矩形无压廊道1～2排，每个廊道宽1.5～2.0m，廊道内的水面至栏栅应在0.3m以上，流速不应小于4.0m/s，以防止泥沙淤泥。廊道顶安装坡度为0.1～0.2、栅隙1～1.5cm的钢栅条，目前廊道引水流量多为6～10m^3/s，最大达到30m^3/s。

（2）泄洪闸与拦沙坎。泄洪闸位于栏栅坝靠河心的一侧，以便宣泄洪水，保持主槽位置不变，并有利于排沙。拦沙坎位于坝前，倾斜布置，将底流导向冲沙闸；也可做成曲线拦沙坎，利用环流原理把泥沙导向冲沙闸。

5. 岸引水式渠首

当两岸均有灌溉要求时，应考虑两岸引水式渠首布置，主要有如下两种布置形式：

（1）溢流坝两侧沉沙槽式渠首。溢流坝两岸分别建造沉沙槽，如图9.15（a）所示，其优点是渠首布置简单，造价较低；缺点是当多泥沙河流主流摆动时，总有一岸引水条件恶化，以致引水不畅。适用条件是河道稳定，或河水满槽、水量丰富、有足够的冲沙流量，使两岸引水口前的河床均能借冲沙闸形成深槽，保证两岸引水。

（2）拦河闸式渠首。拦河闸具有较大的排沙能力，能保持天然河道自然稳定状态，有利于两岸引水防沙，缺点是造价较高，如图9.15（b）所示。

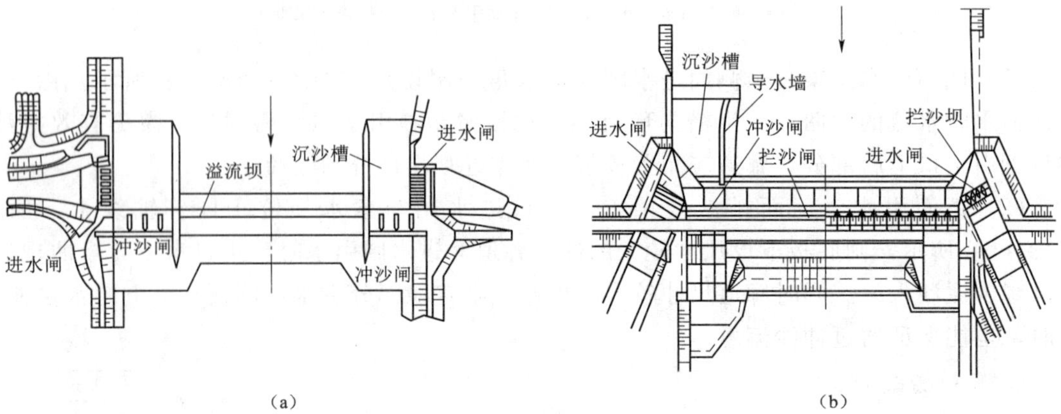

图9.15 两岸引水式渠首

（a）溢流坝两侧沉沙槽式渠首；（b）拦河闸式渠首

9.2.4.3 在少泥沙河流上综合利用的有坝引水枢纽布置

少泥沙河流上建造的渠首工程，通常都是综合利用的。除了引水外，还有航运、发电、养鱼及筏运等要求。渠首建筑物除进水闸、溢流坝外，还根据具体运用要求，建造相应的专门建筑物，如船闸、电站、鱼道、筏道等。

进水闸应位于有引水要求的一岸，保证能引取所需流量。如果是单侧引水，进水闸与船闸应分别布置在两岸，以免引水时影响船只的通航。船闸应靠岸布置，以利于操作；如果总干渠有通航要求，进水闸与船闸必须位于同一岸时，船闸应靠岸布置，以利于交通和装卸货物。电站与船闸应分设于不同的河岸上，以免运行时互相干扰。筏道、鱼道的布置也要既满足运用要求又便于运行管理。

渠首的建筑物较多，渠首布置要统筹考虑各建筑物的运用、施工、管理等因素。一般按相似工程经验拟定几个方案，经技术、经济比较后加以确定。大中型渠首宜通过水工模型试验确定。图 9.16 是引水、航运综合利用渠首布置图。

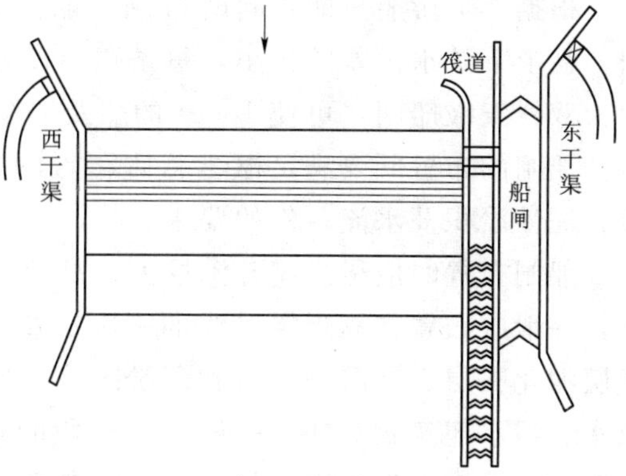

图 9.16　引水、航运综合利用渠首布置图

9.3　水利枢纽中的过坝建筑物

在河道上修建水利枢纽后，截断了水流，影响航运、木筏运送及鱼类洄游。为此，必须根据需要修建通航、过木和过鱼建筑物等。在布置时，应尽可能使各建筑物互不干扰，并发挥整个枢纽最大的综合效益。

9.3.1　船闸

9.3.1.1　概述

船闸是通过充泄闸室内水体克服水位落差来实现船只过坝的建筑物。它具有安全经济、方便可靠的特点，因此得到广泛应用。

船闸通常由闸首、闸室和引航道三部分组成，如图 9.17 所示。船闸可以分为多级与单级。只用一个闸室克服枢纽全部落差的船闸，称为单级船闸；具有一个以上中间闸首的称为多级船闸。单级船闸适用于水头不大于 20m 的情况。

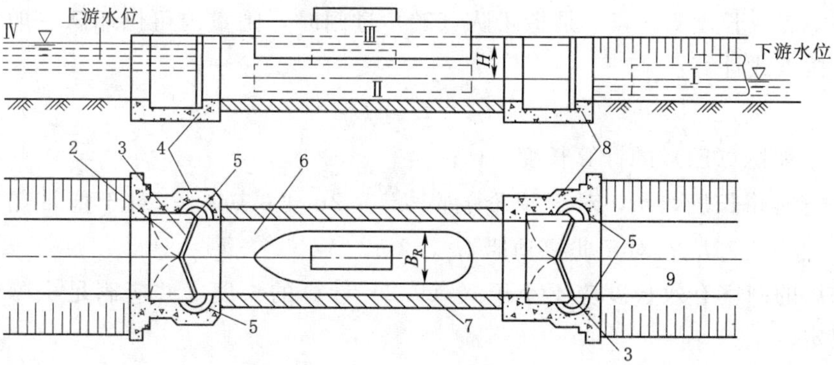

图 9.17　单级船闸示意图

Ⅰ～Ⅳ—船的位置；1—上游引航道；2—壁龛布分；3—闸门；4—上闸首
5—输水廊道；6—闸室；7—闸墙；8—下闸首；9—下游引航道

根据上下游船只能否同时过闸，船闸又可以分为双线（复线）和单线。对于双线船闸，视上下游水位差的大小，每条线可以是单级的，也可以是多级的。长江三峡大坝的船闸为双线五级船闸，可使 1000t 的船及船队同时过坝。

船闸的布置既要满足枢纽总体布置的要求，又要注意船闸的特点，满足其对地形地质、泥沙淤积及水流条件的要求。

船闸布置时应尽量避开深挖方、高填方地区；闸首上下游一定距离内，不宜有支流汇入，一般应布置在靠近深泓线的一岸；在地质上，船闸布置应避开边坡不稳定的塌方区、浅层泥化夹层、断层破碎带和深淤区等。为了保证船闸运行可靠，船闸应距水电站或其他取水、泄水建筑物远些。引航道口门段的轴线与水流方向的夹角一般不宜大于 25°，且其位置应尽量避开淤积区。另外，还应考虑交通道路、冲沙、拦沙等影响。

9.3.1.2　闸室设计

闸室位于两闸首之间，是船只临时停泊处。

1. 闸室的主要尺寸

闸室的主要尺寸包括闸室的有效长度、有效宽度，另外需要考虑闸槛上的有效水深和交通要求等，如图 9.18 所示。

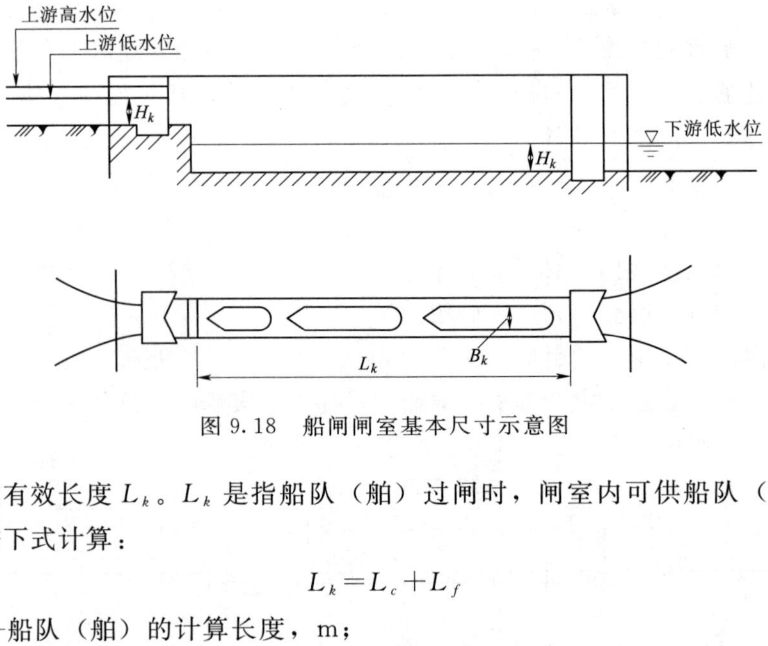

图 9.18　船闸闸室基本尺寸示意图

（1）闸室有效长度 L_k。L_k 是指船队（舶）过闸时，闸室内可供船队（舶）安全停泊的长度，可按下式计算：

$$L_k = L_c + L_f \tag{9.2}$$

式中　L_c——船队（舶）的计算长度，m；

L_f——富裕长度，m，对于顶推船队 $L_f \geqslant 2\text{m} + 0.06L_c$；对于拖带船队 $L_f \geqslant 2\text{m} + 0.03L_c$；对于非机动船 $L_f \geqslant 2\text{m}$。

设计采用的闸室有效长度应不小于式（9.2）计算的长度，并应满足全国内河通航标准的有关规定。

当上闸首向闸室灌水时，闸室内靠近上闸首的一段波动激烈，不能停泊，此段称为镇静段，闸室全长应等于有效长度与镇静段长度之和。镇静段长一般为 6～12m。

（2）闸室有效宽度 B_k。B_k 是指闸室内两侧墙表面突出部分（如护木等）之间的距离，可按下式计算：

$$B_k = \sum b_c + b_f \tag{9.3}$$

式中　$\sum b_c$——并列过闸船只总宽度，m；

b_f——富裕宽度，m。$\sum b_c \leqslant 10\text{m}$ 时，$b_f \geqslant 1.0\text{m}$；$\sum b_c > 10\text{m}$ 时，$b_f \geqslant 0.5\text{m} + 0.04\sum b_c$。

（3）门槛上水深 h_k。h_k 是指设计最低通航水位时门槛最高处的水深。按规定：

$$h_k \geqslant 1.5T_c \tag{9.4}$$

式中　T_c——设计最大过闸船队（舶）满载时的吃水深度，m。

2. 闸室结构形式

按闸底板与两侧侧墙连接方式的不同，闸室结构形式可以分为整体式与分离式两大类。

若地基土质较好且水头不大于5m，通常采用闸底板为透水的分离式闸室，如图9.19所示。闸墙为挡土墙，有重力式、扶壁式、连拱式、拉杆镇定式、板墙式及板桩式等，如图9.20所示。透水闸底板底部需设反滤层。

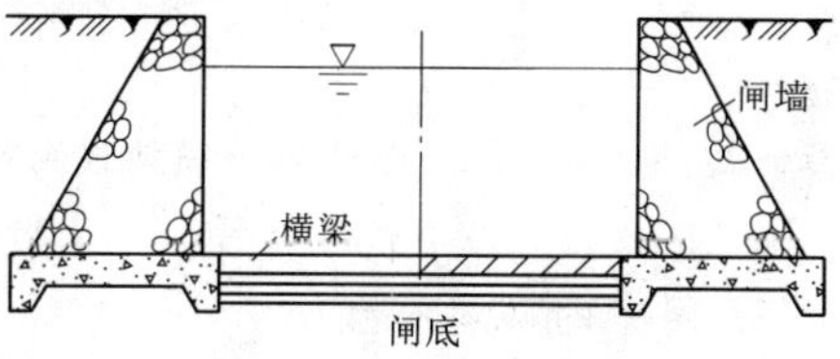

图9.19　分离式船闸闸室

当地基土质较差且水头较大时，闸室宜采用整体结构。整体闸室的闸墙与底板刚性连接，通常有钢筋混凝土船坞式与悬臂式两种。图9.21（a）为船坞式结构，刚度大，整体性好，地

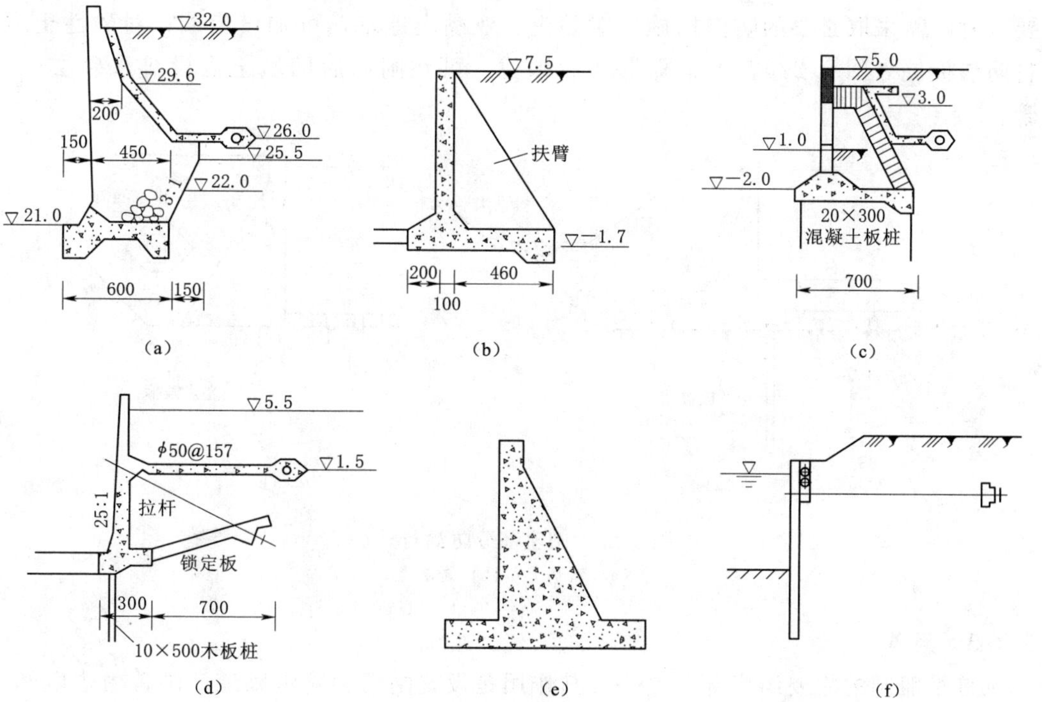

图9.20　闸墙结构图（单位：高程为m；尺寸为cm）

（a）衡重式；（b）扶壁式；（c）连拱式；（d）拉杆镇定式；（e）重力式；（f）板桩式

基受力较均匀，多用于粉砂土等较差的地基，但底板内力较大。图 9.21（b）为悬臂式结构，闸室沿闸室中心线在底板上分缝，形成两个悬臂。这种形式的闸室底板较能适应地基的不均匀沉陷，且可以减小底板内力。

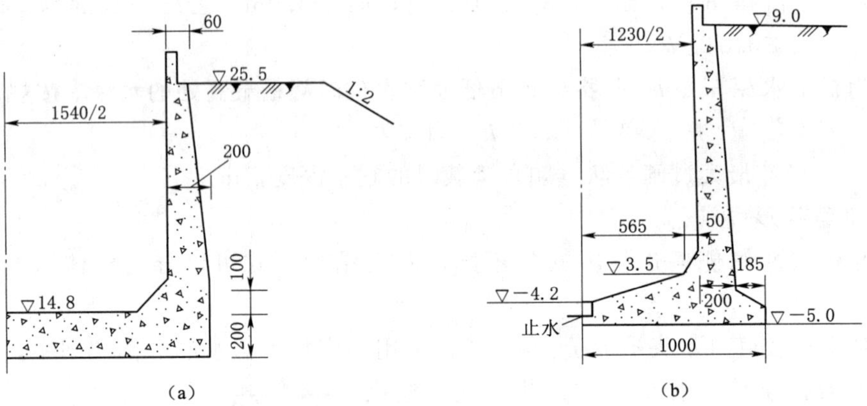

图 9.21　整体式闸室结构（单位：高程为 m；尺寸为 cm）
(a) 船坞式；(b) 悬臂式

3. 闸室的防渗布置

对于分离式透水底板的闸室，应考虑防渗布置，进行渗透稳定验算。闸室的渗流是空间问题，在一般工程中，可将其简化为平面问题，近似地采用流网法、直线比例法或改进阻力系数法等进行计算。一般检修期为渗透压力计算的控制情况。当闸墙底板不能满足防渗要求时，需采取必要的防渗措施，对黏土、亚黏土地基，可加设齿墙；对砂性土地基，可打防渗板桩（图 9.22）。为了降低墙后水位，可在闸墙后回填土内设排水砂层或排水暗管。

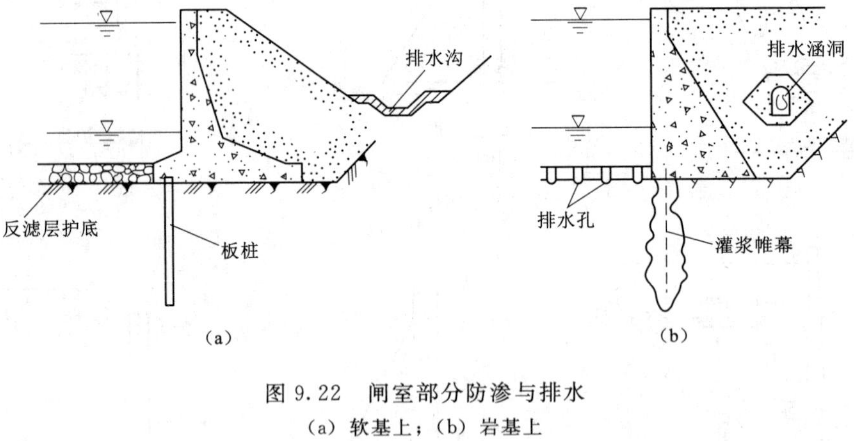

图 9.22　闸室部分防渗与排水
(a) 软基上；(b) 岩基上

9.3.1.3　闸首

闸首是船闸的主要组成部分之一，其作用是设置闸门和输水廊道。闸首由边墩和底板两部分组成，一般为混凝土或钢筋混凝土结构。闸首的结构形式主要取决于地质条件。在非岩石地基和较软的岩石地基上，一般采用边墩与底板相连接的整体结构；在较坚实的岩石地基上，地基的压缩变形不致影响闸门等设备的正常工作，通常采用分离式结构。闸首的结构布置主要取决于闸门的型式、输水系统的型式等。船闸的输水系统主要有集中式（又称为短廊道或头部输水系统）和分散式（又称为长廊道输水系统）两大类。前者用于低水头的中、小型船闸，后者用于中、高水头的大、中型船闸。常用的闸门有人字闸门、横拉闸门、三角闸门等。

对于采用人字闸门和短廊道输水的闸首。在顺水流方向由前沿部分、门库部分和支持部分组成，如图 9.23 所示。前沿部分是上闸首与上游引航道或下闸首与闸室的连接部分；门库部分是闸门的门龛；闸门后面承受闸门荷载的是支持部分。各部分的尺寸可参考以下经验公式拟定。前沿部分的长度 L_1、门库部分长 L_2、支持部分长 L_3 为

$$L_1=0.5+B_1+(0.5\sim2.0) \tag{9.5}$$

$$L_2=(1.1\sim1.2)(B_k+d_1)/2\cos\theta \tag{9.6}$$

$$L_3=(0.6\sim0.8)h_1 \tag{9.7}$$

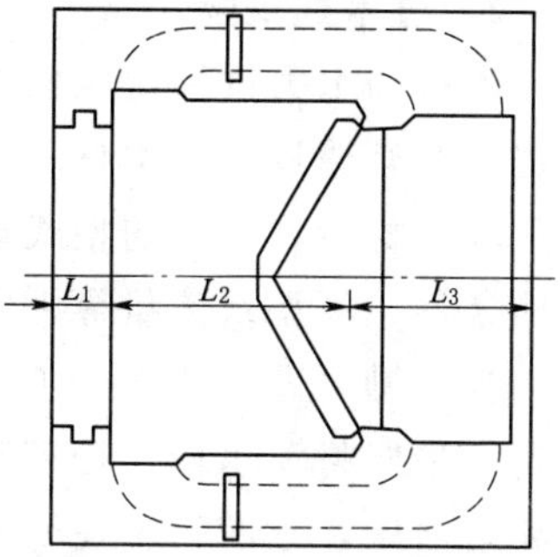

图 9.23 人字闸门闸首

式中 B_1——检修门槽的宽度，m；

B_k——闸室的有效宽度，m；

d_1——门库深度，m，一般采用 $d_1=0.7\sim1.0$m 或 $d_1=1B_k$；

θ——人字门的布置角度，一般采用 $\theta=18°\sim22°$；

h_1——支持墙在闸底板以上的自由高度，m。

短廊道输水是将廊道设在闸首两侧的边墩内，用阀门控制水流，利用出口水流对冲消减水流的能量，如图 9.23 所示。闸首边墩的下部宽度，按结构受力条件和输水廊道的布置确定。有输水廊道时，应不大于输水廊道宽度的 3 倍，在门槽段等最薄断面处也不应小于 2.5 倍廊道宽。

9.3.1.4 上下游引航道

引航道的作用是保证船舶（队）安全通行和停靠。上下游均设引航道，如图 9.24 所示。

单线船闸引航道的平面形状可分为对称式和非对称式两类。对称式引航道的轴线与闸室轴线相重合，多用于小型船闸。非对称式引航道对提高船闸的通航能力较为有利。通常采用上下游向不同岸侧扩大的非对称布置。

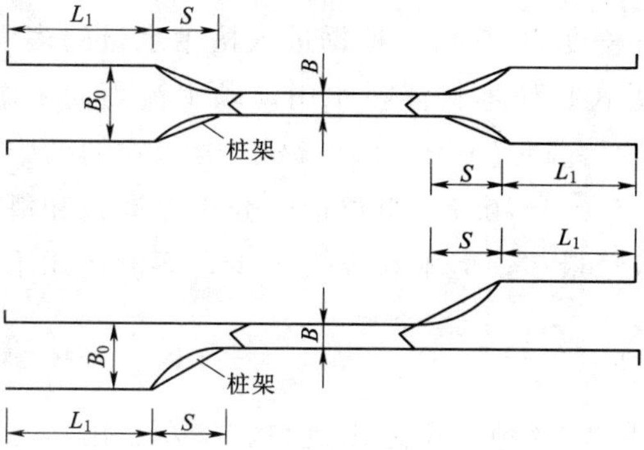

图 9.24 引航道平面图

引航道一般按直线布置，与河道的连接处不得有浅滩、回流、横流等。引航道内不应布置排水、取水设施，如难以避免时，其设施不得占用引航道。引航道内流速不得大于 2m/s，横向流速要小于 0.3m/s，并保证有足够的通航水深。

引航道的直线段总长度 L 一般约为过闸船队计算长度的 3.5～4.0 倍。

引航道的宽度 B_0。

$$B_0 = 3b_c + 4s \tag{9.8}$$

式中 b_c——最大船队宽度，m；

s——船队之间的距离，或船队与边坡之间的距离，一般可取2～3m。

引航道的最小水深应满足：

$$H_0 \geqslant h_k \tag{9.9}$$

式中 H_0——在设计通航最低水位时，引航道内的最小水深，m。

9.3.2 过木建筑物

木材的水力过坝建筑物有过木道和筏道两类。筏道是类似船闸的过筏建筑物；水力过木道主要有通过零散木材的泄水槽和通过木排的筏道两种。过木建筑物的选型主要应考虑年过坝木材量、木排的型式规格或原木的径级及长度、上下游水位差和水位变幅、地形和地质条件、坝型及流量等因素。这里主要对泄木槽和筏道作简单介绍。

泄木槽（图9.25）和筏道在枢纽中的平面位置应根据地形地质及枢纽总体布置的要求确定。最好将泄水槽、筏道布在靠近河岸的一侧。其优点是施工条件好，造价较低，过木道靠近河岸，上游的木筏（原木）可以在岸边停留、改编，运行管理也比较方便。其缺点是与枢纽中其他建筑物相邻，易互相干扰。如河床比较宽，也可以将泄木槽或筏道设在溢流坝的中段。其优点是进出口比较通畅，但管理不大方便，造价较高。当河道较窄时，也可以将泄木槽或筏道布置于河床外的岸边。这种布置避免了枢纽中其他建筑物的互相干扰，但线路较长，工程量较大，造价较高，管理不便。

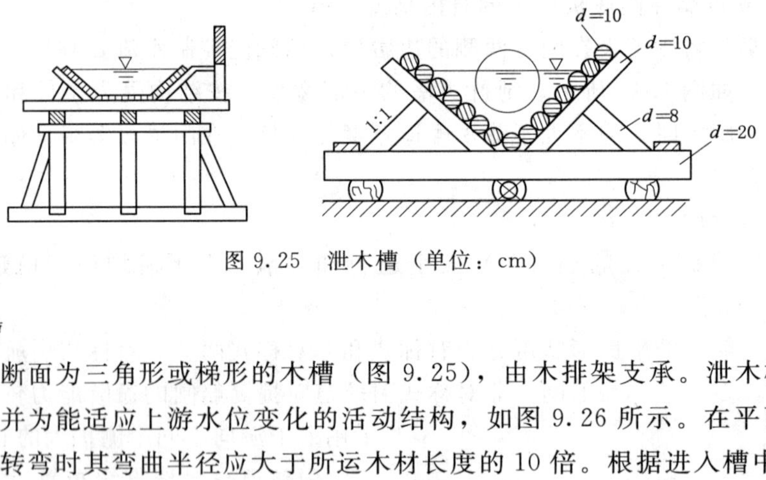

图9.25 泄木槽（单位：cm）

1. 泄木槽

泄木槽是断面为三角形或梯形的木槽（图9.25），由木排架支承。泄木槽的进口通常都设有闸门，并为能适应上游水位变化的活动结构，如图9.26所示。在平面上最好布置成直线，需要转弯时其弯曲半径应大于所运木材长度的10倍。根据进入槽中水量的多少，泄木槽分浮运式、半浮运式及滑运式三种。浮运式是使木料浮在水中，顺水流泻向下游。通常泄槽纵坡较缓，为0.001～0.01，槽中流速不宜超过0.5～0.6m/s。滑运式的槽中水深仅为圆木直径的0.1～0.15，槽底纵坡较陡，为0.1～0.7。半浮运式介于浮运式和滑运式之间。在这三种型式的泄木槽中，浮运式用水量最多，但木料损失较少，而滑运式用水最少，但木料损失较多。

2. 筏道

筏道为一过水的陡槽，用于浮运编成的木排（木筏）。筏道由进口、槽身、出口三部分组成，如图9.27所示。筏道的进口必须保证木筏能顺利地进入槽身，通常有活动式与

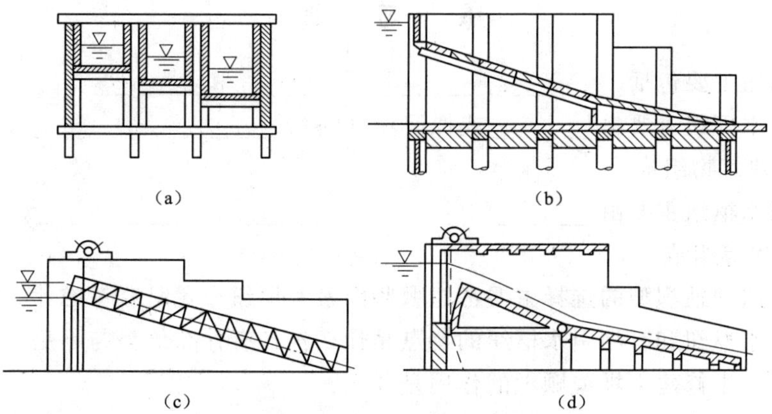

图 9.26　泄木槽进口

(a) 不同高程的进口；(b) 斜叠梁底板的进口；(c) 升降式桁架槽进口；(d) 升降弧形闸门进口

固定式两种。若上游水位变幅不大，可采用固定式进口，这种进口由上闸门、闸室和下闸门等组成，其运行程序与船闸相似。若上游水位经常变动并变幅较大，可采用活动式进口，且按照上游水位及木筏吃水深度来调节进口高程，以便木筏浮运进槽。

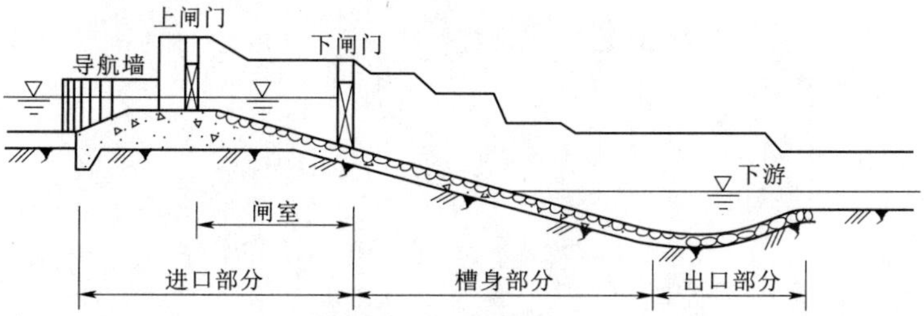

图 9.27　筏道纵剖面图

筏道槽身是一个宽而浅的槽，槽身宽度应稍大于木筏的宽度，槽身纵坡不宜采用单一坡度，为了使槽内各段水深和流速都能满足安全运行的要求，可采用由陡变缓的变坡槽底。一般排速为 5m/s 左右，排速约为断面平均流速的 1.5～3.0 倍。

出口段应布置在河道顺直、水深较大的地方，与下游的衔接方式最好能形成自由面流或波状水跃，以保证在下游水位的变幅内顺利流放木排，使之不出现搁浅等现象。

小　结

本章主要介绍水利枢纽的蓄水枢纽、引水枢纽、通航（船闸、升船机）、过木建筑物等内容，主要介绍了枢纽类型及构成以及船闸等建筑物的工作原理与设计方法。学习时应根据各种专门建筑物的工作特点和特殊要求，弄清各种建筑物的组成部分、工作原理、结构类型及其优缺点、设计原则和在枢纽中的布置等方面的问题。水利枢纽的蓄水和取水枢纽类型、特点、构成、结构构造以及通航建筑物在水利水电枢纽中应用较广，是本章的重点内容。因生态保护等原因，过木建筑物今后必将受到一定限制，对这部分内容作一般性了解。

练 习 题

1. 蓄水枢纽主要包括________、________、________和________等。

2. 有坝引水枢纽主要由________或拦河坝（闸）、________、________、船闸、阀道、鱼道、电站等建筑物组成。

3. 无坝引水枢纽主要由____________、____________、____________、河道整治建筑物、泄水排沙渠等组成。

4. 蓄水枢纽坝址坝型的选择主要考虑哪些因素？枢纽布置时要考虑什么影响因素？

5. 无坝引水枢纽和有坝引水枢纽的特点是什么？各有什么优势与不足？

6. 河道整治中修建丁坝或顺坝的作用是什么？

7. 船闸有哪些类型？由哪些部分组成？

8. 通航建筑物的类型有哪些？工作原理是什么？

9. 船闸由哪几部分组成？各部分承担的任务是什么？

10. 查阅鱼类过坝设施相关资料，评价拦河建筑物对鱼类等动物的影响。

第10章 渠系建筑物

本章目标：

重点学习渠系建筑物的水力计算、结构布置与设计。

具体要求：

（1）掌握渡槽的水力计算、槽身横断面的形式和结构计算、横断面纵向支承形式。了解拱式渡槽的拱上结构形式以及主拱圈的结构布置。

（2）掌握倒虹吸管的水力计算、管道布置型式以及进出口、镇墩等结构及接头等构造。

（3）掌握涵洞的定义、型式、特点及构造，了解涵洞的水力特点及布置要求。

（4）了解渠道上量水设施的作用和型式。

在利用渠道输水以满足灌溉、发电、给水、排水等需要的过程中，为有效控制水流、合理分配水量、顺利通过障碍物、保障渠道安全运用，需在渠道上修建一系列各种类型的建筑物，统称为渠系建筑物。

渠系建筑物的类型较多，按其功用来分，主要有控制水位和调节流量的节制闸、分水闸等配水建筑物；测定流量的量水设施，如量水堰、量水槽等量水建筑物；渠道与河渠、道路、沟谷相交时所修建的渡槽、倒虹吸管、涵洞等交叉建筑物；渠道通过坡度较陡或有集中落差的地段所需的跌水、陡坡等落差建筑物；保证渠道安全的泄水闸或退水闸，沉积和排除泥沙的沉沙池、排沙闸等防洪冲沙建筑物；穿过山冈而建的输水隧洞；方便群众农业生产以及与原有交通道路衔接，需修建的农桥等便民建筑物。

各类渠系建筑物的作用虽然迥异，但其具有面广量大、总投资多，同一类型建筑物工作条件较为相近的共同特点。因此，对其体型结构的合理设计具有十分重要的经济意义，且可以广泛采用定型设计和预制装配式结构，以期达到简化设计、加快施工进度、保证工程质量、降低造价的目的。

10.1 渡槽

10.1.1 概述

渡槽是输送渠道水流跨越河渠、道路、沟谷等的架空输水建筑物。它一般由进出口连接段、槽身、支承结构及基础组成（图10.1）。

渡槽的类型，一般指输水槽身及其支承结构的类型。槽身及其支承结构的类型较多，且材料有所不同，施工方法各异，因而其分类方式也较多。一般按支承结构型式分类，其

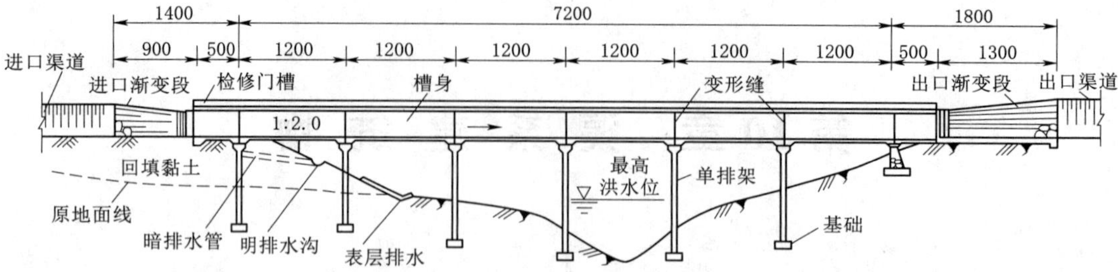

图 10.1　梁式渡槽（单位：cm）

能反映渡槽的结构特点、受力状态、荷载传递方式和结构计算方法的区别。按支承结构型式分，有梁式、拱式、桁架式、组合式及悬吊或斜拉式等。其中梁式和拱式是两种最基本、应用最广的渡槽型式。因此本节主要讨论梁式和拱式渡槽的相关问题和设计方法。

10.1.1.1　槽址位置的选择

选择槽址，关键是确定渡槽的轴线及槽身的起止点位置。一般对于地形、地质条件较复杂，长度较大的大中型渡槽，应找 2～3 个较好的位置，通过方案比较从中选出较优方案。

选择槽址位置的基本原则是：渠线及渡槽长度较短，地质良好，工程量最少；进出口水流顺畅，运用管理方便；槽身起、止点落在挖方上，并有利于进出口及槽跨结构的布置，施工方便。

具体选择时，一般应考虑以下几个方面：

（1）地质良好。尽量选择具有承载能力的地段，以减少基础工程量。跨河（沟）渡槽，应选在岸坡及河床稳定的位置，以减少削坡及护岸工程量。

（2）地形有利。尽量选在渡槽长度短，进出口落在挖方上，墩架高度低的位置。跨河渡槽，应选在水流顺直河段，尽量避开河湾处，以免凹岸及基础受冲刷。

（3）便于施工。槽址附近尽可能有较宽阔的施工场地，料源近，交通运输方便，并尽量少占耕地，减少移民。

（4）运用管理方便。交通便利，运用管理方便。

10.1.1.2　槽型选择

长度不大的中小型渡槽，一般可选用一种类型的单跨或等跨渡槽。对于地形地质条件复杂且长度大的大中型渡槽，视其情况，可选 1～2 种类型和 2～3 种跨度的布置方案。

具体选择时，应主要从以下几方面考虑：

（1）地形地质条件。对于地势平坦、槽高不大的情况，宜选用梁式渡槽，施工较方便；对于窄深沟谷且两岸地质条件较好的情况，宜建单跨拱式渡槽；对于跨河渡槽，当主河槽水深流急，水下施工困难，而滩地部分槽底距地面高度不大，且渡槽较长时，可在河槽部分采用大跨度拱式渡槽，在滩地则采用梁式或中小跨度的拱式渡槽；对于地基承载力较低的情况，可考虑采用轻型结构的渡槽。

（2）建筑材料情况。应贯彻就地取材和因材选型的原则。当槽址附近石料储量丰富且质量符合要求时，应优先考虑采用砌石拱式渡槽，但也应进行综合比较研究，选用经济合理的结构形式。

(3) 施工条件。若具备必要的吊装设备和施工技术，则应尽量采用预制装配式结构，以期加快施工进度，节省劳力。当同一渠系上有几个条件相近的渡槽时，应尽量采用同一种结构型式，便于实现设计施工定型化。

10.1.1.3 渡槽的水力设计

通过水力设计确定槽底纵坡、槽身过水断面形状及尺寸、进出口高程，并验算水头损失是否满足渠系规划的要求。

1. 槽底纵坡的确定

合理选定纵坡 i 是渡槽水力设计的关键一步，槽底纵坡 i 是影响槽身过水断面和槽中流速大小的决定性因素。当条件许可时，宜选择较陡的纵坡。初拟时，一般取 $i=l/500\sim l/1500$ 或槽内流速 $v=1\sim2\text{m/s}$（最大可达 $3\sim4\text{m/s}$）；对于长渡槽，可按渠系规划允许水头损失 $[\Delta Z]$ 减去 0.2m 后再除以槽身总长度，作为槽底纵坡 i 的初拟值；对于有通航要求的渡槽，要求 $v\leqslant1.5\text{m/s}$，$i\leqslant1/2000$。

2. 槽身过水断面形状及尺寸的确定

槽身过水断面常采用矩形和 U 形两种，矩形断面可适用于大、中、小流量的渡槽，U 形断面适用于中小流量的渡槽。

槽身过水断面的尺寸，一般按渠道最大流量来拟定净宽 b 和净深 h，按通过设计流量计算水流通过渡槽的总水头损失值 ΔZ，若 ΔZ 等于或略小于渠系规划允许水头损失值 $[\Delta Z]$，则可确定 i、b 和 h 值，进而确定相关高程。

槽身过水断面按水力学有关公式计算，当槽身长度 $L\geqslant(15\sim20)h$（h 为槽内设计水深）时，则按明渠均匀流公式计算；当 $L<(15\sim20)h$ 时，则按淹没宽顶堰公式计算。

初拟 b、h 时，一般按 h/b 比值来拟定，h/b 不同，槽身的工程量也不同，故应选定适宜的 h/b 值。梁式渡槽的槽身侧墙在纵向起梁的作用，加高侧墙可以提高槽身的纵向承载力，故从水力和受力条件综合考虑，工程上对梁式渡槽的矩形槽身一般取 $h/b=0.6\sim0.8$，U 形槽身取 $h/b=0.7\sim0.9$；拱式渡槽一般按水力最优要求确定 h/b。

为了保证渡槽有足够的过水能力，防止因风浪或其他原因造成侧墙顶溢流，故侧墙应有一定的超高。其超高与断面形状和尺寸有关，对无通航要求的渡槽，一般可按下列经验公式确定：

矩形槽身
$$\Delta h=\frac{h}{12}+5 \tag{10.1}$$

U 形槽身
$$\Delta h=\frac{D}{12} \tag{10.2}$$

式中 Δh——超高，即通过最大流量时，水面至槽顶或拉杆底面（有拉杆时）的距离，cm；

h——槽内水深，cm；

D——U 形槽过水断面直径，cm。

对于有通航要求的渡槽，超高应根据通航要求来定。

3. 总水头损失 ΔZ 的校核

对于长渡槽，水流通过渡槽时水面变化如图 10.2 所示。

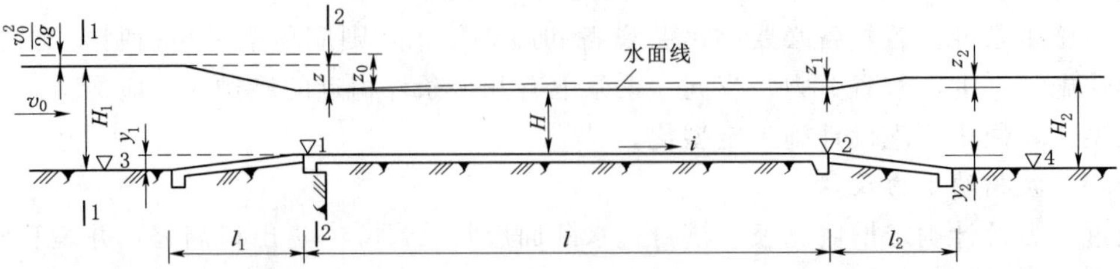

图 10.2　水力计算示意图

(1) 通过渡槽总水头损失 ΔZ：

$$\Delta Z = Z + Z_1 - Z_2 \tag{10.3}$$

ΔZ 应等于或略小于规划中允许的水头损失值。

(2) 进口段水面降落值 Z。常近似采用以下淹没宽顶堰流公式计算：

$$Z = \frac{Q^2}{(\varepsilon\phi A\sqrt{2g})^2} - \frac{v_0^2}{2g} \tag{10.4}$$

式中　Q——渠道设计流量，m^3/s；

ε、ϕ——侧收缩系数和流速系数，可取 0.90～0.95；

A——通过设计流量时槽身过水断面积，m^2；

g——重力加速度，$g=9.81m/s^2$；

v_0——为上游渠道通过设计流量时断面平均流速，m/s。

(3) 槽身沿程水面降落值 Z_1：

$$Z_1 = iL \tag{10.5}$$

式中　i——槽身纵坡；

L——槽身总长度，m。

(4) 出口段水面回升值 Z_2。根据实际观测和模型试验，当进出口采用相同的布置形式时，Z_2 值与 Z 值有关，一般近似取：

$$Z_2 \approx \frac{1}{3}Z \tag{10.6}$$

4. 进出口高程的确定

为确保渠道通过设计流量时为明渠均匀流，进出口底板高程按下列方法确定（符号如图 10.2 所示）。

进口槽底抬高值　　$y_1 = H_1 - Z - H$　　(10.7)

进口槽底高程　　$\nabla_1 = \nabla_3 + y_1$　　(10.8)

出口槽底高程　　$\nabla_2 = \nabla_1 - Z_1$　　(10.9)

出口渠底降低值　　$y_2 = H_2 - Z_2 - H$　　(10.10)

出口渠底高程　　$\nabla_4 = \nabla_2 - y_2$　　(10.11)

10.1.1.4 渡槽结构上的作用（荷载）及其效应组合

1. 作用的分类

（1）永久作用：一般包括结构自重、土压力、预应力。

（2）可变作用：一般包括静水压力、动水压力、风荷载、人群荷载、温度作用、槽内水重、车辆荷载。

（3）偶然作用：一般包括地震作用、漂浮物的撞击力。

2. 作用效应组合

（1）基本组合：按承载力极限状态设计时，对持久状况或短暂状况下，永久作用与可变作用的效应组合。

（2）偶然组合：按承载力极限状态设计时，对偶然状况下，永久作用、可变作用与一种偶然作用的组合。

（3）短期组合：按正常使用极限状态设计时，可变作用的短期效应与永久作用的效应组合。

（4）长期组合：按正常使用极限状态设计时，可变作用的长期效应与永久作用的效应组合。

3. 作用（荷载）的计算

对于中、小型渡槽，一般可不考虑地震力。自重、水压力、温度作用及土压力的计算方法在第 2 章已讲述，下面仅介绍其余几种作用（荷载）的计算方法。

（1）风荷载。垂直作用于建筑物表面上的风荷载标准值，应按下式计算：

$$P_k=\beta_z\mu_z\mu_s P_0 \tag{10.12}$$

式中 P_k——风荷载标准值，kN/m^2；

β_z——Z 高度处的风振系数，计算方法可参照 GB 50009—2012《建筑结构荷载规范》、GB 50135—2019《高耸结构设计规范》等设计规范的有关规定，或经专门研究确定；

μ_z——风压高度变化系数，应根据地面粗糙度类别按表 10.1 确定，其中地面粗糙度类别可分为 A、B 两类，A 类为海岛、海岸、湖岸及沙漠地区，B 类为田野、山村、丛林、丘陵及房屋比较稀疏的中小城镇和大城市郊区；

μ_s——风荷载体形系数，可按 GB 50009—2012《建筑结构荷载规范》和 GB 50135—2019《高耸结构设计规范》等有关规定采用；

P_0——基本风压，kN/m^2。

基本风压应按 GB 50009—2012《建筑结构荷载规范》中全国基本风压分布图采用，但不得小于 0.25kN/m^2。对于水工高耸结构，基本风压可按全国基本风压图中的基本风压值乘以 1.1 后采用；对于特别重要和有特殊使用要求的则乘以 1.2 后采用。

山区的基本风压应通过实际调查和对比观测，经分析后确定。一般情况下，可按相邻地区的基本风压值乘以以下调整系数后采用：①山间盆地、谷地等闭塞地形，调整系数取 0.75～0.85；②与大风方向一致的谷口、山口，调整系数取 1.2～1.5。

对于沿海海岛基本风压，当缺乏实测资料时，可按陆地上的基本风压值乘以表 10.2 所列的调整系数后采用。

表10.1 风压高度变化系数 μ_z

距地面高度/m	地面粗糙度类别		距地面高度/m	地面粗糙度类别	
	A	B		A	B
5	1.17	0.80	30	1.80	1.42
10	1.38	1.00	40	1.92	1.56
15	1.52	1.14	50	2.03	1.67
20	1.63	1.25			

表10.2 海岛基本风压调整系数

距海岸距离/km	调整系数	距海岸距离/km	调整系数
<40	1.0	60～100	1.1～1.2
40～60	1.0～1.1		

(2) 人群作用。当槽顶设有人行便道时，一般设计值选用 $2\sim3\text{kN/m}^2$。

(3) 动水压力。作用于河流水中槽墩（架）单位阻水面积上的动水压力代表值，可按下式计算：

$$P_w = KA\frac{r_w v^2}{2g} \tag{10.13}$$

式中 r_w——水的容重，一般取 9.81kN/m^3；

v——河流的设计平均流速，m/s；

g——重力加速度，9.81m/s^2；

A——槽墩（架）阻水面积，m^2，通常算至一般冲刷线处；

K——槽墩（架）形状系数，与阻水面形状有关，可按表10.3选用。

表10.3 槽墩（架）形状系数

槽墩（架）形状	K	槽墩（架）形状	K
方形	1.5	尖圆形	0.7
矩形（长边与水流平行）	1.3	圆端形	0.6
圆形	0.8		

(4) 船只或漂浮物的撞击力。通航河道中的槽墩（架）所受的船只撞击力，如无实测资料时，可按表10.4选用。

表10.4 船只撞击力

内河航道等级	船只撞击力/kN		内河航道等级	船只撞击力/kN	
	顺槽轴方向，通航槽跨侧	横槽轴方向，槽墩上游端		顺槽轴方向，通航槽跨侧	横槽轴方向，槽墩上游端
一	700	900	四	300	400
二	550	750	五	200	300
三	400	550	六	90～120	110～160

注 1. 船只撞击力假定作用在墩台计算通航水位线上的宽度或长度中点；
2. 当设有与墩台分开的防撞击的防护结构时，可不计船只撞击力；
3. 四、五、六级航道内的钢筋混凝土槽墩，顺槽向撞击力按表中所列数据的50%考虑。

有漂浮物的河流中的槽墩（架）所受的漂浮物撞击力按下式估算：

$$P=\frac{Gv}{gt} \tag{10.14}$$

式中　G——漂浮物重力，kN，应按实际调查来定；

v——水流速度，m/s；

t——撞击时间，s，应根据实际资料估算，无实际资料时，一般选用 $t=1\text{s}$；

g——重力加速度，9.81m/s^2。

船只撞击力和漂浮物撞击力不能同时考虑。

10.1.1.5 渡槽设计的一般步骤

（1）收集整理基本资料，确定渡槽的安全级别和有关设计标准。

（2）选择槽址和槽型，并进行纵剖面的初略布置。

（3）进行水力设计，确定槽底纵坡和槽身的过水断面形状、尺寸及进出口高程。

（4）进行纵剖面布置，其主要内容是选定各组成部分的结构型式和材料、分跨，拟定各组成部分的布置尺寸及高程，将成果绘制在纵剖面布置草图上，并绘制若干必要横剖面图，必要时还需绘制平面布置图，以决定开挖和填筑工程量。

（5）通过方案比较，选出较优的总体布置方案。

（6）进行结构计算及有关构造设计，绘制设计图，并计算各项工程量和各种材料用量，进而提出工程概算和总投资。

10.1.2 梁式渡槽

梁式渡槽的槽身支承于墩台或排架之上，槽身侧墙在纵向起梁的作用。

10.1.2.1 槽身结构纵向支承形式与跨度

根据支点位置的不同，梁式渡槽可分为简支梁式（图10.1）、悬臂梁式（图10.3）及连续梁式三种。悬臂梁式渡槽一般为双悬臂梁式，也有单悬臂梁式。

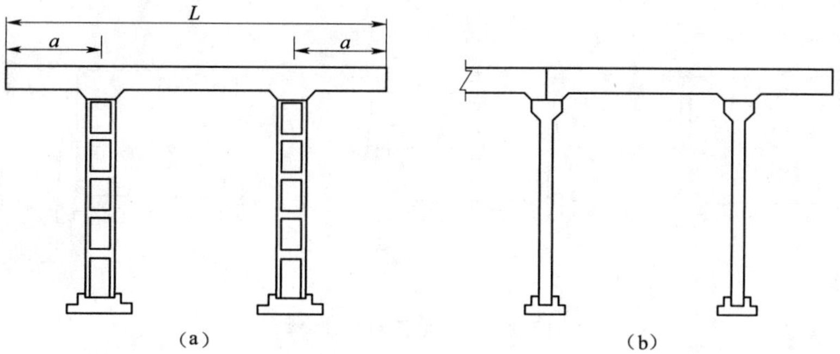

图10.3　悬臂梁式渡槽
(a) 双悬臂梁式；(b) 单悬臂梁式

简支梁的优点在于结构简单，吊装施工方便，接缝止水易解决。但其跨中弯矩较大，底板全部受拉，对抗裂防渗不利。其常用跨度为8～15m，经济跨度为墩架高度的0.8～1.2倍。

双悬臂梁又分为等跨双悬臂和等弯矩双悬臂两种型式。设每节槽身长度为L，悬臂长

度为 a，则等跨双悬臂 $a=0.25L$；等弯矩双悬臂 $a=0.207L$。在匀布作用（荷载）情况下，等弯矩双悬臂虽然跨中与支座处弯矩绝对值相等，且比等跨双悬臂支座处负弯矩数值小，但由于纵向上下层均需配置受力筋和一定数量的构造筋，总配筋量可能比等跨双悬臂式多，且由于墩架间距不等，故应用较少；等跨双悬臂的跨中弯矩为零，支座处负弯矩较大，底部全部位于受压区，对抗裂有利。另外，由于悬臂的作用，跨度可达简支梁的 2 倍左右，故每节槽身长度最大可达 30～40m，但其重量大，施工吊装困难，且接缝止水因悬臂端变形大容易被拉裂。

单悬臂梁式一般只在双悬臂梁向简支梁过渡或与进出口建筑物连接时采用。一般要求悬臂长度不宜过大，以保证槽身在另一支座处有一定的压力。

梁式渡槽的跨度不宜过大，跨度一般在 20m 以下较经济。

10.1.2.2 槽身横断面型式的主要尺寸

最常用的断面形式是矩形和 U 形。矩形槽身常用钢筋混凝土或预应力钢筋混凝土结构，U 形槽身还可采用钢丝网水泥或预应力钢丝网水泥结构。

1. 矩形槽身

矩形槽身按其结构形式和受力条件不同，可分为以下几种情况：

（1）无拉杆矩形槽。这种形式结构简单，施工方便，主要用于有通航要求的中小型渡槽。侧墙做成变厚，如图 10.4（a）所示，顶厚按构造要求一般不小于 8cm，底厚应按计算确定，一般不小于 15cm。有通航要求的大中型渡槽，为了改善侧墙和底板的受力条件，减小其厚度，沿槽长每隔一定距离加一道肋而成为加肋矩形槽，如图 10.4（b）所示，肋的间距通常取侧墙高度的 0.7～1.0 倍，肋的宽度一般不小于侧墙的厚度，厚度一般为 2.0～2.5 倍墙厚。当流量较大或通航要求槽身宽浅时，为改善底板受力条件，减小其厚度，可采用多纵梁式结构，如图 10.4（c）所示，侧墙仍兼纵梁用，中间纵梁间距 1.5～3m。

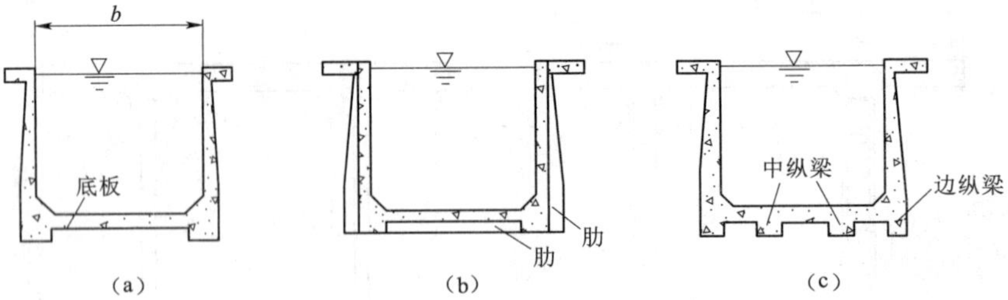

图 10.4 无拉杆矩形槽

（a）一般式；（b）加肋式；（c）多纵梁式

（2）有拉杆矩形槽。对于无通航要求的中小型渡槽，一般在墙顶设置拉杆，可以改善侧墙的受力条件，减少侧墙横向钢筋用量。拉杆间距一般 2m 左右。侧墙常采用等厚，其厚度约为墙高的 1/12～1/16，一般为 10～20cm。在拉杆上还可铺板，兼作人行便道，如图 10.5 所示。

（3）箱式结构。这种形式既可以满足输水，顶板又可作为交通桥，如图 10.6 所示。其用于中小流量双悬臂梁式槽身较为经济。箱中按无压流设计，净空高度一般为 0.2～

0.6m，深宽比常用0.6～0.8或更大些。

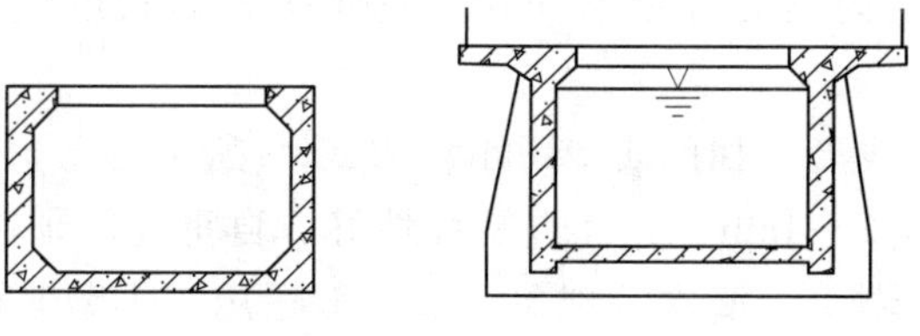

(a)　　　　(b)

图10.5　有拉杆矩形槽

(a) 墙顶仅设置拉杆；(b) 同时兼设人行便道

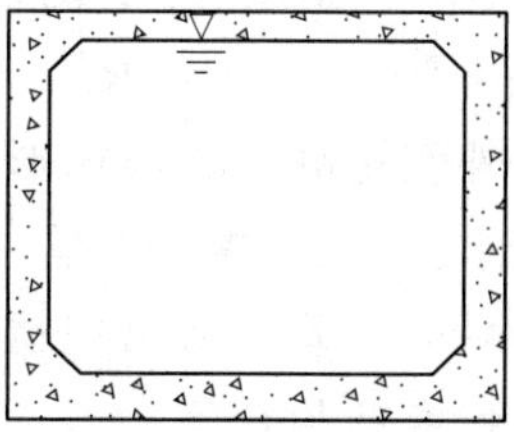

图10.6　箱式结构

矩形槽的底板底面可与侧墙底缘齐平，如图10.7 (a) 所示，或底板底面高于侧墙底缘，如图10.7 (b) 所示。后者用于简支梁式槽身时，可以减小底板的拉应力，对底板抗裂有利；前者适用于等跨双悬臂梁式槽身，构造简单，施工方便。为了避免转角处的应力集中，通常在侧墙和底板连接处设补角，角度 $\alpha=30°\sim60°$，边长一般为15～25cm。

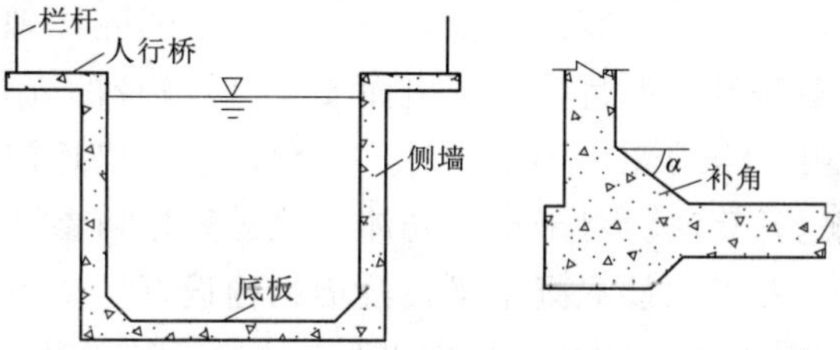

(a)　　　　(b)

图10.7　矩形槽补角大样图

(a) 底板底面与侧墙底缘齐平；(b) 底板底面高于侧墙底缘

2.U形槽身

U形槽身横断面由半圆加直段构成，如图10.8所示，槽顶一般设顶梁和拉杆，支座处设端肋。与矩形槽相比，U形槽具有水力条件好、纵向刚度大等优点。

在初拟钢筋混凝土U形槽断面尺寸时，可参考以下经验数据，如图10.8 (a) 所示。

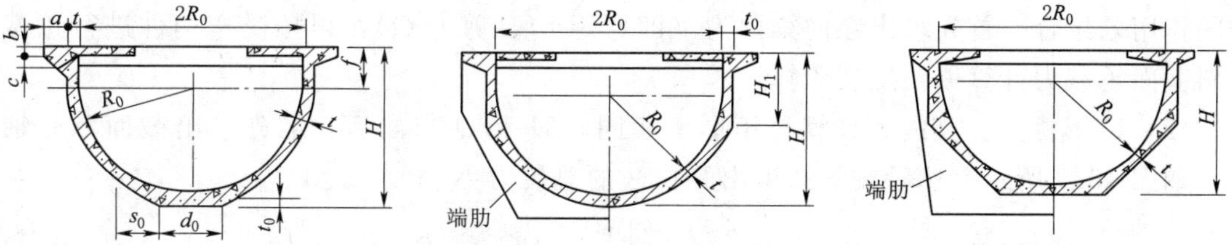

(a)　　　　(b)　　　　(c)

图10.8　U形槽身横断面图

(a) 槽底弧段加厚；(b) 梯形端肋；(c) 折线形端肋

壁厚　　$t=(1/10\sim1/15)R_0$　　(常用8～15cm)

直段高　　$f=(0.4\sim0.6)R_0$

顶梁　　$a=(1.5\sim2.5)t$，　$b=(1\sim2)t$，　$c=(1\sim2)t$

对于跨宽比大于4的梁式槽身，为增加槽身纵向刚度，满足横向抗裂要求，通常槽底弧段加厚，如图10.8 (a) 所示。

槽底加厚：　　$t_0=(1\sim1.5)t$

槽底宽度： $d_0=(0.5\sim0.6)R_0$

图 10.8 中 s_0 是从 d_0 的两端分别向槽壳外壁所作切线的水平投影长度，可由作图求出，一般 $s_0\approx(0.35\sim0.4)R_0$

端肋的外侧轮廓可做成梯形或折线形，如图 10.8（b）和（c）所示。

钢丝网水泥 U 形槽，壁厚一般为 2～4cm，其优点是弹性好、自重轻、预制吊装方便、造价低，但耐久性差、易出现锈蚀、剥落、漏水等现象，故一般适用于小型渡槽。

10.1.2.3 槽身结构计算

槽身属空间壳体结构，受力较复杂，纵向为梁，横向为刚架，属双向受力结构。目前国内采用的结构计算方法有两种：①梁理论计算法，该法认为结构内力可分别按纵向和横向的平面问题进行计算，主要适用于跨宽比（L/B）大于等于 4（即长壳）的情况；②空间壳体理论计算法，该法认为槽身为空间壳体结构，纵向和横向的应力和变形是密切相关的，适用于跨宽比小于 4 的情况。空间壳体理论计算法具体又分为有限元法、折板法、有限条法等，但目前仅推出简支 U 形槽身的壳体理论计算公式，尚处研究阶段。故对矩形槽身，当跨宽比小于 4 时，工程设计中仍近似按梁理论进行计算。因此，本书重点介绍梁理论计算法。对于空间壳体理论计算法可参考有关文献资料。

对于钢筋混凝土梁式渡槽结构设计，应按 SL 744—2016《水工建筑物荷载设计规范》及 SL 191—2008《水工混凝土结构设计规范》进行。

1. 纵向计算

通常取一个槽段进行纵向计算，按支承情况不同，可能是简支梁或悬臂梁或连续梁。

纵向荷载的计算一般简化为作用在整个槽段上的荷载，主要包括槽身自重（人行便桥、拉杆等自重也化成匀布的）、槽中水重及人群荷载等。

（1）矩形槽身。将侧墙看作纵梁，根据不同的设计状况（持久状况、短暂状况、偶然状况），进行必要的承载力极限状态设计及按要求进行正常使用极限状态设计，应考虑不同的作用效组合。首先求出纵向梁内力（即弯矩 M、剪力 Q），再按受弯构件进行正截面及斜截面承载力计算以及抗裂验算。

（2）U 形槽身。其内力计算与矩形槽相同。M 和 Q 求出后，需先求出截面形心轴位置，如图 10.9 所示，然后按下式求出受拉区的总拉力 N_l：

$$N_l=\int\sigma\mathrm{d}A=\frac{M}{I}\int y\,\mathrm{d}A=\frac{M}{I}S \tag{10.15}$$

式中 N_l——形心轴以下的总拉力，kN；

M——计算截面弯矩设计值，kN·m；

I——截面对形心轴的惯性矩；

S——形心轴以下的静面积矩。

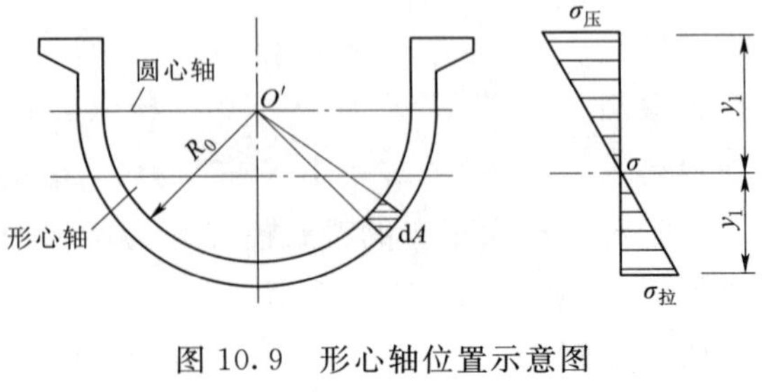

图 10.9 形心轴位置示意图

U 形槽身的纵向钢筋一般按总拉力法计算，则

$$A_s\geqslant\frac{M_l r_d}{f_y} \tag{10.16}$$

式中 A_s——受拉钢筋总截面积，mm^2；

f_y——钢筋抗拉强度设计值，N/mm^2；

r_d——钢筋混凝土结构系数，$r_d=1.2$；

其他符号含义同前。

根据受拉钢筋总面积配置纵向受力钢筋，并进行斜截面承载力计算，然后进行抗裂验算，并配适量的构造筋。

2. 横向计算

在进行横向计算时，沿槽身纵向取 1m 按平面问题进行分析，单位长脱离体上的作用（荷载）由两侧的剪力差维持平衡。

（1）无拉杆矩形槽。其计算简图如 10.10（a）和（b）所示，图中 P_0 为槽顶上的作用，M_0 为槽顶上的作用对侧墙中心线所产生的力矩，q_2 为槽内水重与底板自重之和。

由图示条件，并结合现行规范，可求得内力计算式如下：

$$M_a=M_b=r_0\psi\left[r_Q\frac{1}{6}r_wh^3-M_0\right] \tag{10.17}$$

$$N_a=N_b=r_0\psi\frac{1}{2}r_wh^2 \tag{10.18}$$

$$M_c=r_0\psi\left[\frac{1}{8}(r_Qr_wh+r_Gr_ht)L^2-r_Q\frac{1}{6}r_wh^3+M_0\right] \tag{10.19}$$

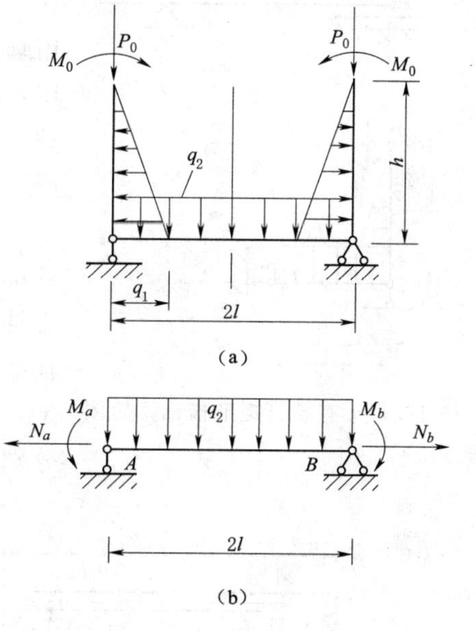

图 10.10　无拉杆矩形槽计算简图

（a）横断面计算简图；（b）槽底计算简图

式中　r_0——结构重要性系数，对于结构安全级别为Ⅰ、Ⅱ和Ⅲ级的结构或构件，可分别采用 1.1、1.0、0.9；

ψ——设计状况系数，对应于持久状况、短暂状况、偶然状况，可分别取 1.0、0.95、0.85；

r_G——永久作用（荷载）分项系数；

r_Q——可变作用（荷载）分项分数；

r_w——水的容重，一般取 $9.81kN/m^3$；

r_h——钢筋混凝土的容重，一般取 $25kN/m^3$；

L——底板的计算跨度，m；

t——底板厚度，m；

h——槽内水深，m。

由式（10.19）可以看出，底板跨中弯矩 M_c 随槽内水深 h 而变化，故对式（10.19）令 $\frac{dM_c}{dh}=0$，即可求得：当 $h=L/2$ 时，M_c 最大，而此时底板的轴向拉力 N_a 较小，故应按水深 $h=L/2$ 及设计水深、加大水深分别计算底板跨中内力，按偏心受拉构件对底板进行配筋计算，取其大者作为底板跨中的配筋依据。显然若槽身高度小于底板宽度的一半，则不必计算 $h=L/2$ 的情况。

侧墙可视为固结于底板上的悬臂梁板，竖向轴力很小，可忽略其影响，近似按受弯构件进行计算。

(2) 有拉杆矩形槽。近似认为设拉杆处槽身的横向内力与不设拉杆处相近，因此可以将拉杆均匀化，然后沿槽长方向取 1m 槽身按平面问题计算。拉杆刚度远比侧墙小，故杆端视为铰接，计算简图如图 10.11 所示，其为一次超静定结构。

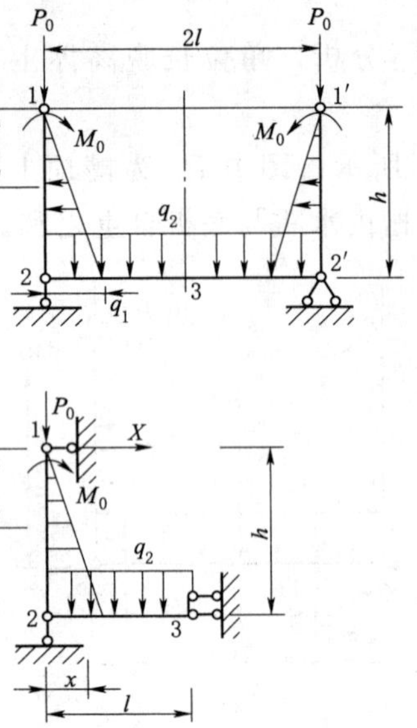

图 10.11 有拉杆矩形槽计算简图

可按力法先求解出均匀化拉杆的拉力，再求出槽身横向内力，然后进行配筋计算及抗裂验算。

(3) U 形槽。对于有拉杆 U 形槽，1m 槽长上的作用（荷载）与有拉杆矩形槽身类似，其断面剪应力呈抛物线分布规律，方向为沿槽壳厚度中心线的切线方向，如图 10.12 (a) 所示，该力对槽壳产生的弯矩和轴力与其他作用（荷载）对槽壳产生的弯矩和轴力方向相反，起抵消作用，因此槽壳厚度可以减薄。因槽身横向结构及作用（荷载）均为对称，故可取一半进行计算，如图 10.12 (b) 所示。

图 10.12 中：P 为作用于槽壁上的静水压强；q 为槽壁单位长度的自重；τ 为剪应力；R 为圆弧半径；h_0 为圆心轴至拉杆中心的距离；M_0 为槽顶作用（荷载）对槽壁顶端中心的力矩；P_0 为槽顶作用（荷载）产生的集中力；X_1 为均匀化拉杆的拉力，按一次超静定结构求解 X_1，再分别计算槽壳直段和圆弧段的弯矩和轴力，绘出槽身横断

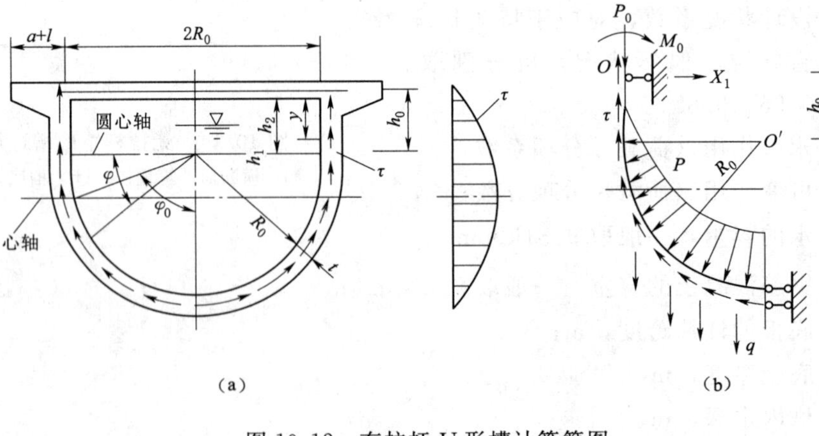

图 10.12 有拉杆 U 形槽计算简图

(a) 横断面计算简图；(b) 取一半横断面计算简图

面的弯矩和轴力图，按偏心受拉或偏心受压构件进行配筋计算和抗裂验算。大量工程表明，U 形槽槽壁的上半部一般为外侧受拉，下半部为内侧受拉。横向钢筋布置，通常采用双层布置（即按内外侧控制截面求得的配筋量分别布置于内外层），也可采用单层布筋（即按弯矩图形将钢筋布置在受拉的一侧）。前者用于流量大，槽壁厚在 10cm 以上的渡

槽；后者多用于壁厚在 10cm 以下的渡槽，其节省钢筋，且混凝土易浇捣密实，但钢筋弯扎较困难。

（4）支承肋。为使槽身便于支承在槽墩（架）上，常设支承肋（对于简支梁式槽身则为端肋），如图 10.13（a）、（b）所示。支承肋上力的传递复杂，支承肋底横梁的荷载是中间小、两端大，同时还有顶部拉杆的作用。建议按下述比较安全经济的近似方法（针对以往按简支梁上作用均布荷载进行计算的方法浪费而言）计算内力，确定截面尺寸和钢筋用量。

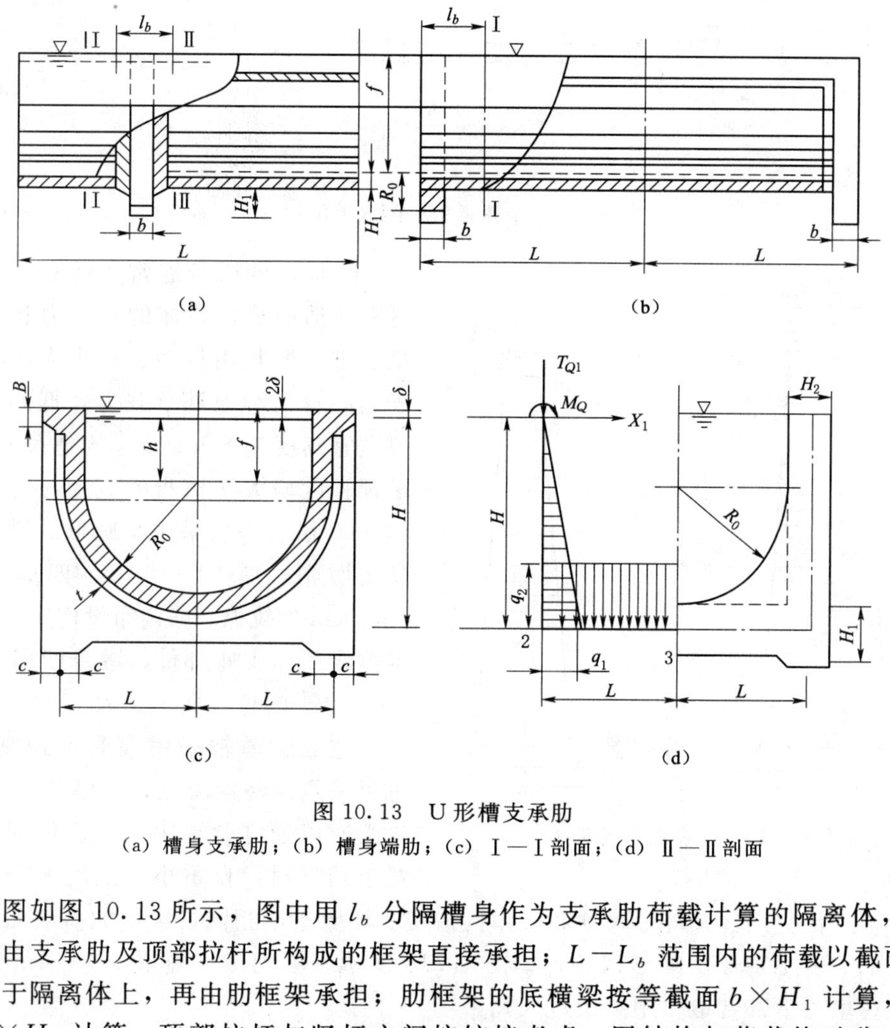

图 10.13　U 形槽支承肋

（a）槽身支承肋；（b）槽身端肋；（c）Ⅰ—Ⅰ剖面；（d）Ⅱ—Ⅱ剖面

计算图如图 10.13 所示，图中用 l_b 分隔槽身作为支承肋荷载计算的隔离体，l_b 范围内的荷载由支承肋及顶部拉杆所构成的框架直接承担；$L-L_b$ 范围内的荷载以截面剪力的方式作用于隔离体上，再由肋框架承担；肋框架的底横梁按等截面 $b\times H_1$ 计算，竖杆按等截面 $b\times H_2$ 计算；顶部拉杆与竖杆之间按铰接考虑，因结构与荷载均对称，故取图 10.13（d）所示基本结构，按一次超静定结构求解出支承肋横梁跨中截面的轴力和弯矩，进行承载力极限状态设计，确定配筋。

10.1.2.4　支承结构

1. 支承结构的型式及尺寸拟定

梁式渡槽的支承结构型式有重力墩、排架、组合式墩架和桩柱式槽架等。

（1）重力墩。重力墩可分为实体墩和空心墩两种型式，如图 10.14、图 10.15 所示。

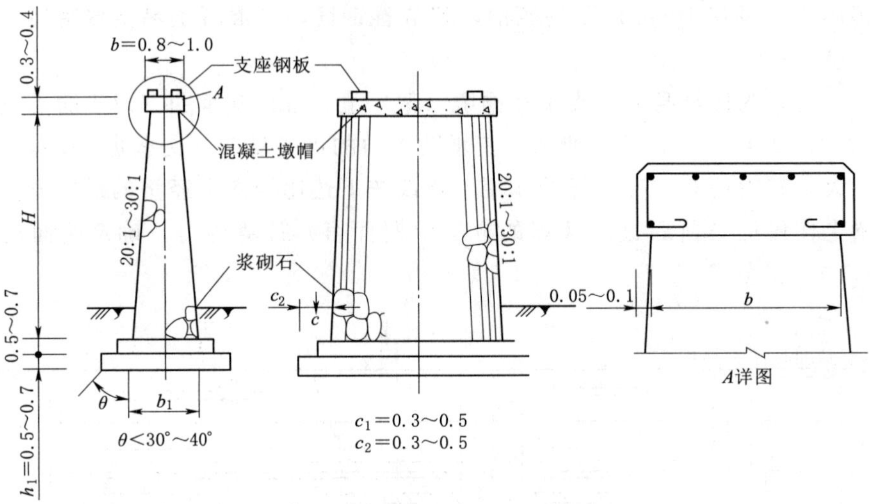

图 10.14　实体重力墩图（单位：m）

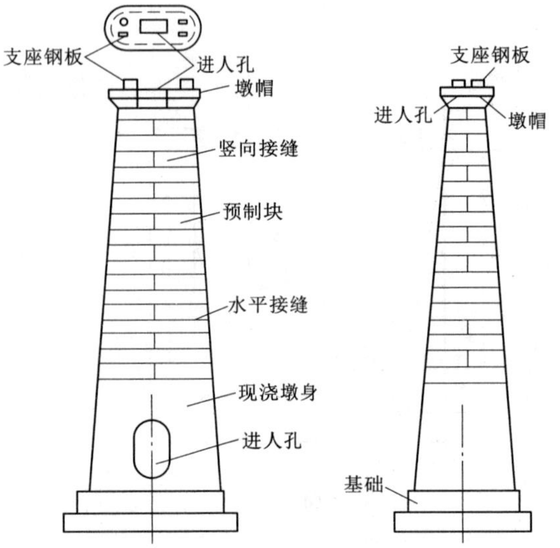

图 10.15　空心重力墩图

实体墩的墩身通常用砖石、混凝土等材料建造而成，墩体的承载力和稳定易满足要求，但其用料多、自重大，故不宜用于槽高较大和地基承载力较低的情况。一般适宜高度为 8～15m。构造尺寸一般为：墩顶长度略大于槽身的宽度，每边外伸约 20cm；墩头一般采用半圆形。墩顶常设混凝土墩帽，厚 30～40cm，四周做成外伸 5～10cm 的挑檐，帽内布设构造钢筋，并根据需要预埋支座部件，墩身四周常以 20∶1～30∶1 的坡比向下扩大。

空心墩通常采用混凝土预制块砌筑，也可采用现浇混凝土，壁厚约 20cm，墩高较大时由强度验算决定。这种型式可以大量节约材料，自重小而刚度大，在较高的渡槽中已被广泛应用。其外形尺寸和墩帽构造与实体墩基本相同，常用的横断面形状有圆矩形、矩形、双工字形及圆形四种，如图 10.16 所示。墩内沿高每隔 2.5～4m 设置两根横梁，并在墩身下部和墩帽中央设进人孔。

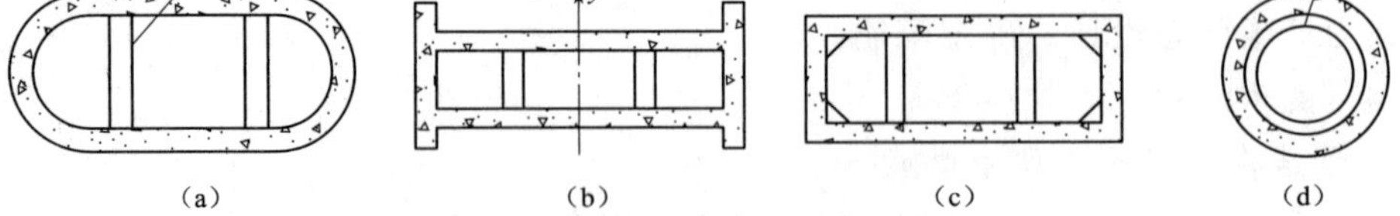

图 10.16　空心墩横断面形状图

(a) 圆矩形；(b) 矩形；(c) 双工字形；(d) 圆形

（2）排架。一般采用钢筋混凝土建造，可现浇或预制吊装。常用的形式有单排架、双排架及A字形排架等几种型式，如图10.17所示。

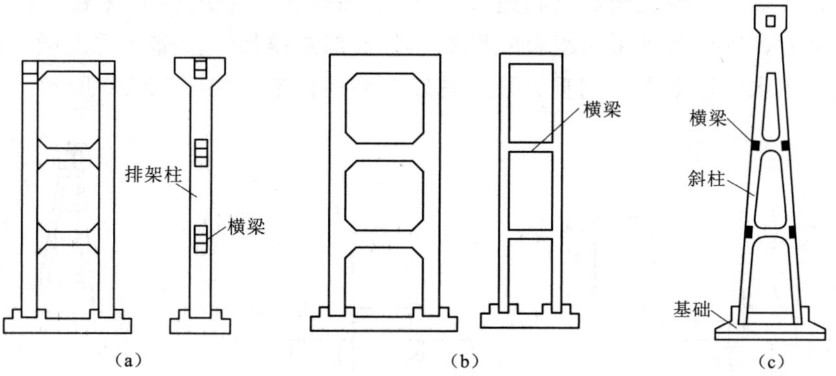

图10.17　排架形式图

(a) 单排架；(b) 双排架；(c) A字形

单排架是由两根铅直立柱和横梁组成的多层刚架结构，工程中应用广泛，其适用高度一般在20m以内。双排架由两个单排架通过水平横梁连接而成，属空间结构。其结构承载力、稳定性及地基承载力均比单排架易满足要求，其适用高度一般为15～25m。

当排架高度较大时，为满足结构承载力和地基承载力要求，可采用A字形排架，其适用高度一般为20～30m，但施工复杂、造价较高。

现以单排架为例说明结构尺寸的初步拟定。立柱中心距取决于渡槽宽度，一般应使槽身传来的作用（荷载）P 的作用线与立柱的中心线重合，使立柱为轴心受压构件，如图10.18所示。立柱的截面尺寸如下：长边（顺槽向）$b_1=(1/20\sim1/30)H$，常取 $b_1=0.4\sim0.7$m；短边 $h_1=(1/1.5\sim1/2)b_1$，常取 $h_1=0.3\sim0.5$m。为了改善排架顶部的受力状况，通常排架顶部伸出短悬臂梁（牛腿），悬臂长度 $c\geqslant b_1/2$，高度 $h\geqslant b_1$，倾角 $\theta=30°\sim45°$。横梁间距 l 一般等于或小于立柱间距，常取2.5～4.0m，梁高 $h_2=(1/6\sim1/8)l$，梁宽 $b_2=(1/1.5\sim1/2)h_2$，横梁一般按等间距布置，但最下一层的间距可以灵活，横梁与立柱连接处常设20cm×20cm的贴角，以改善交角处的应力状况。

双排架和A字形排架都是由单排架构成的，其尺寸可参照单排架拟定。

排架与基础（常采用整体板式基础）的连接形式，视情况不同，可采用固接或铰接。现浇排架与基础采用整体结合，排架竖筋直接伸入基础内部，按固结计算。而预制装配式排架，可随接头处理方式而定。对于固结端，立柱与杯形基础连接时，应在基础混凝土终凝前拆除杯口内模板并凿毛，立柱安装前应将杯口清洗干净，并在杯口底浇灌不小于C20的细石混凝土，然后将立柱插入杯口内，在其四周再浇灌细石混凝土，如图10.19（a）所示；对于铰

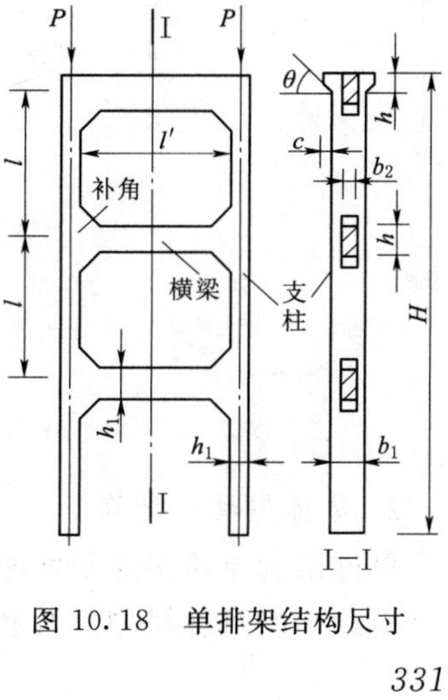

图10.18　单排架结构尺寸

接，只在立柱底部填 5cm 厚的 C20 细石混凝土抹平，将立柱插入后，在其周围再填 5cm 厚的 C20 细石混凝土，再填沥青麻绳即可，如图 10.19（b）所示。

（3）组合式墩架。当渡槽高度超过 30m 或槽高较大，采用加大柱截面尺寸以满足稳定要求不经济时，则应考虑采用组合式墩架，其上部是排架，下部是重力墩。位于河道中的槽架，最高洪水位以下常采用重力墩，其以上采用排架，如图 10.20 所示。

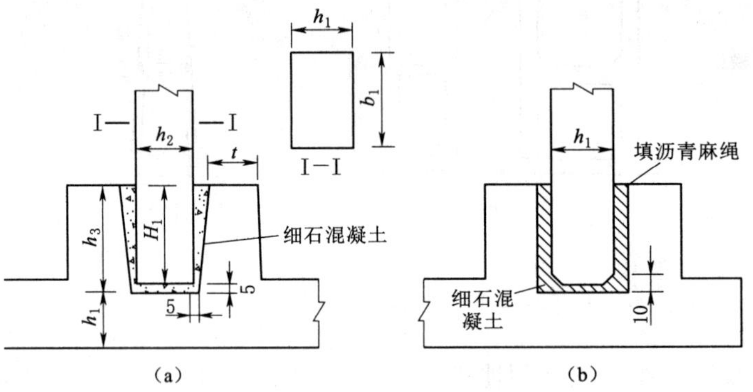

图 10.19　排架与基础连接（单位：cm）
（a）杯口底浇灌细石混凝土；（b）杯口底填沥青麻绳

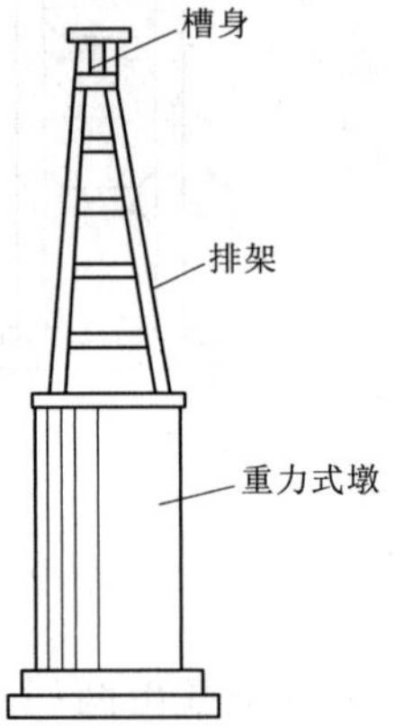

图 10.20　组合式墩架

（4）柱桩式槽架。其支承柱是桩基础向上延伸而成的，当地基条件差而采用桩基础时，采用此种槽架较为经济。双柱式又可分为等截面和变截面两种型式，如图 10.21 所示。

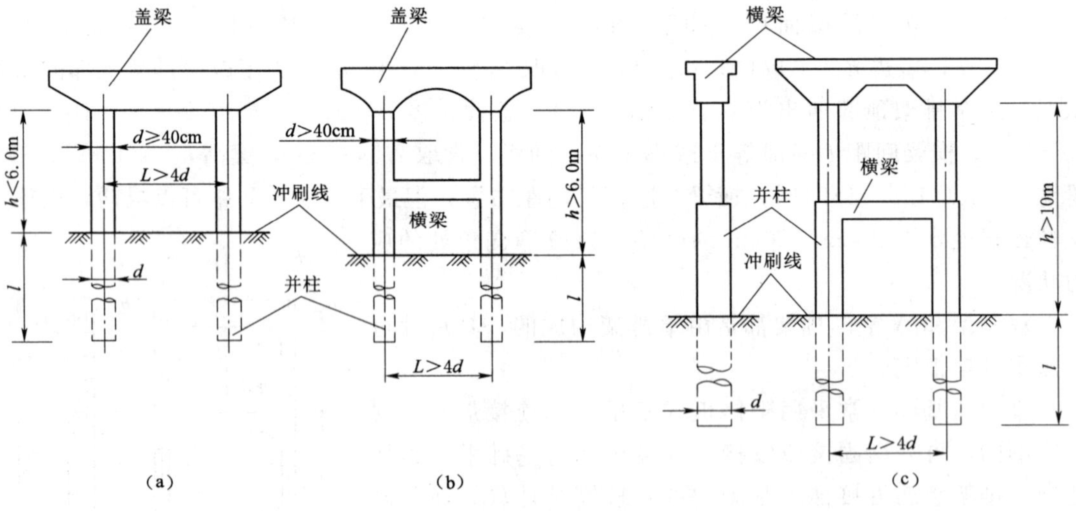

图 10.21　柱桩式槽架
（a）等截面；（b）等截面有横梁；（c）变截面面有横梁

2. 单排架结构计算

单排架为单跨多层平面刚架，刚架平面置于横槽向。而双排架承受横槽向及顺槽向作用（荷载）时可在横槽向及顺槽向分解为单排架来计算，故仅介绍单排架的结构计算。

单排架的计算简图由立柱和横梁的轴线所组成，如图 10.22（a）所示。

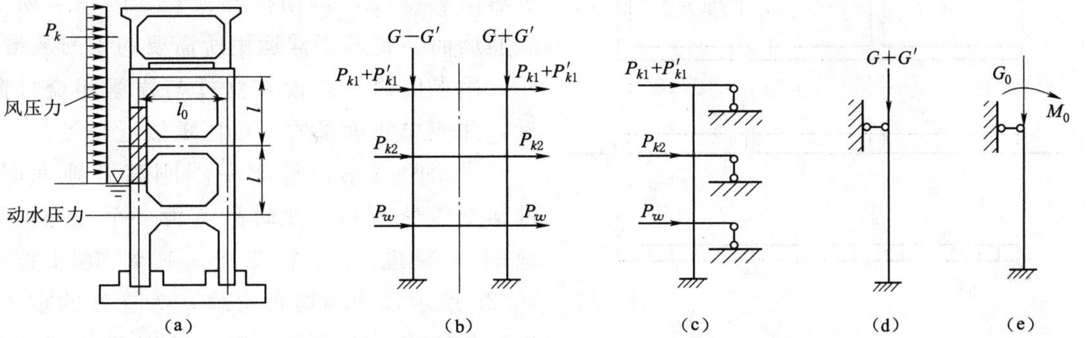

图 10.22 排架的计算简图

（a）单排架示意图；（b）单排架计算简图；（c）取一半结构；

（d）排架立柱轴心受压计算简图；（e）排架立柱偏心受压计算简图

（1）排架上的作用分析。通常将排架上的作用均简化为节点作用（荷载），可分为铅直向和水平向两个方向的作用。排架上的作用如图 10.22 所示。

排架上的铅直作用有：槽身自重及槽内水重 G；槽身在槽向风压力 $r_Q W_k$ 作用下通过支座传递给立柱的轴向拉力和压力 G'（$G'=r_Q W_k h/l_0$）；排架自重，每一节点荷载等于相邻上半柱和下半柱自重以及横梁自重之半的总和。

排架上的水平作用有：槽身承受横向风荷载通过支座摩擦作用传给排架的水平力 P'_{k1}，按两柱各分担 1/2 计算，即 $P'_{k1}=r_Q W_k/2$；作用于排架立柱上横向风荷载简化为节点荷载（P_{k1}，P_{k2}，$P_{k3}\cdots$），通常忽略迎风面立柱对背风面立柱的挡风作用，近似取两立柱的风荷载相等。

其他作用［如动水压力（P_w）、漂浮物的撞击力及地震作用］是否考虑，应根据具体情况而定。

（2）排架的横向计算。应根据不同的设计状况进行必要的承载能力极限状态设计。铅直向节点作用仅使主柱产生轴力；水平向节点作用是反对称的，如图 10.22（b）所示，而结构对称，故可取一半如图 10.22（c）所示，用无剪力分配法求解排架的内力，也可用杆系有限元法计算。考虑到风荷载的方向是可能改变的，两个立柱的配筋应相同。

（3）排架的纵向计算。排架纵向通常按单柱并视具体情况考虑挠曲影响进行正截面承载能力的验算。对于等间距布置的排架，其立柱按轴心受压构件进行承载能力的验算，计算简图如图 10.22（d）所示；对于排架间距不等或一跨槽身吊装完毕而另一跨尚未吊装等情况，应按偏心受压构件进行验算，计算简图如图 10.22（e）所示。柱的计算长度 L_0 可视具体情况取 $0.7L$ 或 $1.0L$，L 为排架的实际高度。若按持久状况配置的钢筋不能满足短期状况（施工）的要求时，应采取措施，如改变吊装方案等，以免因施工原因而增加配筋量。

（4）排架的吊装验算。排架是平放在地上预制的，吊装时，可采用两点吊或四点吊。当排架总高度 $H \leqslant 15$m 时，可用两点吊，如图 10.23 所示；当 $H>15$m 时，宜用四点吊。

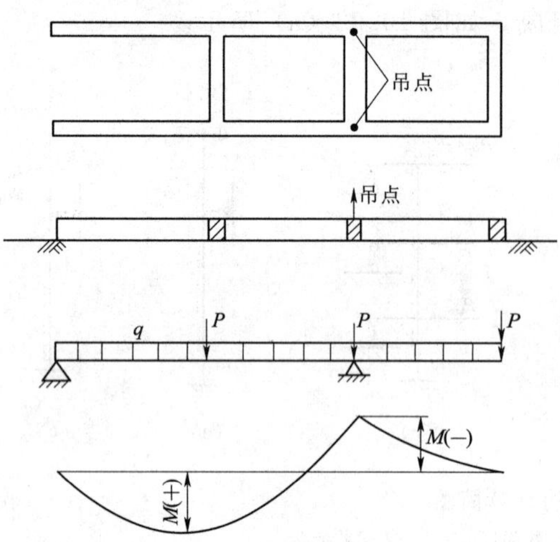

图 10.23　排架两点吊装验算示意图

当排架总高度较大时，宜分成 2～3 段预制，然后吊装拼接，否则排架太长，因吊装所需配筋反而会超过正常运用所需要的钢筋数量。

吊点位置一般设在立柱与横梁相交处附近，并使立柱承受的正负弯矩接近相等。

采用两点吊，排架一端刚离开地面时，排架受力最不利，此时吊点为一个支点，贴地的一端也为一个支点，其弯矩图如图 10.23 所示。图中均布荷载 q 为立柱的重力，集中荷载 P 为横梁的重力，在计算中还应考虑 1.1～1.3 的动力系统。

10.1.2.5　基础

渡槽的基础类型，按其埋置深度可分为浅基础和深基础两种。埋置深度小于 5m 的为浅基础，大于 5m 的为深基础。

1. 基础形式的选择

基础形式的选择与上部作用、地质条件、洪水冲刷及施工基坑排水等因素有关，其中地质条件是主要因素。浅基础常采用刚性基础或整体板式基础（柔性基础）；深基础一般采用桩基础或沉井基础。

(1) 刚性基础。重力式槽墩的基础一般采用刚性基础，其通常用浆砌石或混凝土建成，这种基础通常以台阶形向下逐步扩大。为了使基础满足弯曲和剪切验算要求，通常用刚性角 θ 来控制，即：$\theta=\arctan(c/h)$，如图 10.24 (a) 所示。图中，c 为每级悬臂长度，h 为级高。对浆砌石基础，$\theta\leqslant35°$；混凝土基础，$\theta\leqslant40°$。台阶的阶数，以扩大后的基底面积满足地基承载力的要求而定。

(2) 整体板式基础。排架结构一般采用此种基础，如图 10.24 (b) 所示。由于这种基础设计时需考虑弯曲变形，故又称柔性基础。一般采用钢筋混凝土结构。其能在较小的

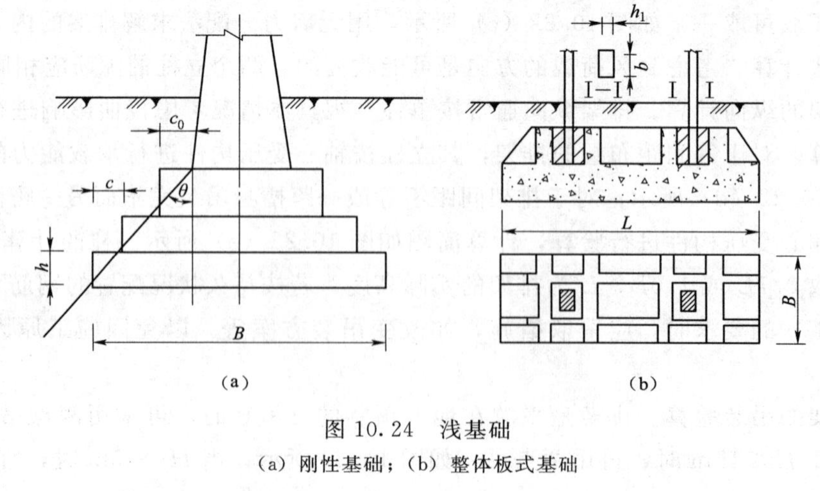

图 10.24　浅基础

(a) 刚性基础；(b) 整体板式基础

埋深下获得较大的基底面积，故适应不均匀沉陷的能力强，节省工程量，但需用一定数量的钢筋，主要用于地基承载力较低的情况。

整体板式基础的底面积应满足地基承载力要求，一般可参考类似已建工程初拟尺寸，或按下列经验公式初拟：

$$\left.\begin{array}{l}B \geqslant 3b_1 \\ L \geqslant S+5h_1\end{array}\right\} \tag{10.20}$$

式中　B——底板宽度，m；

L——底板长度，m；

S——两立柱间的净距，m；

b_1、h_1——立柱横截面的长边与短边边长，m。

（3）桩基础。桩基础是一种比较古老的地基处理方法，已积累较多的实践经验。渡槽桩基础通常采用钻孔桩基础，特别适用于不宜断流需作水下施工的河道，地下水位高，明挖基坑有困难，或无法施工以及软土地基沉陷量过大或承载力不足等情况。一般采用钻井工具造孔，再在孔内放置钢筋并浇灌混凝土，其具有施工简单、速度快、造价低等优点。

钻孔桩顶部应设承台如图 10.25（a）所示，将各桩连成整体，承台上再建槽架、槽墩等结构。除钻孔桩以外，在工程中还采用打入桩、挖孔桩、管柱等桩基础。

（4）沉井基础。沉井基础是一种应用比较广泛的地基处理方法，如图 10.25（b）所示。当软弱土层下有持力好的土基或岩层，且其埋藏深度不大，或河床冲刷严重，基础要有较大埋深，即水深、流速较大，水下施工有困难时，宜采用沉井基础。但当覆盖层内有较大漂石、孤石或树木等阻碍沉井下沉的障碍物或持力层岩层表面倾斜度较大时，不宜采用。

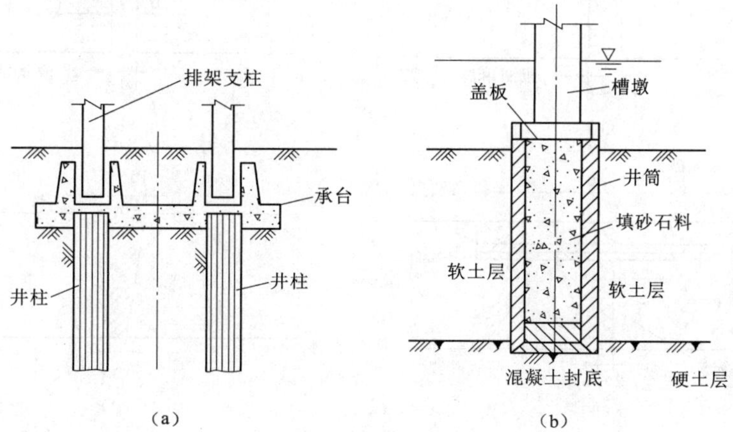

图 10.25　深基础

（a）钻孔桩基础；（b）沉井基础

2. 浅基础的埋置深度

浅基础的底面应埋置于地面以下一定深度，其值应按地基承载力、耕作要求、抗冰冻要求及河床冲刷等情况，并结合基础型式及尺寸而定。在满足要求情况下，应尽量浅埋。具体应满足以下几个方面的要求：

(1) 地基承载力要求。在满足地基承载力和沉陷要求的前提下，应尽量浅埋，但不得小于 0.5m，一般埋于地面以下 1.5～2.0m，且基底面以下持力层厚度应大于或等于 1.0m。

(2) 耕作要求。耕作地内的基础，基础顶面以上至少要留 0.5～0.8m 的覆盖层。

(3) 抗冰冻要求。严寒地区基础顶面在冰冻层以下的深度应通过专门计算确定。

(4) 抗冲刷要求。对于位于河道中受水流冲刷的基础，其底面应埋入最大冲刷线以下，最大冲刷线是各个槽墩处最大冲刷深度的连线。可参考有关资料计算最大冲刷深度。

10.1.2.6　渡槽的整体稳定验算

渡槽及其地基的稳定性验算是确定总体布置方案是否可行的必不可少的一环。

槽身一般是搁置于支承结构顶上，当槽中无水时，在侧向风荷载作用下，槽身有可能产生滑动或倾覆，特别是位于大风地区的轻型壳体槽身，此项验算尤为必要。

渡槽整体稳定性验算，主要是验算地基稳定性、承载力和沉陷量是否满足要求。对于斜坡土基上的大中型槽墩，还应验算深层滑动的可能性。

10.1.2.7　渡槽的细部构造

1. 槽身伸缩缝及止水

梁式渡槽每节槽身的接头处以及槽身与进出口建筑物的连接处均须设伸缩缝，缝宽 1～5cm，伸缩缝中必须用既能适应变形又能防止漏水的材料封堵。

常见的伸缩缝止水型式如图 10.26 所示。

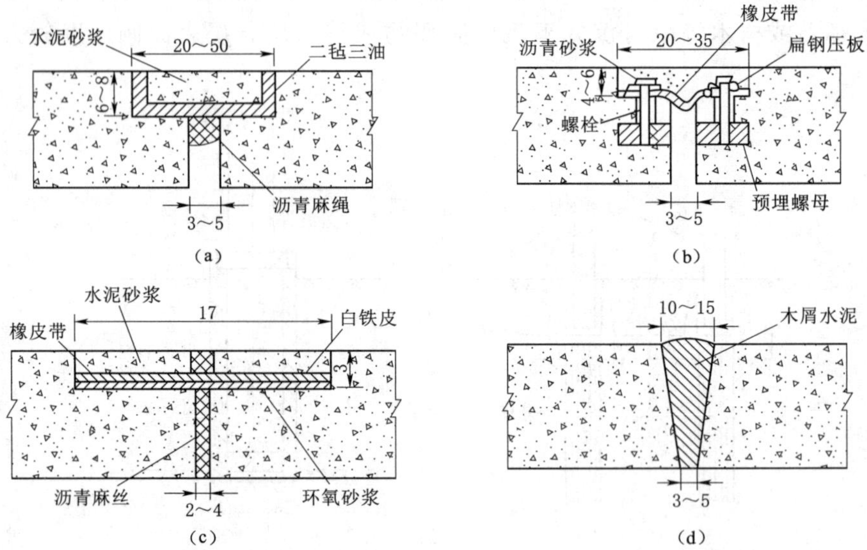

图 10.26　止水型式（单位：mm）

(a) 沥青止水；(b) 橡皮压板止水；(c) 黏合式止水；(d) 木屑水泥止水

2. 槽身的支座

(1) 平面钢板支座。支座的上、下座板采用 25～80mm 的钢板制作，活动端上、下座板的接触面须刨光并涂以石墨粉，以减小摩阻力和除锈。一般用于跨径在 20m 以下的槽身支座，如图 10.27 (a) 所示。

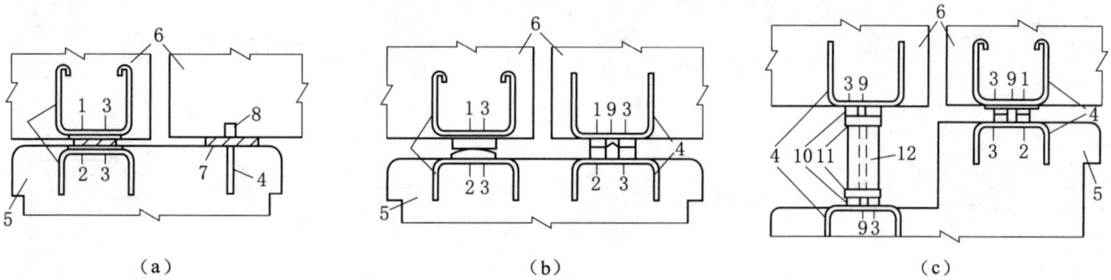

图 10.27 渡槽支座的型式

(a) 平面钢板支座；(b) 切线式支座；(c) 摆柱支座

1—上座板；2—下座板；3—垫板；4—锚栓；5—墩台帽；6—渡槽；7—钢板；8—套管；9—齿板；10—平面钢板；11—弧形钢板；12—摆柱

(2) 切线式支座。支座的上座板底面为平面，下座板顶面为弧面，用 40～50mm 钢板精制加工而成，如图 10.27 (b) 所示。

(3) 摆柱支座。支座的固定端仍采用切线式支座，活动端为摆柱支座。摆柱可用钢筋混凝土或工字钢作柱身，柱顶、底部配以弧形钢板，如图 10.27 (c) 所示适用于大型渡槽，但抗震性能较差。

多跨简支式渡槽，对于各跨的活动支座与固定支座一般按“定”“动”支座相间排列，使槽身所受的水平外力均匀分配给各个排架。但末跨槽身的固定支座宜布置在岸墩上。

10.1.3 拱式渡槽

拱式渡槽与梁式渡槽主要区别在于槽身与墩台之间增设了主拱圈和拱上结构，如图 10.33 所示。主拱圈是主要承重结构，槽身两端支承在槽墩或槽台上，拱上结构将上部作用传递给主拱圈，主拱圈对墩台产生较大的水平推力。拱圈的受力特点是以承受轴向压力为主，因此可采用抗压强度较高而抗拉强度低的石料或混凝土建造，且跨度可达百米以上。对于跨度较大的拱式渡槽应建在较坚固的岩基上。我国广西玉林 1976 年所建的万龙渡槽为空腹双曲拱，跨度达 126m。

不同的拱上结构，不但对槽身的受力条件、型式和构造有一定影响，而且对主拱圈的影响颇深。拱式渡槽按照主拱圈的结构型式可分为板拱、肋拱和双曲拱；按主拱圈设铰数目可分为无铰拱、双铰拱和三铰拱；按使用材料分为砌石、混凝土等拱式渡槽；按照拱上结构型式的不同，可分为实腹式拱上结构和空腹式拱上结构两类，而空腹式拱上结构中有横墙腹拱式和排架式等型式。

10.1.3.1 实腹式拱上结构及槽身

实腹式拱上结构一般用于中小跨度的拱式渡槽，其用材多、自重大，槽身常采用矩形断面，主拱圈大多采用板拱，如图 10.28 所示，也可采用双曲拱，如图 10.29 所示。

实腹拱式拱上结构的拱式渡槽的各个组成部分均可采用砖、石和混凝土等材料建造。实腹拱结构，按构造不同可分为砌背式和填背式两种。砌背式拱上结构是在主拱圈和槽身

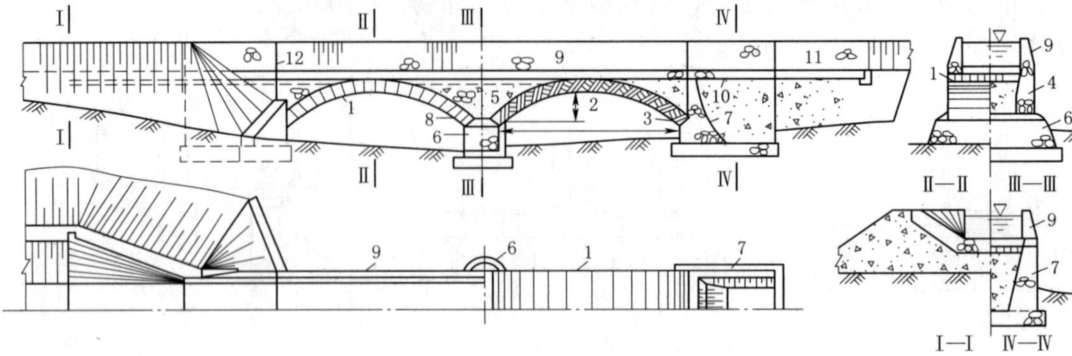

图 10.28 拱式渡槽

1—主拱圈；2—拱顶；3—拱脚；4—边墙；5—拱上填料；6—槽墩；7—槽台；8—排水管；9—槽身；10—垫层；11—渐变段；12—变形缝

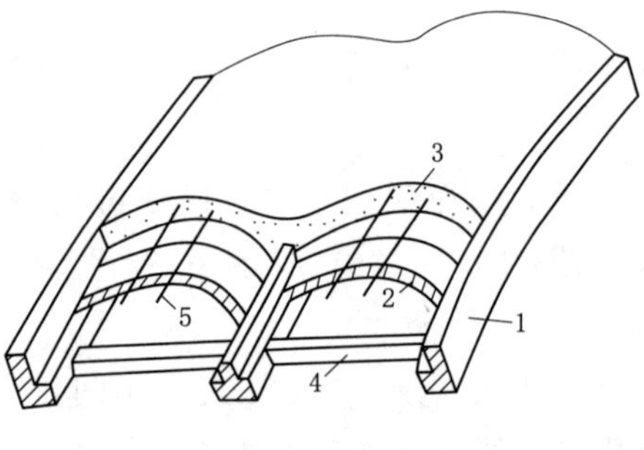

图 10.29 双曲拱

1—拱肋；2—预制拱波；3—现浇拱板；4—横系梁；5—纵向钢筋

之间用浆砌石或埋石混凝土等筑成的实体结构，主要用于槽宽不大的情况。而填背式拱上结构是在拱背两侧砌筑挡土边墙，在墙内填砂石料或土料，主要用于槽宽较大的情况。

拱上结构之上是槽身，对于浆砌石侧墙，一般顶厚不小于 0.3m，向下以 1∶0.3～1∶0.4 的坡度放宽，具体尺寸由计算确定。槽底板最好用沥青混凝土等材料铺筑，一般厚 10cm 左右。必要时，可在底板内布置适量横向受拉钢筋，以满足挡水侧墙和挡土边墙的稳定要求，并减小工程量。挡土边墙的顶厚与挡水侧墙的底厚一般相等，向下也以 1∶0.3～1∶0.4 的坡度放宽。

对于浆砌石槽身，一般在迎水面抹 1～2cm 厚的水泥砂浆或浇 5～10cm 厚的混凝土，其目的是减小糙率和防止漏水对主拱圈产生侵蚀作用。对于填背式拱式结构，还应在拱背及边墙的内坡用水泥砂浆或石灰三合土等作好防渗，并将槽身渗水排出。排水管设在靠近拱脚的最低处，其进口设反滤层。另外，一般在槽墩顶部设拱上结构和槽身变形缝。若跨度较大时，一般在拱顶处再设一道变形缝，槽身缝内须设置止水，下部边设墙缝，对于填背式拱上结构，可在内侧铺设反滤层，将渗水由缝排出或填止水材料将渗漏水集中由排水管排出。

10.1.3.2 空腹式拱上结构及槽身

空腹式拱常用于拱跨较大情况，与实腹式拱相比，可以有效减小拱上结构重力及其工程量。

1. 横墙腹拱式拱上结构及槽身

横墙腹拱式拱上结构是将空腹式拱上结构对称地留出若干个城门洞形孔洞而成的，称这种孔洞为腹孔。其顶部设腹拱，腹拱背上的腹腔常筑成实体，其槽身多采用矩形断面，如图 10.30 所示。主拱圈一般采用板拱或双曲拱。在槽跨较大的情况下，可用立柱加顶横梁代替横墙作为腹拱的支承结构。腹孔数目在半个拱跨内常取 3～5 个，从拱脚布置到主拱跨度的 1/3 附近处，其余约 1/3 跨度的拱顶段仍筑成实腹。腹拱的跨度一般不大于主拱跨度的 1/15～1/8，常用 2～5m。腹拱常做成等厚圆弧板拱或半圆板拱，浆砌石拱厚不小于 30cm，混凝土的不宜小于 15cm。跨径较大的腹拱也可选用双曲拱。一般横墙厚约为腹拱厚度的 2 倍。

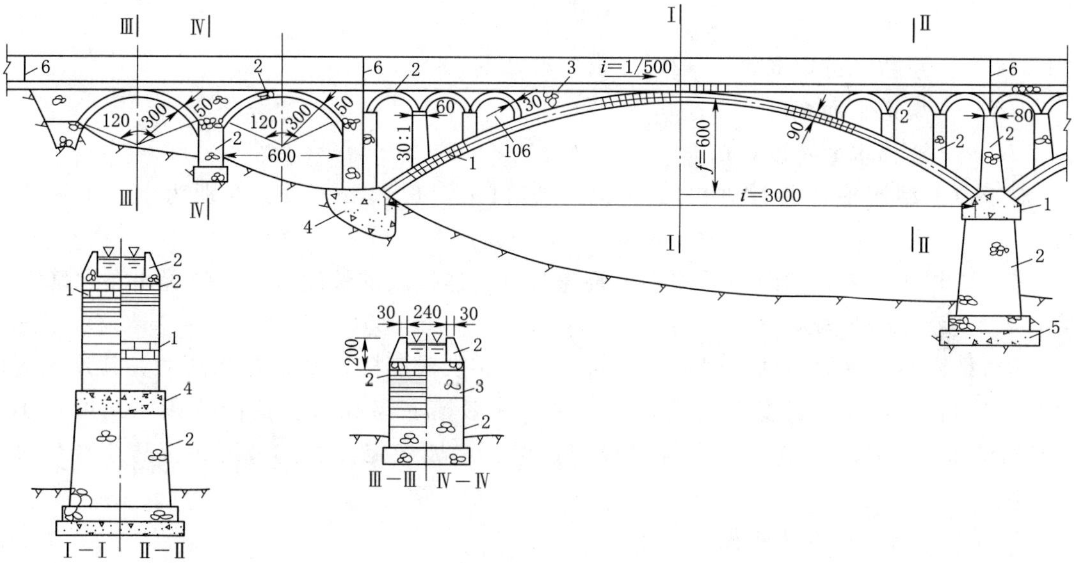

图 10.30 腹拱式渡槽（尺寸单位：cm）

1—水泥砂浆砌条石；2、3—水泥砂浆砌块石；4—C20 混凝土；5—C10 混凝土；6—变形缝

2. 排架式拱上结构及槽身

排架式拱上结构，通常槽身搁置于排架之上，排架固接于主拱圈上，主拱圈常采用肋拱。对于中小流量的渡槽多采用双肋，大流量时采用多肋。肋拱之间每隔一定距离设置刚度较大的横系梁，以加强拱圈的整体性和横向稳定性。排架与肋拱的连接，通常有杯口式连接或预留插筋、型钢及钢板等连接。

排架一般对称布置，间距视主拱跨度大小而定，当主拱跨度较小时，间距一般取 1.5～3.0m，拱跨较大时，取 3～6m 为宜。

槽身在纵向起梁的作用，而一般用变形缝将一个拱跨上的槽身分成若干段，每槽段支承于两个排架之上。其纵向支承形式常采用简支式或等跨双悬臂式。因其跨度小，故常采用少筋或无筋混凝土建造，横断面通常为 U 形或矩形。

10.1.4 进出口建筑物

渡槽进出口建筑物一般包括进出口渐变段、槽跨结构与两岸的连接建筑物（槽台、挡土墙等）以及满足运用、交通和泄水要求而设置的节制闸、交通桥及泄水闸等建筑物。

进出口建筑物的主要作用是：①使槽内水流与渠道水流衔接平顺，并可减小水头损失和防止冲刷；②连接槽跨结构与两岸渠道，可以避免产生漏水、岸坡或填方渠道产生过大的沉陷和滑坡现象；③满足运用、交通和泄水等要求。

10.1.4.1 渐变段的形式及长度

为了使水流进出槽身时比较平顺，以利于减小水头损失和防止冲刷，渡槽进出口均需设置渐变段，如图10.1所示。渐变段常采用扭曲面形式，其水流条件好，一般用浆砌石建造，迎水面用水泥砂浆勾缝。八字墙式水流条件较差，而施工方便。

渐变段的长度一般采用以下经验公式确定：

$$L=C(B_1-B_2) \tag{10.21}$$

式中 C——系数，进口取1.5～2.0，出口取2.5～3.0；

B_1——渠道水面宽度，m；

B_2——渡槽水面宽度，m。

对于中小型渡槽，通常进口 $L\geqslant 4h_1$，出口 $L\geqslant 6h_2$。h_1，h_2 分别为上、下游渠道水深。

渐变段与槽身之间常因各种需要设置连接段，连接段的长度视具体情况由布置确定。

10.1.4.2 槽跨结构与两岸的连接

槽跨结构与两岸渠道的连接方式，对于梁式、拱式渡槽，基本是相同的。其连接应保证安全可靠，连接段的长度应满足防渗要求，一般槽底渗径（包括渐变段）长度不小于6～8倍渠道水深；应设置护坡和排水设施，保证岸坡稳定；填方渠道还应防止产生过大的沉陷。

1. 槽身与填方渠道的连接

槽身与填方渠道的连接通常采用斜坡式和挡土墙式两种形式。

斜坡式连接是将连接段（或渐变段）伸入填方渠道末端的锥形土坡内，根据连接段的支承方式不同，又可分为刚性连接和柔性连接两种。

刚性连接是将连接段支承在埋于锥形土坡内的支承墩上，支承墩建于老土或基岩上，如图10.31（a）所示。对于小型渡槽，也可不设连接段，而将渐变段直接与槽身相连，并按变形缝构造要求设止水。

柔性连接是将连接段（或渐变段）直接置于填土上，靠近槽身的一端仍支承在墩架上，如图10.31（b）所示。要求回填土夯实，并根据估算的沉陷量，对连接段预留沉陷高度，保证进出口建筑物的设计高程。

挡土墙式连接是将边跨槽身的一端支承在重力挡土墙式边墩上，并与渐变段或连接段连接，如图10.32所示。挡土墙建在老土或基岩上，保证其稳定并减小沉陷量。为了降低挡土墙背后的地下水压力，在墙身和墙背面应设排水。渐变段与连接段之下的回填土，多采用砂性土，并应分层夯实，上部铺0.5～1.0m厚的黏性土作防渗铺盖。这种形式一般用于填方高度不大的情况。

2. 槽身与挖方渠道的连接

由于连接段直接建造在老土或基岩上，沉陷量小，故其底板和侧墙可采用浆砌石或混凝土建造，如图10.33所示。有时为缩短槽身长度，可将连接段向槽身方向延长，并建在浆砌石底座上。

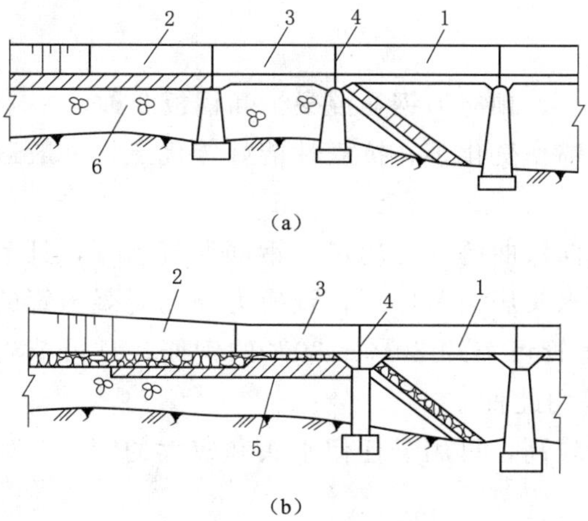

图 10.31 斜坡式连接

(a) 刚性连接；(b) 柔性连接

1—槽身；2—渐变段；3—连接段；4—伸缩缝；

5—黏土铺盖；6—黏性土回填

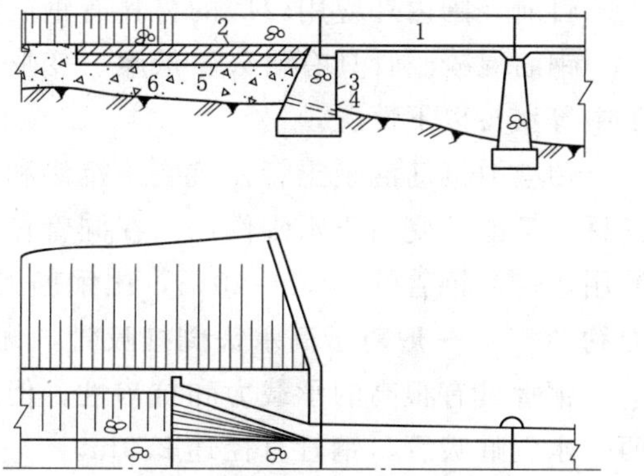

图 10.32 挡土墙式连接

1—槽身；2—渐变段或连接段；3—挡土墙；

4—排水孔；5—铺盖；6—回填砂性土

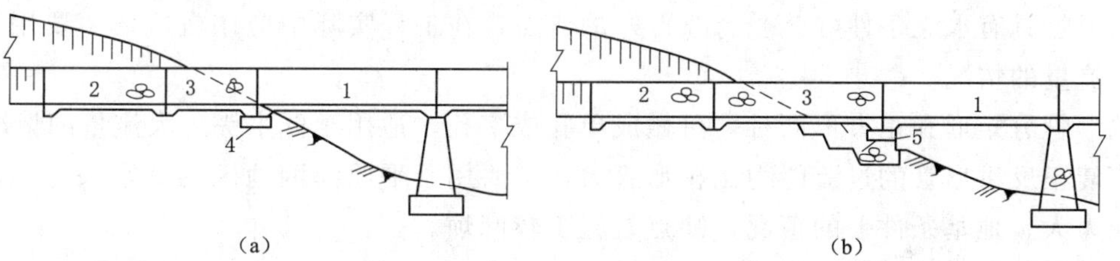

图 10.33 槽身与挖方渠道的连接

(a) 连接段直接建在地梁上；(b) 连接段向槽身方向延长，建在浆砌石底座上

1—槽身；2—渐变段；3—连接段；4—地梁；5—浆砌石底座

10.2 倒 虹 吸 管

10.2.1 概述

倒虹吸管是输送渠水通过河渠、山谷、道路等障碍物的压力管道式输水建筑物。其形状类似倒置的虹吸管，但并无虹吸作用。

1. 倒虹吸管的适用条件

当渠道与障碍物间相对高差较小，不宜修建渡槽或涵洞时，可采用倒虹吸管；当渠道穿越的河谷宽而深，采用渡槽或填方渠道不经济时，也常采用倒虹吸管。

2. 倒虹吸管的特点

与渡槽相比，倒虹吸管可省去支承部分，造价低廉，施工较方便；当埋于地下时，受外界温度变化影响小；属压力管流，水头损失较大；与填方渠道的涵洞相比，可以通过更大的山洪。倒虹吸管在小型工程中应用较多。

3. 倒虹吸管的材料

目前，国内外应用较广的材料有钢筋混凝土、预应力钢筋混凝土和钢板3种。

钢筋混凝土管具有耐久、低廉、变形小、糙率变化小、抗震性能好等优点，一般适用于中等水头以下情况。

预应力钢筋混凝土管在抗裂、抗渗和抗纵向弯曲的性能均优于钢筋混凝土管，且节约钢材，又能承受高压水头作用。在同管径、同水头压力条件下，预应力钢筋混凝土管的钢筋用量仅为钢管的20%～40%，比钢筋混凝土管可节约20%～30%的钢筋，且可节省劳力约20%。一般对于高水头倒虹吸管，优先采用此种。

钢管具有很高的承载力和抗渗性，但造价较高，可用于任何水头和较大的管径。如陕西韦水倒虹吸管，钢管直径达2.9m。

带钢衬的钢筋混凝土管能充分发挥钢板与混凝土两者的优点，主要适用于高水头、大直径的压力管道工程。

4. 倒虹吸管的类型

倒虹吸管按管身断面形状可分为圆形、箱形、拱形；按使用材料可分为木质、砌石、陶瓷、素混凝土、钢筋混凝土、预应力钢筋混凝土、铸铁和钢板等。

圆形管具有水流条件好、受力条件好的优点，在工程实际中应用较广，主要用于高水头、小流量的情况。

箱形管分矩形和正方形两种，可做成单孔或多孔，适用于低水头、大流量的情况。

直墙正反拱形管的过流能力比箱形管大，主要用于平原河网地区的低水头、大流量和外水压力大、地基条件差的情况，缺点是施工较麻烦。

10.2.2 倒虹吸管的布置与构造

倒虹吸管一般由进口、管身、出口三部分组成。总体布置应结合地形、地质、施工、水流条件、交通情况及洪水影响等因素综合分析而定。力求做到轴线正交、管路最短、岸坡稳定、水流平顺、管基密实。按流量大小、运用要求及经济效益等，可采用单管、双管或多管方案。

10.2.2.1 管路布置

按管路埋设情况及高差大小不同，常采用以下几种布置型式。

1. 竖井式

竖井式倒虹吸管一般常用于压力水头小（小于3～5m）及流量较小的情况，如图10.34所示。其优点是构造简单、管路短、占地少、施工较易，但水流条件较差、水头损失大。井底一般设0.5m深的集沙坑，以便清除泥沙及维修水平段时排水之用。

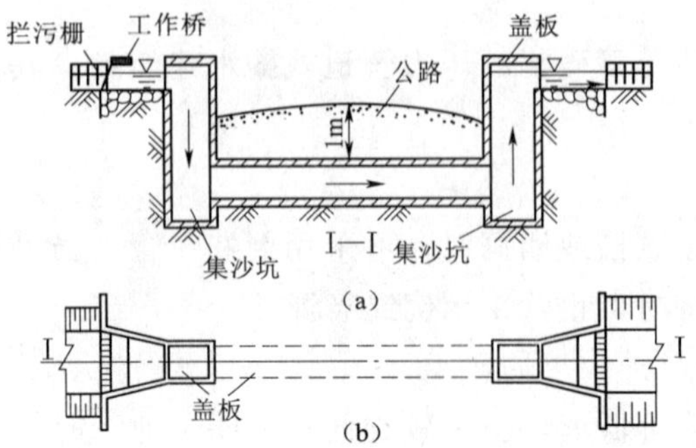

图10.34 竖井式倒虹吸管

2. 斜管式

斜管式倒虹吸管的中间水平，两端倾斜，如图10.35所示。该种形式水流条件比竖井式好，工程中应用较多，主要适用于穿越渠道或河流，两者高差较小，且岸坡较缓的情况。

3. 折线形

当管道穿越河沟深谷，若岸坡较缓（土坡 $m \geqslant 1.5$，岩坡 $m \geqslant 1.0$），且起伏较大时，管路常沿坡度起伏铺设，成为折线形倒虹吸管，如图10.36所示。其常将管身随地形坡度变化浅埋于地表之下，埋设深度应视具体条件而异。这种形式开挖量小，但镇墩数量多，主要适用于地形高差较大的山区或丘陵区。

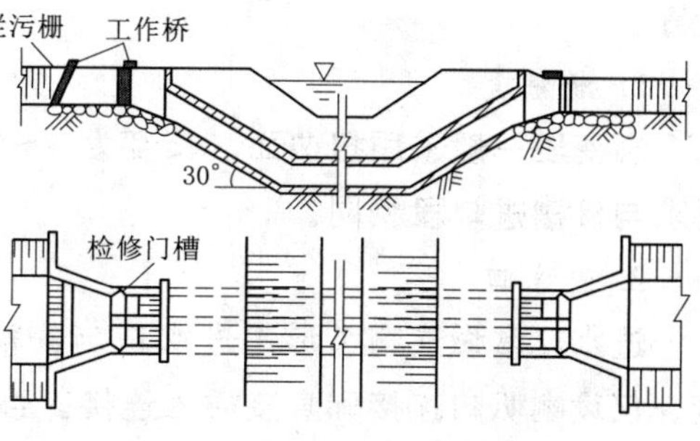

图10.35 斜管式倒虹吸管

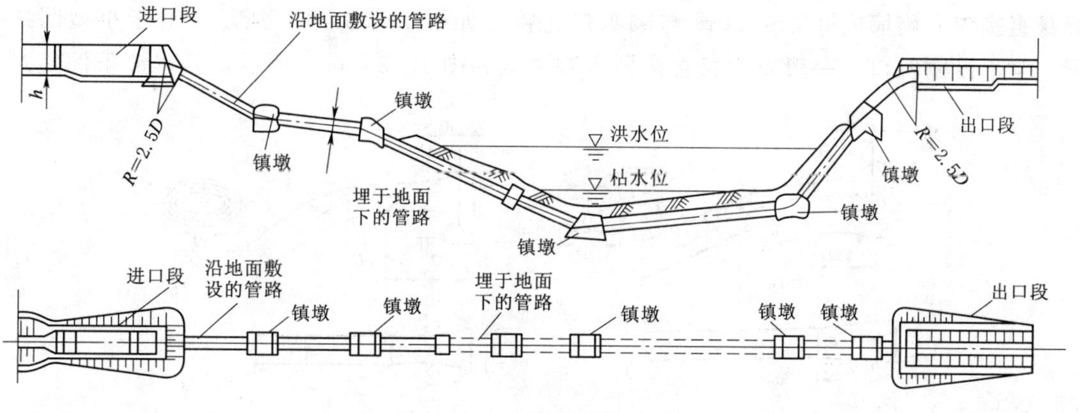

图10.36 折线形倒虹吸管

4. 桥式

当管道穿越深切河谷及山沟时，为减少施工困难，降低管中压力水头，缩短管道长度，降低沿程水头损失，可在折线形铺设的基础上，在深槽部分建桥，在桥上铺设管道过河，称为桥式倒虹吸管，桥下应留一定的净空高度以满足泄洪要求，如图10.37所示。

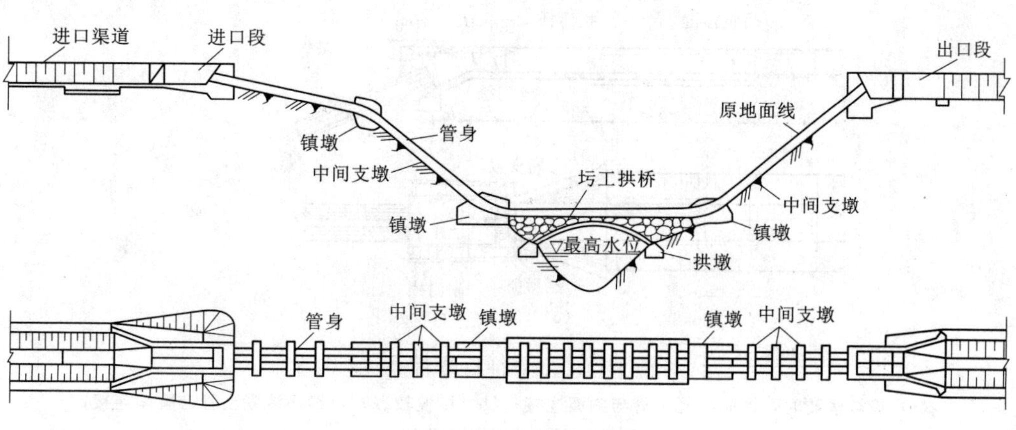

图10.37 桥式倒虹吸管

10.2.2.2　进口段布置

进口段一般包括渐变段、进水口、拦污栅、闸门及沉沙池等，应视具体情况按需设置。

1. 渐变段

渐变段一般采用扭曲面，长度为3～4倍渠道水深，所用材料及对防渗、排水设施的要求与渡槽进口段相同。

2. 进水口

进水口常做成喇叭形，进水口与胸墙的连接通常有3种形式，即设喇叭口和弯段连接、仅设喇叭口连接和直接插入连接。当岸坡较陡时，对于管径较大的钢筋混凝土管与胸墙的连接，采用喇叭口和弯段连接形式，如图10.38（a）所示。喇叭形进口与管身常用弯道连接，弯道半径一般采用2.5～4.0倍管的内径。当岸坡较缓时，可不设竖向弯道而将管身直接伸入胸墙内0.5～1.0m与喇叭口连接，如图10.38（b）所示。对于小型倒虹吸管，常不设喇叭口，一般将管身直接伸入胸墙，如图10.38（c）所示，其水流条件较差。

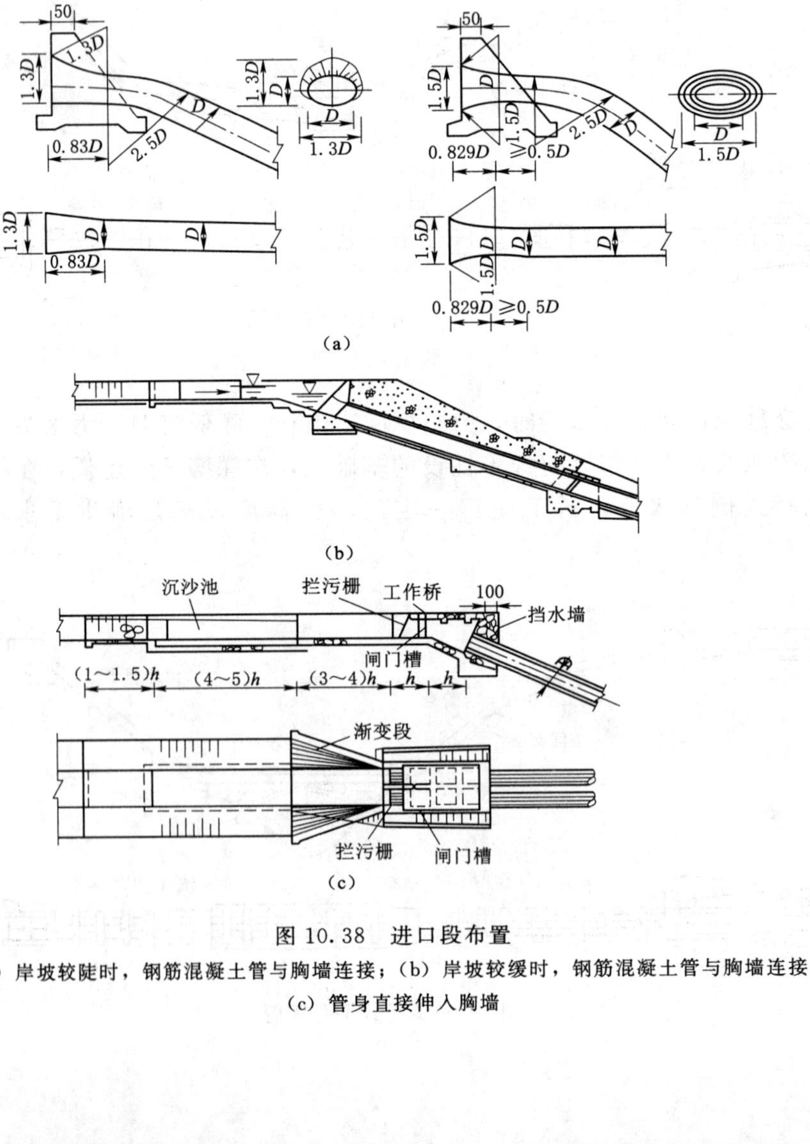

图10.38　进口段布置

（a）岸坡较陡时，钢筋混凝土管与胸墙连接；（b）岸坡较缓时，钢筋混凝土管与胸墙连接；（c）管身直接伸入胸墙

3. 拦污栅

拦污栅常布设在闸门之前，以防漂浮物进入管内。栅条与水平面夹角以 70°～80°为宜，栅条间距一般为 5～15cm。拦污栅形式有固定式和活动式两种。

4. 闸门

单管输水一般不设闸门，常在进口处预留门槽，需要时用迭梁或插板挡水；双管或多管输水，为满足运用和检修要求则进口前须设闸门。

5. 沉沙池

若渠道水流中挟带大量粗粒泥沙，为防止管内淤积及管壁磨损，可考虑在进水口前设沉沙池，如图 10.39 所示。按池内沉沙量及对清淤周期的要求，可在停水期间采用人工清淤，也可设置冲沙闸进行定期冲沙。若渠道泥沙资料已知时，沉沙池尺寸按泥沙沉降理论计算而定，无泥沙资料时，可按下列经验公式确定：

$$\left.\begin{aligned}&\text{池长}:L\geqslant(4\sim5)h\\&\text{池宽}:B\geqslant(1\sim2)b\\&\text{池深}:S\geqslant0.5D+\delta+20(\text{cm})\end{aligned}\right\}\qquad(10.22)$$

式中 b——渠道底宽，m；

h——渠道设计水深，m；

D——管道内径，cm；

δ——管道壁厚，cm。

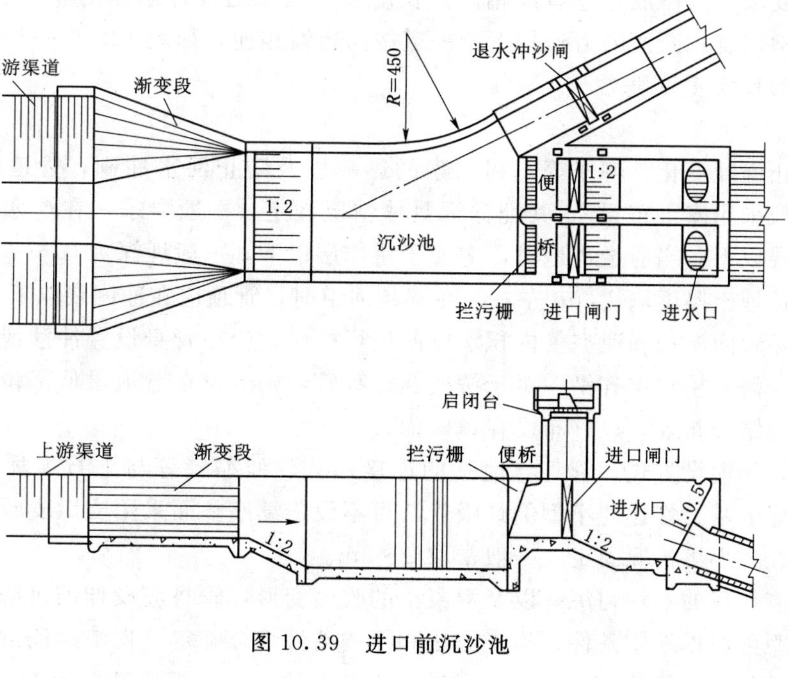

图 10.39 进口前沉沙池

10.2.2.3 出口段布置

出口段一般包括出水口、闸门、消力池等，布置形式与进口段类似，如图 10.40 所示。为满足运用管理要求，通常在双管或多管倒虹吸管出口设闸门或预留闸门槽。

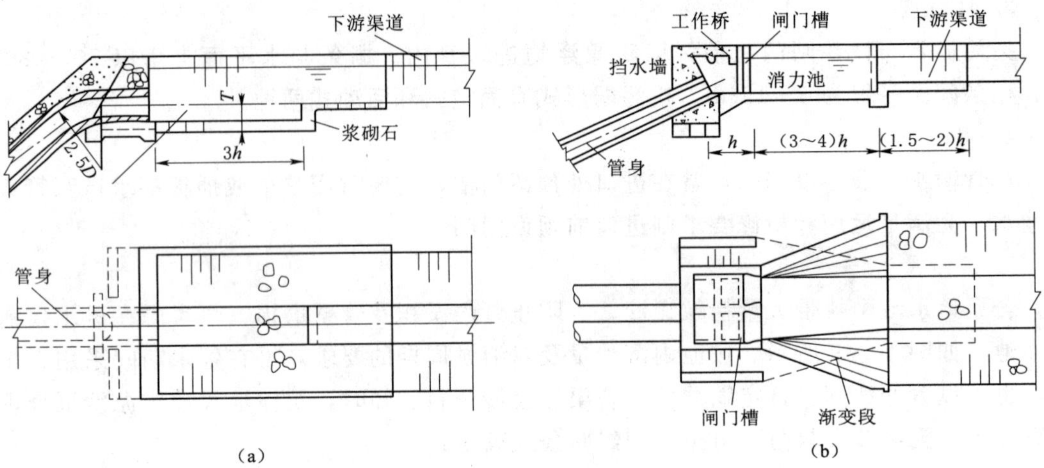

图 10.40 出口段

(a) 复式断面消力池；(b) 渐变断面消力池

出口设消力池的主要作用是调整流速分布，使水流均匀地流入下游渠道，以避免冲刷。消力池的长度一般取渠道设计水深的 3～4 倍，池深可按下式估算：

$$S \geqslant 0.5D + \delta + 30(\text{cm}) \tag{10.23}$$

式中，D、δ 与沉沙池经验公式中的含义相同。

出口渐变段形式一般与进口段相同，长度通常取渠道设计水深的 5～6 倍。对于小型倒虹吸管，常用复式断面消力池与下游渠道按同边坡相连，如图 10.40 (a) 所示。

10.2.2.4 倒虹吸管的构造

1. 管身构造

为了防止温度变化、耕作等不利因素的影响以及防止河水冲刷，管道常埋于地表之下（钢管一般采用露天布置），其埋深视具体情况而定，一般要求：在严寒地区，须将管身埋于冰冻层以下；当通过耕地时，应埋于耕作层以下，一般埋深为 0.6～1.0m；当穿过公路时，管顶埋土厚度取 1.0m 左右；在穿越河道时，管顶应在冲刷线以下 0.5～0.7m。

为了清除管内淤积和泄空管内积水以便进行检修，应在管身设置冲沙泄水孔，孔的底部高程一般与河道枯水位齐平，对于桥式倒虹吸管，则应设在管道最低部位。进人孔与泄水孔可单独或结合布置，最好布设在镇墩内。

倒虹吸管的埋设方式、管身与地基的连接形式、伸缩缝等与土石坝坝下埋管基本相同。对于较好土基上修建的小型倒虹吸管，可不设连续座垫而采用支墩支承，支墩的间距视地基及管径大小等情况而定，一般常取 2～8m。

为了适应地基的不均匀沉降以及混凝土的收缩变形，管身应设伸缩沉降缝，缝中设止水，缝的间距可根据地质条件、施工方法和气候条件综合确定。现浇钢筋混凝土管缝的间距，在挖方土基上一般为 15～20m，在填方土基上约为 10m，岩基上为 10～15m。缝宽一般为 1～2cm，常用接缝的构造如图 10.41 所示。

现浇管多采用平接和套接，缝间止水片现多采用塑料止水接头或环氧基液贴橡胶板，止水效果好。预制管在低水头时用企口接，高水头时用套接，缝宽多为 2cm。各种接缝形

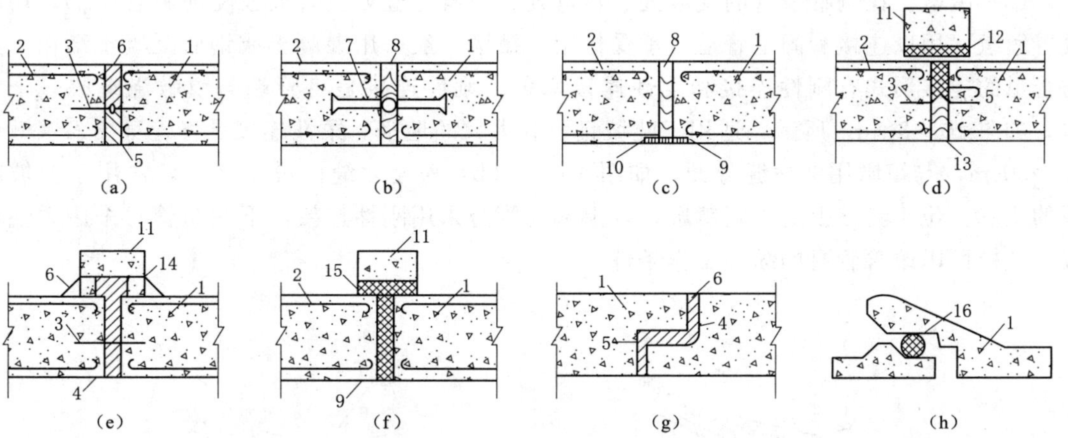

图 10.41　管身的接缝止水构造

(a)～(c) 平接式；(d)～(f) 套管式；(g) 企口式；(h) 承插式

1—管壁；2—钢筋；3—金属止汁水片；4—沥青麻绒；5—沥青麻绳；6—水泥砂浆；
7—塑料止水带；8—防腐软木圈；9—还氧基液贴橡胶板；10—橡胶板保护层；
11—套管；12—沥青油毡；13—柏油杉板；14—石棉水泥；
15—沥青玛瑶脂；16—橡胶圈

式中，应注意塑料（或橡胶）不能直接和沥青类材料接触，否则会加速老化。

预制钢筋混凝土管及预应力钢筋混凝土管，管节接头处即为伸缩沉降缝，管节长度可达 5～8m，接头型式可分为平接式和承插式，承插式接头施工简易，密封性好，具有较好的柔性，目前被广泛采用，如图 10.41（h）所示。

2. 支承结构及构造

（1）管座。对于小型钢筋混凝土管或预应力钢筋混凝土管，常采用弧形土基、三合土、碎石垫层。其中碎石垫层多用于箱形管，弧形土基、三合土多用于圆管。对于大中型倒虹吸管常采用浆砌石或混凝土刚性管座，如图 10.42 所示，一般 $2\alpha_{\phi}$ 为 120°。

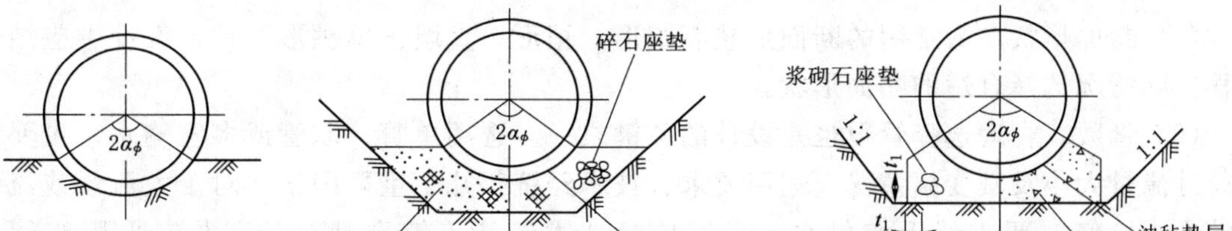

图 10.42　管座构造图

(a) 弧形土基；(b) 三合土垫层；(c) 混凝土刚性管座

（2）支墩。在承载能力超过 100kPa 的地基上修建中小型倒虹吸管时，可不用连续管座而采用混凝土支墩。支墩常采用滚动式、摆柱式及滑动式。对于管径小于 1m 的，也可采用鞍座式支墩，包角一般为 120°，支墩间距取 5～8m 为宜。预制管支墩一般设于管身接头处，现浇管支墩间距一般为 5～18m。

（3）镇墩。在倒虹吸管的变坡处、转弯处、管身分缝处、管坡较陡的斜管中部，均应设置镇墩，用以连接和固定管道，承受作用。镇墩一般采用混凝土或钢筋混凝土结构，其与管道的连接形式有刚性连接和柔性连接两种。刚性连接是将管端与镇墩浇筑成一个整体，如图10.43（a）所示，适用于陡坡且承载力大的地基。柔性连接是将管身插入镇墩内30～50cm，与镇墩用伸缩缝分开，如图10.43（b）所示，缝内设止水片，常用于斜坡较缓的土基。位于斜坡上的中间镇墩，其上端与管身采用刚性连接，下端与管身采用柔性连接，这样可以改善管身的纵向工作条件。

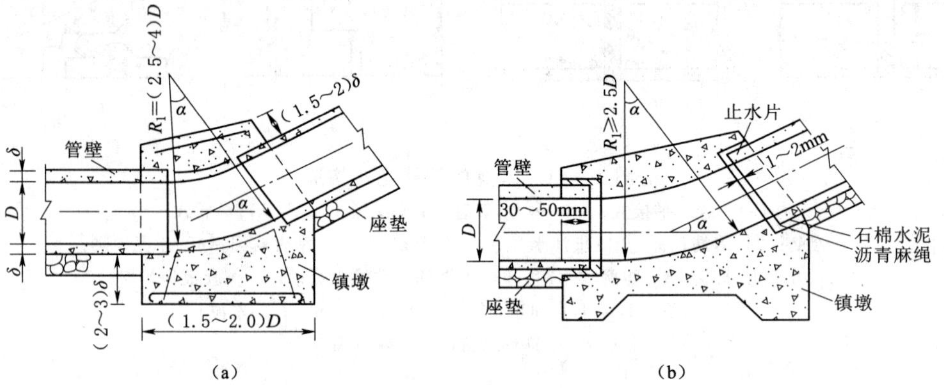

图10.43 镇墩

（a）刚性连接；（b）柔性连接

10.2.3 倒虹吸管的水力计算

倒虹吸管为压力流，其流量按有压管流公式进行计算。倒虹吸管水力计算是在渠系规划和总体布置的基础上进行的，其上下游渠道的水力要素、上游渠底高程及允许水头损失均为已知。水力计算的主要任务是确定管道的横断面尺寸与管数、水头损失、下游渠底高程及进行进出口的水面衔接计算。

1. 确定横断面形状及管数

（1）断面形状。最常用的断面形状有圆形、箱形、直墙正反拱形3种，设计中应结合工程实际情况选择合适的断面形状。

（2）管数。合理选择管数也是设计的关键之一。选用单管、双管或多管输水，主要考虑设计流量大小及其变幅情况、运用要求、技术经济等几个重要因素。对于大流量或流量变幅大、检修时要求给下游供水、采用单管技术经济不够合理时，宜考虑采用双管或多管。

2. 横断面尺寸

倒虹吸管横断面尺寸主要取决于管内流速的大小，管内流速应根据技术经济比较和管内不淤条件确定，管内的最大流速由允许水头损失控制，最小流速则按挟沙流速确定。工程实践表明，倒虹吸管通过设计流量时，管内流速一般为1.5～3.0m/s。有压管流的挟沙流速可按下式进行计算：

$$V_{np}=w_0\sqrt[6]{\rho}\times\sqrt[4]{\frac{4Q_{np}}{\pi d_{75}^2}} \tag{10.24}$$

式中 V_{np}——挟沙流速，m/s；

w_0——泥沙沉速，cm/s；

ρ——挟沙水流含沙率，以质量比计；

Q_{np}——通过管内的相应流量，m^3/s；

d_{75}——挟沙粒径，mm，以质量计小于该粒径的沙占75%。

初选流速后，可按设计流量由公式 $A=\frac{Q}{A}$ 计算所需过水断面积 A。

对于圆形管，则管径：

$$D=\sqrt{\frac{4A}{\pi}} \tag{10.25}$$

对于箱形管，则

$$h=\frac{A}{b} \tag{10.26}$$

式中 b——为管身过水断面的宽度，m；

h——为管身过水断面的高度，m。

3. 水头损失计算及过流能力校核

倒虹吸管的水头损失包括沿程水头损失和局部水头损失两种。即总水头损失为

$$Z=h_f+h_j \tag{10.27}$$

式中 Z——总水头损失，m；

h_f——沿程水头损失，m；

h_j——局部水头损失之和，m。

由于一般情况下局部水头损失在总水头损失中所占比例很小，故除大型管道外，为简化计算，也可采用管内平均流速代替不同部位的流速值。

按通过设计流量计算水头损失 Z 后，与允许的 $[Z]$ 值进行比较，若 Z 等于或略小于 $[Z]$ 时，则说明初拟的 V 合适；否则，另选 V 重新计算，直到 $Z\approx[Z]$。

过流能力按有压管流公式进行计算。

4. 下游渠底高程的确定

一般根据规划阶段该工程水头损失的允许值，分析运行期间可能出现的各种情况，参照类似工程的运行经验，选定一个合适的水头损失 Z，据此确定下游渠底设计高程。确定的下游渠底高程应尽量满足：①通过设计流量时，进口处于淹没状态，且基本不产生壅水或降水现象；②通过加大流量时，进口允许产生一定的壅水，但一般不宜超过50cm；③通过最小流量时（按最小不利情况输水），管内流速满足不淤流速要求，且进口不产生跌落水跃。

5. 进口水面衔接计算

(1) 验算通过加大流量时，进口的壅水高度是否超过挡水墙顶和上游堤顶有无一定的超高。

(2) 验算通过最小流量时，进口的水面跌落值是否会在管道内产生不利的水跃情况。

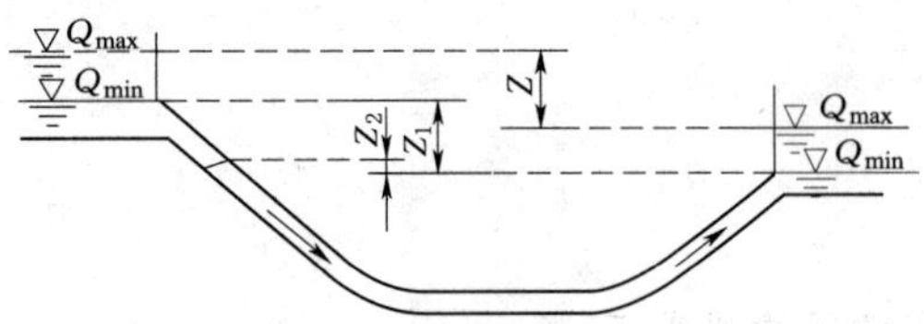

图 10.44 倒虹吸管水力计算图

为了避免在管内产生水跃，可根据倒虹吸管总水头损失的大小，采用不同的进口结构型式。

如图 10.44 所示，当 Z_1-Z_2 差值较大时，可适当降低进口高程，在进口前设消力池，池中水跃应被进口处水面淹没，如图 10.45 (a) 所示。

当 Z_1-Z_2 差值不大时，可降低进口高程，在进口设斜坡段，如图 10.45 (b) 所示。

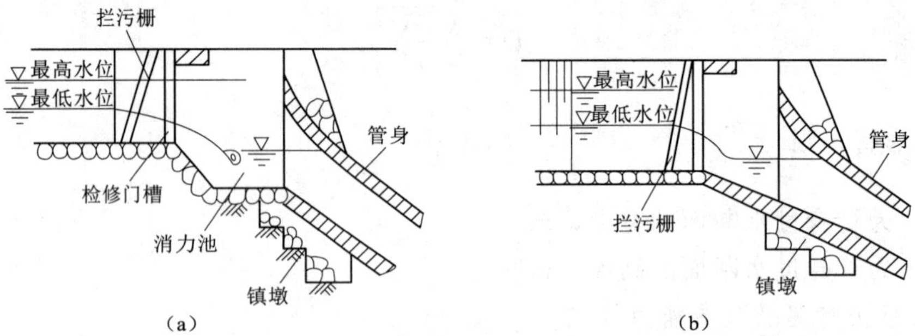

图 10.45 倒虹吸管进口水面衔接

(a) 进口前设置消力池；(b) 进口设斜坡

当 Z_1-Z_2 差值很大时，在进口设消力池布置困难或不够经济时，可在出口设闸门。

10.2.4 倒虹吸管的结构计算

倒虹吸管的结构包括进出口建筑物、管身、镇墩及支墩等，进出口建筑物的结构型式常见为挡土墙、板、柱等结构，其结构计算可参考有关书籍及规范。镇墩、支墩设计可参考《水电站》等有关书籍。此处仅介绍管身的结构计算，而钢筋混凝土倒虹吸管在工程实际中应用较广，故重点介绍钢筋混凝土倒虹吸管的结构计算。

10.2.4.1 作用及作用效应组合

管身上的永久作用一般包括管身重力、土压力、地面恒载等；可变作用一般包括内外水压力、人群荷载、车辆荷载、温度作用、地基反力等；偶然作用一般包括校核洪水时外水压力、地震力等。

管身结构的作用效应组合一般包括基本组合和偶然组合、短期组合和长期组合，设计时应根据不同情况按 SL 191—2008《水工混凝土结构设计规范》选择作用效应组合。

管身重力、土压力、地基反力及内水压力的计算与坝下埋管基本相同，内水压力可以近似按管身进出口处的水面连线计算，外水压力可按管身所在河道位置泄洪时洪水位计算。以下重点介绍土压力、地面恒载、车辆荷载的计算。

1. 土压力

倒虹吸管的埋设方式有上埋式和沟埋式两种。土压力的大小主要与埋设方式、填土高度、管径、填土性质、管的刚度、管座形式等诸多因素有关，难以精确计算，下面重点介绍倒虹吸管设计中常用的计算方法。

(1) 上埋式管土压力的计算。作用于单位长度埋管上的垂直土压力标准值可按下式计算：

$$F_{sk}=K_1\gamma_s H_d D_1 \tag{10.28}$$

式中 F_{sk}——埋管垂直土压力标准值，kN/m；

H_d——管顶以上填土高度，m；

D_1——埋管外直径，矩形管为外形宽度，m；

K_1——埋管垂直土压力系数，与地基刚度有关，可根据地基类别按图 10.46 查取；

γ_s——埋土的容重，kN/m^3。

作用于单位长度埋管的侧向土压力标准值可按下式计算（图 10.47）：

$$F_{tk}=K_t\gamma_s H_0 D_d \tag{10.29}$$

式中 F_{tk}——埋管侧向土压力标准值，kN/m；

H_0——埋管中心线以上填土高度，m；

D_d——埋管凸出地基的高度，m；

K_t——侧向土压力系数，$K_t=\tan^2\left(45°-\dfrac{\phi}{2}\right)$；

φ——填土内摩擦角。

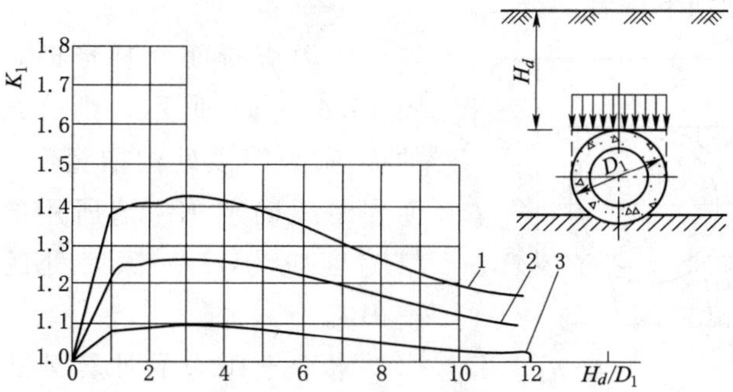

图 10.46 上埋式管垂直土压力系数

1—岩基；2—密度沙土类，坚硬或硬塑黏性土；3—中密沙土类，可塑黏性土

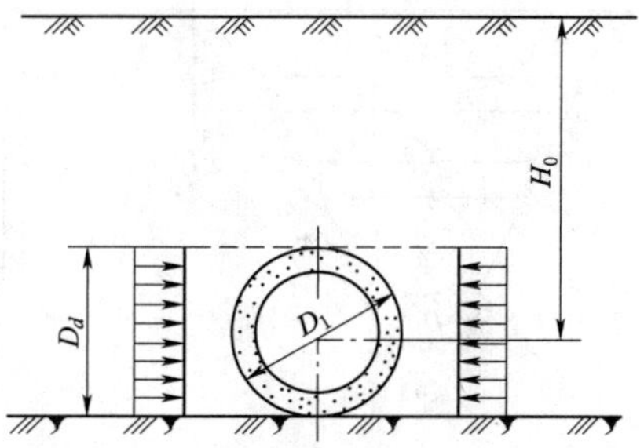

图 10.47 上埋式管侧向土压力计算图

(2) 沟埋式管土压力的计算。沟埋式管顶回填土的沉陷受到两侧沟壁的约束作用，故管顶土压力将小于沟内回填土柱的重力。当沟内回填土未夯实，$B-D_1<2m$ 时，每米管长承受的垂直土压力标准值可按下式计算：

$$G_B=K_T\gamma_s BH \tag{10.30}$$

式中 K_T——埋管垂直土压力系数，由图 10.54 (b) 曲线查取；

B——沟槽宽度，如图 10.48 (a) 所示；

γ_s、H 意义同前。

K_T 值查曲线时应注意：干砂土及干的植物土查 1 号曲线；湿的及含水饱和的砂土及植物土、硬性黏土查 2 号曲线；塑性黏土查 3 号曲线；流性黏土查 4 号曲线，其他土质按接近的曲线决定查取。

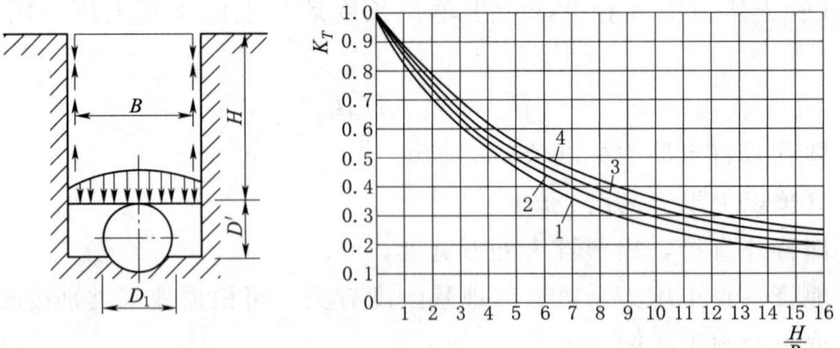

图 10.48　沟埋式埋管垂直土压力系数

(a) 土压力示意图；(b) 土压力系数曲线

1—干砂土及干的植物土；2—硬性黏土；3—塑性黏土；4—流性黏土

当回填土夯实良好，$B-D_1>2\text{m}$ 时，管顶每米长上的土压力标准值，可按下式计算：

$$G_B=K_T\gamma_s H\left(\frac{B+D_1}{2}\right)$$

对于直径 $D_1>1\text{m}$，而埋深 $H<D_1$ 的管道，还应计入管肩上的土压力，即图 10.49 (b) 中阴影部分的土重，其值见坝下埋管部分。

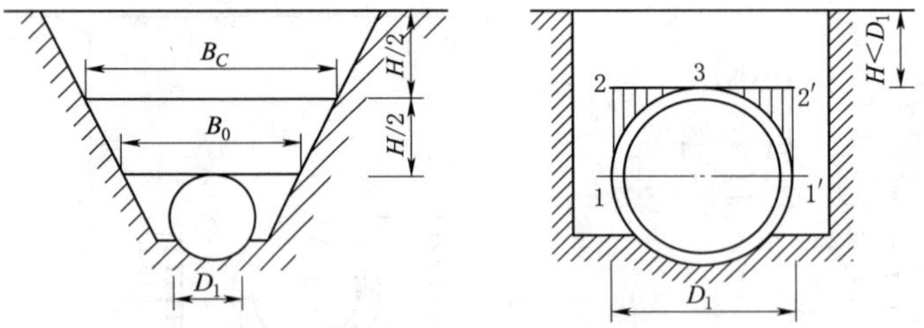

图 10.49　沟埋式管土压力计算示意图

(a) 梯形断面沟槽；(b) 管顶与管腹间回填土重力

当沟槽断面为梯形时，如图 10.49 (a) 所示，则公式中的 B 应为管顶处沟槽宽度 B_0，而查曲线确定 K_T 值所用的沟槽宽度应为 $H/2$ 深度处的宽度 B_C。

水平土压力的计算公式与上填式管相同，但当 $B_0-D_1\leqslant 2\text{m}$ 时，考虑到管壁与沟壁之间的土不易夯实，水平土压力较小，其侧向土压力强度标准值可按下式计算：

$$e=\zeta(r_1H_x+r_2H_2)k_n \tag{10.31}$$

式中　ζ——系数，对于一般砂性土和较干的黏性土可采用 0.35～0.45，当填土夯实密度较大，含水量较高时，可取 0.5～0.55；

r_1、r_2——分别为土的浮容重和湿容重；

H_x、H_2——分别为计算点至地下水位线的垂直距离和地下水位线以上填土厚度；

k_n——局部作用系数，$k_n=(B_0-D_1)/2$。

以上土压力计算公式适用于圆管，对于非圆形管可参考应用；适用于上部填土与沟侧地面齐平的情况；如沟槽过宽，按上式求得的土压力不应大于按上埋式计算值。

2. 地面恒载

埋设于路基下的倒虹吸管，还应考虑地面石渣、路轨等恒载的作用。当恒载为均匀分

布时，其作用强度标准值 q 可用等量的填土高度 h 表示，换算高度为

$$h=q/\gamma_s \tag{10.32}$$

式中 γ_s——填土的容重，kN/m^3。

3. 车辆荷载对埋管产生的竖向压力

倒虹吸管通过道路时，将受到路面汽车、拖拉机等作用。

(1) 汽车压力。由载重汽车产生的竖向压力标准值 $G_{汽}$ 按下式计算：

$$G_{汽}=f_k Q_{汽} D_1 (kN/m) \tag{10.33}$$

式中 f_k——动力系数，由表 10.5 查取；

$Q_{汽}$——加重汽车作用于管道上的竖向荷载，由表 10.6 查取；

D_1——管道外径，m。

表 10.5　　动力系数 f_k 表

填土深度/m	0.3	0.4	0.5	0.6	≥0.7
f_k	1.25	1.20	1.15	1.05	1.0

表 10.6　　$Q_{汽}$ 值 表　　单位：kN/m^2

汽车荷载	填土厚度 H/m								
	0.5	0.75	1.0	1.5	2.0	3.0	4.0	5.0	8.0
汽车-10 级	69.0	13.5	25.1	16.8	12.9	8.9	6.8	4.6	3.4
汽车-13 级	87.6	49.5	37.7	22.9	17.7	12.1	9.2	6.2	4.7
汽车-18 级	170.5	96	73.3	44.3	34.3	23.5	18.6	12.1	9.6

(2) 拖拉机压力。拖拉机产生的竖向压力标准值 $G_{拖}$ 按下式计算：

$$G_{拖}=f_k Q_{拖} D_1 (kN/m) \tag{10.34}$$

式中 $Q_{拖}$——履带式拖拉机作用于管道的竖向压力，kN/m^2，由表 10.7 查取。

表 10.7　　$Q_{拖}$ 值 表　　单位：kN/m^2

拖拉机吨位	填土厚度 H/m								
	0.5	0.75	1.0	1.5	2.0	3.0	4.0	6.0	8.0
60t	47	38.3	32.3	24.7	21.2	17.8	15.0	11.7	9.6
80t	88.4	63.2	53.9	41.6	36.3	30.3	25.9	20.2	16.5

10.2.4.2 计算分段

为了降低工程造价，对于管身较长、水头较高的倒虹吸管，应按不同的工作水头分段进行结构计算。一般按地形条件将倒虹吸管按高程差取 5m 或 10m 沿管长划分为若干计算段，每段取最大水头处的断面为代表进行结构计算，以确定该段管壁厚度及配筋量。对于中小型倒虹吸管，若斜管不长、内水压力及其他作用（荷载）变化不大时，计算时可不分段，而以受力最大的水平段为计算依据。

10.2.4.3 管壁厚度的拟定

管壁厚度一般根据管径及工作水头大小，参照类似工程经验初拟，也可参照图 10.50 曲线初拟。

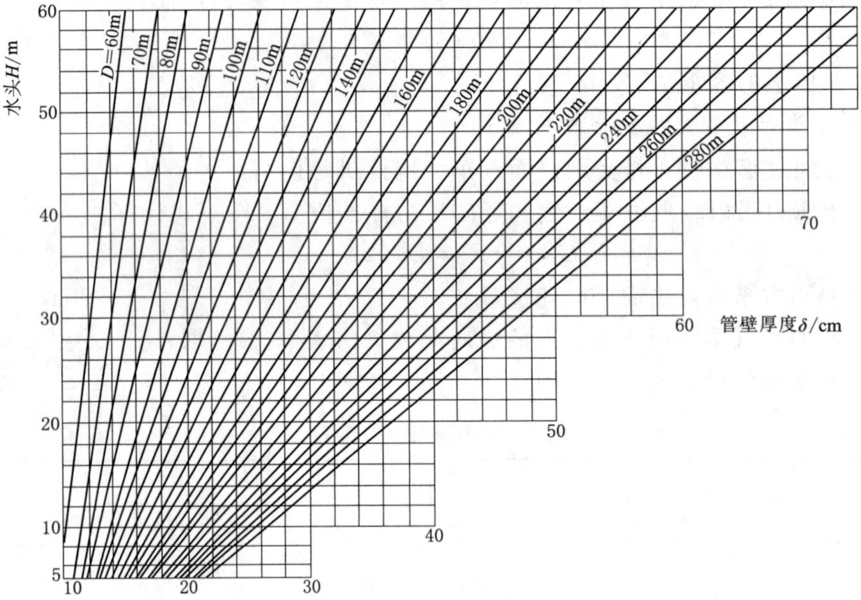

图 10.50 钢筋混凝土倒虹吸管管壁厚度

10.2.4.4 管身横向结构计算

一般取1m管长按平面问题计算。对持久状况、短暂状况、偶然状况均应进行承载能力极限状态设计，对持久状况还应进行正常使用极限状态设计，对短暂状况可根据需要进行正常使用极限状态设计，对偶然状况不需进行正常使用极限状态设计，具体应按规范采用不同作用效应组合。管身横向在各种作用单独作用下产生的内力（弯矩 M_i、轴力 N_i），可采用结构力学法或图表法进行计算，然后根据作用效应组合中各作用产生的效应叠加求得截面总内力（弯矩 M、轴力 N），其中 M 以内侧受拉为正，N 以受压为正。按承载能力极限状态设计主要确定结构配筋量，按正常使用极限状态设计再验算倒虹吸管是否满足抗裂要求。

10.2.4.5 管身纵向结构计算

管身纵向结构计算较为复杂，一般对于中小型倒虹吸管不作纵向结构计算，只是采取一些必要措施并布设一些构造筋，如设置伸缩沉陷缝和柔性接头；对地基进行必要处理；选择低温施工；在刚性座垫与管身间涂柏油或铺油毛毡等。

对大中型倒虹吸管一般要进行纵向结构计算，一般是在完成管道横向结构计算之后进行。纵向计算的关键在于确定纵向拉力和纵向弯矩。现简要介绍工程设计中常采用的纵向结构计算方法。

1. 管身纵向拉力

管身在温降、混凝土收缩及内水压力等作用下引起纵向收缩，若受到管道突出部位及四周回填土与管座等约束时，则管壁必产生纵向拉力，具体计算可参阅有关书籍。

2. 管身的纵向弯矩

管身在重力、土压力、管内水重及地基不均匀沉陷等作用下会产生纵向挠曲变形，结构计算时可将管道沿纵向看作一环形截面的弹性地基梁来计算，具体可参考有关书籍。但其计算量很大，一般对于中小型工程，可采用以下近似公式进行估算：

$$M = r_0 \psi G C L^2 \tag{10.35}$$

式中 M——纵向弯矩设计值，kN·m；

r_0——结构重要性系数；

ψ——设计状况系数；

G——单位管长（1m）上的作用设计值；

L——柔性接头间距（或计算管段长），m；

C——弯曲系数，与地基土质有关，砂性土取 $C=1/100$，高压缩性黏土取 $C=1/50$，中等土质取中间值。

10.3 量 水 设 施

量水设施是渠道上可量测水流流量的量水建筑物及量水设备的总称。其作用是按照用水计划准确地向各级渠道和田间输送水量，为合理征收水费提供依据。

量水设施设计与选型应考虑以下问题：拟测流量的变化幅度及精度要求；明渠的尺寸、形状及行近渠槽中的水流条件；渠道水流的挟沙情况；上下游水位变化幅度对量水设施的要求。量水建筑物主要包括量水堰和量水槽。

10.3.1 量水堰

量水堰的测流原理为：使通过量水建筑物的水流形成堰流，测取堰上水头，利用相应的堰流公式计算流量。常用的量水堰有薄壁堰、宽顶堰、三角剖面堰。

1. 薄壁堰

薄壁堰通常是在金属薄板上设置缺口制成。水流由缺口经过时具有锐缘堰流的性质，在距堰板上游一定距离处观测水位，即可按堰流公式或事先绘制好的水位流量图表得到流量。薄壁堰由行近渠道（含观测设施）、堰板、下游渠道三段组成，如图 10.51 所示，按堰板缺口形状分为矩形堰、梯形堰及三角形堰 3 种。

（1）矩形缺口薄壁堰。矩形缺口薄壁堰是在竖直薄板上挖一矩形缺口而成，当堰宽等于行近渠槽的宽度时，则为等宽堰（即无收缩堰）。为了满足测流要求，堰板必须竖直并垂直于渠槽边墙和槽底，缺口平分线至渠槽两侧边墙距离应相等。堰板上游面应光滑，堰板与渠槽边墙及底板的交接处必须牢固和不漏水，堰口侧缘和堰顶应加工成准确的 90°角，堰口厚度为 1～2mm，当厚度大于最大允许厚度时，则缺口下缘要加工成斜面，并使斜面

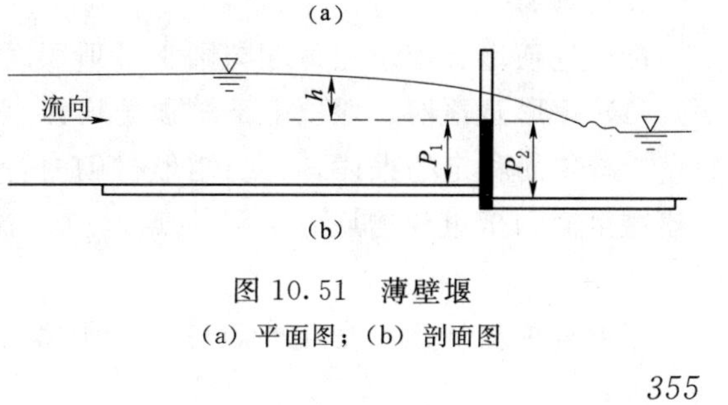

图 10.51 薄壁堰

（a）平面图；（b）剖面图

位于下游。斜面和缺口顶面以及侧面的夹角不能小于 45°，如图 10.52 所示。矩形薄壁堰的特点是可根据所测流量大小选择不同的缺口宽度，可测定的流量较三角形堰大，但堰前易引起泥沙淤积，流量小时精度较差，堰顶水头小于 6cm 形成不稳定贴流，失去测流功能。

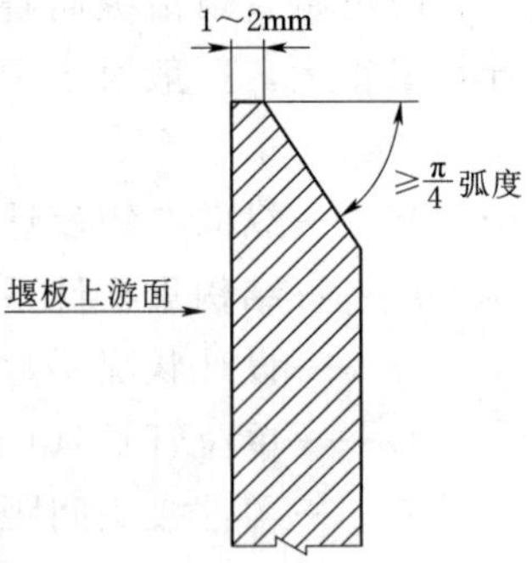

图 10.52　缺口顶部及侧缘细部

当缺口顶面厚 1mm，斜面与缺口顶面夹角为 60°时，流量计算可用雷伯克经验公式：

$$Q=(1.782+0.24H/P)BH_0^{1.5} \tag{10.36}$$

$$H_0=H+0.0011$$

式中　Q——流量，m^3/s；

H——堰上水头，m；

H_0——修正后水头，m；

P——堰高，m；

B——堰宽，m。

式（10.36）的适用范围为 $H=0.06\sim0.75m$。

（2）梯形缺口薄壁堰。其缺口为上宽下窄的梯形，侧边通常为 4∶1，特点与矩形堰相似。流量公式应通过实验率定或采用定型堰及相应公式。

（3）三角形缺口薄壁堰。缺口为一顶点向下的对称三角形。其特点是在较小流量时仍有较大水头，故能准确地测定小流量。这种堰的缺口常采用 90°夹角，也可根据所测流量变幅大小采用其他角度。堰板安装的技术要求与矩形薄壁堰相同。

当三角形缺口为 90°，顶面厚 1mm，斜面与缺口顶面夹角为 60°时，可采用南京水利科学研究院标准地秤校正后的拟合经验公式：

$$Q=1.33H^{2.465} \tag{10.37}$$

式中　H——堰上水头，m。

式（10.49）的适用范围 $H=0.03\sim0.25m$。

薄壁堰的测流精度较高，适用于含沙量小、有足够落差且流量较小的渠道。薄壁堰制造简单，装设容易，造价较低，可单独使用，也可与渠系建筑物配合使用，可做成固定的或活动的。薄壁堰设计的关键是必须遵守所采用的流量公式的有关限制条件。这些限制条件包括堰顶或三角形缺口顶角与池底的最小距离、行近渠槽的最小宽度、最大流量时堰顶或三角形缺口顶角与下游水位的相对高程等。同时，堰板的加工与安装必须严格符合标准所规定的要求。

2. 宽顶堰

标准宽顶堰有矩形宽顶堰与圆头平顶堰两种。

（1）矩形宽顶堰。堰顶上下游顶角均为直角，如图 10.53 所示。矩形宽顶堰必须设在顺直、均匀而稳定的渠段，并与矩形衬砌的行近渠槽同宽，堰体上下游端面应竖直并垂直于建堰渠槽的槽边和槽底。为了准确地应用流量公式和流量系数，施工时必须严格控制尺寸。

矩形宽顶堰的优点是外形简单，便于修建或装配安装，较经济，可用于较小水位差，适用于中等流量和大流量。其缺点是流量系数不固定，上游顶角容易损坏而影响量测精度。

（2）圆头平顶堰。该堰是将矩形宽顶堰的上游顶角稍微修圆而成。其下游端可做成圆角或是铅直面或向下的斜坡，如图 10.54 所示。其布置及施工技术要求与矩形宽顶堰相同。圆头平顶堰的优点是比矩形宽顶堰的流量系数大，提高了堰的耐久性，不易受局部损坏和堰上游淤积的影响。

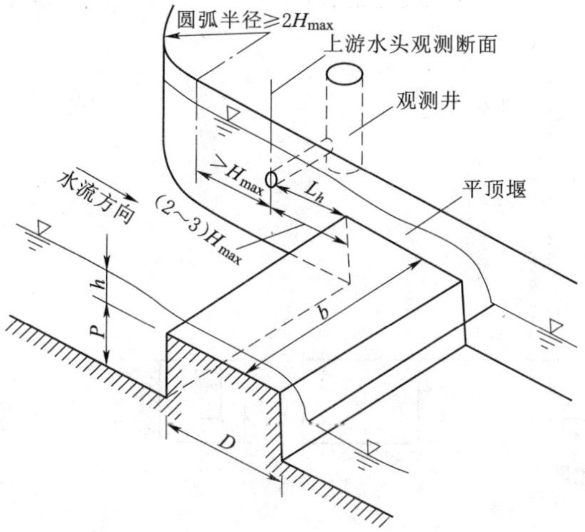

图 10.53 矩形宽顶堰

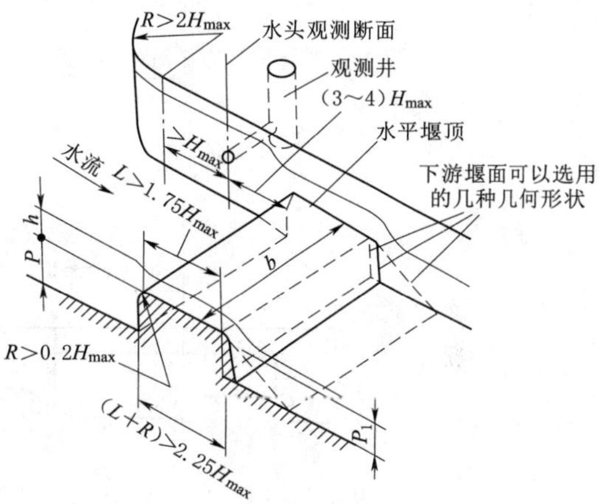

图 10.54 圆头平顶堰

10.3.2 量水槽

量水槽是一种在明渠内设置一缩窄段（喉道），使之在该段形成临界流，并于上下游特定位置量测水深，据以测定流量的量水设施，故又称为临界深水槽。该缩窄段可由束窄渠道形成，也可由束窄渠道和拱起的渠底结合而成。这种量水槽有长喉道槽和短喉道槽两大类。

1. 长喉道量水槽

长喉道量水槽的特点是喉道较长，缩窄段内的水面线曲率较小。喉道中的水流几乎与槽底平行。通常由上游收缩段、喉道及下游扩散段组成，如图 10.55 所示。喉道横断面型式有矩形、梯形、U 形及三角形等。横断面型式的选择取决于拟测流量的变幅、精度要求、可用水头以及水流是否挟带泥沙等。矩形喉道槽较易修建，采用较多，适用于流量变化较小或测流精度要求不高的小流量渠槽。梯形喉道槽适用于流量变幅较大以及要求精确测定小流量的渠槽。U 形喉道槽则特别适于装设在 U 形渠道或装在需测定 U 形及圆形断面管道下泄流量的地方。这 3 种型式根据上游渐变段与喉道连接处的收缩情况，又分只有侧收缩、只有底收缩以及既有侧收缩又有底收缩的 3 种类型。使用何种类型取决于相应各种流量的下游条件、最大流量、允许水头损失、h/b 的限制值以及水流是否挟带泥沙等。不论横断面形状如何，以实测水头表示的长喉道量水槽的流量公式的推导方法均相同。为确保量水槽的运行条件与流量公式的试验条件相符，长喉道量水槽的设计须遵循下述一些准则：$h \geqslant 0.05$m 或 $0.05L$（取其中大者）；$L > 2h_{max}$（确保临界断面处行成平行水流）；$b >$

0.1m，$h<2$m 且 $h/b<3$。此外，在任一水平面处的喉道宽均应比行近渠槽窄，对矩形喉道量水槽，其面积比上限规定为 0.7。

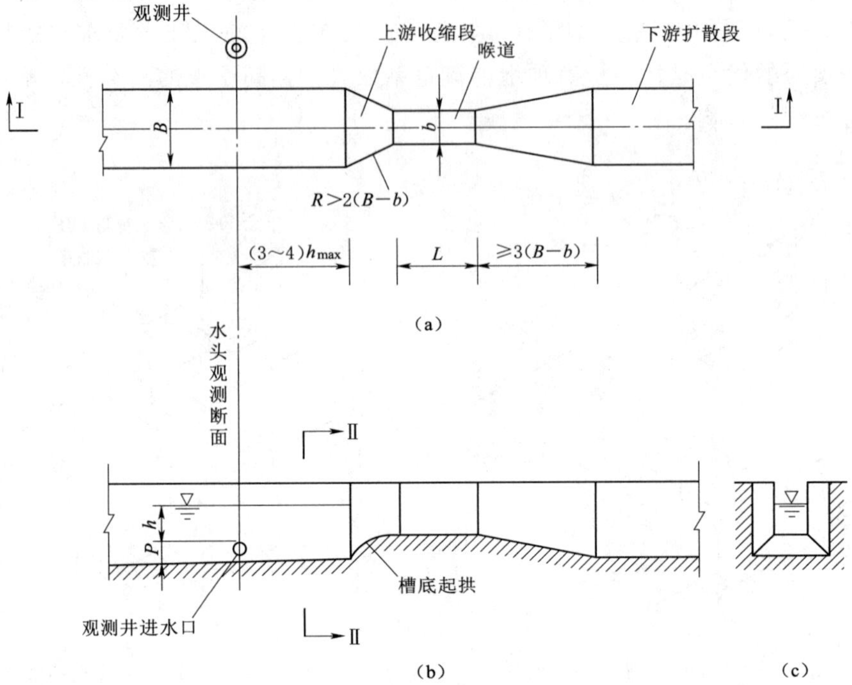

图 10.55 矩形长喉道量水槽

(a) 平面图；(b) 剖面Ⅰ—Ⅰ；(c) 剖面Ⅱ—Ⅱ

长喉道量水槽的优点是便于通过泥沙，适于挟沙水流；不易受下游水位影响；适用于允许水头损失较小的地方。其缺点是工程量较大。

2. 短喉道量水槽

长喉道量水槽的主要缺点是喉道长，工程量大。短喉道量水槽克服了这一缺点，其运行原理与长喉道量水槽相同。由于喉道短，水面线曲率较大，喉道内的水流与槽底不平行，因此就不能从理论上预先计算水位-流量的关系，只能用现场率定或室内率定的方法加以确定。短喉道量水槽的类型很多，有卡法奇槽、巴歇尔槽和无喉道槽。

巴歇尔槽有 22 个标准设计及相应的流量计算公式，测流范围在 0.1～93m^3/s 之间，在我国应用比较广泛。每种标准设计都经过细致的实验率定，只要严格按照标准尺寸施工，水位-流量关系就是确定的。具体设计可参考“ISO 标准手册”及其他有关书籍。其优点是量水精度较高，水头损失较小，壅水高度不大，不易淤积，测流范围广；其缺点是结构较复杂，造价较高，可用于浑水渠道和比降小的渠道。

无喉道量水槽是在巴歇尔槽的基础上改进的一种形式，其喉道长度为零。其优点是结构简单、经济、施工方便，且水头损失小，不易淤积，适用于流量为 0.003～10.0m^3/s 的清浑渠道。

小　结

本章主要讲述渡槽、倒虹吸管及量水设施等，它们是渠道上常用的几种水工建筑物。

第一节渡槽，渡槽一般由槽身、支承结构、基础和进出口结构物等组成。设计渡槽时，不仅要考虑适宜的位置，进行水力设计、结构设计和稳定验算，还应注意设计的合理性和经济性。应多拟定几个方案（总体布置、结构形式及结构尺寸等），进行方案比较，从而得出经济合理的优化方案。

第二节重点掌握对倒虹吸管的水力计算和构造，结合工程实际情况进行了分析。管身断面是根据设计流量通过水力计算而确定的，当通过最小流量时，进口处可能会发生水位跌落的不利现象，这要根据跌落高度分别采用消力池或斜坡段等措施加以解决。

第三节介绍渠道上的量水设施的类型、特点及组成及各部分的设计要点。

练　习　题

1. 渡槽一般由________、________、________和________等组成。
2. 倒虹吸管一般由________、________、________和________等组成。
3. 渡槽槽址选择和总体布置时应考虑哪些因素？
4. 梁式和拱式渡槽的特点及适用范围是什么？
5. 渡槽槽底纵坡 i 的大小对过水断面有何影响？如何选择？
6. 渡槽横断面有哪几种形状？各自的优缺点及适用条件是什么？
7. 有拉杆矩形槽横向计算的关键是什么？其计算简图是怎样的？
8. 渡槽基础的种类有哪些？其传力特点及适用范围是什么？
9. 渡槽槽身止水有哪些型式？
10. 倒虹吸管有哪些类型？适用条件是什么？
11. 倒虹吸管有哪几种布置类型？与渡槽相比，有何优缺点？
12. 如何确定倒虹吸管的横断面尺寸和水头损失？
13. 结构计算时倒虹吸管荷载组成有哪些？
14. 渠道上的量水设施有哪几种类型？各自特点是什么？

第11章 BIM在水利水电工程中的应用

本章目标：

重点学习BIM在水利水电工程设计中的应用。

具体要求：

(1) 掌握BIM在勘察、枢纽和工厂三维数字化设计中的应用情况。

(2) 了解BIM在工程方案比选及设计优化中的应用情况。

(3) 了解BIM三维出图的特点。

11.1 概 述

11.1.1 BIM简介

建筑信息模型（Building Information Modeling，BIM），既是指三维几何数据模型，也是一种信息化的技术手段，用于设计、建造、模拟、管理、移交等。BIM的思想最早源于查克·伊斯特曼（Chuck Eastman）1975年提出的基于一种平立剖面图联动的设想。后经过不断发展，普遍认为"建筑信息模型是指建筑物在设计和建造过程中，创建和使用可计算数字信息。而这些数字信息能够被程序系统自动管理，使得经过这些数字信息所计算出来的各种文件，自动地具有彼此吻合、一致的特性"。国际标准组织设施信息委员会给出的定义则是"在开放的工业标准下对设施的物理和功能特性及其相关的项目生命周期信息的可计算或可运算的形式表现，从而为决策提供支持，以便更好地实现项目的价值"。经过近些年一系列项目的实践以及互联网信息技术的快速发展，BIM的含义和应用内涵得到了极大的丰富和扩充。

BIM技术具有可视化、一体化、参数化、仿真性、协调性、优化性、可出图性、信息完备性等特点。它的核心是通过建立虚拟的工程三维模型，利用数字化技术，为这个模型提供完整的、与实际一致的工程信息库。该信息库不仅包含描述工程构件的几何信息、专业属性及状态信息，还包括非构件对象（如空间、运动行为）的状态信息。它可以帮助实现工程信息的集成，从工程的设计、施工、运行直至全生命周期的终结，各种信息始终整合于一个三维模型信息库中，设计团队、施工单位、设施运营部门和建设单位等各方人员可以基于BIM进行协同工作，有效提高生产效率，在节约资源、降低成本、缩短工期等方面发挥着越来越重要的作用。

11.1.2 BIM在水利水电工程设计中的应用

BIM在水利水电工程设计中的应用主要包括勘察三维数字化设计、枢纽三维数字化设计、工厂三维数字化设计等主要领域。实现了三维设计建模、三维校审、三维出图、数字化交付等应用。

1. 勘察三维数字化设计

勘察三维数字化设计广泛应用于工程地质勘察数据管理、地形测绘数字化、三维地质建模、自动化二维出图、统计分析报表、三维设计校核审查等基础工作，在水利水电工程中深度应用于地质体空间展布分析、大坝建基面选择、坝肩抗滑稳定分析、边坡及地下洞室块体分析、边坡开挖支护设计、地下洞室开挖支护设计和工程地质预报等专题分析工作，涉及地质、测绘、勘探、物探、试验、观测、水文等多个勘测专业以及水工、引水、厂房、施工等水电工程主要设计专业的协同设计和应用。其中三维地质模型是指通过地质三维建模技术在地质三维系统中利用工程区一定范围内的地质勘察资料，按地质对象类别分专业图层建立的带有几何属性、地质属性和约束关系的三维可视化图形模型（图 11.1），包括常规的地形面模型、勘探及试验模型、点符模型、线框模型、地质表面模型、地质实体模型、复合地质模型。

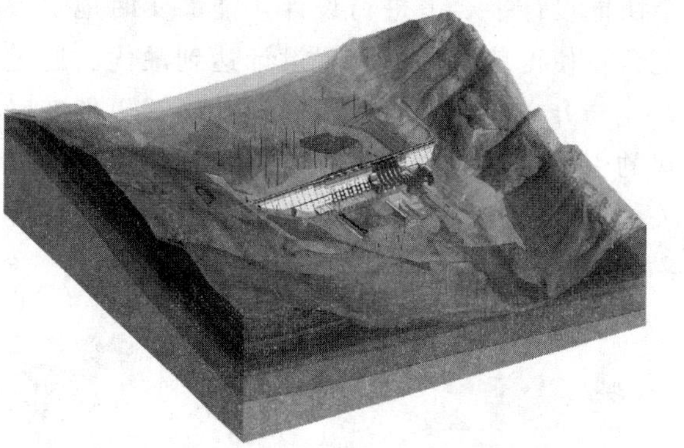

图 11.1 地质三维模型示意图

2. 枢纽三维数字化设计

枢纽三维数字化设计主要解决电站枢纽与地形、地质密切相关的设计技术问题，着重应用于水电站前期枢纽方案设计、技施阶段枢纽详细设计和优化设计。涵盖了从坝址、坝线、坝型比选，枢纽布置格局比选，到枢纽建筑物单体优化设计、边坡处理设计、建基面开挖设计等过程。主要参与专业包括测绘、地质、坝工、厂房、引水、路桥、金结观测等。枢纽三维模型主要包括各类水工建筑物模型、边坡设计模型、建基面开挖设计模型等，如图 11.2 所示。

图 11.2 枢纽总装模型

3. 工厂三维数字化设计

工厂三维数字化设计主要包括工厂各专业三维建模协同设计及设备布置优化、工程量计算、分析计算、三维出图、设计交底及数字化移交等。工厂机电设备繁多，为了使得设备布置更加合理，减少设备及管线间的“错、漏、碰、缺”，开展厂房、建筑、水机、电一、电二、暖通、给排水等工厂三维设计专业参与的三维数字化协同设计。各专业在同一个协同设计平台上进行设计，能够实时地了解其他专业的设计成果，可以更好地进行专业配合，使得地下厂房布置设计达到最优。通过三维数字化模型直接展示设计成果，可以使各参与方之间进行有效沟通，并能够更加准确地理解设计意图。工厂三维模型主要包括土建的引水钢管、主厂房、上下游副厂房、中控楼、升压开关站，厂坝平台等部分，以及相关机电及公共设备专业的机电设备、管路、埋件等，如图 11.3 所示。

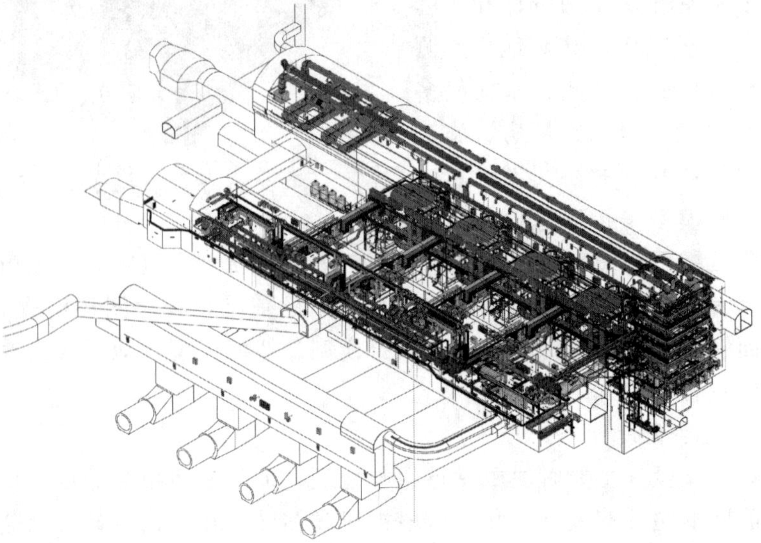

图 11.3　工厂三维模型

11.1.3　多专业建模及协同

当前水利水电工程主流的 BIM 软件厂商有 Autodesk、Bentley Systems、Dassault Systems。

Autodesk 是全球最大的二维和三维设计、工程与娱乐软件公司，为制造业、工程建设行业、基础设施业以及传媒娱乐业提供卓越的数字化设计、工程与娱乐软件服务和解决方案。面向水利水电行业提供的 BIM 软件主要有 Revit、Civil3D、Dynamo 等。

Bentley Systems 是一家面向基础设施行业的工程软件公司，面向水利水电行业提供的 BIM 软件主要包括用于建模和模拟的基于 MicroStation 的应用程序如 OpenBuildings Designer、OpenRoads Designer、OpenPlant Modeler 等，用于项目交付的 ProjectWise，用于资产和网络性能管理的 AssetWise 以及用于基础设施数字孪生的 iTwin 平台。

Dassault Systemes 应用涵盖 3D 建模、社交和协作、信息智能与内容和仿真，居世界 CAD/CAE/CAM 领域的领导地位，广泛应用于航空航天、汽车制造、造船、机械制造、电子电器、消费品行业，它的集成解决方案覆盖所有的产品设计与制造领域。

因目前主流的 BIM 软件都是国外的，存在国内各个行业的专业设计软件缺失、对国内标准支持不好、使用不友好等各种问题，中国电建集团华东勘测设计研究院自 2004 年开始开展三维数字化设计，研制了工程三维数字化设计平台 HydroStation，该平台包含了十余款专业设计软件，如图 11.4 所示，并在国内率先实现了水利水电工程的三维协同设计。基于 HydroStation 平台，各专业可实现在同一个协同平台上围绕同一个三维模型的不同内容分头开展设计，各专业的设计成果将实时地汇总在一个总装三维模型中，其他专业设计时，可以通过调用总装三维模型或参考其设计内容来了解其他专业的设计进展和成果。

图 11.4　三维设计平台 HydroStation 产品图谱

11.2　BIM在水利水电工程设计和分析中的应用

11.2.1　BIM在工程方案比选及设计优化中的应用

1. 地质勘察模型对工程的优化

地质勘察三维模型可以形象、直观地展示地质条件及建筑物轮廓，视觉效果好，被广泛应用于专家咨询、技术会商、虚拟踏勘、工程形象展示、宣传等方面。

以水利水电工程为例，其岩体分布形态非常复杂，凭借二维的地质剖面很难表达清楚，给计算分析及加固处理带来困难。通过枢纽三维模型与地质三维模型的一体化结合及剖切技术，可清楚显示地质构造与大坝、消力池、左岸边坡的位置关系如图 11.5 所示。在设计过程中，可按设计意图随时抽调地质信息、提取地质剖面，为工程设计提供实时支撑资料，大大提高设计的效率，并有效保证设计质量及处理措施的合理性。

2. 地面测绘模型对工程的优化

地面测绘三维模型主要用于方案比选和挖填设计（图 11.6）。如在坝址比选中，三维设计通过对地形模拟、河道形态及河谷宽度模拟、物理地质现象模拟等，为坝址比选提供依据。在坝线、坝型及枢纽布置格局比选中，对各比选坝线、坝型及枢纽布置格局进行枢组建筑物三维建模，通过模型对各比选方案进行整体把握。同时三维模型可以十分便利地进行混凝土等工程量的准确统计，通过工程投资对坝线、坝型及枢纽布置格局进行比选。

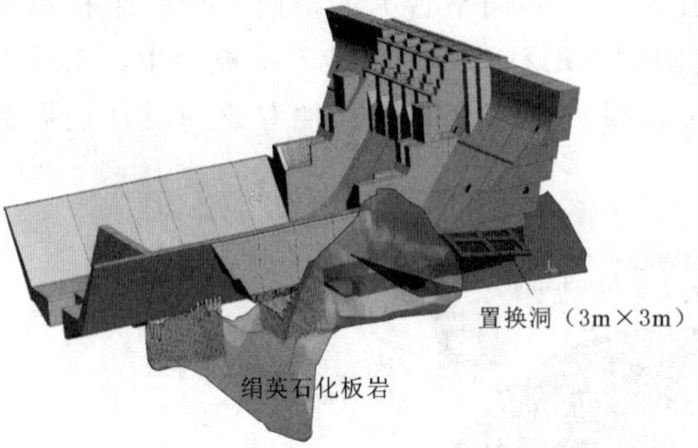

图 11.5　左岸坝基及消力池基础处理图

图 11.6　基于地面测绘模型的挖填设计

基于三维模型的立体可视化开挖技术可以直观验证开挖设计的合理性，做到合理开挖。基于统一模型的三维协同开挖，可有效解决多专业联合设计的配合问题，有利于整体协调开挖。

土石方的工程量计算是一项烦琐、费时、费力、极需耐心的工作。边坡面积的统计一直是前期阶段工程量计算的难点，基于二维的地形图很难计算准确，利用三维开挖模型可直接查询、统计，方便快捷。用三维属性化的模型进行工程量的统计、汇总，实现了工程量的快捷计算，且计算结果准确、可靠，大大减少了设计人员的基础性、一般性工作，使他们能更加专注于对工程技术难点的深入研究。

3. 建筑物优化设计

水利水电工程建构筑物种类繁多，涉及挡水大坝、泄洪消能建筑物、厂房进水口、主副厂房、尾水渠、坝顶布置等，三维数字化设计可较好地应用于复杂建构筑物的布置、大体积混凝土结构的计算和优化设计，以水利水电工程大坝设计为例，其结构复杂，坝体内涉及基础灌浆、排水、交通及检查等多层廊道，由于河床狭窄，岸坡坝段较陡，廊道布置条件差，各廊道纵横交错。采用 BIM 手段，借助参数化和可视化设计，可优化大坝内部廊道系统的布置，极大地方便了大坝碾压混凝土施工，如图 11.7 所示。

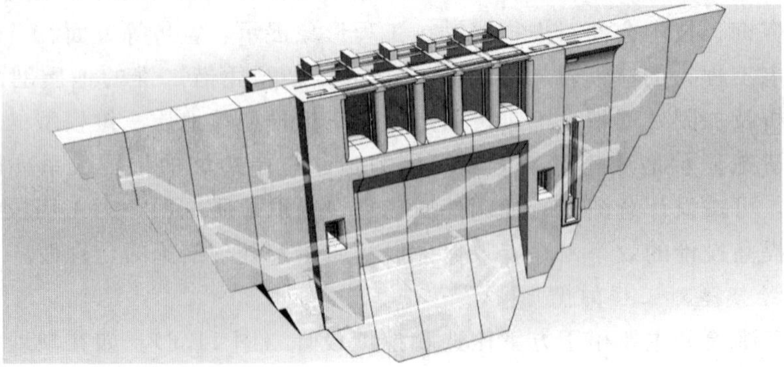

图 11.7　大坝廊道系统布置

在复杂建构筑物的布置方面，三维数字化设计在解决场地局促条件下，多专业、众多建筑物的合理布置，及时纠错检查以及水利水电工程中纵横交错、上下分层的地下厂房洞室群布置中优势明显。以地下洞室群布置为例，通过三维数字化的展示，地下洞室群的布置、输水洞线的长短、洞室与地质构造的相对关系等非常清晰、直观，可以快速、有效地评价各方案的优劣，提高设计效率，如图11.8所示。

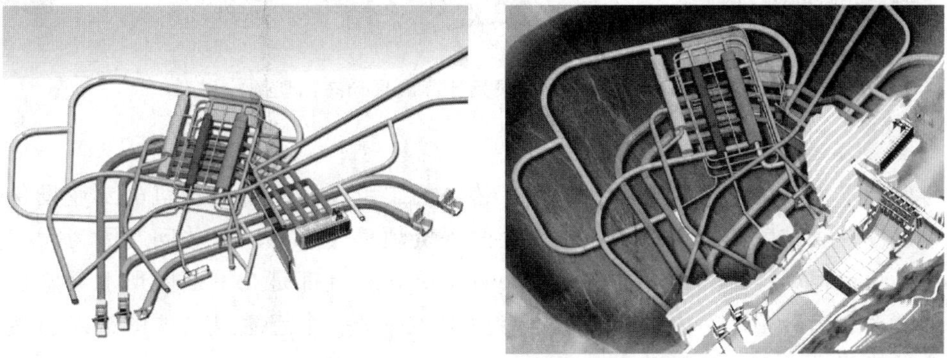

图11.8 优化后的地下厂房洞室群布置

在结构计算方面，复杂结构的受力情况需借助大型有限元分析软件进行计算分析。对于现有的分析软件，例如ANSYS、ABAQUS等软件来说，模型的建立工作相当复杂，且可复制性不强。如果将BIM软件和有限元软件接口打通，将大大提升结构分析的效率，为计算人员节省建模时间，提高计算效率，如图11.9所示。

图11.9 BIM模型和计算网格模型

为了更好地利用有限元的计算成果，可以将有限元计算成果重新导入BIM模型文件中，采用动态剖切的方式查看任意位置的模型受力情况，如图11.10所示。再根据受力或者变形情况在原模型中进行加强处理，形成网格，并将网格赋予原模型中的所需要的属性，再导入ANSYS软件中进行复核计算，以此往复得到较优化的结构。BIM模型和有限元计算的结合不仅能够快速查看计算成果，还能够动态调整模型，大大降低大体积复杂水工结构方案修改导致模型调整的时间，有效提高效率。

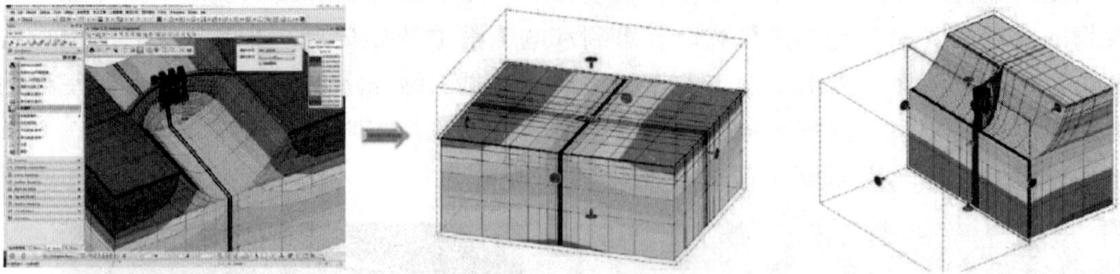

图 11.10　三维有限元计算成果动态剖切图

4. 机电设备管线布置优化

水利水电工程中机电设计配合专业多，传统的二维设计经常出现机电专业设备、管路之间打架，各专业进度难以保持一致，专业间提资烦琐等问题。这些问题因为没有实体设备，各专业间也很难详细知道其他专业的布置情况，并且都是在平面图形上会签，每个专业的图纸出来一套后，厂房内的所有机电专业都要一个一个想着自己的图纸来会签其他专业的图纸，工程量巨大，费时费力。

机电三维设计可有效解决传统二维设计经常出现的问题。各专业先在规定的时间内完成各自的设备管线三维建模（图 11.11），然后再进行模型会审。在建模阶段，可以一边建模，一边查看其他专业的设备管路布置情况，相互不干扰，但能相互查看，并且都是三维立体图形，一目了然。对各专业模型进行总装，使得在二维设计中无法表达或省略的部分在三维总装模型中均可以得到展现，将在平面上看很抽象、很难理解、难以发现的问题直观暴露出来。将机电设备、管路以三维立体的形式展示，使复杂的视图关系直观和动态化。

图 11.11　厂房内部机电管线三维模型

完成模型总装后，可通过自动碰撞检查软件进行碰撞检查，把所有碰撞的地方通过表格清单罗列出来，校审人员只需要通过清单逐一查看就可以了。通过碰撞检查，机电设备布置基本不会有碰撞的情况。根据以往的设计经验，现场设代需要花费大量精力处理本专业的管路设备与其他专业设备的碰撞问题，经过三维设计后的项目几乎没有发生这个问题，现场的修改通知基本与设备布置冲突无关。通过模型漫游，机电项目负责人还能在模型中发现不合理的设计，更好地与设计人员进行沟通、讨论，从而发现和确定设备布置，管路走向的最佳方案。

5. 施工组织设计优化

基于三维的直观性、形象性，利用三维整体模型对施工筹建期、准备期、主体工程施工期和完建期等各阶段施工面貌进行形象、生动的展示，对施工总体进度安排的合理性进行初步验证。施工进度面貌的形象展示达到了以往枯燥无味的文字描述和施工进度横道图无法比拟的效果，为方案决策和进度安排决策提供了有利的依据，是进行施工总进度设计的新手段。图11.12～图11.15分别展示了水利水电工程施工筹建期、施工准备期、主体工程建设期和完建期的形象面貌。

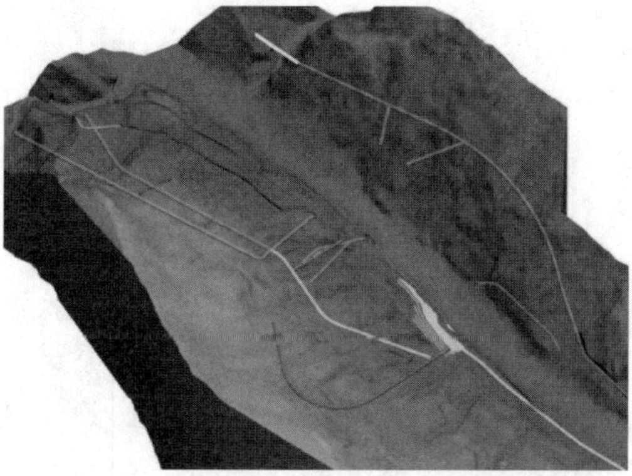

图11.12 施工筹建期形象面貌

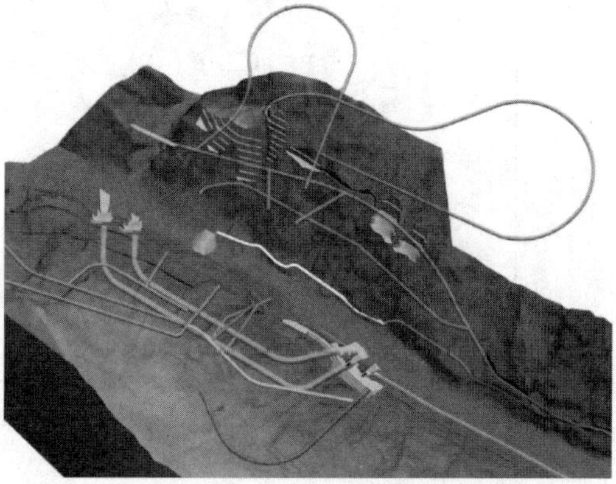

图11.13 施工准备期形象面貌

图11.14 主体工程建设期形象面貌

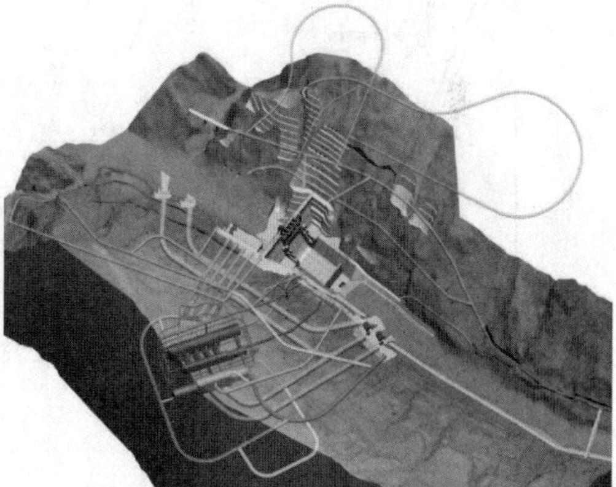

图11.15 完建期形象面貌

11.2.2 三维出图应用

采用三维数字化设计后，应充分利用三维设计的技术优势，在清楚表达设计意图、提高设计效率的前提下，尽可能采用三维轴测图配以平（剖）面图的表示方法出图，减少平（剖）面图的图纸数量；平（剖）面图的表示方法也可适当简化。图11.16为三维立体示意图的出图方式。

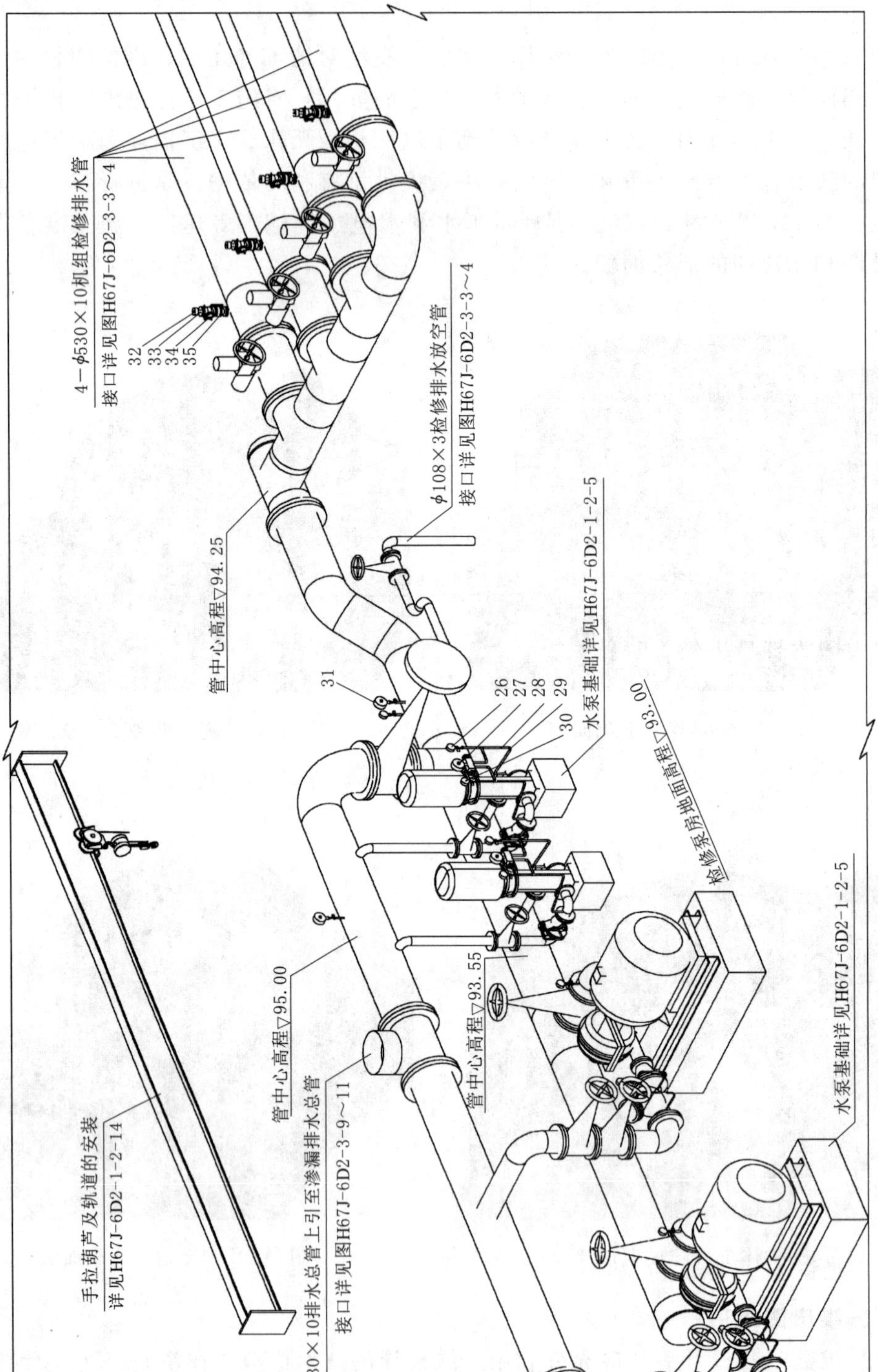

图 11.16　三维立体示意图

1. 基于BIM模型出图的多样性

在三维总装模型的相关校审后，各专业根据需要抽取技施图纸。为更好地提高出图效率，实际出图方式根据现有的出图习惯、结构及设备管线的特点区别对待，主要有以下几种图纸表达方式：传统的平（剖）面图、平面图＋三维立体图、平面图＋ISO图、三维立体图＋ISO图、上述方式的其他组合，图11.17为平面＋三维立体的出图方式。

基于二三维的图纸表达方式直观、简洁，不仅方便了设计过程中的设、校、审工作，而且使业主、施工单位能够熟悉布置设计，避免因对图纸的理解偏差而造成不必要的返工，对顺利施工也有帮助。

2. 基于BIM模型出图的优势

相较过去，三维出图不仅能够提高图纸质量，在部分专业上也能提高设计工作效率，主要表现在以下方面：

(1) 基于统一数据的自动标注功能，尽可能减少出图之后的人工标注工作。

(2) 基于统一三维模型的工程量自动统计功能，自动生成工程量清单报表，提升工作效率及准确性。

(3) 内嵌标准的智能化出图模块，解决三维模型再符号化、虚线过滤等关键技术，使三维模型出图实现真正意义的智能化，满足了国内设计规范的要求，避免成图后繁重的人工修改工作。

(4) 图纸批量更新及自动比对技术实现了图纸内容随模型的更新而自动更新，避免图纸与模型的匹配问题。

(5) 在三维环境中进行协同设计，并利用碰撞检查，有利于发现最优方案，减少专业之间的"错、漏、碰、缺"，提高了产品质量；在模型完成"错、漏、碰"检查、合理性检查、优化布置后，在三维模型中抽取形成的多数二维图纸不再走图纸会签流程，节省了会签的时间。

(6) 材料表的自动统计和二维抽图功能能够提升图纸质量，减少校核的工作量，相应的修改工作量较小（如果设备布置改变，只需修改模型，重新生成一下平面图、剖面图、材料表即可），使得设计人员的精力更多地放在方案选择和优化设计方面。

(7) 三维出图是采用从三维模型剖切二维图纸的出图方式，利用三维模型可抽取三维示意图作为二维图纸的辅助视图，直观、简洁，一定程度上可以减少剖面图。

(8) 三维建模完成后，软件可以自动输出二维图纸，自动化程度高，图纸后处理的工作量少，特别是ISO图，将极大地提高出图的效率，节省设计人力资源和成本；同时，三维示意图的应用也使得技施图纸更加美观，贴近实际布置情况，从而为现场施工单位正确地理解设计图纸，减少施工错误带来了积极的作用。

(9) 部分专业实现图件辅助要素自动绘制技术。以勘察专业举例，根据行业标准定制，在出图时，通过通用设置，软件会按照切出的模型剖面大小自动建立适应图幅或按照标准图幅生成图件，包括图名、比例尺、图框、图签、图例、指北针等。

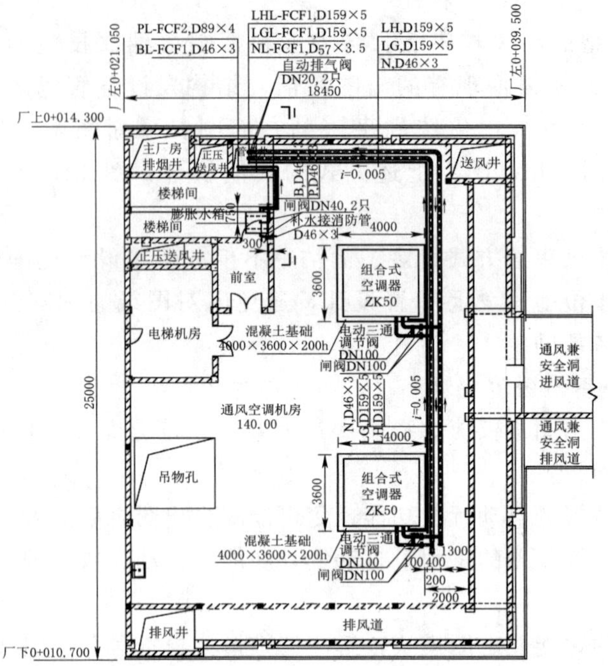

通风空调机房（140.400m）通风与空调水系统平面图

1:100

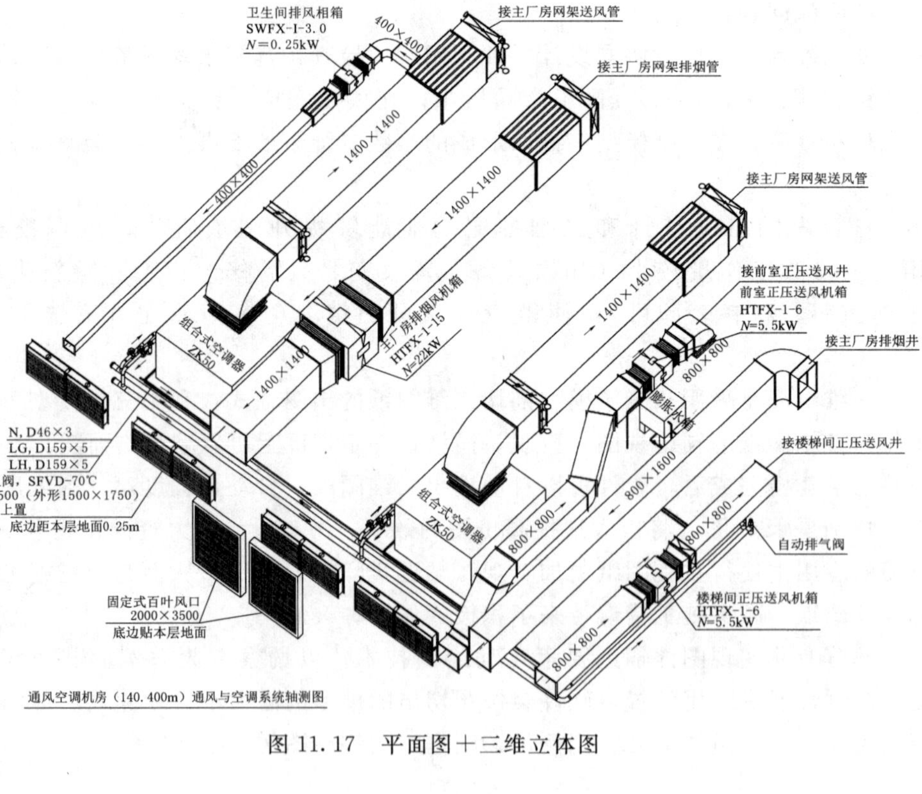

通风空调机房（140.400m）通风与空调系统轴测图

图 11.17　平面图＋三维立体图

小　结

本章系统介绍了 BIM 在水利水电工程设计中的应用情况，其在勘察、枢纽和工厂三维数字化设计中应用广泛。在工程方案比选及设计优化中优势越来越明显，主要体现在地质勘察模型对工程的优化、地面测绘模型对工程的优化和水工建筑物的优化。在计算分析中的应用，将 BIM 软件和有限元软件接口打通，大大提升了结构分析的效率；在三维出图中的应用，基于三维模型抽取二维图纸对比传统二维绘图有较大的优势。

练　习　题

1. 简述 BIM 在水利水电工程设计中的应用主要包括哪几方面？
2. 在工程方案比选及设计优化中 BIM 有什么优势？
3. 观看本书数字资源里提供的水利水电工程模型，了解 BIM 模型的特点。

第 12 章　水工建筑物安全监测与维护

本章目标：

重点学习水工建筑物安全监测的方法，并能对建筑物的工作状态作出综合评价；了解土石坝的养护维修任务内容，重点掌握对裂缝、渗漏、滑坡的处理方法和技术措施。

具体要求：

(1) 学习原型监测的基础知识，掌握水工建筑物的安全监测和运行控制方法。

(2) 了解土石坝的养护维修内容，重点掌握对裂缝、渗漏、滑坡的处理方法和技术措施。

12.1　概　　述

水工建筑物安全监控包括对建筑物进行性态监测和运行控制。性态监测就是在建筑物内埋设各种监测仪器，通过人工监测或自动采集，获得大量反映建筑物运行性态的各种信息，对这些信息运用力学、数学及水工知识进行建模、分析、推理和判断，从而对建筑物的工作状态作出综合评价。运行控制则是根据性态监测结果，对处于非正常状态的建筑物采取一系列及时有效的措施，包括控制水位运行、加固处理等。

水工建筑物安全监测工作始于 20 世纪初，当时的方法和设备都较为落后，加上坝工设计、施工水平不高，大坝失事时有发生。著名的有 1963 年意大利瓦依昂水库滑坡事件、1975 年我国板桥以及石漫滩等水库失事事件。这些水库大坝失事都造成了巨大的损失，引起了社会震动，促使许多国家制订大坝安全监测法规，改进监测技术和监测仪器，使大坝监测工作得到很大发展。大坝安全监测不能阻止大坝的垮塌，但由于大坝性态是一个逐步恶化的过程，因此大坝安全监测可以发挥大坝安全管理的耳目作用，通过安全监测信息尽早掌握大坝安全状态、发现大坝隐患，从而及时采取过程措施和报警，降低事故等级或规避风险。

维护则是对水工建筑物的运行实行维修与养护。水工建筑物的维修包括土石坝的维修、混凝土及钢筋混凝土建筑物的维修等。水工建筑物养护的基本要求是：严格执行各项规章制度，加强防护和事后修整工作，以保证建筑物始终处于完好的工作状态。本着“经常维护、随时维修、养重于修、修重于抢”的精神，养护工作包括以下几个方面：

(1) 土石坝。坝顶、坝坡应保持整齐清洁，填塞坝面的裂缝、洞穴和局部下陷处，防止排水设施淤塞，及时修复因波浪而掀起的块石护坡等。

(2) 混凝土及钢筋混凝土建筑物。填塞混凝土裂缝，处理疏松或遭侵蚀的混凝土，随时填满分缝止水沥青井中的沥青，放水前清除消力池中的杂物，保持排水系统通畅等。

(3) 钢结构。定期除锈、涂油漆，检查铆钉、螺栓是否松动，焊缝附近是否变形。闸门应定期启动，以防止泥沙淤积，橡皮止水如有硬化应及时更换。

(4) 木结构。应尽量保持干燥，定期涂油漆或沥青进行防腐处理，对个别损坏构件应及时更换等。

(5) 启闭机械和动力设备。应有防尘、防潮设施，经常保持清洁，定期检修；轴承、齿轮、滑轮等转动部分应定期加润滑油，如有损坏应及时修补或更换。

(6) 北方寒冷地区的建筑物。要防止冰冻对建筑物的破坏等。

12.2 水工建筑物安全监控

12.2.1 水工建筑物安全监控的目的和意义

20 世纪 50 年代以来，我国水利水电建设取得了很大的成就，修建了大量水工建筑物。这些水利水电工程和相应的建筑物在国民经济中发挥了巨大的社会经济效益。但是也应看到，由于水文、地质、施工质量、材料老化、运行管理等多种原因，水利工程中也不乏效益发挥不充分，甚至溃坝失事，给人民带来灾难的实例。因此必须加强水上建筑物的安全监控工作，其目的和意义可归纳为以下 4 个方面。

1. 监测水工建筑物的工作状态

许多破坏实例表明：水工建筑物发生破坏事故，往往是有先兆的。对其进行认真系统的检查监测，并对监测成果进行分析，就能及时掌握建筑物的性态变化，确定安全控制水位，指导大坝运行。如发生不正常情况，及时采取加固补强措施，可把事故消灭在萌芽状态。

2. 验证设计理论的正确性和选用参数的合理性

由于人们对自然规律的认识还有待深入，加之水文、地质等条件的复杂性，目前尚不能对影响建筑物的所有复杂因素进行精确的计算。因此在水工设计中常将结构作适当的简化或采用一些经验公式求解，难以确切反映实际情况。原型监测是对在建和已建的各种水工建筑物进行研究，在适当的部位埋设各种仪器，进行长期监测，掌握建筑物性态的变化规律，同时验证原设计理论的正确性和参数选用的合理性。

3. 检查施工质量

分析施工期监测资料，可以了解水工建筑物在施工期间的结构性态变化，为后继施工采取合理措施提供信息，据此指导施工，保证工程质量。

4. 为修正设计理论提供科学依据

目前研究水工建筑物结构性态的主要手段是理论计算和模型试验。由于影响因素的复杂性，研究时均需作一些假定或简化，对新型或复杂的结构更是如此，致使解答与实际情况存在差异。原型监测资料反映了各种因素的影响，其结果可弥补前两种方法的不足，据此对设计理论和方法进行修正，可进一步提高坝工技术水平。

在水工建筑物的科学研究中，需要借助原型监测资料分析，并与其他方法相结合来解决实际问题，如：

（1）预演水工建筑物在运行过程中可能出现的各种现象，定量预报结构性态的变化规律。

（2）确定安全监控指标，如变形、裂缝开度、测压管水位、渗流量、扬压力、应力等，研究水工建筑物在各种情况下的稳定和强度的实际安全度。

（3）研究坝体横、纵缝的实际结构作用，确定大坝的不利荷载组合。

（4）反演坝基、坝体综合或分区物理力学参数，如坝体混凝土弹性模量、线膨胀系数、渗透系数等，了解其对结构性态的影响程度。

（5）研究水工建筑物在施工运行期的温度场、温度变形、温度应力的变化规律和对结构的影响程度，为未来建筑物设计反馈信息。

由此可知，安全监测工作既有科学研究意义，又有实用价值，是促进坝工设计理论和建设技术不断发展的有效方法之一。

12.2.2　安全监测的内容和要求

水工建筑物安全监测包括原型监测、监控分析及建筑物工作状态评估等，具体工作内容和要求如下：

（1）监测系统的设计。根据监测目的和要求，在水工建筑物设计的同时，进行监测系统设计。它包括监测项目的确定和测点布置以及仪器设备的选定，绘制监测设计总布置图及施工详图等。

（2）监测仪器设备的埋设和安装。仪器在埋设安装前要对其进行必要的检验和标定。然后按设计要求安装，并填好安装记录，竣工后绘制竣工图，填写考证表供查用。

（3）现场监测。现场监测包括巡回观察和利用仪器量测，按规定的要求、测次、监测时间严格执行，并做到“四无”（无缺测、无漏测、无不符精度、无违时），“四随”（随监测、随记录、随计算、随校核）。为提高监测精度和效率，还应做到“四固定”，即人员、仪器、测次、时间固定。当监测规定需要改变时，须经研究决定并报上级批准。

（4）监测资料的整理与分析。对现场监测成果及时进行整理，绘制各物理量的过程线及效应量与环境量之间的相关曲线，建立数学模型和监控预报方程，研究各效应量的变化规律和发展趋势，为建筑物工作状态评估提供可靠资料。

（5）水工建筑物工作状态的评估。根据上述分析成果，结合专家经验对建筑物的工作状态进行综合评估。对有异常现象的建筑物应及时通报主管部门和设计单位，及时研究对策，提出处理方案；对正常状态的建筑物也应对维修养护提出指导意见，以确保建筑物长期处于完好状态。

12.2.3　水工建筑物原型监测

水工建筑物原型监测包括现场检查观察和仪器量测。

12.2.3.1　检查观察

现场检查观察就是用眼看、耳听、手摸等直觉方法或用简单的工具从建筑物外露的不正常现象中分析判断建筑物内部可能发生的问题，进而采取必要的措施。巡查是水工建筑物原型监测中的重要组成部分。因为用专门仪器设备进行监测的项目虽可获得比较精确的数据，但仍存在一定的局限性。固定的布设仅是建筑物上某几个典型断面上的几个点，而建筑物的局部损坏如裂缝、渗水、塌坑等往往不恰好发生在测点位置上，也不一定发生在进行监测的时刻。如增加测点个数和监测次数，虽然可行，但不经济，工作量也较大。

因此为了及时发现建筑物的异常情况，除了布设仪器进行监测外，还必须根据具体情况，适时对工程进行全面巡查。一般情况下每月进行1～2次，汛前汛后增加，对可能出现的险情，应昼夜监视。

对土工建筑物，要注意巡查有无裂缝，背水坡、水位降落期的迎水坡、两岸接头和坝脚等部位有无塌坑管涌、流土或沼泽化等现象。

对混凝土建筑物也应注意观察有无裂缝，建筑物与地基、两岸接头处、伸缩缝等部位有无渗漏现象，表面有无脱壳、松软、侵蚀等现象。

对泄水建筑物的某些部位（如溢流坝面、反弧段、门槽、隧洞进口段等），应巡查在泄水后有无空蚀、磨损、剥落等现象。

对金属结构，应注意巡查有无裂缝或焊缝开焊、铆钉松动、生锈等现象；对钢板衬砌结构、钢管以及金属闸阀门的框架和面板，应注意巡查有无不正常的变形、空蚀和磨损。

12.2.3.2　仪器量测

仪器量测是在建筑物和地基内、外部的适当部位设置仪器，定时或连续采集数据。仪器量测的项目有变形监测、渗流监测、应力应变及温度监测、水文监测、水力学监测、库区及河床监测等。

1. 变形监测

变形监测是水工建筑物原型监测中重要的监测项目。它包括土工、混凝土建筑物的水平及垂直位移监测、土坝坝体及地基的固结监测以及混凝土建筑物的裂缝和伸缩缝监测等。

（1）水平位移监测。

1）测点布置。位移测点的布置应根据建筑物的重要性、规模、施工条件以及所采用的监测方法而定。

对土坝，应在有代表性而且能控制主要变位的地段上选择监测断面。如最大坝高处、合龙段以及坝基地质条件变化较大的坝段。对混凝土重力坝，可在平行坝轴线的坝顶下游坝肩及坝趾各设一标点。对拱坝，当用三角网法监测时，在坝顶每隔40～50m埋设一个标点。至少在拱冠、四分之一拱圈及两岸接头处各埋设一个标点；拱坝背水坡的不同高程及拱座处也可布置标点。对连拱坝，可选择有代表性的拱圈，根据上述要求布置标点。

对水闸，垂直水流方向在闸墩上各安设一个标点；如闸身较长，可在每个伸缩缝两侧各安设一个标点。

工作基点应布置在不受任何破坏而便于监测的岩石或坚实的土基上。当采用视准线法进行水平位移监测时，通常布置在建筑物两岸每一个纵排标点的延长线上，如图12.1所示。若采用三角网法进行水平位移监测，对于前方交会测量，一般可布置两个工作基点，交会三角形的边长最好在300～500m，如图12.2所示。

2）监测方法。对于测点设在坝体表面上的土坝和混凝土坝，可用视准线法或三角网法（如前方交会法）施测（图12.1，图12.2）。前者适用于坝顶长不大于600m的直线形坝；后者可用于任何坝型。视准线法以建筑物外无位移的两端工作基点的连线为基准，测量建筑物上位移标点的水平位移量。前方交会法是利用两个（或三个）已知坐标的固定工

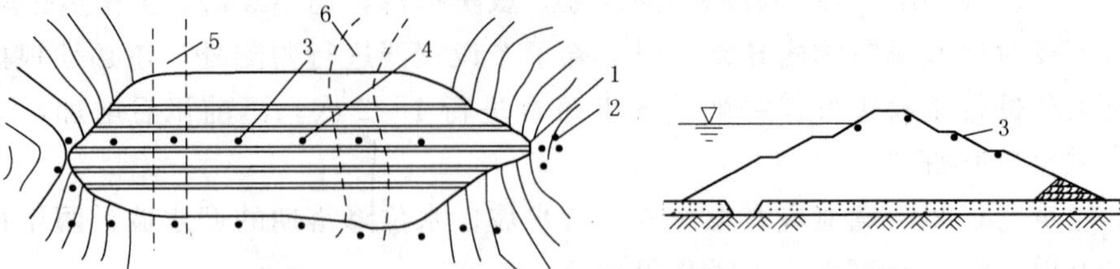

（a）　　（b）

图 12.1　视准线法水平位移监测布置示意图

（a）平面图；（b）横断面图

1—工作基点；2—校核基点；3—位移标点；4—增设工作基点；5—合龙段；6—原河床

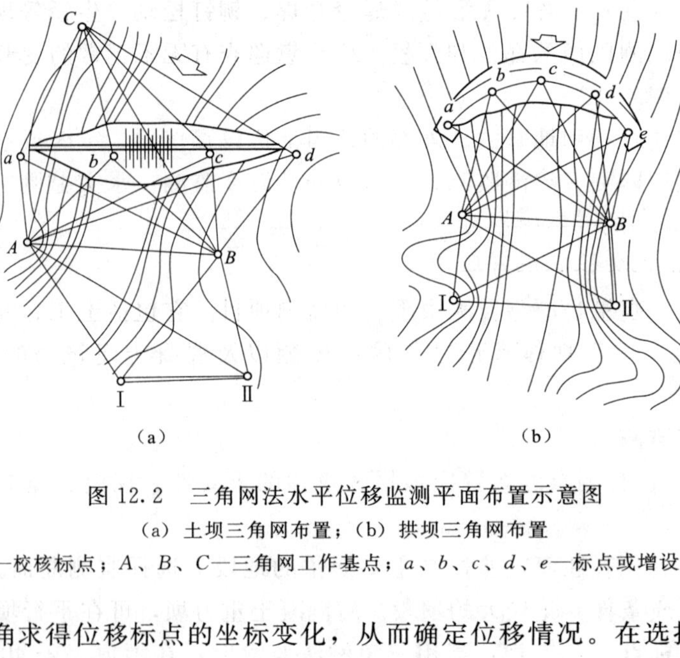

（a）　　（b）

图 12.2　三角网法水平位移监测平面布置示意图

（a）土坝三角网布置；（b）拱坝三角网布置

Ⅰ、Ⅱ—校核标点；A、B、C—三角网工作基点；a、b、c、d、e—标点或增设工作基点

作基点，通过测角求得位移标点的坐标变化，从而确定位移情况。在选择工作基点的位置时，交会三角形边长最好为 300～500m，最多不要超过 1000m。各交会点的视线交角务必都不过钝或过锐。对较高的混凝土坝还可采用正垂线法、倒垂线法或引张线法进行变形监测。

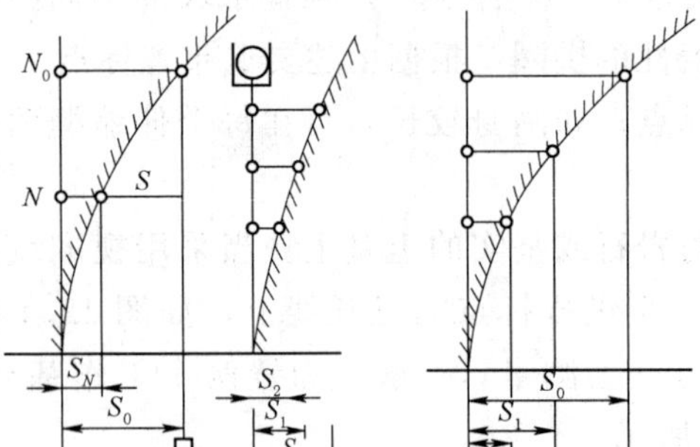

(a)　(b)　(c)

图 12.3　垂线监测方式

（a）多点监测站法正垂线；（b）多点监测站法倒垂线；（c）多点支承点法正垂线

a. 正垂线法：以一条悬挂在坝体上部某固定点上的铅垂线为基准。当坝体变形时，通过量测监测点与铅垂线偏离的距离求得两点间的相对位移。正垂线通常布置在最大坝高、地质条件较差以及设计计算坝段内。重力坝常将垂线设在坝体竖井或宽缝内，拱坝则布置在专门的井管中。通常采用一点支承多点监测的装置，用坐标仪进行监测，如图 12.3（a）所示。

b. 倒垂线法：利用液箱中液体对浮子的浮力，将锚固在基岩深处的不锈钢丝拉紧，使之成为铅垂线。以此垂线测定建筑物位移标点的水平位移。由于垂线下端固定于基岩，所以用此法（当基岩本身无变位时）可量测各标点的绝对水平位移量。

c. 引张线法：引张线设在坝体不同高程的廊道内，端点最好位于坝外山头上，中间拉一不锈钢丝作为基准线。测点埋设在坝体上，随坝体变形而移动。用读数显微镜或两用仪监测测点的位移。

土坝内水平位移常用的测量仪器有测斜仪、引张线式位移计、电位器式位移计（即TS型位移计）、钢弦式位移计等。

测斜仪多用于测量土石坝的水平位移，其工作原理是测量测斜管轴线与铅直垂线之间夹角的变化量，进而计算出土层各点的水平位移大小。在坝体内埋设铅直、互成90°的四个导槽的管子（图12.4），当管子受力发生变形时，逐段（通常50cm一个测点）量测变形后管子的轴线与铅直线的夹角 θ_i，并按测点的分段长度分别求出水平位移增量 Δd，累加得各个测点的实际水平位移大小，其计算公式为

$$\delta = \sum_{i=1}^{n} L\sin\theta_i$$

式中 δ——自固定点的管底端以上任一点上下游方向或坝轴线方向的水平位移，mm；

L——量测点的分段长度，通常采用500mm；

θ_i——量测管轴线与铅垂线的夹角。

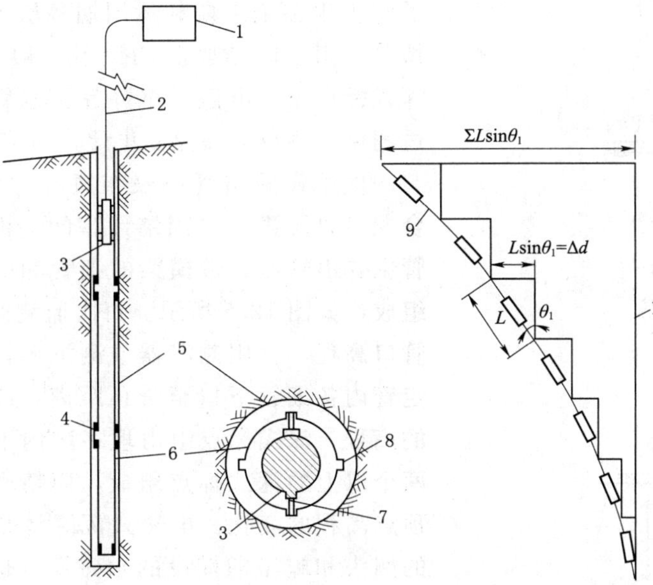

图12.4 测斜仪工作原理示意图

1—接收仪表；2—电缆；3—探头；4—连接管；5—钻孔；6—测斜管；7—导向轮；8—导向槽；9—管移动后位置线；10—管初始位置线

测斜仪中的测斜管同时可兼作电磁式沉陷仪的测量管。

引张线式位移计一般设在坝体最大断面和靠近坝顶部左右岸区，分别沿上下游方向和

沿坝轴线方向布设。其工作原理是在测点高程水平铺设经防锈处理的钢管或硬质高强度塑料管，从各测点引出线膨胀系数很小的钢瓦合金钢丝至观测房固定标点，经过导向滑轮，在其终端系一重锤或砝码。测点移动时，带动钢丝移动，在固定标点处用游标卡尺量出钢丝的相对位移，即可算出测点的水平位移量。测点的位移大小等于某时刻读数与初始读数之差，加上相应的观测房内固定标点的位移量。观测房内固定标点的水平位移由坝两端的视准线测出。

钢弦式位移计的工作原理是当位移计两端伸长或压缩时，位移计内的弹簧使传感器钢弦处于张拉和松弛状态，此时钢弦的频率产生变化，受拉时频率增高，受压时频率降低，位移与频率的平方差呈线性关系。因此，当测出位移后的钢弦频率时，即可按下式计算土体位移量：

$$d_t = K_s(f_0^2 - f_t^2)$$

式中　d_t——土体在某时刻的位移量，mm；

K_s——仪器灵敏度系数，mm/Hz^2；

f_0——位移为零时钢弦的频率，Hz；

f_t——相应 d_t 位移时刻的钢弦频率，Hz。

（2）铅直位移监测。混凝土坝的铅直位移常采用精密水准测量或精密连通管方法测量。土坝的铅直位移（沉陷）可用水准仪测量。

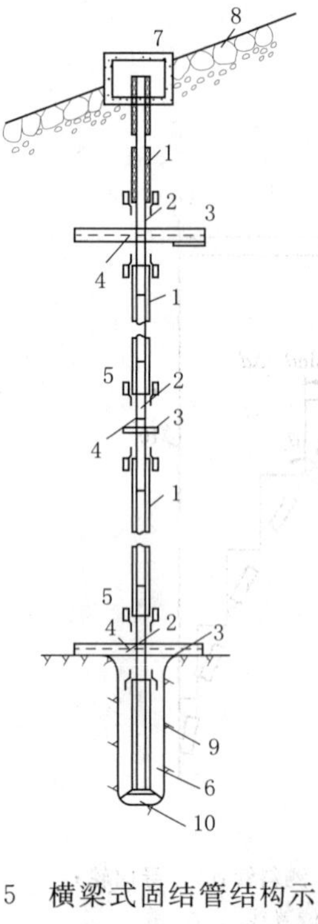

图 12.5　横梁式固结管结构示意图

1—套管；2—带横梁的细管；3—横梁；4—U 形螺栓；5—浸以柏油的麻袋布（或棕皮）；6—管座；7—保护盒；8—块石护坡；9—岩石；10—砂浆

（3）土坝固结监测。土坝固结监测的目的在于了解土坝在施工期和运用期各层土体和地基的固结情况。用于固结监测的设备一般有横梁式固结管、深式标点组、电磁式沉降计和水管式沉降计等。通过测量各测点的高程变化计算固结量。

横梁式固结管一般布置在原河床、最大坝高、合龙段以及进行过固结计算的剖面内。横梁式固结管主要由管座、带横梁的细管和中间套管等三部分组成，如图 12.5 所示。每次监测时先用水准仪测出管口高程，再用测沉器或测沉棒，自上而下依次测定管内各细管下口至管顶距离，即可换算出各测点的高程。深式标点组由埋在坝内不同高程的两个或两个以上的深式标点组成，用精密水准仪测得标杆顶点高程的变化。电磁式沉降计是用装有舌簧开关的测头和施工期埋设的永磁铁（也称沉降环）测量固结量。永磁铁随土体固结而沉降，当测点穿过永磁铁时产生电磁感应，据此量测沉降环至管顶的距离。水管式沉降计由埋设在坝体内的密封传感器（测点）和连接到测读室的连通管组成，利用管内充水、充水银或充气测算传感器高程的变化。

（4）混凝土建筑物的伸缩缝监测。混凝土建筑

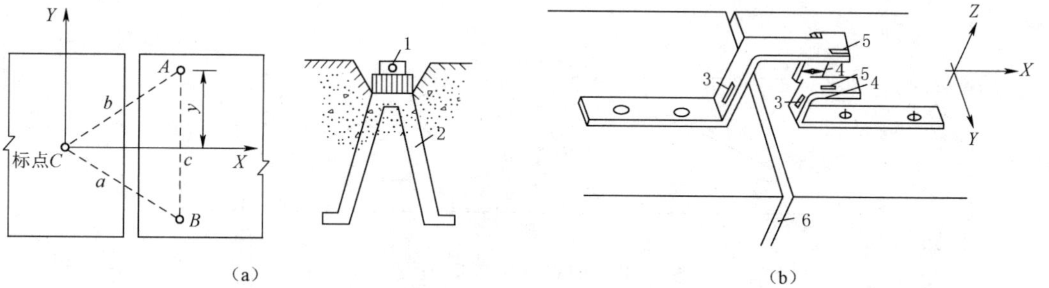

图 12.6　三向测缝计

(a) 三点式金属标点结构示意图；(b) 型板式三向标点结构安装示意图

1—卡尺测针卡着的小坑；2—锚筋；3—监测 X 方向的标点；4—监测 Y 方向的标点；5—监测 Z 方向的标点；6—伸缩缝

物伸缩缝的开合与混凝土的温度、库水位、水温、气温等因素有关。可在最大坝高、地质情况复杂或进行应力应变监测坝段的伸缩缝上布置测点。测点安设在坝顶、下游坝面和廊道内。伸缩缝监测是在测点处埋设金属标点或差动电阻式测缝计，当需监测伸缩缝的空间变化时，可埋设三向标点，其中两点在裂缝的同一侧，其连线与裂缝大致平行，第三点在裂缝的另一侧与前两点构成边长大致相等的三角形；也可埋设型板式三向标点，如图 12.6 所示。

(5) 裂缝监测。裂缝监测是指对大坝等水工建筑物在不利影响因素作用下产生的裂缝长度、宽度、深度以及条数、分布等进行量测和分析，以研究裂缝成因、了解变化规律、判别裂缝性质、预测发展趋势、寻求合理的处理措施。对较大的混凝土坝裂缝，一般采用测缝计、金属标点或固定千分表等仪器量测。缝深可采用超声波探伤仪探测或从表面向深部斜向钻孔进行压水试验。

土坝常在缝两侧打木桩，木桩顶部钉圆钉量测缝宽变化。深度和内部裂缝一般采用坑探、槽探、钻孔和井探等方法监测。探查前灌入石灰水以显示裂缝痕迹。对微小无一定规律的裂缝需对分布位置、条数、是否漏水等情况用分布图和详细文字说明来描述。

2. 渗透监测

(1) 土工建筑物的渗透监测。土坝的渗透监测包括浸润线、渗流量、绕坝渗流、坝基渗透压力、坝体孔隙水压力和渗透水浑浊度等的监测。除渗流量用量水堰或体积法监测、渗透水浑浊度用通明度管监测外，其他都采用孔隙水压力仪监测。

1) 浸润线监测是通过多孔测压管监测坝体内各断面浸润线的位置变化。监测断面应根据工程的重要性、土坝的规模、结构型式、施工方法以及地质情况等因素而定，布置在最重要、最有代表性而且能控制主要渗流情况和估计可能发生问题的地方，如最大坝高处、原河床段、合龙段以及地质条件复杂处。每一个断面的多孔测压管位置和数目应考虑土坝断面的大小、坝型结构、坝体与坝基接触轮廓线地质条件、设计浸润线位置以及模型试验成果等因素，尽可能反映铺盖、斜墙、心墙、截水墙、反滤层和土坝其他部位的工作情况，并以能掌握浸润线的形状及其变化为原则，一般不少于 3 根。图 12.7 为窄心墙坝测点（竣工后埋设）布置示意图。

2) 渗流量监测。渗流量监测一般用容积法、量水堰法或测流速法进行，视渗流量和渗流汇集条件选用。容积法适用于渗流量小于 1L/s 的情况；量水堰法适用于渗流量为 1～

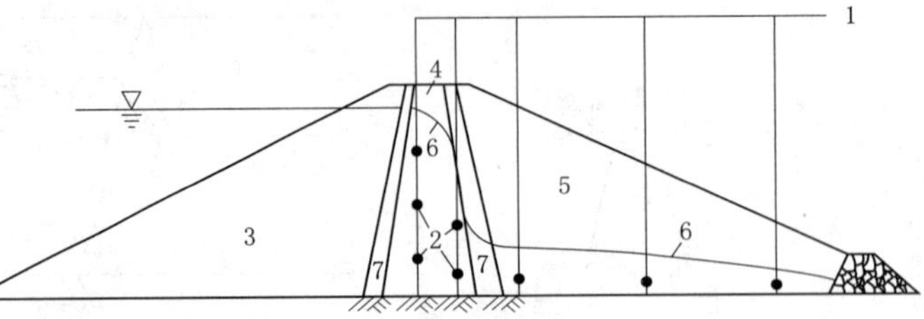

图 12.7　窄心墙坝测点（竣工后埋设）布置示意图

1—监测垂线；2—测点；3—上游坝壳；4—心墙；
5—下游坝壳；6—浸润线；7—上下游滤层

300L/s 的情况；测流速法适用于渗水能引到排水沟内有比较规则的平直段，可用流速仪法和浮标法进行量测的情况。

3）绕坝渗流监测。绕坝渗流监测包括土坝两岸或连接混凝土建筑物的土坝坝体的浸润面和渗流量监测，如图 12.8 所示。绕坝渗流量监测与前述渗流量监测方法相同。

4）坝基渗透压力监测。为了及时了解坝基渗透压力的大小及其分布情况，检验管涌、流土和不同土质接触面等处发生渗透破坏的可能性，判断土石坝的防渗状态和排水设施的工作效能，应在坝基内适当位置布设监测仪器（图 12.9），监测坝基渗透水压力的变化情况。监测坝基渗透压力的仪器有测压管和孔隙水压力仪，前者需在坝竣工后埋设，且有时会受到一定的条件限制，故现多采用孔隙水压力仪。

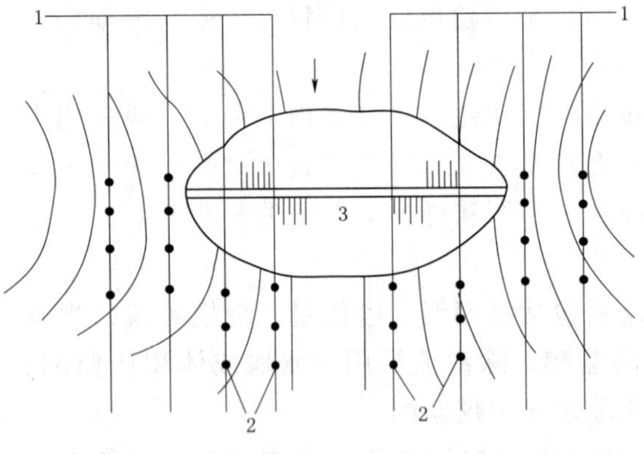

图 12.8　绕坝流测压管平面布置示意图

1—监测断面；2—钻孔；3—均质坝（断面）

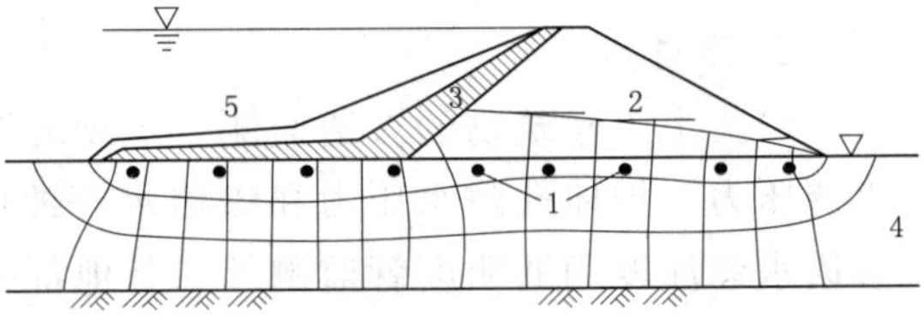

图 12.9　铺盖防渗斜墙坝测点布置示意图

1—测点；2—坝体；3—斜墙；4—坝基；5—铺盖

5）土坝孔隙水压力监测。孔隙水压力的监测断面一般布置在原河床、最大坝高和合龙段，应与固结监测及土压力监测相结合。在每个横断面上布置几排测点，排与排间距为 5～10m，每排测点间距为 10～15m，并以能绘出孔隙压力等值线为准，如图 12.10 所示。

（2）混凝土建筑物的渗流监测。混凝土建筑物的渗透监测包括以下几方面：

1）混凝土基础扬压力监测。坝基扬压力监测通常采用测压管或差动电阻式渗压计进行。测点沿着建筑物与地基接触面布置。对于大中型混凝土建筑物，监测断面不得少于 3 个，每个断面内测点也不得少于 3 个。重力坝坝基扬压力测点布置如图 12.11 所示，水闸闸基扬压力测点布置如图 12.12 所示。

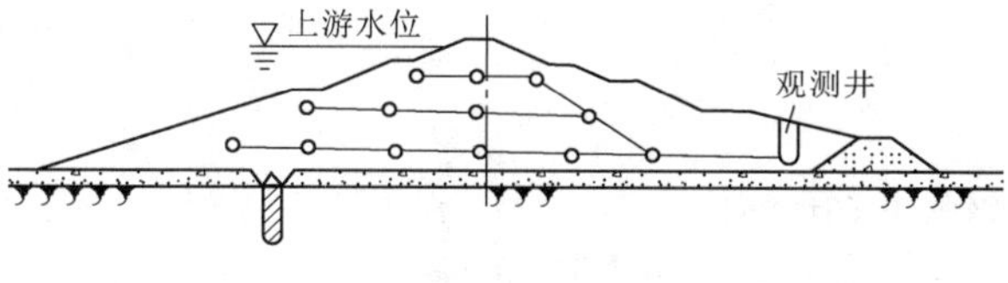

图 12.10 土坝孔隙水压力测点布置示意图

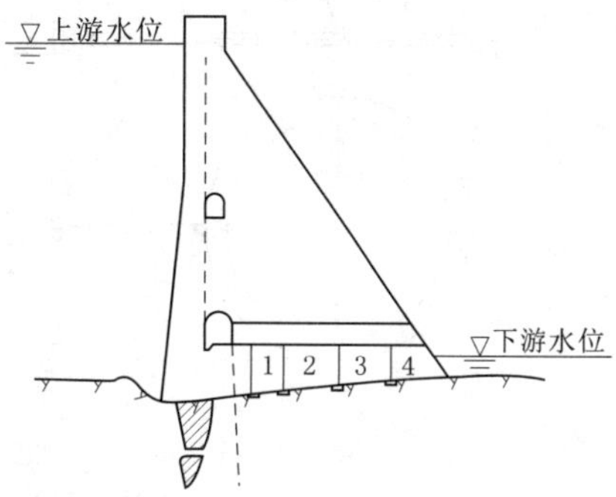

图 12.11 混凝土重力坝坝基扬压力测点布置示意图

1、2、3、4—测压管

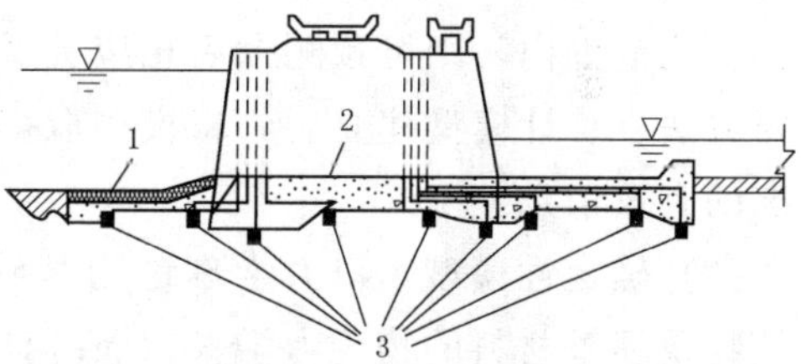

图 12.12 水闸闸基扬压力测点布置示意图

1—铺盖；2—底板；3—测压管进水管段

2）渗流量及绕坝渗流监测。渗流量监测是综合评价大坝安全最有效的方式之一，一般可以采用容积法、量水堰法或测流速法进行测量，视渗流量和渗流汇集条件选用。绕坝渗流监测包括土坝两岸或连接混凝土建筑物的土坝坝体的浸润面和渗流量监测，与前述渗流量监测方法相同。

3）混凝土建筑物内部渗透压力监测。混凝土建筑物内部渗透压力一般采用渗压计进行监测。其测点布置通常是在有代表性的坝段内选取若干个水平截面，埋设差动电阻式渗压计。水平截面通常选在混凝土分层施工缝上，最上游的渗压计距上游面的距离须大于20cm，最下游的渗压计距上游坝面的距离可取该截面作用水头的1/10。

4）混凝土建筑物的接触土压力监测。土体与混凝土接触的部位有埋设在土坝坝体内的输水管道、水闸的岸墙、翼墙、溢洪道的边墙以及坝前淤积等。在这些部位埋设仪器进行监测，绘出接触土压力过程线和监测断面上的土压力分布图，以了解接触土压力对建筑物的影响。土压力的监测仪器与土坝应力计相同。图 12.13 为钢弦式土压力计结构和工作原理示意图。

12.2.4 监测资料分析的数学模型

由监测设备获得的大量监测数据是大坝安全监控的宝贵资料，包含着大坝实际运行工作状况的各种信息。正确地从中提取信息、认识和了解大坝运行规律、解释其工作性态是监控大坝安全所需要的，也是发展坝工技术的重要途径。长期以来，国内外许多学者在这方面作出了努力并取得了进展。就其方法而言，归纳起来有比较法、作图法、特征值统计法及数学模型法，前三种方法相对简单，可参见《混凝土坝安全监测技术规范》（SL 601—2013）。用于分析大坝监测物理量的常用数学模型有三类，即统计模型、确定性模型和混合模型。

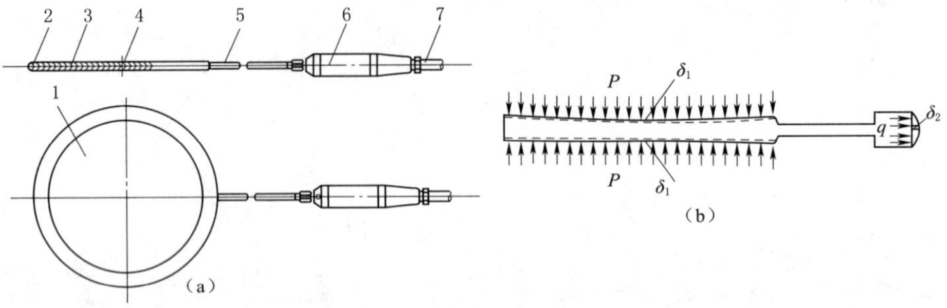

图 12.13　钢弦式土压力计

(a) 结构示意图（埋入式）；(b) 二次膜埋入式土压力计工作原理示意图

1—压力盒；2—橡皮边；3—承压膜；4—油腔；5—接管；6—传感器；7—屏蔽电缆

(1) 统计模型。根据正常运行状态下某一效应量（如位移）的实测数据，通过统计分析建立起来的效应量与原因量之间相互关系的数学模型。只要原因量（如水位、温度）在运行变化范围内，则可预测今后相应关系的效应量。回归分析是建立统计数学模型的一种主要方法。统计模型建立后，将模型取得的解析值与实测值进行比较，即可获得大坝工作性态的有效信息。

(2) 确定性模型。以力学理论为基础，依据大坝的环境条件、受荷状况、结构特性、建筑物及坝基材料的物理力学参数演绎计算，并结合实测值的信息反馈，对计算假定和参数进行调整后建立起来的原因量与效应量之间的因果关系式。它代表大坝及坝基在正常运行状态下效应量的变化规律。使用这一模型可以预测以后某一时刻在某一环境和荷载条件（如水位、温度）下的某一效应量（如位移）。当同种条件下某一效应量的实测值与模型预报值之差处于容许的范围之内时，则认为该部位处于正常状态，否则处于不正常状态。一般可按三维有限元法分析计算。

(3) 混合模型。混合模型是综合上述两种模型建立的一种数学模型，如温度分量用统计模型，水位分量用确定性模型。

统计模型、确定性模型和混合模型各有其适用范围，选用何种模型应根据效应量和实测资料的具体情况确定。从实用的观点来看，在施工和第一次蓄水阶段以采用确定性模型为宜，而在正常运行阶段，统计模型可以用于各种因变量的分析。到目前为止，确定性模型对混凝土坝的位移分析、渗流量分析取得了较好的结果。至于土石坝变形，由于存在强非线性成分，而且各部位不是连续变形，加卸载应力路径不同，难以采用确定性模型。

12.3　水工建筑物的养护与维修

为了保证水工建筑物的正常运行，除了对异常现象及时采取相应的处理措施外，还要对建筑物进行长期的养护和维修，以保证建筑物始终处于完好的工作状态。水工建筑物养护的基本要求是：严格执行各项规章制度，加强防护和事后修整工作，本着“养重于修，修重于抢”的精神，做到“小坏小修，不等大修，随坏随修，不等岁修”。

12.3.1 水工建筑物的养护

根据结构和材料不同，水工建筑物的养护主要包括以下几项内容：

(1) 土坝的养护。土坝由土料碾压而成，易受外力作用引起破坏。对坝面的坑洼、冲沟应及时填平补齐，如是兽洞和蚁穴，应设法捕捉害兽和白蚁，并对兽洞和蚁穴进行适当处理。坝顶、坝坡应保持整齐清洁，填塞坝面的裂缝、洞穴和局部下陷处，防止排水设施淤塞，及时修复因波浪而掀起的块石护坡等。对草皮护坡，如局部缺草，应在适宜季节补植或更换新草皮，干旱季节要对草皮洒水养护。对干砌石护坡，当发现块石松动时，应及时填补、楔紧；个别块石风化或冻融，应更换。对浆砌石护坡，如发现嵌缝砂浆脱落，应将周围缝内松动砂浆去除，再填以饱满砂浆，使嵌砌紧密。对混凝土护坡，如发现表面剥落应将四周打毛、冲洗后刷素水泥浆打底、再用高强度等级水泥砂浆粘抹或用膨胀螺丝固定钢丝网修补；如产生裂缝，应视裂缝性质确定修补方案；如发现伸缩缝内填料流失，应将缝内杂物冲洗干净，再按设计要求补入同样填料。

(2) 混凝土及钢筋混凝土建筑物的养护。填塞混凝土裂缝，处理疏松或侵蚀的混凝土，随时填满分缝止水沥青井中的沥青，放水前清除静水池中的杂物，保持排水系统通畅等。

(3) 钢结构的养护。定期除锈、涂油漆，检查铆钉、螺栓是否松动，焊缝附近是否变形，闸门应定期启动，以防止泥沙淤积，橡皮止水如有硬化、破裂应及时更换。

(4) 木结构的养护。应尽量保持干燥，定期涂油漆或沥青进行防腐处理，对个别损坏构件应及时更换，木管充水前应随时调整管箍，保持既不过紧也不过松。

(5) 启闭机械和动力设备的维护。启闭机械和动力设备应有防尘防潮设施，经常保持清洁，定期检修；轴承、齿轮、滑轮等转动部分应定期加润滑油，如有损坏应及时修补或更换。

(6) 寒冷地区建筑物的养护。对北方寒冷地区的建筑物应防止冰冻对建筑物的破坏，其措施有：人工破冰；在建筑物附近开冰槽；采用蒸汽或电热设备防止门槽冻结；采用压缩空气不断搅动水体，使其不致冻结。

12.3.2 水工建筑物的维护与维修

12.3.2.1 土石坝及堤防的维护与维修

土石坝及堤防在运用中可能产生的缺陷主要有裂缝、渗漏、滑坡和护坡破坏等。现就处理的方法分述如下。

1. 裂缝的处理

(1) 缝口封闭法。对于表面干缩、冰冻裂缝以及深度小于1m的裂缝，可只进行缝口封闭处理。可用干而细的砂壤土从缝口灌入，用竹片或板条填塞捣实，然后在缝口处用黏性土封堵压实。

(2) 开挖回填法。开挖回填是将发生裂缝部位的土料全部挖出，重新回填。对于深度不大于3m的沉陷裂缝，待裂缝发展稳定后可采用此法处理。

1) 裂缝的开挖。为探清裂缝的范围和深度，开挖前先向缝内灌入少量石灰水，然后沿缝挖槽。开挖长度应超过裂缝两端1m，深度超过裂缝尽头0.5m，开挖槽底部的宽度至少为0.5m，边坡应满足稳定及新旧回填土结合的要求。坑槽开挖时，防止坑槽进水、土壤干裂或冻裂，挖出的土料要远离坑口堆放。对贯穿坝体的横向裂缝，每隔 5m 挖一个十字形结合槽，开挖的宽度、深度与裂缝开挖的要求一致。

2）裂缝的处理方法。处理方法包括梯形楔入法、梯形加盖法和梯形十字法。梯形楔入法适用于裂缝不太深的非防渗部位，如图 12.14（a）所示。梯形加盖法适用于裂缝不太深的防渗斜墙和均质土坝迎水坡的裂缝，如图 12.14（b）所示。梯形十字法适用于处理坝体和坝端的横向裂缝，如图 12.14（c）所示。

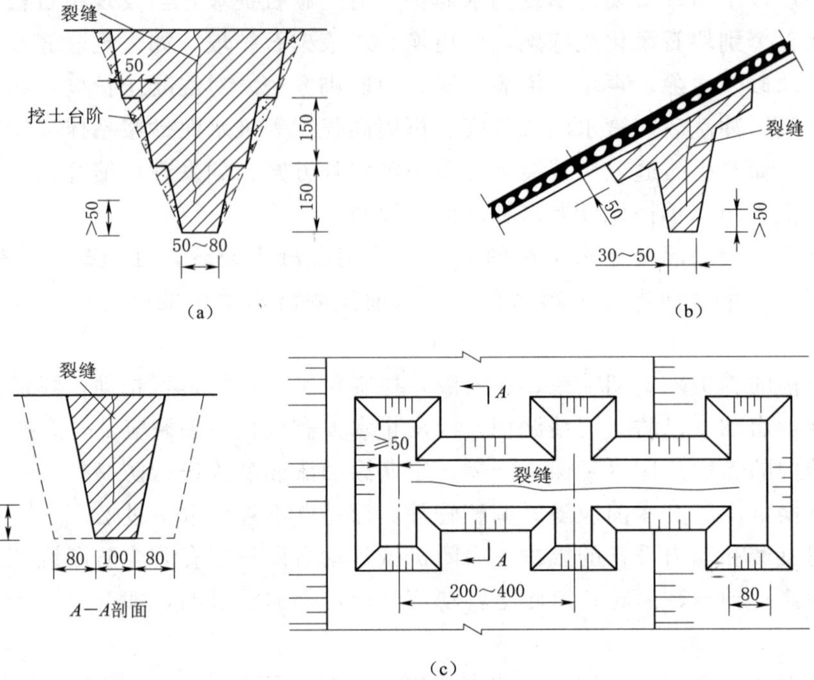

图 12.14　开挖回填处理裂缝示意图（单位：cm）
（a）梯形楔入法；（b）梯形加盖法；（c）梯形十字法

3）土料回填。回填的土料要符合坝体土料的设计要求。对沉陷裂缝要选择塑性较大的土料，其含水量大于最优含水量的 1%～2%。回填时应分层夯实，厚度以 10～15cm 为宜。要特别注意坑槽边角处的夯实质量，要求压实厚度为填土厚度的 2/3。

（3）充填灌浆法。对非滑动性质的深层裂缝，可用充填式黏土灌浆或采用上部开挖回填与下部灌浆相结合的方法处理。充填灌浆法是利用较低压力或浆液自重把浆液灌入坝体裂缝内，充填密实裂缝和孔隙，以达到加固坝体的目的。

（4）劈裂灌浆法。当处理范围较大，裂缝的性质和部位又都不能完全确定时，可采用劈裂灌浆法处理。

2. 渗漏及处理

（1）渗漏的种类及成因。由于土体具有一定的透水性，当水库蓄水后，在水压力的作用下，土石坝有渗漏现象。土石坝渗漏可分为正常渗漏和异常渗漏。渗水从导渗设施排出，其逸出坡降不大于允许值的称为正常渗漏。如渗流量较大且集中，水质浑浊，渗水中含有大量土壤颗粒，使坝体或坝基发生管涌、流土和接触冲刷等破坏的称为异常渗漏。

土石坝渗漏按渗漏部位的特征分为坝身渗漏、坝基渗漏和绕坝渗漏；按照渗漏形态分为散浸和集中渗漏。

(2) 坝身渗漏的处理。

1) 抽槽回填法。对于渗漏部位明确且高程较高的均质坝和斜墙坝，可采用抽槽回填法处理。处理时库水位较低，抽槽范围必须超过渗漏通道高程以下 1m 和渗漏通道两侧各 2m，槽底宽度不小于 0.5m，边坡应满足稳定及新旧填土结合的要求。

回填土料应与坝体土料一致，并应分层夯实，每层厚度 10～15cm，要求压实厚度为填土厚度的 2/3，回填土夯实后的干容重不得低于原坝体设计值。

2) 铺设土工膜。土工膜具有稳定性好，产品规格化；铺设简便，施工速度快；抗拉强度高，适应堤坝变形；质地柔软，能与土壤密切结合；重量轻，运输方便；抗老化及耐气候性能较高的特点。常用的土工膜有聚乙烯、聚氯乙烯、复合土工膜等。

3) 冲抓套井回填。冲抓套井回填黏土防渗墙是利用冲抓机具在土石坝的渗漏范围内造井，用黏性土料进行分层回填夯实，形成一个连续的黏土截水墙截断坝身或坝基渗流，达到截渗目的，如图 12.15 所示。黏土防渗具有防渗效果好、设备简单、施工方便、质量易控制、功效高、投资少等优点，特别适合于均质坝和宽心墙坝渗漏处理。其缺点是造孔大，回填方量大。

4) 劈裂灌浆法。劈裂灌浆法是利用河槽段坝轴线附近的小主应力面一般为平行于坝轴线的铅直面的规律，沿坝轴线单排布置相距较远的灌浆孔，利用泥浆压力人为地劈开坝体，灌注泥浆，从而形成连续的浆体防渗帷幕。对于坝体质量不好、坝后坡有大面积散侵或多处明漏、问题性质和部位不能完全确定的隐患，可采用劈裂灌浆法处理加固。

5) 混凝土防渗墙。混凝土防渗墙是利用专用机具在坝体或地基中建造槽孔，以泥浆固壁，采用直升导管法向槽孔内浇筑混凝土，形成连续的混凝土防渗墙，截断渗漏途径，达到截渗目的。它适用于坝高 60m 以内、坝身质量差、渗漏范围普遍的均质坝和心墙坝。与其他措施相比，混凝土防渗墙具有施工速度快、防渗效果好的优点。

混凝土防渗墙的形式一般采用槽孔式防渗墙，它是由许多混凝土板墙套接而成。施工时，先建造单号槽孔混凝土墙，后建造双号槽孔混凝土墙，由单、双号槽孔混凝土套接成一道墙，其平面布置如图 12.16 所示。

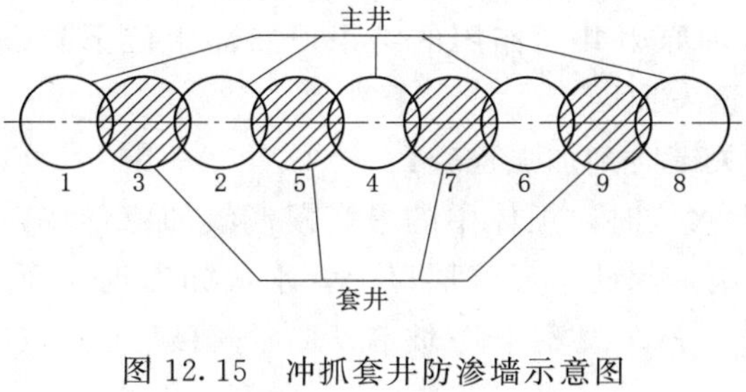

图 12.15 冲抓套井防渗墙示意图

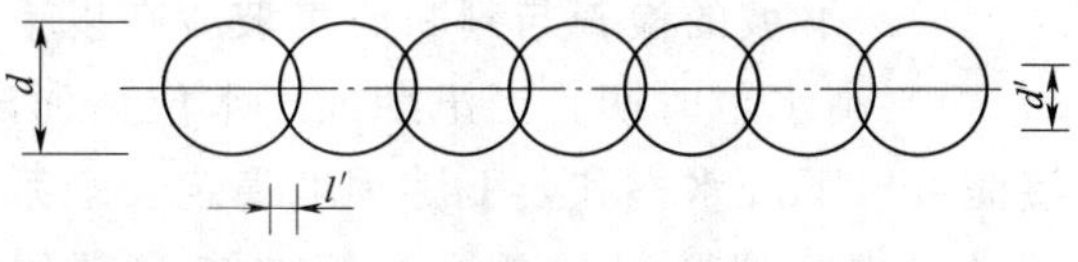

图 12.16 槽孔式混凝土防渗墙平面布置示意图

l'—套接长度；d—墙厚；d'—有效厚度

6) 倒挂井混凝土防渗墙。倒挂井混凝土防渗墙是由人工开挖，自上而下浇筑混凝土井圈，直至基岩或到需要的深度，最后在井圈内浇筑混凝土而形成混凝土墙。此法的优点是简单，不需要大型机械设备与专业施工力量，易保证施工质量，造价低，适应抗震能力强；缺点是用工多，安全性差，工期较长。在缺乏大型机械设备下，此技术不失为一种现实的施工方法，适用于坝高 50m 以内，坝体渗流量不大，水库能放空或水头不大的情况。

防渗墙一般布置在坝轴线上游 1m 处，按一定的尺寸分成若干个槽段，每个槽段由 4 个连续的拱圆井组成，如图 12.17 所示，拱圆外径可为 1.8～2.7m，厚度可选 0.2～0.25m。槽段间设塑料止水，距基岩 1～2m 设水平铰接缝。

7）导渗法。

a. 导渗沟法。当均质土坝下游坡发生散浸时，采用导渗沟法。导渗沟的形状很多，常用的有 Y 字形、W 字形、I 字形等，如图 12.18 所示，但不允许采用平行于坝轴线的纵向沟。导渗沟的长度以坝坡渗水出逸点至排水设施为准，深度为 0.8～1.0m，宽度为 0.5～0.8m，间距视渗漏情况而定，一般为 3～5m。沟内按滤层要求回填沙砾石料，填筑顺序按粒径由小到大、由周边到内部，填成封闭的棱柱体，不同粒径的滤料要求严格分层填筑，不许混淆。

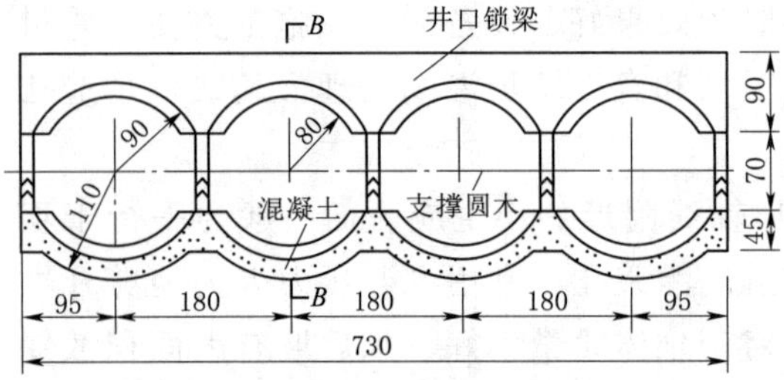

图 12.17　倒挂井平面图（单位：cm）

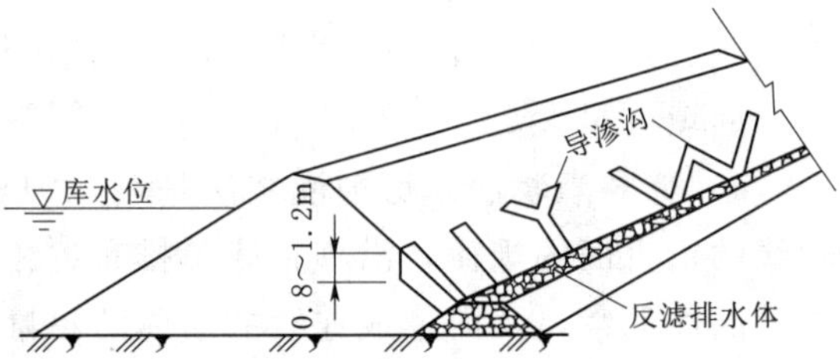

图 12.18　导渗沟示意图

b. 反滤层导渗法。当坝体渗漏严重、散浸面积较大，甚至遍及整个坝坡时，仅采用开沟导渗方法不能解决问题，可用反滤层导渗法。

（3）坝（堤）基渗漏的处理。坝基渗漏处理措施包括：黏土防渗铺盖、黏土截水槽、混凝土防渗墙、高压喷射灌浆、下游导渗及压渗等。具体设计及布置见土石坝地基处理一节。

3. 滑坡及处理

土石坝在施工或竣工以后的运行中，坝体的一部分（包括坝基）失去平衡，脱离原来的位置向下滑移，这种现象称为滑坡。滑坡是多种原因共同作用的结果，然而水位下降、汛期雨水入渗或高水位是土石坝内外滑坡的主要诱发原因。

（1）滑坡的检查与判断。滑坡应在以下几个关键时刻加强检查：

1）高水位时期。当汛期或库水位达到设计洪水位时，坝体中的最高浸润线即将形成，浸润线以下浸水饱和，下游坝坡稳定安全系数最小。因此，反滤层以上背水坡如出现大面积散浸或局部散漏，必须对坝坡渗漏部位仔细检查，观察下游坡有无纵向裂缝或滑坡征兆。

2）水位骤降时期。放空水库或因放水闸门失灵等原因而发生水位骤降，或水位降幅较大时，对上游坡稳定影响最大，必须检查上游坝坡是否出现裂缝以及护坡有无变形等情况。

3）持续特大暴雨，台风袭击时。对填筑质量较差的土石坝，特别是曾经发现坝面散浸、绕坝渗漏或者出现裂缝的坝段，必须认真检查。因为原来存在隐患，加上雨水入渗和风浪淘刷，有可能使局部坝坡的稳定受到影响，引起滑坡。

4）发生强烈地震后。此时应注意检查迎水坡或背水坡是否出现滑坡险情。

滑坡的分析判断一般从以下几个方面着手：

1）从裂缝的形状判断。滑坡裂缝的主要特征是主裂缝两端有向下逐渐弯曲的趋势，主裂缝的两侧往往有错动。

2）从裂缝的发展规律判断。滑坡裂缝初期发展缓慢，后期逐渐加快，非滑坡裂缝则随时间而逐渐减慢。

3）从位移监测资料变化的规律判断。坝坡在短时间出现持续而显著的位移，特别是伴随裂缝出现持续性的位移，而位移量逐渐甚至骤然加大，且坝坡下部的水平位移量大于坝坡上部的水平位移量，坝坡上部垂直位移向下，坝坡下部垂直位移向上时，则可能是滑坡的征兆。

4）从浸润线监测资料整理分析中判断。当库水位相近而测压管水位逐渐升高时，要引起警惕，必要时应进行坝坡稳定校核，特别在最不利情况下（如水位骤降、设计洪水位加地震或校核洪水位）校核坝坡稳定，根据校核结果，判断是否可能滑坡。

5）根据孔隙水压力监测成果判断。在施工或运用初期，凡实测孔隙水压力系数高于设计值时，则对坝坡稳定不利，应立即进行坝坡稳定校核，判断是否可能发生滑坡。

（2）滑坡的预防及处理。引起滑坡的原因很多，故防止土石坝滑坡也应从多方面着手。

1）设计方面。设计时选择好土石坝坝型，确定安全合理的坝剖面与结构尺寸，选择好适宜的筑坝材料。

2）施工方面。施工时保证填筑密度、含水率等达到设计的指标要求，接缝和坝基处理等方面达到工程质量要求。

3）运用管理方面。运用管理方面首先应根据经常性检查情况并结合对监测资料的分析，判断是否发生滑坡。然后对有可能滑坡的边坡采用紧急防治措施，使滑坡不能继续发展并使边坡逐步稳定下来。

采取的抢护措施一般有：在库水位下降时发现上游坡有弧形裂缝或纵向裂缝时，应立即停止放水，防止上游坡滑坡；当坝体浸润线很高，有可能危及下游坝坡稳定时，则应降低水库运行水位或下游水位，以保证坝坡安全；或将坝外地面径流和坝面径流排至可能滑坡范围之外，并严格防止雨水渗入坝体裂缝内，如采用塑料薄膜等覆盖封闭滑坡裂缝；也可以在坡脚压透水盖重，以增加抗滑力并排出渗水；在不影响防汛安全的前提下，也可采取上部削土减载的紧急措施。

滑坡的处理分为开挖回填、加培缓坡、压重固脚和导渗排水。

1）开挖回填。将滑坡体及疏松土料彻底挖除，再按设计坝坡线分层回填夯实。若滑坡体方量很大、不能全部挖出时，可将滑弧上部能利用的松动土体移做下部回填土方，这样移挖作填不仅减少了开挖土方量，而且大大缩短了运距。开挖时，对未滑动的坡面要按边坡稳定要求放足开口线，回填由下而上，分层填土，夯压密实，在开始回填前应洒水湿润，将表层刨毛再填土夯实，以利层面结合。同时，要翻筑维修好护坡，并将坝址的排水设施恢复好，使其保持排水畅通，并起到压脚抗滑作用。

2）加培缓坡。对于坝身单薄，坝坡过陡引起的滑坡，可考虑加培缓坡。处理时先将滑动土体上部进行削坡，然后按放缓的坝坡加大断面，分层回填夯实。注意回填前先将坝址排水设施向外延伸或接通新的排水体，回填后，恢复和接长坡面排水设施和护坡。

3）压重固脚。对于较严重的滑坡，滑坡体底部往往滑出坝址以外，此时必须在滑坡段下部采取压重固脚的措施，以增加抗滑力。固脚的形式有镇压台和压坡体两种。

镇压台是用石料堆筑而成，起加固坡脚的作用。上游坝坡的滑坡，可用块石浆砌，如图 12.19（a）所示；对下游滑坡，则可用块石堆筑或干砌，以便排水，图 12.19（b）所示。

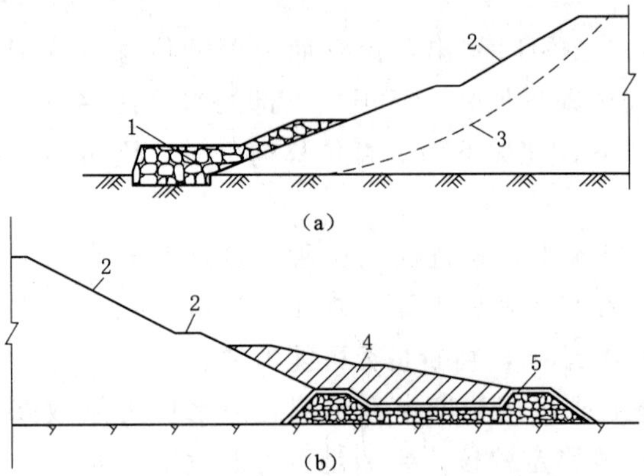

图 12.19　压重固脚示意图
（a）上游镇压台；（b）下游固脚压坡
1—镇压台；2—原坝坡；3—滑裂面；4—压坡体；5—新增排水体

压坡体多用于下游坝坡的滑坡，一般用砂石料做成。镇压台或压坡体应沿滑坡段全面填筑，并伸出滑坡段两端 5～10m，其高度和长度应通过稳定分析确定。一般石料镇压台高 3～5m，压坡体的高为滑坡体高的 1/2 左右，边坡为 1∶3.5～1∶5。注意，镇压台和压坡体的布置不得影响坝容坝貌，并应恢复或修好原有排水设施。

4）导渗排水。对于排水体失效，坝坡土体饱和而引起的滑坡，可采用导渗排水法处理，即利用导渗沟将坝坡内的渗水安全导出，使坝坡干燥，增加稳定性，同时以沟代撑，稳定坝坡。

4. 护坡维修

（1）护坡破坏的常见类型。护坡常见破坏有脱落、塌陷、崩塌、滑动、挤压、鼓胀、溶蚀等型式，如图 12.20 所示。

为了防止破坏范围的扩大和险情恶化，需采取临时的紧急抢护措施，如砂袋压盖抢护、抛石抢护、石笼抢护等，待护坡趋于稳定后，再采取永久性加固处理。

（2）混凝土护坡的维修。

1）填补修理。当护坡发生局部断裂破碎时，可采用现浇混凝土局部填补。为使新旧混凝土紧密结合，应将原混凝土护坡破坏部位加以凿毛，清洗干净后再浇筑新的混凝土，新填补的混凝土的强度等级不低于原混凝土的强度等级。修理时先在新旧混凝土结合处铺 1～2cm 厚砂浆，再填筑混凝土，如填补面积大，则应自下而上浇筑，认真捣实，修理完毕后将新浇混凝土表面收浆抹光，洒水养护。

2）翻修加厚混凝土。当护坡破碎、混凝土厚度不足、抗风浪能力较差时，可采用翻修加厚混凝土护坡的方法，护坡的尺寸应按满足承受风浪和冰推力的要求，重新设计，修理方法可参见填补修理。

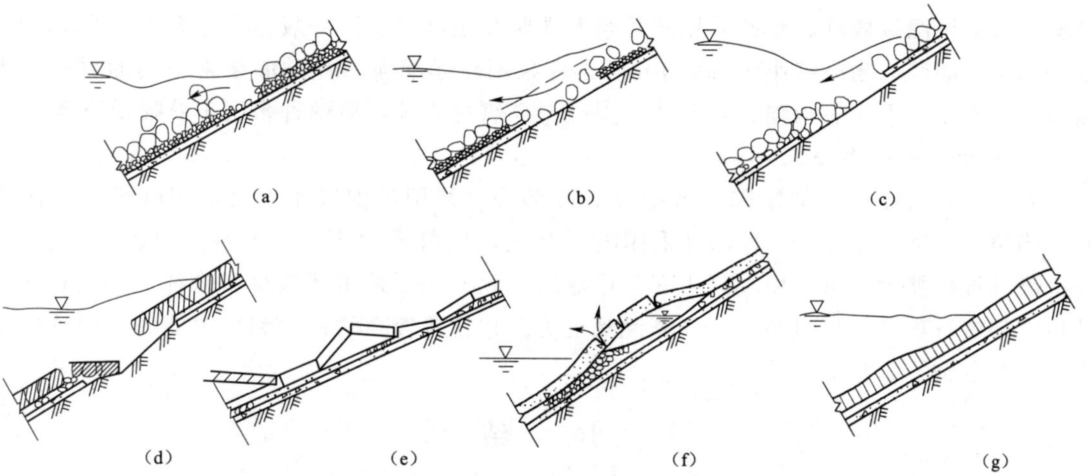

图 12.20　护坡破坏类型示意图

(a) 脱落；(b) 塌陷；(c) 崩塌；(d) 滑动；(e) 挤压；(f) 鼓胀；(g) 溶蚀

3）增设阻滑齿墙。当护坡出现滑移现象或基础淘空，上部混凝土板坍塌下滑时，可采用增设阻滑齿墙的方法修理。阻滑齿墙应平行坝轴线布置并嵌入坝体。

(3) 草皮护坡的维修。当护坡的草皮遭雨水冲刷流失和干枯坏死时，可利用添补、更换的方法进行修理。修理时应按照准备草皮、整理坝坡、铺植草皮和洒水养殖的工艺流程进行施工。

添补的草皮应就近选用，草皮的种类应选择低茎蔓延的爬根草，不得选用茎高叶疏的草。补植草皮时，应带土成块移植，以春、秋两季为宜，移植时应扒松坡面土层，洒水铺植，贴紧拍实，定期洒水，确保成活。若坝坡是沙土，则先在坡面铺一层土壤再铺植草皮。

当护坡中的草皮中有大量的茅草、艾蒿、霸王蔸等高茎杂草或灌木时，可采用人工挖除或化学药剂除杂净草的方法，使用化学药剂时，应防止污染库水。

12.3.2.2　混凝土及钢筋混凝土建筑物的维修

1. 混凝土裂缝的处理

水工混凝土要有足够的强度（抗拉、抗压强度等）和耐久性。如施工质量不好（包括配合比、施工过程、温度控制等）及经长期运行后，可能使建筑物产生裂缝，危及建筑物的安全。裂缝可分为纵向裂缝、横向裂缝、水平缝等。按类型不同可采用不同的处理方法。

(1) 表面涂抹及贴补。表面涂抹可减少裂缝渗漏，但只能用于非流水表面的堵缝截漏，贴补就是用胶黏剂把橡皮、玻璃布贴在裂缝部位的混凝土表面上，主要用于修理对结构物强度没有影响的裂缝，特别用于修理伸缩缝及温度缝。

(2) 齿槽嵌补。沿缝凿一深槽，槽内嵌填各种防水材料（如环氧砂浆、沥青油膏、干硬性砂浆、聚氯乙烯胶泥等），以防止内水外渗或外水内渗。主要用于修理对结构强度没有影响的裂缝。

（3）灌浆处理。对于破坏建筑物整体性的贯穿性裂缝或在水下不便于采取其他措施的裂缝，宜采用灌浆处理，较常采用的是水泥灌浆及化学灌浆。一般当缝宽大于 0.2mm 时，多采用水泥灌浆；当裂缝小于 0.2mm 时，应采用化学灌浆。化学灌浆常采用的材料有水玻璃、铬木素、丙凝、丙强、聚氨酯、甲凝、环氧树脂等，后两种多用于补强加固灌浆。

2. 表面缺陷的修补

对于破坏深度不大的缺陷，可挖掉破坏部分，采用填混凝土、喷水泥砂浆等方法修补。当修补厚度大于 10cm 时，可采用喷混凝土，也可采用压浆法修补。对于过水表面，为提高其抗冲能力，可采用混凝土真空作业法。此外还可采用环氧材料修补，主要有环氧基液、环氧石英膏、环氧砂浆、环氧混凝土等。它具有较高的强度和抗渗能力，但价格较贵，工艺复杂，不宜大量使用。

小　结

本章系统介绍了水工建筑物的安全监测和养护维修。学习原型监测的基础知识，对监测信息进行分析、推理和判断，从而对建筑物的工作状态作出综合评价。学习土石坝的养护维修内容，重点掌握对土石坝裂缝、渗漏、滑坡的处理方法和技术措施。

练　习　题

1. 为什么要进行水工建筑物的安全监控？安全监测有哪些内容？
2. 大坝的水平位移监测方法有哪些？如何选择对应的方法？
3. 渗流监测的目的是什么？监测点在坝体和坝基如何布置？
4. 简述大坝安全监测仪器种类和选择仪器种类需考虑的问题。
5. 水工建筑物的养护和维修主要包括什么内容？

参 考 文 献

[1] 王英华. 水工建筑物 [M]. 北京：中国水利水电出版社，2010.
[2] 林继镛，张社荣. 水工建筑物 [M]. 6版. 北京：中国水利水电出版社，2019.
[3] 沈长松，刘晓青，王润英，等. 水工建筑物 [M]. 2版. 北京：中国水利水电出版社，2016.
[4] 郭雪莽. 水利工程概论 [M]. 郑州：黄河水利出版社，2018.
[5] 张光斗，王光纶. 水工建筑物 [M]. 北京：水利电力出版社，1992.
[6] 胡荣辉，张五禄. 水工建筑物 [M]. 北京：水利电力出版社，1992.
[7] 杨邦柱. 水工建筑物 [M]. 北京：中国水利水电出版社，2001.
[8] 郭宗闵. 水工建筑物 [M]. 2版. 北京：中国水利水电出版社，1995.
[9] 钱家欢，殷宗泽. 土工原理与计算 [M]. 2版. 北京：中国水利水电出版社，2000.
[10] 祁庆和. 水工建筑物 [M]. 3版. 北京：水利电力出版社，1986.
[11] 孙明权. 水工建筑物 [M]. 北京：中央广播电视大学出版社，2001.
[12] 王宏硕，翁情达. 水工建筑物 [M]. 北京：水利电力出版社，1991.
[13] 赵文华. 水工建筑物 [M]. 2版. 北京：水利电力出版社，1987.
[14] 邹冰. 水利工程概论 [M]. 北京：中国水利水电出版社，2006.
[15] 竺慧珠，陈德亮，管枫年. 渡槽 [M]. 北京：中国水利水电出版社，2005.
[16] 熊启均. 涵洞 [M]. 北京：中国水利水电出版社，2006.
[17] 李惠英，田文泽，阎海新. 倒虹吸管 [M]. 北京：中国水利水电出版社，2006.
[18] 刘韩生，花立峰，纪志强，等. 跌水与陡坡 [M]. 北京：中国水利水电出版社，2004.
[19] 汝乃华，牛运光. 大坝事故与安全（土石坝）[M]. 北京：中国水利水电出版社，2001.
[20] 束一鸣，陆忠民，侯晋芳. 土工合成材料防渗排水防护设计施工指南 [M]. 北京：中国水利水电出版社，2020.
[21] 中华人民共和国水利部. 水利水电工程等级划分及洪水标准：SL 252—2017 [S]. 北京：中国水利水电出版社，2017.
[22] 中华人民共和国住房和城乡建设部. 水利水电工程结构可靠性设计统一标准：GB 50199—2013 [S]. 北京：中国计划出版社，2013.
[23] 中华人民共和国水利部. 水工建筑物荷载设计规范：SL 744—2016 [S]. 北京：中国水利水电出版社，2016.
[24] 中华人民共和国水利部. 水工挡土墙设计规范：SL 379—2007 [S]. 北京：中国水利水电出版社，2007.
[25] 中华人民共和国住房和城乡建设部. 土工合成材料应用技术规范：GB 50290—2014 [S]. 北京：中国计划出版社，2014.
[26] 中华人民共和国水利部. 混凝土重力坝设计规范：SL 319—2018 [S]. 北京：中国水利水电出版社，2018.
[27] 国家能源局. 混凝土重力坝设计规范：NB/T 35026—2014 [S]. 北京：中国电力出版社，2015.
[28] 中华人民共和国水利部. 碾压混凝土坝设计规范：SL 314—2018 [S]. 北京：中国水利水电出版社，2018.
[29] 中华人民共和国水利部. 砌石坝设计规范：SL 25—2006 [S]. 北京：中国水利水电出版社，2006.
[30] 中华人民共和国水利部. 混凝土拱坝设计规范：SL 282—2018 [S]. 北京：中国水利水电出版

社，2018.

[31] 中华人民共和国电力部. 混凝土拱坝设计规范：DL/T 5346—2006 [S]. 北京：中国电力出版社，2007.

[32] 中华人民共和国水利部. 土坝灌浆技术规范：SL 564—2014 [S]. 北京：中国水利水电出版社，2014.

[33] 中华人民共和国水利部. 碾压式土石坝设计规范：SL 274—2020 [S]. 北京：中国水利水电出版社，2020.

[34] 中华人民共和国住房和城乡建设部. 水利水电工程地质勘察规范：GB 50487—2008 [S]. 北京：中国计划出版社，2009.

[35] 中华人民共和国水利部. 混凝土面板堆石坝设计规范：SL 228—2013 [S]. 北京：中国水利水电出版社，2013.

[36] 中华人民共和国水利部. 土坝灌浆技术规范：SL 564—2014 [S]. 北京：中国水利水电出版社，2014.

[37] 中华人民共和国水利部. 土石坝养护修理规程：SL 210—2015 [S]. 北京：中国水利水电出版社，2015.

[38] 中华人民共和国水利部. 混凝土坝养护修理规程：SL 230—2015 [S]. 北京：中国水利水电出版社，2015.

[39] 中华人民共和国住房和城乡建设部. 水工建筑物抗冰冻设计规范：GB/T 50662—2011 [S]. 北京：中国计划出版社，2011.

[40] 中华人民共和国住房和城乡建设部. 水工建筑物抗震设计标准：GB 51247—2018 [S]. 北京：中国计划出版社，2018.

[41] 中华人民共和国水利部. 水闸设计规范：SL 265—2016 [S]. 北京：中国水利水电出版社，2016.

[42] 中华人民共和国水利部. 溢洪道设计规范：SL 253—2018 [S]. 北京：中国水利水电出版社，2018.

[43] 中华人民共和国水利部. 水工隧洞设计规范：SL 279—2016 [S]. 北京：中国水利水电出版社，2016.

[44] 中华人民共和国水利部. 水工混凝土结构设计规范：SL 191—2008 [S]. 北京：中国水利水电出版社，2008.

[45] 国家能源局. 堆石混凝土筑坝技术导则：NB/T 10077—2018 [S]. 北京：中国水利水电出版社，2018.

[46] 国家能源局. 水电水利工程堆石混凝土施工规范：DL/T 5806—2020 [S]. 北京：中国水利水电出版社，2020.

[47] 中华人民共和国水利部. 堤防工程管理设计规范：SL/T 171—2020 [S]. 北京：中国水利水电出版社，2020.

[48] 中华人民共和国水利部. 水工建筑物地基处理设计规范：SL/T 792—2020 [S]. 北京：中国水利水电出版社，2020.

[49] 中华人民共和国水利部. 水利水电工程钢闸门设计规范：SL 74—2019 [S]. 北京：中国水利水电出版社，2019.

[50] 中华人民共和国水利部. 水库大坝安全评价导则：SL 258—2017 [S]. 北京：中国水利水电出版社，2017.

[51] 中华人民共和国水利部. 水利水电工程安全监测设计规范：SL 725—2016 [S]. 北京：中国水利水电出版社，2016.

[52] 中华人民共和国住房和城乡建设部. 橡胶坝工程技术规范：GB/T 50979—2014 [S]. 北京：中国计划出版社，2014.

[53] 中华人民共和国水利部. 水利水电工程边坡设计规范：SL 386—2007 [S]. 北京：中国水利水电

出版社，2007.
[54] 中华人民共和国水利部. 混凝土坝安全监测技术规范：SL 601—2013 [S]. 北京：中国水利水电出版社，2013.
[55] 中华人民共和国水利部. 胶结颗粒料筑坝技术导则：SL 678—2014 [S]. 北京：中国水利水电出版社，2014
[56] 国家能源局. 堆石混凝土筑坝技术导则：NB/T 10077—2018 [S]. 北京：中国水利水电出版社，2018
[57] 中华人民共和国交通运输部. 公路桥涵设计通用规范：JTG D60—2015 [S]. 北京：人民交通出版社，2015
[58] 中华人民共和国统计局. 中国统计年鉴 2018 [M]. 北京：中国统计出版社，2018.
[59] 中华人民共和国水利部. 水利水电工程围堰设计规范：SL 645—2017 [S]. 北京：中国水利水电出版社，2017.
[60] 中华人民共和国水利部. 堤防工程设计规范：GB 50286—2013 [S]. 北京：中国水利水电出版社，2016.
[61] 金峰，安雪晖，石建军，等. 堆石混凝土及堆石混凝土大坝 [J]. 水利学报，2005，36 (11)：1347-1352.
[62] 金峰，周虎，李玲玉，等. 堆石混凝土系列技术在西部水电工程中的应用 [J]. 水电与抽水蓄能，2021，7 (1)：16-22.
[63] 杨顺群，郭莉莉，刘增强. 水利水电工程数字化建设发展综述 [J]. 水力发电学报，2018，37 (8)：75-84.
[64] 钟登华，王飞，吴斌平，等. 从数字大坝到智慧大坝 [J]. 水力发电学报，2015，34 (10)：1-13.
[65] 李宏恩，马桂珍，王芳，等. 2000—2018 年中国水库溃坝规律分析与对策 [J]. 水利水运工程学报，2021.

附录　词目中英文对照[1]

（词目按汉语拼音字母顺序排列）

A

安全储备	safety reserve
安全系数	safety factor
安全性	safety
岸边溢洪道	river - bank spillway
岸坡绕渗	by - pass seepage around bank slope
岸墙	abutment wall
岸塔式进水口	bank - tower intake

B

坝的上游面坡度	upstream slope of dam
坝的下游面	downstream face of dam
坝顶	dam crest
坝顶长度	crest length
坝顶超高	freeboard of dam crest
坝高	dam height
坝顶高程	crest elevation
坝顶宽度	crest width
坝段	monolith
坝基处理	foundation treatment
坝基排水	drain in dam foundation
坝基渗漏	leakage of dam foundation
坝肩	dam abutment
坝壳	dam shell
坝坡	dam slope
坝坡排水	drain on slope
坝体混凝土分区	grade zone of concrete in dam
坝体排水系统	drainage system in dam
坝型选择	selection of dam type
坝址选择	selection of dam site
坝趾	dam toe
坝踵	dam heel
坝轴线	dam axis
本构模型	constitutive model
鼻坎	bucket
比尺	scale
比降	gradient
闭门力	closing force
边墩	side pier
边界层	boundary layer
边墙	side wall
边缘应力	boundary stress
变形观测	deformation observation
变中心角变半径拱坝	variable angle and radius arch dam
标准贯入试验击数	number of standard penetration test
冰压力	ice pressure
薄壁堰	sharp - crested weir
薄拱坝	thin - arch dam
不均匀沉降裂缝	differential settlement crack
不平整度	irregularity

C

材料力学法	method of strength of materials
材料性能分项系数	partial factor for property of material
侧槽溢洪道	side channel spillway
侧轮	side roller
侧收缩系数	coefficient of side contraction
测缝计	joint meter
插入式连接	insert type connection
差动式鼻坎	differential bucket
掺气	aeration
掺气槽	aeration slot
掺气减蚀	cavitation control by aeration
厂房顶溢流	spill over power house
沉降	settlement
沉井基础	sunk shaft foundation
沉沙池	sedimental basin

[1] 本附录摘自《水工建筑物》（第 6 版），由天津大学林继镛、张社荣主编。

沉沙建筑物	sedimentary structure
沉沙条渠	sedimentary channel
沉陷缝	settlement joint
沉陷观测	settlement observation
衬砌的边值问题	boundary value problem of lining
衬砌计算	lining calculation
衬砌自重	dead - weight of lining
承载能力	bearing capacity
承载能力极限状态	limit state of bearing capacity
持住力	holding force
齿墙	cut - off wall
冲击波	shock wave
冲沙闸	flush sluice
冲刷坑	scour hole
重现期	return period
抽排措施	pump drainage measure
抽水蓄能电站厂房	pumped - storage power house
出口段	outlet section
初步设计阶段	preliminary design stage
初参数解法	preliminary parameter solution
初生空化数	incipient cavitation number
初应力法	initial stress method
船闸	navigation lock
垂直升船机	vertical ship lift
纯拱法	independent arch method
次要建筑物	secondary structure
刺墙	key - wall
粗粒土	coarse - grained soil
错缝	staggered joint

D

大坝安全监控	monitor of dam safety
大坝安全评价	assessment of dam safety
大坝老化	dam ageing
大头坝	massive - head dam
单层衬砌	monolayer lining
单级船闸	lift lock
单线船闸	single line lock
挡潮闸	tide sluice
挡水建筑物	retaining structure
导流洞	diversion tunnel
导墙	guide wall
倒虹吸管	inverted siphon
倒悬度	overhang
等半径拱坝	constant radius arch dam
等中心角变半径拱坝	constant angle variable radius arch dam
底流消能	energy dissipation by hydraulic jump
底缘	bottom edge
地基变形	foundation deformation
地基变形模量	deformation modulus of foundation
地基处理	foundation treatment
地下厂房	underground power house
地下厂房变压器洞	transformer tunnel of underground power house
地下厂房出线洞	bus - bar tunnel of underground power house
地下厂房交通洞	access tunnel of underground power house
地下厂房通风洞	ventilation tunnel of underground power house
地下厂房尾水洞	tailwater tunnel of underground power house
地下轮廓线	under outline of structure
地下水	groundwater
地形条件	topographical condition
地形图比例尺	scale of topographical map
地应力	ground stress
地震	earthquake
地震力	earthquake force
地震烈度	earthquake intensity
地质条件	geological condition
垫层	cushion
垫座	plinth
吊耳	lift eye
调度	dispatch
跌坎	drop - step
跌流消能	drop energy dissipation
跌水	drop
迭代法	iteration method
叠梁	stoplog
丁坝	spur dike
定向爆破堆石坝	directed blasting rockfill dam
动强度	dynamic strength
动水压力	hydrodynamic pressure

洞内孔板消能	energy dissipation by orifice plate in tunnel
洞内漩流消能	energy dissipation with swirling flow in tunnel
洞身段	tunnel body section
洞室群	cavern group
洞轴线	tunnel axis
陡坡	steep slope
渡槽	flume
短管型进水口	intake with pressure short pipe
断层	fault
堆石坝	rockfill dam
对数螺旋线拱坝	log spiral arch dam
多级船闸	multi－stage lock
多线船闸	multi－line lock
多心圆拱坝	multi－centered arch dam
多用途隧洞	multi－use tunnel
多种材料土石坝	zoned type earth－rock dam

E

二道坝	secondary dam

F

发电洞	power tunnel
筏道	logway
反弧段	bucket
反滤层	filter
防冲槽	erosion control trench
防洪	flood prevention，flood control
防洪限制水位	restricted stage for flood prevention
防浪墙	parapet
防渗墙	anti－seepage wall
防渗体	anti－seepage body
放空底孔	unwatering bottom outlet
非常溢洪道	emergency spillway
非线性有限元	non－linear finite element method
非溢流重力坝	nonoverflow gravity dam
分岔	fork
分洪闸	flood diversion sluice
分项系数	partial factor
分项系数极限状态设计法	limit state design method of partial factor
封拱	arch closure
封拱温度	closure temperature
浮筒式升船机	ship lift with floats
浮箱闸门	floating camel gate
浮运水闸	floating sluice
辅助消能工	appurtenant energy dissipator

G

刚体极限平衡法	rigid limit equilibrium method
刚性支护	rigid support
钢筋混凝土衬砌	reinforced concrete lining
钢筋计	reinforcement meter
钢闸门	steel gate
高边坡	high side slope
高流速泄水隧洞	discharge tunnel with high velocity
工程管理	project management
工程规划	project plan
工程量	quantity of work
工程设计	engineering design
工程施工	engineering construction
工作桥	service bridge
工作闸门	main gate
拱坝	arch dam
拱坝坝肩岩体稳定	stability of rock mass near abutment of arch dam
拱坝布置	layout of arch dam
拱坝上滑稳定分析	up－sliding stability analysis of arch dam
拱坝体形	shape of arch dam
拱端	arch abutment
拱冠	arch crown
拱冠梁法	crown cantilever method
拱冠梁剖面	profile of crown cantilever
拱梁分载法	trial load method of arch dam
拱内圈	intrados
拱式渡槽	arched flume
拱外圈	extrados
拱轴线	arch axis
固结	consolidation
固结灌浆	consolidation grouting
观测	observation
管涌	piping

灌溉　irrigation
灌溉隧洞　irrigation tunnel
灌浆　grouting
灌浆压力　grouting pressure
灌注桩水闸　filling pile sluice
规范　code，specification
过坝建筑物　structures for passing dam
过渡层　transition layer
过渡区　transition zone
过木机　log conveyer
过木建筑物　log pass structures
过鱼建筑物　fish－pass structures

H

海漫　flexible apron
涵洞　culvert
河道冲刷　river bed scour
荷载　load
荷载组合　load combination
横缝　transverse joint
横拉闸门　horizontal rolling/sliding gate
洪水标准　flood standard
虹吸溢洪道　siphon spillway
厚高比　thickness to hight ratio
弧形闸门　radial gate
护岸工程　bank－protection works
护坡　slope protection
护坦　apron
戽流消能　bucket－type energy dissipation
滑坡　land slip
滑楔法　sliding wedge method
滑雪道式溢洪道　skijump spillway
环境评价　environmental assessment
换土垫层　cushion of replaced soil
回填灌浆　backfill grouting
混凝土　concrete
混凝土衬砌　concrete lining
混凝土防渗墙　concrete cutoff wall
混凝土面板　concrete face slab
混凝土面板堆石坝　concrete－faced rockfill dam
混凝土重力坝　concrete gravity dam

J

基本荷载组合　basic load combination
基本剖面　basic profile
基面排水　base level drainage
激光准直法　method of laser alignment
极限平衡法　limit equilibrium method
极限状态　limit state
坚固系数　soundness coefficient
减蚀措施　measure for reducing the cavitating damage
减压井　relief well
剪切模量　shear modulus
剪应力　shear stress
检查　inspection
检修闸门　bulkhead
简单条分法　simple slices method
简化毕肖普法　simplified Bishop's method
建筑材料　construction material
渐变段　transition
键槽　key/key－way
浆砌石重力坝　cement－stone masonry gravity dam
交叉建筑物　crossing structure
交通桥　access bridge
校核洪水位　water level of check flood
校核流量　check flood discharge
接触冲刷　contact washing
接触流土　soil flow on contact surface
节制闸　controlling sluice
结构概率设计法　probabilistic design method of structure
结构可靠度　reliability of structure
结构力学法　structural mechanics method
结构设计基准使用期　standard service life of structural design
结构系数　structural coefficient
结构重要性系数　important coefficient of structure
截流环　cutoff collar
截水槽　cutoff trench
截水墙　cut－off wall
进口段　inlet
进口曲线　inlet curve
进水喇叭口　inlet bellmouth
进水闸　inlet sluice
浸润面　saturated area
浸润线　saturated line
经济评价　economic assessment

井式溢洪道	shaft spillway
静水压力	hydrostatic pressure
卷扬启闭机	winch
均质土坝	homogeneous earth dam

K

开敞式溢流道	open channel spillway
开裂机理	crack mechanism
勘测	exploration survey
坎上水深	water depth on sill
抗冲刷性	scour resistance
抗冻性	frost resistance
抗滑稳定安全系数	safety coefficient of stability against sliding
抗剪断公式	shear - break strength formula
抗剪强度	shear strength
抗裂性	crack resistance
抗磨	abrasion resistance
抗侵蚀性	erosion - resistance
抗渗性	impermeability
抗震分析	analysis of earthquake resistance
颗粒级配曲线	grain size distribution curve
可靠度指标	reliability index
可行性研究设计阶段	design stage of feasibility study
克-奥型剖面堰	C - O curve profile weir
空腹拱坝	hollow arch dam
空腹重力坝	hollow gravity dam
空化	cavitation
空化数	cavitation number
空蚀	cavitation damage
空注阀	hollow jet valve
孔隙水压力	pore water pressure
控制堰	control weir
枯水期	low water period
库区	reservoir area
宽顶堰	broad crested weir
宽缝重力坝	slotted gravity dam
宽高比	width to height ratio
宽尾墩	end - flared pier
扩散段	expanding section
扩散角	divergent angle

L

拦沙坎	sediment control sill
拦污栅	trash rack
廊道	gallery
浪压力	wave pressure
棱体排水	prism drainage
理论分析	theory analysis
力法方程	canonical equation of force method
连拱坝	multiple - arch dam
连续式鼻坎	plain bucket
联合消能	combined energy dissipation
梁式渡槽	beam - type flume
量水建筑物	water - measure structure
裂缝	crack
临界空化数	critical cavitation number
临界水力坡降	critical hydraulic gradient
临时缝	temporary joint
临时性水工建筑物	temporary hydraulic structure
流量	discharge
流速	flow velocity
流态	flow pattern
流土	soil flow
流网	flow net
流向	flow direction
露顶式闸门	emersed gate
螺杆式启闭机	screw hoist
落差建筑物	drop structure

M

马蹄形断面	horseshoe section
脉动压力	fluctuating pressure
锚杆支护	anchor support
门叶	gate flap
迷宫堰	labyrinth weir
面流消能	energy dissipation of surface regime
模型试验	model test
摩擦公式	friction factor formula
摩擦系数	coefficient of friction
目标函数	objective function

N

内部应力	internal stress
内摩擦角	internal friction angle
内水压力	internal water pressure
挠度观测	deflection observation
泥沙压力	silt pressure

视准线法　collimation method
试荷载法　trial load method
收缩段　constringent section
枢纽布置　layout of hydraulic complex
输水建筑物　water conveyance structure
竖井式进水口　shaft intake
竖式排水　vertical drainage
数值分析　numerical analysis
双层衬砌　double - layer lining
双曲拱坝　double curvature arch dam
水电站地下厂房　underground power house
水电站建筑物　hydroelectric station structure
水垫塘　cushion basin
水工地下洞室　hydraulic tunnel and underground chamber
水工建筑物　hydraulic structure
水工建筑物分级　grade of hydraulic structure
水工建筑物管理　management of hydraulic structure
水工建筑物监测　monitor of hydraulic structure
水工隧洞　hydraulic tunnel
水环境　water environment
水库吹程　fetch
水库浸没　reservoir submersion
水库渗漏　reservoir leakage
水库坍岸　reservoir bank caving
水库淹没　reservoir inundation
水库淤积　reservoir deposit
水力劈裂　hydraulic fracture
水力资源　water power resource
水力自动翻板闸门　automatic flashboard
水利工程　hydraulic engineering, water project
水利工程设计　design of hydroproject
水利工程枢纽分等　rank of hydraulic complex
水利枢纽　hydraulic complex
水面线　water level line
水能　hydraulic energy
水平位移　horizontal displacement
水体污染　water pollution
水土流失　water and soil loss
水位　water level
水位急降　instantaneous reservoir drawdown
水压力　hydraulic pressure
水闸　sluice
水质　water quality
水资源　water resources
顺坝　longitudinal dike
四边形单元　quadrangular element
塑流破坏　failure by plastic flow
塑性变形　plastic deformation
塑性区　plastic range
锁坝　closure dike
锁定器　dog device

T

T 形墩　T - type pier
塌落拱法　roof collapse arch method
塔式进水口　tower intake
台阶式溢流坝面　step - type overflow face
弹塑性理论　elastoplastic theory
弹性基础梁　beam on elastic foundation
弹性抗力　elastic resistance
弹性理论　theory of elasticity
弹性中心　elastic centre
特殊荷载组合　special load combination
提升式升船机　lifting ship lift
体形优化设计　shape optimizing design
挑距　jet trajectory distance
挑流鼻坎　jet bucket
挑流消能　ski - jump energy dissipation
挑射角　exit angle of jet
调压室　surge tank
贴坡排水　surface drainage on dam slope
通航建筑物　navigation structure
通气孔　air hole
土工复合材料　geosynthetic
土工膜　geomembrane
土工织物　geotextile
土石坝　earth - rock dam
土压力　earth pressure
土质斜墙坝　earth - rock dam with inclined soil core
土质心墙坝　earth - rock dam with central soil core
驼峰堰　hump weir
椭圆曲线　elliptical curve
椭圆形拱坝　elliptical arch dam

U

U 形渡槽 U - flume

W

WES 型剖面堰 WES curve profile weir
外水压力 external water pressure
弯矩平衡 moment equilibrium
围岩 surrounding rock
围岩强度 strength of surrounding rock
围岩稳定分析 stability analysis of surrounding rock
围岩压力 surrounding rock pressure
帷幕灌浆 curtain grouting
维修 maintenance
尾槛 end sill
尾水渠 tailwater canal
温度缝 temperature joint
温度观测 temperature observation
温度计 thermometer
温度控制 temperature control
温度应变 temperature strain
温度应力 temperature stress
温降 temperature drop
温升 temperature rise
稳定安全系数 safety factor of stability
污水处理 sewage treatment
无坝取水 undamed intake
无黏性土 cohesionless soil
无压泄水孔 free - flow outlet
无压泄水隧洞 free - flow/non pressure tunnel
无应力计 non - stress meter
雾化 atomization

X

下游 downstream
现场检查 field inspection
橡胶坝 rubber dam
消力池 stilling basin
消力墩 baffle pier/block
消能防冲设计 design of energy dissipation and erosion control
消能工 energy dissipator
校核洪水位 water level of check flood
校核流量 check flood discharge
楔缝式锚杆 slot - and - wedge bolt
斜缝 inclined joint
斜坡式进水口 inclined intake
斜墙 sloping core
斜心墙坝 earth - rock dam with sloping central core
泄槽 chute
泄洪洞 flood discharge tunnel
泄洪雾化 flood discharging atomization
泄流量 overflow discharge
泄水建筑物 water release structure
泄水隧洞 discharge tunnel
泄水重力坝 overflow gravity dam
心墙 core wall
新奥法 new Austrain tunneling method
胸墙 breast wall
悬臂梁 cantilever beam
汛期 flood period

Y

压力计 pressure meter
压缩曲线 compressive curve
淹没系数 coefficient of submergence
淹没堰流 submerged weir flow
岩体初始应力 initial stress of rock mass
扬压力 uplife
养护 cure
液化 liquifaction
液压启闭机 hydraulic hoist
仪器监测 instrumental monitor
溢洪道 spillway
溢流面 overflow face
溢流前缘 length of overflow crest
溢流堰顶 overflow crest
溢流重力坝 overflow gravity dam
翼墙 wing wall
翼墙式连接 wing wall type connection
引航道 approach channel
引水 water diversion
引水建筑物 intake structure
引水渠 diversion canal
引张线法 tense wire method
应力分析 stress analysis
应力集中 stress concentration
应力计 stress meter

应力水平系数	stress level coefficient
应力应变观测	stress - strain observation
应力重分布	stress redistribution
永久缝	permanent joint
永久性水工建筑物	permanent hydraulic structure
优化设计	optimizing design
有坝取水	barrage intake
有限元法	finite element method
有效库容	effective storage
有效应力	effective stress
有压隧洞	pressure tunnel
有压泄水孔	pressure outlet
鱼道	fish way
预压加固	soil improvement by preloading
预应力衬砌	prestressed lining
预应力混凝土闸墩	prestressed concrete pier
预应力锚索	prestressed anchorage cable
原型观测	prototype observation
圆拱直墙式断面	section with circular arch on side - walls
圆筒法	cylinder method
圆筒闸门	drum gate
圆形断面	circular section
约束条件	constraint condition
允许水力坡降	allowable hydraulic gradient

Z

增量法	increment method
闸底板	floor of sluice
闸墩	pier
闸孔	sluice opening
闸孔跨距	span of sluice opening
闸门	gate
闸门槽	gate slot
闸室	chamber of sluice
闸首	lock head
闸址	sluice site
闸址选择	selection of sluice site
窄缝式挑坎	slit - type bucket
窄缝挑流消能	energy dissipation by contracted jet
招标设计阶段	design stage of invite tenders
折冲水流	swinging flow
整治建筑物	river training structure
正槽溢洪道	chute spillway
正常使用极限状态	limit state of normal operation
正常蓄水位	normal high water level
正常溢洪道	main spillway
正应力	normal stress
支洞	branch tunnel
支墩坝	buttress dam
支铰	articulated joint
止水	watertight seal
止水装置	sealing device
趾板	toe slab
趾墩	toe pier
滞回圈	hysteresis loop
中心角	central angle
重力坝	gravity dam
重力坝剖面设计	profile design of gravity dam
重力墩	gravity abutment
重力拱坝	gravity arch dam
重现期	return period
周边缝	peripheral joint
主洞	main tunnel
主轮	main weel
主要建筑物	main structure
主应力	principal stress
桩基础	pile foundation
装机容量	installed capacity
装配式水闸	fabricated sluice
锥形阀	cone valve
自溃式非常溢洪道	fuse - plug emergency spillway
自由堰流	free weir flow
自重	dead weight
综合利用	comprehensive utilization
综合效益	comprehensive benefit
纵缝	longitudinal joint
纵向排水	longitudinal drainage
阻滑板	preventive slider
阻尼比	damped ratio
组合式衬砌	composite lining
最大干密度	maximum dry density
最优含水率	optimum moisture content
作用	action
作用水头	working pressure head